国家林业和草原局普通高等教育"十四五"规划教材

普通高等教育"十四五"系列教材

土地资源学

主编　王冬梅　田赟

中国水利水电出版社
www.waterpub.com.cn
·北京·

内 容 提 要

　　本书从土地及土地资源的基本概念出发，对土地资源学的理论体系和实践应用进行了系统概述，全书共 10 章，内容包括绪论、土地资源的构成要素、土地类型和土地资源类型、土地资源调查、土地资源评价、土地资源利用与规划、土地资源的保护与整治、区域土地资源开发、土地资源学综合案例分析、土地资源学相关法律法规。

　　本书是普通高等教育"十四五"系列教材、入选国家林业和草原局普通高等教育"十四五"规划教材，可作为大专院校农学、林学、水土保持与荒漠化防治及非土地资源管理专业的资源环境类专业的教材，也可作为上述相关专业研究和实践工作的参考书。

图书在版编目（ＣＩＰ）数据

　　土地资源学 / 王冬梅，田赟主编. -- 北京 ：中国水利水电出版社，2022.12
　　国家林业和草原局普通高等教育"十四五"规划教材
　　普通高等教育"十四五"系列教材
　　ISBN 978-7-5226-1165-5

　　Ⅰ. ①土… Ⅱ. ①王… ②田… Ⅲ. ①土地资源－高等学校－教材 Ⅳ. ①F301

　　中国版本图书馆CIP数据核字(2022)第242823号

书　　名	国家林业和草原局普通高等教育"十四五"规划教材 普通高等教育"十四五"系列教材 **土地资源学** TUDI ZIYUANXUE
作　　者	主　编　王冬梅　田　赟
出版发行	中国水利水电出版社 （北京市海淀区玉渊潭南路 1 号 D 座　100038） 网址：www.waterpub.com.cn E-mail：sales@mwr.gov.cn 电话：(010) 68545888（营销中心）
经　　售	北京科水图书销售有限公司 电话：(010) 68545874、63202643 全国各地新华书店和相关出版物销售网点
排　　版	中国水利水电出版社微机排版中心
印　　刷	清淞永业（天津）印刷有限公司
规　　格	184mm×260mm　16 开本　27.75 印张　658 千字
版　　次	2022 年 12 月第 1 版　2022 年 12 月第 1 次印刷
印　　数	0001—1000 册
定　　价	**80.00 元**

　　伴随着国民经济的飞速发展，我国在土地资源开发利用过程中取得令人瞩目的成绩，同时也产生了日渐严重的土地次生盐渍化、水土流失、沙化与石漠化、土地肥力贫瘠化、土地及其环境的污染、速度过快的耕地非农化等一系列土地资源问题。特殊的人地关系和日益严重的土地资源问题，使得土地资源利用、管理和相关政策在国家宏观调控和生态环境可持续发展中的地位和作用越来越重要。这一新形势对以土地资源学为应用基础的相关专业综合性及应用型高级人才的培养提出了新的挑战，客观上急需农学、林学、生态学、环境保护和与土地资源等相关专业教育实现在理论体系、知识结构和技术等方面进行更新、发展和学科交叉融合，以适应科技发展、生态安全和生态文明建设对土地资源管理、水土保持与荒漠化防治、林学和生态学等复合型、应用型人才培养的需要。本书是为适应水土保持与荒漠化防治、资源环境与城乡规划、林学和生态学等学科专业建设需求，按照"十四五"规划教材的编写要求编写完成的。

　　本书共分 10 章，另有 5 个附录。第 1 章绪论，从人地关系的客观规律及土地供需矛盾日益尖锐的严峻现实入手，介绍了土地、土地资源的概念、基本属性和功能；梳理了土地资源学的发展历程，论述了土地资源学的研究内容、理论和方法；以及我国的土地资源概况。第 2 章土地资源的构成要素，分别论述了自然构成要素和社会经济构成要素对土地资源的空间分布和质量特征及其开发利用的影响规律。第 3 章土地类型和土地资源类型，阐述了土地类型的分布规律，介绍了国内外土地类型的分类方法和分类体系；对土地资源类型的分类方法及其与土地类型的关系做了一定梳理，重点论述了土地利用类型划分的方法体系。第 4 章土地资源调查，简述土地资源调查的类别，梳理了开展土地资源调查的一般程序、技术方法和报告编制规范，论述了土地资源调查中的新理论、新技术与新方法，如土地资源调查数据库与管理平台建设，"3S"集成技术和无人机遥感技术等。第 5 章土地资源评价，概述了土地资源评价的意义、原则、类型、方法和程序，重点论述了土地资源潜力评价、土地资源适宜性评价、土地承载力评价、土地可持续利用评价和土地资源经济评价等，以及城镇土地和农用地分等定级。第 6 章土地资源利用与规划，作为土地利用规划体系中的重要组成部分，梳理了土地利用的内涵和一般过程，基于可持续发展思路，依次介绍了持续土地利用、土地利用规划，以及宏观和微观尺度土地利用动态监测，为土地资源的合理有效利用提供了最基本的方法与思路。第7章土地资源的保护与整治，从生态学和生态系统的角度认识土地资源的保护与整治，针对各种形式的土地利用问题和土地退化现象，系统阐述了土地资源保护、土地整治和土地开发等土地资源的保护和整治策略。第8章区域土地资源开发，基于区域土地开发理论和概念，理解区域土地开发的内涵和原则，开发的方式和具体形式，根据区域土地资源条件分析土地开发的潜力与可行性，最终制定详细规划，使可开发的资源运用到实际生活。第9章土地资源学综合案例分析，通过第三次全国土壤普查工作，到土地资源的合理利用、开发治理、生态修复和规划建设等相关项目，以及土地资源相关法律案例的介绍和关键知识点的提取，引导学生在掌握土地资源学基本理论知识的基础上，从不同角度解决生态、规划类行业中遇到的土地资源实际问题，提升学习者的综合应用能力。第10章土地资源学相关法律法规，介绍了现阶段实行的《中华人民共和国土地管理法》、最新发布的相关国家标准和行业标准。5个附录分别为中英文对照表、缩略词、土地资源外业调查手簿模板、土地资源调查报告编制模板和相关法律法规标准速查。

本书由北京林业大学王冬梅、田赟等编写，参编单位包括北京林业大学、内蒙古农业大学、山西农业大学、甘肃农业大学、华北水利水电大学、交通运输部科学研究院和交科院科技集团有限公司等高校、科研机构共9个单位。各章节的编写分工为：第1～第3章由王冬梅、田赟、代远萌、任怀新编写；第4、第5章由田赟、王冬梅、刘新月、刘亚玲编写；第6、第8章由秦富仓编写；第7章由牛健植编写；第9章由田赟、王冬梅、胡振华、赵琨、张玉珍、吴卿、刘涛编写；第10章由王冬梅、田赟、黄薇编写。全书由王冬梅和田赟统稿、定稿，由北京林业大学王百田教授主审。

本书在编写过程中，参阅了国内外学者的文献资料，在此向文献的作者表示诚挚的感谢！

土地资源领域研究方向众多，内容错综复杂，且该领域的实践要求不断更新和发展。鉴于此，书中难免存在遗漏和不妥之处，恳请同行与广大读者给予批评指正，以便再版时更加完善。

编者

2022 年 3 月

目　录

第1章 绪 论

➤ **本章概要**

本章为全书的绪论，从人地关系的客观规律及土地供需矛盾日益尖锐的严峻现实入手，介绍了土地的概念、基本属性和功能，在总结土地资源研究历史的基础上对土地资源学的形成与发展进行概述，提出土地资源研究内容、理论和方法。通过本章的学习，可以初步形成土地资源学的基本知识框架。

➤ **本章结构图**

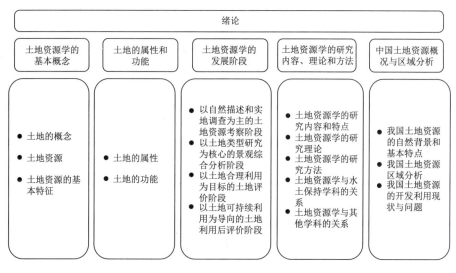

➤ **学习目标**

1. 掌握土地与土地资源的基本概念，土地资源的基本属性。
2. 熟悉土地资源学的研究内容与研究方法。
3. 了解国内外土地资源学的发展阶段，中国土地资源的概况与区域分析。

1.1 土地资源学的基本概念

土地和土地资源的基本概念是土地资源学中最重要和最基本的概念。学术界曾对这些概念展开过激烈的讨论和深入的探讨。虽至今尚无一个学术界公认的定义，但随着人们对于土地资源学研究的不断深入，它概念也逐步地完善和准确。

1.1.1 土地的概念

长期以来，人类从不同角度给土地赋予了不同的概念与含义。随着生产力的发展、科学技术的进步和人们对于土地的认识和探索的逐步加深，人们对于土地概念的界定也不断地更新和完整。早在公元 121 年，许慎在《说文解字》中就将土地解释为："土者，吐也，吐生万物。"管仲在《管子·校正》卷十四中指出："地者，万物之本源，诸生之根苑也。"类似的论述还散见于当时的其他书籍之中。可见，在我国古代，土地通常是指地球表面的陆地部分，是由土壤和岩石堆积而成，而水域（如江、河、湖、海）、地球上部的大气层以及附着于地上和地下的各种物质与能力则不属于土地的范畴。这是最简单、狭义的土地概念。300 多年前，威廉·配第认为，财富的最后源泉，终归是土地和劳动；土地是财富之母，而劳动则是其父。马克思指出：土地即"一切生产和一切存在的源泉"，是人类"不能出让的生存条件和再生产条件"。由此可见，早期学者倾向于从土地的成分或者功用方面来看待土地，认为土地是一切生命存在与繁衍的基础。

随着土地学科的发展，产生了不同的分支，不同学者从不同的专业角度对土地认识也不同。从严格的定义出发，马克思在《资本论》中指出："土地应该理解为各种自然物体本身""经济学上所说的土地是指未经人的协助而自然存在的一切劳动对象"。由此可以认为土地首先应是一个自然概念。但是土地作为自然物具体包括哪些部分，国内外学者的认识和概括则各不相同。英国经济学家马歇尔认为："土地的含义是指大自然无偿赐予人类的陆地、水、空气、光和热等物质和力。"美国土地经济学家伊利曾经指出："经济学家所用的土地这一名词是指自然资源或自然的力量，不是单指地球的表面，并且包括地面以上和地面以下的一切物质。"

澳大利亚的克里斯钦（Christian C.S.）等应用生态学的观点，对土地的概念进行较为完整的阐述，指出："一块土地，在地理上被认为是地球表面的一定区域，其特点包括该地域的大气层、土壤及其下面的岩石、地形、水、动植物群落以及人类过去和现在活动结果在内的、上下垂直的、生物圈相当稳定或可预见的一切循环因素。这些因素在一定程度上对人类目前及将来的土地利用有着重大影响。"

1964 年，澳大利亚学者克里斯钦和斯图尔特从资源学的角度在《综合考察方法》一文中指出："土地是地球表面及其他对人类生存和成就有关的重要特征，是地球表面的一个立体垂直剖面，从空气环境直到地下的地质层，并包括动植物群体以及过去和现在与土地相联系的人类活动。"1972 年，在荷兰的瓦格宁根联合国粮食与农业组织（Food and Agriculture Organization of the United Nations，FAO）召开了土地评价专家会议，在会议文件《土地与景观的概念及定义》中给土地下的定义是："土地包括地球特定地域表面及其以上和以下的大气、土壤及基础地质、水文和植物。它还包括这一地域范围内过去和现在的人类活动的种种结果，以及动物就它们对目前和未来人类利用土地所施加的重要影响。"1976 年，FAO 在《土地评级纲要》中进一步指出："土地是地表的一个区域，其特点包括该区域垂直向上和向下的生物圈的全部合理稳定的或可预测的周期性属性，包括大气、土壤和下伏地质、生物圈、植物界和动物界的属性，以及过去和现在的人类活动的结果，考虑这些属性和结果的原则是，它们对于人类、对土地目前和未来利用施加重要的影响。"

尽管不同学者对于土地的理解不同，但概括而言，对土地的认识可概括为以下几个方面：

（1）土地是自然综合体。土地在其长期形成、演变过程中，自然和经济要素以不同方式、不同程度，独立地或综合地影响着土地的综合特征。如从农业用地来看，气候、土壤、岩石、植物、动物、水等自然要素均对农业生产施加一定的影响，但这些影响不是孤立的，而是彼此联系、相互制约的。换言之，农业生产并不仅仅受某一因素的影响，而是取决于它们之间的相互联系和相互结合。从城市建设用地来看，不应只考虑地基的承载力，还应顾及小气候条件、地貌部位、地貌过程以及地表和地下的水文状况。实际上，土地的综合概念正是在这类生产实践过程中逐步形成和发展起来的。

（2）土地是一种历史综合体。这是说土地具有发生和发展的历史过程，它是在长期的地质历史过程中形成的，受地表水热条件、地貌过程、土壤和动植物群落等的综合影响。某一地段的土地特征不仅能够反映某一瞬间的特定状况，而且从一定程度上反映土地形成的过程。同时，形成土地的各种自然条件也都处于不断的变化当中，加之人类对土地的利用也部分改变土地的性状。因此，土地是一个受自然条件及人类影响的历史综合体。

（3）土地是立体的三维空间实体。土地组成要素是在地球表面一定地域范围的立体空间中分布的，因此，这就意味着土地是一个立体的三维空间实体。按照剖面的密度差异和性质的不同可分为3层，即以地球风化壳和地下水为主的地下层、以生物圈和地貌为主的地表层、以近地面气候为主的地上层。那些与土地特性并无直接关系的地上层（如高空气候）和地下层（如深层岩石）并不包括在土地这一立体垂直剖面的范围内，只是土地这一综合体的环境条件。

（4）土地与土壤、国土概念的差异性。土壤是指地球陆地表面具有肥力能够生长植物的疏松表层，它是在气候、母质、生物、地形和成土年龄等诸因子综合作用下形成的独立的历史自然体。从相互关系上看，土地包含土壤，当土壤一旦被利用，与气候、地形、水文等要素组合一起就形成了土地的概念。从本质特征上看，土壤的本质特征具有肥力，所谓土壤肥力是土壤为植物生长供应和协调营养条件及环境条件的能力；而土地的本质特征是生产力，它是特定的管理制度下，对某种（或一系列）用途的生产能力。从形态结构上看，土壤是处在地球风化壳的疏松表层，而土地是由地上层的近地面气候（大气圈）、地表层的生物圈和土壤圈以及地下层的水圈和岩石圈组成的立体垂直剖面，土壤只是土地表层的一部分。国土是指一个国家主权管辖下的领土、领空、领海的总称。土地的概念相对狭窄一些，尽管土地也包括陆地上的水面即江河、湖泊、水库、滩涂等，但海洋不包括在土地的范围之内。此外，土地是一个学术概念，国土是一个政治概念。

1.1.2 土地资源

在了解土地资源的概念之前，有必要明确资源的概念。在《辞海》中将资源定义为"资财的来源"，即能带来资财的一切"东西"，资产的源泉是对人类生产生活有用的材料，其中包括人为的和自然的，前者是指一切社会、经济、技术因素以及信息资源等，后者则包括土地、水、矿藏等自然物。

明确了资源的概念以后，在资源概念的基础上，可以将土地资源的概念概括为：在一定技术经济条件下可以为人类利用的土地，包括可以利用而尚未利用的土地和已经开垦利用的土地。

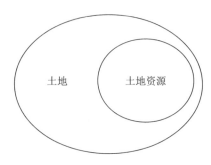

图 1.1 土地与土地资源相互关系

需要明确说明的是，土地和土地资源的概念是有区别的，土地资源是指于现在或可预见的将来，能为人们所利用并能产生经济效益的那部分土地，其不包括不可利用的土地，所以其涉及的范围比土地要小。但随着人类土地利用活动范围的增大和土地利用方式的广泛，自然界不存在绝对无用的土地，因此，土地和土地资源的界限不明确，两者通常也是混用的。土地与土地资源相互关系如图 1.1所示。

1.1.3 土地资源的基本特征

1.1.3.1 土地资源的资源特性

土地是一种综合的自然资源，澳大利亚的克里斯钦等人把土地称作"真正的资源"。与气候资源、水资源、生物资源、矿产资源等单项资源相比，它既具有一般自然资源的共同特性如区域性、动态性等，也具有自己独特的性质。作为"真正资源"的土地具有以下基本特征。

1. 生产性

土地具有一定的生产力。土地生产力（land productivity）系指土地的生物生产能力，它是土地的最本质的特性之一。

国内外均存在"土为万物之母""土壤孕育万物"等概念。马克思曾说过"土壤是世代相传的，人类所不能出让的生存条件和再生产条件"。土地生产力按其性质可分为自然生产力和劳动生产力。前者是自然形成的，即土地资源本身的性质，不同性质的土地，亦即光、热、水、气、营养元素的含量及组合等不同的土地，适应于不同的植物和动物的生长繁殖；后者是施加人工影响而产生的，它决定于人类生产的技术水平，主要表现为对土地限制因素的克服、改造能力和土地利用的集约程度。土地生产力的高低，即能生产什么，生产多少，或者能提供什么样的产品，提供多少，也主要取决于上述两方面的性质。据估算，人类食物由耕地提供的占 88%，由草地供应的占比 10%，即 98%的人类食物是由土地的"生产性"所决定。

2. 稀缺性

无论是物质或者能量，一旦被认定为资源，都是针对某一特定对象的"需求"而言的。资源与需求的关系表现为"不可逆"是其基本属性。土地作为资源被人类利用，其关系也大体如此。

虽然需求可自我选择、自我搜寻、自我调节，但是需求是永无止境的。亚里士多德早在 2300 多年前就写道"人类的贪婪是不可能满足的"，这成了经济学理论的第一格言。这里的"贪婪"，我们可以赋予其"需求"的中性含义。只要作为资源，它总是被损耗的。既然是被损耗的，也就总是稀缺的。再考虑到资源的其他特征，其稀缺性就表现得更加鲜明。

就土地资源而言，它不同于一般耗竭性资源，但随着世界人口的增长，生产的发展和经济活动范围的扩大，土地资源利用深度和广度必然不断增大，人类必然面临着地球上有限的土地资源、其他资源的限制及环境自净能力的限制等，这些最终可归结为"资源短缺"。当前我们已感到土地资源，尤其是条件好的土地"捉襟见肘"，随着经济发展和人口增加，这种状况必然持续下去，甚至越演越烈。

3. 区域性

由于受水热条件支配的地带性规律以及地质、地貌因素决定的非地带性规律的共同影响和制约，使土地的空间分布表现出明显的地域分异规律（rule of territorial differentiation）。不同地区的土地存在着显著的差异性，形成地表复杂多样的土地类型以及不同的土地生产潜力、不同的土地利用类型和不同的土地适宜性。土地的这种地域分异性（或称差异性），要求我们在利用土地、进行生产布局时，必须因地制宜，充分发挥土地的区域优势。

4. 整体性

地球是一个整体，地球陆地表面也是一个整体，土地是由气候、水文、土壤、地质、生物及人类活动所组成的综合体，土地资源各组成要素相互依存，相互制约，构成完整的资源生态系统。土地的各组成成分不是单独或孤立存在的，只有它们耦合在一起才成为土地资源，或称作土地系统。人类不可能改变一种资源或资源生态系统中的某种成分而使周围的环境保持完全不变。系统中各元素紧密结合，相互影响，协同进化，互为因果。例如，我们植树造林，不仅会直接改变林木及其周围植物的生长状况，也必然会引起土壤和水分径流的变化，对野生动物，甚至对气候都会产生一系列的影响。

随着科学技术的进步和生产的发展，人们认识到土地资源本身是一个整体系统。当系统一旦被人们利用，人类就已进入了土地资源系统，并成为其中一个组成部分，通过经济技术措施来影响环境，使人、资源、环境构成一个拆不散的网络关系，互相影响，作为一整体而存在。我们也就要建立起"土地-生态-经济-社会"这一完整的理论体系，把开发和保护结合起来，使土地资源永续利用。

5. 面积的有限性

由于受地球表面陆地部分的空间限制，土地的面积（或称土地资源的数量）是有限的；同样，一个国家、一个地区的土地面积也是有限的。土地面积的有限性，要求我们一方面要保护地力，另一方面要尽一切可能节约使用土地。

土地面积的有限性决定了人们只能通过对土地的合理开发利用、治理和保护，来不断提高土地的生产能力，满足人类社会不断增长的消费需求。而梦想通过扩张土地面积的途径来增加人们的财富，其结果只能会导致区域性的战争。目前世界人口正在急剧增加，各种土地利用对有限的土地面积竞争异常激烈，对土地资源产生极大压力。因而，人们一方面要珍惜和合理利用每一寸土地，另一方面要采取切实措施，有计划地控制人口增长，减小人口对土地的压力。

6. 多功能性

土地既是农业生产资料，又是人类活动空间；既可被农业利用，又可被交通、城建、旅游、国防等非农业利用。

土地的用途概括起来可以分为3大功能，即生态功能、生产功能和生活功能。由于土地的多功能性决定了土地利用的竞争性，因而存在土地资源在国民经济各生产部门之间合理配置和优化利用问题。如何确定土地的最佳用途，发挥土地的最佳综合效益，也就成为土地利用规划的主要目标和任务。

7. 不可替代性

土地是一种不可替代的自然资源。土地具有养育功能，它是人类赖以生存的农作物生长发育所需的水、肥、气、热的提供者和协调者，养育了地球上的所有生物。土地是各种自然资源的载体，为人类源源不断地提供各种矿产资源。土地具有承载的功能，人类的居住、休息、娱乐和一切生产活动都必须以土地为载体，土地是生物生存、人类生产和活动的基地。土地具有景观功能，多样性的土地类型和景观，为人类提供了旅游资源，等等。在人类社会的进化和发展历史中，随着科学技术的不断发展和进步，一般的生产资料及其功能可以被更先进、更完备的生产资料所代替，而土地的上述功能却不能被其他任何生产资料所完全代替，土地在人类的生存和发展过程中发挥着不可替代的功能和作用。

1.1.3.2 土地资源的资产特性

土地和空气、阳光等自然资源不一样，它可以被个人垄断，可以变为资产，因而土地不仅具有自然资源属性，而且具有社会资产特性，是一切财富的源泉。诚如马克思所引用的威廉·配第的一句话："劳动是财富之父，土地是财富之母。"随着人类社会的发展，不仅土地的重要性越来越突出，土地作为资产的特性也表现得日益明显。换句话说，土地已作为一种财富为人们所拥有，并在经济上作为资金运用的同义语。

据粗略估算，我国农村耕地资产 9600 亿元，城市土地资产 16080 亿元。我国自 1987 年以来的土地有偿使用制度改革的实践也充分证明，土地资产特性对创造社会财富具有重要作用。因此，必须不断培育和规范地产市场，使土地资产发挥更高的效益。

1. 商品特性

土地具有使用价值和交换价值，可以进入商品流通，是一种特殊商品，与一般商品相比具有下述特殊性：

（1）一般商品是用来交换劳动产品的，而土地这个特殊商品，它具有非劳动产品与劳动产品的二重性。如果从它的根本属性来看，或就其整体而言，是属于天然赐予的自然物，并非人类的劳动所能创造的；但从对它利用改造的角度来看，现今土地大多经过人类长期直接或间接的开发，凝结着大量的人类劳动成果，具有劳动产品的一面。

（2）一般商品是属于价值物，其价格是价值的货币表现。然而，土地的价格具有两重性：一方面是作为自然物的土地价格，另一方面是作为开发的土地价值的价格。从现实的经济活动来看，这两个部分的土地价格是融合在一起的，因为人类投入土地的劳动与土地本身是不可分的。

（3）一般商品在空间上是可移动的，而土地这个商品的位置却是无法移动的，因此通常被称为不动产。

2. 流通的特殊性

土地资产可以像其他商品一样进行流通，但在市场上流通的不是土地资产商品实体本身，而是土地资产产权的代表物——证书。土地资产的最重要内容不是它的实体，而是占有和利用它的权利或是产权关系。土地资产的交易实际上是土地资产产权的交易。所以，它需要由国家制定一系列法律、法规来保障土地资产转移或交易的合法性，使土地资产的所有者或使用者的合法权益能得到国家法律的保护。否则，土地资产经营就不能顺利地进行，也不能在其流通过程中实现它的价值。

土地资产流通的另一特殊性表现为所有权与使用权的分离。一般商品无论在出售前还是出售后，它在法律上的所有权和使用权总是统一的。虽然一些可供租用的商品，如飞机、汽车、机床设备等在出租期间它们的所有权与使用权是分离的，但这些商品中只有很小一部分被租用，租赁市场不是这些商品的主要市场。土地资产则不然，在实行土地资产国有、使用权可以转让的国家与地区，租赁是土地资产市场流通的主要形式，甚至是唯一的形式。在那些土地资产可以自由买卖的国家与地区，很多土地资产也是采用租用的形式，从而导致所有权与使用权的分离。

3. 产权特性

土地与土壤、景观等概念的最大区别之一就在于土地具有明显的产权内涵。土地产权是指存在于土地之中的排他性完全权利。它包括土地所有权、土地使用权、土地租赁权、土地抵押权、土地继承权、地役权等多项权利。土地产权也像其他财产权一样，唯有在法律的认可下才能产生，即土地的产权必须通过相关的法律确认程序后才能生效，如利用欺骗或暴力等手段占有土地，并不表示拥有某项土地产权。

正如生产资料归谁所有决定着一个社会的生产关系性质一样，土地归谁所有也就决定了社会的基本制度。土地制度对于土地利用的种种约束实质上表现为对土地产权的约束，土地产权性质反映着特定的社会制度和经济关系。因此，土地的产权特性是社会经济属性中最重要的内容之一。

4. 使用的永久性和增值性

土地的增值性一方面取决于土地的稀缺性和人类社会对土地的不断改造利用。所谓土地供给的稀缺性，主要是指在某一地区、某种用途的土地供不应求，形成了稀缺的经济资源，造成供求上不同程度的矛盾。其原因有二：①位置较优或质量较好的土地，利用方便，效益较高，从而拉大需求量，而可供使用的这些土地的面积又有限，这种不断追求区位优越、质量好的土地利用行为必然导致土地供给的稀缺性；②土地供应的稀缺性也与土地总量有限密切联系，人类共同拥有的地球，其土地面积是恒定的，而需求量却随着人口数量和经济发展不断地增加，从而加剧土地供求矛盾，造成土地的不断增值。

另一方面，土地作为生产资料因人们的创造性劳动而不断地增值，它可以包括对该增值土地的劳动成果，如修筑梯田、种植果树，而使原来无人问津的山坡的地价增值；也可能仅仅是由于利用方式的改变（如农用地转变为工业、建设用地），或四周的环境、区位改变（如交通网络的建设）等而产生土地增值。

5. 位置的固定性

地产具有位置的固定性，这就决定了地产是不动产，它不能随着土地产权的流动而改变其实体的空间位置。这也是与机器、设备等企业财产所不同的特征之一。

1.2　土地的属性和功能

1.2.1　土地的属性

1.2.1.1　土地的自然属性

从土地的自然属性分析，与机器、厂房和机床等生产资料不同，土地不是人类劳动的产物，而是大自然的历史产物，具有原始性。土地的生物生产能力和有用性正是土地的自然属性，土地的自然属性有以下 4 种：

（1）土地资源是自然的产物。土地资源是大自然的产物，是自然恩赐于人类的，早在人类诞生前就已存在，而不像其他生产资料那样是劳动的产物。人能创造其他财富，却不能创造土地，但人类可以改良土地或破坏土地。

（2）土地位置的固定性。土地是不能移动的，具有位置的固定性，这是土地区别于其他各种资源或商品的重要标志。尽管从严格意义上讲，地球表层也存在因各种自然原因而产生的移动变化，但对于整个地球和人类大生产活动来说实在是微不足道的，既没有实质意义，也不能从根本上改变土地位置的固定性的特性。土地位置的固定性，既给我们人类提供了利用各种土地的可能性和生存发展的基础，也限制了人类利用土地的区域性。

（3）土地的不可替代性。地表上绝对找不出两块完全相同的土地。任何一块土地都是独一无二的，故又称土地性能的独特性或差异性，其原因在于土地位置的固定性及自然、人文环境条件的差异性。即使是位于同一位置相互毗邻的两块土地，由于地形、植被及风景等因素的影响，也不可能完全相互替代。由于土地的不可替代性，导致了土地价值和价格的差异、土地适用性和利用成本的差异，它时时警示人类珍惜并科学合理地利用每一块土地。

（4）土地面积的有限性。由于受到地球表面陆地部分的空间限制，土地的面积是有限的。人类只能改变土地的地形地貌，改善或改良土地的生产性能，但不能增加土地的总量。人类围湖或填海造地等，这只是对地球表层土地形态或用途的改变。所以，人类必须充分、合理地利用全部土地，努力提高土地的产出效益，以有限的土地创造更多的物质财富，满足人类日益增长的物质需求。

1.2.1.2　土地的经济社会属性

土地资源的社会经济属性是指人们在利用土地的过程中，能给利用者带来经济效益、社会效益或其本身具有未来经济效益和社会效益的功能。土地资源的社会经济属性反映了土地的社会关系，它可以归纳为两大类：一类是基于土地的经济利益而发生的社会关系，具体表现为土地所有关系以及由土地所有关系派生的土地使用关系；另一类是基于国家对土地资源的保护而产生的社会关系，具体表现为国家直接对土地资源保护而产生的土地管理关系，以及国家通过对土地财产权转移的管理（如土地市场管理），间接实现对土地资源的保护而产生的土地管理关系。土地的社会经济属性有下述 7 种：

（1）土地经济供给的稀缺性。经济学上的稀缺即是指有限，它包含两层含义：①土地供给总量与土地需求总量的矛盾，即能为人们所利用，从事各种活动的土地总面积是有限的；②在某些地区（城镇地区和经济文化发达、人口密集地区），某种用途的土地面积是有限的，往往不能完全满足人们对各类用地的需求。由于土地稀缺性日益增强，土地供求矛盾的日益尖锐化，导致一系列土地经济问题的产生。土地供给稀缺性是引起土地所有权垄断和土地经营垄断的基本前提，由于土地供给稀缺，在土地私有并可以自由买卖或出租的条件下，容易出现地租、地价猛涨、土地投机泛滥等现象。

（2）土地用途的多样性。对一种土地的利用，常常产生2个及以上用途的竞争，并可能从一种用途转换到另一种用途。特别是好的土地如耕地，既可以农用，又可以转变为建设用地，然而一旦农地转为建设用地，其用途将很难逆转，因此，这就要求人们在利用土地时，考虑土地的最有效利用原则，使土地的用途和规模等均为最佳，同时也要综合考虑土地的生态价值和社会价值等。

（3）土地的增值性。一般商品的使用，随着时间的推移总是不断地折旧直至报废，而土地则不同，土地的价格会不断攀升。一方面，随着社会生产力的发展，以及人口的不断增长，人们对土地的需求也将与日俱增，而土地总量是有限的，土地供需矛盾的加剧会引起土地价格的上涨。另一方面，由于土地经营者对土地的投资、土地周围设施的改善，土地不仅不会折旧，反而还可以反复使用和永续利用，并随着人类劳动的连续投入而不断发挥它的性能，实现其自然增值。

（4）土地报酬递减的可能性。土地经营中，一般情况下会随着投入增加而报酬（收入）增大，但是当技术不变，在单位面积土地上投入物化劳动和活劳动达到一定程度时，边际报酬（收入）就会下降，平均报酬（收入）也会随之下降。这就要求人们在利用土地增加投入时，必须寻找在一定技术、经济条件投入下投资的适合度，确定适当的投资结构，并不断改进技术，以便提高土地利用的经济效益，防止出现土地报酬递减的现象。

（5）土地利用的外部性。任何土地利用都会对周围环境产生作用和影响。每块土地利用的后果，不仅影响本区域内的自然生态环境和经济效益，而且必然影响到邻近地区，甚至整个国家和社会的生态和社会效益，产生巨大的社会后果。这种影响可能是有益的，也可能是有害的。如农地的利用一方面可以解决农民就业问题，同时还能带来优美的环境和良好的生态功能。流域上游土地滥垦滥伐，会造成水土流失，往往引起下游河流湖泊的泥沙淤积，调控蓄洪能力下降，出现洪涝灾害。政府部门要以社会代表的身份行使征用权和管理权，对全部土地的利用进行宏观的管理、监督和调控。

（6）土地的产权特性。土地价值是土地实体、权益价值和区位价值的总和，其中，不同权益的附加是造成土地价值巨大差异的重要原因，土地的价值更多地取决于土地上附加的权益。如土地所有权价值高于土地使用权价值。

（7）土地利用方向变更的困难性。任何一块土地都可能有多种用途，可生产多种产品，但改变一块土地的原有用途，在一定条件下，则是相当困难的。不用说建筑用地变成农用地的困难，就是农业用地用途变更也是相当困难的。比如，农产品的价格因国内外供求关系等因素影响而产生明显升降时，农业生产者很难及时调整种植面积和产量。因为，不同的作物有不同的生产季节，要求不同的土质、气候条件，往往很难改变；不同作物对资金、技术装备的要求也不同，变更会受到生产单位的经济力量的影响；而不同的生产者的生产技术也会影响生产水平。这一特性要求人们在规划利用土地时，必须科学慎重地决策，选择最恰当的利用方向去利用土地。

1.2.2　土地的功能

土地是人类生存的自然环境的重要组成部分，它在人类社会的生产和生活中的作用是极其重要而多样的。马克思曾精辟地指出："土地是一个大实验场，是一个武器库，既提供劳动资料，又提供劳动材料，还提供共同体居住的地方，即共同体的基础，是一切生命和一切存在的源泉，土地是万物之母。"根据联合国环境规划署的定义，资源，特别是自然资源，是指在一定时间条件下能够产生经济价值，以提高人类当前和未来福利的自然环境因素的总称。可见，资源的价值和功能着重体现在利用过程中。因此，土地资源功能也主要是指人类在对土地利用过程中，土地资源所体现的功能。基于土地资源的"三生"特性，根据土地资源利用状况，土地功能可以分为生态、生产、生活三大类。

土地资源是一个综合的功能整体，其"生态功能""生产功能"和"生活功能"是统一不可分割的，三者互相关联，在一定条件下还可以相互促进。土地资源三大功能中，生态功能是基础，是实现生产功能和生活功能的前提条件，人类的生产、生活以生态系统的支撑为基础，同时生产、生活等活动又影响生态系统。土地资源的生产、生活功能是人类土地利用过程中追求的最终目标。

（1）生态功能。如前所述，在土地资源的三大功能中，生态功能是基础，这是由土地资源、生态特性决定的。土地不仅是自然生态系统的重要基础，而且，土地本身就是一个重要的生态系统。土地资源的生产、生活功能受到自然生态系统及土地生态系统的限制和影响。土地资源生态功能是指生态系统与生态过程所形成的、维持人类生存的自然条件及其效用，包括气体调节、气候调节、废物和污染控制、生物多样性维持、土壤形成与保护、水源涵养 6 类。随着对土地生态系统认识水平的提高，产生了土地生态学，土地资源生态功能就是土地生态学研究的重要内容。具体而言，土地生态学以土地这一自然经济社会综合体为研究对象，通过物质流、能量流、信息流、价值流在土地上的传输与交换，通过生物、非生物和人类之间的相互作用，运用生态学和系统科学的原理和方法，研究土地生态结构和功能、土地生态变化以及相互作用机理、土地生态格局，为优化土地资源利用和保护服务。

（2）生产功能。土地资源的生产功能是土地资源三大功能的核心。一直以来，人类对土地资源的利用都主要围绕土地资源的生产功能。土地资源的生产功能是指土地作为劳作对象直接获取或以土地为载体进行社会生产而产出各种产品和服务的功能，它被进一步细分为食物生产、原材料生产、能源矿产生产及商品与服务产品生产 4 类。不断扩大生产功能作用的发挥是人类利用土地的主要目标，它的价值在人类社会中也体现得最为充分。就土地资源功能研究而言，土地资源的生产功能是研究最广泛、理论最为成熟的方面。对土地资源生产功能的度量是研究的重要内容，在此着重介绍衡量土地资源生产功能的土地资源生产力和土地资源承载力方面的研究。

（3）生活功能。土地资源的生活功能是土地功能的重要方面，对土地资源生活功能的研究体现在定性方面的较多，而很少体现定量研究方面。在此只对土地资源生活功能的概念及根据我国土地利用分类体系对生活用地做简单归类。

具体而言，土地资源的生活功能是指土地在人类生存和发展过程中所提供的各种空间和保障功能，其中空间功能包括居住空间、生产空间、移动空间、存储空间、公共空间等；保障功能则包括物质生活保障和精神生活保障，例如生存保障、土地资本保值增值、科学、教育和娱乐等功能。生活功能是人类生存和发展的最终目的，它的发挥程度与生产功能和生态功能的发挥程度有紧密的联系。

1.3 土地资源学的发展阶段

由于人类生存和发展离不开土地资源，人们对于土地资源的研究源远流长，可以说，土地资源研究的历史和人类的历史一样漫长。但是，土地资源学作为一个成熟的学科建立，国内外专家大多认为是始于 20 世纪 30 年代。在这个时期，苏联的景观学说基本形成，贝尔格编写了《苏联景观地理地带》一书，美国的微奇（Veatch J. O.）提出了自然土地类型的概念，德国的特罗尔（Troll C.）提出了景观生态学的概念，英国的米纳（Milne G.）提出了土壤"链"，鲍恩（Bourne R.）提出了"土地刻面"（land facet）的概念，使土地与自然环境要素相区别。土地被确定为由气候、地质构造形态、地形、植被、动物和土壤等一切具有人类环境意义的自然要素构成的自然综合体。土地资源学有了自己的研究对象。

纵观国内外土地资源研究的发展，其大体上可以分为 4 个阶段。

1.3.1 以自然描述和实地调查为主的土地资源考察阶段

在 20 世纪 30 年代以前，土地资源学没有成为系统的学科，人们对于土地资源的研究主要处在资料积累阶段，土地资源考察是其核心工作。

在古代，人们主要是通过土地利用过程中对于土地的感性认识来获得关于土地资源的知识，由于是通过观察、推测和想象，不少认识带有传说性质。我国出现最早的土地资源学著作其内容很难与历史学、哲学、文学、地理学、农学的著作分开。远在公元前 5 世纪，我国著名的《禹贡》一书，就将全国分为九州，分别阐述其山川、湖泽、土壤和物产，为世界最早的自然区划。大约同时代出现的《周礼》，将全国土地划分为山林、川泽、丘陵、坟衍、原隰 5 类，是世界上最早的土地类型研究。战国的《管子·地员篇》进一步对全国的土地进行划分，先按照地形划分为平原、丘陵、山地 3 大类，再按照土质把它分为 25 个类型，根据土壤肥力分别进行评价，分为 3 等 6 种，是世界上最早的土地评价著作。在国外，关于土地资源的研究也相类似，主要是研究者对于自身生存环境的描述、旅行和探险的记述。当然，地图也是人类对于生存环境和土地资源认识的重要表达形式，有人甚至认为地图是关于地理环境描述的第一语言，其次才是文字叙述。

在封建社会和资本主义社会发展的早期，土地资源调查是政府为了维护其统治，征收地租和税费的需要而进行的。由于开疆拓土长期是许多封建王朝追求的目标，土地资源调查为扩大用地规模提供了依据，新增加的土地税收扩大了国家财政收入来源，按照土地质量确定土地的税赋标准有利于保护拓荒者的积极性。在资本主义社会，发达国家也常常侵略他国来掠夺土地或建立殖民地，土地资源调查也成为发动侵略战争的前期准备工作。直到 20 世纪 30 年代，土地评价主要是为征收土地税赋服务。

土地资源考察是土地资源学形成的基础。19 世纪后叶，俄罗斯著名土壤学家和自然地理学家道库恰耶夫组织的对黑钙土和尼日格勒州进行的土地调查和科学考察，是近代国际上最为成功的土地资源调查。这次调查后于 1889 年出版的 14 卷《尼日格勒州土地的鉴定材料》是在对该地土壤进行自然历史鉴定的基础上，为当地政府提供确定土地收入和向农民征收土地税的依据。它不仅是国际上第一次出色的科学土地评价，其所拟定的土壤地理调查方法，到 20 世纪 90 年代仍然为苏联土壤制图所沿用。20 世纪 30 年代，英国著名地理学家斯坦普（Stamp L. D.）教授组织的土地利用调查是国际上又一次重要的土地调查，其调查的目的是要查明大不列颠每块土地的用处，说明土地利用和自然条件的关系。这次调查的成果是绘制了大比例尺（1∶10000）的土地质量与土地利用图。第二次世界大战爆发后，英国政府根据这些图实施了农业扩展计划，最大限度地利用土地进行粮食生产，取得了显著效益。在我国，到 1949 年以前，对于土地资源的科学研究比较少。大规模的土地资源考察工作主要是发生在 20 世纪 50 年代到 70 年代中期。以中国科学院自然资源综合考察委员会和中国科学院地理研究所为主力，会同国内其他有关研究单位和高等院校，先后开展了对于新疆、内蒙古、黑龙江流域、黄土高原、青藏高原、亚热带与热带等地区的考察，它们主要是为了适应国民经济发展需要而进行的综合科学考察，土地资源调查和开发是综合考察的主要内容之一。其主要任务是：查明土地资源的数量和质量，编制各种比例尺的土地资源图，在此基础上提出土地开发利用、改造和保护的方案。

土地资源考察，或者称为土地资源调查，虽然永远是土地资源研究不可缺少的内容，但是，随着人类对于地球环境的全面了解，人类的足迹踏遍地球的每一个角落，它已经逐步从原来土地资源研究的中心任务而转变成为土地资源研究的一个工作环节。20 世纪 70 年代开始，随着科学技术的进步，使得遥感（remote sensing，RS）、全球定位系统（global positioning system，GPS）和地理信息系统（geographic information system，GIS）在土地资源调查中广泛应用。

1.3.2　以土地类型研究为核心的景观综合分析阶段

从 20 世纪 30 年代开始，土地资源研究随着土地综合概念的形成，开始了一个以土地类型研究为核心的新阶段，景观综合分析是土地科学研究的重要方法。

对土地进行综合研究的思想和从地理学角度对土地综合特征进行系统的理论总结，最早是从景观学开始的。1913 年，德国学者帕萨格（Passarge S.）编写了《景观学的基础》，之后又陆续编写了《比较景观学》等一系列重要著作。在《比较景观学》中，他把景观划分为大小不同的等级。最低一级称为"景观要素"，如斜坡、草地、谷地、池塘、沙丘等。景观要素合并为小区（部分景观），小区合并为区域（景观），景观组成景观区域（例如德国北部平原），景观区域组成大区（例如中欧森林），最后大区组成景观带。在帕萨格等人的推动下，景观研究成为德国 20 世纪 20—30 年代的热点，其影响扩展到国外，对土地类型的研究产生了深刻的影响。

20 世纪 30 年代初期是苏联景观学思想产生的重要时期。1931 年，贝尔格在《苏联景观地理地带》一书中较为系统地阐述了景观学说的原理，明确提出了景观的含义，把景观看作是一般的地理综合体，在那里地形、气候、植被和土被的特征汇合为一个统一的、和谐的整体，典型的重复出现于地球一定的地带内。之后，在众多学者的共同努力下，苏联景观学理论体系和工作方法逐渐形成。学者们认为，陆地表面可以区分出一些自然条件的综合特征非常一致的地段，在这样的地段上采取相同的经济利用措施，其经济效益也应相同，因此在土地利用规划上应规定同样的利用方式。多数学者主张把这些地段研究称为小景观研究或景观形态学研究，相当于我们所称的土地类型学。

1931 年，英国地理学家鲍恩（Bourne R.）发表的《区域调查和大英帝国农业资源估计的关系》一文，提出以土地单位点（unit site）作为农业调查中的类型单位，并指出有必要在地球表面划分出具有一致特征的单元，并拟定了一个三级分类系统，即地文区（physiographie region）、单元区（unit region）、单元点（unit site）。并认为一个单元点对所有的实用目的来说，具有相似的地文、地质、土壤和成土环境等因素。可以说鲍恩是土地类型研究中等级分类的先驱。

美国学者微奇在 20 世纪 30 年代初期也开始以综合的观点看待土地，并发表了几篇文章论述土地的自然地理划分，最早的一篇发表于 1930 年，题目为《土地的自然地理划分》，后来又发表了《根据土地的基础来进行土地分类》和《自然土地类型的概念》两篇文章。他明确提出了自然土地类型的概念，认为理想的自然土地类型应由一切具有人类环境意义的自然要素所组成，例如气候、地质构造形态、地貌、地形、植被、动物和土壤，认为自然土地类型可以作为划分不同的生产潜力的土地的基础。他在综合研究土地与农作物生长的关系时，根据土壤类型与地表起伏形态（含坡度与地面排水状况）等的组合，将土地划分成不同的自然单元即土地类型（land type）。

20 世纪 40 年代以后，土地类型研究进入了一个新的阶段，即从理论研究逐步走向应用研究。这个时期一个重要的特征就是一些国家设立了专门机构进行有计划的土地调查，并在调查中运用土地类型的思想与方法。例如，澳大利亚 1946 年在联邦科学与工业研究组织（Commonwealth Scientific and Industrial Research Organization，CSIRO）内设有土地研究处，其从 1946—1972 年已完成澳大利亚本土（主要在北部、中部）27％面积和巴布亚新几内亚 40％面积的调查制图，并首次采用土地系统、土地单元和立地等术语。其后至 1977 年，又完成了本土南部 41 万 km² 的土地调查。1946 年，英国成立海外发展部，进行国外土地资源调查、规划和开发，其成果产生了重要影响。英国牛津军事工程实验机构也进行土地类型研究，开始时主要是军事应用，后来逐渐扩大到民用方面。英国 20 世纪 60 年代后在土地类型的应用上有较大发展。景观学一直是苏联比较活跃的领域，20 世纪 50 年代在全国也开展了典型地区调查。60 年代初期在海外开发局设立了土地资源处，着重负责发展中国家的土地资源调查，在博茨瓦纳、尼日利亚、赞比亚等国家完成了 100 多万 km² 的土地类型图。墨西哥成立了国家一级的土地机构——国家土地委员会，由总统亲自担任主席，在 70 年代末就已完成了全国领土 70％以上的地貌、水文地质、土壤、土地利用、土地潜力等 1∶5 万基础图件和全国 1∶100 万土地资源图。加拿大、美国、荷兰、日本及东欧等国家和地区都设立有专门机构研究土地类型。在国际组织中，联合国粮食与农业组织下设有"土地资源开发和保护局"，联合国教育、科学及文化组织（United Nations Educational Scientific and Cultural Organization，UNESCO）与荷兰政府合作，建立了以综合考察为中心的国际航测与地学研究所（International Institute for Aerospace Survey and Earth Sciences，ITC），国际地理学会也有"景观综合工作组"，其有力地推动了这一方面的科学研究与国际交流合作。

我国的土地类型研究是在 20 世纪 50 年代初期由自然区划研究的推动逐步发展起来的。1959 年，我国完成全国自然区划以后，迫切需要从类型角度对自然分区的内部特征加以研究，详细解剖。苏联地理学家伊萨钦科于 1958 年和 1959 年分别在中山大学和北京大学讲授景观学，介绍了苏联景观学派有关土地类型调查与制图的理论和方法。随后，我国一些地理学者在全国各地先后开展了土地类型调查与制图研究，先后出版了《中国土地类型研究》论文集和《中国 1∶100 万土地类型图制图规范》，完成了全国 1∶100 万土地类型图的编制。进入 20 世纪 90 年代，我国土地类型研究的理论和方法得到了系统总结，出版了《土地类型与土地评价》（倪绍祥，1992）、《综合自然地理学理论与实践》（刘胤汉，1991）等一系列高校教材和研究专著。1997—2008 年逐年展开土地利用现状年度变更调查和制图工作，并逐渐探索建设各级土地利用现状数据库；2007—2009 年开展的第二次全国土地利用现状详查，广泛采用"3S"等现代技术，逐级汇总了全国农村和城镇土地利用现状类型、权属及其分布情况，制作各级不同比例尺土地利用现状图，建设国家-省-市-县四级联网数据库；根据《中华人民共和国土地管理法》《土地调查条例》相关规定，依法开展第三次全国国土调查，该项工作于 2017 年 10 月 8 日启动，以 2019 年 12 月 31 日为标准时点，至 2020 年 10 月完成标准时点更新工作止，第三次全国国土调查工作全面完成。目前土地类型研究已成为土地资源评价的基础，并被积极运用到景观设计和规划中，成为推动我国景观生态学发展的重要动力。

1.3.3 以土地合理利用为目标的土地评价阶段

对于世界农业增长的分析表明，在 1950 年以前其主要是靠扩大耕地面积实现的。随着人口的增长，世界上一些土地质量好、区位条件优越和容易利用的土地基本上都得到了开发，土地利用率显著提高，土地资源的稀缺性突出。土地供给对于国民经济和社会发展的限制作用越来越受到人们的重视，土地合理利用成为土地资源研究的目标。早在 1949 年，美国的荷肯史密斯（Hokensmith R. D.）等人在美国第五次土壤学会会议上提出的《利用土地潜力分级的最近趋势》一文，实际上总结了前人所做的为土地利用的土地评价，说明当时土地评价的目的开始从作为土地赋税的依据而转到了为土地合理利用服务。

1958 年，克林杰比尔（Klingebeil A. A.）在美国土壤学会的会议上发表了《土壤调查解释——潜力级》一文，首先提出了为发展农业，按照土地集约程度将美国的土地划为 8 个潜力级的观点，每个潜力级适于农、林、牧业发展的不同程度。1961 年美国农业部正式颁布土地潜力分级系统，实际上也是克林杰比尔等完成的，该系统客观地反映了各个潜力级土地利用的限制程度，揭示土地潜力的等级变化和适宜土地用途，它使得土地潜力评价成为世界上第一个较为全面的，为土地利用目的服务的土地评价系统，对于世界上许多国家的土地评价产生了深刻影响。例如，1963 年加拿大土地清查局提出的土地潜力分级系统和 1969 年英国土壤调查局提出的土地利用潜力分级系统，实际上都是参照美国土地潜力分级系统而制定的。只是加拿大的土地潜力分级系统不仅用于农、林、牧业用地评价，而且应用于旅游和自然保护等用地评价。英国的土地利用潜力分级系统各土地质量级的定义更加精确，规定了限制因素值。美国的土地潜力评价主要考虑土地自然属性变化，不太适用于发展中国家作为土地资源评价的理论体系。因为这些国家的土地开发程度不高，用于土地方面的投资很少，技术落后，土地潜力不能够准确反映其土地适宜性。例如，一块从自然条件考虑应该集约化种植某一商品作物的土地，由于投入水平低，市场距离远，交通工具落后，农民对农业新技术应用的接受能力差，那么，这块土地就不应该被评为适宜于该商品作物种植的一级地。

到 20 世纪 70 年代，土地评价成为土地利用规划的基础，服务于土地利用规划。1972年荷兰的毕克（Beek K J）和本奈玛（Bennema J）发表了《为农业土地利用规划的土地评价》，1973 年鲍尔发表《在区域规划中利用土壤数据》，都强调了土地评价在土地利用规划中的应用。特别是毕克提出了新的土地适宜性评价的思路，他把土地制图单元与一定的土地利用方式结合了起来，评价土地质量是否能够满足某一特定用途的需要。并把土地利用方式作为土地评价的主题，按照评价目的和要求，从自然条件和社会经济条件诸方面尽可能精确而具体地描述土地利用方式。毕克还提出了土地属性（Land attributes）这个名词，土地属性包括土地特性（Land characteristics）和土地质量（Land quality）两个方面。他建议按照土地质量进行土地利用方式评价和土地评级。毕克提出的土地适宜性评价，与美国的土地潜力评价相比，考虑了社会经济条件对土地利用方式的影响，更加符合发展中国家情况。1976 年联合国粮食与农业组织出版的《土地评价纲要》是随着世界各国土地评价工作的迅速发展，为了解决由于各国各自采用的土地评价体系不同不利于信息交流和比较的问题，而由各国土地资源研究学者多次讨论结出的智慧结晶，其中有许多观点采用了毕克的土地评价思路。联合国粮食与农业组织出版的《土地评价纲要》代表了联合国粮食与农业组织有关土地评价的主要观点，在许多国家有重要影响，不仅把以美国潜力评价为代表的一般性土地适宜性评价发展成为工作十分细致的针对性土地适宜性评价，而且在土地评价的规范性和一致性方面作出了积极贡献。《土地评价纲要》提出的适宜性分类结构和进行土地适宜性评价必须遵守的程序具有广泛的适用性。该书出版后，联合国粮食与农业组织陆续针对灌溉农业、雨养农业、林业、畜牧业完善了土地评价指南，使得《土地评价纲要》提出的土地评价模式更加具有应用性和可行性。

20 世纪 60 年代也是城市规划发展的一个新阶段。除英国是在 1947 年颁布《城乡规划法》外，德国 1960 年颁布了《联邦建设法》，美国 1965 年通过了《住宅城市开发法》、1966 年通过了《特定城市与大城市开发法》，日本 1968 年重新编制了《城市规划法》。通过这些法律的制定，西方各国形成了以土地利用规划为中心的具有二层结构的现代城市规划体系。上层规划为非法律约束性的土地利用总体规划，主要确定城市发展的总体战略；下层规划为具有法律约束性的土地利用详细规划，主要控制个别的开发行为和建筑行为。现代城市规划体系的建立，使得原来主要是以控制城市建设秩序为主，避免不相容的土地用途相互冲突的以功能区划为中心的传统城市规划，变成以土地合理利用为目标，探讨土地最高最优使用的城市规划。在 20 世纪 60 年代以后，城市土地调查不仅为城市建设工程需要，城市土地利用的合理性、城市土地质量与土地价格的关系越来越受到关注，为城市规划服务的土地评价也成为研究热点。

我国土地评价早期也主要是为征收税费服务。20 世纪 50 年代，为了适应社会主义经济建设需要，农用地评价在促进东北和新疆等地的宜农荒地开发和华南、云南适宜种植橡胶地的开发方面作出了积极的贡献。70 年代中期，国家在"1978—1985 年全国科学技术发展纲要"重点科学技术项目的第一项和《全国基础科学发展规划》地学重点项目第五项中提出编制《中国 1：100 万土地资源图》。土地资源分类系统包括潜力区、适宜类、质量等、限制型、土地评价单元 5 个等级。《中国 1：100 万土地资源图》所提供的资源数据是全面的、系统的，特别是其中土地适宜性、土地质量等与土地限制型的土地评价部分的资源数据在国内尚属首次采集。《中国 1：100 万土地资源图》编制是我国土地评价研究的一个高峰，它实现了我国土地评价系统和国际土地评价系统的对接，在理论和实践上推动了我国土地评价走向成熟。1986 年以后，随着我国成立国家土地管理局和《中华人民共和国土地管理法》颁布，我国各地先后于 1987 年和 1997 年编制了两轮土地利用规划，其中，土地适宜性评价都被定为必需的研究专题，为土地资源优化配置和土地利用结构调整提供了科学依据。

我国城市土地评价在 20 世纪 80 年代受到学术界的重视。1983 年陈传康发表的《城市建设用地综合分析和分等问题》是对以往城市规划中土地评价工作的理论总结。我国的经济体制改革和城市土地使用制度改革，推进了城市土地评价的深入开展。1985 年，为征收土地使用税（费），北京、上海、武汉等城市开展了以测算土地级差收益为主要目的的研究，其中涉及了土地等级的划分。1987 年国家起草了《城镇土地定级规程（征求意见稿）》，并在上海、黑龙江的双城、湖北宜昌、湖南岳阳、福州、昆明等城市布置了全国城镇土地分等定级试点工作，探索适合中国国情的城镇土地定级方法。1989 年，国家又颁布了《城镇土地定级规程（试行）》，提出了多因素综合评定法和级差收益测算法评定：土地等级的基本思路和方法。1992 年董黎明、胡存智主编的《城镇土地定级原理与方法》一书实际上是对这一时期我国城市土地分等定级工作的系统总结。在开展城镇土地定级工作的同时，国家有关部门也在积极探索城镇土地估价工作的程序和方法。1988 年 4 月，全国七届人大分别通过了《中华人民共和国宪法修正案》和《关于修改〈中华人民共和国土地管理法〉的决定》，允许土地使用权依法转让，使地价评估和管理工作有了相应的法律基础。在总结各地土地估价工作经验的基础上，国家于 1993 年发布了《城镇土地估价规程（试行）》，提出建立以基准地价和标定地价为核心的地价体系及相应的技术路线和方法，自此，城镇土地估价工作在全国迅速开展起来。城市土地分等定级和地价评估成果在城市规划中的应用也日益广泛。1996 年农业部颁布了行业标准《全国耕作类型区、耕地地力等级划分》把全国划分为 7 个耕地类型区、10 个耕地地力等级。1998 年，国土资源部提出了《农用土地分等定级规程（讨论稿）》。之后，部分县、市根据国土资源管理工作的需要开展了农地分等定级和估价工作，提供了可参考的成果。2003 年 4 月，国土资源部颁布了《农用地分等规程》（TD/T 1004—2003）及《农用地定级规程》（TD/T 1005—2003）并在全国范围内进行试点。在此基础上，于 2003 年 4 月，以行业标准形式予以颁布，分别为《农用地分等规程》（TD/T 10004—2003）、《农用地定级规程》（TD/T 10005—2003）、《农用地估价》（TD/T 10006—2003），并一直沿用至今。

1.3.4 以土地可持续利用为导向的土地利用后评价阶段

进入 20 世纪 80 年代，土地资源研究进入了土地利用后评价阶段。土地评价不只是为土地利用规划服务，更加重要的是为了反思人类的土地利用行为，探索土地合理利用的模式，维护土地资源健康和安全，改进土地利用和管理，保证土地可持续利用。土地资源研究对于土地开发利用过程引起的生态环境变化给予了极大关注。

1978—1982 年，联合国粮食与农业组织（Food and Agriculture Organization of the United Nations，FAO）与联合国人口发展基金会（United Nations Population Fund，UNFPA）、国际应用系统分析研究所（International Institute for Applied Systems Analysis，IIASA）合作，运用农业生态区域法对 117 个发展中国家的土地人口承载力进行了研究，使得地球究竟能够养活多少人的问题受到了政府和学术界的广泛重视。通过对于不同的土地管理和投入水平的分析，计算出不同国家和地区出现的粮食生产能力和土地人口承载力的差异，揭示了土、地、粮食和人口增长的关系，阐明了人口、资源、环境和发展协调的重要性。自 20 世纪 80 年代起，国际科学界出于对全球环境变化问题的关注，先后发起并组织实施了 4 大全球环境变化研究计划，即：①世界气候研究计划（World Climate Research Programme，WCRP）；②国际地圈生物圈计划（International Geosphere Biosphere Program，IGBP）；③国际全球环境变化人文因素计划（International Human Dimensions Programme on Global Environmental Change，IHDP）；④生物多样性计划（Biological Diversity Plan，BDP）。土地利用与土地覆盖变化（Land Use and Land Cover Change，LUCC）在具有全球影响的两大组织 IGBP 和 IHDP 推动下，迅速成为全球变化研究的重点领域。自 1990 年起，这两个组织开始积极筹划全球性综合研究计划，于 1995 年共同拟定并发表了《土地利用/土地覆被变化科学研究计划》，明确了土地利用变化的机制、土地覆被的变化机制和建立区域与全球尺度的模型等 3 个研究重点。其目的是通过区域性个例的比较研究，分析影响土地使用者或管理者改变土地利用和管理方式的自然与社会经济方面的主要驱动因子，建立区域性的土地利用/土地覆被变化的经验模型。通过遥感图像分析，了解过去土地覆被的空间变化过程，并将其与驱动因子联系起来，建立解释土地覆被时空变化及预测未来可测性变化的经验诊断模型；建立宏观尺度的，包括与土地利用有关的各经济部门在内的土地利用-土地覆盖变化动态模型，根据驱动因子的变化来推断土地覆盖未来的变化趋势，为制定相应对策和全球环境变化研究任务提供可靠的科学依据。世界上许多国家与关心全球环境变化的国际组织随后也纷纷启动了各自的土地利用/土地覆盖变化研究项目。现已经实施的计划有：美国全球变化研究计划与欧洲空间署等国际组织合作开展的高分辨率雷达监测土地覆盖变化和季节植被情况项目；国际应用系统分析研究所 1995 年启动的"欧洲和北亚土地利用/土地覆盖变化模拟"项目；日本国立科学院全球环境研究中心在日本环境署的支持下开展的"为全球环境保护的土地利用研究"（LU/GEC）项目。这些计划的实施大大丰富了人类对于土地利用和土地覆盖变化规律的认识。

合适的指标在监测和评价环境变化与经济社会发展方面的作用举足轻重。土地质量指标体系的建立和研究，其宗旨就在于更好地掌握土地质量变化及其驱动力分析，并深化土地资源的科学管理。1995 年 6 月由世界银行联合国粮食与农业组织、开发计划署和环境署等国际组织共同发起，在美国华盛顿召开第一次正式会议，讨论建立土地质量指标体系项目研究的全球联盟的基础。1996 年 5 月召开第二次会议，详细讨论了工作计划。计划主要由上述几家国际机构制订，其他组织的代表如国际农业研究顾问组、国际地球科学信息网络协议、国际土壤资源与信息中心、美国农业部和世界资源研究所等也积极参与了部分工作。国际上围绕土地质量指标体系陆续启动了大型项目。作为最初倡议者之一的世界银行，其项目主要是为热带、亚热带及温带主要农业生态区的人工生态系统（农业及林业）建立土地质量指标体系，通过综合信息系统为这些地区所在国家的土地管理决策提供依据。联合国粮食与农业组织的项目提出，在综合全面地实现土地利用决策与管理的框架中，应着重考虑能代表所监测土地单元重要的自然及社会经济特性的普通指标，主要包括：土地资源状况的变化，不同土地利用方式面积的变化，农业措施的适应性及采用率，农业管理措施的变化等。加拿大土壤健康项目始于 80 年代中期，它以土壤作为健康环境的基本要素，在全国 23 个地方设立实验站，监测土壤的健康状况。所建立的土地质量指标体系也以土壤性状为主，主要包括：土壤有机质与土壤结构；土壤退化过程，包括土壤侵蚀、盐渍化及化学污染；地下水污染；土地利用及土地管理措施在土壤质量退化、保持或改善方面的作用。

土地可持续利用是基于可持续发展理论而提出的科学概念。土地可持续利用的思想是 1990 年在新德里由印度农业研究会、美国农业部和美国 Rodale 研究所共同组织的首次国际土地持续利用系统研讨会上正式提出的。以后又分别于 1991 年 9 月在泰国清迈举行了"发展中国家持续土地管理评价"和 1993 年 6 月在加拿大 Lethbridge 大学举行了"21 世纪持续土地管理"国际学术讨论会，这两次会议都强调了土地可持续利用指标体系的建立，许多学者从自然、经济、社会和环境等各个方面探讨了土地可持续利用评价的指标和方法。在此基础上，联合国粮食与农业组织 1993 年正式颁布了《土地可持续利用评价纲要》，确定了土地生产性、生态稳定性、资源保护性、经济可行性和社会可接受性等土地可持续性利用的 5 个项目评价标准，并初步建立了土地可持续评价在自然、经济和社会等方面的指标体系。1997 年 8 月在荷兰恩斯赫德召开的"可持续土地利用管理和信息系统国际学术会议"，进一步推进了 GIS 等高新技术在土地可持续评价中的应用。土地可持续利用评价主要探讨在更长时期内适合的土地利用方式。它要求对某种土地利用方式下，各种环境因子和生态过程的变化趋势作出预测，在多尺度、多层次、多背景意义上探索人地关系和土地利用系统与资源环境系统之间相互作用的过程、格局和动力学机理，诱导和促进这两个系统相互适应和协同进化，这是对传统土地评价的深化。土地持续利用不仅要考虑土地利用的适宜性和土地利用的经济效益，而且要考虑区域的环境容量与承载能力、生态平衡和生物多样性保护。

我国关于土地人口承载力、土地利用/土地覆盖变化和土地可持续利用评价的研究，紧跟国际潮流。1986 年中国科学院综考会等多家科研单位联合开展的"中国土地生产潜力及人口承载量研究"是我国迄今为止进行得最全面的土地承载力方面的研究。1989 年我国原国家土地管理局与联合国粮食与农业组织在联合国开发计划署的支持下，也对中国土地人口的承载力进行了评价。这两项重要研究成果，都指出了我国土地的合理人口容量，对于我国社会经济发展战略和规划的制定提供了科学依据，应用效果明显。我国土地利用/土地覆被变化研究在 20 世纪 90 年代也开始蓬勃开展，在中国国家资源环境数据库建设、青藏高原土地利用/土地覆盖及其环境效应研究、城市用地扩展等方面取得了重要成果。90 年代以来，土地利用/土地覆被变化理论成了地理学中人地关系理论的核心。在逐步深化遥感和地理信息系统在土地利用/土地覆被变化中应用的同时，研究人员不断完善土地利用/土地覆被变化的研究方法，包括：引进、总结、完善空间分析方法和数理统计方法、模型分析方法以及这些方法的综合集成等。通过引入经济学、土地资源学等学科的理论，在分析土地利用/土地覆被变化研究成果的基础上，系统阐述了土地利用/土地覆被变化及其环境效应研究的内涵、意义、涉及的主要理论、经济学解释、政策分析等初步提出了该项研究的理论框架。我国土地可持续利用研究在借鉴联合国粮食与农业组织《土地可持续利用评价纲要》的基础上，结合中国实际全面开展。2008 年 8 月国土资源部启动重点科技项目"土地资源可持续利用指标体系和评价方法研究"，制定了我国"县级土地可持续利用评价大纲"和"县级土地可持续利用评价空间决策信息系统"，出版了《土地可持续利用评价指标体系与评价方法》学术专著。此外，关于土地可持续利用的相关研究也广泛开展，特别是城市土地集约利用、土地整理和生态恢复、土地资源安全和土地退化评价等方面，也成为我国土地资源研究的重要方向。

应该指出，上述关于土地资源学发展阶段的阐述，只是指出了不同时期土地资源研究的重点，它代表着土地资源学研究内容的不断充实和丰富过程。每个时期提出的土地资源研究任务，并没有因为新的学科生长点出现而终结，而是在新的形势和条件下，得到了更加深入的发展。

1.4　土地资源学的研究内容、理论和方法

1.4.1　土地资源学的研究内容和特点

土地作为一种最基本、最重要的资源，它在人类社会生产和生活中起着巨大的作用。学者们分别从管理学、经济学、法学和资源学的角度对其认识。就其属性而言，土地资源既包括自然范畴——具有"自然综合体"的特征，又包括社会经济属性——具有可供人类发展生产的经济特性，是人类最基本的生产资源和劳动对象。因此，可以说它是一个综合自然经济地理学（comprehensive physical – economic geography）上的概念，是一个自然经济综合体（physical – economic complex）。我们将土地资源这一自然经济综合体作为研究对象，对其自然与社会构成要素、类型与特征、数量和质量调查评价，以及开发与利用、治理与改造、保护与管理等问题进行全面、综合、系统的研究，这便是土地资源学的研究内容。作为土地科学体系中的基础理论学科，土地资源学应当至少回答下列问题：

（1）什么是土地和土地资源，土地资源的基本属性是什么。

（2）土地资源的自然构成要素和社会经济特征。

（3）地表各种各样的土地资源类型及其形成特点、区域分异和组合结构特点。

（4）土地资源的数量和质量状况。

（5）当前土地资源的利用状况以及今后合理利用的方向、途径，以及为实现土地资源合理利用而进行的土地利用区划和规划。

（6）在土地利用过程中需要采取的治理、改造措施以及改造的方法、途径。

（7）为了珍惜每一寸土地，合理利用每一寸土地而对土地资源采取的科学保护和管理的方法、途径和措施。

土地资源学的这7大任务，其最终目的是合理开发利用每一寸土地资源，以获得最大的经济效益、生态效益和社会效益，亦即以经济效益为中心的综合生态经济效益。

上述7个方面基本决定了，土地资源学的研究内容应当包括从认识土地资源及其存在的问题出发，为实现土地资源的合理利用制定土地资源在国民经济中的优化配置结构及其开发、利用、保护和管理的完整过程。以往对土地资源的研究往往未注意到这一过程的连续性，人为地停留在某一阶段，导致了土地资源研究与土地资源开发利用、保护的脱节。因此，土地资源学的完整体系，应当包括如下几个方面的研究内容。

1. 土地资源学的理论基础

土地资源学的理论基础主要包括对土地和土地资源这个研究对象的科学界定和剖析；对土地资源的基本属性，即自然属性和社会经济属性的研究；以及系统分析土地资源各个构成要素对土地资源的空间分布、综合质量和利用的影响规律，即研究各自然要素（气候、土壤、地形地貌、水文、基础地质、生物）与土地系统整体结构和功能的相互关系，研究土地资源社会经济特征（土地产权、区位、价值等）与土地资源利用的互动关系。只有弄清楚了每个要素对土地资源的影响和作用，同时弄清每个要素与其他要素之间的相互作用、相互影响，才能清楚认识土地资源这一个十分复杂的自然经济综合体。

2. 土地类型与土地资源类型

土地类型与土地资源类型的研究，有的称为土地资源类型学（land typology）。其研究的内容主要包括土地类型与土地资源类型的概念、划分方法和划分原则，以及土地类型的分布规律。本书在阐述土地类型的基本概念的基础上，分别介绍了苏联、英澳学派和我国的土地分类系统。同时，也对如英国、欧洲、美国、日本及我国的土地资源类型分类系统进行了介绍，并剖析土地类型与土地资源类型的联系与区别。通过这些研究，可以正确地了解、认识土地，为科学地评价土地质量从而合理地利用土地资源提供基础依据。

3. 土地资源调查

土地资源调查是借助于"3S"等科学技术和手段，掌握各种土地资源的类型、数量、质量、空间分布和利用现状，对土地资源进行了解、研究的重要基础性工作。其研究的主要内容包括土地资源调查的内容、方法与程序。在阐述土地利用现状调查、土地资源质量调查、土地类型调查的基础上，介绍传统的土地调查方法，即经纬仪测图法、平板仪测图法和全站仪测图法，重点介绍遥感技术、GPS技术、GIS技术和无人机技术在土地资源调查中的应用。同时，研究土地资源制图尤其是遥感资料自动制图和计算机制图的方法。此外，介绍了我国土地利用现状调查工作的情况。

4. 土地资源评价

土地资源评价即是对土地资源质量的综合鉴定，通过对土地资源评价揭示土地资源的质量状况，如土地的适宜性（包括土地适宜利用方式及其适宜程度）、限制性（包括限制因素、类型及限制程度）、生产潜力大小以及可能取得的利用效益等，从而为合理开发、利用、治理、改造、保护和管理土地资源提供科学的决策依据。

5. 土地人口承载潜力

土地生产力是土地各组成因素综合作用的表现，同时也取决于人类科学技术水平和经济水平。因此，土地生产力又可以分为土地的自然生产力和经济生产力。土地自然生产力是指在自然状态下的土地生物生产量，是土地生产力的基础。土地经济生产力是在一定的技术和经济投入条件下所能达到的实际生产力。土地资源学研究的重要内容就是要计算上述 2 种土地生产力，并在此基础上，对土地上生产的食物可能养活的人口数量——土地人口承载力——进行定量研究，以便合理地协调人地关系，为土地利用的中长期规划、土地资源保护政策、甚至人口政策的制定提供科学的依据。土地人口承载力主要研究土地生产潜力及土地人口承载潜力的计算方法，土地生产潜力介绍了农业生态区法、光温阶乘法和其他一些模型法。同时运用上述方法，对我国土地人口承载潜力分别从全国水平和省际水平进行分析。

6. 土地资源的保护与整治

土地资源保护，即采用各种科技手段，防止耕地面积减少和土地质量退化，对工业"三废"及化肥、农药等造成的土地资源污染进行防治，以使土地生态平衡不遭受新的破坏。土地整治，即通过土地整理、土地复垦等措施和手段，改善土地利用结构，调整土地利用关系，通过科学规划、合理布局和土地的综合开发利用，提高土地资源利用率和产出率，增加可利用土地数量，确保经济、社会、环境三大系统的良性循环。土地资源保护与整治主要介绍了土地生态系统的概念基本特征，并对土地退化的防治、基本农田保护、土地用途管制及土地开发整理等进行研究。

7. 区域土地资源的开发利用

区域土地资源开发是为了满足社会、经济发展和人民生活水平提高需要，采取一定的科学技术手段，在特定区域内扩大对土地资源的有效利用或者提高对土地资源的利用深度和强度所开展的活动。其研究内容主要应包括如下几个方面：①熟悉区域土地资源开发的概念、内容、方式和原则；②从经济、社会和生态环境影响的角度科学评价区域土地资源开发的可行性；③区域土地资源的综合开发，主要探讨土地资源开发的空间布局和结构，确定合理的开发次序和速度，制定合理的资金使用计划，选择最佳的开发规模等。最终形成的规划成果是开发活动进行的科学依据，要依据规划要求，对其实施情况进行全过程的管理。

8. 世界各国和我国土地资源概况

土地资源概况主要介绍了世界各国及我国土地资源形成的背景、土地利用类型及分布情况，同时也分析了中国和世界土地资源的基本特征，土地利用中存在的问题，并提出了土地资源可持续利用管理的对策。

上述 8 个方面是土地资源学研究体系的有机组成，它们既有区别，又紧密联系，共同构成了土地资源学的学科体系。土地资源的基础理论研究是开展土地资源学研究的理论基础；土地类型和土地资源类型的研究是分析土地资源的空间分布规律，为进行土地资源调查与评价提供科学依据和研究对象；土地资源调查是对土地资源进行了解、研究的重要基础性工作；土地资源评价是对土地资源的综合鉴定；土地人口承载潜力研究是在土地资源调查与评价的基础上，进一步定量分析人口与土地的关系问题，为区域土地资源的开发利用、保护与整治提供可靠的定量化依据；土地资源保护与整治是实现土地资源可持续利用的保证；区域土地资源开发利用是整个土地资源学研究的目的和归宿；世界各国和我国土地资源概况是上述土地资源学研究内容的一个总结，以实现世界各国和我国土地资源的合理利用。

1.4.2 土地资源学的研究理论

土地资源学作为自然科学、社会科学与工程技术科学交叉发展的新兴边缘学科，涉及了地理学、地质学、生物学、气候学、土壤学、经济学和工程技术科学等传统学科的研究内容，因而土地资源学与上述这些构成土地资源要素的母体学科之间存在继承关系，土地资源学所应用的相关理论也在与之密切相关的学科中有所揭示。然而，土地资源学并非各构成土地资源要素母体学科的简单拼凑，而是更强调各学科的综合，这正是资源科学研究的重要特点。土地资源利用的本质是物质循环和能量交换的过程，土地资源学研究的理论基础可概括为资源的物质循环、能量流动、时空分布、优化配置、合理利用等诸方面，下面分别简要阐述。

1.4.2.1 物质循环规律

物质循环规律是指自然界中的碳、氮、硫、磷、氧等组成生物有机体的基本元素在生态系统的生物群落与无机环境之间形成的有规律的循环过程，包括物质合成与分解等一系列物质转换和能量传递。各种化学元素在生物圈内具有沿着特定途径从周围环境到生命体，再从生命体回到周围环境的循环过程，这些程度不同的循环过程被称为生物地球化学循环。生物地球化学循环主要包括固体物质的地质循环、液体运动的水分循环、气体运动的大气循环和营养物质的生物循环。

（1）固体物质的地质循环。在地质构造营力的作用下，由地球内部抬升到地表的物质经历着风化、搬运、沉积等过程，形成一个不间断的循环（图1.2）。物质沿着这条循环途径不断从地下到地表，再从地表到地下，进行着往复循环运动。

（2）液体运动的水分循环。在全球范围内，水分循环按规模和范围可分为陆地小循环、海洋小循环和海陆大循环（图1.3）。在水分循环中，蒸发、降水（包括固态降水）和径流是3个互相衔接的过程。由于绝大多数物质溶于水，而且水分运动也具有巨大的营力，物质随水移动，因此水分循环同时伴随着其他物质的循环。水分循环与物质的生物地球化学循环十分密切地交织在一起，对水分循环的任何干预都会影响到其他物质循环。

（3）气体运动的大气循环。有相当一部分物质和能量是通过大气环流的方式实现输移的。由于气体的自由度最大，运动速度也较地质循环和水循环快，交换能力也相当强，因此大气循环在地理环境中的作用相当巨大。

（4）营养物质的生物循环。生物循环的主体是植物、动物和微生物。营养物质的生物循环过程包括了两个方面的内容：①生物本身就是土壤植物大气系统中的联系环节之一，从而使它成为整个物质循环和能量交换的基本通道；②生物循环也是最本质的，生物循环实现了有机界与无机界之间的转化与交流（图1.4）。

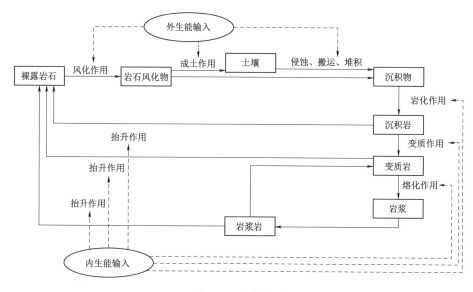

图 1.2　地质循环

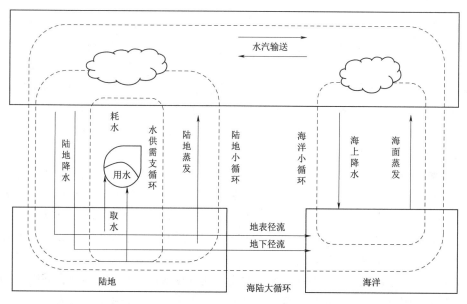

图 1.3　水分循环

　　营养物质的生物循环遵循耐性定律、最小量定律和物质不灭定律等自然基本定律。耐性定律是指生物对任何元素浓度都存在着一个忍耐区间，在这个范围内与该元素有关的生理学过程才能正常进行，否则，该元素浓度的过高或过低都会导致生物有机体死亡。最小量定律是指只有在所有关键元素都达到足够的量时生物才能正常生长，生长速度受浓度最低的关键元素限制。研究证明，不仅矿物质养分可以成为限制因子，水分、温度、光照等生态因素也可以成为限制因子。物质不灭定律又称质量守恒定律，可概括为：物质虽然能够变化，但不能消灭或凭空产生，在任何与周围隔绝的物质系统（孤立系统）中，不论发

23

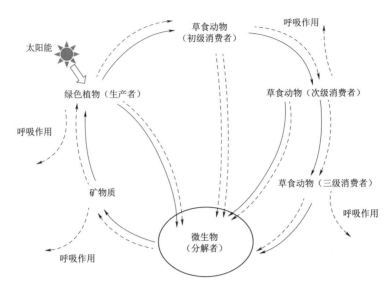

图 1.4　生态系统中的物质生物循环和能量流动（封志明，2004）

——→ 物质循环；------→ 能量循环

生何种变化或过程，其总质量保持不变。作为资源，无疑要考虑资源开发、利用、生产、消费和消费后这一完全过程的物质循环和转化特性，利用则只是物质循环中的一个特殊环节，充分利用和保护自然的一个重要原则就是要使不循环的物质进入循环，并尽可能增加循环利用的环节，发展循环经济。例如，我国南方的桑基鱼塘、蔗基鱼塘等都是物质循环利用的典型范例。从土地资源学肥力角度看，地质大循环表现为养分的释放与淋失，而生物小循环则是在地质大循环过程中对养分的吸收和累积过程。

1.4.2.2 能量流动规律

在资源-生态-经济系统中，自然资源都可以用不同形式的能量来表示。表示能量从一种形式转化为另一种形式，且转化过程符合热力学第二定律，即能量守恒原理，也就是能量在转化的过程中既不会创生，也不会消灭，能量的总量保持不变。能量转化与物质循环的不同点在于：在食物链中能量只能是单向流动，即能量只能不可逆地沿着一个方向转化。能量在生态系统的单向流动符合热力学第二定律，即能量蜕变原理，也就是任何能量转化过程的发生都必然伴随着能质的部分蜕变，能量逐渐以一种不能利用的形态（熵）向环境中耗散，从集中、有序状态过渡到一种分散、无序状态。根据这一原理，任何生物过程的能量利用效率都不可能达到 100%。对人类利用来说，能量是从可利用到不可利用态，从有效到无效状态的转化。所有生态系统所依赖的能量只有一个外源，即太阳能的输入。地球表面的太阳能辐射平均每天为 41868kJ，生产者（植物）每天能利用 4186.8kJ。进入食草动物（第一级消费者）的每天约为 418.68kJ，而食肉动物（第二级消费者）大约每天获得 41.868kJ 能量。这就是绝妙的林德曼法则，可以表述为：在一个生物群落中，抵达一个给定营养级上的一部分能量可以被传递到一个较高的营养水平级别上，在一般规则中，每一级以不超过 10% 的能沿着流动方向被传递到上一个营养级。这一原理说明了为什么食物链长度不可能是无限的原因，同时也说明在一个食物链中能量利用效率与食物链长度成反比。这也警示人们，在粮食短缺的情况下，人们只好直接吃粮食而不能吃动物性食物。当人作为食肉动物时，不仅意味着损失了较多能量，同时也降低了蛋白质的利用率。例如，土地如果用来种植大豆，可以满足 6 个人所需要的蛋白质；种植小麦，作为全粉食用可以满足 3 个人所需要的蛋白质，精料可以满足 2 个人；如果这块土地用于养牛，牛奶提供的蛋白质可满足 1 个人，牛肉所能提供的蛋白质只能满足 0.22 个人的需要。

1.4.2.3 时空变异规律

1. 自然节律规律

在地理环境中，一切组成成分随时间的变化都遵循着一定的规则，这种非人为的自然过程所表现出的时序规律性被称为自然节律规律。引起自然节律性的因素有诸多方面，主要有天文因素、地球运动特性以及生物自身特性等。目前对天文因素引起的节律性的认识或研究尚不深入，但是人们已经认识到，太阳常数对于地理系统的能量输入是至关重要的，它随时间的变化将严重地影响着地球表面的一切地理过程，因此它的变化对于自然节律性的影响是不可忽视的。自 1700 年以来，采用仪器观测到的太阳黑子活动记录表明，太阳黑子变化明显地呈现出每 11 年左右的周期起伏，与此相关的太阳常数变化范围约为 0.5%。理论计算表明，太阳常数如果达到 1% 的变化，则地球表面温度的相应变化可达 1.5℃ 左右，这个效应是不可低估的。至于月亮和太阳对于地球的引力所造成的潮汐现象，这种节律性更是显而易见。

地球运动的基本形式是公转和自转，这就决定了地理环境中的一切要素必然存在着季节性变化和昼夜变化，不管其本身的状态和性质如何，总要受到这种节律的控制。对于地球表面任何一个特定的位置来说，接受的太阳能不可能始终如一地维持常量状态，它必然产生离散的、断续的、渐进的等各种节律性的状态。同样地，与太阳辐射能输入相关的各种状态和过程，如空气温度的变化、土壤温度的变化、水分蒸发速度的变化、植物体同化 CO_2 速率的变化以及某些地球化学反应速率的变化等，都带有这种节律性的痕迹。

一切生物都表现出明显的节律性。生物节律性的表现代表着自然节律性的另一个层次。生物既要受天文因素、地球运动因素的影响，又有其自身活动的严格节律。它们总经历着出生、成长、衰老的过程，它们的子代也都重复着同样的过程。

自然资源随时间的变化具有一定的节律性，是实时、适地最大限度地利用自然资源的科学依据之一，同时也是在对自然资源利用、改造的前景进行预测时必须予以考虑的问题。

2. 地域分异规律

地域分异规律是指自然地理各要素及其综合特征在地表按确定方向有规律地呈现出水平分化的现象。由于地球表面所处纬度不同引起了热量分布差异，海陆对比引起了大陆内部水分分布的不均，陆地表面起伏引起局部区域的水热再分配，使得各自然组成要素及其综合体表现出不同规模的纬度地带性、经度地带性和垂直地带性。地域分异规律的规模有大有小，通常可分为大尺度地域分布规律、中尺度地域分异规律和小尺度地域分异规律。在这些不同尺度地域分异规律作用下，地理环境可以划分出一些大小不同的地域单元和资源组合类型，这正是研究土地类型和土地资源利用的基础。地域分异规律制约着土地资源的空间分布，也决定了土地资源分布的地域性特征，对土地资源区划、开发、利用以及区域发展具有重要的理论意义和现实指导意义。

1.4.2.4　资源经济学原理

1. 土地报酬递减理论

土地报酬递减理论一直被视为农业经济学的基本规律，经过200多年的发展完善，已经成为工农业生产的普遍规律，并被抽象为报酬递减理论，广泛应用于资源经济学、土地经济学等领域，对现代经济学研究具有重要作用。土地报酬递减律是指在技术不变的条件下，对一定面积的土地连续追加某一生产要素投入量将使产量增加，但达到某一点后，其单位投入的边际收益将逐渐下降，并最终成为负数的规律。

经过多年来众多学者的研究，人们对土地报酬递减律的认识不断深化。目前比较一致的看法是，土地报酬会在一定的技术和社会制度条件下，随着单位土地面积上生产要素的追加投入，先是递增，后趋向递减；在递减后，如果出现科学技术或社会制度的重大变革，使土地利用在生产资源组合基础上进一步趋于合理，则又会转向递增；技术水平与管理水平稳定后，将会再度趋于递减。

所以我们要正确认识报酬递减律，科学指导土地利用实践。土地报酬在一定条件下是存在"递减率"的，所以对土地的投入不应盲目乐观，但也不能将只在一定条件下存在的"递减率"扩大化、绝对化，进而"因噎废食"，不敢对土地追加投入。事实证明要想提高土地产出，对土地的追加投入是必不可少的，只要土地的追加投入没有超过临界限，起作用的是土地报酬的"递增率"；为了避免土地报酬"递减率"的发生，对土地的投入应以科技投入为主，科技的广泛应用可以改变土地报酬静态曲线的变动频率，增加土地报酬递增区间，科技进展程度的提高可以改变土地报酬动态曲线的变动频率，使土地报酬由递增转为递减的临界限上升。

2. 级差地租理论

地租是土地所有权的经济实现形式，是土地在生产利用中自然产生的或应该产生的经济报酬，即总产值或总收益减去总要素成本或总成本后的剩余部分。级差地租是指由于地力、区位、投资的差异性，而造成具有不同地力、区位、投资的土地产生不同的超额利润转化而来的。该理论是19世纪初以来由西方资产阶级古典经济学家李嘉图、杜能等与马克思共同创造的。由地力、区位的差异性产生的级差地租称之为级差地租Ⅰ，由于投资差异性产生的级差地租称之为级差地租Ⅱ。

级差地租Ⅰ与级差地租Ⅱ虽然各有不同的表现形式，但是二者的本质是一致的，它们都是由个别生产价格与社会生产价格之间的差额所形成的超额利润转化而成的。级差地租Ⅱ的形成必须以级差地租Ⅰ为前提。

具有不同肥力、处于不同经济区位和生态环境的土地，其包含的级差地租量不同。由于土地数量有限，尤其是优质土地数量有限，谁拥有这些优质土地，谁就能较稳定和持久地保持生产上的优势和超额利润。

3. 外部性理论与科斯定理

外部性概念源于马歇尔（Marshall A.）1890年发表的《经济学原理》中提出的"外部经济"概念，庇古（Pihou A.C.）于1912年在马歇尔提出的"外部经济"概念基础上扩充了"外部经济"的概念和内容，并将外部性问题的研究从外部因素对企业的影响效果转向企业或居民对其他企业或居民的影响效果，使马歇尔的外部性理论得到进一步发展。外部性是某个经济主体对另一个经济主体产生一种外部影响，而这种外部影响又不能通过市场价格进行买卖。外部性可以分为外部经济（或称正外部经济效应、正外部性）和外部不经济（或称负外部经济效应、负外部性）。外部经济就是一些人的生产或消费使另一些人受益而又无法向后者收费的现象；外部不经济就是一些人的生产或消费使另一些人受损而前者无法补偿后者的现象。例如，道路的改善使周围居民出行方便就是外部经济，而道路上通行机动车较多，产生的噪声过大或机动车尾气造成道路两侧土壤污染而受损则是外部不经济。

外部性理论应用领域十分广泛，在资源利用领域，外部性可以理解为是一种资源开发利用对另一种资源或环境的影响。其实，外部性不只是存在于资源开发活动之间，也可存在于资源开发利用与环境之间，或生产活动与消费活动之间，或两种消费活动之间等。

自从1960年罗纳德科斯的论文《社会成本问题》发表以后，奠定了外部性理论发展进程中的又一里程碑，而且其理论和实践意义远远不仅局限于外部性问题，而为经济学的研究开辟了十分广阔的空间。科斯关于外部效应的内部化理论被称为科斯定理。该理论认为，在某些条件下，经济的外部性或曰非效率可以通过当事人的谈判而得到纠正，从而达到社会效益最大化。科斯本人从未将定理写成文字，比较流行的说法是："只要财产权是明确的，并交易成本为零或者很小，那么，无论在开始时将财产权赋予谁，市场均衡的最终结果都是有效率的，实现资源配置的帕雷托最优"；在交易费用不为零的情况下，解决外部效应的内部化问题要通过各种政策手段进行成本-收益的权衡比较才能确定。在现实世界中，科斯定理所要求的前提往往是不存在的，财产权的明确是很困难的，交易成本也不可能为零，有时甚至是比较大的。因此，依靠市场机制矫正外部性是有一定困难的。但是，科斯定理毕竟提供一种通过市场机制解决外部性问题的一种新的思路和方法。随着20世纪70年代环境问题的日益加剧，市场经济国家开始积极探索实现外部性内部化的具体途径，科斯理论随之而被投入到实际应用之中。在这种理论的影响下，美国和一些国家先后实现了污染物排放权或排放指标的交易。

4. 市场供求理论

无论是对土地的投入，还是土地所提供的服务和产品，都受到市场供求关系的制约。通常而言，供给大于需求，价格趋低；需求大于供给，价格趋高。因此在土地经济评价中必须要考虑到投入与产出的市场供求状况。只有这样，才能得出科学、合理的土地经济评价结果。

土地供求关系的另一层含义是将整个土地作为商品而言的。特别是在完全市场经济条件下，不仅土地的流转会受到土地供求关系的制约，而且土地价格也会受到土地供求关系变动的影响。当然，土地作为一种特殊商品具有与其他商品不同的特点，表现为土地的供求平衡是相对的、暂时的；反过来说，土地供不应求是绝对的、普遍的。一般而言，地价的趋势是逐步上升的。

1.4.2.5 可持续发展理论

"可持续发展"是当今社会普遍关注的热点问题，可持续发展的思想观念深刻影响着经济、政治、环境等各个方面。由于其涉及的范围很广，因此，可持续发展定义受到各界的广泛探讨。总体而言，对可持续发展达成比较一致的认识，即可持续发展是"既满足当代人的需要，又不对后代人满足其自身需求的能力构成危害的发展"，可持续发展是建立在社会、经济、人口、资源、环境协调和共同发展的基础之上的一种发展，其宗旨是既能相对满足当代人的需求，又不对后代人的发展构成危害。

1. 可持续发展的特点

可持续发展的特点可以用公平性、可持续性和共同性来概括。其特点主要体现在以下三个方面：

（1）可持续发展以经济发展为前提。经济发展是国家实力和社会财富的体现，发展的含义不仅关注数量的增长，而且追求质量和效益的提高。

（2）可持续发展以对生态系统的保护为重要基础。发展必须保护环境，控制环境污染，改善环境质量，保护自然生态系统，保持生物多样性，使人类的发展保持在地球生态系统的可容纳范围之内。

（3）可持续发展以改善和提高人类的生活质量为目标。当前，在世界范围内，仍有很多的人口处于贫困和半贫困状态，而可持续发展必须与解决和消除贫困联系在一起，在很多情况下，贫困与自然环境的恶性循环密切相关，因此，只有消除贫困，才能提高资源与环境的发展能力。

2. 可持续发展的理论内涵

可持续发展涉及自然以及经济社会生活的各个方面，因此其内涵极为丰富。其中，可持续发展内涵的最基本的方面有两个，即发展与可持续性。发展是前提、是基础；可持续性是关键。没有发展，也就谈不上可持续性；没有可持续性，发展就会终止。进一步综合众多学者对可持续发展的认识，可把可持续发展的理论要点归纳为以下五个方面：

（1）可持续发展是发展与可持续的统一，两者相辅相成，互为因果。放弃发展，则无可持续可言，只顾发展而不考虑可持续，长远发展将丧失根基。可持续发展战略追求的是近期目标与长远目标、近期利益与长远利益的最佳组合，经济、社会、人口、资源、环境的全面协调发展。可持续发展涉及人类社会的方方面面。走可持续发展之路，意味着社会的整体变革，包括社会、经济、人口、资源、环境等诸领域在内的整体变革。

（2）发展的内涵主要是经济的发展、社会的进步。资源的高效与永续利用同经济与社会进步密切相关。资源的合理利用与环境良性循环下的经济发展，要紧紧依靠科技进步和人的因素不断提高。

（3）自然生态环境是可持续发展的重要基础，可持续发展强调协调自然与人类社会的关系。自然资源尤其是生物资源的高效与持续利用是经济社会持续发展的重要基础，可再生资源寓于生态经济系统之内，在经济发展过程中，必须保护生物资源，保持生物多样性，将可再生资源的开发利用速度限制在其可承受的范围之内。可持续发展战略谋求经济社会与自然的协调发展，在此，人是系统联系的纽带。人类应在发展中寻求自然与经济社会的均衡，为此，需要控制人口过快增长，提高人口质量，并在保护自然生态环境的前提下促进经济发展。

（4）坚持发展的公平性。这种公平不仅体现在当代人口之间的公平，也体现在代际公平。因此，我们应消除贫困，贫困也是可持续发展战略要根除的首要目标。在全球约2亿儿童尚无法满足温饱、超过10亿劳动力无法找到工作的今天，全球可持续发展的首要目标就是解决这些人所遇到的困境。在可持续发展的代际公平要求下，必须解决好资源在当代人与后代人之间的合理配置问题既要保证当代人的合理需求，又要为后代人留下较好的生存和发展条件。

（5）坚持发展的全局性。在经济全球化日益加强，区域经济联系日趋紧密的情况下，可持续发展应坚持全局性，避免以其他地区的损害为代价来实现本区域的发展。从大的方面考虑，并赋予现代概念，可持续发展的全局性即要考虑全人类的发展。

可持续发展理论是土地资源学的重要理论，土地资源利用的目标是实现区域乃至全球的可持续发展。

1.4.3 土地资源学的研究方法

1.4.3.1 系统分析方法

系统分析法是对系统整体进行综合分析的方法。它立足于整体，着眼于综合，在综合基础上进行具体分析。系统论将世界视为系统与系统的集合，认为世界的复杂性在于系统的复杂性，研究世界的任何部分，就是研究相应的系统与环境的关系，系统科学将研究和处理对象作为一个系统即整体来对待。在研究过程中注意掌握对象的整体性、关联性、等级结构性、动态性、平衡性及时序性等基本特征。系统论不仅是反映客观规律的科学理论，也是科学研究思想方法的理论。系统科学的发展和成熟，对人类的思维观念和思想方法产生了根本性的影响，使之发生了根本性的变革。

系统分析方法，就是将土地看成一个复杂系统，用系统的观点去处理土地问题。因此，对土地资源的研究不能孤立进行，而需要将其纳入到整个自然生态系统和经济社会系统中进行系统分析。土地系统研究方法是在土地资源、土地资源生态和土地资源经济科学原理指导下，以遥感判读影像为基础，把图像上有重复出现的地形、土壤、植被类型的相似地段，划分为土地系统单元，并绘制成图。这种方法之所以被称为系统分析法，因为该方法是通过综合分析土地系统的各种构成要素（包括气候、地貌、土壤、植被、基础地质、水文等）相互作用而产生的各种遥感影像图形，并以此图形作为判别不同的景观类型和土地单元的依据，进行土地类型分类和评价。土地系统分析法包括两个方面，即分析与综合，在综合指导下分析，在分析基础上综合，它从整体的观念出发，定性地描述土地系统各要素之间的内在联系。土地资源的研究应放在探讨人口、资源、环境和发展（Population、Resources、Environment、Development，PRED）之间相互关系的框架之内，以其固有的综合性和整体性特点为国家的经济社会发展规划提供土地资源方面的科学依据和决策支持（图 1.5）。

1.4.3.2 景观生态分析方法

景观生态学是研究在一个相当大的区域内，由许多不同生态系统所组成的整体（即景观）的空间结构、相互作用、协调功能及动态变化的一门生态学新分支，它主要研究三个基本方面问题：一是景观结构，即景观组成单元的类型、多样性及其空间关系；二是景观功能，即景观结构与生态学过程的相互作用，或景观结构单元之间的相互作用；三是景观动态，即指景观在结构和功能方面随时间推移发生的变化。景观生态学起源于 20 世纪 60年代，在加拿大、荷兰、德国和东欧国家有广泛应用，如景观生态学综合自然地理学和地

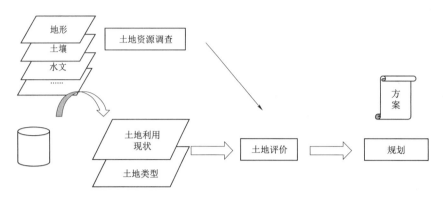

图 1.5　区域土地资源研究的系统分析方法：从要素分析到系统综合的
一般过程（刘黎明，2010）

理系统理论研究、景观生态规划研究综合地理方法研究、景观生态设计、生态土地分类等
都是景观生态学理论在土地研究中的具体应用。

　　景观生态分析方法将土地作为一个功能整体，综合分析土地各要素之间的相互作用、
相互联系，分析系统物质和能量的输入、输出与转换，由此来决定不同的土地生态单位。
该方法不仅能用于土地类型划分，而且适用于通过综合分析土地系统中的养分、水分运动
和初级生产力来进行土地潜力评价和生态系统的动态及稳定性研究。

1.4.3.3　社会经济分析方法

　　土地既具有自然属性，又具有社会经济属性，因此研究土地资源需要采取社会经济分析
方法。社会经济分析方法是利用社会学、经济学的基本理论来研究土地问题。土地作为一种
重要的生产资料，它与社会结构、经济运行、社会变迁、社会分层、社会心理等各类经济社
会领域的问题都有密切关系，从一定意义上，社会的每一个细微变化，都会或多或少地反映
到土地中来。因此，土地资源问题是影响社会稳定和经济发展的重要问题。在土地资源评价
和区域土地资源开发利用中，我们需要全面评价土地的经济效益、社会效益和生态效益。在
社会效益和经济效益评价中我们就需要利用社会经济分析方法，筛选出能够反映土地资源的
社会、经济属性的指标，然后综合分析土地资源的价值和区域土地资源开发的可行性。

1.4.3.4　"3S"技术应用方法

　　土地资源类型复杂多样，其数据、图件种类繁多，内容复杂、信息量大。"3S"技术
即遥感（RS）、地理信息系统（GIS）和全球定位系统（GPS）利用信息化和计算机技术
进行数据采集、处理和分析。

　　遥感技术是 20 世纪 70 年代兴起并迅速发展起来的，它是在航空摄影测量的基础上，
随着空间技术、电子计算机技术等现代科技的迅速发展，以及地学、生物学、环境科学等
学科发展的需要，发展形成的一门新兴技术学科。所谓遥感（RS）就是借助对电磁波敏
感的仪器，在不与探测目标接触的情况下，记录目标物对电磁波的辐射、反射、散射等信
息，并通过分析，揭示目标物的特征、性质及其变化的综合探测技术。它在土地资源研究
中的应用主要变成为数据收集与处理，特别是结合全球定位系统的野外实地精确定位测量
技术的应用，大大促进了土地资源调查和动态监测工作。

地理信息系统（GIS）是以地理空间数据库为基础，采用地理模型分析方法适时提供多种空间的和动态的地理信息，为地理研究和地理决策服务的计算机技术系统。从表现形式来看，表现为计算机软硬件系统，其内涵却是由计算机程序和地理数据组织而成的地理空间信息模型。GIS 可以通过对地理数据的集成存贮、检索、操作和分析，生成并输出各种地理信息，从而可以服务于资源管理、环境监测、交通运输、经济建设、城市规划、电子政务等领域，为其快速便捷地提供各种新知识，以及分析、决策服务等。土地资源研究中，它被广泛应用于土地资源调查与评价、土地潜力与适宜性分析、土地定级估价、土地动态监测和规划等领域。地理信息系统最主要的特色，即它能快速、准确地大批处理地理数据。

全球定位系统（GPS）是由美国为主研制的军民合用的定位系统，主要由空间星座、地面监控和用户设备等三大部分组成。空间星座部分由 24 颗均匀分布在 6 个轨道的卫星组成，地面监控部分负责卫星的监控和卫星星历的计算，包括 1 个主控站、3 个注入站和 5 个监测站，用户设备主要由接收机硬件和处理软件组成。GPS 具有全能性（陆地海洋、航空和航天）、全球性、全天候、连续性和实时性的导航、定位、定时的功能，能为各类用户提供实时、精密的三维坐标、速度和时间数据。GPS 作为一种成熟的数据采集，无论是在采集精度、作业速度适应性还是在数据质量方面，都能满足土地资源调查中数据采集要求，已被广泛应用于包括土地资源调查在内的资源调查各个领域。同时，GPS 对遥感信息也是一个必要的有益的补充。例如，对小面积和突发变化的土地信息，可以利用 GPS 接收机，在野外很方便地获取变化区域数据。另外，GPS 测量结果经坐标变换和数据格式转换后可直接输入地理信息系统中，与其他数据进行复合分析、制图。总之，"3S" 技术的综合应用是推动土地资源学发展的主要技术支撑。

1.4.3.5　无人机技术应用方法

随着时代不断发展，科学技术不断进步，无人机技术也在各个方面得到发展。无人机技术作为新型先进科学技术，具有便利性强、灵活性高的特点，在土地资源调查中有着重要意义。在第三次全国国土调查中，要求对国力、国情以及各类资源进行全面、系统的普查，调查范围广泛，工作任务艰巨，在特殊区域以及复杂条件下，往往受到很多因素的制约影响。无人机技术具有自动化以及经济化特征，通过将其应用于第三次全国国土调查中，能够实现大面积、大范围调查，保证了第三次全国国土调查高效进行。

1.4.4　土地资源学与水土保持学科的关系

1. 土地资源学的概念和研究内容

土地，按照联合国粮食与农业组织（FAO）在《土地评价纲要》（1976）中提出的概念，即"土地是由影响土地利用能力的自然环境所组成，包括气候、地形、土壤、水文和植被等。它还包括人类过去和现在活动的结果，如围海造田、清除植被，以及反面的结果，如土壤盐碱化"。也就是说，就其性质而言，土地资源既包括自然范畴，即具有"自然综合体"的特性，同时又包括社会经济范畴，即土地的社会经济属性——具有可供人类发展生产的经济特性，是人类最基本的生产资料和劳动对象。这两种属性合称为土地资源的"二重性"。土地资源，就广义而言，应泛指一切对人类社会有用的土地。由于绝对无用的土地是没有的，故从这个意义上讲，土地本身就是一种资源，称为土地资源。这里将土地资源的这种广义概念作为建立土地资源学的出发点。

土地资源学的研究范畴（或研究内容）界定为 5 个方面：土地分类与土地资源调查，土地资源评价，土地资源开发利用，土地资源整治，土地资源保护与管理。这 5 个内容构成"五位一体"：土地分类与土地资源调查是基础，土地资源评价是核心，土地资源开发利用是目的，土地资源整治、土地资源保护与管理是实现土地资源合理开发利用的手段与措施。在"土地分类与土地资源调查"基础上，通过开展"土地资源评价"，为土地资源开发利用（战略与规划）、土地资源整治、土地资源保护与管理提供基础和支撑。

2．水土保持的概念和研究内容

水土保持（soil and water conservation）❶：防治水土流失，保护、改良与合理利用水土资源，维护和提高土地生产力，以利于充分发挥水土资源的生态效益、经济效益和社会效益，建立良好生态环境的事业。水土保持的对象不只是土地资源，还包括水资源；保持（conservation）的内涵不只是保护（protection），而且包括改良（improvement）与合理利用（rational use），不能把水土保持理解为土壤保持、土壤保护，更不能将其等同于土壤侵蚀控制（soil erosion control）；水土保持是自然资源保育的主体。

《中华人民共和国水土保持法》（1991 年 6 月 29 日发布，2010 年 12 月 25 日修订，2011 年 3 月 1 日施行）中所称的水土保持是指"对自然因素和人为活动造成水土流失所采取的预防和治理措施"。从中可以看出，水土保持至少包括 4 层含义：自然水土流失的预防、自然水土流失的治理、人为水土流失的预防、人为水土流失的治理。水土流失是指在水力、风力、重力及冻融等自然营力和人类活动作用下，水土资源和土地生产能力的破坏和损失，包括土地表层侵蚀及水的损失。自然因素是指水力、风力、重力及冻融等侵蚀营力；这些营力造成的水土流失分别为水力侵蚀、风力侵蚀、重力侵蚀、冻融侵蚀和混合侵蚀。人为活动造成的水土流失即人为水土流失，也指人为侵蚀，是由人类活动，如开矿、修路、工程建设以及滥伐、滥垦、滥牧、不合理耕作等所造成的水土流失。

3．土地资源学与水土保持学科的关系

土地资源学中涉及土壤学、气象学、地貌学等相关学科，水土保持亦涉及相关学科，水土保持学科中直接（或间接）有一部分土地资源学研究的内容，水土保持学学科的研究内容与土地资源学科既有明显性的区别，但又有联系，土地资源学作为横向交叉、综合性学科，长期以来从这些学科中不断地吸取营养，从而丰富自身的理论与方法，使之成为一门独立的学科。

1.4.5 土地资源学与其他学科的关系

（1）土地资源科学在学科中的地位。土地资源学属于资源科学研究范畴。资源科学是为解决或缓解人与资源之间的关系，由自然科学、社会科学和工程技术科学相互交叉、相互渗透、相互结合产生的学科领域。土地资源学在资源科学中属部门资源学（图 1.6）。

（2）土地资源学与土地科学的关系。由于土地是一个自然经济综合体，以土地作为实体研究对象的土地科学，就具有自然科学和社会科学的双重属性。如果把土地科学作为一

---

❶ 引自《中国水利百科全书·水土保持分册》。

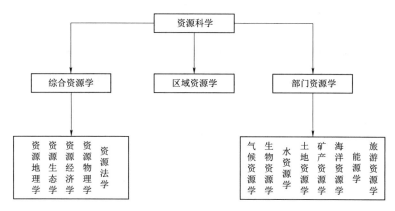

图 1.6　土地资源学在资源科学中的位置

级学科，根据我国的学科分类体系和土地学科的相似性以及它们之间的所属关系，可把土地科学划分为一个三级系统（表 1.1）。在这一系统中，土地资源学是土地科学的一个续分二级学科。

表 1.1　　　　　　　　　　　　　　　　土地科学的学科续分体系

一级土地 学科名称	二级土地 学科名称	三级土地学科名称
土地科学 或土地学	土地生态学	农田生态学、草原生态学、森林生态学、城市生态学、其他
	土地资源学	土地资源分类、土地资源调查、土地资源评价、土地资源开发、土地资源保护
	土地测量学	地籍测量、地形测量、其他
	土地工程学	土地生态工程、土地改良工程、土地利用工程、其他
	土地统计学	
	土地法学	
	土地利用学	土地利用史、土地利用规划、土地利用系统分析、其他
	土地信息系统	
	土地经济学	城市土地经济学、土地生产力经济学、土地市场学、土地估价、土地金融、其他
	土地行政学	土地行政史、土地行政分类、地籍行政、土地市场行政、土地利用行政、其他
	其他	

1.4.6　"山水林田湖草沙"生态保护与修复新思路

1.4.6.1　山水林田湖草沙生态保护修复的战略背景

联合国发展峰会通过的《变革我们的世界——2030 年可持续发展议程》中明确提出"保护、恢复和促进可持续利用陆地生态系统"，生态环境保护与社会经济协同发展已成为人们日益关注的热点问题。近些年来，中国政府一直高度重视生态文明建设，大力践行"绿水青山就是金山银山"的理念，统筹推进山水林田湖草综合治理，全面打造"美丽中国"新局面。据统计，2015 年我国陆地生态系统生产总值为 72.81 亿元，相当于当年GDP 的 1.01 倍，由山、水、林、田、湖、草等组成的陆地生态系统在人类社会经济发展中占据着举足轻重的地位。

2013 年，《关于〈中共中央关于全面深化改革若干重大问题的决定〉的说明》中指出"山水林田湖是一个生命共同体，人的命脉在田，田的命脉在水，水的命脉在山，山的命脉在土，土的命脉在树。用途管制和生态修复必须遵循自然规律，如果种树的只管种树、治水的只管治水、护田的单纯护田，很容易顾此失彼，最终造成生态的系统性破坏。由一个部门负责领土范围内所有国土空间用途管制职责，对山水林田湖进行统一保护、统一修复是十分必要的"。2015 年，中共中央、国务院印发了《生态文明体制改革总体方案》，提出"树立山水林田湖是一个生命共同体的理念"。党的十八届五中全会提出"筑牢生态安全屏障，坚持保护优先、自然恢复为主，实施山水林田湖生态保护修复工程，开展大规模国土绿化行动"。

2017 年 8 月，中央全面深化改革领导小组第三十七次会议将"草"纳入生命共同体中，由此"山水林田湖"拓展为"山水林田湖草"。2017 年 10 月，党的十九大报告中指出"统筹山水林田湖草系统治理，实行最严格的生态环境保护制度"；同时强调："人与自然是生命共同体，人类必须尊重自然、顺应自然、保护自然。我们要建设的现代化是人与自然和谐共生的现代化"。这一重要论述为"山水林田湖草生命共同体"的生态保护和修复提供了指导思想、修复目标、修复技术路线和修复的技术方法，唤醒了人类尊重自然、关爱生命的意识和情感，为推进绿色发展和建设美丽中国提供了行动指南，创新了中国特色的人地关系思想。

习近平总书记参加十三届全国人大四次会议内蒙古代表团审议时强调，要保护好内蒙古生态环境，筑牢祖国北方生态安全屏障。此前，习近平总书记多次强调对生态要系统治理，这次专门把治沙问题也纳入其中，再次丰富了习近平新时代生态文明思想的理论内涵，体现了"山水林田湖草沙"系统治理思想在当前社会主义生态文明建设中的重要地位。

1.4.6.2 山水林田湖草沙生态保护修复的意义

（1）山水林田湖草沙生态保护修复是构建国家安全体系的基础性措施。山水林田湖草沙生态保护修复是实现我国生态安全格局优化、生态系统过程稳定、生态系统功能提升的重要途径，是国家生态文明建设和美丽中国建设的关键进程，关系到国家整体安全和持续发展。山水林田湖草沙生态保护修复通过对流域受损生态系统进行整体、全面的保护修复，实现了区域社会-经济-自然复合生态系统的稳定、健康演变，为国家生态安全夯实了生态建设与绿色发展的基础。山水林田湖草沙生态保护修复通过对自然资源的高效、优化配置，实现了区域自然资源、国家战略资源的精准调控，为国家资源安全整体态势把控与卡脖子资源监管提供了系统化的解决方案。山水林田湖草沙生态保护修复通过对国土安全的要素及其之间相互作用的诠释与梳理，构建了国土安全等非传统安全建设的基础。

（2）山水林田湖草沙生态保护修复的核心目的是提升国民安全。国民安全是国家整体安全体系的核心，也是国家安全体系建设的出发点与落脚点。国民安全主要体现在国民的生存安全、健康安全和发展安全。山水林田湖草沙生态保护修复的主要工作内容是针对关系国家安全与居民健康的生态系统、环境质量、资源破坏、服务降低或丧失等方面的不利状况，开展生态修复，实现生态功能提升，资源保护与科学利用等，山水林田湖草沙生态保护修复是国民安全建设的重要内容。

1.4.6.3 我国山水林田湖草沙生态保护修复试点工程总体布局

山水林田湖草生态保护修复工程深入实施。2016年起，按照"山水林田湖草是生命共同体"理念，国家先后在事关国家生态安全的25个重点区域实施了三批山水林田湖草生态保护修复工程试点（表1.2），探索以区域或流域生态系统为单元推进生态系统整体保护、系统修复、综合治理的路径和模式。2021年，国家在10个地区组织实施了山水田湖草沙一体化保护修复工程项目（表1.3）。这些山水林田湖草生态保护修复工程试点和山水林田湖草沙一体化保护修复工程项目，有力推动了相关地区生态系统整体保护和系统修复，对保障国家和区域生态安全发挥了积极作用。

表1.2　　　　　　　　　　　山水林田湖草生态保护修复试点工程概况

序号	省份	工程名称	试点批次（25个）
1	陕西省	黄土高原山水林田湖草生态保护修复工程	第一批（共计5个）
2	江西省	赣州市山水林田湖草生态保护修复工程	
3	河北省	京津冀水源涵养区山水林田湖草生态保护修复工程	
4	甘肃省	祁连山（黑河流域）山水林田湖草生态保护修复工程	
5	青海省	祁连山水林田湖草生态保护修复工程	
6	云南省	抚仙湖流域山水林田湖草生态保护修复工程	第二批（共计6个）
7	福建省	闽江流域山水林田湖草生态保护修复工程	
8	广西壮族自治区	左右江流域山水林田湖草生态保护修复工程	
9	山东省	泰山区域山水林田湖草生态保护修复工程	
10	吉林省	长白山区山水林田湖草生态保护修复工程	
11	四川省	广安华蓥山区山水林田湖草生态保护修复工程	
12	内蒙古自治区	乌梁素海流域山水林田湖草生态保护修复工程	第三批（共计14个）
13	河北省	雄安新区山水林田湖草生态保护修复工程	
14	新疆维吾尔自治区	额尔齐斯河流域山水林田湖草生态保护修复工程	
15	山西省	汾河中上游山水林田湖草生态保护修复工程	
16	黑龙江省	小兴安岭-三江平原山水林田湖草生态保护修复工程	
17	重庆市	长江上游生态屏障（重庆段）山水林田湖草生态保护修复工程	
18	广东省	粤北南岭山区山水林田湖草生态保护修复工程	
19	湖北省	长江三峡地区山水林田湖草生态保护修复工程	
20	湖南省	湘江流域和洞庭湖山水林田湖草生态保护修复工程	
21	浙江省	钱塘江源头区域山水林田湖草生态保护修复工程	
22	宁夏回族自治区	贺兰山东麓山水林田湖草生态保护修复工程	
23	贵州省	乌蒙山区山水林田湖草生态保护修复工程	
24	西藏自治区	拉萨河流域山水林田湖草生态保护修复工程	
25	河南省	南太行地区山水林田湖草生态保护修复工程	

表 1.3　　　　　　　　　　　　中国山水林田湖草沙一体化保护和修复工程项目

序号	省　份	工　程　名　称	批　次
1	辽宁省	辽河流域山水林田湖草沙一体化保护和修复工程项目	
2	贵州省	武陵山区山水林田湖草沙一体化保护和修复工程项目	
3	广东省	南岭山区韩江中上游山水林田湖草沙一体化保护和修复工程项目	
4	内蒙古自治区	科尔沁草原山水林田湖草沙一体化保护和修复工程项目	
5	福建省	九龙江流域山水林田湖草沙一体化保护和修复工程项目	
6	浙江省	瓯江源头区域山水林田湖草沙一体化保护和修复工程项目	第一批（共计10个）
7	安徽省	巢湖流域山水林田湖草沙一体化保护和修复工程项目	
8	山东省	沂蒙山区山水林田湖草沙一体化保护和修复工程项目	
9	新疆维吾尔自治区	塔里木河重要源流区山水林田湖草沙一体化保护和修复工程项目	
10	甘肃省	甘南黄河上游水源涵养区山水林田湖草沙一体化保护和修复工程项目	

1.5　中国土地资源概况与区域分析

1.5.1　我国土地资源的自然背景和基本特点

1.5.1.1　土地资源的自然背景

我国幅员辽阔、自然条件十分复杂，不同自然条件的变化规律更是在总体上控制着我国土地资源的类型、数量、质量及其分布特征。

　　1. 地域辽阔

中国位于亚欧大陆的东部，太平洋的西岸；东起黑龙江省抚远市境黑龙江与乌苏里江汇合处（东经135°05′），西达新疆维吾尔自治区乌治县西缘的帕米尔高原（东经73°40′），其间距离大约为5200km；北起黑龙江省漠河以北的黑龙江江心（北纬53°31′），南至南海南沙群岛接近赤道的曾母暗沙（北纬3°58′），其间距离达5500km。

全国陆地（含内陆水域）面积约为960万km^2，占全球陆地总面积的7.1%。在世界各国中，仅次于俄罗斯和加拿大（表1.4）。除了广袤的陆地外，我国尚有宽阔的海域和众多的岛屿：自北而南为渤海、黄海、东海和南海；海岸线北起中朝交界的鸭绿江口，南至中越边界的北仑河口，长达1.8万km，并向海洋延伸200n mile（海里）。它们和陆地面积加在一起，构成了我国辽阔疆域的全貌。

　　2. 山地多，平地少，地势西高东低

在我国辽阔的疆域里，地势起伏很大，地貌条件复杂，境内不仅拥有许多绵延起伏的山脉、高亢广袤的高原、封闭性很强的内陆盆地以及河湖密布的平原，还拥有宽广的大陆架、蜿蜒曲折的海岸线和星罗棋布的岛屿。其中以山地和高原面积最广，成为我国地貌基本轮廓的主体，尤其是纵横交错的山系构成了我国地貌轮廓的基本骨架，控制着盆地、平

表 1.4

部 分 国 家 陆 地 面 积

国　　别	陆地面积/万 km²	占世界陆地总面积/%
俄罗斯	1709	12.72
加拿大	998	7.43
中国	960	7.1
美国	937	7.00
巴西	851	6.34
澳大利亚	769	5.20
印度	298	5.72
阿根廷	278	2.07
哈萨克斯坦	272	2.02
阿尔及利亚	238	1.80

注　数据来源：世界银行 WDI 数据库。

原、丘陵等空间的分布格局。

受地质构造的影响，我国地势西高东低，呈阶梯状分布。从青藏高原向东至近海海域，大致可分为三级阶梯：

（1）第一级阶梯为昆仑山、祁连山以南，横断山脉以西的青藏高原，平均海拔在4000m以上。高原内部分布着一系列山脉，海拔均在 5000～6000m 以上，各山脉之间则形成了一些地势平缓的宽浅洼地和湖盆，以及大片沼泽地。

（2）第二级阶梯是青藏高原外缘至大兴安岭、太行山、巫山和雪峰山之间，主要由广阔的高原与大盆地组成，如内蒙古高原、鄂尔多斯高原、黄土高原、云贵高原以及塔里木盆地、准噶尔盆地、四川盆地等，海拔大多在 1000～2000m 不等。

（3）第二级阶梯以东，直至浅海大陆架部分为第三级阶梯，由海拔不及 200m 的东北平原、华北平原、长江中下游平原，以及江南广大海拔普遍不超过 500m 的丘陵地区所构成。这种自西向东逐级下降的地势特征，对我国境内的大气环流、地面水分分布等起着重要的控制作用，造成了我国东、中、西部地区自然环境条件以及土地资源开发利用状况存在显著的地域差异。东部地区地形平坦，土壤肥沃，水资源充足，而且土地的自然生产潜力高，是我国极为重要的农业区。森林主要分布在东北及西南地区，草地则集中在西北部、北部地区，特别是内蒙古、宁夏、甘肃、青海、新疆、西藏等 6 省（自治区）。西北内陆地势高峻，干旱少雨，因而戈壁、沙漠、盐碱地面积大，土地自然生产力低，开发利用的难度也大。

我国是一个多山的国家，按地貌类型分，全国土地面积中，山地占 33.33%，高原占26.04%，丘陵占 9.90%，盆地占 18.75%，平原仅占 11.98%（表 1.5）。如果按广义的山地（包括山地高原和丘陵）来计算，我国山地占全国土地总面积的 69.27%，是世界上山地面积比例最大的国家。其中，构成中国地形骨架的山脉约有 30 余条，大致呈网状分布。如东西走向的山脉主要有 3 列，即天山-阴山、昆仑山-秦岭以及南岭；东北-西南走向的山脉大多分布在东部，如大兴安岭-太行山-巫山-雪峰山、长白山、武夷山、台湾山脉等；南北走向的山脉主要分布在中部，如贺兰山、六盘山、横断山脉等；西北-东南走向的山脉则主要分布在西部与西北部地区，如阿尔泰山、祁连山、巴颜喀拉山和昆仑山等。各种走向的山脉相互交织并与其间分布的高原、盆地及平原纵横交错，构成极为复杂的地貌类型。

表 1.5 我 国 地 貌 类 型

地貌类型	山地	高原	盆地	平原	丘陵
面积/万 km^2	320	250	180	115	95
比重/%	33.33	26.04	18.75	11.98	9.9

山地的海拔高峻和地势起伏对我国土地特性的形成具有重要影响：一方面山地会对大气、热量以及水分等能量和物质的流动产生屏障作用，形成我国一些极为重要的地理分界线。如东西向的秦岭与南岭，由于对冬季西伯利亚冷空气的阻挡，致使山体南北两侧的温度和降水差异十分明显，从而分别成为暖温带和北亚热带、中亚热带和南亚热带的两条地理界限。另一方面，山地起伏的地势对光照、热量、水分等条件的地表再分配起着强烈的影响，从而扰乱了纬度地带性和海陆地带性因素所形成的光、热、水等要素的水平分布规律，大大加强了自然条件地域差异的复杂性。如大兴安岭、太行山因阻挡海洋性暖湿气流的西进，山体两侧干湿差异明显，气候由半湿润区向半干旱区过渡。

此外，多山地形对土地的开发利用影响也十分显著。由于山地海拔高、气温低、生长期短、坡度大、土层薄，土地生态系统极其脆弱，若利用不当，极易导致水土流失和生态破坏。而且山区地形复杂，交通运输不便，水利化与机械化较为困难，严重影响了山区土地资源综合开发的效益及水平。

3. 季风气候明显，干湿分布不均

由于海陆分布、大气环流和地形等因素影响，我国季风气候现象十分明显，其主要特征是冬冷夏热，雨热同期（表 1.6）。冬季近地面层受西伯利亚至蒙古高压系统控制，盛行偏北风，气候干冷。夏季受太平洋低压系统控制，盛行偏南风，气候湿润。受季风的影响，我国大部分地区随着温度的升高，降水量不断增加，夏季气温升到一年中最热时期，降水量也达到最大值。正常年份，夏季降水量约占全年降水量的 40%～75%，≥10℃ 生长期内降水量占 60%～90% 不等。特别是在大兴安岭、阴山、贺兰山、巴额喀拉山、冈底斯山一线以东、以南的广大地区，夏季气温及雨量显著高于同纬度的其他国家与地区。由于热量较为充足，而且雨热组合协调，十分有利于发挥水热资源的综合效益，提高土地资源的生产能力。

表 1.6 我国不同季风的比较

地貌类型	源地	风 向	特点	影 响 地 区
冬季风	西伯利亚、蒙古	偏北风	寒冷干燥	除台湾岛、海南岛、云贵高原和青藏高原外的大部分地区
夏季风	太平洋、印度	偏南风（东南季风、西南季风）	温暖湿润	东部地区、西南地区、华南地区、长江中下游地区

由于我国大部分地区降水水汽来自太平洋，因而东南多雨，西北干旱，西部一些地区甚至终年无雨。全国等雨量线大致由东北走向西南，400mm 等雨量线把全国划分为东南

湿润、半湿润区和西北干旱、半干旱区。

东南部湿润、半湿润区，年降水量大于400mm，是我国重要的农业、林业、渔业区。秦岭、淮河以南，年降水量在800mm以上，是以水田为主的土地利用区，在水利条件较好的平原、河谷及坝子等地，水稻产量一般较高。旱作物分布在山丘坡地，一般不需灌水，但产量不高。秦岭、淮河以北年降水量400～800mm，是以旱地为主的土地利用区，其中东北平原旱地面积比重更大，灌溉条件较差，农业产量较低；华北平原为北方灌溉较发达的地区，也是农业稳产高产地区。

西北干旱、半干旱区，除少数山区外，大部分降水量不足400mm。其中，年降水量在250～400mm属半干旱地带，以旱地农业为主，主要分布在黄土高原北部及长城沿线地区，农业产量不稳定。耕地主要分布在河谷、丘陵盆地，农业产量相对较高，丘陵山区大部分为高山草坡，少数高山有森林分布，属半农半牧和农林牧交错地区。年降水量在250mm以西地区，属干旱的半荒漠和荒漠地带，耕地主要分布在山前、河谷平原，农业完全依靠灌溉，其他大部分为草原、沙漠、戈壁，是我国主要的草原放牧区。从旱作（小麦）最小需水量250mm来看，这条等雨量线大体上相当于旱地农业的最西界。干旱区农业用水主要靠高山冰雪融化补给的河流引水灌溉，因而这些地区降水及径流的多少，便成为农林牧业特别是农业发展的重要前提，开垦地的规模也取决于水量的多少。"以水定地"是这一地区土地开发利用的基本准则。

4. 光热条件优越

我国丰富的光热资源是我国土地资源形成、发展和演化的动力，也是农业丰产丰收的保证。就太阳辐射总量而言，我国大部地区位于北纬20°～50°的中纬度地带，各地区年总辐射量大体在33亿J/cm²。从内蒙古东部的大兴安岭西麓向西南至云南和西藏交接处的60亿J/cm²等值线将全国分为两大部分。此线西北部较高，一般在53亿～83亿J/cm²，呈南高北低的趋势；而东南部一般都低于50亿J/cm²。这主要是因为我国东南部受海洋性气候影响，降水多，阴天多，晴天少。西北部受大陆性气候影响，降水少，阴天少，晴天多，从而影响到地面太阳辐射总量。

5. 植被、土壤类型自然分异明显

我国植被、土壤的分布，主要取决于水、热条件，遵循着自然环境地域分异规律。植被分布自北向南表现为：针叶林、针叶落叶阔叶混交林、落叶阔叶林、落叶阔叶与常绿阔叶混交林、常绿阔叶林、季雨林和雨林。由于海陆分布的地理位置所引起的水分差异，在昆仑山-秦岭、淮河线以北的广大温带和暖温带地区由东向西，植被类型表现出明显地沿经度方向更替顺序，出现森林带、森林草原带、草原带和荒漠带。

我国土壤的地带性分布。首先，表现为自北而南随热量条件的变化（由冷到热）而出现的纬度地带性，这在我国东部湿润地区尤其明显。自北而南依次为：棕色针叶林土（寒温带）、暗棕色森林土（温带）、棕壤（暖温带）、黄棕壤（北亚热带）、黄壤和红壤（中亚热带）、砖红壤化红壤（南亚热带）、砖红壤性土（热带）。其次，表现为自东而西随水分条件（由湿到干）而出现的经度地带性，以温带和暖温带最为明显。在温带范围内，自东而西依次为：暗棕色森林土（森林土壤）、黑土（森林草原土壤）、黑钙土（草原土壤）、栗钙土（干草原土壤）、棕钙土和灰钙土（荒漠草原土壤）、灰棕色荒漠土（荒漠土壤）。

在暖温带范围内，自东而西依次为：棕壤（森林土壤）、褐土（森林草原土壤）、黑褐土（草原土壤）以及棕色荒漠土（荒漠土壤）。在亚热带及热带地区，由于水分条件东西差别不显著，加以山地多，地形复杂，土壤的经度地带性不明显。

1.5.1.2 中国土地资源的基本特征

1. 土地资源总量大，但人均占有量和后备资源少

我国地域辽阔，陆地面积 960 万 km^2，居世界第三位。其中，耕地面积 134.9 万 km^2，占世界耕地总面积的 9.5％，居第四位；林地面积 252.8 万 km^2，占世界林地总面积的 6.3％，居第五位；牧草地面积 219.3 万 km^2，占世界牧草地总面积的 4.5％，居第二位。

如此大面积的土地资源虽然保证了我国发展所需要的土地空间，但因我国人口数量众多，人均土地面积并不高。2020 年我国人均土地面积仅为 0.692hm^2，约为世界人均土地面积的 1/3；人均耕地 0.097hm^2，仅为世界人均耕地面积的 51.32％；人均林地 0.182hm^2，仅为世界人均林地的 34.27％，从这一方面而言，我国是土地资源相对紧缺和人地矛盾突出的国家之一（表 1.7）。

表 1.7　　　　　　　中国人均土地、主要农业土地类型与世界人均数量的比较

项　　目	中国人均面积/hm^2	世界人均面积/hm^2	中国占世界的比重/％
土地	0.692	1.723	38.81
耕地	0.097	0.189	51.32
林地	0.182	0.531	34.27

注　中国人均按照 2020 年土地资源调查时的点数计算，世界人均按照 2018 年版《世界年鉴》中 2016 年统计的数据计算。

除了人均土地面积较少，我国后备资源也比较有限，特别是耕地后备资源有限。在未利用地当中，沙漠戈壁、寒漠等难以利用的土地所占比例高达 23.5％。据国土资源部"十五"期间对耕地后备资源和可耕地资源的统计，我国可耕地后备资源总量仅为 1.13 亿亩，其中可开垦 1.071 亿亩，可复垦 0.06 亿亩。这些耕地后备资源大部分位于北方和西部干旱地区，存在干旱缺水、盐碱、风沙、低温严寒等一种或多种限制因素。今后，建设占用耕地不可避免，且部分耕地需要生态退耕，耕地资源将会更加紧张。

2. 土地资源质量低，且退化严重

由于我国山地面积较多，所以坡耕地所占比例很大。坡耕地不仅单产低，而且随着水土流失中氮、磷、钾等有机质的不断流失，其地力会持续下降。据统计，2017 年我国共有耕地 20.24 亿亩，其中坡耕地约为 3.59 亿亩，占了近 1/5。而半个世纪以来，全国因水土流失毁掉的耕地达 5000 万亩，平均每年 100 万亩，其中绝大部分为坡耕地。

土地资源退化是指在自然因素和人类不合理的开发利用下土地质量发生的衰减甚至完全丧失。主要类型包括：水土流失、土地沙漠化、次生盐碱化和沼泽化以及土壤污染等。根据《中国水土保持公报（2020 年）》，我国水土流失总面积 269.27 万 km^2，其中，水蚀面积达到 112 万 km^2，风蚀面积为 157.27 万 km^2。第五次全国荒漠化和沙化监测结果表明，2014 年，全国荒漠化土地总面积为 261.16 万 km^2，占国土总面积的 27.20％。近半

个世纪以来，全国因荒漠化导致 772 万多 hm^2 耕地退化，67 万 hm^2 粮田和 235 万 hm^2 草地变成流沙或沙漠。中国荒漠化危害每年造成的直接经济损失达到 540 亿元。而且，近二三十年来，由于人口大量增加和粗放的增长方式，使我国土地资源的退化状况愈趋严重。

3. 土地资源空间分布不平衡

以大兴安岭-长城-兰州-青藏东南边缘为界，东部季风区气候湿润、水源充足、地势平坦、开发条件优越，但人多地少，土地占全国的 47.6%，拥有全国 90% 的耕地和 93% 的人口；西部干旱、半干旱或高寒区难利用的沙漠、戈壁、裸岩广布，交通不便，开发困难，相对人少地多，土地占全国的 52.4%，耕地和人口分别只占 10% 和 7%。

区域水土资源匹配错位，以秦岭-淮河-昆仑山-祁连山为界，南方水资源占全国总量的 4/5，耕地不到全国总耕地面积的 2/5，水田面积占全国水田总面积的 90% 以上；而北方水资源、耕地资源分别占全国总量的 1/5 和 3/5，耕地以旱地居多，占全国总面积的 70% 以上，且水热条件差，大部分依赖灌溉。耕地资源分布不均衡性和水土资源的严重错位，严重影响了我国土地资源利用效率和区域粮食安全。

林地资源则主要分布在东北和西南地区，主要包括三大片林区：大小兴安岭和长白山为主的东北林区，以四川、重庆、贵州为主的西南林区以及南方林区。草地面地主要分布在东北、西北和青藏高原区，即年降水量小于 400m 的干旱、半干旱地区。80% 以上的草地主要集中在内蒙古、西藏、新疆、青海、甘肃等西北地区。

4. 土地利用结构不够合理

草地、森林、农田构成了我国土地资源的基本格局。2017 年我国农业用地占土地总面积的 67.17%，与发达国家相比，农用地的比例仍然较低。据 1993 年联合国粮食及农业组织（FAO）生产年鉴记载，农业用地率美国为 72.5%、英国为 81.9%、澳大利亚为 74.1%。根据《2020 年中国统计年鉴》，我国的农用地中林地面积较大，占了 39.19%，接下来依次为牧草地的 34%、耕地的 20.91%，其他农用地的 3.66% 和园地的 2.20%。耕地所占比例虽然略高于全球水平，但与美国和印度等面积较大的国家相比仍然较低，加上 14 亿人口重压，耕地尤显不足。20 世纪 80 年代后，我国加快了林业、果树、牧业的发展，逐步调整了农业产业结构。1996—2008 年间，耕地面积减少 1.26 亿亩，园地增加了 0.27 亿亩，林地面积增加了 1.27 亿亩，牧草地减少了 0.64 亿亩，农业土地利用结构渐趋合理。但在此过程中也出现了一些问题，如许多地方盲目扩大农业结构调整的规模，兴起的各类果园热、鱼塘热等占用大量高质量的耕地，仅 2002 年一年，由于农业结构调整减少的耕地面积就达 34.93 万 hm^2。

同时，随着人口增长、工业化和城市化的发展，建设用地大幅增加。据国家统计局统计，1986—1995 年，全国非农建设占用耕地为 197.5 hm^2，转变为建设用地的耕地大部分是近郊优质耕地，约 66.67 万 hm^2。而从 1996—2008 年，我国各类非农建设农地增加数量达到 5.82 亿亩。

5. 土地资源开发潜力巨大

据《中国土地资源生产能力及人口承载量研究》，在耕地保持 1.23 亿 hm^2，粮食播种面积在 1.41 亿 hm^2，灌溉面积达到 0.69 亿 hm^2 的前提下，中国粮食的理想生产能力约 9.4 亿 t。经土地质量综合订正后认为，中国粮食的最大可能生产力约 8.3 亿 t，播面单产接近 6t/hm²，是当时平均单产的 2 倍多，粮食尚有一倍的增产潜力。

据《中国 1∶100 万土地资源图》，全国有后备林地资源 1.62 亿 hm²，约占国土面积的 17%。鉴于土地的多宜性，在林地开发时应统筹安排，原则上不应占用宜农荒地（3393 万 hm²）和优质牧草地（1333 万 hm²），实际可用于林业开发的土地只有 1.13 亿 hm²，以土地利用系数 70% 计，中国造林面积尚有 0.8 亿 hm² 的发展潜力。

据农业农村部畜牧业司组织的草场调查，全国草地面积为 3.93 亿 hm²，其中可利用草地 3.13 亿 hm²，占草地面积的 4/5，实际已利用草地 2.53 亿 hm²，不到可利用草地面积的 81%，尚有 1/5，约 0.5 亿 hm² 的草地有待开发。据研究，中国北方草地已基本处于超载状态，潜力较大的草地已转向南方热带、亚热带山区的草山草坡，估计有 0.2 亿～0.33 亿 hm² 可作为牧业或林牧结合的生产用地。同时，中国的人工和改良草地还可扩大 0.133 亿 hm²；在西北牧区仍可开垦 667 万 hm² 水热条件较好、适宜耕种的天然草地作为饲草或饲料生产基地；尚有 667 万 hm² 已耕地不宜农用需退耕还牧。这样，中国的人工和改良草地可由目前的 0.1 亿 hm² 增加到 0.233 亿 hm² 左右，生产潜力相当可观。

1.5.2 我国土地资源区域分析

1.5.2.1 土地资源的分区原则和方案

1. 土地资源分区的原则

土地资源分区是一个复杂而系统的工作过程，其目的在于通过对土地资源利用类型在空间上的区域性划分，揭示一定区域内土地资源的利用现状、土地适宜性、土地利用潜力及可能的利用方向，从而为全国或区域土地资源的综合性、长远性、战略性开发利用提供依据，提出土地开发、利用、治理与保护的基本途径与措施，以期更加充分合理地、可持续地组织利用土地资源，最大限度地挖掘和发挥土地生产潜力以及改善土地生态系统的结构与功能。鉴于此，应当在对区域土地资源利用结构及类型进行全面分析，充分把握区域内土地资源的自然条件、利用结构、区位及社会经济条件等因素的基础上，对土地资源进行分区。总体上，土地资源分区应遵循如下基本原则：

（1）地域分异原则。地域分异是指地球表层地理环境各组成成分（即要素）或自然综合体沿地理坐标方向或者其他一定方向，分异成相互有一定差别的不同等级单元的现象。土地资源具有位置固定性、质量差异性两大自然特性，前者要求人们就地利用土地资源，后者则反映出土地在自身条件（地貌、地形、土壤、水文、植被等）及相应气候条件方面（光照、气温、降水等）的差异，两者共同决定土地资源具有显著的地域差异，它在很大程度上决定了土地资源的利用方式、类型、布局、潜力和方向，这是进行土地资源分区的基本依据。

（2）相对一致性原则。相对一致性原则要求在划分区域单位的过程中，应当使区域内部特征具有相对的一致性，并且不同等级的区域单位其一致性标准各有不同。该原则适用于将高一级的地域单位划分为低一级的地域单位，同时也适用于把低一级地域单位合并为高一级地域单位。

（3）主导因素原则。进行土地资源分区时，应当在形成各土地属性特征的诸多因素中找出起主导作用的因素。抓主导因素并非忽视其他因素的作用，而是通过分析各因素间的因果联系，找出 1~2 个起主导性作用因素作为划分依据。一般地，主导因素必须是那些对区域土地资源特征的形成及分异有重要影响的组成要素。主导因素原则与综合性原则是辩证统一的，前者强调在综合分析的基础上找出每个具体区域形成和分异的主导因素，揭示区域土地利用的本质；后者则强调分区时必须全面考虑构成各土地资源区域的各个组成要素和地域分异因素，因此也有学者称之为综合性分析与主导因素分析相结合原则。

（4）区域共轭性与地域完整性原则。一方面，由于区域单位的地理空间是不可重复的，因此，土地自然分区所划分出的应当是个体性的、区域上完整的、无重复的自然区域，任何一个区域单位都应是完整的个体，不可能存在彼此分离的部分，即同一区域不能被其他区域分割。比如，虽然山间盆地与其周围山地在形态特征方面差别巨大，但必须把两者合并为一个区域单位；同理，尽管两个彼此隔离区域的土地资源禀赋非常相似，但并不能把它们划为一个区域单位。另一方面，还需保证一定等级行政单元的完整性，考虑到便于土地利用管理的现实要求，在保持特定地理单元完整性的基础上进行土地资源分区时，应尽可能保持县级行政区界的完整性。

（5）系统综合原则。土地既是一个自然综合体，又是一个经济综合体，土地资源的利用是一个持续的长期过程，因此应当根据系统综合原理，既要立足现在又必须着眼未来，在系统考虑土地资源数量与结构现状的基础上，综合考虑自然、社会经济等因素对不同区域土地利用方式的影响，从而把握土地资源利用潜力与方向，即土地资源分区需综合体现土地利用的现势性、适宜性和预见性。

（6）定性分析与定量研究相结合原则。自上而下的定性分析有利于宏观把握分区思路，避免划区出现总体性偏误；而自下而上的定量研究则从相对微观的角度明确具体的分区界线。两者的紧密结合，可以起到相互补充、相得益彰的作用。

上述各项分区原则是相互联系、互为补充的，可将其归结为一条总原则，即：从源、从众、从主。所谓"从源"是指必须考虑成因、发生、发展和区域共轭关系，"从众"是指要兼顾综合性和完整性，"从主"则指应体现其典型性、代表性，其目的都是力图客观揭示土地资源地域分异的客观事实。

2. 中国土地资源分区方案

中国土地资源分区的基本过程是从发现和归纳总结区域的宏观特征到找寻区域分异界线，再由确定区域界线到肯定区域划分的反复过程。中国土地资源分区采用二级分区：一级区为土地资源利用区，宏观地貌构造与气候差异所形成的地域分异规律以及大尺度的区位因素和土地利用结构差异是决定一级区大致范围的决定性因素，同一土地利用区应具有相似的土地资源生产潜力、土地利用大类优势和较为一致的土地利用方向；二级区为土地资源利用亚区，即根据土地自然禀赋和社会禀赋的区域差异将同一级区内的土地资源做进一步续分，主要以土地利用结构、土地利用效率和人地关系等指标如土地利用率、垦殖指数、单产水平、人口密度、人均耕地面积等作为划分亚区的主导因素，以此反映普遍土地资源和土地利用特点之下的特殊性。在具体划分时，首先通过宏观分析把握中国土地资源及其利用的空间差异，确定一级区的大致界线；然后采用定性与定量分析相结合的方法，自下而上，在县域土地利用结构类型归并的基础上综合反映区域土地利用的主导方向和结构特征，确定各级区的明确界线。

1.5.2.2　土地资源分区概述（12 个分区）

1. 土地利用分区

按照《中国土地资源》以中国土地资源利用宏观分异特征将全国分为 12 个土地利用区。

（1）东北山地、平原有林地与旱地——农林用地区。这一地区简称东北区，位于中国东北部、北部和东部，北与俄罗斯接壤，东南与朝鲜为邻，南濒黄海、渤海，西至内蒙古草原。行政区划包括黑龙江、辽宁（朝阳市除外）、吉林 3 省，以及内蒙古的兴安盟和呼伦贝尔市东北部，涉及 210 多个县（市、区）。该区以温带季风气候为主，夏季高温，冬季寒冷；降水集中在 7—8 月，冬季及春季降水稀少；日照时间较长。

1）土地资源特点：土地总面积 95.21 万 km²，占中国土地总面积的 9.98%。该区山水环绕、沃野千里，地形主要为山地（西、北、东三面分别为大兴安岭、小兴安岭和长白山所环绕）和东北平原（由松嫩平原、辽河平原、三江平原构成）；区内土壤肥沃，以暗棕壤、寒棕壤（漂灰土）、黑钙土为主，自然肥力较高，是我国重要的商品粮基地、木材生产基地和重工业基地，耕地、林地、牧草地面积之比为 29∶63∶8，表现出以林地为主、耕地为辅助的典型的农林用地结构特征。其中，暖温带地区以冬小麦、棉花、暖温带水果为主要作物，中温带则以种植春小麦、大豆、玉米、高粱、水稻、甜菜、亚麻等春播作物为主，寒温带（大兴安岭北端）以春小麦、大豆为主，均为一年一熟。东部普遍覆盖着温带落叶阔叶林（针阔混交林），北部则为亚寒带针叶林，西部则为温带草原。区内土地垦殖率为 24.0%，森林覆盖率为 45.8%，土地利用率高达 91.6%，农业用地在已利用土地中所占比例达 90.3%；人均利用土地面积 0.86hm²，超过全国平均水平约 50%，具备发展大规模机械化生产和多种经营的自然条件。后备土地资源较为丰富，占全国总数宜农荒地的 22%，且集中连片、质量较好，是中国荒地资源开发潜力最大的地区之一。

2）土地资源利用中的关键问题：森林采育比例失调；黑土过度开垦，土层变薄，肥力下降；湿地过度滥垦，破坏严重；土地经济效益总体偏低，土地利用集约程度仍有待提高。

3）土地资源合理利用战略：土地利用结构仍以林地为主、耕地为辅，加大森林资源保护和林地抚育更新力度，提高资源利用效益，通过水利基础设施的建设与完善，进一步增加水浇地面积。完善已开发沼泽和草甸等低湿地的排水体系，防止洪涝灾害发生。对于土壤风蚀沙化现象较为突出的三江平原，应加强农田防护林网的建设，改善生态环境。坚持农牧结合、林牧结合的土地利用方向，因地制宜地促进农林牧副渔工全面发展，进一步巩固和发展该地区国家级商品粮生产基地、用材林生产基地和重工业基地的地位和优势。

（2）华北平原水浇地、旱地与居民工矿地——农业和建设用地区。这一地区简称华北区，位于中国东部中原地带，北起燕山、努鲁儿虎山，西沿太行山、伏牛山东麓，东临渤海、黄海，地处黄河下游。行政区划包括北京市、天津市、河北省大部（除坝上部分县）、山东全部、河南、安徽与江苏三省淮北地区以及辽宁和内蒙古少部分，共 426 个市（县、区、旗）。该区为暖温带季风气候，春季多春旱和风沙危害；降水偏少，该区域耕地面积占全国的 40%，水资源却不足全国总量的 10%，夏季多暴雨，易发生旱涝灾害。

1）土地资源特点：土地总面积 53.06 万 km²，占中国土地总面积的 5.56%。该区地形平坦，是由黄河、淮河、海河等河流冲击而成的典型冲积平原。农业生产的自然条件优越，是全国重要的粮、棉、油、果、禽、水产品生产基地和轻工业原料基地。区内以耕地为主要土地利用类型，耕地面积占全国的19.49%，水浇地与旱地并重，垦殖率高达49.1%；其次为园地，占全国园地总面积的19.68%，且以果园为主；林地与牧草地面积较小，分别占全国的2.38%和0.22%，是我国森林覆盖率最小的区域；区内人口稠密，城镇密集，城市数约占全国城市总数的1/5，城镇用地占全国城镇用地总面积的22.5%；该区地处中国生产力总体布局的中轴线，路网稠密，交通便捷，交通用地占全国交通用地总面积的24.7%。

2）土地资源利用中的关键问题：旱涝、盐碱、风沙危害严重；中低产田亟待治理和挖潜。城镇化与工业化导致人地关系紧张，农业用地与非农用地的矛盾日趋尖锐，耕地流失过快。

3）土地资源合理利用战略：合理安排各业用地，有效配置土地资源。严格保护耕地，尽量不占或少占耕地，稳定耕地面积，加强农田水利设施的建设和管理，进一步扩大灌溉面积，发展优质、高产、高效农业，提高农业产业化水平。采取多种措施治理和改良盐渍土、风沙土、砂姜黑土和白浆土等低产土质，采取有效的培肥措施，满足高产稳产田的综合肥力要求。加快区域内防护林的建设，防止土地退化。城乡居民点建设应以内涵挖潜为主，严格控制建设用地增长速度。

（3）黄土高原旱地、牧草地与有林地——农牧林业用地区。这一地区简称黄土高原区，位于黄河中游，东以太行山为界与华北平原相邻，西至日月山东侧与青藏高原衔接，南隔秦岭与我国北亚热带靠近，北抵长城毗连鄂尔多斯高原。行政区划包括山西全部、河南、河北、内蒙古的一部分县，陕西中北部、甘肃中东部、宁夏中南部及青海东部，共计260多个县（市、区）。该区表现出明显的过渡地带特征，即平原向山地高原过渡、沿海向内陆过渡、半湿润向干旱气候过渡、森林向草原过渡、农业向牧业过渡。区内光热充足，昼夜温差大；降水变率大，多集中在7—9月，且多为暴雨，冲刷作用强；春旱、夏旱频发。

1）土地资源特点：土地总面积50.0万 km^2，占中国土地总面积的5.26%。整体地势由西北向东南倾斜，千沟万壑，支离破碎。土壤由粉沙颗粒组成，土质疏松，垂直节理发育，抗蚀能力差，水土流失严重。农业以旱杂粮生产为主，产量不高不稳，亟待综合治理。

2）土地资源利用中的关键问题：土地支离破碎，不利于机械化大规模耕作。因地理位置特殊，多处过渡地带，加之人类毁林开荒、陡坡垦耕、草地垦耕等不合理土地开发行为，共同导致该区抵御自然灾害的能力较低。此外，由于农业垦殖历史悠久，后备耕地资源贫乏，且人口数量多、增长较快，导致人地矛盾日趋尖锐。

3）土地资源合理利用战略：调整土地利用结构，退耕还林还草，扩大林草种植面积，因地制宜营造防护林、经济林、薪炭林、用材林，以改善和保护生态环境；加强农田水利建设，建成旱涝保收的高产稳产农田；加强小流域综合治理，大力开展土地复垦工作；加大科技投入，倡导绿色生态农业；调整农业结构，建立优质农产品生产基地。控制人口增长，加大存量建设用地的挖潜力度，控制农地城市流转规模与速度，保护有限的农地资源。

（4）长江中下游平原水田、水域与居民工矿地——农渔和建设用地区。这一地区简称长江中、下游区，位于淮河以南、武夷山以东，洞庭湖、鄱阳湖盆地以北。行政区划包括豫、皖、苏、沪、浙、赣、湘、鄂8省（直辖市）的全部或部分地区，共243个市（县）。该区域是我国南北交融地带，为北亚热带湿润季风气候，冬温夏热，四季分明，降水丰沛，年均温14～18℃，无霜期200～280天，年降雨量800～1000mm，集中于春、夏两季。

1）土地资源特点：土地总面积39.92万km^2，占中国土地总面积的4.20％。地带性土壤仅见于低丘缓岗，主要是黄棕壤或黄褐土；南缘为红壤，平原大部为水稻土。土地利用率、土地垦殖指数均为全国之首，分别为92.8％和38.9％。农业水平发达，是我国重要的粮、棉、油生产基地，盛产稻米、小麦、棉花、油菜、桑蚕、苎麻和黄麻等。农地中的耕地和园地、林地用地比为62∶4∶34，同期农、林牧、渔业产值比为57∶2∶28∶13，以农业为主、渔业为辅的用地结构特征非常明显。耕地占全国耕地总面积的11.6％，但由于垦殖历史悠久，土地肥力水平高，耕地质量好，使得单产水平较高，复种指数可达220％；耕地中的水田面积占全国水田面积的30.9％，其中灌溉水田比例高达96.19％。由于集约化水平较高，虽然人均耕地仅有0.073hm^2，但人均粮食却达426.4kg。区内山地以亚热带森林、竹类为主，森林覆盖率16.1％，草场则发展养牛业；丘陵区多旱作农业和果树；平原及盆地种植水稻。区内因长江贯穿全境而河网密布，湖泊众多，水域面积占全国的19.4％，水面开发利用程度高，淡水养殖业发达。水域的合理开发利用是该区域可持续发展的重要环节。该区大、中城市密集，城镇众多，工业交通业发达，城市化、工业化水平高，非农业用地比例高，以534.7人/km^{2}的人口密度位居全国之首，农用地与非农用地矛盾尖锐。居民点、工矿用地占全国的14.8％，其中农村居民点用地占全区居民点用地、工矿用地的76.2％。交通用地占全国交通用地总量的11.8％，交通用地密度为全国平均水平的3倍。工农业总产值占全国的31.1％，人均水平则为全国平均水平的1.76倍，形成了以沪宁杭为中心的综合性工业基地和以武汉为中心的钢铁基地和轻纺基地。土地产出水平在全国各大区域中遥遥领先。

2）土地资源利用中的关键问题：丰富的地下水和季节性集中降水导致水田中渍涝潜育稻田比例偏高，土壤质地黏重、结构紧实，渗透性差，需要改良。由于该区域人口密集、经济发达，建设用地需求旺盛，人地矛盾日趋激化，非农建设用地占用耕地形势严峻，耕地流失严重。

3）土地资源合理利用战略：充分利用其优越的区位条件，发挥其地带辐射作用。以种植业为主，以养殖业为依托，严格保护耕地，稳定粮食种植面积，重视耕地质量，防止水土流失和土壤污染，提高粮食生产水平，实现耕地资源与非耕地资源综合利用，以保障国家商品粮基地的可持续发展。加大河流湖泊综合治理力度，保护生态环境。统筹安排各类各业用地，坚持开源节流并举，有序增加城镇工矿用地，优化城镇空间结构和布局，保障必要基础设施用地，盘活存量建设用地。同时建立节约集约用地的考核和激励机制，加大土地资源市场配置的力度，发挥科技对促进节约集约用地的作用。

（5）川陕盆地有林地、旱地与水田——农林用地区。这一地区简称川陕盆地区，位于中国西部，以四川盆地为主体，包括汉中盆地、秦巴山地和鄂西山地。行政区划包括四川、重庆、陕南和鄂西的 200 多个县（市、区）。该区域为北亚热带特征，地域分异明显，东部鄂西地区为温暖湿润的东南季风气候，西南部和四川盆地底部为干湿交替的西南季风所控制，雨热同季，降水量在 1000mm 以上，无霜期 233～258 天，北部为暖温带和亚热带半湿润区与湿润区的交叉地带。

1）土地资源特点：土地总面积 45.26 万 km²，占中国土地总面积的 4.76%。土地利用方式多样，农业条件相对比较优越。农用地占已利用土地面积的 94%，其中丘陵林地占 61%，盆地耕地占 33%，形成了以林为主、以耕为辅的用地结构。丰富的土地类型和适宜的气候条件为该区域发展多元化的农林牧业提供了有利条件。成都平原是我国重要的粮油产区；东部林地资源丰富、森林积蓄量高，开发潜力大；西南部优良耕地集中；北部动植物资源丰富。

2）土地资源利用中的关键问题：在长期的开发过程中，没有充分重视开发利用与治理保护的协调关系，陡坡垦殖、森林砍伐、草场过牧等行为导致了严重的水土流失。

3）土地资源合理利用战略：以林地利用为主，耕地利用为辅，水旱并重，农牧、林牧结合，坚持走集约节约用地之路，促进工农业协调用地，农林牧渔业综合发展。提高土地资源的综合生产能力，改造中低产田，努力提高耕地生产和粮食供给能力。加大环境保护力度，加快山区林业生态建设，制止乱砍滥伐森林，加强水利设施建设。

（6）江南丘陵山地有林地与水田——林农用地区。这一地区简称江南丘陵山地区，位于长江中下游平原以南，东临东海之滨，西接云贵高原。行政区划包括浙江、江西、安徽南部、湖南大部、福建、广东及广西北部等地区的 300 多个县（市、区）。年均温 16～20℃，冬暖夏热；10℃ 以上活动积温 5000～6000℃，无霜期 235～300 天；年降水量 1300～1800mm，且以 5—6 月降水为最多，是中国降水丰沛地区之一。

1）土地资源特点：土地总面积 51.74 万 km²，占中国土地总面积的 5.45%。低山、丘陵、盆地交错分布，以湘江、赣江流域为中心。红色盆地众多，红层丘陵为红色盆地主要地貌类型。该区域的粮食、经济作物、经济林产、淡水鱼产等在全国均占有重要地位，是中国重要农业区之一。土地利用率为 90.2%，土地利用以林地为主、耕地为辅，山区与盆谷相间。该区域是我国森林覆盖率最高的区域，有林地占林地总面积的 78.9%，森林覆盖率高达 51.2%，远高于全国平均水平。盆地中农业资源丰富，盛产水稻、麦类、油菜等，低山、丘陵则亚热带林木，马尾松林、杉木林和毛竹林广布。同时，江南丘陵地区也是柑橘、油茶、茶叶的主要产区。耕地中水田占 86%，灌溉水田超过 3/5，复种指数高达 235%，低丘盆地作物可一年三熟或两熟，山区作物一年两熟或一熟，是我国南方以水稻生产为主的一个重要的粮食及经济作物产区。该区开发历史悠久，也是一个以人多地少为特征的区域，人口占全国的 9.35%，人口密度为 221.6 人/hm²。

2）土地资源利用中的关键问题：气候条件导致该区域易出现旱、洪、寒灾害，低温冻害、寒露风害、暴雨及伏秋旱等极端天气时有发生，阻碍了农业生产的发展，经济发展的地区间差异明显。

3）土地资源合理利用战略：以有林地利用为主，耕地利用为辅，农林结合、农牧结合、林牧结合，发展立体林业。农业生产条件较好的丘陵盆地、河谷地应大力发展以水稻为主的商品粮生产基地。保证耕地的高产、稳产。适度推广大农业，实施规模经营，扩大多种经营，实现粮油畜禽蛋的全面发展，提高农业现代化水平。积极开发利用大面积的荒山荒地，发展阔叶树，提高森林覆盖率，降低用材林比率，同时加大水土保持的工作力度。

（7）云贵高原有林地、灌木林地与旱地——林农用地区。这一地区简称云贵高原区，位于我国西南边陲，毗邻缅甸、越南、老挝等东南亚国家，东起湖南雪峰山，向南经桂林、柳州一线之西，南界南盘江、红水河谷，西北与青藏高原相接，北界四川盆地和鄂西南高原。行政区划包括贵州、云南省大部以及桂西北、川西南、川东南等广大地区的 260 多个县（市、区），是我国南北走向和东北-西南走向两组山脉的交汇处。地跨热带、亚热带、暖温带、温带 4 个气候带，属中亚热带气候，年降雨量 800～1400mm。

1）土地资源特点：土地总面积 66.40 万 km²，占中国土地总面积的 7.95%。地势西北高，东南低。高原上山地丘陵占总面积的 90%，土层薄，尚有大面积宜林荒山。土地利用以林地为主（林地面积约占区域土地总面积的 50%）、耕地为辅（耕地面积约占区域土地总面积的 20%），森林覆盖率为 31.9%。有林地、灌木林、旱地、水田是主要的土地利用类型。土地利用率为 80.6%，略高于全国平均水平。区内人多地少，人均耕地 0.07hm²，人均粮食仅 262.5kg，不足全国平均水平的 2/3。立体气候特征明显，适宜发展杉木、马尾松、油桐、油茶等经济林木，且生物种类繁多，为发展立体农业和多种经营提供了丰富的自然基础和物质条件。云贵高原分布着广泛的岩溶地貌，属喀斯特地形。地下和地表分布着许多溶洞、暗河、石芽、石笋、峰林等稀奇古怪的地貌。但强烈的溶蚀导致水土流失严重，生态环境趋于恶化。山岭之间分布着许多小盆地。盆地内土层深厚而肥沃，是农业比较发达的地方，同时也是集镇较为密集之处。盆地内部地形较为平坦，土层深厚，因此农业比较发达、人口比较集中。

2）土地资源利用中的关键问题：交通不便，交通用地面积偏少；山高土燥，砂石多，水土流失严重，生态环境脆弱；溶蚀导致水土流失严重，土地质量和土地产出能力不高。

3）土地资源合理利用战略：坚持以林为主、以农为辅的发展道路，发挥材林基地优势，建设长江上游防护林体系，大力完善农田水利设施建设，扩大水田面积，发展自给性农业。以农养林、以坝养山，充分开发利用现有草山草坡资源，促进农牧、林牧结合，发展商品性草地畜牧业。处理好农用地与建设用地、经济作物用地与粮食生产用地、用材林采伐与防护林培育的关系，提高区域土地资源利用效率。结合长江、珠江中下游生态防护林网工程建设，对岩溶山区进行综合治理，以改善生态环境，保障两江中下游的生产和生活安全。

（8）东南沿海有林地、水田、园地与居民工矿地——农林渔业和建设用地区。这一地区简称东南沿海区，位于中国最南部，西北倚山，东南面海，陆域地形狭长，沿海岛屿环布。行政区划包括浙江、福建东南部、广东中部及南部、广西南部、海南省及香港、澳门和台湾等地 180 多个县（市、区）。本区属亚热带湿润季风气候，具有海洋性气候特征，大部分地区年均温 15～24℃；10℃以上活动积温为 4700～8000℃，年降水量 1200～2000mm，降水分布自东南向西北递增，受地形影响，迎风坡雨多、背风坡雨少。寒潮和台风暴雨为该区域主要灾害性天气。

1）土地资源特点：土地总面积 31.54 万 km²，占中国土地总面积的 3.32%（不含港澳台）。区内峰峦逶迤，河流纵横，海岸曲折，岛屿棋布，四季常青，地形以丘陵山地为主。土壤类型主要为红壤、砖红壤性红壤和砖红壤等三大类，有机质含量低，酸性强。东南沿海具有综合发展农、林、牧业的良好自然条件，尤其适宜热带、亚热带作物和经济林果的种植。土地利用率为 91.5%，其中农用地占 85.5%，耕地、园地、林地与牧草地之比为 28:7:64:1，表现出以林地为主、耕地为辅的农林用地结构，作物可一年二熟至三熟，大部分地区可种植双季稻。该区域是我国最大的甘蔗生产基地，是中国出口创汇农业的重要基地。该区联通海外、衔接内地，人口稠密，城市化、工业化程度高，区域经济十分发达，建设用地需求旺盛。该区域人均耕地水平为全国最低，粮食不能自给，因此是我国人地矛盾最为尖锐之区域。在沿海平原区，非农用地占区域土地面积的 5.6%，约为全国平均水平的 2 倍。交通用地、居民点及工矿用地分别占非农用地总面积的 0.64% 和 89.3%。

2）土地资源利用中的关键问题：快速工业化、城市化导致的耕地面积锐减是该区域土地资源利用面临的重要问题，建设用地扩张与耕地保护之间的矛盾亟待缓解。

3）土地资源合理利用战略：以林地利用为主，耕地利用为辅，协调工矿、交通和城镇建设用地扩张与耕地保护之间的关系。积极开发利用丰富的滩涂资源、湖泊资源，发展水产养殖；开发荒草地等未利用地以扩大农林作物的种植面积，扩大经济林果生产规模，提高产出水平；加大海滩养殖力度，提高渔业生产水平，实现农林渔果业的协调综合发展。严格控制城乡建设规模，充分挖潜存量土地，节约集约利用土地。

（9）内蒙古高原牧草地与旱地——牧业用地区。这一地区简称内蒙古高原区，位于中国北部边疆，东接大兴安岭西端和黑龙江、吉林、辽宁，西邻阿拉善高原，南抵河北、山西、陕西、宁夏北部，东北部和北部分别同俄罗斯与蒙古国接壤。行政区划包括内蒙古自治区和河北省北部 5 个县、宁夏的 4 市、8 县。处于由东部平原向内蒙古高原、由半湿润向半干旱地区过渡地带，干燥度自东向西由 1.2～1.5 逐步增至 4.0，夏季风弱，冬季风强，气候干燥，冬季严寒，日照丰富。

1）土地资源特点：土地总面积 75.30 万 km²，占中国土地总面积的 7.93%。地域狭长、地面坦荡、起伏缓和，多宽广盆地，草原辽阔，西部沙漠广布，戈壁、沙漠、沙地依次从西北向东南略呈弧形分布。土地资源丰富，牧草生长良好，是中国最主要的畜牧业基地，西、中、东部依次为牧区、半农半牧区、农区，还盛产甘草赤芍、麻黄等中草药。西部边缘属森林草原黑钙土地带，东部广大地区为典型草原栗钙土地带，西部地区为荒漠草原棕钙土地带，最西端已进入荒漠钙土地带。土地利用率为 95%，其中农用地占 96.3%，牧草地、耕地、林地面积之比为 81:11:8。牧草地多为天然草地，形成典型的山地草原畜牧业。该区域荒草地占全国的 1/5，但开发利用难度较大。

2）土地资源利用中的关键问题：水资源紧缺导致本区以旱作农业为主，产量低而不稳，广大牧区常发生旱灾。人均耕地减少，草原滥垦，农牧争地导致盲目扩大旱作农田，挤占牧业用地。滥垦、滥伐、滥牧现象长期存在，造成草原退化，土地沙化面积扩大。

3）土地资源合理利用战略：防风固沙、保护草原、改良草场、合理放牧是该区域资源合理利用与自然环境改造的主要任务。应坚持以天然草地畜牧业为主的发展道路，加强草原基本建设，巩固和提高该区域在全国畜牧业生产中的地位。处理好保护耕地、牧草地与建设用地之间的关系，同时加大后备土地资源开发利用力度。通过生态环境保护、退化草地治理、后备资源开发的有机结合，实现农林牧的综合协调发展。加快土地沙漠化治理步伐，积极推广耐旱、耐碱、耐沙的草种，推行草原灌溉，提高草原总体载畜量等畜牧生产水平。

（10）西北干旱区牧草地与水浇地——牧业和绿洲农业区。这一地区简称西北干旱区，位于我国包头-盐池-天祝线以西，祁连山-阿尔金山以北。行政区划包括新疆全部、甘肃河西走廊、宁夏中北部及内蒙古西部地区等西部边陲地区。区内除高大山脉（如天山、祁连山等）的上部降水较多外，大面积地区为荒漠戈壁及流动沙丘占据。常年受大陆气团控制，属于温带大陆性气候，寒暑变化剧烈，昼夜温差大，干旱少雨。

1）土地资源特点：土地总面积 212.42 万 km²，占中国土地总面积的 22.36%。地形地势差异较大，有海拔 8611m 的乔戈里峰，也有低于海拔 150m 的吐鲁番盆地。地广人稀，土地资源数量多但质量差，土地利用率仅 41.4%，是我国土地利用率最低、生产力较为低下、未利用地面积最大的区域，裸岩、石砾、沙地、沙漠和戈壁广布，荒草地占全国的 20% 左右，但宜农土地质量差，开发利用难度大。农用地中牧草地的比例最高，达 84.1%，以天然草地为主，山区分布的大量优质天然草地使该区域形成典型的山地草原畜牧业。由于水资源匮乏，在南北高山之间的盆地边缘，多依靠高山积雪和冰川融化进行灌溉，形成了典型的绿洲农业，主要种植长绒棉、瓜果、葡萄等特优农产品，是中国重要的棉花生产基地。在独特的生物气候条件下，该区域拥有许多罕见的名贵药材、野生动物等生物资源。

2）土地资源利用中的关键问题：水资源匮乏，土地盐碱重、质量差，限制了农业发展；草地资源承载力有待提高，草场资源利用不尽合理以及过度的森林采伐，导致沙漠化扩展迅速，生态环境脆弱。

3）土地资源合理利用战略：坚持以天然草地畜牧业为主，绿洲灌溉农业为辅，农林、牧相结合，多种经营综合发展。合理利用水土资源，抓好粮、棉、糖基地，特别是甘肃河西走廊、新疆昌吉、伊宁、塔城、博尔塔拉和阿克苏、莎车等地的粮食基地和塔里木盆地棉花基地建设，保证区内粮食供给。保证灌溉是西北干旱区农业发展的前提，因此，应加强水利建设，增辟水源，大力兴建山区水库，调洪补枯，提高春季用水保证率，提高水资源利用率，节约用水，从而提高土地产出水平。发展草场灌溉，建设优质耐牧的人工草场和饲草、饲料基地，重点抓好新疆伊犁、阿勒泰、天山北坡和甘肃祁连山区的畜牧业基地建设，提高草地资源生产和区域载蓄能力。加大对山区森林采伐的控制，加强中幼林更新与人工造林，平原区要完善人工林体系和农田防护林建设，以防风沙，并通过建立自然保护区等形式保护生态环境。

（11）青藏高原牧草地——牧业用地区。这一地区简称青藏高原区，位于我国西南部，北纬 26°～30° 之间，包括祁连山、昆仑山以南，四川大雪山以西的整个青藏高原。行政区划包括青海与西藏大部、甘肃甘南州等 90 多个县（市、区）。具有独特的高原气候，太阳辐射强，日照充足，昼夜温差大，气温低，日差较大，年差较小。

1）范围及土地资源特点：土地总面积 175.57 万 km²，占中国土地总面积的

18.48%。总体上看，地广人稀，人口密度仅为 2.05km²，局部区域如河谷农区，人口密度却很大，人均耕地仅 2.63hm²。地形以高原为主，平均海拔超过 4000m，极端的气候条件使土地生产潜力受到限制，土地利用率仅 60.6%，未利用地中宜农宜林面积少。该区是我国重要的畜牧基地，牧业生产占有绝对优势，牧草地占土地总面积的 53.2%，其中，高寒牧草地是区域土地利用的主要方式，畜牧业以牦牛、藏山羊、藏绵羊为主；但农牧业生产以自给自足为主，商品化率低，除毛、绒、皮张的商品率可达到 70%～90% 外，肉、奶的商品率只有 10%，粮食商品率只有 7%～10%。耕地面积仅占农地面积的 1%，但粮食却保证了区内消费量的 95%，主要以青稞、小麦、豌豆为主，因其特殊的高原地理背景，以耕地利用为主的种植业对区域经济具有重要的战略意义。因高原地形的限制，山地峡谷阻隔，交通用地仅占全国交通用地的 1.6%，县级以下公路路况差、可通车时间短，严重阻碍了区域经济的发展。

2) 土地资源利用中的关键问题：土地利用的限制性因素较多，土地利用率低；过度放牧情况日趋严重，未利用地开发难度大。

3) 土地资源合理利用战略：适当调整区域土地利用结构及布局，稳定现有的牧草地和耕地面积，提高林地利用率，采取各种措施开发宜农宜林未利用地，适当扩大农林用地比例，以提高粮食自给程度，建设区域性高产稳产的商品粮生产基地。扩大草场面积，提高草场经营水平，合理放牧，以防止草地退化或沙化。

（12）藏东南-横断山有林地与牧草地——林牧用地区。这一地区简称藏东南-横断山区，位于我国西南部川滇藏接壤地区，地处青藏高原与云贵高原和四川盆地过渡地带。行政区划包括西藏的林芝、昌都地区，四川与云南部分州、县共计 83 个。该区为高原湿润气候，地区间水热条件差异较大，垂直差异尤为突出，全年降水量 400～800mm，无霜期100～150 天。

1) 范围及土地资源特点：土地总面积 53.57 万 km²，占中国土地总面积的 5.64%。区域内山川窄陡，高山峡谷相间，谷岭起伏极大，山地资源丰富，土地利用率为 85.1%。后备土地资源较为有限，未利用地开发利用难度较大，其中裸岩、石砾地约占 63.72%。土地利用以林地为主、牧草地为辅，而产值却以种植业为主、畜牧业为辅。该区是我国西南林区的重要组成部分，森林覆盖率为 32.6%。耕地主要分布在水热条件相对较好的河谷地带，面积少而分散，垦殖率仅为 2.9%，仅为全国平均水平的 1/5，主要种植青稞、油菜、小麦和牧草。该区域交通条件极差，交通用地面积少，区域经济水平落后。

2) 土地资源利用中的关键问题：掠夺式经营致使林地锐减，耕地生产力水平低；由于该区域土地资源的主体森林、高山草原、草甸、荒漠四大生态系统受构造运动影响，稳定性差，加之地处大江大河上游，生态环境极为脆弱，极易受到土地利用活动的影响。

3) 土地资源合理利用战略：以林业发展为主导，辅以草地畜牧业，从而走农林、农牧结合的发展道路；逐步开垦后备土地资源，提高青稞、小麦等主产量的产出水平，以满足区域内粮食消费需求；以现代草地放牧与圈养相结合的季节性畜牧业代替传统放牧畜牧业，同时提高草场的承载力和生产水平，最终带动畜牧业的整体产出能力。重视生态环境保育，建设好江河上游生态屏障。

2. 土地利用亚区

我国土地利用亚区见表1.8。

表 1.8 我 国 土 地 利 用 亚 区

土地利用区	土 地 利 用 亚 区
I 东北区	I₁ 大兴安岭有林地与旱地——用材林地亚区
	I₂ 三江平原旱地有林地与荒草地——旱作农业和用材林地亚区
	I₃ 松嫩平原旱地、天然草地与有林地——旱作农业和建设用地亚区
	I₄ 长白山有林地与旱地——用材林地亚区
	I₅ 辽中南旱地、有林地、水域与居民工矿地——农林果渔业和建设用地亚区
II 华北区	II₁ 冀北辽西山地有林地、旱地与荒草地——防护林和旱作农业用地亚区
	II₂ 京津唐平原水浇地、旱地、水域与居民工矿地——农渔和建设用地亚区
	II₃ 黄海低平原水浇地、旱地与居民工矿地——灌溉农业和建设用地亚区
	II₄ 太行山前平原水浇地、居民工矿地与荒草地——灌溉农业和建设用地亚区
	II₅ 山东半岛旱地、水浇地、水域、园地与居民工矿地——农渔果业和建设用地亚区
	II₆ 鲁中丘陵旱地、水浇地、园地与居民工矿地——农果业和建设用地亚区
	II₇ 豫鲁黄泛平原水浇地、旱地与居民工矿地——灌溉农业和建设用地亚区
	II₈ 淮北低平原旱地、水田、水域与居民工矿地——农渔和建设用地亚区
III 黄土高原区	III₁ 晋东豫西山地有林地、旱地与荒草地——林业和旱作农业用地亚区
	III₂ 汾渭谷地旱地水浇地、有林地与荒草地——旱作农业和建设用地亚区
	III₃ 晋陕甘宁黄土丘陵旱地、天然草地与有林地——农林牧业用地亚区
	III₄ 长城沿线黄土丘陵沙地天然草地、旱地与灌木林地——牧农林业用地亚区
	III₅ 陇中青东丘陵天然草地与旱地——放牧业和旱作农业用地亚
IV 长江中、下游区	IV₁ 皖苏中部丘陵平原水田、旱地水域与居民工矿地——农渔和建设用地亚区
	IV₂ 南阳盆地-大别山区旱地、水田与有林地——农林用地亚区
	IV₃ 长江三角洲灌溉水田、水域与居民工矿地——农渔果业和建设用地亚区
	IV₄ 江汉平原灌溉水田、旱地水域与居民工矿地——农渔和建设用地亚区
	IV₅ 洞庭湖平原灌溉水田、有林地与水域——水田农业和林渔业用地亚区
	IV₆ 鄱阳湖平原有林地、灌溉水田与水域——水田农业和林渔业用地亚区
	IV₇ 皖中沿江平原灌溉水田、水域与有林地——水田农业和林渔业用地亚区
V 川陕地区	V₁ 秦巴山地有林地、灌木林地、旱地与天然草地——林农牧业用地亚区
	V₂ 鄂西山地有林地、灌木林地与旱地——用材林地和旱作农业用地亚区
	V₃ 四川盆地旱地、灌溉水田与有林地——水田农业和建设用地亚区
VI 江南丘陵山地区	VI₁ 皖浙赣交界区有林地水田与园地——林农果业用地亚区
	VI₂ 赣中红壤丘陵有林地与灌溉水田——用材林地和水田农业用地亚区
	VI₃ 湘中丘陵盆地有林地与灌溉水田——农林用地亚区
	VI₄ 浙闽山地有林地、为成林地与水田——用材林地亚区
	VI₅ 湘赣粤交界区有林地、未成林地与水田——用材林地和工矿用地亚区
	VI₆ 桂东北山地有林地水田、旱地与荒草地——林农用地亚区

52

土地利用区	土地利用亚区
Ⅶ云贵高原区	Ⅶ₁黔东湘西山地有林地、旱地与水田——林农用地亚区
	Ⅶ₂黔西高原有林地、灌木林地、旱地与水田——农林用地亚区
	Ⅶ₃攀西六盘水有林地、灌木林地、旱地与天然草地——农林牧业和工矿用地亚区
	Ⅶ₄桂西北山地有林地、灌木林地、耕地与荒草地——林农用地亚区
	Ⅶ₅滇东北高原有林地、灌木林地、旱地与荒草地——林业和旱作农业用地亚区
	Ⅶ₆滇南山原有林地、灌木林地、旱地与荒草地——林果和旱作农业用地亚区
Ⅷ东南沿海地区	Ⅷ₁浙闽沿海有林地、灌溉水田水域与园地——农林果渔业用地亚区
	Ⅷ₂珠赣三角洲有林地、灌溉水田、园地与居民工矿地——农林果渔业和建设用地亚区
	Ⅷ₃北部湾有林地、灌溉水田、旱地与居民工矿地——农林和工矿用地亚区
	Ⅷ₄细海南岛林地、耕地园地与居民工矿地——农林果业和建设用地亚区
	Ⅷ₅台湾岛有林地、灌溉水田、园地与居民工矿地——农林果业与建设用地亚区
Ⅸ内蒙古高原地区	Ⅸ₁蒙北高原天然草地——放牧业用地亚区
	Ⅸ₂蒙东南丘陵平原天然草地、旱地与有林地——牧业和旱作农业用地亚区
	Ⅸ₃鄂尔多斯高原天然草地与沙地——放牧业用地亚区
	Ⅸ₄河套平原天然草地、水浇地与旱地——灌溉农业和牧业用地亚区
Ⅹ西北干旱区	Ⅹ₁阿拉善高原天然草地与裸岩、石砾地、沙地——放牧业用地亚区
	Ⅹ₂河西走廊裸岩、石砾地、天然草地与水浇地——放牧业和绿洲农业亚区
	Ⅹ₃吐哈盆地裸岩、石砾地、沙地与天然草地——放牧业用地亚区
	Ⅹ₄阿塔地区天然草地与水浇地——牧业和灌溉农业亚区
	Ⅹ₅天山北坡天然草地、裸岩、石砾地与水浇地——牧业和绿洲农业亚区
	Ⅹ₆伊博谷地天然草地与水浇地——放牧业和灌溉农业亚区
	Ⅹ₇天山南坡沙地、裸岩、石砾地天然草地与水浇地——放牧业与绿洲农业亚区
	Ⅹ₈昆仑山北麓裸岩、石砾地沙地与天然草地——放牧业用地亚区
	Ⅹ₉喀什裸岩、石砾地、沙地、荒草地、天然草地与水浇地——放牧业和绿洲农业亚区
Ⅺ青藏高原区	Ⅺ₁青东甘南高原天然草地、林地与未利用地——放牧业用地亚区
	Ⅺ₂柴达木盆地裸岩、石砾地、沙地、天然草地与水浇地——牧农和工矿用地亚区
	Ⅺ₃青南高原天然草地、林地与裸岩、石砾地——放牧业用地亚区
	Ⅺ₄藏北高原天然草地与荒草地裸岩、石砾地——放牧业用地亚区
	Ⅺ₅藏南谷地天然草地、水浇地与裸岩、石砾地——放牧业和灌溉农业用地亚区
Ⅻ藏东南-横断山区	Ⅻ₁川西高原天然草地、有林地与灌木林地——牧业和林业用地亚区
	Ⅻ₂三江天然草地、有林地、灌木林地与裸岩、石砾地——放牧业和防护林用地亚区
	Ⅻ₃雅江下游有林地、天然草地与裸岩、石砾地——用材林地和牧业用地亚区
	Ⅻ₄滇西北高原有林地、灌木林地耕地与荒草地——用材林地和农业用地亚区

1.5.3　我国土地资源的开发利用现状与问题

1.5.3.1　我国土地资源开发利用现状

1949 年以来，为了摸清耕地面积，在 1952—1953 年期间，全国开展了查田定产工作，在当时的条件下，仅仅对平地进行了丈量，丘陵山区的坡地则按播种量、用工量或产量等进行估计，在 1953 年公布的此次调查的耕地汇总面积为 16.275 亿亩。此后随着国民经济建设的全面开展，土地资源的开发利用进入了全新的阶级，主要表现在以空前的规模开垦荒地和开展土地改良，从而使耕地面积不断扩大，耕地质量有所提高，而林地面积和可利用草地面积随之缩小。通过扩大耕地面积和提高单位面积产量，满足了当时由于人口激增而对食物的需求。到 1957 年时全国耕地面积已增加到约 16.8 亿亩，1958 年由于开始"大跃进"运动，多项大型建设工程上马，城乡建设和大型水利工程全面展开，占用了大量耕地；与此同时，全国出现了毁林开荒，开垦草地，围垦湿地、湖区，以致围海造田，耕地面积大量增加，总体上耕地面积仍然呈现扩大的趋势，到 20 世纪 70 年代末达到了 20 亿亩以上的总规模。

改革开放以来，中国的土地开发利用主要以大规模、有组织的土地整治（包括农用地整治、农村建设用地整治、城镇工矿废弃地整治、土地复垦以及宜农后备土地开发）活动为特征。在范围上，由相对孤立、分散的土地开发利用向集中连片的综合整治转变，从农村延伸到城镇工矿；在内涵上，由增加耕地数量为主向增加耕地数量、提高耕地质量、优化用地结构布局、改善土地生态并重转变；在目标上，由单纯的保护耕地向促进新农村建设和城乡统筹发展转变。

1999 年，修订后的《中华人民共和国土地管理法》明确规定"国家鼓励土地整理"，土地整治逐步实现了由自发、无稳定投入到有组织、有规范、有稳定投入的转变。2003 年，《全国土地开发整理规划（2001—2010 年）》发布实施。土地整治逐步形成了有法律支撑、有规划引导、有标准可依、有资金保障、有机构推进的工作局面。2008 年，国家提出"大规模实施土地整治，搞好规划、统筹安排、连片推进，加快中低产田改造，鼓励农民开展土壤改良，推广测土配方施肥和保护性耕作，提高土地质量，大幅度增加高产稳产田比重""支持农田排灌、土地整治、土壤改良、机耕道路和农田林网建设"，这一时期，土地开发利用的目标更加多元化，内涵和效益的综合性特点越来越鲜明，社会认知度越来越高。通过土地整治，特别是基本农田整治，加强农田基础设施建设，有效改善了土地的生产条件，提高了土地的生产能力；有效改善了传统的农用地利用格局，扩大了土地经营规模。此外，国家进行了以"三北"防护林为标志的生态建设工程，采取了退耕还林、还草、还湖等重大措施，实施了长江上游重点水土流失区治理、京津风沙源治理、黄河中上游水土保持重点防治、珠江上游南北盘江石灰岩地区水土保持综合治理等土地治理重大工程。

进入 20 世纪 90 年代以来，在 1996 年全面完成了由国务院组织的第一次中国土地利用现状调查，基本查清了中国土地利用状况，包括各种土地利用类型的面积、分布和权属（所有权）状况。时隔 10 年后，2006 年国务院开始组织第二次中国土地调查，主要任务包括：开展农村土地调查，查清中国农村各类土地利用状况；开展城镇土地调查，掌握城市建成区、县城所在地建制镇建成区的土地状况；开展基本农田状况调查，查清中国基本农田状况；建设土地调查数据库，实现调查信息的互联共享。根据《中华人民共和国土地管理法》《土地调查条例》有关规定，国务院决定自 2017 年起开展第三次全国土地调查，根据 2020 年年底公布的数据，全国耕地面积 134.9 万 km^2，园地面积 14.2 万 km^2，林地面积 252.8 万 km^2，牧草地面积 219.3 万 km^2，其他农用地 23.6 万 km^2，居民点及工矿用地面积 32.1 万 km^2，交通运输用地面积 3.8 万 km^2，水利设施用地面积 3.6 万 km^2。

1.5.3.2 存在的问题

从总体上看，中国土地资源的开发利用保护取得了明显成效，但是综合考虑现有耕地数量、质量和发展用地需求等因素，中国土地资源形势仍然十分严峻，土地利用变化反映出的土地生态状况也不容乐观，存在的问题主要表现在：

（1）需要退耕的耕地面积较大，耕地后备资源不足。根据 2013 年年底公布（以 2009 年年底为标准时点汇总）的数据，全国尽管保有 20.3077 亿亩耕地，但其中有 8474 万亩耕地位于东北、西北地区的林区、草原以及河流湖泊最高洪水位控制线范围内，还有 6471 万亩耕地位于 25°以上陡坡。上述耕地中，有相当部分需要根据国家退耕还林、还草、还湿和耕地休养生息的总体安排做逐步调整。此外，至少有 5000 万亩耕地受到中、重度污染，大多不宜耕种；还有一定数量的耕地因开矿塌陷造成地表土层破坏；因地下水超采，已影响正常耕种。

与此同时，中国宜耕后备资源匮乏。从整体上看，全国宜于大规模开垦的土地资源已基本殆尽。虽然在一些地区还存在着一些沼泽地、河滩地，但这些土地的开垦将威胁湿地生态系统和生物栖息地；也还存在一些荒草地、风沙地、荒坡地等，但是开发利用的制约因素较多，且主要分布在西部土地生产潜力较低的地区，生态脆弱，开发受到严重限制，可能引发许多生态问题。

（2）优质耕地少，耕地质量总体不高。中国约有 2/3 的耕地分布在山地、丘陵和高原地区，只有 1/3 的耕地分布在平原和盆地。根据 2013 年年底公布（以 2009 年年底为标准时点汇总）的数据，全国耕地中，有灌溉设施的耕地比重为 45.1%，无灌溉设施的耕地比重为 54.9%，优质耕地所占比重不高。加上多年来占用的耕地中，多数为灌溉水田和水浇地，而同期补充的耕地中具有排灌设施的比例较低，使得优质耕地少、耕地质量较差的问题更为突出。根据 2009 年公布的中国农用地分等成果数据，以 1 等为最优，逐级递减至 15 等为最差的 15 个等级的耕地中，全国耕地的平均等别为 9.2，总体上处于偏低的水平。

（3）土地退化现象突出，土壤污染严重。中国土地退化现象相当普遍而且严重，主要表现在大面积的土壤侵蚀，局部地区土地荒漠化和沙化继续发展，以及工业"三废"对土地污染加剧。

根据 2020 年中国水土保持公报数据，中国的水土流失总面积为 269.27 万 km^2，占土地总面积的 28.05%，比 20 世纪初期水土流失面积（150 万 km^2）增加了大约 0.8 倍。其中耕地的水土流失面积已超过 6 亿亩，每年流失土壤 10 亿 t 以上。除了造成表土流失、肥力减退外，还造成下游河道淤塞，增加下游平原的洪涝威胁。

根据国家林业局第五次全国荒漠化和沙化监测数据，截至 2014 年，全国荒漠化土地总面积 261.16 万 km²，占荒漠化监测区面积的 5%，占国土总面积的 27.20%，沙化土地面积 172.12 万 km²。从总体上看，中国土地退化问题，特别是大面积的水土流失和土地沙化（两者合计面积已接近全国土地总面积的 55%），严重制约着土地生产力的提高，也是土地质量不高的重要原因。

根据 2014 年 4 月环境保护部和国土资源部发布的《中国土壤污染状况调查公报》，中国土壤环境状况总体不容乐观，部分地区土壤污染较重，耕地土壤环境质量堪忧，工矿业废弃地土壤环境问题突出。工矿业、农业等人为活动以及土壤环境背景值高是造成土壤污染或超标的主要原因。中国土壤总的点位超标率为 16.1%，其中轻微、轻度、中度和重度污染点位比例分别为 11.2%、2.3%、1.5% 和 1.1%。污染类型以无机型为主，有机型次之，复合型污染比重较小，无机污染物超标点位数占全部超标点位的 82.8%。从土地利用类型看，耕地、林地、草地土壤点位超标率分别为 19.4%、10.0%、10.4%。从污染类型看，以无机型为主，有机型次之，复合型污染比重较小，无机污染物超标点位数占全部超标点位的 82.8%。从污染分布情况看，南方土壤污染重于北方；长江三角洲、珠江三角洲、东北老工业基地等部分区域土壤污染问题较为突出，西南、中南地区土壤重金属超标范围较大；镉、汞、砷、铅 4 种无机污染物含量分布呈现从西北到东南、从东北到西南方向逐渐升高的态势。

（4）建设用地占用耕地多，自身利用粗放、效率不高。随着中国经济社会的快速发展，建设用地对土地的需求急速增加。大量耕地转向居民点和工矿用地及交通用地。近20 年来，中国非农建设占用耕地平均每年至少在 200 万亩以上，而且大部分是生产能力较高的优质耕地。随着工业化和城市化进程的推进，建设用地供需矛盾仍将十分突出，占用耕地的趋势还将持续。

在大量占用耕地的同时，建设用地本身的粗放浪费较为突出。全国城镇规划范围内闲置、空闲土地比例一直居高不下，全国工业项目用地容积率仅为 0.3～0.6，工业用地平均产出率远低于发达国家水平。近 20 年来，乡村人口持续减少，而农村居民点用地却不断增加，农村建设用地利用效率普遍较低。新增建设用地中还存在工矿用地比重过高，而改善城镇居民生活条件的用地供应相对不足等现象。

本 章 小 结

本章是对土地资源学的全面简要概述，是学习土地资源学的基础。土地是地球陆地表面由气候、土壤、水文、地形、地质、生物及人类活动所组成的一个复杂的自然经济综合体。土地资源是在一定技术经济条件下可以为人类利用的土地，包括可以利用而尚未利用的土地和已经开垦利用的土地的总称。土地资源具有自然属性和社会经济属性。

土地资源学是研究土地资源的自然与社会构成要素、类型与特征、数量和质量调查评价，以及开发与利用、治理与改造、保护与管理等问题的科学，其主要研究方法有系统分析法、景观生态分析法、社会经济分析法和"3S"技术应用法。

人们对土地资源的研究具有悠久的历史，但土地资源学作为独立学科在科学发展史上还很年轻。本章简要回顾了国内外土地资源学的发展过程，指明了土地资源学的发展任务、重点领域、前景与趋势。

复 习 思 考 题

1. 什么是土壤、土地、土地资源？
2. 土地资源的基本属性有哪些？
3. 土地资源学的研究内容是什么？
4. 土地资源学的研究方法有哪些？
5. 简要论述国内外土地资源学的发展历程。
6. 简述土地资源的分区原则和方案。

第 2 章　土地资源的构成要素

> **本章概要**

土地资源（land resource）是由地球陆地表面一定立体空间的气候、地质地貌、水文、土壤、生物等自然要素组成，同时也时刻受到人类活动和社会经济因素影响的自然经济综合体。土地资源的特征是由多个构成要素相互联系、相互作用、相互制约的总体效应与综合反映。在土地资源的形成发展过程中，各个要素从不同方面，以不同方式、不同程度，独立地或综合地影响着土地资源的综合特征。因此，当我们对某一区域的土地资源进行考察时，首先要单独分析土地资源的各构成要素的特点，然后再进一步进行综合分析，对该区域土地资源的总体特征作出判断评价。本章内容有助于厘清土地资源的各个构成要素对土地资源的空间分布、质量特征及其开发利用等的影响规律。

> **本章结构图**

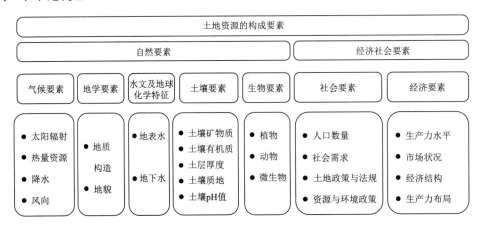

> **学习目标**

1. 了解土地资源的自然构成要素种类。
2. 了解土地资源的不同构成要素的基本特征。
3. 掌握不同构成要素对土地资源的影响。

2.1　气　候　要　素

气候是土地资源自然要素的五大组成要素之一，对土地资源有重要的影响，与土地利用产生直接作用的是与地球表面产生水、热交换的对流层。影响土地资源性质和利用的气候因素（climate factors）很多，其中光（太阳辐照）、温（热量）、水（降水）、风等方面是土地资源气候要素的重要组成部分。

2.1.1　太阳辐射

太阳辐射（solar radiation）是指太阳以电磁波的形式向外传递能量的方式。太阳辐射传递的能量称为太阳辐射能，它是地球表面土地生态系统中一切过程（包括物理的、化学的、生物的）的能量基础。

到达地球表面的太阳辐射可分为两部分：一部分是太阳光线直接投射到地面上，称为太阳直接辐射，约占太阳总辐射能的47%；另一部分是在大气中经过短波散射（天空光）和微粒（水汽、尘埃）散射形成的散射光而投向地面，称为散射辐射。两者之和称为太阳总辐射，但对土地资源的影响而言，主要是考虑太阳直接辐射。

我国大多数地区太阳辐射总量为$502.0kJ/cm^2$，但由于受纬度、海拔高度及云量等影响，不同地区的太阳总辐射量差异较大，低纬度地区的太阳总辐射量一般略高于高纬度地区，高原地区高于平原地区。如我国西北高原地区的太阳总辐射量一般为$586\sim670kJ/cm^2$，东部平原区为$502\sim544kJ/cm^2$，西藏高原区可高达$670\sim837kJ/cm^2$，而四川盆地区则低于$419kJ/cm^2$。此外，由于地球自转和公转而产生的昼夜和四季的变化，导致太阳总辐射量呈现明显的日变化和年变化。在一天之内，夜间的总辐射为零，白天的总辐射则随着太阳的上升而逐渐增加，至正午达最高值，而云量的不同可以提前或延后这一过程。同样，在一年之中，一般以夏季的总辐射值为最高，冬季为最低。

太阳辐射包括紫外线及其以下的短波波段、紫外以上的可见光以及红外波段等，其中以可见光部分为主，占50%左右，这是地球表面光照的主要来源；所有的短波辐射到达地球表面以后，大多数转变为长波辐射，这是地球表面的热量来源。光照和热量是土地资源形成和发展过程的两大气候要素。

影响土地资源利用的光照指标主要有光照强度、光照长度和光照质量。

2.1.1.1　光照强度

光照强度（illumination）简称照度，是指正常人眼对$0.4\sim0.7\mu m$可见光的平均感觉程度，其单位是勒克斯（lx）。由于植物体的干物质总量中有90%～95%是来自于植物的光合作用，因此，太阳的光照条件如光照强度与植物的生长发育具有密切关系，绝大多数植物生长发育都要求达到一定的光照强度才能完成正常的生长周期。根据植物与光照强度的关系，可以把植物分为阳性植物、阴性植物和耐阴植物3种生态类型。

目前，我国以勒克斯表示光照度的资料较少，一般以日照时数表示，我国各地年均日照时数变化在1200～3400h之间，日照时数因地理位置、季节、天空状况等的变化而变化，而与太阳总辐射量的分布有相似的趋势。如青藏高原和西北干旱地区的日照时数多在2000h以上；而四川、贵州地区的日照时数较小，四川峨眉仅947h，贵州道真仅1068h。日照时数的地区差异也为植物的区系分布奠定了基础。

2.1.1.2　光照长度

光照长度（light period）是指一个地区从日出至日落之间可能日照的时数，简称日长、昼长。日长随季节和纬度不同而变化，在我国高、低纬度地区之间日长最大差值可达5～6h。日长对植物生长发育影响较大，根据对日长要求的不同，可将植物分为长日照植物、短日照植物、中日照植物和中间型植物。长日照植物一般要在长日照条件下才能进入生殖生长而成熟；而短日照植物则相反，一般应在短于临界日长的条件下才能进入生殖生长，详见表2.1。

表 2.1 植物根据光照长度分类

类型	特　　点	代表性植物
长日照植物	日照长度长于一定的临界日长才能够开花的植物	如大麦、小麦、油菜、甜菜、豌豆等
短日照植物	日照长度短于一定临界日长才能开花的植物，在一定范围内暗期越长开花越早，一般至少需要12～14h以上的黑暗才能开花	如苍耳、牵牛、草地早熟禾、高羊茅、大豆、玉米等
中日照植物	昼夜长短的比例接近相等时才能开花的植物	如甘蔗
中间型植物	植物开花受日照长短的影响较小，只要条件合适，在不同的日照长度下都能开花	如蒲公英、番茄、黄瓜等

2.1.1.3　光照质量

光照质量（lighting quality）是指太阳辐射中紫外线、可见光和红外线等部分的比例，它随纬度、海拔高度、地区大气干燥度及季节的变化而有所不同。例如纬度较高的干旱地区，由于光照质量优于低纬度的湿润地区，其土地的农业垦殖的海拔高度通常高于低纬度地区。光照质量对农作物的品种也有较明显的影响，如光照质量较好地区，其作物（如水果、蔬菜等）往往质量高、色泽鲜、果实大。

此外，光照条件除了对农业生产具有显著影响外，对工业及第三产业的发展、城市建设等也有重要的价值。良好的光照条件不仅是人类生活的必要条件，而且直接影响劳动生产率的高低。

2.1.2　热量资源

太阳辐射是地球最重要的能量来源，资料表明，地球一年内所接受的太阳辐射能为 7.03×10^{24} kJ，约为2000亿 t 煤燃烧所产生的能量。太阳辐射主要被地面所吸收，转变为热能而使地表温度升高。热量资源是农业气候资源的主要表征，一般用温度表示。热量资源在空间上的分布具有明显的地带性，它往往成为决定植物种类、作物分布、品种类型、种植制度以及产量高低的基本前提。就全球范围而言，热量分布的总趋势是与纬度大致平行，由低纬度向高纬度呈带状排列，形成了地球上的热量地带性特征。

根据热量指标，把全国分划成6个气候带和1个高原气候区：

（1）赤道带：积温9000℃左右，生长热带植物。

（2）热带：积温达8000℃以上，终年无霜，橡胶、槟榔和咖啡等均宜生长，水稻可一年三熟，主要植被为樟科等。

（3）亚热带：积温4500～8000℃，水稻可一年二熟，自然植被为亚热带季风林、常绿阔叶林以及它们和落叶林的混生林，柑橘、茶、棕榈、油桐和毛竹等为其代表性植物。

（4）暖温带：积温3400～4500℃，冬冷夏热，农作物可一年二熟或二年三熟。

（5）温带：积温1600～3400℃，冬天严寒，不宜冬作物生长，春小麦、大豆为主要作物。自然植被为针叶树和落叶阔叶树的混交林。

（6）寒温带：积温低于1600℃，尚可种植春小麦、马铃薯、荞麦和谷子。主要植被为针叶林。

（7）高原气候区（青藏高原区）：积温低于2000℃，其光照条件优于寒温带。该区虽不适宜林木生长，但除部分地区外，尚可栽培耐寒作物和蔬菜。

我国温度带的划分及农作物耕种详见表2.2。

表2.2 我国温度带的划分及耕作

温度带	积温/℃	生长期/天	分布范围	耕作制度	主要农作物
热带	＞8000℃	365	海南全省和滇、粤、台三省南部	水稻一年三熟	水稻、甘蔗、天然橡胶等
亚热带	4500～8000℃	218～365	秦岭-淮河以南，青藏高原以东	一年二至三熟	水稻、冬小麦、棉花、油菜等
暖温带	3400～4500℃	171～218	黄河中下游大部分地区及南疆	一年一熟至两年三熟	冬小麦、玉米、棉花、花生等
中温带	1600～3400℃	100～171	东北、内蒙古大部分及北疆	一年一熟	春小麦、玉米、亚麻、大豆、甜菜等
寒温带	＜1600℃	＜100	黑龙江省北部及内蒙古东北部	一年一熟	春小麦、马铃薯等
青藏高原区	＜2000℃（大部分地区）	0～100	青藏高原	部分地区一年一熟	青稞等

资料来源：北京大学城市与环境学院地理数据平台，中国农业自然区划，2019年。

热量资源对农业土地利用有着重要影响，当温度高于植物生长发育的最低温度，并且满足生长发育对温度的要求时，植物便可迅速生长、发育，形成产量。而温度过高或过低时，均会对植物生长发育造成一定影响。衡量热量特征的指标较多，但与土地利用及其生产潜力关系较为密切的指标主要有农业界限温度、积温和无霜期等。

2.1.2.1 农业界限温度

农业界限温度（agricultural threshold temperature）是指农作物生长发育及田间作业的农业指标温度，是热量资源的一种表达形式。通过0℃、5℃、10℃、15℃和20℃等界限温度的初终日期、持续期和积温是常用的具有普遍农业意义的热量指标系统，对农业生产起指导作用。

2.1.2.2 积温

积温（cumulative temperature）是指日平均温度累计值，是研究温度与生物有机体发育速度之间关系的一种指标。从强度和作用时间两个方面表示温度对生物有机体生长发育的影响，积温是一个重要的热量指标，一般以℃为单位。农业生产上常用的积温指标是≥10℃积温，即一年内活动温度的总和或一年内日平均气温≥10℃的温度总和。作物正常生长发育不仅要求有一定的下限温度，而且要求某一发育时期或全生育期有一定的积温。因此，区域的积温大小可显著影响作物的适种性及其熟制，从而影响土地资源的利用及其生产力。

2.1.2.3 无霜期与生长期

无霜期（frost free period）是每年的终霜期与初霜期之间的无霜天数；生长期是指农作物能够生长的时期。无霜期与作物生长期有关，但两者并不相等，例如有一些耐寒的越冬作物，如冬小麦，在初霜以后及终霜期以前能够照常生长。因此，某一地区的作物生长期的确切天数是难以准确计算的，一般以无霜期做参考。无霜期小于100天的地区，一般农作物生长受严格限制；100～300天的地区，可以种植喜凉作物。具体而言，青藏区大部分地区无霜期在100天以下；自黄淮海区北端起沿黄土高原区、西南区向西南方向到达青藏区东南边缘地区无霜期在200天左右；在整个华南区、西南区大部分区域和长江中下游区南部无霜期在300天左右。主要作物越冬温度详见表2.3。

表2.3　　　　　　　　　　　　　　主要作物越冬温度

作　物	最低越冬温度 （年极端低温多年平均值）/℃	在 中 国 的 分 布
冬小麦、苹果、梨	−24～−22	辽宁南部、华北长城附近
葡萄	−20	河北宣化
油桐	−10～−8	秦岭南坡
茶、油菜	−8	秦岭南坡淮南
柑橘	−5	秦岭南麓、太湖、浙西
热带水果，香蕉、菠萝、荔枝、龙眼	0	秦岭南麓（福州-梧州-蒙自一线）
橡胶、椰子、咖啡、剑麻	2	闽南沿海、台湾中部、广东和广西南部、滇西南、西双版纳
油棕、可可、胡椒	＞2	海南、西双版纳

资料来源：刘卫东．土壤资源学［M］．上海：百家出版社，1994。

2.1.3　降水

　　降水（precipitation）是指从大气落到地面的水汽凝结物，包括雨、雪、冰雹等。降水未经蒸发、渗透和流失，在单位水平面积上所积聚的水层深度称为降水量，降水量的单位为mm，单位时间内的降水量称为降水强度（mm/d或mm/h）。大气降水是淡水的主要来源，是土地利用的基本自然条件之一。正常情况下的降水决定了一个地区的土地资源利用及其生产力，而非正常情况下的降水则可能严重危害一个地区的生产与人们的生命安全，如洪水、旱灾等。

2.1.3.1　降水的分布特点

　　降水量取决于大气环流、海陆分布和地形条件等多种因素影响，不但在地区上分布不均，而且同一地区在不同季节和不同年份也会有不同变化。一般来说，凡对流旺盛、锋面活动强烈、气旋比较频繁、盛行海洋性季风的地区，降水均较为丰富；反之，则降水稀少。我国年平均降水量约629mm，全年降水总量超过6万亿m^3。

　　（1）降水量在地理上的分布：降水量与地理位置密切相关，靠近赤道和距离海洋近的地方由于气温较高，蒸发量大，水汽供应充足，降水量就大；距离赤道远的地区由于气温低，水汽来源少，所以降水量也少。中国的气候大部分是温带季风气候，随着纬度的不同而气温和降水都会变化。年降水量总体上说，北方少，南方多，东部多于西部。中国降水最多的地区多集中在了东南部，而我国西北的大沙漠降水十分稀少，有些地区年平均降水量只有不到 10mm。

（2）降水量在季节上的分布：在大陆内部没有冰块覆盖的地区，夏季受太阳的强烈辐射，增温现象比海洋强烈，海洋的湿润空气易于侵入内陆，所以大陆内部的降水多发生在炎热的夏季。在赤道地区，由于全年都很炎热，全年降水量都较大，季节性不明显。我国大部分地区位于北回归线以北，东临太平洋，受季风影响显著，因此降水多集中在夏季，而冬季降水较少。由于各地区的气候特点不同，降水量在季节上的变化也各不相同。

（3）降水量的年际变化：降水量在年际上的变化也是不均匀的，同一地区有的年份降水量特别大，称为丰水年；有的年份降水量特别少，称为枯水年；有的年份接近多年平均降水量，则为平水年。

2.1.3.2 降水、蒸发与温度的关系

降水、蒸发与温度三者组成一个复杂的循环系统，综合反映了一个地区气候类型的特点，也反映该地区总的土地利用特征。根据降水、蒸发与温度三者间的关系，基本可分为4 个气候类型，即季风气候型、干旱荒漠气候型、海洋气候型与地中海气候型，我国的气候类型以季风气候型和干旱荒漠气候型为主，无地中海气候型。海洋性和大陆性气候比较见表 2.4。

表 2.4　　　　　　　　　　　　海洋性和大陆性气候比较表

类　型	气候类型细分	降　　水	温　　度
海洋性气候	温带海洋性气候、季风气候、亚热带湿润和季风气候、夏干气候（地中海气候）、热带海洋性或季风气候	降水量较大，年际内分配较均匀，季风气候区季风多，雾日少，日照差	年际、年内和昼夜温差较小，冬温夏凉，春季升温缓慢，秋季降温迟
大陆性气候	温带大陆性干旱、半干旱气候、亚热带、热带干旱与半干旱气候	降水较少，有些地区常年无雨，年际年内变化较大，天气多晴朗，日照较强	年较差和日较差都比较大，冬冷夏热，春季升温较快，秋季降温较早

资料来源：梁学庆. 土地资源学［M］. 北京：科学出版社，2006。

2.1.4　风向

空气的流动形成风，气压的水平分布不均是风的起因。地球表层的风，按照空气运行规模可分为行星风系、季风及局地环流等。行星风系是指在地表结构均一的情况下，因为热力差而产生的水平气压梯度力、地转偏向力的作用而形成的整个地球表面的风系；季风是由于海陆差异或行星风带的季风性位移而形成的大范围盛行的风向随季风有显著变化的风系。世界上季风明显的地区主要有南亚、东亚、非洲中部等，其中印度季风和东亚季风最为显著；局地环流主要包括陆风、山谷风、焚风、龙卷风、台风、城市风等。

中国东部濒临太平洋西岸，南部近印度洋，西部则位于欧亚大陆的腹地，加上西南又有青藏高原的阻挡，所以冬夏高低气压中心的活动和变化显著，季风气候异常发达。由于季风的影响，使中国广大的亚热带地区形成温暖湿润气候，而不像世界同纬度的许多地区土地资源的类型（多为荒漠或干草原）。由于土地资源的水分性质较好，可为农业利用。并且，夏季风使得夏季南北之间温差较小，因而中国北方比世界其他同纬度地区平均气温

高，使土地资源的热量性质较好，温度较高，从而使一年生喜温农作物的土地资源利用北界大大向北推移。但是，冬季风强大，全国大部分地区受其威胁，土地资源的热量状况较差，温度较低，使冬季气温较世界上其他同纬度地区低，冬小麦等越冬作物和多年生喜温作物的土地资源利用北界向南移动。同时，夏季的干热风、龙卷风、台风、冰雹等，不仅能损害或毁灭性地影响土地资源生产潜力，而且能拔树掀屋，破坏性极大，对局部地区来说，是一种灾害性天气。

2.1.5 气候要素与土地资源

2.1.5.1 气候决定土壤形成、发育和土壤性质

（1）气候影响土壤形成发育。气候对土壤的形成和发育起着积极能动的作用，影响土壤形成和发育的重要气候因素是降水和温度。土壤和大气之间经常进行着水分和热量的交换，气候直接影响着土壤的水热状况，进而影响土壤的形成与发育。气候条件和植被类型有着直接的关系，气候还通过植被的影响而间接地影响土壤形成。总的来说，气候因素是土壤形成和发育的基本因素，是土壤形成和发育的外在推动力，直接和间接地影响土壤的形成方向和发育强度。

（2）气候影响土壤有机质含量。由于各气候带的水热条件不同，造成植被类型的差异，导致土壤有机质的积累和分解状况不同，从而使各地土壤有机质的组成、品质和含量差异悬殊。

（3）气候影响土壤黏土矿物类型。岩石中原生矿物的风化演化系列与风化环境条件有关。在良好的排水条件下，风化产物能顺利通过土体淋溶而淋失，岩石风化与黏土矿物的形成一般可以反映其所在地区的气候特征，特别是土壤剖面的上部和表层。

（4）气候影响土壤化学性质。因为土壤阳离子交换量直接与有机质含量和黏粒矿物的类型及含量有关，所以在温带地区，随着降水量的增加，土壤阳离子交换量呈增加的趋势。在年降水量少而蒸发迅速的地区，土壤盐基饱和度大多是饱和的，土壤呈中性或偏碱性；在较湿润的地区，土壤盐基饱和度降低而土壤酸度增加。降水量的变化还会影响区域土壤中易溶盐类的含量。

2.1.5.2 气候决定植被类型及其分布

植被的分布与自然环境有着密切关系，一个地区出现什么植物群落，主要取决于该地区的气候和土壤条件，但就全球而言，气候条件的影响更为重要。地球植被分布的模式基本上是由气候，特别是水、热组合状况决定的。气候是决定陆地植被类型分布格局及其结构功能特性的最主要因素，主要表现是：植物空间分布主要取决于植物生态生理条件，如最低温度、热量和干旱指数等；植被结构如冠层高度、冠层面积、叶面积指数、茎直径、根系深度等，取决于植物所需资源的供应，包括光照、水和养分等。

每种气候条件下都有其特有的植被。例如，我国从北到南有寒温带、温带、暖温带、亚热带和热带等气候带的分布，东半部植被明显反映着纬向地带性，由北向南依次出现针叶林、针阔混交林、落叶阔叶林、常绿阔叶林和季雨林等植被类型；由于海陆分布的地理位置，我国东部和南部气候湿润，西北干旱，两者之间是湿润向干旱过渡地带，因此从东南到西北的植被分布的经向地带性也是非常明显的，顺序出现森林带、草原带和荒漠带。

2.1.5.3 气候是塑造地貌的重要外营力

地貌形成的外力作用如风化、流水、冰川等，在很大程度上是受气候条件控制的。气候对地貌的影响有直接影响和间接影响之分。气候对地貌的直接影响表现在两方面：首先是决定性外营力的性质，如冰川地貌（以冰川作用为主）、荒漠地貌（以风力作用为主）等，它们只出现在一定的气候区内，由特定的气候条件所决定；其次是影响外营力的强度，多数外营力作用不限于某气候区内，流水、风、波浪由于大气温度、湿度、气压的影响，其作用强度在不同的地区是各不相同的。气候还通过植被、土壤间接影响外营力作用，如在茂密森林区或连续草甸区，地面流水侵蚀作用微弱；一旦森林或草甸被破坏，侵蚀作用则会加强。

2.1.5.4 气候决定土地生产潜力

气候中的光、热、水、空气等物质和能量是农业自然资源的重要组成部分，往往决定着各地区的种植制度，包括作物的结构、熟制、配置与种植方式，而光、热、水、空气等的分布是不均匀的。因此，各地区在制定农业发展规划时，要注意因地制宜，充分利用本地区的资源优势，获取最大效益。衡量一个地区土地生产潜力的重要指标之一就是土地的气候生产潜力。气候生产潜力是指在其他条件如土壤养分、CO_2 等处于最适状况时，由光、热、水等气候资源所决定的单位面积土地上可能获得的最高生物学产量或农业产量。一般以干物质重表示，单位为 $t/(hm^2 \cdot a)$。

2.1.5.5 气候与气象灾害

不同气候类型发生气象灾害的类型及其频率不同。气象灾害主要包括干旱、暴雨、大风、热带气旋、沙尘暴、冰雹、寒潮和强冷空气活动、霜冻、降雪、雾等。中国地域辽阔，自然条件复杂，属于典型的季风气候区，从南到北兼有热带、亚热带、暖温带、温带、寒温带几个不同的气候带，灾害性天气种类繁多，不同地区又有很大差异。例如，适宜的降水有利于人们的生产和生活，但降水量受海陆分布、地形等因素影响，在区域间、季节间和多年间分布很不均衡。降水过多或强度过大会引发洪涝灾害，加速水土流失，甚至导致山体滑坡、泥石流等地质灾害发生。而降水过少则会引发旱灾，旱灾发生的时期和程度有明显的地区性特点。在我国，秦岭淮河以北地区春旱突出，有"十年九春旱"之说；黄淮海地区经常出现春夏连旱，甚去春夏秋连旱，是全国受旱面积最大的区域；长江中下游地区主要是伏旱和伏秋连旱，有的年份虽在梅雨季节，还会因梅雨期缩短或少雨而形成干旱；西北大部分地区、东北地区西部常年受旱；西南地区春夏旱对农业生产影响较大，四川东部则经常出现伏秋旱；华南地区旱灾也时有发生。

2.2 地 学 要 素

地学要素也是土地资源自然要素的重要组成之一，主要包括地质构造、地貌和地表岩性。地质内力作用和地质外力作用是区域物质和能量重新分配的主要力量，例如山阴阳面的光照条件、区域水的流向、岩土的易流失性等，也是区域土壤形成的物质基础，与区域土地利用密切相关。

土地资源的地学特征分析主要是对研究区域内的地质、地貌规律的剖析，以及它们对土地资源的分布规律和土地利用的影响。一般来说，气候因素主要是在宏观尺度上影响土地资源条件和土地利用分区的，即由于光、温、水的差异，或根据热量区的划分，决定了我国东西、南北两大系列的土地资源地带性分布规律，以及全国的土地利用分区。

地学要素则是一种区域性因素，比如地形、水文地质条件、地质构造等。因此，这些地学要素往往是促使区域内的光、温、水、土四大要素在大的气候规律控制下进行了重新地组合分配，形成了相应不同的土地资源类型和土地利用方式。因此，我们在分析某一局部地区的土地资源特征时，往往将地学要素作为主导因素，进行重点剖析。

2.2.1 地质构造

地质构造（tectonic structure）是指在内、外应力作用下，组成地壳的岩层和岩体发生变形或变位后形成的几何体或残留下来的形迹。构造运动使组成地壳的岩石体发生各种形式的变形与变位以及地壳结构的改变，如大陆漂移、地震、区域地壳的降升与沉降等，它不断改造旧的、建设新的地质构造和地表地貌，推进海陆空间的重新分布，进而影响到气候状况、生物的演化环境和土地资源的利用。

地质构造的类型可依其生成时间分为原生构造和次生构造。原生构造是指成岩过程中形成的构造，如岩浆岩的流面、沉积岩的层理等，一般是用来判断岩石有无变形及变形方式的基准；次生构造是指岩石形成后在构造运动作用下产生的构造，有褶皱、断层等，是构造地质学研究的主要对象。

土壤性状和空间分布与岩石的成分和空间分布密不可分，而岩层的分布大多由地质构造决定，从而影响到土壤的分布。在水平岩层地区，土壤分布常常与岩层在地面的露头界线一致，一般具有按等高线分布的规律；在倾斜岩层地区，岩层在地面露头的界线与地形等高线是不一致的，就需要根据岩层产状与地面坡度的关系来了解土壤的分布规律；各种类型的褶曲构造，在地面上岩层露头的反应都有一定的规律，在掌握了褶曲构造的类型和褶曲轴的走向和重复规律以后，就能对土壤分布规律作出正确的判断。

2.2.2 地貌

地貌（landforms）是指地球表面（包括海底）的各种形态，是内、外营力地质作用在地表的综合反映。地貌条件是构成土地类型的重要因子之一，特别是较小范围内土地资源的差异，受地势高度、坡度、坡向、坡型等地形条件的制约非常显著。不同的地表形态直接决定着景观的轮廓形态和内部联系，在很大程度上决定着土地资源的质量特征。

地球表面是起伏不平的，被分成多个规模不等、起伏各异、高低有别的形态单元。地球上最大规模的形态单元是大陆与海洋，大陆上叠加着山地、平原、丘陵、高原等次一级的形态单元；而在海洋中又有大洋盆地、大洋中脊、海沟和岛弧等。

根据形态及其成因，可将地貌划分为各种各样的形态类型、成因类型。根据形态，地貌可分为山地、高原、盆地、丘陵和平原等类型；根据成因，地貌可分为正地形和负地形。正地形是相对高于邻区或新构造上升地区的地形，如山地、高原、丘陵等；负地形是相对低于邻区或新构造下沉地区的地形，如洼地、盆地等，负地形为沉积物堆积提供有利条件，也是冲刷微弱的场所。煤、石油、铝土、铁、泥炭、盐类和锰结核等沉积矿床多形成在盆地、凹地、平原和洋盆等负地形中。

根据形成地表起伏形态的主导营力，地貌可以划分为气候地貌和构造地貌两大类。气候地貌主要包括冰川地貌、冰缘地貌、风沙地貌等，这些地貌类型的分布规律受气候条件的影响具有明显的纬度地带性，并有伴随纬度地带性分异规律的垂直地带性。构造地貌包括静态构造地貌和活动构造地貌两大类，其中静态构造地貌包括褶曲构造地貌、断裂构造地貌、熔岩构造地貌等；活动构造地貌包括褶曲活动、断裂活动产生的各种次生地貌形态。

根据地貌形态、物质成分和地貌过程的差异，还可以划分岩溶地貌、黄土地貌、花岗岩地貌等。

2.2.3　地学要素与土地资源

对于土地资源而言，地表岩石的成因、构造、矿物组成等，对形成土壤的形状和肥力特点、地下水的储存条件等具有显著影响，从而制约着土地资源的利用与生产潜力。

2.2.3.1　地形与土地资源

1. 地形影响太阳辐射和降水的再分配

地形主要通过海拔和坡向影响太阳辐射和降水的再分配。积温随着海拔的升高而减少；降水量首先随着海拔的升高而增多，到一定高度后达到极大值，之后又随海拔的升高而减少。

日照时数和太阳辐射强度随着山地坡向的变化而变化。阳坡收入的太阳辐射多，阴坡收入的太阳辐射少，所以阳坡和阴坡的气温差异常常很大。山地的坡向对降水的影响也很明显，由于一山之隔，降水量可相差几倍。

2. 地形影响植被类型及其分布

地形主要通过海拔、坡向等影响气温和水分状况，进而影响植被类型。随海拔升高，山地的气温和降水发生规律性的变化，导致植被类型出现相应变化，自下而上组合排列成山地垂直自然带谱。例如，在青藏高原南缘的喜马拉雅山脉南翼，从低到高形成如下自然带：低山季雨林带-山地常绿阔叶林带-山地针阔叶混交林带-山地暗针叶林带-高山灌丛草甸带-高山草甸带-亚冰雪带-冰雪带。

3. 地形影响土壤类型及其分布

地形影响植被类型及其分布，植被类型与土壤类型有着密切的联系，所以，地形也影响土壤类型及其分布。气候因素决定了土壤的地带性分布规律，地形因素则造成了土壤的非地带性分布特征。在山区，地形对土壤类型及其分布的影响表现为土壤的垂直分带性。在丘陵、平原区，地形对土壤类型和分布的影响是由不同地形部位的特点决定的。

2.2.3.2　地质构造与土地资源

1. 地质构造影响地表水系的发展

河谷的位置与取向通常受局部地质构造控制。河谷所在地经常是地质构造的薄弱带、软弱岩层分布有节理或是断裂、节理的发育带。这种地带由于其抗流水侵蚀能力弱，易快速发育成为河谷。因此，河谷时而挺直，时而突然转折。

地表水系的形式往往可以反映区域性地质构造的特征。大区域内河流的分布格局与大构造有密切联系。大区域内河流的展布格局受该区地势特征控制，而地势特征又受控于大构造。我国地势西高东低，这就决定了我国的主要河流——长江、黄河及珠江等均自西向东注入大海；与此同时，西南部的河流——澜沧江、怒江、红河等均环绕青藏高原东侧，沿着山脉由北向南流入大海。青藏高原的隆起是印度板块向欧亚大陆俯冲并发生碰撞的结果，所以板块构造是造成上述河流展布格局的总根源。

2. 地质构造对地基稳定性的影响

在构造运动较为活跃的地区，褶皱、断层构造较为普遍，岩石破碎、岩层产状较陡，地质构造对建设用地的工程地质性质影响显著。在褶皱山区，顺坡岩体极易沿层面或节理面产生滑动，造成土坡失稳，危及工程安全；在背斜脊部和向斜槽部，构造节理发育，加速了风化作用的进行，造成岩体强度的降低，并最终发育成背斜谷、向斜谷或背斜、向斜式冲沟，对公路、铁路建设造成很大困难；在背斜、向斜的核部往往构造应力很大，工程中一旦遇到，应加强应力和变形测试，减少构造应力对工程的危害。

在断层分布地区，大多数情况下，断层面两侧一定宽度范围内的岩石破碎，对场地的稳定性影响极大；在新构造运动强烈的地区，有的断层可能有活动性，甚至有产生地震的可能性，这将对其附近的工程带来极大的事故隐患；断层还与地下水常紧密相连，给地下工程造成事故隐患，如矿井中较常见的断层透水事故；断层上、下盘岩石的性质一般不同，跨越其间的建筑物可能因不均匀沉降而产生破坏。因此，在选择建筑物场地时，最好避开断层地带。

2.2.3.3 地貌与土地资源

1. 地貌决定土地类型及其空间分布格局

气候的变化表现是大区域的，而小范围内土地资源的差异则往往主要受地形条件的制约，不同的地表形态直接决定着景观的轮廓形态和内部联系，在很大程度上决定着土地资源的质量特征。

大地貌决定大尺度土地类型及其空间分布格局，中地貌决定中尺度土地类型及其空间分布格局，微地貌决定微小尺度的土地类型及其空间分布格局。由于地貌决定着土地类型空间分布格局，因而决定着生产布局。以地貌影响农业生产布局为例，不同级别、不同类型的地貌特征不同程度地影响着区域气候和不同农作物的分布及生长发育。因此，地貌是规划农业布局、合理利用土地、兴修水利工程、保持水土、防沙治沙、合理开垦荒地、寻找水源、规划牧场和渔业、建设林地和实施机械化等必须考虑的基础条件。

2. 地貌影响土地利用与管理

在影响土地利用与管理的地貌因素中最重要的是地面坡度。地面坡度对土地特性及利用的影响主要表现在水土流失、农田水利化和机械化以及城市建设与交通运输的布局上。

地势起伏对农业生产的影响主要表现在地表侵蚀程度与农田基本建设条件、灌溉条件、机耕条件等方面（表 2.5）。地表起伏越大，坡度越陡，土壤侵蚀越强，水土流失量在一定程度上越多。坡上部肥沃的表土不断被剥蚀，使贫瘠的底土层暴露出来，延缓了土壤的发育，产生了土体薄、有机质含量低、土层发育不明显的初育土壤或粗骨性土壤。

表 2.5 坡度类型与农业利用

坡度/(°)	坡度类型	农业利用及对应措施
<3	极缓坡	条件较好，同一般农用地
3~7	缓坡	适宜农用，一般可机械化工作
8~15	中坡	适宜农用，但必须采用工程水土保持措施
16~25	微陡坡	可以用于农业或林业，但必须具有工程与林业水土保持措施
26~35	陡坡	易产生滑坡等重力侵蚀，不宜农用
>35	极陡坡	极易产生崩塌、滑坡等

2.3 水文及地球化学特征

水文是指自然界中水的变化、运动等各种现象。水在地球上的分布十分广泛，它以液态、固态和气态 3 种形态分布于地面、地下和大气中。地球表面 70% 以上都被水所覆盖，其中海洋水量占地球水总储量大约 96.5%，淡水资源仅占全球水储量 2.5% 左右。我国水资源总量为 2.8 万亿 m^3，居世界第 6 位，但人均水资源量仅为世界人均占有量的 28%。南方地区水资源量占全国的 81%，北方地区仅占 19%；北方地区水资源供需紧张，水资源开发利用程度达到了 48%。

水作为自然环境中重要的外营力，时刻参与地表的改造，制约着土地资源的形成和发展。土地资源地球化学特征主要是土体中元素及其同位素的组成和在时空上的变化规律，涉及与农作物生长有关的地球化学元素从土壤、水、农作物的迁移、转化、储存条件以及土壤中易于被植物吸收的化学元素的有效态等方面，都与地球化学条件密切相关。

2.3.1 地表水

地表水（surface water）由分布于地球表面的各种水体，如海洋、江河、湖泊、沼泽、冰川、积雪等组成。地表水是土地利用、人类生存生活的重要水源。

1. 地表水类型

（1）河流。河流是水分循环的一个重要组成部分，是地球上重要的水体之一，是地面流水不断汇聚的结果。从水文方面可以分为常年性河流与间歇性河流，前者多在湿润区，后者在干旱、半干旱地区；从河床类型上可以分为下切性河流、地上性河流及介于二者之间的半地上、半地下河流，山区、丘陵区多为下切性河流，平原区则后二者较多；从河流补给类型上分，可分为雨水补给型和地下水补给型，它们往往不能截然分开。雨水补给是我国河流最普遍的补给水源，秦岭-淮河、青藏高原以东的地区雨水补给一般占河流年径流的 60%、80%，北方和西北地区渐少。融雪补给包括流域内季节性积雪融化以后对河流的补给和高山多年冰雪融化后的补给，常见于纬度较高的地区和高山区。地下水补给是河川可靠而经常的来源，冬季和其他干旱季节所占比例更大。

（2）湖泊。湖泊是陆地表面洼地积水形成的比较宽广的封闭水域，是湖盆与运动水体及水中物质互为作用的综合体。我国湖泊众多，总面积达 8 万 km^2，多分布于青藏高原和长江中下游平原地区。按照湖泊水质可分为淡水湖、咸水湖和盐湖。淡水湖分布于外流区，大多是河流作用的直接产物，是某一巨大水系的重要组成部分，具有调蓄洪水和发展农业、渔业的重要作用；咸水湖和盐湖多分布于内陆干旱区，一个湖泊多自成一个小流域。当补给困难时，湖水不断浓缩，湖面逐渐萎缩，直至干涸成盐湖。按分布地带不同可有高原湖泊和平原湖泊之分，从而也形成我国东部平原和青藏高原两大湖群。

（3）冰川。冰川是寒冷地区多年降雪积聚，经过变质作用形成的具有一定形状并能自行运动的冰体。最新数据显示，我国冰川目前总面积约为 5.18 万 km²，广泛分布于我国西南、西北的高山地带。按照冰体温度可分为冷冰川和暖冰川。暖冰川在我国很少，但因其消融强度高，对土地利用作用很大。按照冰川分布地带可分为大陆性冰川和海洋性冰川，大陆性冰川多为冷冰川，海洋性冰川多为暖冰川。

（4）沼泽。沼泽是指地表过湿或有薄层常年或季节性积水，土壤水分几乎达到饱和，沼泽上主要生长着湿生植物或沼泽植物，土层严重潜育化或有泥炭的形成与积累。高纬度的冷湿地区主要是泥炭沼泽，如我国大小兴安岭的沟谷和三江平原等地，泥炭沼泽处于富营养阶段；潜育沼泽多分布于中低纬度的高湿地区，如长江中下游、东北、华北等地，分布相对集中，潜育沼泽处于贫营养阶段。依其发育阶段不同，泥炭沼泽又可分为低位、中位和高位沼泽。

2. 地表水数量和质量

地表水是土地资源中水的重要组成部分，地表水的质和量直接影响土地资源利用。我国河川径流资源丰富，流域面积在 100km² 以上的河流有 5 万余条，径流总量约 27 万亿 m³；外流水域约占总水量的 2/3，内流水域占 1/3 左右；径流补给中，雨水约占 60%～80%，地区不同，变幅较大。我国目前共有冰川 4 万多条，冰川面积约 5.18 万 km²，总储水量近 3 万亿 m³，年融水量约 504.6 亿 m³；全国天然湖泊在 1km² 以上的有 2800 多个，总面积 8 万 km²；沼泽总面积约 11 万 km²，其中大部分为可开垦的荒地。

由于我国自然条件复杂，季节变化明显，地表水质随着时空变化差异较大，东南沿海向西北大陆，水矿化度逐渐提高，硬度增加，可由东部的 30mg/L 到西部的每升近数万毫克。水中的 HCO_3^-、Ca^{2+}、Mg^{2+} 变化较小，而 SO_4^{2+}、Cl^-、Na^+、K^+ 则逐渐增加；东部多属重碳酸盐钙质水，向西逐渐变为氯化物钠质水（咸水湖、盐湖）。冰川融水矿化度低、硬度小，是西部干旱区各业用水的优质水源。

2.3.2 地下水

地下水（underground water）在广义上是指蓄存并运移于地表以下土壤和岩石空隙中的自然水，而狭义上的地表水特指饱和带（饱水带）中岩土空隙中的重力水。是地球水资源的重要组成部分，是人类生产生活的重要水源，同时也是重要的环境因子，对一个地区的生态环境起着极为重要的作用。

地下水的形成除了受气候、水文、地形等自然地理条件的影响外，还受地质构造、底层、岩性等条件的作用，不同地区地下水补给、径流、储存和排泄等都有较大差别。根据埋藏条件，地下水可划分为包气带水、潜水和承压水 3 种类型。与土地资源研究和开发最为密切的是上层滞水，其埋藏条件、含水层性质、水质等是供水、排水和影响区域土地质量的重要因素。

1. 地下水类型

地下水按其埋藏情况，可分为3种类型：上层滞水、潜水和承压水，如图2.1所示。

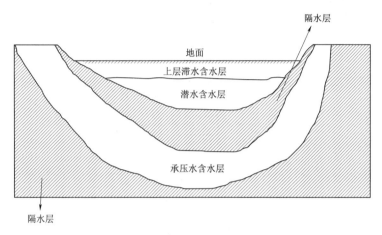

图2.1 地下水类型

（1）上层滞水。上层滞水是存在于包气带中局部隔水层或弱透水层之上的重力水。在大面积分布的透水的水平或缓倾斜岩层中，分布有相对隔水层时，降水或其他方式补给的地下水在向下部渗透时，因受隔水层的阻碍而滞留、聚集于隔水层之上，形成上层滞水。由于它接近地表，与气候的变化关系密切，故水量极不稳定。

（2）潜水。潜水指埋藏在地表以下第一个稳定隔水层之上，具有自由表面的重力水。潜水可存在于松散沉积物中，也可存在于基岩裂隙中。潜水的自由表面称为潜水面，其下部的隔水层顶面称为隔水底板，潜水面和隔水底板构成了潜水含水层的顶界和底界，其间全部被水充满，称为潜水含水层。潜水的基本特点是与大气圈和地表水联系密切，积极参与自然界的水循环。

（3）承压水。承压水是埋藏在地表以下两个稳定隔水层之间的含水层中的重力水。承压水不仅有隔水底板，而且有隔水顶板，顶、底之间的垂直距离是承压含水层的厚度。承压水因为与大气隔绝，很少受大气降水的影响，当隔水层之间充满水时，层间水通常具有一定的水头压力，能喷出地面或接近地面，称为承压层间水或自流水。承压水通常具有水量丰富、水质良好、动态稳定、不易污染的特点。限于承压水的形成条件，切忌过量开采，还应注意水源的卫生保护，以保证水资源的可持续利用。

2. 地下水的补给与排泄

地下水、地表水、大气降水和蒸发作用关系密切。地下水由降水和地表水的下渗所补给，以河川径流、潜水蒸发、地下潜流的形式排泄。土壤水上面承受降水和地表水的补给，下面接受地下水的补给，主要消耗于土壤蒸发和植物蒸腾，只是在土壤含水量超过田间最大持水量的情况下，才下渗补给地下水或者形成壤中流汇入河川。大气降水、地表水和地下水之间的相互联系和相互转化关系可用区域水循环图来表示，详见图2.2。

3. 地下水与土地资源利用

地下水是水资源的重要组成部分，尤其是我国干旱和半干旱地区，寻找和合理开发利

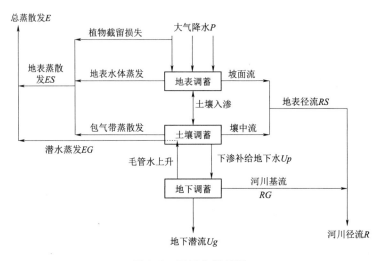

图 2.2　区域水循环图

用地下水更为重要。近几十年来，随着我国经济社会的不断发展，地下水资源开采量日益增加，地下水污染加重，由于缺乏合理规划和有效监管，使之产生了区域性地下水位下降、水源地枯竭，进而诱发了地面沉降、地裂缝、海水入侵、土壤盐渍化及土地沙化等一系列生态及环境地质问题，这些问题直接影响着地下水资源的可持续利用，也制约着经济社会的全面、协调和可持续发展。

地下水不仅是一种资源，而且在生态和地质环境中具有不可替代的作用，地表水生态系统和陆地植被都需要地下水的补给和调节。我国西北内陆干旱区，人工绿洲和天然绿洲的生长对地下水有很强的依赖性，当地下水位过高时，在强烈的蒸发作用下使溶解于地下水中的盐分在表土聚集，出现土壤盐渍化；而当地下水位过低时，地下水不能通过毛细管上升到植物根系层，导致土壤水分不足，使植被退化和土地沙漠化。除此之外，深层地下水具有维持毅力平衡和塌陷的作用，若承压水压力水头下降过度，将会导致黏土压缩，产生地面沉降。因此，必须制定并实施地下水资源的相关管理与保护战略。在利用地下水进行灌溉时，必须掌握地下水的水质、水量、分布规律及其与地表水的关系等，做到合理开发利用。

2.3.3　区域地球化学条件

区域地球化学是指由于地理或地质的原因，使某些地区的某些元素与一般的地球化学统计量相比，而产生某种程度的在土体、风化壳、潜水，甚至深层地下水中进行富集或欠缺，因而影响该区的植物、动物，以至人类的健康，故影响土地资源的质量与开发。

1. 地理因素影响

地理因素影响主要是受地带性气候的影响而表现在区域岩石的风化壳、土壤和潜水上。由于大气温度与降水的差异，使地表风化壳产生差异，一般还随降水量的增加，$NaCl \rightarrow Na_2SO_4 \rightarrow CaSO_4 \rightarrow CaCO_3 \rightarrow Fe_2O_3 \rightarrow Al_2O_3$ 等化合物和相应元素产生淋溶系列迁移，因而在干旱区多为钠质风化壳，半湿润和半干旱区多为钙质风化壳，而湿热区多为铁铝风化壳。因此，在土壤与潜水中都有相应的元素淋失或积聚。

此外，土壤或者水土中的某些元素的含量过多或不足时，都对人体健康产生一定程度的影响。正常情况下，地表水中氟的含量为 $0.2\sim0.5mg/L$，当水土中氟过多时会引起氟中毒，轻者产生牙齿的"斑釉症"，重者则产生"氟骨症"、骨质疏松、驼背等；水土中锶、锰、钼等元素过多则会引起佝偻病和软骨病；水土中铂、铜比例失调引起地方性痛风和运动失调症；水土中缺碘引起甲状腺肿大等。

2. 地质因素影响

地质构造与深层地下水的化学成分有密切的关系，每一个隔水层的水化学成分大都呈明显的垂直分带性，不同的地质构造层具有不同的水化学成分。地质因素影响主要是受地区岩石化学性状的影响，表 2.6 为不同类型岩石中水的特征。在不同的岩性山区，地下水的化学成分也与其岩石矿物质元素的种类高度相关，如玄武岩地区的地下水中往往会含有 Mg^{2+}、Fe^{2+} 等。在山地或是在闭流区，不接受外地的水流与物质，如一些火成岩山地，由于降水淋溶的影响产生碘的缺乏而使人们的甲状腺肿大。有些地区，由于微量元素硒的缺乏，而使人的心脏受到影响，容易得所谓"克山病"等。

表 2.6   不同类型岩石中水的特征

岩石类型	水 的 特 征
花岗岩、流纹岩	离子总含量低，主要离子是 Na^+、HCO_3^-，pH 值 6.3~7.9，SiO_2 由中到高
辉长岩、玄武岩	离子总量中等，主要离子是 Ca^{2+}、Mg^{2+}、HCO_3^-，pH 值 6.7~8.5，SiO_2 含量高
砂岩、长石砂岩、杂砂岩	离子总量高，主要离子是 Ca^{2+}、Mg^{2+}、Na^+、HCO_3^-，pH 值 5.6~9.2，SiO_2 含量低到中
粉砂岩、黏土、页岩	离子总量高，主要离子是 Na^+、Ca^{2+}、HCO_3^-、SO、Cl^-，pH 值 4.0~8.6，SiO_2 含量低到中
石灰岩、白云岩、大理岩	离子总量高，主要离子是 Ca^{2+}、Mg^{2+}、HCO_3^-，pH 值 7.0~8.2，SiO_2 含量低
板岩、片岩、片麻岩	离子总量低到中等，主要离子是 HCO_3^-、Ca^{2+}、Na^+，pH 值 5.2~8.1，SiO_2 含量低

资料来源：王秋兵. 土地资源学［M］. 2 版. 北京：中国农业出版社，2011。

2.3.4　水文及地球化学特征与土地资源

水文既是土地资源的重要组成因素，又与土地资源利用及开发紧密相关。水通过正常条件的三相转换循环，成为天气云雨变化的根源，同时还是地球物质和能量迁移与转化的重要媒介。水作为自然环境重要的外营力，制约着土地资源的形成与发展。

2.3.4.1　水文条件对农用土地资源的影响

水文特征作为土地的自然属性，对农用土地产生一定的影响，主要有以下几个方面：

（1）水分是构成土壤肥力的重要因素之一。土壤肥力是由水、肥、气、热等诸多因素构成的，水在其中往往起到主导作用。农田土壤中含水量的多少和变化，对农作物的生长发育极其重要，而且会改变土壤的气、热状况和养分的有效性。

（2）水文条件是实现农业高产稳产的保证。水资源在农业的发展中起到了决定性作用，必须要有充足的水源保证，满足农作物在不同生长发育阶段对水分的需求，才能实现农业生产的高产稳产，促进农业的集约经营。在降雨少、雨量年内分布不均的地区，水利工程对农业的发展显得特别重要，它决定了农地利用的效率及集约化程度。

（3）水分状况影响土地开发利用。水分状况影响土地的利用方向、利用强度和用地配置，在我国西北干旱和半干旱地区，土地的开发利用往往受到水分的约束，无论是从事农耕还是放牧，都要做好水源的开发、水利工程的建设等。在我国雨水充足的江南地区，农地开发与配置的效率就高得多，农地利用的强度也较高，土地利用的方向也比较灵活。

（4）水力对土地资源的破坏作用。水力对土地资源的破坏作用有水土流失和水灾。水土流失是指在水力、风力、重力等外营力的作用下，水土资源和土地生产力遭受破坏和损失，包括土地表层侵蚀及水的损失。带来的危害有土壤耕作层被侵蚀破坏、土壤肥力下降等。水灾一般指洪水泛滥、暴雨积水和土壤水分过多对人类社会造成的灾害，包括洪（河水泛滥）、涝（多雨积水）、渍（地下水位高、土壤水分饱和、植物缺氧）等。

2.3.4.2 水文条件对城市土地利用的影响

水文条件对城市土地利用的具体影响和作用，主要反映在城市分布位置、用地布置、市政工程建设以及环境景观、地基稳定性等方面。

1. 地表水对城市土地利用的主要作用与影响

古往今来城市的建设与发展大多是在水资源丰富的江河流域，为城市的生活、工农业发展和水路交通等提供了基本条件。特别是海运对城市发展有重要的作用，对耗水工业具有不可替代的吸引力。即使是在今天城市建设首选地依然是近江、沿海、沿江区域。

城市空间发展和用地布局也常常受到河流流向、降雨条件及洪水位等的制约。像海绵城市，则在适应城市环境变化和应对雨水带来的自然灾害等方面具有良好的弹性。自2014年中国住建部指导发布的《海绵城市建设技术指南》开始，海绵城市在中国绿色建筑及城市规划中已经逐渐成为核心指导内容。以城市水管理问题为基础，讨论从城市和河流及其附属水系，到大型景观公园及水体，再到道路基建及街道小品等的小尺度问题。在高密度的新型城镇不断发展的今天，城市洪水风险日益加剧，而新型生态城市规划及生态建筑设计正好可以通过配合新的技术要求及新的建筑景观语境，解决新的城市雨洪问题。

2. 地下水对城市土地利用的主要作用与影响

地下水对城市土地利用的影响，除其水源功能外，地下水埋藏深度影响地面建筑物的基础稳定性，从而影响城市用地与建筑物的具体布局。一般说来，3层以上建筑，要求地下水位埋深不低于 $1.0 \sim 1.5 \mathrm{m}$；有地下室的建筑要求地下水位埋深不低于 $2.5 \sim 3.0 \mathrm{m}$；低层建筑要求不低于 $0.8 \sim 1.0 \mathrm{m}$；道路要求不低于 $1 \mathrm{m}$。地下水位埋深过浅的地方，一般不宜直接选作建筑用地。

2.4 土 壤 要 素

土壤是陆地上能够生长植物的疏松表层，是在生物、气候、地形、母质和时间五大成土因素综合作用下形成的一个独立的自然综合体，也是地理环境统一体中以及土地资源的一个组成要素。各类土壤都具有其特有的剖面结构和诊断层次，表现出不同的物理和化学性状。

2.4.1　土壤剖面

土壤剖面（soil profile）是土壤的垂直断面（图2.3），在土壤形成过程中，土体中的物质不断发生移动和淀积，引起土体内部物质的分异，逐渐形成了发生层次，不同的发生层次组合便构成了土壤剖面。耕作土壤剖面一般分为表土层（A层）、心土层（B层）、底土层（C层）；自然土壤剖面分层通常包括O、A、B、C层，也就是枯落物层、淋溶层、淀积层、母质层等。

图2.3　土壤剖面

（1）枯落物层。枯落物层是由死亡的动物和植物的枯枝落叶起源产生，动植物死亡的有机残体堆积在地表，其中一部分初步分解形成粗腐殖质，这一层次称为枯落物层或有机质层，通常简称为O层。它通常发生在森林地区，在草原地区一般缺乏此层。

（2）淋溶层。淋溶层简称A层，位于自然土壤剖面的上部，由于长期间水分自地表向下的淋溶作用所形成的层次。本层中生物活动强烈，进行着有机质的积累转化作用，形成一个颜色较暗、一般具有粒状结构的层次。

（3）淀积层。淀积层位于淋溶层的下面，是由物质积淀作用而形成。由土壤表层淋洗下来的物质，到一定深度就淀积下来形成淀积层。本层的淀积物主要来自土壤的上部，也可以来自土体的下部及地下水，由地下水上升，带来水溶性或还原性物质，因土体中部环境条件改变而发生沉淀积聚；还可以来自人们施用肥料等外部物质，这些物质在土壤剖面的中部、下部乃至表层积淀。

（4）母质层。母质层是指土层下部的层次，是未经受土壤发育过程的显著影响的土壤母质。母质层对于土壤肥力的形成发育有着密切的影响。母质是形成土壤的物质基础，是土壤的"骨架"，是土壤中植物所需矿质养分的最初来源。母质层中的某些性质，如机械性质、渗透性、矿物组成和化学特性等都直接影响成土过程的速度和方向。

由于成土条件的不同，成土过程的种类和强度也不同，形成的发生层次也有所不同，则所形成的自然土壤剖面也具有不同的特征，详见表2.7。故土壤剖面是土壤最典型、最综合的特征之一，它可以反映土壤形成环境的特征、土壤类型的特征以及土壤的发育程度等，对土壤的水分、温度以及肥力状况等均有显著影响。

表 2.7 自然土壤剖面层次特点

自然土壤剖面层次	代号	特 点
枯落物层	O	含有较多营养元素，具有团粒结构，疏松透水，颜色较深
淋溶层	A	营养元素含量减少，质地较松，酸性，肥力较低，颜色较深
淀积层	B	质地黏重，紧实不透水，含养分较多，颜色较浅
母质层	C	未受成土作用影响，基本保持母岩特点

2.4.2 土壤综合性状

土壤的综合性状是指某些具有共性的土壤性质的综合表现，它反映了土壤在某一方面对作物生长和土地利用的作用。土壤综合性状一般难以用具体属性和用某一具体数值加以定量化，它往往是多数特性的综合表现，只能以叙述的形式分量化等级，通常用土壤肥力、土壤的水分状况和土壤适宜性来描述。

（1）土壤肥力。土壤肥力（soil fertility）是指土壤为植物生长提供和协调营养条件与环境条件的能力，是土壤各种基本性质的综合表现，是土壤区别于母质和其他自然体最本质的特征。土壤肥力的影响因素主要有土壤有机质、土壤的各种养分元素（表 2.8）和组合关系等。有机质含有极为丰富的氮、磷、钾和微量元素，分解后产生的二氧化碳也是供给植物的碳素营养。

表 2.8 土壤中主要养分元素

养分元素	形 态	作 用
氮	无机态氮、有机态氮、气态氮	蛋白质、核酸以及很多酶的组成成分，叶绿素的组成元素
磷	有机态磷、无机磷	细胞核的重要成分，对细胞分裂和植物各器官组织的分化发育具有重要作用，可提高植物的抗逆性以及对外界环境的适应性
钾	水溶性钾、交换性钾、矿质态钾	加速植物对 CO_2 的同化过程，促进碳水化合物的转移、蛋白质的合成和细胞的分裂，增加植物抗性
微量元素	矿质态、交换性离子态、溶解性态、络合态	增强植物光合作用能力，提高对氮、磷、钾大量元素的吸收，改良土壤等

（2）土壤的水分状况。土壤的水分状况是指周年内土壤剖面中各土层的含水量及其变化过程，是土壤水分循环过程的集中体现，是反映土壤供水能力的一个综合指标，其影响因素主要包括土壤含水量、土壤水分的补给与排泄条件，以及当地的气候条件等。反映土壤含水量指标见表 2.9。

（3）土壤的适宜性。土壤的适宜性是指土壤的所有各种性状满足不同作物的生长要求的程度，是进行土地自然适宜性评价和土地生产潜力评价的主要指标。不同种类和性质的土壤，对农、林、牧具有不同的适应性。

表 2.9 土壤含水量主要指标

土壤含水量指标	概 念
全容水量	土壤完全为水所饱和时的含水量。当土壤水分达到全容水量时,水分基本充满土壤孔隙
田间持水量	降雨或灌溉后,多余的重力水已经排除,渗透水流已降至很低或基本停止时土壤所吸持的水分
凋萎系数	导致植物产生永久凋萎时的土壤含水量。它用来表明植物可利用土壤水的下限

2.4.3 土壤分布类型

2.4.3.1 土壤的分类

土壤分类是在深入研究土壤发生、土壤的个体发育、土壤系统发育与演替规律的基础上,根据土壤不同发育阶段所形成的物质组成和特征,对土壤圈中各异的土壤个体所做的科学区分。由于全球土壤极其复杂,各地区的环境条件、科学文化、风俗习惯等的差异,致使至今也没有一个统一的土壤分类系统。中国土壤系统分类分为七级,即土纲、亚纲、土类、亚类、土属、土种和变种。前四级为高级分类级别,后三级为基层分类级别。

2.4.3.2 土壤的地理分布

土壤类型随自然环境条件和社会经济因素的空间差异而变化,在全球和大陆尺度上土壤与广域的热量、水分、生物及岩层等条件相适应,因此,土壤类型的分布也因这些条件的不同而表现出有规律的地理特征(图 2.4),主要表现为水平地带性与垂直地带性。

图 2.4 不同土壤类型景观

(1)土壤纬度地带性分布规律。土壤纬度地带性分布规律指地带性土类沿纬度(南北)变化方向发生有规律的变化现象。不同纬度热量分布的差异是引起土壤纬度地带性分异的主要原因,例如在我国东部沿海地区,自南向北,随着纬度的变化,热量逐渐减少,主要依次分布着砖红壤→砖红壤性红壤→红壤和黄壤→黄棕壤→棕壤→暗棕壤→漂灰土的海洋性土壤系列。

(2)土壤经度地带性分布规律。土壤经度地带性分布规律指地带性土类大致沿经度(东西)变化方向有规律的变化现象。距海洋远近导致水热分布的差异是引起土壤经度地带性分异的主要原因,如在我国温带地区,自东向西,随着远离海洋,气候逐渐干旱,主要依次分布着暗棕壤→黑土→白浆土→黑钙土→栗钙土→棕钙土→灰漠土→灰棕漠土的大陆性土壤系列；而在暖湿带地区，自东向西，则依次分布着棕壤、褐土、黑垆土、灰钙土和棕漠土等土壤类型。

（3）土壤垂直地带性分布规律。土壤的垂直分布规律主要是指从山麓至山顶，在不同的海拔高度出现不同类型土壤的现象。由于随地形的海拔高度的增加，山地的温度有规律地下降，一般每升高 100m，气温下降 0.6℃，而且降水也相应地增加，自然植被也随之变化，从而土壤类型随海拔高度也相应地发生变化。

2.4.4　土壤要素与土地资源

1. 土壤矿物质

土壤矿物质（soil mineral）是岩石经物理风化作用和化学风化作用形成的，占土壤固相部分总重量 90% 以上，是土壤的"骨骼"和植物营养元素的重要供给来源，它对土壤的性质和功能影响很大。

按形成原因可分为原生矿物和次生矿物。原生矿物类是由地壳内部岩浆冷却后形成的矿物，其原来化学成分没有改变，主要有硅酸盐矿物、氧化物类矿物、硫化物和磷酸盐类矿物。次生矿物类是原生矿物经过化学风化作用后形成的新矿物，其化学组成和晶体结构均有所改变，主要有高岭石、蒙脱石、伊利石类，其粒径 <0.001mm。此外，土壤的矿物学组成对土壤的保肥供肥性、土壤的耕作性影响极大。

2. 土壤有机质

土壤有机质（soil organic matter）是指存在于土壤中的所有含碳的有机化合物，主要包括土壤中各种动物、植物残体、微生物体及其分解和合成的各种有机化合物。

土壤有机质是土壤固相部分的重要组成成分，尽管土壤有机质的含量只占土壤重量的很小一部分，但它对土壤形成、土壤肥力、环境保护及农林业的发展等方面都有着极其重要的作用。土壤有机质含有极为丰富的氮、磷、钾和微量元素，分解后产生的二氧化碳是供给植物的碳素营养，并且有机质可促进土壤团粒结构的形成，是良好的土壤胶结剂。

3. 土层厚度

土层厚度（soil thickness）是指土壤剖面中农作物能够利用的、母质层以上的土体总厚度，即真正发生了成土过程的土层厚度，但从生产方面而言，多指有效土层厚度，尤其是耕作层的厚度，即植物根系发育所能伸展的厚度。对多数多年生作物而言，最佳土层厚度一般大于 100cm，临界厚度一般大于 50m。耕层是土壤表层经耕作熟化的土层，是土壤最为松软肥沃的层次，耕层厚度对农业土壤的水、肥、气、热状况具有较显著的影响，从而制约着农作物的生长发育及其产量。一般而言，农作物最佳的耕层厚度为 20～25cm。

4. 土壤质地

土壤质地（soil texture）是指根据不同粒径的土壤矿物颗粒的组合状况，是土壤物理性质之一，如沙土、壤土和黏土等。不同的土壤质地类型基本上反映了土壤的透水、通气、保水、保肥和供肥以及耕作性能，详见表 2.10。由于壤土的砂粒、黏粒比例适中，大、小孔隙比例适当，不仅通气和保水性能好，有机质和养分含量较丰富，保肥和供肥性能强，热量状况属暖温型，水、肥、气、热也较为协调，而且耕作方便，宜耕期长，耕作质量好。因此，通常认为壤土是农业生产较为理想的土壤质地类型。

表 2.10 土壤质地及特点

土壤质地类型	特点
黏质土	黏质土颗粒细小，总孔隙度高，粒间孔隙度小，通气透水性差，土壤内部排水困难，土中胶体数量多，比表面积大，吸附能力强，保水保肥性好，矿质养分丰富，供肥表现前期弱而后期较强
壤质土	砂黏适中，大小孔隙比例适当，通气透水性好，养分丰富，有机质分解速度适当，既有保水保肥能力，又供水供肥性强，耕性表现良好
砂质土	砂质土粒间孔隙大，总孔隙度低，毛管作用弱，保水性差，透水性强，由于颗粒大，比表面积小，吸附、保持养分能力低，养分缺失，供肥性强但持续时间短
砾质土	砾质土土层较薄，保水肥能力较低，但土中石砾可以提高土温，增加大孔隙，有利于通气透水

5. 土壤 pH 值

土壤 pH 值即土壤溶液的酸碱度，一般以 pH=7 为中性，是作物生长的良好土壤环境条件；pH=6.0~7.0 为微酸性，pH=5.0~6.0 为酸性，多发生于南方降水量大、土壤淋溶较强的地区；pH=7.0~8.0 为微碱性土壤，多数作物不受影响，pH=8.0~9.0 为弱碱性，有些蔬菜和经济作物受一定影响，但当 pH>9.0 时，即称为强碱性土壤，一般作物难以生长，这种碱性土壤主要分布于干旱和半干旱地区，不经过改良难以利用。

一般高等植物或农作物对土壤酸碱性的适应范围均较广，但多数农作物最适宜的土壤酸碱性为弱酸性至微碱性，也有一些植物特别能耐酸碱性而分别被称为"酸性指示植物"（如铁芒萁、映山红、茶树等）和"碱性指示植物"（如盐蒿、牛毛草等）。

2.5 生 物 要 素

生物是一个地区植物、动物和微生物的总体。对于土地资源而言，植物则显得尤为重要，它组成了土地覆盖的主题，往往成为土地资源性状的表征。动物虽也是土地资源的一个要素，但它受其他因素的影响强烈，而对其他因素影响相对较弱。

生物要素对土地资源性质与利用的影响是多方面的：①区域生物物种或生态系统或生物多样性的变化，直接引起土地资源类型或利用的更替，如以树木为主的森林生态系统演化为以草为主的草原生态系统，这样的物种变化或生态系统的变化，就现代的土地资源类型与利用而言，就是以生产木材为主的林地类型转化为以生产畜牧产品为主的草地类型；②区域植被类型或生态系统种类，是土地类型或土地资源类型划分的直接依据。

2.5.1 生物多样性与生态系统的特征

2.5.1.1 生物多样性

生物多样性（biodiversity）是指某一区域内遗传、物种和生态系统多样性的总和。生态系统多样性是指生物圈内的生境、生物群落和生态过程的多样化。由于地球上生物的演化过程会产生新的物种，而新的生态系统又可能造成其他一些物种的消失，所以生物多样性是不断变化的。人类社会从远古发展至今，无论是狩猎、游牧、农耕还是现代生产的集约化经营，均建立在生物多样性的基础上。

在北半球国家中我国是生物多样性最为丰富的国家。生物多样性为土地多用途开发利用提供了宝贵的自然物质基础。我国生物多样性的特点如下：

（1）物种高度丰富。我国有高等植物 3 万余种，仅次于世界高等植物最丰富的巴西和哥伦比亚。

（2）特有属、种繁多。我国高等植物中特有种最多，约有 17300 种，占全国高等植物的 57％以上。581 种哺乳动物中，特有种约 110 种，约占 19％。尤为人们所注意的是有活化石之称的大熊猫、白鱀豚、水杉、银杏、银杉和攀枝花苏铁等。

（3）区系起源古老。由于中生代末我国大部分地区已上升为陆地，在第四纪冰期又未遭受大陆冰川的影响，所以各地都在不同程度上保存着白垩纪、第三纪的古老残遗成分。

（4）栽培植物、家养动物及其野生亲缘种的种质资源异常丰富。我国有数千年的农业开垦历史，很早就对自然环境中所蕴藏的丰富多彩的遗传资源进行开发利用、培植繁育，因此我国的栽培植物和家养动物的丰富度在全世界是独一无二、无与伦比的。

（5）生态系统的类型丰富。我国具有陆生生态系统的各种类型，包括森林、灌丛、草原和稀树草原、草甸、荒漠、高山冻原等。

（6）空间格局繁杂多样。我国地域辽阔，地势起伏多山，气候复杂多变，从北到南，气候跨寒温带、温带、暖温带、亚热带和热带，生物群落包括寒温带针叶林、温带针阔叶混交林、暖温带落叶阔叶林、亚热带常绿阔叶林、热带季雨林等。

生物多样性的功能和服务是人类可持续发展的基础，但是人类引起的全球气候和土地利用变化引起物种濒危，正威胁着生物多样性。物种濒危通常是外部和内部因素综合作用的结果。外在因素包括栖息地丧失、退化和破碎化、过度开发、全球气候变化、环境污染和生物入侵等。内在因素包括遗传多样性丧失等。在我国，受威胁的白鱀豚、怒江金丝猴（缅甸金丝猴）、喜马拉雅小熊猫等的遗传多样性非常低。朱鹮种群已经失去了几乎一半的祖先遗传多样性。这些例子突出了保护生物多样性同时减少生境退化的紧迫性。

我国面临着平衡生物多样性和社会经济发展的严峻挑战，特别是人类活动密集的东部地区。因此当下的研究必须包括快速城市化对生态群落组合和动植物相互作用的影响，气候变化对物种物候学和人口学的影响，以及将灭绝的物种重建或重新引入自然区域的基础。近年来我国生物多样性保护步伐有所加快。通过稳步推进国家公园体制试点，持续实施自然保护区建设、濒危野生动植物抢救性保护等工程，生物多样性保护取得积极成效。我国有各类自然保护区 2700 多处，90％的典型陆地生态系统类型、85％的野生动物种群和 65％的高等植物群落纳入保护范围。大熊猫、朱鹮、东北虎、东北豹、藏羚羊、苏铁等濒危野生动植物种群数量呈稳中有升的态势。

2021 年在中国昆明举办的联合国《生物多样性公约》第十五次缔约大会（COP15）第一阶段会议期间，介绍了我国在生物多样性保护的一些工作成果。在"十三五"期间林草、科技、生态环境等部门开展了大量卓有成效的工作，实施了 120 多个保护项目。在极小种群野生植物保护方面，通过实施种群保护及栖息地修复等措施，对自然保护区及其他就地保护点内的 67 个植物物种进行了科学管理和保护。目前，有 20 余种极小种群野生植物通过就地、迁地和回归等抢救性保护措施得到了有效保护，脱离灭绝威胁，达到了拯救目标。在极小种群野生动物保护方面，重点加强动物栖息地保护与建设。同时，建立健全了亚洲象、滇金丝猴、高黎贡白眉长臂猿、绿孔雀等极小种群野生动物种群及其栖息地全面巡护监测体系。

2.5.1.2 生态系统

生态系统（ecosystem）是指特定区域中的全部生物和其非生物物质环境相互作用的统一体（图2.5）。

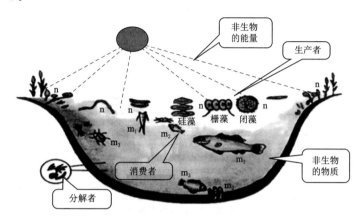

图 2.5 生态系统图

n—生产者；m—消费者

生态系统是所有生物物种存在的基础，是一个内涵非常广的概念，如一块草地、一片森林都是生态系统，一条河流、一座山脉也是生态系统，水库、城市、农田等也是人工生态系统。小的生态系统构成大的生态系统，简单的生态系统构成复杂的生态系统。地球上的生态系统多种多样，可分为海洋生态系统、森林生态系统、灌丛生态系统、草地生态系统等。生态系统分类详见表2.11。

表 2.11　生 态 系 统 分 类

一 级 类 型	二 级 类 型
森林生态系统	常绿阔叶林、落叶阔叶林
	常绿针叶林、落叶针叶林
	针阔混交林
	稀疏林
灌丛生态系统	常绿阔叶灌木林、落叶阔叶灌木林
	常绿针叶灌木林
	稀疏灌丛
草地生态系统	温带草甸、高寒草甸
	温带草原、高寒草原、温带荒漠草原、高寒荒漠草原
	温性草丛、热性草丛
湿地生态系统	森林沼泽、灌丛沼泽、草本沼泽
	湖泊、水库
	河流、运河

一 级 类 型	二 级 类 型
海洋生态系统	开阔大洋
	近岸海洋
	上升流地区
	河口地区
农田生态系统	水田、旱地
	乔木园地、灌木园地
城镇生态系统	居住地
	乔木绿地、灌木绿地、草本绿地
	工业用地、交通用地、采矿场
荒漠生态系统	沙漠、荒漠裸岩、荒漠裸土、荒漠盐碱地
冰川/永久积雪	冰川/永久积雪
裸地	苔藓/地衣、裸岩、裸土、盐碱地、沙地

资料来源：欧阳志云，张路，等．基于遥感技术的全国生态系统分类体系［J］．生态学报，2015，35（2）：219-226。

生态系统的特征如下：

（1）开放性。生态系统是一个不断与外界环境进行物质和能量交换的开放系统。在生态系统中，能量是单向流动的，从绿色植物接收太阳光能进行光合作用开始，到生产者、消费者、分解者以各种形式的热能消耗、散失为止，不能再被利用形成循环。而维持生命活动所需的各种物质，如碳、氧、氮、磷等元素，则以矿物形式先进入植物体内，形成有机物，最后经微生物分解为矿物元素而重新回到环境中，并被生物的再次循环所利用。

（2）动态性。生态系统是一个有机的整体，它总是处于不断的运动之中。在相互适应调节状态下，生态系统呈现出一定的弹性，这种稳定状态，就是所谓的生态平衡。相对稳定阶段，生态系统中的能量流和物质循环对其性质不发生影响，所以，生态平衡也是一种动态平衡。

（3）自我调节性。自我调节性指生态系统受到外来干扰使稳定状态改变时，系统靠自身的机制再回到稳定、协调状态的过程。生态系统作为一个有机的整体，在不断与外界进行物质与能量交换的过程中，为维持生态平衡而不断增强对外界条件的适应性，当外界条件变化太大或内部系统发生严重破损时，生态系统的自我调节功能会下降或丧失，以致生态平衡的破坏。

（4）开放性与演化性。任何一个生态系统，都同周围的其他生态系统有广泛的联系和交流，很难把它们截然分开，而表现出一种系统的开放性。对于一个具体的生态系统而言，总是随着一定的内外条件变化而不断地自我更新、发展和演化，表现为一种产生、发展、消亡的历史过程，呈现出一定的周期性。

目前，由于我国经济发展带来的生态系统压力依然较大，我国自然生态系统总体仍较为脆弱，生态承载力和环境容量不足，部分地区重发展、轻保护所积累的矛盾愈加凸显。同时，在推进有关重点生态工程建设中，山水林田湖草系统治理的理念落实还不到位，也影响了治理工程整体效益的发挥。

党的十八大以来，以习近平同志为核心的党中央站在中华民族永续发展的战略高度，作出了加强生态文明建设的重大决策部署。从现在起到 2035 年，是我国基本实现社会主义现代化和美丽中国目标的重要时期。我国将通过大力实施重要生态系统保护和修复重大工程，全面加强生态保护和修复工作。

2.5.2 植被

植被（vegetation）是指一定地区内植物群落的总体，它包括森林、草原或草地及农田栽培作物。植被与自然环境或土地的其他构成因素相互作用，不断发生物质与能量交替，是土地生态系统中最活跃的因素之一，对生态平衡有着重大的影响。因此，植被作为土地重要的构成因素，既是土地资源质量的代表，又是其综合特征的反映，并可指示出土地类型演替的方向。

2.5.2.1 植被类型

植被类型的划分有多种分类方法。可按地理环境特征划分，如高山植被、温带植被；还可依植物群落类型划分，如草甸植被、森林植被等。植被从全球范围可区分为海洋植被和陆地植被两大类。海洋植被的特征是生产能力低，绿色植物中藻类占优势。陆地植被特点为种子植物占绝对优势，但由于陆地环境差异大，形成了多种植被类型，可将其划分为植被型、植物群系和群丛等多级分类系列。植被还可分为自然植被和人工植被。自然植被是某一地区的植物长期发展的产物，包括原生植被、次生植被和潜在植被。人工植被包括农田、果园、草场、人造林和城市绿地等，人类长期栽培的植物的组成和结构都很单调。

2.5.2.2 我国植被分布

我国的植被类型丰富，几乎覆盖了北半球所有的植被类型。从大兴安岭-吕梁山-六盘山-青藏高原东缘一线，将我国分为东南和西北两个半部，东南半部是季风区，发育各种类型的中生性森林，西北半部季风影响微弱，为无林的旱生性草原和荒漠。东南半部森林区，自北而南，随着气温的递增，植被的带状分布比较显著。

在我国南部的亚热带和热带森林区域，植被的经向差异远不如北方的显著，但在同一植被类型范围内，仍有所不同。在东部亚热带，降水较多（1000～1800mm），旱季不明显，具有偏湿性的常绿阔叶林；西部亚热带（云南高原）降水较少（800～1000mm），干湿季分明，具有偏干性的常绿阔叶林。热带的东部以半常绿季雨林为主，局部湿润生境有湿润雨林；热带西部（云南南部）则为偏干性的半常绿季雨林与季雨林。我国的自然植被主要分为 8 个分布区，分别为温带草原区、温带荒漠区、青藏高原高寒植被区、寒温带针叶林区、温带针阔叶混交林区、暖温带落叶阔叶林区、亚热带常绿阔叶林区和热带季雨林-雨林区。

2.5.3 生物要素与土地资源

生物类型空间分布规律和特征，是区域气候、地形地貌（topography）、水文等环境条件的综合反映，特别是植被的空间分布规律体现了区域土地利用的基本特征与适应性。生物要素中，植被要素对土地资源有显著的影响，植被对土地性状、土地生态调节等有重要影响。

2.5.3.1 植被对土地性状的影响

植被对土地特性与利用的作用主要体现在植被类型、植物生产力和生态调节功能等方面。植被是特定环境的产物，就整个地球植被分布来看，植被的空间分布和气候类型的分布密切相关，而气候类型和土壤类型分布又有大体的空间一致性。植被影响土地的发育和形状，而土地类型又影响着植被类型和生长，彼此紧密联系，相互影响。自然植被通过改善土壤的化学、物理和生物结构，从而提高土壤的肥力。改善物理结构是指森林可以使土壤孔隙度增加，土壤含水量和透气性提高。改善生物结构是指森林可以使土壤中的微生物变得丰富，土壤腐殖质含量提高。改善化学结构是指森林可以把枯枝落叶层的养分返回到土壤中。

2.5.3.2 植被对土地生态系统的生态调节功能

各种植被类型具有各自特定的生境，是特定地理环境的产物，不仅是土地生态系统的重要组成部分，而且对土地系统的生态环境具有重要的调节作用。植被对环境的生态调节作用主要表现在以下几方面：

（1）涵养水源，保持水土。地表植被对水土保持具有相当大的影响。植被的地上部分尤其是高大乔木林的树冠，具有截留降雨的作用。森林林冠可以截留 10%～30% 的降水，枯枝落叶层及植被可使 50%～80% 的降水渗入林地土层，形成地下水。一方面阻止了雨滴击溅侵蚀，避免了土壤颗粒被击碎；另一方面减少了落到地面的降雨量从而减少了地表径流量，也减少了土壤侵蚀量。

（2）调节气候，保护环境。森林具有强大的蒸腾作用，研究表明，有林地区一般比无林地区降水量要多 17.4%。我国雷州半岛过去林少，荒凉易旱，后来森林覆盖率增大到 36%，年降水量也增加 32%。森林上空空气的相对湿度比无林区上空高 12%～25%，高温季节林区气温较低，寒冷季节气温则较高。森林对周边地区的气候特征起到明显调节作用，对区域气候也有重要影响。植被通过强大的蒸腾作用，消耗了空气中大量的热能，从而降低其周围空气的温度，提高了空气的湿度。森林通过光合作用减少空气中的 CO_2，净化了空气，对降低地球的温室效应具有重要的作用。

（3）防风固沙，保护农田。森林的枝叶可以挡风，根系可以固土固沙，因此，可以防止农田被风蚀和防止或减轻作物倒伏。国内外农田基本建设、江河堤坝及交通沿线都注重防风林网、防沙林带和防浪林带的设置。据观测，当主风方向和农田防护林带垂直时，背风面相当于树高 15～20 倍距离以内比迎风面 1～3 倍树高距离以内的风速低 30%～50%，$10hm^2$ 防风林带可保护农田 $100hm^2$，使农田高温期温度降低 0.2～1.8℃，低温期温度升高 0.3～0.6℃，相对湿度也会提高 2%～4%。

（4）固结土体，改善土壤理化性状。植物庞大的根系对土体具有明显的固结作用。植被的枯枝落叶腐烂后可以增加表层土壤的腐殖质含量，一般有林地土壤的有机质含量比无林地高 4%～10%，有利于土壤团粒结构的形成。改善土壤的孔隙状况，增强土壤的抗冲性和抗蚀性，提高土壤的渗透性和持水量，减少地表径流的形成及土壤的侵蚀作用。此外，由于土壤理化性状的改善，加上植物对矿质养分的地表富集作用，促进了表层土壤水、肥、气、热状况的改善和协调，土壤肥力也得到提高。

2.6 经济社会构成要素

土地资源是针对人类可以利用而言,因此,土地资源也包含了人类利用、改造的社会经济属性。在一定的自然基础条件下,土地资源利用结果因社会经济属性不同,表现出不同的利用结构、利用现状和投入产出结果等。

影响土地资源的社会经济构成要素有很多,可分为社会要素和经济要素两大部分。社会因素主要包括人口、社会需求、土地政策与法规、资源与环境政策等;经济因素主要包括生产力水平、市场状况、经济结构与生产力布局、区域条件、投入水平等。各种因素的影响方式和程度各不相同,有必要进行系统分析和研究。下面就土地产权制度、土地经济生产力和土地报酬递减律以及土地资源区位特性3个部分进行分析。

2.6.1 土地产权制度

土地的所有制和使用制度是土地资源最重要的社会属性,它直接或间接地影响着土地资源利用活动的各个方面。

1. 土地所有制

土地所有制是指人们在一定社会条件下拥有土地的经济形式,它是整个土地制度的核心,是土地关系的基础。土地所有权是土地所有制的法制体现形式。

土地所有制作为社会生产关系的组成部分,是由社会生产方式所决定的,而生产力决定生产方式。因此,不同的土地所有制,最终也是由生产力的状况所决定的。一个国家土地所有制的具体形式还受到社会政治、经济条件和历史发展特点的影响,即使社会制度相同的国家,其土地所有制的具体形式也不完全相同,甚至可以有很大的差别。例如,英国和美国同属于资本主义国家,但其土地所有制的形式却有极大的差别。在英国,土地的所有权归皇家所有;在美国,有很大一部分的土地所有权归私人所有。

土地所有制是决定土地资源的优化配置和合理利用,促进土地市场的形成和发育,使土地资源的效益得以充分发挥的最根本的影响因素。我国现行的土地所有制为社会主义土地公有制,包括全民所有制和劳动群众集体所有制两种形式。其中国务院代表国家依法行使对国有土地占有、使用、收益和处分的权利。国家是国有土地唯一的、统一的所有者。农村集体经济组织在国家法律框架内行使集体土地的所有权,并且集体土地的所有权不能买卖和非法转让。只有在土地征收的情况下,农村集体所有权可转为国有。

2. 土地使用制度

土地使用权制度是在一定的土地所有制基础上,对土地使用的程序、条件和形式的规定,是土地制度一个重要组成部分。土地使用权是指使用人根据法律、文件、合同的规定,在法律允许的范围内,对国家或集体的土地,享有占有、使用和收益及部分处分的权利。

土地所有制解决的是土地如何分配的问题,土地使用制则解决的是在土地所有权人确定后土地如何利用的问题,并规范了土地利用过程中人们相互间的行为关系。土地使用制以土地所有制为存在前提,即土地所有制决定土地使用制。每一种社会形态下都存在与其土地所有制相适应的土地使用制形式，每种土地使用制度都是实现和巩固土地所有制的具体形式和手段。与我国土地公有制相对应的使用制形式是城镇国有土地使用制和农村集体土地使用制。同一土地所有制下，不同土地使用制度会对土地利用的效果产生不同程度的影响。土地使用制具有相对独立性，不同的社会经济发展阶段，需要对土地使用制适时调整，以促进土地所有制的实现和巩固。

2.6.2　土地经济生产力和土地报酬递减规律

1. 土地经济生产力

土地经济生产力是相对于土地自然生产潜力而言的。土地自然生产潜力是指充分考虑气候、土壤、地形、水文地质等全部自然要素对植物产量影响后得到的土地生产潜力。

在土地自然生产潜力的基础上，由人工控制因素对植物产量的影响而得到的植物第一性生产力称为土地的经济生产潜力。影响土地经济生产潜力的人工控制因素主要有：灌溉、排水、土壤改良等田间基础设施建设；作物栽培技术和化肥、农药、有机肥等物质投入；作物品种改良及其优化组合；田间经营管理水平。

土地生产力是众多影响因素综合作用的结果。一方面当其中某个或某些因素的"强度"在原来基础上脱离所有因素组合的整体效应，单独地进一步增加时，则其对于土地生产力的影响效果会变得越来越小，甚至成为土地生产力发展的限制因素；另一方面，在影响土地生产力的各种因素中，如果某个或某些因素的强度过低，其他因素即使处于最佳状态，也难以提高土地生产力，即土地生产力受最小影响因素所支配，这种现象称为"因素限制律"。

2. 土地报酬递减规律

土地报酬是指生产过程中投入生产因素的经济生产力所获得的产品数量。由于受土地生产力的因素限制律的作用，在技术和其他条件不变的前提下，人们在同一块土地上连续投入劳动和资本，当达到一定限度时，其收益的增加就会递减，这一现象通常称为土地报酬递减律。这一规律是以生产力和技术水平不变为前提的，因而每当生产技术或社会经济体制发生重大突破和变革时，该规律所阐明的报酬递减现象，必然随着客观条件的变化而不复存在，即一般由递减变为递增，然后又会由递增趋向递减。

从长远、宏观的历史观点来看，社会经济和技术总是发展的，有渐变也有突变，有量变也有质变。因此，报酬递减现象只有在渐变、量变时期出现，它的出现是相对的、有条件的，而不是绝对的。土地报酬递增递减规律对确定土地资源的集约经营规模和投入方式具有十分重要的指导意义。要实行集约经营，选定合理的土地利用集约度，首先必须使土地资源与其他变量资源的投入有一个最佳的配合比例和最佳配合点。

因此，可以认为，由于土地报酬递增、递减现象的客观存在，我们应该在技术不断进步与相对稳定的总趋势中，根据报酬递增、递减运动的规律性，对土地资源开发利用的集约度、投入变量资源的适宜范围与最适点、生产资源配置的最佳方案及其利用的经济效果进行综合分析，从中做出最优的土地利用方式选择。

2.6.3　土地资源区位特性

土地区位（location of land）是指陆地上某一地块的空间几何位置，以及各种土地自然要素与社会经济要素之间相互作用所形成的整体组合效益在空间位置上的反映。即土地区位是自然要素区位、经济区位和交通区位在空间地域上有机组合的具体表现。

1. 土地自然区位

土地自然区位主要指土地的自然地理位置。包含两层含义：①该土地位置上地貌、地质、水文、气候等自然要素的组合特征；②该土地位置与周围陆地、山川、河湖、海洋等自然环境的空间位置关系。土地自然区位是土地形成和发展的重要基础，它直接影响交通区位和经济区位的形成。例如，我国沿海与内陆的土地区位差异首先是由自然区位决定的。

2. 土地经济区位

土地经济区位主要是指土地在人类社会经济活动过程中所表现的人地关系和社会物化劳动投入。为了让土地更好地发挥生产、工作、游憩和交通四大功能，人类不断投入技术、资金和劳动对土地进行利用改造。从结果来看，土地经济区位主要是指不同区域土地之间在经营、社交、工作、购物、娱乐等方面社会经济活动中的相互关系，影响着土地的利用布局和发展方向。主要包括以下几个方面：

（1）配套设施。配套设施可以分为基础设施和公共设施。公共设施即为社会提供公共服务的各种公共性、服务性设施，包括教育设施、文化娱乐设施、体育设施、医疗机构、停车场设施等。基础设施是指为居民生活提供公共服务的物质工程设施，是社会赖以生存发展的一般物质条件，包括供水、排水、供电、供气、供热、通信、防灾安全等设施的情况。这些因素一方面直接影响社会生产和生活质量的优劣和水平的高低；另一方面又影响到投资者、生产者以及消费者的决策。

（2）人口和社会文化。人口主要是指人口密度，包括常住人口、上班人口和流动人口。社会文化主要包括：居民消费水平、结构和习惯；居民文化道德水平、劳动力素质；文化教育和科学研究机构发展状况。

（3）经济集聚程度。经济集聚程度，即商业、银行、保险、咨询、服务业、运输、旅游等行业发展程度，尤其是规模较大的商业、银行、公司企业的总部、办事处、管理处等的集中程度，都会极大地提升区位价值。

（4）其他因素。其他因素包括居住、出行、采购、娱乐、旅游等条件状况，这既是关系到市场容量的重要问题，又是关系到迅速获取各种经济信息、准确决策的关键，更是关系到联系、谈判、捕捉市场机会做成生意的主导因素。

3. 土地交通区位

土地交通区位主要指区域土地或某地段与交通线路和设施的相互关系，具体从距离、耗时、费用这3方面来反映。土地交通区位一方面影响人、物、信息流动或传输的成本，另一方面影响社会经济活动中人与人、物与物、人与物之间的交往接触机会、频率和便利程度。因此，经济区位产生的影响能否转化为实质性的效益就受到交通区位的制约。此外，它的优劣还影响到土地聚集效益、市场演变、结节点产生及扩大等。

这3种区位有机联系、相辅相成，共同作用于地域空间，形成土地区位的优劣差异，从而决定了土地利用方式选择和空间布局。

本 章 小 结

　　土地资源是由地球表面一定立体空间的气候、地质、地貌、水文、生物等自然要素组成，同时又受社会经济条件影响的一个复杂的自然经济综合体，在社会生产中，发挥着重要的社会经济作用。

　　本章从土地资源各自然构成要素和经济社会构成要素分析入手，从不同方面来整体深入研究，可以发现它们之间的紧密联系和相互作用，从而对土地资源有一个全面深刻的认识，为今后的土地资源类型划分、评价、利用、分区及生产潜力等相关研究打下理论基础。

复 习 思 考 题

　　1. 土地资源的自然构成要素包括哪些方面？

　　2. 影响土地资源的气候要素主要有哪些方面？

　　3. 地表水和地下水对土地利用的影响表现在哪些方面？

　　4. 生物要素对土地资源的作用？

　　5. 土壤条件对土地资源的影响取决于哪几个方面？

　　6. 影响土地资源的社会经济特征包括哪些？

　　7. 可以从哪些方面了解土地资源？

第3章 土地类型和土地资源类型

➤ **本章概要**

土地类型与土地资源类型是认识、研究、合理利用土地资源的前提和基础。本章分析了土地分类的含义、原则以及划分的基本步骤和方法，重点针对我国土地利用分类系统进行阐述；阐明了土地类型、土地资源类型的概念与区别；在土地资源分类方面，介绍了不同类型的土地资源分类系统，并重点介绍了土地利用分类的原则与依据；简述了不同国家的土地利用分类系统；并对我国土地利用分类系统的发展及现状进行阐述。

➤ **本章结构图**

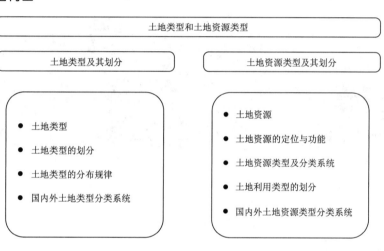

➤ **学习目标**

1. 了解土地分类的概念、划分原则、划分方法、分布规律、国内外土地分类系统。

2. 了解土地资源分类的概念、划分方法、国内外土地利用分类系统，掌握我国土地类型、土地资源类型分类系统及土地类型分布规律。

3.1 土地类型及其划分

3.1.1 土地类型

土地一般被认为是地表某一地段包括地质、地貌、土壤、气候、水文、植被等多种自然要素在内的自然综合体。而土地类型是指土地的自然类型，是对土地这个客观实体的一种自然分类。由于土地各构成要素的空间变异性，以及各要素之间相互作用、相互影响，使得在不同地域空间内，形成各种不同的景观格局和土地性质，将景观格局和土地性质相对一致的一系列空间单元划分为一种类型组合，即土地类型。土地类型的性质取决于土地各个构成因素（地质、地貌、土壤、气候、水文和植被等）性状的综合影响，不从属于其中任何一个单独因素。在不同的划分层次上，所考虑的自然属性是不同的，也就是说，土地的各个构成要素的形态、性质在不同层次的类型划分标准上的重要性是不同的。

空间单元的相对一致性是土地类型划分的标准，同一个土地类型的景观格局和土地性质一致性程度始终大于相邻土地单元相合并后的土地性质；且这种一致性是相对而言的，内部完全均质的土地是不存在的；根据划分的详细程度不同，一致性不同，土地类型划分得越细，单元划分得越小，一致性程度就越高。人们在长期生产实践过程中，早已具有土地类型的观念。例如，我国四川盆地丘陵区种植旱作的坡耕地分为一台地、二台地和三台地，种植水稻的水田则分为场田、塝田和冲田；黄土高原地区的塬、梁、峁、川（图3.1）；河北井陉盆地的坪、梁、涧、川；珠江三角洲地区的田（可种植水稻的耕地）、地（不能种植水稻的耕地）、山（山地）、半山（丘陵）；长江中下游丘陵地区的岗、塝、冲等，均属土地类型的范畴。

图 3.1　塬、梁、峁

土地类型研究不仅深化了自然地理学综合研究的意义，而且也为土地评价、土地承载力研究、土地利用规划等土地资源管理工作的顺利开展奠定了坚实的基础。

3.1.2　土地类型的划分

土地的构成千差万别，各构成要素相互作用、相互影响，形成了众多不同的土地单位，在土地利用过程中难以逐个分析研究，在综合分析土地构成因素特征和作用的基础上，按照自然属性的共同性或相似性作不同程度的抽象概括和归并，自上而下或自下而上划分出等级有高低、复杂程度有差异的土地单位的过程，称为土地类型划分，简称为土地分类（land classification）。

土地类型划分须遵循一定的逻辑体系，包括 2 部分内容：①土地类型的等级分级；②同一等级中的土地类型分类。土地是一个复杂的自然地理综合体，是一个复杂的系统，对土地个体形态单元组织水平，即土地类型分类的详细程度和层次的确定过程为土地类型的等级划分，土地由不同等级的土地单元镶嵌构成，高级单元由低级单元组成，土地的级别越高，自然环境结构越复杂，彼此之间的相似性越小；土地类型分类是在土地类型分级的基础上进行，同一等级土地单元的构成性状和利用具有一致性，将同一等级的土地单位按其构成性状和利用的相似性进行类群归并即土地类型分类。土地类型的划分遵循"先分级，后分类"的原则逐级进行，不能跨越不同的级别，通俗地说，土地分级是对土地的纵向划分，土地分类则是对土地的横向（即在同一级别内）类群归并。因此土地分类系统是多系列的，每一级个体单位都可以分别进行类型划分，各自构成一个分类系统。所以，土地类型分类系统呈现一种两维的、树枝状的多级分类结构，土地类型分级和同级土地类型的划分的结果构成土地类型分类系统。

土地分级、分类的关键在于对土地类型个体形态单元的正确识别，对土地结构复杂度和土地特征相似性指标的确定，以建立科学的土地类型分类系统。土地类型划分一般是为土地类型调查和制图服务的。为了便于应用和制图，分级层次不宜过多，以 3～5 级为宜。建立了划分的逻辑体系之后，才可以进行土地类型的具体划分步骤。

土地类型的划分是土地类型研究的主要内容，是土地类型调查及制图的重要基础。通过土地类型划分可揭示土地类型的发生发展规律以及各土地类型组合的区域性差异，为分析土地类型的自然类型、各土地类型组成要素之间的联系提供依据。土地类型是土地利用的物质基础，也是土地评价的基本单元，土地类型的划分为土地评价、土地利用以及土地管理提供科学依据。

3.1.2.1 划分原则

根据土地类型研究的目的和任务，拟定科学的土地分类原则，是确保土地分类成功的前提，反映了土地类型划分的科学思维，也是土地类型研究工作的指导思想。土地类型划分应基于以下几个基本原则：

1. 自然发生学原则

土地类型是一个综合的自然地理的概念，是地表某一区域包括地质、地貌、气候、水文、土壤、植被等多种自然因素相互作用形成的一个特有的自然综合体，土地类型的性质取决于全部构成因素的综合特点。土地类型的各组成要素之间发生与发展都存在着相互联系，具有一定的共同性，这种共同性使同类土地在性质上表现出相似性，土地类型分类学将这种发生学上的因果关系作为认识土地类型单元的线索，根据土地性质相似性或差异性进行划分，使得不同等级土地类型以及同级土地类型之间呈现出一个清晰的脉络，形成一个科学严谨的土地等级系统，准确地反应客观存在的土地分布规律，反应不同级别土地单位的内部复杂程度和相对一致性，为土地类型的研究工作提供科学依据。一般而言，对于同一土地类型，其级别越高，土地类型形成的主导因素越是突出，表现的发生学原则越是显著，其构成因素（如气候、水文）越是稳定，个体形态单元的相似性越小，差异性越大，因而其抵御外部干扰和人类活动影响的能力越强，形态越稳定。

2. 主导因素原则

土地类型的各组成要素对这一自然综合体形态和属性的发展所起到的作用是不同的，通常在综合分析中可以找到一个起主导性作用的因素，其他因素起辅助性作用，共同作用引起整个自然综合体的变化，而主导性原则就是选取这一因素作为分类指标。在实际土地类型划分过程中，由于不同区域的土地分异特点是不同的，主导性作用的因素也往往因地而异。如山地和丘陵地区，海拔高度、相对高度、坡度与坡向的变化对水热条件的重新分配有重要影响，从而导致植被和土壤也相应发生变化。因此，这些地区进行土地类型划分时，地貌通常可作为主导因素。在平坦地区，尤其是那些坦荡的平原地区，微地形的起伏、土壤质地或水分状况等常可作为土地类型划分的主导因素。在实际工作中往往难以根据这些因素去划分土地类型，这种情况下，如果植被的分异状况比较明显，就可将植被作为主导因素，因为植被的分异在很大程度上可反映地形的微起伏、土壤质地或水分状况。土地类型划分是多层次的，不同级别土地的主导因素也常常是不同的。在土地类型划分时，要依据土地所在级别，对各个因素重要性进行判断，选取恰当的主导性因素作为划分标准。

3. 综合性原则

由于土地是由多种组成要素相互作用、相互制约所形成的自然综合体，因此在依据土地的相似性和差异性进行土地分类时，不可只关注某个因素的作用，必须从全面分析土地各组成要素入手，阐明各要素在土地分异中的作用。主导因素原则和综合分析原则并不矛盾，两者相辅相成。在进行具体分类时，既要采取主导性原则，突出土地的主导分异因素，明确该土地类型的主要特征，指出生产上关键性问题所在，又要综合分析各组成要素共同作用所形成的土地综合体的景观形态和内在特征。

4. 实用性原则

土地类型研究具有鲜明的实践性，即为土地资源评价、开发利用和保护的社会实践服务。土地类型划分能反映土地利用价值、方式和空间结构，因此，进行土地类型划分时，分类指标的确定应充分考虑土地类型划分的应用目的。比如我国 1：100 万土地类型图主要是为大农业布局服务的，所采取的指标大多是与发展农业生产、治理水土流失等密切相关的自然因素，并加以细分。不同地区的土地资源禀赋和当地的人地关系也是考虑的因素之一，如东北温带湿润半湿润地区可垦荒地较为丰富，在划分土地类型时，坡度 7° 可作为划分平地（以种植业为主）和林地的指标界限，到了人地关系矛盾的南方丘陵山区，指标界限则调整为 25°。

3.1.2.2 划分方法

建立土地类型划分的逻辑体系，明确划分原则才可进行土地类型的具体划分，在土地类型划分中，由于考虑问题的角度不同，最终划分的方法也不同，常见的土地类型划分方法有发生法、景观法和参数法 3 种，见表 3.1。

表 3.1　　　　　　　　　　　　　　土地分类方法的特点比较

	分类方法	优　点	缺　点
发生法		有助于土地类型结构层次性的认识，可科学地进行土地分级	具有一定局限性，难以在尺度和精度上对土地进行具体划分
景观法	顺序法	系统性、逻辑性强	指标的选定和分类系统的拟定主要依赖研究者的经验，具有一定的主观
	两列指标网格法	能清楚地表示个分类等级及各类型在分类上的从属关系	不利于了解土地类型的划分标志和组成土地单位的各成分特征及其相互关系
	路线考察法	简便易行	主观性强，精度不高，要求分类者具有丰富的经验和较强的野外工作能力
参数法		便于数量比较，适宜于计算机制图，前景广阔	工作量大

1. 发生法

发生法以土地的环境因素为依据，把土地划分成若干单元并进行分类。发生法的特点在于强调研究土地单元的发生和形成过程，并以此作为演绎推理的依据，从而得到一个自上而下分解的等级系统。发生法有助于土地类型结构层次性的认识，可科学地进行土地分级。但由于土地构成因素的复杂性以及人类目前尚有限的认识水平，发生法基本采用较易识别的气候和地质构造作为主要的划分依据。因此发生法具有一定的局限性，它难以在尺度和精度上对土地进行具体划分，往往只适用于宏观尺度的概略分类，小区域的土地类型各个构成要素间相互作用，关系错综复杂，单位间的界限比较模糊，仅仅依靠发生法难以确定，必须借助其他分类方法进行小区域详细尺度的土地类型划分。

2. 景观法

景观法是以景观形态单元为基础划分土地类型的一种方法。构成土地的各种自然要素在空间上相互作用而形成各种自然综合体，这些综合体内部相对一致，而与相邻综合体具有明显差异。通过景观法，依据各因素在各区域的结合方式和作用强度的差异，选取主导因素并进行综合分析，确定土地类型的空间界限。景观法的特点是注意形态，较少考虑数量指标；运用景观法划分出来的土地单位界限比较清晰，在尺度和精度上满足土地类型划分的要求。景观法中分类指标的选定和分类系统的拟定主要依赖研究者的经验，具有一定的主观性，但应用较为方便，而且能相对准确地划分出土地类型，因此这种方法在国内外均被广泛应用。景观法主要有顺序法、两列指标网格法和路线考察法。

（1）顺序法。顺序法就是按种、属、科分类顺序直接列出土地分类系统。例如，在一个地区进行土地单元（或限区）的分类，可以先划分出所有的土地单元个体，然后将这些土地单元个体按某种分类指标归并成若干个土地单元种，并在此基础上做更高层次的类群归并。

（2）两列指标网格法。两列指标网格法主要用于土地点（相），有时用于土地单元（限区）分类。具体做法是画出纵横坐标，纵坐标表示地貌类型，地貌类型从高到低自上而下列出。横坐标为土壤和植被类型，从左到右、从湿生到旱生植被依次分布。纵横两列交叉构成一个土地分类系统网格，横纵坐标交点即为当地各种土地类型。

（3）路线考察法。路线考察法是在研究区域范围内选定几条具有代表性的考察路线，考察过程中绘制出土地个体单位的综合剖面图，依据剖面图分析这些土地单位各组成要素的特征和要素间的相互关系。在此基础上，将代表路线的综合剖面图进行对比分析，并进行分类，以线推面，从而获得整个研究区的土地分类系统。

3. 参数法

参数法是根据土地属性的特征值划分土地类型的一种方法，即在选取的相对重要参数分类的基础上进行土地类型划分的方法。比如依据海拔高度、坡度、坡向、水文网密度等参数作为分类依据。参数法较为客观，且量测的参数越多，客观性越强，但参数法的科学性取决于参数的科学选取与分级，而参数的选择与鉴定尚在探索过程之中，还不适合于大面积的土地类型制图。但该方法具有定量化的特点，便于数量比较，适宜于计算机制图，前景广阔。

3.1.3 土地类型的分布规律

土地是由土壤、地貌、植被等多种要素构成的自然综合体，其中的每个要素都具有一定的空间变异性，土地的分布也因此具有规律性，这种规律性由于环境等条件的不同而显示出各种差异，土地这种按其位置、条件的不同，分化成不同类型的现象，称为地域分异。反应地域分异的客观规律叫地域分异规律，也称空间变异性。土地类型的空间变异规律包括两种类型：①土地类型的地带性分布规律；②非地带性或区域土地类型分布规律。

土地类型的地带性分布规律是从宏观规律来考虑的，土地的各组成要素（主要是自然要素）具有地带性分布规律，各因素综合作用下，土地类型的空间分布也呈地带性分布规律。主要表现为3种形式：土地类型的纬向地带性、经向地带性和垂直地带性。

3.1.3.1 土地类型的纬向地带性分布

土地类型的纬向地带性是指土地类型大致沿纬线方向带状延伸，而产生的南北更替的现象，在地形平坦或均匀的大区域内表现比较明显。纬度地带性的表现是由地球形状和地球表面太阳辐射的入射角所引起的不同维度地带的热量差异决定的。太阳辐射从赤道向两极递减，地表的变化首先反映在大气过程中，热量带影响气压带和风带的分布，不同气压带和风带的降雨量及降雨季节不同，以气候为主导作用的各构成因素表现出相应的性质，地球表面形成了赤道到两极，呈东西向延伸、南北向更替的气候带，土地类型也因此呈现出纬度地带性分布规律。土地类型的纬向地带性分布，趋向于与地球的纬线基本平行，但实际上，由于自然界的复杂和多化，这种平行有序往往由于海陆分布、大气环流、地表形态等因素的影响而发生局部变形。

3.1.3.2 土地类型的经向地带性分布

土地类型的经向地带性是指土地类型主要受到水分的影响沿经线方向延展，而不同土地类型按纬线方向东西交替的现象。产生这种情况主要是由于大陆各区域与海洋的距离远近不同，对太阳辐射产生不同的反应，导致大陆东西两岸与内陆水热条件及其组合的不同，气候、土壤、植被等要素产生大致平行于经线的带状变化，从而造成土地综合体的经向地带性变化。土地类型的经向地带性在各大陆均有表现，同一热量带内，大陆东西两岸及内陆水分条件不同，自然地理环境或土地类型便发生明显的经向地带性分化，其中北美大陆的美国表现最为明显。美国大陆的东西两侧被大西洋和太平洋围绕，由大西洋湿润气团带来的水分自东向西逐渐减少，并被东部的阿巴拉契亚山脉所阻挡，西部由太平洋湿润气团带来的充沛雨量却被南北走向的落基山所阻挡，造成大陆中部偏西地带最为干旱，与之相关的植被带、土壤带等均呈经向带状排列。从全球范围看，世界海陆基本上是东西相间排列的。除赤道带和寒带变化不大外，热带形成了西岸信风气候和东岸季风气候的差别；温带依次形成了西岸信风湿润气候、大陆荒漠草原气候和东岸干湿季分明的季风气候的差别，其中我国温带地区东部由于受太平洋湿润气团的影响，气候湿润，向西逐渐减弱，由沿海向内陆土地类型的分布大致依次为阔叶林经向带的土地类型、森林草原经向带的土地类型、草原经向带的土地类型、荒漠经向带的土地类型以及沙漠土地类型。

3.1.3.3 土地类型的垂直地带性分布

土地类型的垂直地带性是指随着山体海拔高度的上升，水热条件随之变化，土地类型在垂直方向上呈现出有规律的更替现象。土地类型的垂直地带性分布大致沿等高线方向延伸，随地势高度垂直更替，同时受到经向、纬向地带性影响，且垂直带的基带为山地所在的纬向带。构造隆起和山地地形是产生垂直地带的前提条件，隆起的山地达到一定的高度就可分化出不同的垂直地带，而垂直更替的直接原因则是山地热量及其与水分的组合随地势高度的变化。例如，处在热带的喜马拉雅山脉的珠穆朗玛峰南坡，基带是低山热带季雨林，由此往上为山地亚热带常绿阔叶林带、山地暖温带针阔叶混交林带、山地寒温带针叶林带、高山灌木林带、高山寒带草甸草原带、高寒荒漠带、积雪冰雪带（图3.2）。土地类型垂直地带性表现的是地表高度规律，海拔升高的水热变化大于纬度升高的水热变化，因此，土地类型垂直地带性的变化梯度比纬向地带性变化急剧。

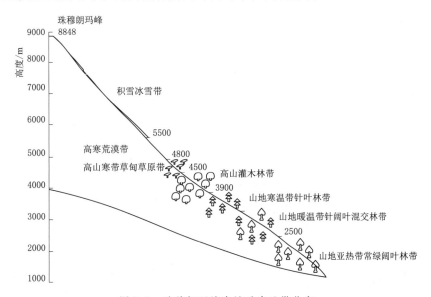

图 3.2　珠穆朗玛峰南坡垂直地带分布

3.1.4　土地类型结构

　　土地类型分布不仅表现出地带性分布规律，在一个区域内也显示一定的分布特点，表现为一定的区域土地类型结构。土地类型结构有时也被称为土地结构或土地资源结构，指在某一区域范围内，各种土地类型质量分等定级，或在数量上的对比关系，以及其组合而成的空间格局，包括质量结构、数量结构和空间结构。它是区域土地质与量的外在表现形式。在同一区域内，相同的土地类型及其数量结构，会因它们的空间组合关系或空间格局的不同产生相差较大的土地生态功能。这是在土地生态设计中必须高度关注的问题。土地结构的研究为土地利用规划、管理奠定科学基础，不仅有助于提高土地类型研究的理论水平和对区域土地类型及其分布规律的认识，又可促进土地类型分类工作的深入，也能为区域土地资源的合理利用、生产布局提供较为直接的参考依据。

3.1.4.1　土地类型的质量结构

　　土地类型的质量结构是指不同土地类型的土地利用适宜性、限制性评价和土地的生产力或者经济产出能力、生态平衡能力等进行质量分等定级的对比关系。如天水市各地区土地类型质量结构见表3.2。土地类型的区域质量结构包括定量描述的数量结构和定性描述的结构，决定了土地生态设计的方向。土地类型区域质量的数量结构决定了土地生态设计的内部比例关系，而空间结构决定土地生态设计的空间分布格局。

表 3.2　　　　　　　　　　　　　　天水市各土地地区的区域质量结构

I_1^1 甘武渭北黄土梁峁沟壑山地土地区	该区以宜林牧的土地资源类型占优势，占土地面积的70%以上，在河流附近有部分宜农地，由于土壤有机质含量较低，宜林牧土地也多为二等地
I_1^2 秦安渭北中部黄土梁峁沟壑山地土地区	该区宜农地多于宜林地，宜林地多于宜牧地，在宜农地中二等地最多，一等地较少，三等地也占相当大比例
I_1^3 清张中西部渭北黄土梁峁沟壑山地土地区	该区宜农、宜林、宜牧地大致相当，且多为二等地
I_2^1 牛头河河谷平原土地区	该区以宜农地为主，并且一等地面积大于二等地，二等地面积大于三等地
I_2^2 葫芦河河谷平原土地区	该区以宜农地为主，且三等地很少，宜农一等地和二等地占绝大部分
I_2^3 散渡河河谷平原土地区	该区以宜农地为主，三等地较多，一、二等地所占面积相当
I_2^4 渭河谷地河谷平原土地区	该区以宜农地为主，二等地较多，一等地多于三等地
I_2^5 渭、籍河河谷平原土地区	该区以宜农地为主，二等地较多，一等地多于三等地
I_3^1 甘武渭南黄土梁峁沟壑山地土地区	该区宜牧地较少，宜农地稍多于宜林地，在宜农地中，又以二等地和三等地居多，宜林地中一、二、三等地都有
I_3^2 秦城、北道渭南黄土梁峁沟壑山地土地区	该区宜牧地较少，宜农地中一等地所占比例高于I_3^2，其余同I_3^2
II_1^1 清张东部六盘山地土地区	该区大部分为宜林地，宜林一等地也较多，宜农地中有少量二等地，三等地占优势，宜牧地稍多于宜农地
III_1 秦岭山地土地区	该区宜林宜牧地占绝对优势，宜林地多于宜牧地，宜林地中一、二等地又占绝大部分，宜牧地中一等地和二等地面积相当

注　引自期刊《土地类型结构初论——以天水市为例》，许然，1990。

3.1.4.2　土地类型的数量结构

土地类型的数量结构是指同一级土地类型之间在数量方面的对比关系，以及不同等级土地类型间构成的数量序列，反映了土地类型在质和量上的对比关系，表示方法有面积比、频率比、分异度、多样性和优势度等。例如，某个地区描述为"七山一水二分田"，就是指这种质和量的对比关系，其中山、水、田是土地类型的"质"，而七、一、二是土地类型的"量"，即面积比例。这其实引自于景观格局（landscape pattern）分析的方法，不仅可以反映各种土地类型的面积对比关系，还反映了一个区域自然环境特征的空间差异（景观对比结构），并且可以判断土地类型结构的相对稳定性。

3.1.4.3　土地类型的空间结构

土地类型的空间结构是指在某个区域内，各类土地的空间位置及彼此间组合而形成的格局或几何图形。土地类型的空间结构往往因地而异，具有明显的地域差异，常见的土地类型空间结构有以下几种：

（1）条带状结构。各种土地类型的空间分布按一定的方向和方位发生依次变化，多出现在缓坡形的平地、山前平原、沿河两岸。如丘陵或山地内部自下而上的带状组合，河谷内部从河床至阶地的梯级状组合（图3.3），湖盆区域从边缘到中心的同心圆状组合等（图3.4）。

图3.3 河谷   图3.4 湖盆

（2）重复式结构。重复式结构指土地类型的空间分布不按一定顺序更替，而是呈相间排列或斑块状等形式出现的结构类型，如黄土覆盖较厚或植被稀少地区的冲沟（图3.5）。

（3）扇形结构。常见于干旱、半干旱地区山地周围的洪积扇上（图3.6）。

图3.5 黄土冲沟   图3.6 冲积扇

（4）环状结构。出现在封闭洼地内或小型山体周围，物质和能量的交换具有明显的由高向低转移特征。

（5）树枝状结构。低山丘陵区土地类型组合的典型特征，这类地区因河谷发育，随着水系呈树枝状伸展，土地类型的空间结构为由丘陵和河谷组成的树枝状结构。

土地空间组成结构形成的几何特征因区域不同而异。总体来看，丘陵区、山区以及盆地往往带有明显的几何特征，平原区则不明显。

3.1.5 土地类型结构的定量分析

土地结构分析是土地空间结构研究的深化方向，常常需要运用各种定量化的指标来进行土地结构描述与评价，构建有关模型。近年来，从定性分析向定量方法拓展取得了很大进展，由此也产生了很多的土地结构指标。特别是遥感技术迅猛发展，为我们提供了多分辨率、多光谱、多角度、多时相和多平台的各种影像数据来分析、监测和管理环境变化，使传统的土地结构指标得到改进，新的指标得以发展。土地结构指标计算方法新的趋势促使传统的计算程序集成于GIS，进而更有效地增强GIS管理和分析空间数据的能力。下面简要介绍几种常用的土地类型结构定量分析的指标。

（1）面积比。面积比是指各土地类型的面积占其土地总面积的百分比，即

$$K_i(\%) = \frac{a_i}{A} \times 100\% \qquad (3.1)$$

式中　K_i——某种土地类型的面积比；

　　　a_i——该种土地类型的面积；

　　　A——区域土地总面积。

这种方法适合于不同土地类型的面积有明显差异的区域。计算结果多用直方图表示。

（2）频率比。频率比是指各土地类型在区域内的出现频率，有时也称频度。其计算公式为

$$P_i = \frac{m_i}{n_i} \qquad (3.2)$$

式中　P_i——某个土地类型的出现频率；

　　　m_i——某个土地类型在区内的图斑个数；

　　　n_i——区内各土地类型的总数。

此方法避免了繁琐的面积量算，比较简便和快速，适合于不同土地类型的面积相近的情况。通常以面积比或频率比的直方图表示。

（3）分异度。分异度表明一个区域内某种土地类型的面积与所有的土地类型平均面积之间的偏差率。分异度越大，土地类型的组合关系越复杂。其计算公式为

$$D = \frac{\sum\limits_{i=1}^{N}(P_i - P)}{KP} \qquad (i = 1,2,3,\cdots,n) \qquad (3.3)$$

式中　D——分异度；

　　　P_i——某种土地类型的面积；

　　　N——某类土地的图斑数；

　　　P——所有土地类型的平均面积；

　　　K——土地类型数。

（4）多样性指数。多样性指数是指在一个区域内土地类型的多样化程度，是量度土地类型丰富性和复杂性的一项指标。根据信息论原理，并参考 Shannon - Weiner 指数，多样性指数可表示为

$$H = -\sum\limits_{i=1}^{m} P_i \ln P_i \qquad (3.4)$$

式中　H——土地类型多样性指数；

　　　P_i——土地类型 i 占区域或样区面积的比例；

　　　m——研究区域的土地类型数。

H 值的大小取决于土地类型的面积及其分布的均匀程度，当各种土地类型的面积相等时，H 达到最大值。其值越大，说明区域土地类型越丰富；反之，则表明区域土地类型越单一。

（5）优势度。优势度是用于表示一个区域内一种或几种土地类型占支配地位的程度，它与多样性指数成反比，对于土地类型数目相同的区域，多样性指数越大，其优势度越

小。优势度的计算公式为

$$D = H_{\max} + \sum_{i=1}^{m} P_i \ln P_i \qquad (3.5)$$

式中　D——土地类型的优势度；

　　$H_{\max}$——最大多样性指数，$H_{\max} = \ln m$。

（6）平均面积。平均面积用于表示土地类型的大小。其计算公式为

$$P = \frac{\sum\limits_{i=1}^{m} P_i}{M} \quad (i = 1, 2, 3, \cdots, m) \qquad (3.6)$$

式中　P——某种土地类型的平均面积；

　　P_i——组成该土地类型的个体面积；

　　M——组成该土地类型的个体数。

（7）形状指数。形状指数表示某一土地类型的周长与同面积圆的周长之比。其计算公式为

$$I = P/A \qquad (3.7)$$

式中　I——某种土地类型的形状指数；

　　P——某种土地类型的周长；

　　A——与该土地类型等面积的圆的周长。

$I < 1.3$，形状极简单；$I = 1.3 \sim 1.7$，形状简单；$I = 1.7 \sim 2.3$，形状较复杂；$I = 3.7 \sim 5.5$，形状复杂；$I > 5.5$，形状极复杂。

（8）分割度。分割度表示土地类型的形状规则性。分割度越大，形状越不规则。其计算公式为

$$K = \frac{P}{3.45\sqrt{A}} \qquad (3.8)$$

式中　K——分割度；

　　P——土地类型的边长；

　　A——土地类型的面积；

　　3.45——该土地类型的面积与圆周长换算的系数。

（9）分形维数。分形维数是用于描述土地类型边界形状的褶皱程度或不规则程度。尽管分形维数在土地结构与演替以及生态格局的研究较为广泛地使用，但有些公式并不满足分形学原理。其周长面积法的计算公式为

$$\ln(P/S) = D \ln a_0 + D \ln A^{1/2}/S \qquad (3.9)$$

式中　P——土地类型的周长；

　　S——码尺；

　　D——分形维数；

　　a_0——图斑扁率的形状因子。

实际计算时将各次量测时的码尺、周长和面积值代入式（3.9）进行线性回归相关分析，令所得直线的斜率为 B，截距为 C，则

分形维数：	$B = B$	(3.10)
形状因子：	$a_0 = e^{C/D}$	(3.11)

为了不产生信息损失，在计算区域某类土地类型图斑的分形维数时，可将该类土地各斑块的量测数据全部代入进行回归相关分析；在计算区域整体土地格局的分形维数时，也可将该区域内各类土地图斑的量测数据全部代入参与计算。

（10）伸张度。伸张度是通过短轴与长轴之比描述土地图斑的伸长性。其计算公式为

$$K_3 = W/L \qquad\qquad (3.12)$$

式中　K_3——伸张度；

　　　　W——图斑的短轴长度；

　　　　L——图斑的长轴长度。

K_3 值越接近于 1.0，图斑形状越接近正方形；反之，K_3 值越接近 0，图斑形状越狭长。

3.1.6　土地类型的演替

土地类型的演替是指在一定时段内，一种土地类型向另一种土地类型演变的过程，或者说是一种土地类型被另一种土地类型所替代的过程。从发展变化的观点来看，目前所见到的各种土地类型，只是土地类型动态演替的瞬间表现，是各种气候过程、地质过程、生物的过程，也包括人类活动过程，在特定地质历史时期内相互作用、相互影响的产物，它既是过去演替的结果，又是未来演替的开始。因此，土地类型同自然界的其他事物一样具有发生、发展的动态过程。从不同的角度考察土地类型的演替，可以划分为不同的演替类型。

按时空特性可分为时间演替与空间演替。土地类型的时间演替是指发生在同一地段、不同性质的土地类型随时间序列的有规律更替；土地类型的空间演替是指沿着一定的空间内各种性质不同的土地类型呈现有规律的更替，通常包括水平演替和垂直演替两类，它们分别受到土地类型的形成因素尤其是主导因素的水平或垂直变化规律的制约。实际上，时间演替与空间演替是土地类型演替密切联系不可分割的两个方面。不同的土地类型具有不同的时间演替过程和速率，因而在不同时间便出现不同的空间演替模式，具有不同的空间组合结构和相互作用机制；另一方面，土地类型的空间演替模式对土地类型时间演替也具有深刻的影响。因此，在研究土地类型的演替时，应将两种土地类型演替结合起来综合分析。

按演替原因可分为自然演替与人为演替两类。土地类型的自然演替是在自然状态下的演替；土地类型的人为演替是指在受到人为因素干预下发生的演替。人为演替经常表现在3 个方面：①改变土地类型的要素结构，如增加或改善土地的植被覆盖，土地类型就会向高功能土地类型演替；②增加或减少土地系统物质和能量的输入与输出，如人们有目的、自觉地对土地进行施肥、灌溉和施加各种管理措施，促使农业土地类型向高功能类型演替；③改变土地类型的环境条件和空间组合结构。

按演替过程是否有节律性可分为节律性演替和非节律性演替。前者又称周期性演替，是一种正常进行的土地类型演替过程，后者又称非周期性演替，是由于人类的经济活动或

自然灾害引起的灾难性土地类型演替，可能引起土地类型的形态和属性彻底的变化或土地自然生产力的完全丧失。如泥石流冲毁的农田和洪水冲垮了的坝地，其土地类型演替即属于非节律性演替。

按演替方向可分为正向演替和逆向演替。土地类型的正向演替是指在顺应自然规律和合理开发利用土地的前提下，土地类型向维持生态平衡方向发展的一种良性演化，这种演化有利于土地资源的可持续发展。土地类型的逆向演替又称退化性演替，是指不合理开发利用土地，导致土地类型向破坏生态平衡方向发展的一种退化性演化，表现为土地质量退化，土地结构与功能变得更简单，土地生产力逐渐下降。研究土地类型演替的一个重要目标就是要阐明土地类型演替的规律及其原因，在不违背自然规律的前提下施加人为影响，抑制和防止土地类型的退化性演替，促进其进化性演替。

3.1.7　国内外土地类型分类系统

目前，各国学者已经提出 30 多种土地类型分类系统，归纳起来可以分为"景观学派"和"英澳学派"。下面简单介绍澳大利亚（英澳学派）、苏联（景观学派）以及我国的土地类型分类系统。

3.1.7.1　苏联的土地类型分类系统

苏联的土地类型分类体系是建立在景观学研究的基础上的。把景观（landscape）作为在地带性和非地带性因素共同作用下所形成的、具有最大一致性的自然区划单位。景观内部在形成结构上有明显的差异，按照地方性分异规律对景观内部综合自然特征的相似性和差异性进行分析比较，划分形态单位，研究不同形态单位的特点及彼此之间的关系，称为景观形态学研究，属于土地类型研究。

景观形态单位有"地方""限区""相"，其中"相"是最小的景观形态单位，即最低级的土地单位。一个"相"相当于地貌上一个地貌面，具有相同的处境（指地形部位、相对高度、坡度和坡向），同一基质（岩性），同一小气候和水文状况，同一植被群丛和同一土壤变种，在生产利用上可采用几乎相同的措施。

"限区"是相的有规律结合体，是因水的运动、固体物质的搬运和化学元素的迁移具有共同方向而联结起来的不同相的有规律结合。例如，丘陵限区由丘顶相、丘坡相、坡麓相组成；冲沟限区由沟坡相和沟底相组成。改造利用时，应考虑组成限区的每一个相以及各个相与限区的关系，采取具有针对性的配套措施。

限区有简单限区和复杂限区之分，一个简单限区上又叠加上了另一个限区即发展成为复杂限区，如一个简单限区一阶地上发育了冲沟，便成了复杂限区。此外，如果某些相在进一步发展中形成了一些内部分化不明显的限区，则称之为"环节"，它属于相与限区之间的过渡形式。例如，一条刚刚形成的冲沟。

"地方"是限区有规律组合而形成的高级土地单位。地方上的一组限区构成复区，相当于特别复杂的初级地貌形态，其范围内无统一的物质迁移方向。地方通常表现为几种初级地貌形态在其范围内成一定格局重复出现或彼此叠置分布。例如，一个沙丘带，沙丘和丘间低地 2 种限区重复分布。

综上所述，相、限区和地方之间存在密切的联系（图 3.7）。由相构成限区，由限区构成地方；其间还包括一些过渡单位即环节、复杂限区和地方组合，它们均属土地分级单位。若干地方可进一步组合，构成自然地理区（即景观），但不属土地分级单位。

图 3.7　土地分级单位之间的关系

3.1.7.2　澳大利亚（英澳学派）的土地类型分级系统

　　澳大利亚的土地类型分为 3 级，即土地系统（land system）、土地单元（land unit）、土地点（land site）。土地系统是分级系统中的高级单位。土地系统最早在 1953 年被提出，定义为一个地区或几个地区的组合，是地形、土壤出现重复的组合型。后经过修正，将土地系统的概念明确为："土地系统是土地单元的集合，这些土地单元在地理上和地形上有相互的联系，在这个土地系统中地形、土壤、植被重复出现。"土地系统和苏联的地方基本相当。

　　土地单元是一组相联系的土地，它们在土地系统内和某一特定的地形有关。一个土地单元是一组相关的土地点，这一组土地点在主要内部特征上与土地是相似的，从实际应用的角度来说，它们所分布的地方在地形、植被、土壤上是一致的。

　　土地点是最低级的土地等级单位，是在内部性质和土地利用特点上更为一致的区域，其面积较小，在中小比例尺综合调查制图成果中难以表示出来。土地单元和土地点类似于苏联分级系统中的限区和相。

　　澳大利亚的土地分类系统近二三十年又有了发展。考虑到调查地区面积大小不一，且土地系统内部的复杂程度也不可能一样，他们认为土地系统可进一步分为简单土地系统、复杂土地系统、复合土地系统 3 种类型。简单土地系统由若干土地单元组成，它们重复出现并组合成为一种简单的图式；复杂土地系统面积较大，包含两个或两个以上的简单土地系统，各简单土地系统在地貌上有发生学联系。如一个上升平原本是一个简单土地系统，经切割后形成的河谷成了新的土地系统，两者构成一个复杂土地系统；复合土地系统包含两个或两个以上的简单土地系统，但它们缺乏地貌上的发生学联系，往往是由于一个地貌单元内出现不同的岩性，形成另一种地形。例如，在沉积岩地区内出现火山岩地形，因岩性不同，故构成一个复合土地系统。类似地，土地单元也可分为简单土地单元、复杂土地单元和复合土地单元。

　　澳大利亚的土地系统、土地单元和土地点的三级土地类型分类系统，不仅在本国和巴布亚新几内亚的土地资源调查中得到了广泛的应用，在国际上也有很大的影响。例如，英国海外发展部土地资源研究中心在亚洲、非洲、中南美洲等地调查时也采用三级土地类型分类系统，即土地类型（land system）、土地刻面（land facet）、土地素（land element），其中的土地刻面和土地素分别类同于澳大利亚的土地单元和土地点。

3.1.7.3　中国的土地类型分类系统

　　20 世纪 50—60 年代，我国基本沿用苏联景观学派的土地分级方法。如林超等在 60

年代初期至中期在北京山区的土地类型制图，采用地方、限区和相作为基本的土地分级单位。凡比例尺大于1：1万，以相为制图对象；1：20万～1：1万，以限区为制图对象；1：100万～1：20万，则以地方为制图对象。20世纪70年代后期起，我国的大、中比例尺土地类型制图中的土地分级逐渐趋向于采用苏联景观学派和英澳学派相结合的三级分类系统。例如，余显芳所做的深圳市1：5万土地类型图采用土地系统、土地单元和土地立地三级系统，不仅在名称上与英澳学派类同，而且含义也基本一致。倪绍祥等在福建省沙县东溪流域的1：5万土地类型图也采用土地类、土地型和土地组三级系统，相当于英澳学派的土地系统、土地单元和土地点。在制图区域分出了平地、岗丘、丘陵、低山、中山5种土地类和18种土地型。

目前，我国关于土地类型的分类系统还没有一致意见。中国1：100万土地类型图编辑委员会曾拟订了一个"全国1：100万土地类型分类系统"，现被广泛应用。这是一个用于小比例尺土地类型调查制图的分类系统（表3.3）。该分类系统首先根据大尺度的水热组合类型，将全国按自然地带或亚地带分异划分为12个土地纲，并在此基础上进行土地分类。其下分两级，在省（自治区、直辖市）土地类型研究中，根据需要可采用3级划分。

表3.3　　　　　　　我国1：100万土地类型图分类系统（土地纲和土地类）

土地纲	土　地　类
A 湿润赤道带	A_1 岛礁
B 湿润热带	B_1 岛礁；B_2 滩涂；B_3 低湿河湖洼地；B_4 海积平地；B_5 冲积平地；B_6 沟谷河川与平坝地；B_7 台阶地；B_8 丘陵地（相对高度＜200m）；B_9 低山地（海拔500～1000m，相对高度＜200m）；B_{10} 中山地（海拔1000～2500m）
C 湿润南亚热带	C_1 滩涂（潮间带）；C_2 低湿河湖洼地；C_3 海积平地；C_4 冲积平地；C_5 沟谷河川与平坝地；C_6 岗台地；C_7 丘陵地；C_8 低山地；C_9 中山地
D 湿润中亚热带	D_1 滩涂（潮间带）；D_2 低湿河湖洼地；D_3 海积平地；D_4 冲积平地；D_5 沟谷河川与平坝地；D_6 岗台地；D_7 丘陵地；D_8 低山地（海拔400m或500～1000m，相对高差＞200m）；D_9 中山地（海拔＞900～1000m）；D_{10} 高山地；D_{11} 极高地
E 湿润北亚热带	E_1 滩涂（潮间带）；E_2 低湿河湖洼地；E_3 海积平地；E_4 冲积平地；E_5 沟谷河川地；E_6 岗台地；E_7 丘陵地；E_8 低山地；E_9 中山地；E_{10} 高山地
F 湿润北亚热带	F_1 滩涂地（潮间带）；F_2 低湿河湖洼地；F_3 海积原地；F_4 冲积平地；F_5 冲积洪积倾斜平地；F_6 沙地；F_7 沟谷河川地；F_8 岗台地（相对高度10～30m）；F_9 丘陵地（海拔＜400m，相对高度50～200m）；F_{10} 低山地（海拔400m或800～1000m，相对高度200～500m）；F_{11} 中山地（海拔1000～2500m，相对高度＞500m）；F_{12} 高山地（有亚高山草甸出现）
G 湿润半湿润温带	G_1 低湿河湖洼地；G_2 盐碱低平地；G_3 草甸低平地；G_4 （冲积）平地；G_5 （冲积）高平地；G_6 漫岗地；G_7 沟谷地；G_8 丘陵地；G_9 低山地；G_{10} 熔岩高原；G_{11} 中山地；G_{12} 高山
H 湿润寒温带	H_1 低湿洼地；H_2 低平地；H_3 针叶林灰化土低山地
I 黄土高原	I_1 黄土冲积平地；I_2 黄土川地；I_3 黄土沟谷地；I_4 黄土台塬地；I_5 黄土塬地；I_6 黄土梁地；I_7 黄土峁地；I_8 黄土涧地；I_9 石质丘岗地；I_{10} 黄土丘酸地；I_{11} 低山地；I_{12} 中山地

土地纲	土地类
J 半干旱温带草原	J_1 低湿滩地；J_2 盐碱滩地；J_3 沟谷地；J_4 干滩地；J_5 沙地；J_6 平地；J_7 岗坡地；J_8 丘陵地；J_9 低山地；J_{10} 中山地
K 干旱温带暖温带荒漠	K_1 滩地；K_2 绿洲；K_3 土质平地；K_4 戈壁；K_5 沙漠；K_6 低山丘陵地；K_7 中山地；K_8 高山；K_9 极高山地
L 青藏高原	L_1 河湖滩地及低湿地；L_2 平谷地；L_3 平地；L_4 台地；L_5 低中山；L_6 高山地；L_7 极高山

注 引自《土地资源学》（第 2 版），林培，1996。

第一级土地类型称为土地类，是土地分类的高级单位，在土地纲内根据大（中）地貌类型及其相应的植被、土壤类型划分，山区以垂直自然地带划分，相当于"土地系统"或"地方"。制比例尺一般采用 1：100 万～1：20 万，调查范围一般在 1 万 km^2 以上，全国 1：100 万土地类型图以土地类为主要制图单位。土地类反映景观特征，关系到区域内的农林牧用地规划布局。

第二级土地类型称为土地型，是土地分类的基本单元，在土地类内依据植被亚系或群系、土壤亚类等差异划分，相当于"土地单元"或"限区"。制图比例一般采用 1：20 万～1：5 万，调查范围一般在 1000～10000km^2，省（自治区、直辖市）1：20 万土地类型图以土地型为主要制图单位。

第三级土地类型称为土地组或土地单元，是土地类型的低级单位，相当于"相"或"土地点"。制图比例一般采用 1：5 万～1：2.5 万，调查范围一般限于 500～1000km^2。一般具有相同的地貌部位、岩性、土壤变种、植被群丛以及土地生产潜力，是土地生态设计的基本单位。土地组及土地单元这一类，在土地型以下体现区域特点的更低级土地类型续分方法和标准至今仍无一致意见，各地依据当地资源特点拟定不同的续分系统。

无论是苏联的"景观学派"和澳大利亚的"英澳学派"，还是我国的土地类型分类系统，尽管现有的各种系统土地分类等级有所不同，但均具有下列共同点：

（1）一致认为土地是一个综合的整体，是在各种要素的综合作用下形成的客体。

（2）分类系统的建立有两种方法：一种是自上而下把高级单位划分为低级单位；另一种是自下而上把低级单位合并成高级单位。具体应用何种方法要视研究区域特点、所具备的资料、对研究区域熟悉程度及所提供的人力、物力和时间等确定。

（3）现有各系统尽管在划分的土地级别数目和名称上不完全一致，但采用最多的基本土地级别有 3 级，且不同的土地分级方案间还是可以比照的（表 3.4），即土地系统（地方、土地类或其他）、土地单元（土地刻面、限区、土地型或其他）和土地点（土地素、相、土地组或其他）。

表 3.4　　　　　　　　　各土地分类系统级别对比

分类等级	澳大利亚	英澳学派（部分）	苏联（景观学派）	中国
第一级	土地系统	—	地方	土地类
第二级	土地单元	土地刻面	限区	土地型
第三级	土地点	土地素	相	土地组（土地单元）

3.2　土地资源类型及其划分

3.2.1　土地资源

　　土地是由地球陆地表面一定立体空间内的气候、土壤、基础地形、地形地貌、水文及植被等自然要素构成的自然地理综合体，同时还包含着人类活动对其改造和利用的结果，因此它又是一个自然经济综合体（physical economic complex）。资源的定义为"资财的来源"，即能带来资财的一切"东西"，包括人为的和自然的，前者是指一切社会、经济、技术因素以及信息资源等，后者则包括土地、水、矿藏等自然物。联合国环境规划署（united nations environment programme，UNEP）的解释是："所谓资源，特别是自然资源是指一定时间、地点条件下能够产生经济价值，以提高人类当前和将来福利的自然环境因素和条件。"由此可见，土地资源是指在一定经济条件下可以为人类利用的土地，包括可以利用而尚未利用的土地和已经开垦利用的土地。

　　严格地说，土地与土地资源的概念是有区别的，土地资源是目前或可预见的未来能够产生价值的土地，不包括不可利用的土地，所涉及的范围比土地要小。然而，由于人类土地利用活动的范围越来越大，加之土地利用方式和途径越来越广，其真正属于"不可利用"的土地会越来越小，所以土地资源和土地两个概念，在外延所指上的差别也将越来越小。

3.2.2　土地资源的定位与功能

3.2.2.1　土地资源的定位

　　定位的概念通常用于经济社会科学相关领域内，在经济学领域的定位指处在发展和竞争中的经济、政治、社会主体（包括国家、地区、城市、社区、企业、组织、个人），为了实现最大化收益，根据其内外部环境、空间及其动态变化，对自身及其派生物（活动或产品）发展目标、活动角色和竞争位置的确定。定位是在对事物特性认识的基础上，确定事物所处的位置。土地资源的定位是根据土地资源特性，认识土地资源对人类社会以及自然生态系统的作用，并确定土地资源在人类社会以及自然生态系统中的地位。土地资源的准确定位是发挥土地资源功能的基础。

　　1. 土地资源定位的发展演变

　　土地资源的定位，只有在土地资源被人类开发利用之后才成为必要。土地是地球生态系统的重要组成部分，也是人类生存和社会生产活动的重要载体。从土地资源服务于自然生态系统循环及人类经济社会发展的角度看，土地资源具有生态、生产、生活"三位一体"的特性。对土地资源特性认识的过程也就是土地资源定位的发展演变过程。在不同历史阶段，人类对土地的开发利用程度不同，对土地资源作用和地位的认识也不同，因此对土地资源的定位不同。

　　原始社会初期，人口稀少，人类以采集、狩猎等方式维持生活。由于地广人稀，加之人类技术水平低，对土地资源的开发利用有限，土地资源起着提供食物和承载空间的作用，人类对土地资源的利用主要基于其生产性和生活性特征。自原始社会末期，开始进入农业社会以来，人类从事农垦活动，采取砍伐森林和开垦草原的方法来拓展农地范围，引起水土流失和土地沙漠化等问题，幸而当时处于农业社会初期，人口相对稀少，并未引发严重的后果。随着人口的增加，人类技术水平进步，对土地的开发程度也加大，同时由于土地自然条件的限制性，土地开发速度大大低于人口增长速度，因此，人均耕地呈明显的下降趋势。从中国古代自秦朝到清朝中期的情况看，人口和耕地都在增加，但人均耕地占有量呈现明显的下降趋势，人均粮食占有量也呈现出下降趋势。由于人口对土地资源压力增大，土地开发利用强度加大，从而导致出现生态问题。

但是，人们对这些问题的认识水平还很有限，土地资源的生态特性及生态定位还没有得到应有的认识，从而使得土地资源整体功能衰退。以我国黄土高原为例，根据众多的考古发现，黄土高原是我国最早产生和兴起农业的地区之一，这里有源远流长的史前文化。在距今8000年前后，黄土高原区已有相同文化的原始先民在繁衍生息。由于生态环境从整体上来说比较优越，黄土高原地区不仅是华夏远古文明的主要起源地之一，而且周秦汉唐诸强盛王朝皆曾建都于此，其经济、社会与文化曾几度繁荣，成为全国先进地区。在这一时期，贯穿于黄土高原地区的黄河中上游干流及其各主要支流，在历史上都具有相当大的水量。这为本地区发展内河航运和农田灌溉事业提供了便利条件。唐末以后，气候渐趋干旱化，经济开发措施不适宜，造成了植被覆盖下降，导致黄土高原地区水土流失加剧和河流水文状况日益恶化，黄土高原区也逐渐衰落。进入工业化社会以后，人类对土地资源的开发利用达到了前所未有的程度，土地资源生产性不仅体现在农业生产方面，而且体现在工业、交通运输等众多非农业生产部门；土地资源生活性既体现在其提供承载空间方面，也体现在人类利用土地进行休闲、娱乐、疗养等提高生活水平的诸多方面。也正是在工业革命以后，人类活动导致的环境污染不断加剧，影响生态系统平衡，自然生态系统功能的退化，进而影响人类的发展乃至生存。这反过来促使人们正确认识土地资源的生态性，并采取措施，改善土地生态系统和维护自然生态系统平衡的土地资源基础。

2. "三位一体" 的土地资源定位

（1）土地资源的生态性定位。土地作为自然经济社会综合体，是一个复杂系统，不仅具有资源和资产属性，还是生物和非生物之间能量、物质、信息、价值交流的场所和载体；土地不仅是人类物质需要的来源、人类生产、生活的重要基础，还是地球环境的组成部分，是保证生态环境处于良性发展的基础。土地生态系统由众多组成要素（地貌、气候、土壤、水文、植被、动物等）构成，同时土地还是自然生态系统的重要组成部分。因此，土地的生态特性定位既指土地是构成自然生态大系统的基础，也指土地资源本身即为一个完整的生态系统。土地生态系统是指土地的各组成要素之间及其与人类之间相互联系、相互作用、相互制约所构成的统一体。在这个统一体中，进行着物质迁移与能量转换，是一个动态开放系统，具有本身的结构功能和生态演替过程。土地生态系统具有多层结构，大系统中包含高级子系统及次一级子系统。这些子系统，从类型上分，有农田生态系统、林地生态系统、草原生态系统等。从区域来划分，又可分为城市生态系统、流域生态系统等，还可划分更次一级的子系统，如林地生态系统中，又可分为寒带针叶林地生态系统、暖温带落叶阔叶林地生态系统等。土地生态系统是农业生产的对象，是人类活动的基本场所，所以天然的土地生态系统一般都转化成人工的土地生态系统。针对土地资源本身的生态系统特性的定位是土地资源生态研究的重要内容。

（2）土地资源的生产性定位。土地具有自然和经济社会双重属性，在人类社会生产活动中起着劳动手段的作用，是任何物质生产所必不可少的物质条件。基于土地资源的这一生产性特性，可确定土地资源的生产性定位。土地资源的生产性定位通常是指土地系统具有生物生产性，尤指农业生产系统，通常用土地系统的生物生产能力表示。土地系统生物生产能力具体是指土地在一定条件下能够持续生产人类所需的生物产品的内在能力。目前对土地资源（或土地生态系统）生产能力的具体定义和表述不尽相同，比较相似的认识是：土地资源生产能力是指在一定时间、一定地段内，土地生态系统所能生产的有机体数量（生物量或能量）。

（3）土地资源的生活性定位。土地资源不仅有生态性和生产性，土地还是人类生活重要的承载空间，能够满足人类多样化的需求，即土地资源的生活性。例如，在非农业部门，如建筑业、交通运输业、工业等部门，土地是重要的地基、休息、娱乐的场所，满足人类生活的多种需求。土地作为场地和操作基础，是人类修建一切建筑物和构筑物的载体，为人类提供居住空间。再比如，作为土地资源重要组成部分的风景旅游用地也是人类生活不可或缺的部分，风景旅游用地对人类而言具有较好的舒适性和一定的美学价值，对提高人类生活质量具有重要意义。土地资源的这种满足人类生活需求的特性确定了土地资源的生活性定位。

总而言之，土地因其有限性和稀缺性成为自然生态系统和人类社会不可缺少的基础性资源。从人类开发利用土地资源及土地资源属性看，土地资源具有生态、生产、生活的重要特性，人类开发利用土地资源的过程，是不断深入认识土地资源生态、生产、生活特性的过程，也是逐步对土地资源定位的过程。基于对土地资源生态、生产、生活特性的认识，从满足人类社会及自然生态系统发展的角度，土地资源应定位于人类生产生活的基础支撑资源、生态系统的重要组成部分和维护生态系统平衡的基本要素。土地资源定位是基于其"三生"特性的，而土地资源的定位是发挥土地资源功能的基础。

3.2.2.2　土地资源的功能

土地资源是指在一定经济条件下可以为人类利用的土地，包括可以利用而尚未利用的土地和已经开垦利用的土地。可见，资源的价值和功能着重体现在利用过程中。因此，土地资源功能也主要是指人类在对土地利用过程中，土地资源所体现的功能。基于土地资源的"三生"特性，根据土地资源利用状况，土地功能可以分为生态、生产、生活三大类。

土地资源是一个综合的功能整体，其"生态功能""生产功能"和"生活功能"是统一不可分割的，三者互相关联，在一定条件下还可以相互促进。土地资源三大功能中，生态功能是基础，是实现生产功能和生活功能的前提条件，人类的生产、生活以生态系统的支撑为基础，同时生产、生活等活动又影响生态系统。土地资源的生产、生活功能是人类土地利用过程中追求的最终目标。

（1）生态功能。如前所述，在土地资源的三大功能中，生态功能是基础，这是由土地资源的生态特性决定的。土地不仅是自然生态系统的重要基础，其本身就是一个重要的生态系统，土地资源的生产、生活功能受到自然生态系统及土地生态系统的限制和影响。土地资源生态功能是指生态系统与生态过程所形成的、维持人类生存的自然条件及其效用，包括气体调节、气候调节、废物和污染控制、生物多样性维持、土壤形成与保护、水源涵养6类。随着对土地生态系统认识水平的提高，产生了土地生态学，土地资源生态功能就是土地生态学研究的重要内容。具体而言，土地生态学以土地这一自然经济社会综合体为研究对象，通过物质流、能量流、信息流、价值流在土地上的传输与交换，通过生物、非生物和人类之间的相互作用，运用生态学和系统科学的原理和方法，研究土地生态结构和功能、土地生态变化以及相互作用机理、土地生态格局，为优化土地资源利用和保护服务。

（2）生产功能。土地资源的生产功能是土地资源三大功能的核心。一直以来，人类对土地资源的利用都主要围绕土地资源的生产功能。土地资源的生产功能是指土地作为劳作对象直接获取或以土地为载体进行社会生产而产出各种产品和服务的功能，它被进一步细分为食物生产、原材料生产、能源矿产生产及商品与服务产品生产4类。不断扩大生产功能作用的发挥是人类利用土地的主要目标，它的价值在人类社会中也体现得最为充分。就土地资源功能研究而言，土地资源的生产功能是研究最广泛、理论最为成熟的方面，对土地资源生产功能的度量是研究的重要内容。

（3）生活功能。土地资源的生活功能是土地功能的重要方面，对土地资源生活功能的研究体现在定性方面的较多，而很少体现定量研究方面。在此只对土地资源生活功能的概念及根据我国土地利用分类体系对生活用地做简单归类。具体而言，土地资源的生活功能是指土地在人类生存和发展过程中所提供的各种空间和保障功能，其中空间功能包括居住空间、生产空间、移动空间、存储空间、公共空间等；保障功能则包括物质生活保障和精神生活保障，例如生存保障、土地资本保值增值、科学、教育和娱乐等功能。生活功能是人类生存和发展的最终目的，它的发挥程度与生产功能和生态功能的发挥程度有紧密的联系。

3.2.3　土地资源类型及分类系统

土地资源类型是指自然属性相对均一，且利用价值或利用功能一致的土地单元集合，主要依据土地所具有的资源利用价值或功能的差异性划分。土地作为一种重要的资源和生产要素，在社会经济中发挥着越来越大的作用。人类在利用和改造土地的过程中，不可避免地对土地施加越来越大的影响力，已经影响了土地的分布格局，比如一些高山林地地区经过改造，现在可以进行蔬菜的种植。土地资源类型划分的主要目的是为我国土地资源评价服务，直接表现土地与生产利用之间的关系，如土地的适宜性、生产潜力、开发利用方向、保护和改造措施等方面的不同程度和类型，并运用这些指标作为土地资源分类的标准或参考依据。土地资源类型的划分对于土地调查和制图、土地规划、土地资源评价、土地开发和保护等都具有重要的指导意义，是土地资源理论研究的基础内容。

土地资源类型属于一种和理论性分类相对的应用性土地分类，是从实际出发反映同特定目的关系密切的土地的社会经济属性和一定自然属性。对土地资源分类形成的体系称为土地资源分类系统，这种分类系统主要有3种：以土地资源类型为划分对象的土地资源类型分类系统；以城镇土地利用为目的的城镇土地分类系统；以土地利用方式为目的的土地利用现状分类系统。

3.2.3.1 以土地资源为划分对象的土地资源类型分类系统

以土地资源类型为划分对象所形成的分类系统，称之为土地资源类型分类系统。其主要目的是为我国土地资源评价服务。这种系统以《中国1:100万土地资源图》所划分的土地分类系统为代表。这种全国性大范围的土地资源类型划分，是为了满足我国土地的农林牧副渔评价工作而进行的。它以全国自然区划为背景，在高级次土地单元的自然类型划分的基础上，充分考虑土地作为农业生产资料和劳动对象所表现出来的生产特性，并且反映了人们过去和现在的生产活动对土地强烈作用的影响结果。

中国1:100万土地资源类型分类系统采取土地潜力区、土地适宜类、土地质量等、土地限制型、土地资源单位等五级分类制，其中土地资源单位是作为制图单位和评价对象。该分类系统将全国划分为华南区、四川盆地-长江中下游区、云贵高原区、华北-辽南区、黄土高原区、东北区、内蒙古半干旱区、西北干旱区和青藏高原区等9个土地潜力区。划分宜农耕地类、宜农宜林宜牧类、宜农宜林土地类、宜农宜牧土地类、宜林宜牧土地类、宜林土地类、宜牧土地类和不宜农林牧土地类8个土地适宜类。各土地适宜类按农林牧适宜程度与质量高低再分为3个土地质量等，即一等宜农的土地、二等宜农的土地、三等宜农的土地；一等宜林的土地、二等宜林的土地、三等宜林的土地；一等宜牧的土地、二等宜牧的土地、三等宜牧的土地。多宜土地类按农林牧土地质量等进行排列组合。土地限制型划分为无限制、水文与排水条件限制、土壤盐碱化限制、有效土层厚度限制、土壤质地限制、基岩裸露限制、地形坡度限制、土壤侵蚀限制、水分限制与温度限制等10个限制型。土地资源单位原则上不作规定，根据各区土地资源评价需要而定。

3.2.3.2 以城镇土地利用为目的的城镇土地分类系统

按照不同的划分标准，城镇土地有多种分类方法，如按土地使用程度，可分为过度使用的土地、适度使用的土地、低度使用的土地、未使用的土地、使用不当的土地等；按开发程度和趋势，又可分为已开发的城镇土地、未开发的城镇土地、可能城镇化范围内的土地、城镇化范围外的土地等。

"七五"期间，我国城市规划部门对城市用地分类标准进行了大量的研究工作，编制了《城市用地分类与规划建设用地标准》（GBJ 137—90）规范。该项分类的基本原则亦按土地使用的主要性质进行分类和命名，将城市用地分为10大类，46中类73小类，供国家批准设市的城市编制城镇规划使用。

3.2.3.3 以土地利用方式为划分对象的土地利用现状系统

土地利用分类是区分土地利用空间地域组成单元的过程。土地利用类型是指土地利用方式相同的土地资源单元，这种空间地域单元表现人类对土地利用、改造的方式和成果，反映土地的利用形式和用途（功能）。土地利用类型具有以下特点：①它是在自然、经济和技术条件影响下，经人类干预的产物，随着世界人口的增加和技术手段的加强，人类活动的范围不断扩张，强度也不断增大；②空间分布上存在一定的地域分布规律，这不仅体现在自然要素对土地分布的基础性控制作用方面，还体现在经济利用区位（如距离城市中心远近）对土地类型的强大影响力方面；③土地利用方式和特点随着社会经济和技术条件的改善，具有明显的动态变化；④土地利用分类根据土地利用的地域差异划分，是反映土地用途、性质及其分布规律的基本低地域单位。

3.2.4 土地利用类型的划分

土地利用分类是根据土地利用现状的地域分异规律，建立土地利用分类体系，划分不同的土地利用类型。土地利用分类的目的在于为土地可持续利用提供服务，首先，通过土地利用类型的划分和制图，可以调查和量算各类用地面积，从而明确各类用地的数量，为土地资源的综合管理提供了系统的基础资料；其次，通过研究和划分区域土地利用类型，可在了解土地利用的结构状况及其分布特点的基础上，分析存在的问题，为进行土地利用规划、调整土地利用结构提供依据；最后，通过划分土地利用类型，为建立、发展和完善我国的土地利用分类系统、土地利用数据库提供了可能，也为土地资源学的发展奠定了理论基础。

3.2.4.1 土地利用类型划分的原则

以我国土地利用现状类型的划分为例，根据近年来的实践，土地利用类型划分一般应遵循以下原则：

（1）统一性原则。同一土地利用系统具有相同的土地利用内涵、相似的土地利用方式和结构特征，应按照统一的标准和指标进行分类。

（2）地域差异性原则。由于土地利用现状及土地利用结构受到各地区自然、社会经济及技术条件的影响而有明显的地区差异，所以划分土地利用类型时，一定要体现各地区土地利用的特点，揭示土地利用的分布规律。我国各省、市、自治区的土地利用分类，在保持统一性的前提下，对其分类可以有所增减，以反映本地区土地利用方面的特色。

（3）生产实用性原则。土地利用类型的划分一定要考虑经济建设的要求，把土地利用现状分类与因地制宜地利用土地资源结合起来，使类型划分更具有生产的适用性。分类系统力求通俗易懂、层次分明，便于掌握和应用。既能与各个部门使用的分类相衔接，又与时俱进，满足当前和今后的需要，为土地管理和调控提供基本信息。

（4）层次性和系统性原则。土地利用状况尽管因地区之间的差异而表现得非常复杂，但仍有一定的规律性，即相似性和差异性。因此，在土地利用类型的划分中应正确归并相似性、区别差异性，从大到小或从高级到低级逐级细分，即采用多级续分法，形成一个上下联系、逻辑分明的土地利用分类的科学系统。在确定多级续分系统时，要求做到：必须先从大类分起，而后逐级细分；同一级的类型要坚持同一分类标准；分类层次不可混杂；同一种地类，只能在一个大类中出现，不可在另一个大类中并存。

（5）继承性原则。借鉴和吸取国内外土地分类经验，对目前无争议或异议的分类直接继承和应用。

3.2.4.2 土地利用类型划分的依据

土地利用现状分类的依据主要是与土地利用和使用有关的各种土地因素，包括土地利用状况、用途、使用方式和经营特点等，这些土地利用特征在土地利用类型之间的区别有主次之分，有高层次和低层次的区别。

（1）一级分类依据。土地的利用状况为一级分类依据。土地的利用状况主要是指土地是否被利用。已被利用的土地称为利用土地，未被利用的土地称为未知用地。

（2）二级分类依据。土地的宏观用途为二级分类依据。土地的宏观用途主要是指利用的是土地的何种功能。利用土地的承载功能的称为建设用地，利用土地的生态功能的称为农业用地。未利用土地的二级分类以土地的覆盖特征作为分类依据。

（3）三级分类依据。土地的具体用途为三级分类依据。土地的具体用途指同一种土地宏观用途下，各土地用途所利用的土地功能相同，但具体使用特点不同。

（4）四级分类依据。土地的使用方式或经营特点为四级分类依据。这种土地使用方式或经营特点主要指人类的经营活动对土地功能的利用和控制程度。

（5）五级以下的分类依据。五级以下分类可以采用权属关系、土地等级、行业属性、作物种类等作为分类依据。

3.2.5 国内外土地资源类型分类系统

随着科技的发展，世界各国近十几年来积极参与了土地利用与土地覆盖分类研究，建立了众多的基于不同目的的土地利用、土地覆被分类体系。目前，国际上多数国家采用的是两级制的土地资源的利用类型分类系统，如英国、美国等。日本由于土地利用调查工作较细，采用三级类型系统。这些国家土地利用分类的显著特点是侧重城市用地分类，农业用地次之。国外的几个主要的土地利用分类体系简介如下，这些分类体系具有一定的借鉴价值。

3.2.5.1 英国及其他欧洲国家的土地利用分类系统

英国是世界上最早在土地利用系统调查的基础上编制全国性土地利用图的国家，英国土地利用调查的成功，引起世界各国对土地利用调查和制图的重视，20 世纪 60 年代末，20 多个欧洲国家合作，共同编制了 1:250 万的土地利用图。英国及整个欧洲土地利用分类系统采用二级分类（表 3.5），其中一级共 6 大类，分别是农业用地、草地、园地、林地、荒地、建设用地；二级共 22 类。

表 3.5　　　　　　　　　　英国及欧洲的土地利用分类系统

一级分类	二级分类	一级分类	二级分类
1 农业用地	11 粮食作物	3 园地	33 草莓
	12 经济作物		34 柑橘
	13 根类作物	4 林地	41 针叶林
	14 饲料		42 阔叶林
	15 混合耕作		43 混交林
	16 休闲		44 用材林
2 草地	21 湿草地		45 非生产性林地
	22 干草地	5 荒地	51 石骨地（包括冰川）
	23 高山草地		52 流沙
	24 改良草地		53 不生产地
3 园地	31 坚果	6 建设用地	
	32 鲜果		

3.2.5.2 美国的土地利用分类系统

美国本土土地总面积为 963 万 km²，地域广阔，土地肥沃。200 多年来以农业、畜牧业为主，且矿产和森林资源十分丰富，在世界上占有举足轻重的地位。早在 20 世纪 60 年代后，美国的农业就基本实现了现代化，随着大城市的发展，郊区扩大，作物面积逐步收缩，同时旅游业的兴起，土地利用发生了多方面的变化。美国的土地利用分类体系突出体现保护环境和防治自然灾害，以及为合理进行土地建设和征收土地税服务的目标，对一些具有生态功能的土地（如湿地、苔原等）单独细分，同时对城市与建设用地也按其用地性质划分较为详细。其土地利用分类系统为三级分类体系，其中一、二级具有明确专门的说明，而三级则采用了开放式的方法，即各地根据具体情况适当增减，具体分类系统如表3.6 所列。

表 3.6　　　　　　　　　　　　　美国的土地利用分类系统

一级分类	二级分类	一级分类	二级分类
1 城市与建设用地	11 居住用地	5 水域	53 水库
	12 商业与服务用地		54 海湾与河口
	13 工业用地	6 湿地	61 生长森林的湿地
	14 运输与公共事业用地		62 无林湿地
	15 工业与商业混合用地	7 荒地	71 干盐滩
	16 城市与建筑混合用地		72 海滩
	17 其他城市与建筑用地		73 其他沙地
2 农业用地	21 耕地与草地		74 石骨裸露地
	22 果园、菜园		75 露天矿坑
	23 圈定牧场		76 改变利用中的地区
	24 其他农业用地		77 混合荒地
3 草地	31 草丛用地	8 苔原	81 灌木与灌丛
	32 灌丛		82 草丛苔原
	33 混合草地		83 秃地苔原
4 林地	41 落叶林地		84 湿苔原
	42 常绿林地		85 混合苔原
	43 混合林地	9 永久积雪	91 常年积雪
5 水域	51 河流与运河		92 冰川
	52 湖泊		

3.2.5.3 日本的土地利用分类系统

日本国土面积不大，且资源匮乏、人口稠密，第二次世界大战后，经济得到迅速发展的同时，大面积国土开发造成了自然环境破坏，土地利用问题成为制约其经济发展的重要因素。为加强政府在开发利用各种土地资源的监督作用，日本较早地开展了全国性的大比例尺土地利用调查工作，并在此基础上制定了一系列的地区性开发规划，1953—1973 年间日本土地调查所进行了全国性的土地利用调查，为改善土地利用和地区规划提供了科学依据。20 世纪 60 年代后日本经济基本恢复，并开始逐步调整发展策略，土地利用规划也显著改变。进入 21 世纪，日本的国土政策开始从单纯开发向重视国土保护与管理、综合计划、地方分权方向发展。日本境内多山，1997 年森林面积占 66.5%，农用耕地仅占 13.3%，在仅有的农耕地中，平原和盆地主要是水田，台地和山坡主要是旱地，牧场和草地极少。目前，日本的土地利用分类比较完善，采用了国际上少见的全国统一的三级分类系统，一级分为 5 大类，分别是城市聚落用地、农业用地、林业用地、荒地和其他用地，其中城市聚落用地分类十分详细，农业用地中涵盖了园地，而林地分类则依据主要树种进行细分，具体分类系统如表 3.7 所列。

表 3.7　　　　　　　　　　　　　日本的土地利用分类系统

一级分类	二级分类	三级分类	一级分类	二级分类	三级分类
1 城市聚落用地	11 住宅用地	111 一般住宅区	2 农业用地	22 旱地	221 普通旱地
	12 商业业务	112 中高层住宅区			222 果树园
		121 商业地区			223 桑园
		122 业务地区			224 茶园
	13 工业地区				225 其他树木地
	14 公共地区	141 公共业务地区		23 设施	231 牧场和草地
		142 文教地区			232 畜舍
		143 卫生福利地区			233 温室
		144 公园绿地	3 林业用地	31 针叶林	311 人工林
	15 设施	151 运动比赛设施			312 天然林
		152 交通运输设施		32 阔叶林	
		153 供给处理设施；防务设施		33 针阔混交林	
				34 竹林	
				35 棕榈科树林	
				36 伏松、卧藤松地	
				37 丛生矮竹林地	
	16 空地		4 荒地	41 荒地	411 野草地
	17 正在施工中的地区				412 棵露地
2 农业用地	21 水田	211 水田	5 其他用地	51 特定地区（禁区）	

3.2.5.4　中国的土地利用分类系统

中国的土地利用分类体系最早出现在 20 世纪 30 年代，1937 年金陵大学教授卜凯（Buck）汇总各地农业报告，编著了《中国之土地利用》一书，该分类偏重农业，研究方法和分类技术至今仍有很大的影响。40 年代初，著名地理学家任美锷先生最先提出土地利用分类，在遵义的土地利用调查中，将土地分为水田、旱地、森林、道路与房屋、荒地、其他用地6大类。

1978年后，开展了土地利用现状调查研究工作，制定了两套土地资源的利用分类系统，即中国1：100万土地利用图分类系统和县级土地利用现状调查分类系统。全国县级土地利用现状调查分类系统初拟于1980年，经各土地利用现状调查试点县实践，并征求有关部门的意见后，全国农业区划委员会和土地资源调查专业组于1981年7月提出了《土地利用现状分类及其含义（草案）》，该草案依据土地的经济用途、适当参考经营特点、利用方式、覆盖物特征等因素进行的土地综合性分类，得到广泛的运用。经过试行，对其进行了修改和完善，纳入1984年9月印发的《土地利用现状调查技术规程》。此方法采用两级分类（表3.8），一级类型分8类，主要反映了土地资源在国民经济各部门的分配结构，即农（耕地）、林（林地、园地）、牧（草地）、水（水域）、交通（交通用地）、工业与建设（居民点及工矿用地），将未利用地单独归为一类。二级类型共46类，主要根据土地利用过程中的经营方式的差异（如有无灌溉条件、详细的利用形式等）和利用程度的不同（如林地的覆盖率、草地的人工改良程度等）来划分；水域和未利用地根据其自然类型的特点划分。

表3.8　　　　　　　　　　第一次全国土地利用现状详查分类系统及其含义

一级类型		二级类型		含　　义
编号	名称	编号	名称	
1	耕地			种植农作物的土地，包括新开荒地、休闲地、轮歇地、草田轮作地；以种植农作物为主，间有零星果树、桑树，或其他树木的土地；耕种3年以上的滩地和海涂。耕地中包括南方宽<1.0m、北方宽<2.0m的沟、渠、路、田埂
		11	灌溉水田	有水源保证和灌溉设施，在一般年景能正常灌溉，用以种植水稻、莲藕、席草等水生作物的耕地，包括灌溉的水旱轮作地
		12	望天田	无灌溉工程设施，主要依靠天然降雨，用以林植水稻、莲藕、席草等水生作物的耕地，包括无灌溉设施的水旱轮作地
		13	水浇地	指水田、菜地以外，有水源保证和灌溉设施，在一般年景能正常灌溉的耕地
		14	旱地	无灌溉设施，靠天然降水生长作物的耕地，包括没有固定灌溉设施，仅靠引洪淤灌的耕地
		15	菜地	种植甜菜为主的耕地，包括温室、塑料大棚用地
2	园地			种植以采集果、叶为主的集约经营的多年生木本和草本作物，覆盖度>50%，或每0.0667hm²株数大于合理株数70%的土地，包括果树、苗圃等用地
		21	果园	种植果树的园地
		22	桑园	种植桑树的园地
		23	茶园	种植茶树的园地
		24	橡胶园	种植橡胶树的园地
		25	其他	种植可可、咖啡、油棕、胡椒等其他多年生作物的园地

一级类型		二级类型		含　义
编号	名称	编号	名称	
3	林地			生长乔木、竹类、灌木、沿海红树林等林木的土地。不包括居民绿化用地，以及铁路、公路、河流、沟渠的护路、护岸林
		31	有林地	树木郁闭度＞30％的天然、人工林
		32	灌木林	覆盖度＞40％的灌木林地
		33	疏林地	树木郁闭度10％～30％的疏林地
		34	未成林造林地	指造林成活率大于或等于合理造林株数的41％，尚未郁闭但有成林希望的新造林地（一般指造林后不满3～5年，或飞机播种后不满5～7年的造林地）
		35	迹地	森林采伐、火烧后，5年内未更新的土地
		36	苗圃	固定的林木育苗地
4	牧草地			生长草本植物为主，用于畜牧业的土地
		41	天然草地	以天然草本植物为主，未经改良，用于放牧或割草的草地，包括以牧为主的疏林、灌木草地
		42	改良草地	采用灌溉、排水、施肥、松土、补植等措施进行改良的草地
		43	人工草地	人工种植牧草的草地，包括人工培植用于牧业的灌木
5	居民点及工矿用地			指城乡居民点，独立居民点以及居民点以外的工矿、国防、名胜古迹等企事业单位用地，包括其内部交通、绿化用地
		51	城镇	市、税建制的居民点，不包括市、镇范围内用于农、林、牧、渔业生产用地
		52	农村居民点	镇以下的居民点用地
		53	独立工矿用地	居民点以外独立的各种工矿企业、采石场、砖瓦窑、仓库及其他企事业单位的建设用地。不包括附属于工矿企事业单位的农副业生产基地
		54	盐田	以经营盐业为目的。包括盐场及附属设施用地
		55	特殊用地	居民点以外的国防、名胜古迹、风景旅游、基地、陵园等用地
6	交通用地			居民点以外的各种道路及其附属设施和民用机场用地，包括护路林
		61	铁路	铁路线路及站场用地，包括路堤、路堑、道沟、取土坑及护路林
		62	公路	指国家和地方公路，包括路堤、路堑、道沟和护路林
		63	农村道路	指农村南方宽≥1m，北方宽≥2m的道路
		64	民用机场	民用机场及其附用设施用地
		65	港口、码头	专供客、货运船舶停靠的场所。包括海运、河运及其附属建筑物。不包括常水位以下部分
7	水域			指陆地水域和水利设施用地。不包括滞洪区和垦殖3年以上的滩地、海涂中的耕地、林地、居民点、道路等
		71	河流水面	天然形成，或人工开挖河流常水位岸线以下的蓄水面积
		72	湖泊水面	天然形成的积水区常水位岸线以下的面积
		73	水库水面	人工修建总库容≥10万m³正常蓄水岸线以下的蓄水面积
		74	坑塘水面	天然形成或人工开挖蓄水量＜10万m³常水位岸线以下的蓄水面积

一级类型		二级类型		含　义
编号	名称	编号	名称	
7	水域	75	苇地	生长芦苇的土地，包括滩涂上的苇地
		76	滩涂	包括沿海大潮高潮位与低潮位之间的期摆地带，河流、湖泊供水位至洪水位间的滩地，时令湖、河洪水位以下的滩地，水库、坑塘的正常蓄水位与最大洪水位间的面积。常水位线一般按地形图，不另行调绘
		77	沟渠	人工修建，用于排灌的沟渠，包括渠槽、渠堤、取土坑、护堤林，指南方宽≥1m、北方宽≥2m的沟渠
		78	人工建筑物	人工修建，用于除害兴利的闸、坝、堤路林、水电厂房、扬水站等常水位岸线以上的建筑物
		79	冰川及永久积雪	表层被冰雪常年覆盖的土地
8	未利用土地			目前还未利用的土地，包括难利用的土地
		81	荒草地	树木郁闭度＜10％，表层为土质，生长杂草，不包括盐碱地、沼泽地和裸土地
		82	盐碱地	表层盐碱聚集，只生长天然耐盐植物的土地
		83	沼泽地	经常积水或渍水、一般生长湿生植物的土地
		84	沙地	表层为沙覆盖，基本无植被的土地，包括沙漠，不包括水系中的沙滩
		85	裸地	表层为土质，基本无植被覆盖的土地
		86	裸岩石砾地	表层为岩石或石砾，其覆盖面积＞50％的土地
		87	田坎	主要指耕地在南方宽≥1m、北方宽≥2m的田坎或堤坝
		88	其他	指其他未利用的土地，包括高寒荒漠、苔原等

　　1989年9月，原国家土地管理局制定了《城镇地籍调查规程》，提出了"城镇土地分类及含义"（表3.9）。城镇土地分类主要根据土地用途的差异，将城镇土地分为商业金融业用地、工业仓储用地、市政用地、公共建筑用地、住宅用地、交通用地、特殊用地、水域用地、农用地及其他用地10个一级类、24个二级类。城镇土地分类用于城镇地籍调查和城镇地籍变更调查。

表 3.9　　　　　　　　城镇土地分类及含义

一级类型		二级类型		含　义
编号	名称	编号	名称	
10	商业金融业用地			指商业服务、旅游业、金融保险业等用地
		11	商业服务业	指各种商店、公司、修理服务部、生产资料供应站、饭店、旅社、对外经营的食堂、文印誊写社、报刊门市部、蔬菜购销转运站等用地
		12	旅游	指主要为旅游业服务的宾馆、饭店、大厦、乐园、俱乐部、旅行社、旅游商店、友谊商店等用地
		13	金融保险业	指银行、储蓄所、信用社、信托公司、证券兑换所、保险公司等用地

一级类型		二级类型		含　义
编号	名称	编号	名称	
20	工业、仓储用地			指工业、仓储用地
		21	工业	指独立设置的工厂、车间、手工作坊、建筑安装的生产场地、排渣（灰）场地等用地
		22	仓储	指国家、省（自治区、直辖市）及地方的储备、中转、外贸、供应等各种仓库、油库、材料堆及其附属设备等用地
30	市政用地			指市政公用设施、绿化用地
		31	市政公用设施	指自来水厂、泵站、污水处理厂、变电所、煤气站、供热中心、环卫所、公共厕所、火葬场、消防队、邮电局（所）及各种管线工程专用地段用地
		32	绿化	指公用、动植物园、陵园、风景名胜、防护林、水源保护林以及其他公共绿地等用地
40	公共建筑用地			指文化、体育、娱乐、机关、科研、设计、教育、医卫等用地
		41	文、体、娱	指文化馆、博物馆、图书馆、展览馆、纪念馆、体育场馆、俱乐部、影剧院、游乐场、文艺体育团体等用地
		42	机关、宣传	指行政及事业机关，党、政、工、青、妇、群众组织驻地，广播电台、电视台、出版社、报社、杂志社等用地
		43	科研、设计	指科研、设计机构用地，如研究院（所）、设计院及其试验室、试验场等用地
		44	教育	指大专院校、中等专业学校、职业学校、干校、党校、中、小学校、幼儿园、托儿所、业余、进修院校、工读学校等用地
		45	医卫	指医院、门诊部、保健院（站、所）、疗养院（所）、救护、血站、卫生院、防治所、检疫站、防疫站、医学化验、药品检验等用地
50	住宅用地			指供居住的各类房屋用地
60	交通用地			指铁路、民用机场、港口码头及其他交通用地
		61	铁路	指铁路线路及场站、地铁出入口等用地
		62	民用机场	指民用机场及其他附属设施用地
		63	港口码头	指专供客、货运船舶停靠的场所用地
		64	其他交通	指车场站、广场、公路、街、巷、用区内的道路等用地
70	特殊用地			指军事设施、涉外、宗教、监狱等用地
		71	军事设施	指军事设施用地，包括部从机关、营房、军用工厂、仓库和其他军事设施等用地
		72	涉外	指外国使领馆、驻华办事处等用地
		73	宗教	指专门从事宗教活动的庙宇、堂等宗教自用地
		74	监狱	指监狱用地，包括监狱、看守所、劳改场等用地
80	水域用地			指河流、湖泊、水库、坑塘、沟渠、防洪堤防等用地

一级类型		二级类型		含　义
编号	名称	编号	名称	
90	农用地			指水田、菜地、旱地、园地等用地
		91	水田	指筑有田埂（坎）可以经常蓄水，用于种植稻等水生作物的耕地
		92	菜地	指种植蔬菜为主的耕地，包括温室、塑料大棚等用地
		93	旱地	指水田、菜地以外的耕地，包括水浇地和一般旱地
		94	园地	指种植以采集果、叶、根、茎等为主的集约经营的多年生木本和草本作物，覆盖度大于50％或每单位面积株数大于合理株数70％的土地，包括树苗圃等用地
100	其他用地			指各类未利用土地、空闲地等其他用地

两个土地分类自发布实施以来，基本上满足了土地资源管理及社会经济发展的需要，具有较强的科学性和实用性。我国土地利用分类同时采用原国家土地管理局指定的两种分类标准，直至2001年12月。

随着新修订的《中华人民共和国土地资源管理法》的颁布实施，为深入贯彻党中央、国务院关于进一步加强土地管理、切实保护耕地的重大决策，满足经济和社会可持续发展的需要，对土地分类标准提出了新的要求。农用地、建设用地和未利用地的范围及与土地分类的衔接需要进一步明确，同时，随着城乡一体化进程的加快，科学实施全国土地和城乡地政统一管理已提到议事日程，实施统一管理的基本条件也已基本具备。为此，国土资源部在研究、分析两个有关土地分类基础上，对其进行修改和归并，于2001年8月21日下发了《关于印发试行〈土地分类〉的通知》，制定了城乡统一的全国土地分类体系，并于2002年1月1日起在全国范围内试行。同时，原《土地利用现状调查技术规程》中的"土地利用现状分类及含义"和《城镇地籍调查规程》中的"城镇土地分类及含义"停止使用。

2007年，全国土地分类试行5年后，为了更好地适应现代土地管理的需要，真正做到全国土地和城乡地政统一管理，科学地划分土地利用类型，将土地管理纳入系统化、标准化的轨道，中华人民共和国国家质量监督检验检疫总局和中国国家标准化管理委员会于2007年8月1日发布并开始实施中华人民共和国国家标准《土地利用现状分类》（GB/T 21010—2007），该标准采用两级分类体系，共分12个一级类、56个二级类。《土地利用现状分类》国家标准出台，意味着土地利用现状分类标准从过去的行业标准上升到国家标准，标志着我国土地利用现状分类第一次有了全国统一的标准，我国土地资源管理实现了一次历史性突破。

《土地利用现状分类》（GB/T 21010—2007）对土地管理、土地统计、土地科学研究等相关工作影响深远，具有划时代的意义，沿用了近10年时间，基本能够满足我国土地管理工作的需要，但随着时间的推移也逐渐暴露出一些问题。这一版本的分类中部分土地分类含义界定不清楚；土地分类存在不明确、不合理的情况；与其他涉土部门的土地分类衔接性较差；且随着我国社会主义市场经济的进一步发展，出现了较多新兴用地形式，比如大型商业电影院、影视基地、跳伞场、赛车场等高端消费性用地，驾校、共享充电桩等带有一定营利性质的用地，以及城市轨道交通（磁悬浮、轻轨、有轨电车）、隧道等占用地涉及地上、地下空间的用地没有定义与描述，无法准确归类。土地利用方式的变化导致原有成果不能满足土地管理工作的客观需要，2007 版土地利用分类标准的局限性日益凸显。

2017 年 11 月，为适应我国土地管理工作的需求，由国土资源部组织修订的国家标准《土地利用现状分类》（GB/T 21010—2017）（表 3.10）经国家质量监督检验检疫总局、国家标准化委员会批准发布并实施。该标准按照《标准化工作导则　第 1 部分：标准的结构和编写》（GB/T 1.1—2009）给出的规则起草，在 GB/T 21010—2007 基础上，范围增加了"审批""供应""整治""执法"等内容；删去了"规范性引用文件"一章；总则中增加了"生态文明建设""保证不重不漏，不设复合用途"等内容；二级类数量变更为 73 个，二级类改用两位阿拉伯数字编码。

表 3.10　　　　　　　　　　《土地利用现状分类》（GB/T 21010—2017）

一级类型		二级类型		含　义
编号	名称	编号	名称	
1	耕地			指种植农作物的土地，包括熟地、新开发、复垦、整理地，休闲地（含轮歇地、休耕地）；以种植农作物（含蔬菜）为主，间有零星果树、桑树或其他树木的土地；平均每年能保证收获一季的已垦滩地和海涂。耕地中包括南方宽<1.0m、北方宽<2.0m 固定的沟、渠、路和地坎（埂）；临时种植药材、草皮、花卉、苗木等的耕地，果树、茶树、和林木且耕作层未破坏的耕地，以及其他临时改变用途的耕地
		0101	水田	指用于种植水稻、莲藕等水生农作物的耕地，包括实行水生、旱生农作物轮种的耕地
		0102	水浇地	指有水源保证和灌溉设施，在一般年景能正常灌溉，种植旱生农作物（含蔬菜）的耕地，包括种植蔬菜等的非工厂化的大棚用地
		0103	旱地	指无灌溉设施，主要靠天然降水种植旱生农作物的耕地，包括没有灌溉设施，仅靠引洪淤灌的耕地
2	园地			指种植以采集果、叶、根、茎、汁等为主的集约经营的多年生木本和草本作物，覆盖度大于 50%，或每亩株数大于合理株数 70% 的土地，包括用于育苗的土地
		0201	果园	指种植果树的园地
		0202	茶园	指种植茶树的园地
		0203	橡胶园	指种植橡胶树的园地
		0204	其他园地	种植桑树、可可、咖啡、油棕、胡椒、药材等其他多年生作物的园地
3	林地			指生长乔木、竹类、灌木的土地，及沿海生长红树林的土地，包括迹地，不包括城镇、村庄范围内的绿化林木用地，铁路、公路征地范围内的林木，以及河流、沟渠的护堤林
		0301	乔木林地	指乔木郁闭度≥0.2 的林地，不包括森林沼泽
		0302	竹林地	指生长竹类植物，郁闭度≥0.2 的林地
		0303	红树林地	指沿海生长红树植物的林地
		0304	森林沼泽	指乔木森林植物为优势群落的淡水沼泽

一级类型		二级类型		含　义
编号	名称	编号	名称	
3	林地	0305	灌木林地	指灌木覆盖度≥40%的林地，不包括灌丛沼泽
		0306	灌木沼泽	以灌丛植物为优势群落的淡水沼泽
		0307	其他林地	包括疏林地（指树木郁闭度≥0.1、＜0.2的林地）、未成林地、迹地、苗圃等林地
4	草地			指生长草本植物为主的土地
		0401	天然牧草地	指以天然草本植物为主，用于放牧或割草的草地，包括实施禁牧措施的草地，不包括沼泽草地
		0402	沼泽草地	指以天然草本植物为主的沼泽化的低地草甸、高寒草甸
		0403	人工牧草地	指人工种植牧草的草地
		0404	其他草地	指树木郁闭度＜0.1，表层为土质，不用于放牧的草地
5	商服用地			指主要用于商业、服务业的土地
		0501	零售商业用地	以零售功能为主的商铺、商场、超市、市场和加油、加气、充换电站等的用地
		0502	批发市场用地	以批发功能为主的市场用地
		0503	餐饮用地	饭店、餐厅、酒吧等用地
		0504	旅馆用地	宾馆、旅馆、招待所、服务型公寓、度假村等用地
		0505	商务金融用地	指商务服务用地，以及经营性的办公场所用地。包括写字楼、商业性办公场所、金融活动场所和企业厂区外独立的办公场所；信息网络服务、信息技术服务、电子商务服务、广告传媒等用地
		0506	娱乐用地	指剧院、音乐厅、电影院、歌舞厅、网吧、影视城、仿古城以及绿地率小于65%的大型游乐等设施用地
		0507	其他商服用地	指零售商业、批发市场、餐饮、旅馆、商务金融、娱乐用地以外的其他商业、服务业用地，包括洗车场、洗染店、照相馆、理发美容店、洗浴场所、赛马场、高尔夫球场、废旧物资回收站、机动车、电子产品和日用产品修理网点、物流营业网点，及居住小区及小区级以下的配套的服务设施等用地
6	工矿仓储用地			指主要用于工业生产、物资存放场所的土地
		0601	工业用地	指工业生产、产品加工制造、机械和设备修理及直接为工业生产等服务的附属设施用地
		0602	采矿用地	指采矿、采石、采砂（沙）场，砖瓦窑等地面生产用地，排土（石）及尾矿堆放地
		0603	盐田	指用于生产盐的土地，包括晒盐场所、盐池及附属设施用地
		0604	仓储用地	指用于物资储备、中转的场所用地，包括物流仓储设施、配送中心、转运中心等
7	住宅用地			指主要用于人们生活居住的房基地及其附属设施的土地
		0701	城镇住宅用地	指城镇用于生活居住的各类房屋用地及其附属设施用地，不含配套的商业服务设施等用地
		0702	农村宅基地	指农村用于生活居住的宅基地

一级类型		二级类型		含　义
编号	名称	编号	名称	
8	公共管理与公共服务用地			指用于机关团体、新闻出版、科教文卫、公共设施等的土地
		0801	机关团体用地	指用于党政机关、社会团体、群众自治组织等的用地
		0802	新闻出版用地	指用于广播电台、电视台、电影场、报社、杂志社、通讯社、出版社等的用地
		0803	教育用地	指用于各类教育用地，包括高等教育、中等专业学校、中学、小学、幼儿园及其附属设施用地，聋、哑、盲人学校及工读学校用地，以及为学校配建的独立地段的学生生活用地
		0804	科研用地	指独立的科研、勘测、研发、设计、检验检测、技术推广、环境评估与监测、科普等科研事业单位及其附属设施用地
		0805	医疗卫生用地	指医疗、保健、卫生、防疫、康复和急救设施等用地。包括综合医院、专科医院、社区卫生服务中心等用地；卫生防疫站、专科防治所、检验中心和动物检疫站等用地；对环境有特殊要求的传染病、精神病等专科医院用地；急救中心、血库等用地
		0806	社会福利用地	指为社会提供福利和慈善服务的设施及其附属设施用地，包括福利院、养老院、孤儿院等用地
		0807	文化设施用地	指图书、展览等公共文化活动设施用地。包括公共图书馆、博物馆、档案馆、科技馆、纪念馆、美术馆和展览馆等设施用地；综合文化活动中心、文化馆、青少年宫、儿童活动中心、老年活动中心等设施用地
		0808	体育用地	指体育场馆和体育训练基地等用地。包括室内体育运动用地，如体育场馆、游泳场馆、各类球场及其附属的业余体校等用地，溜冰场、跳伞场、摩托车场、射击场，以及水上运动的陆域部分等用地，以及为体育运动专设的训练基地用地，不包括学校等机构专用的体育设施用地
		0809	公共设施用地	指用于城乡基础设施的用地，包括供水、排水、污水处理、供电、供热、供气、邮政、电信、消防、环卫、公用设施维修等用地
		0810	公园与绿地	指城镇、村庄范围内的公园、动物园、植物园、街心花园、广场和用于休憩、美化环境及防护的绿色用地
9	特殊用地			指用于军事设施、涉外、宗教、监教、殡葬、风景名胜等的土地
		0901	军事设施用地	指直接用于军事目的的设施用地
		0902	使领馆用地	指用于外国政府及国际组织驻华使领馆、办事处等的用地
		0903	监教场所用地	指用于监狱、看守所、劳改场、戒毒所等的建筑用地
		0904	宗教用地	指专门用于宗教活动的庙宇、寺院、道观、教堂等宗教自用地
		0905	殡葬用地	指陵园、墓地、殡葬场所用地
		0906	风景名胜设施用地	指风景名胜景点（包括名胜古迹、旅游景点、革命遗址、自然保护区、森林公园、地质公园、湿地公园等）的管理机构，以及旅游服务设施的建筑用地，景区内的其他用地按现状归入相应地类
10	交通运输用地			指用于运输通行的地面线路、场站等的土地，包括民用机场、汽车客货运场站、港口、码头、地面运输管道和各种道路以及铁轨交通用地
		1001	铁路用地	指用于铁道线路及场站的用地，包括设征地范围内的路堤、路堑、道沟、桥梁、林木等用地

一级类型		二级类型		含　义
编号	名称	编号	名称	
10	交通运输用地	1002	轨道交通用地	指用于轻轨、现代有轨电车、单轨等轨道交通用地，以及场站的用地
		1003	公路用地	指用于国道、省道、县道和乡道的用地，包括征地范围内的路堤、路堑、道沟、桥梁、汽车停靠站、林木及直接为其服务的附属用地
		1004	城镇村道路用地	指城镇、村庄范围内公用道路及行道树用地，包括快速路、主干路、次干路、支路、专用人行道和非机动车道，及其交叉口等
		1005	交通服务场站用地	指城镇、村庄范围内交通服务设施用地，包括公交枢纽及其附属设施用地、公路长途客运站、公共交通场站、公共停车场（含设有充电桩的停车场）、停车楼、教练场等用地、不包括交通指挥中心、交通队用地
		1006	农村道路	在农村范围内，南方宽度≥1.0m，≤8m，北方宽度≥2.0m，≤8m，用于村间、田间交通运输，并在国家公路网络体系之外，以服务于农村农业生产为主的要用途的道路（含机耕道）
		1007	机场用地	指用于民用机场、军民合用机场的用地
		1008	港口码头用地	指用于人工修建的客运、货运、捕捞及工程、工作船舶停靠的场所及其附属建筑物的用地，不包括常水位以下部分
		1009	管道运输用地	指用于运输煤炭、矿石、石油、天然气等管道及其相应附属设施的地上部分用地
11	水域及水利设施用地			指陆地水域、滩涂、沟渠、沼泽、水工建筑物等用地，不包括滞洪区和已垦滩涂中的耕地、园地、林地、城镇、村庄、道路等用地
		1101	河流水面	指天然形成或人工开挖河流常水位岸线之间的水面、不包括被堤坝拦截后形成的水库区段水面
		1102	湖泊水面	指天然形成积水区常水位岸线所围城的水面
		1103	水库水面	指人工拦截汇集而成的总设计库容≥10万 m^3 的水库正常蓄水位岸线所围成的水面
		1104	坑塘水面	指人工开挖或天然形成的蓄水量＜10万 m^3 的坑塘常水位岸线所围城的水面
		1105	沿海滩涂	指沿海大潮高潮位与低潮位之间的潮浸地带。包括海岛的沿海滩涂，不包括已利用的滩涂
		1106	内陆滩涂	指河流、湖泊常水位至洪水位间的滩地；时令湖、河洪水位以下的滩地；水库、坑塘的正常蓄水位与洪水位间的滩地。包括海岛的内陆滩地，不包括已利用的滩地
		1107	沟渠	指人工修建，南方宽度≥1.0m、北方宽度≥2.0m用于引、排、灌的渠道，包括渠槽、渠堤、护堤林及小型泵站
		1108	沼泽地	指经常积水或渍水，一般生长湿生植物的土地。包括草本沼泽、苔藓沼泽、内陆盐沼等，不包括森林沼泽、灌丛沼泽和沼泽草地
		1109	水工建筑用地	指人工修建的闸、坝、堤路林、水电厂房、扬水站等常水位岸线以上的（建、构）筑物用地
		1110	冰川及永久积雪	指表层被冰雪常年覆盖的土地

一级类型		二级类型		含　义
编号	名称	编号	名称	
12	其他土地			指上述地类以外的其他类型的土地
		1201	空闲地	指城镇、村庄、工矿范围内部尚未使用的土地，包括尚未确定用途的土地
		1202	设施农用地	指直接用于经营性畜禽养殖生产设施及附属设施用地；直接用于作物栽培或水产养殖等农产品生产的设施及附属设施用地；直接用于设施农业项目辅助生产的设施用地；晾晒场、粮食果品烘干设施、粮食和农资临时存放场所、大型农机具临时存放场所等规模化粮食生产所需的配套设施用地
		1203	田坎	指梯田及梯状坡地耕地中，主要用于拦蓄水和护坡，南方宽度≥1.0m、北方宽度≥2.0m的地坎
		1204	盐碱地	指表层盐碱聚集，生长天然耐盐植物的土地
		1205	沙地	指表层为沙覆盖，基本无植被的土地，不包括滩涂中的沙地
		1206	裸土地	指表层为土质，基本无植被覆盖的土地
		1207	裸岩石砾地	指表层为岩石或石砾，其覆盖面积≥70%的土地

注　《土地利用现状分类》(GB/T 21010—2017)中《土地利用现状分类和编码》相较于2007版本，完善了"耕地""林地""公共管理与公共服务用地""特殊用地""交通运输用地""水域及水利设施用地"等一级类的含义；完善了"水浇地""灌溉林地""天然牧草地""其他草地""商务金融用地""其他商服用地""工业用地""采矿用地""仓储用地""城镇住宅用地""公园与绿地""监教场所用地""风景名胜设施用地""公路用地""农村道路""机场用地""港口码头用地""河流水面""水库水面""沟渠""沼泽地""空闲地""设施农用地""田坎"等二级类的含义；原"公共设施用地"名称调整为"公用设施用地"；将原"有林地"细分为"乔木林地""竹林地""红树林地"和"森林沼泽"；将原"批发零售用地"细分为"零售商业用地"和"批发市场用地"；将原"住宿餐饮用地"细分为"餐饮用地"和"旅馆用地"；将原"科教用地"细分为"教育用地"和"科研用地"；将原"医卫慈善用地"细分为"医疗卫生用地"和"社会福利用地"；将原"文体娱乐用地"细分为"文化设施用地""体育用地"和"娱乐用地"；将原"铁路用地"细分为"铁路用地"和"轨道交通用地"；将原"街巷用地"细分为"城镇村道路用地"和"交通服务场站用地"；将原"裸地"细分为"裸土地"和"裸岩石砾地"；增设了"橡胶园""灌丛沼泽""沼泽草地""盐田"，分别从"其他园地""灌木林地""天然牧草地""采矿用地"中分离出来。

自1978年逐步开始土地利用现状分类工作以来，国家从计划经济时代向社会主义市场经济时代转变，我国经济社会飞速发展，城乡建设、土地利用形式也处在不断地变化当中，土地利用现状几经修订与完善。我国现行标准《土地利用现状分类》(GB/T 21010—2017)，未来也将为适应新时代经济社会发展与土地管理工作的客观需求不断修正。

本　章　小　结

土地类型和土地资源类型都是人类为认识和利用土地而按照一定逻辑体系和分类学方法划分的土地单元及其组合。土地类型划分重视对土地自然属性的认识和区分，而土地资源类型划分对土地的经济和社会属性强调更多，后者往往在前者的基础上进行，突出了实践应用性。

土地类型划分和土地资源类型划分都需要遵循一定的原则和方法。由于每个国家大小不同、自然地理条件有异、土地利用方式和历史、水平等存在较大区别，所以苏联、英、美、澳、日等国家制定了不同的土地分类系统和土地利用分类系统。了解这些系统，可以为我国的土地分类研究和实践提供有益的借鉴。最后，掌握我国土地类型、土地资源类型分类系统及土地类型分布规律，可以为土地调查、土地规划、土地资源合理利用、土地保护等社会实践活动提供理论基础。

复 习 思 考 题

1. 土地类型和土地资源类型有何区别？
2. 简述中国土地类型的分类系统及分类原则。
3. 影响土地资源利用的制约因素有哪些？
4. 如何运用土地资源分类为社会实践服务？
5. 简述中国土地利用现状分类系统的分类原则和分类体系？
6. 土地利用类型划分要遵循哪些原则？

第4章 土地资源调查

> ## 本章概要

本章着重介绍了土地资源调查的概念、类别、一般程序、方法、制图和调查报告编写。随着学科的发展和科学技术水平的提高，土地资源调查理论和技术取得了巨大的进步和重大突破，调查方法从传统的野外调查逐步转向测量学、计算机制图、"3S"技术、网络技术、无人机遥感技术等的综合运用。在这一背景下，对包括专题图件编制在内的土地资源制图相关理论、程序和方法进行系统的介绍。

> ## 本章结构图

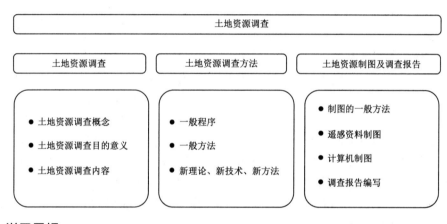

> ## 学习目标

1. 掌握土地资源调查的概念。
2. 熟悉土地资源调查的研究内容、方法与程序。
3. 熟悉土地资源制图方法以及调查报告的编写。

4.1 土地资源调查概述

4.1.1 土地资源调查的概念

土地资源调查（land investigation）就是运用土地资源学的知识，借助测绘制图方法或遥感、地理信息系统、全球定位系统等手段，调查分析各类土地资源的数量、质量、空间分布状况，以及它们之间相互关系和发展变化规律的过程。土地资源调查是土地资源利用、评价、规划、开发、整理、保护等工作的重要前期工作，是为综合农业区划，区域土地资源评价，国民经济发展长远规划，以及土地资源的科学管理等服务。

4.1.2　土地资源调查的目的和意义

土地资源调查主要目的是全面查清全国土地利用状况，掌握真实的土地基础数据，为依法合理地进行土地资源管理提供基本数据；为土地评价和土地利用规划提供基础图件和属性数据等基础资料；对调查成果实行信息化、网络化管理，建立土地资源信息动态监测机制；建立和完善土地调查、统计制度和登记制度；实现土地资源信息的社会化服务，满足经济社会发展、土地宏观调控及国土资源管理的需要。

土地资源调查对于贯彻落实科学发展观，构建社会主义和谐社会，促进经济社会可持续发展和提升国土资源管理精准化水平具有十分重要意义。

（1）开展土地资源调查，为加强和改善土地调控，保证国民经济健康平稳发展提供重要基础。土地是民生之本，发展之基。土地管理影响着国家经济安全、粮食安全、生态安全，关系经济社会发展全局。开展土地资源调查，全面掌握真实准确的土地基础数据，是科学制定土地政策、合理确定土地供应总量、落实土地调控目标的重要依据，是挖掘土地利用潜力、大力推进节约集约用地的基本前提，是准确判断固定资产投资增长规模、及时调整供地方向、政府科学决策的重要依据。

（2）开展土地资源调查，是保障国家粮食安全、维护农民权益、统筹城乡发展、构建和谐社会的重要内容。耕地是粮食生产最重要的物质基础，是农民最基本的生产资料和最基本的生活保障。人多地少，人地矛盾突出一直是我国的重要基本国情。保护耕地，尤其是保护"十八亿亩"耕地红线不被突破，一直是我国面临的严峻任务。通过开展土地资源调查，全面掌握全国耕地的数量、分布，开展基本农田状况调查、登记上证、造册，是落实最严格的耕地保护制度的前提。全面查清农村集体土地所有权、农村集体土地建设用地使用权和国有土地使用权权属状况，及时调处各类土地权属争议，全面完成集体土地所有权登记发证工作，依法明确农民合法土地权益，是有效保护农民利益，维护社会和谐稳定、统筹城乡发展的重要内容。

（3）开展土地资源调查，是进行土地资源规划、利用、保护和管理的重要支撑。"提供土地资源现状、潜在用途、土地利用限制、土地市场和交通、环境、其他土地经济信息的信息科学和技术"是联合国可持续发展委员会提出的支撑土地资源管理四大技术的其中一项。这表明土地资源调查是土地资源管理领域中十分重要的技术性基础工作。各种全面、准确、可靠的土地利用数据和图件，为土地征收、农用地转用、土地登记、土地规划、土地开发整理等各项土地资源管理业务提供了可靠的基础支撑和全面服务。

（4）开展土地资源调查，便于实现土地动态监测，是满足土地管理方式和管理职能转变的重要措施。土地资源调查中大量先进技术和方法的使用，便于及时、快速获取各类土地数据，查清各种土地利用的实际情况。各种调查数据库的建立和共享加速了土地资源信息更新，为考核各种土地调控责任目标提供了准确依据，是满足土地管理方式和管理职能转变的重要措施。

1958—1960 年，我国开展第一次土壤普查，是以土壤农业性状为基础，并提出全国第一个农业土壤分类系统。1979 年，进行全国第二次土壤普查，完成不同比例尺的土壤制图，并编绘相应的土壤类型图、土壤资源利用图、土壤养分图、土壤改良分区图。按照党中央、国务院有关决策部署，为全面掌握我国土壤资源情况，国务院决定自 2022 年起开展第三次全国土壤普查。以习近平新时代中国特色社会主义思想为指导，全面贯彻党的十九大和十九届历次全会精神，弘扬伟大建党精神，完整、准确、全面贯彻新发展理念，加快构建新发展格局，推动高质量发展，遵循全面性、科学性、专业性原则，衔接已有成果，按照"统一领导、部门协作、分级负责、各方参与"的要求，全面查明查清我国土壤类型及分布规律、土壤资源现状及变化趋势，真实准确掌握土壤质量、性状和利用状况等基础数据，提升土壤资源保护和利用水平，为守住耕地红线、优化农业生产布局、确保国家粮食安全奠定坚实基础，为加快农业农村现代化、全面推进乡村振兴、促进生态文明建设提供有力支撑。

普查对象为全国耕地、园地、林地、草地等农用地和部分未利用地的土壤。普查内容为土壤性状、类型、立地条件、利用状况等。

4.1.3　土地资源调查的内容

土地资源调查主要包括对土地类型、数量、质量、权属、分布及利用现状等内容的调查。由于调查项目的性质和侧重点的不同，可把土地资源调查分为若干类型。例如，土地利用现状调查是以土地利用状况为主的调查；土地资源质量调查是以影响土地质量的自然和社会因素为主的调查；土地类型调查是以土地类型及其空间分布规律为主的调查；土地权属调查是以土地权属状况为主的调查等。

4.1.3.1　土地利用现状调查

土地利用（land use）现状调查，是以一定行政区域或自然区域或流域为单位，查清区内各种土地利用类型的面积、分布和利用状况，并自下而上、逐级汇总为省级、全国的土地总面积及土地利用分类面积而进行的调查，其重点是按照土地利用分类系统查清各类用地的数量及分布。考虑到土地利用现状调查还担负着为建立土地登记制度服务的目的，同时结合进行土地权属界线调查。

土地利用现状调查主要包括调查土地利用类型的空间分布、数量、质量、权属和覆盖状况调查等内容，为以后进行土地登记、土地统计、土地评价、土地利用规划和土地管理方面的工作提供基础数据。具体来说，土地利用现状调查主要包括以下几个方面的内容：

（1）查清各土地权属单位之间的土地权属界线和各级行政辖区范围界线。

（2）查清土地利用类型及分布，并量算出各类土地面积。

（3）按土地权属单位及行政辖区范围汇总出土地总面积和各类土地面积。

（4）编制县、乡两级土地利用现状图和分幅土地权属界线图。

（5）编写调查报告，总结土地利用的经验和教训，提出合理利用土地的意见和建议。

4.1.3.2　土地资源质量调查

土地是由多种要素构成的自然地理综合体，具有多种功能，因此，土地资源质量具有相对性和多面性。土地资源质量调查最大的特征是具有明显的多面性，它指在不同的用途条件下，土地资源质量的含义不同。例如，交通用地的质量是指土地的工程性质，至少包括地基承载能力、地面工程量的大小以及抵抗自然灾害如滑坡、风沙的能力。农用地的质量包括了 3 个既相互区别又相互联系的方面，即生产潜力、适宜性和利用效益。土地资源质量总是与土地用途相关联的，是土地相对特定用途所表现出效果的优良程度。

土地资源质量（land quality）调查内容主要是根据土地评价的需要查清土地质量性状指标，土地质量性状指标是指土地的一些可度量或可测定的属性。土地资源概括起来有2种类型的属性，即自然属性和社会属性。土地资源的自然属性主要包括气候要素特征、地形地貌特征、土壤特征、生物特征等；土地资源的社会经济要素主要包括社会经济条件、土地生产力和收益状况等。土地质量调查的目的是反映土地的质量水平，因而并不是每次必须对土地的自然属性、社会属性的每个内容进行全面的调查。而且不同地区、不同用途下同一方面的调查内容所需调查的具体项目指标，有时也会不一样。因此，只能根据不同地区的自然、经济条件选择调查内容。

4.1.3.3 土地类型调查

土地是由气候、岩石、土壤、水、植被等各种自然要素构成的，同时又时刻受到人类活动影响的一个复杂的自然地理综合体。由于各个构成要素的地域分异和人类活动对土地的影响程度或方式的差异，从而形成了不同特色的土地类型（land types）。土地类型调查是土地类型研究的核心内容，也是土地研究的重要途径。

土地类型调查的主要内容：①建立区域土地类型分类系统，查清各种土地类型的数量、质量与空间分布状况；②分析一个地区土地类型的分异规律，揭示土地类型的形成、特性、结构和动态演替规律。

土地类型调查的目的主要有：建立土地资源基础数据库，为土地利用决策服务；为土地评价服务；为土地利用规划服务；为制定国民经济发展长远规划服务；为土地资源科学研究服务。

4.2 土地资源调查方法

4.2.1 土地资源调查的一般程序

土地资源调查是一项技术性的工作，具有严格的工作程序和方法，主要包括准备工作、外业调绘、内业工作和检查验收等4个阶段，如图4.1所示。

4.2.1.1 准备工作

1. 组织专业队伍

土地资源调查是综合性特别强的科学工作，它涉及土地资源管理、地学、土壤学、农学、测绘学等多门学科，要求调查人员具备上述各学科的知识和科学素质。为了保证调查质量，首先要建立一支专业队伍。

2. 制定工作计划

首先应根据任务和调查的技术规程，初步拟定总的工作计划。其内容一般包括：调查的项目、内容、精度要求、工作阶段的划分和时间安排等。总的工作计划提出后，各作业组也应根据总体工作计划研究制订小组的工作安排和具体工作方法、进度、质量要求等，签订合同书，以保证调查工作的圆满完成。

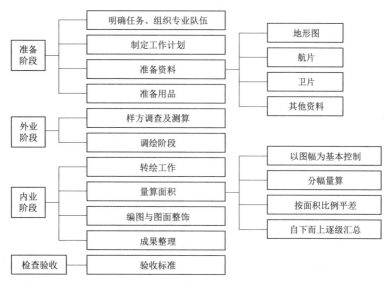

图 4.1　土地资源调查一般程序

3. 资料准备

资料准备的主要任务是收集、整理、分析所需要调查地区各种专业图件与数字、文字资料、工作底图（包括地形图、遥感图件等）。一般准备工作中适宜采用编图方法进行资料的搜集，具体如下：

（1）工作底图的收集。工作底图是用来做专业调绘的基础图件。过去的常规调查均用地形图，现代调查方法常用遥感图件，如像片平面图、航空像片、卫星照片等。

（2）遥感资料的搜集。航空相片和卫星遥感影像等遥感资料作为先进手段越来越多地被应用在土地资源调查中。目前，我国使用比较多的航天资料是卫星遥感影像，其中，SPOT 和 TM 影像多用于大比例尺的土地资源调查，而 MSS 影像则多用于中小比例尺的土地资源图编制。各种大比例尺和中比例尺的航空相片也是进行土地调查时的重要基础资料。

（3）专业调查资料的搜集。专业调查资料主要包括行政区挂图，调查区的地址、地貌、土壤、气候、森林、草场、水资源等专业图件和资料。对于这些专业调查资料的阅读和分析，有利于了解调查区土地资源各组成要素的特点，大致掌握该区土地资源的特点及其利用和改良。

（4）社会经济资料的搜集。除了掌握各种土地资源的数量、质量和分布外，土地资源调查的最终目的是为合理高效利用土地提供建议和意见。因此，调查区的人口、劳力、农林牧副渔各业的现状和历史、经营方式、各业产值、土地利用中存在的问题和经验，以及相关经济发展规划资料都是必不可少的准备资料。

4. 用品准备

（1）仪器和工具的准备。配备必要的测绘仪器、转绘仪器、面积量算仪器、绘图工具、技术工具等。

（2）文具用品的准备。准备透明方格纸、绘图透明纸或聚酯薄膜、刀片、绘图纸、绘

129

图铅笔、绘图比肩、透明胶纸、相片、直尺、三角板、笔记本、晒图纸等。

（3）印刷材料的准备。印刷材料包括印刷外业调查手簿、权属界线协议书、权属争议缘由书、各种表格。

（4）生活用品的准备。配置各种必要的生活、交通、劳保用品以及野外常用药品。

4.2.1.2 外业调绘

外业调绘工作是整个土地资源调查工作的核心，一定要根据外业规程，边调绘边检查，不得遗漏。调绘工作底图可用地形图，也可用航片、卫片。无论是用地形图还是用航片、卫片作为调绘底图，在调绘前都要先按图幅接合表进行区域分幅，确定作业面积和调绘路线。外业调绘一般包括以下几个程序。

1. 路线勘察

根据各种基本图件资料，邀请熟悉当地情况的人员作为向导，进行路线勘察，了解当地存在的各种地类，并进行社会调查，了解行政界线。路线勘察的线路往往是垂直于主要地貌类型的断面线，这样可以走最短的线路，了解最多的土地类型。在利用遥感影像进行路线勘察时，要充分注意各种土地类型与遥感影像的解译标志之间的关系，如影像的色调、形状、纹理、图形等，以及影像标志所反映的调查地区的一些土地类型，并掌握这些规律，以便于室内解译。

2. 制定工作分类系统

制定工作分类系统的目的是使野外调查有章可循，有统一标准，同时它也是野外填图的基础。在路线勘察、社会调查和阅读分析专业资料的基础上，制定调查区地类调绘的工作分类系统，及其遥感影像的解译标志，并系统编码，为室内解译提供依据。

3. 室内预判

这是利用遥感影像进行土地资源调查的特殊工序，它主要是利用路线勘察已了解到的一些土地类型和土地利用等不同地物在遥感影像上的表现及其分布规律，在正式外业工作之前，充分利用遥感影像所提供的大量信息，而进行的专业解译，即在遥感影像上固定地蒙上半透明的聚酯薄膜，在薄膜上根据影像提供的标志绘制解译草图，待外业工作中予以验证、修改，以大大减少外业工作量。

4. 地类调绘

调绘阶段是整个土地资源调查工作的核心，一定要根据外业规程，边调绘边检查，不得遗漏，调绘工作的底图可以采用地形图或者各种遥感影像图，在调绘前要按图幅接合表进行区域分幅，确定作业面积和调绘路线。

在调绘过程中，站立点的选择是关系到调绘效果的关键，站立点要选在地势高、视野广、前后两次停顿所画地物能联系起来的明显地物点上。调绘时由远及近、由总貌到局部，先从底图上最明显的地物标志去找实地上相应的地物，然后再逐步扩展。对于土地类型等综合性调查，抓住一些地形特征线如山脊线、沟谷线、洪积扇扇缘线、坡角线等，往往会给土地类型界线的确定，找到有效的证据。

5. 补测工作

当调查地区内新增地物和地类边界与所采用的工作底图相比变化较大时，则需要进行补测。补测可以在航片上，也可以在工作底图上进行。而且当变化范围超过1/3时，则需要重测或重摄。通常外业补测和调绘同时进行。

6. 样区调绘验证

样区验证是应用遥感影像进行土地资源调查与制图的必要程序。它是在室内判读和外业地类调绘的基础上进行的，也可以安排在室内判读完成后，外业调绘之间进行。具体做法是选择一些有代表性的样区，根据验证统计的要求，在野外验证地类调绘的准确率及其界线勾绘的精度，如达到制图精度要求，则验证合格；否则就要修改，需要计算准确率及其界线勾绘的精度，并分析技术路线中存在的原因，然后做必要的修正甚至部分地重新调绘。

4.2.1.3 内业工作

外业调绘工作结束后，需要进行内业工作对调绘成果进行技术处理和整理，这部分工作主要包括转绘、面积量算、编图与图面整饰以及成果整理等。随着现代科学技术的不断进步，目前这部分工作都可以用 GIS 来完成。

1. 转绘工作

外业调绘整饰完毕的专业图，都要转绘到地形图上，方可进行面积量算和编图。对于航空相片，转绘到相应地形图上时要有加以纠正的过程。卫星影像可看作近垂直投影，以其为底图调绘的专业图也可同地形图、相片平面图做调绘底图的专业图一样，直接转绘到地形底图上。

2. 量算面积

在转绘好的分幅地图上量算面积。面积量算应遵循以图幅为基本控制，分幅进行量算，按面积比例平差，自下而上逐级进行汇总的原则。具体做法是：先按照图幅量算各个行政单位（或区域单位）的图斑面积，它们的面积之和，与图幅理论面积之间的误差小于允许值，以图幅理论面积为控制，按行政单位面积的比例进行平差，将平差后的量算结果汇总，提出各个行政单位的面积。

面积量算的方法很多。每一种方法都有它的适用条件、步骤和可以达到的精度。目前，通常采用的方法有解析法、图解法、方格法、网点板法、平行线法、求积圆盘法、求积仪法、沙维奇法、光电测积仪法等。可视工作需要、人员和仪器设备等实际条件综合考虑，加以选择。

3. 编图与图面整饰

在面积量算工作结束后，要对薄膜分幅图进行整饰，以便进行编图。整饰工作包括对分幅的图面注记和线划的进一步核对与清绘，达到无一遗漏和错误，以及图面整洁美观的目的。编图是指编绘原图，它包括分幅图的拼接、绘图，以及图面设计等内容。

4. 成果整理

成果整理包括原图的复制出版和编写调查报告。土地资源调查成果集中体现在调查报告中。调查报告一般分以下几项内容：调查区域的自然地理特征及经济社会概况；调查所采用的工作底图及工作过程；各类土地的数量、质量与分布（要求附图）；开发利用调查区土地的意见等。

4.2.1.4 检查验收

土地资源调查成果必须通过上级部门组织技术检查和验收通过，达到相关技术规程和精度要求后方为合格。需要检查验收的内容主要有：以外业调绘和补测地物为重点检查对象，例如，各地类的判别、地类界线精度、现状地物的量测、新增地物的补测、外业调查手簿等；内业工作着重检查转绘精度、面积量算精度、成图质量等。

4.2.2 土地资源调查的一般方法

由于土地资源调查成果图件比例尺要求、精度不同，所采用的调查方法也有所不同。对于小于1∶10万比例尺的土地资源专题图目前多采用卫星遥感方法，1∶1万到1∶10万比例尺专题图常采用航空遥感方法，大于1∶1万的超大比例尺多采用经纬仪测图法、平板仪测图法、经纬仪和平板仪联合测绘法。土地资源调查方法大致可分为2种：①以地形图、航片为底图的常规野外调查的传统方法；②以遥感技术为主导，以"3S"为核心的土地信息技术方法。下面分别介绍土地资源野外测绘填图方法和遥感调查方法。

4.2.2.1 野外测绘填图方法

常规土地资源调查中经常采用野外测绘填图方法（field mapping method）。它是通过使用一些测量仪器，如平板仪、经纬仪、全站仪等，在野外对新增和变化地物进行补测，从而修正工作底图，使之符合实际的一种调查方法。野外测绘填图方法的技术要点如下：

1. 选择调绘路线

根据地形图和航片所提供的信息，可以对调绘路线做出选择，调绘路线以不漏、不重、视野开阔，能控制一大片为原则。对平原地区，一般按居民地和主要道路走，走成S形。丘陵地区，可沿连接居民地的道路走，有时也可沿山脊走，使沟谷、山脊两面都能兼顾。山区多沿沟谷走。如果一条路线不能穿越大多数调查区时，可多选几条路线。

2. 地形图的定向

定向就是使地形图上的东西南北与实地东西南北方向一致，使图上线段与地面上的相应线段平行或重合。当站点位于道路、沟渠等直线状地物时，可采用线状地物定向法。具体步骤是先将照准仪（或三棱尺或铅笔）的边缘置放在图上线状符号的直线部分上，然后转动地形图，用照准仪的视线或三棱尺、铅笔的棱线瞄准地面相应线状物体，这样，地形图即已定向。除此之外，还可以利用罗盘仪定向和按方位物定向。

3. 确定调绘站点的图上位置

进入调绘测区后，先要确定调绘者站立点（站点）在图上的准确位置。站位点在地形图上的位置，一般是在地形图定向后，根据实际情况分别采用比较法、后方交会法和磁方位角交会法进行确定。

4. 调绘填图

确定了地形图的方向和站点位置后，就可对新建的铁路、公路、土地自然类型界线、土地利用类型界线等点、线、面状物体填绘到地形图上。当绘图精度要求很高，测绘地物面积又较大的情况下，应该利用测绘仪器平板仪、经纬仪等，采用如下方法。

（1）极坐标法：以站点为极点，用已知点把图板准确定向，在地物的特征点上树立标尺，用平板仪照准仪照准标尺，在图板上描绘方向线，用视距法或量距法测定距离，根据方向线和距离就可确定地物特征点在图上的相应位置，从而描绘出地物的图形。

（2）方向交会法：分别在两个已知点上放置平板仪，在图板上分别向明显地物特征点描绘方向线，相应两方向线的交点就是地物特征点在图上的相应点位。有了这些相应的点位，就可以在图上描绘出相似的图形。

（3）角度交会法：角度交会法与方向交会法的道理相同。测出每一个已知点到地物特征点的夹角，由于每一个地物特征点测出了两个夹角，则两夹角的方向线交点，就是特征点在图上的位置。

当绘图精度要求不高，测绘地物面积又较小的情况下，可采用一些简易的方法，如比较法、距离交会法、截距法、坐标法等。

4.2.2.2　遥感调查方法（remote sensing survey method）

遥感作为一种快速获取地面信息的手段，其影像中所包含的信息是非常丰富的。遥感技术应用于土地资源调查，关键的问题就是对遥感图像中包含地物信息的解译。所谓遥感信息的解译指从遥感影像上获取地物信息的过程。遥感影像的解译主要分为2种：①目视解译；②遥感图像计算机解译。目视解译（visual interpretation）是专业人员通过直接观察或借助辅助判读仪器在遥感影像上获取地物信息的过程；而计算机解译（computer interpretation）是以遥感图像处理系统为支撑环境，利用模式识别技术与人工智能技术相结合，根据遥感图像中目标地物的各种影像特征，结合专家知识库中目标地物的解译经验和成像规律等知识进行分析和推理，实现对遥感图像中地物信息的解译。

随着遥感技术的进步与发展，高分辨率、高光谱遥感以及雷达影像应用于土地资源调查技术革新日趋成熟，因而遥感技术越来越多地被应用于土地资源调查工作中。其方法介绍如下：

1. 以目视解译为主的遥感调查方法

（1）准备阶段。制定计划，计划涉及的数据源（景号、采用数据类型）、工作方法、工作步骤、时间安排、人员组成及分工。广泛收集、整理和分析所需的各种资料，包括地形图、航片、卫片以及可以反映社会经济状况的图件和文字等。

（2）野外探查，建立解译标志。

1）拟定工作分类系统。在野外探查、分析资料的基础上，制定土地利用类型和土地类型分类系统。遥感调查工作的分类系统主要以调查任务的要求和遥感影像特征及其可解译程度为基本依据，除了考虑遥感调查的特点外，应与全国统一规程的分类系统基本一致，以便对照。

2）建立影像解译标志。建立影像解译标志是路线调查的内容之一。在路线调查中，一般选择一至几条穿过不同地貌单元、不同土地利用方式和土地类型的具有代表性路线，对照遥感影像随时定位，仔细观察土地类型、土地利用类型、地貌、植被等地物与影像之间的相互对应关系，并对照其他图件资料，建立影像标志，内容包括：色调、形状、大小、图形等，这也就是建立典型"样块"，应尽可能详尽、准确，为室内判读提供依据。

（3）目视解译。目视解译就是在室内根据影像的成像规律与特征以及其他有关的可靠资料（包括地形图、专业用图以及实地手机的判读典型样片等）用肉眼来确定各种土地类型的位置和范围的工作。目视解译的方法有直接判定法、对比分析法和逻辑推理法。

航片判读一般顺序是：对水系进行判读，确定水系的位置和流向；根据水系和大的山势山形，划分流域范围；对大片农田、居民点位置进行判读；确定居民点之间的主要交通道路；识别较小的地物类型。

解译卫片时，必须首先将同比例尺的卫片和透明地形图套合以明确地物，如以水系为准，采用局部重合方法来确定卫片上的一些地物。在确定了明显地物方位后，根据采集到的各类专业图件提供的资料信息，找出各种地类在影像上的标志。首先从大地貌开始判读，由宏观到微观，由整体到局部，利用色调、形状、纹理、阴影、大小、位置、图形、相关组合等卫片判读特征，进行综合分析，判读地类，并建立各种地类的影像标志。

（4）野外验证。

1）抽样验证。室内判读成果必须经过校核验证才能保证其可靠性。校验方法一般采取路线调查法、抽样法等。

2）野外补充调查。判读过程中，对于影像中不清晰、有疑问和争议的地方，都应先用红笔标出，然后到野外进行实地调查，对变化或新增地物实施补测，并绘制到工作底图上。并根据调查建立新的判读标志，据此对室内结果进行修正和补充。

3）勾绘境界线。在野外验证阶段实地调绘省界、县界、乡镇界、村界、国营林场、农场界等行政界线。

（5）转绘成图。

1）转绘航片时，由于航片为中心投影，存在投影误差和倾斜误差，常采用网格法、光学仪器转绘法和目测法来消除倾斜误差和控制投影误差。

2）转绘卫片时，虽然卫星影像已经进行过粗纠正，仍然需要在成图中对光学系统处理中产生的误差进行影像畸变纠正和投影纠正。采取的纠正方法是将卫片与透明地形图进行局部重合，以水系为准，重合一块，转绘一块，以达到成图纠正转绘的目的。

2. 基于遥感影像计算机自动解译的"3S"综合集成新方法

近年来，遥感技术得到迅速发展。遥感数据获取技术趋向"三多"（即多平台、多传感器、多角度）和"三高"（即高空间分辨率、高光谱分辨率、高时相分辨率），这样获取的影像信息量更丰富，便于影像解译、处理等；而遥感成像机理与反演技术趋向自动化和实时化；遥感图像的计算机处理更趋向自动化和智能化。这使得遥感技术可以与 GIS、GPS 以及其他高技术领域（如网络技术、通信技术等）有机地构成一个整体而形成一项新的综合技术。集信息获取、信息处理、信息应用于一身，使得信息获取和处理高速实时，应用具有高精度、可量化的优点。为土地资源调查，尤其是为土地利用动态监测提供了强有力的基础信息资料和技术支持。基于遥感影像的"3S"集成技术土地利用调查工作流程如下：

（1）数据获取与预处理。进行土地利用变化监测一般应选取多源多时相的遥感数据。例如，SPOT 图像、TM 图像、中比例尺航空相片等被广泛应用于土地利用变化调查中。获取遥感数据后，要对其进行预处理，主要包括遥感图像的几何纠正和信息增强两方面。一般是首先利用地形图上的控制点对遥感图像进行几何纠正，然后应用各种算法对图像进行信息增强处理（如比值变换、直方图均衡、线性拉伸等）。

（2）计算机自动分类及信息提取。在对比多时相的遥感图像之前，先进行各时相遥感图像的单独分类，再确定土地利用类型变化信息。遥感图像分类实现了基于遥感数据的地理信息提取，主要包括监督分类、非监督分类以及分类后的处理功能。非监督分类包括等混合距离分类等。监督分类包括最小距离分类、最大似然分类、贝叶斯分类以及波谱角分类、二进制编码分类、AIRSAR 散射机理分类等。传统的遥感自动分类主要依赖地物的光谱特性，采用数理统计方法，基于单个像元进行，这对于早期的 MSS 等低分辨率图像较为有效。后来，人们在信息提取中引入了空间信息，直接从图像上提取各种空间特征，如纹理、形状特征等。其次是各种数学方法的引进，典型的有模糊聚类方法、神经网络方法及小波和分形。近年来对于神经网络分类方法的研究相当活跃。它区别于传统的分类方法在于：在处理模式分类问题时，并不基于某个假定的概率分布，在无监督分类中，从特征空间到模式空间的映射是通过网络自组织完成的；在监督分类中，网络通过对训练样本的学习，获得权值，形成分类器，且具备容错性。

人工神经网络（ANN）分类方法一般可获得更高精度的分类结果，因此 ANN 方法在遥感分类中被广泛应用，特别是对于复杂类型的地物类型分类，ANN 方法显示了其优越性。通过适当的分类识别方法，可以识别出不同的土地利用类型。不同时期土地利用类型的对比分析可以初步确定土地利用变化情况。

（3）外业核查。利用卫星遥感图像初步确定了变化图斑所处的地理位置后，为了精确测量变化图斑的范围和面积，为土地利用现状数据库的更新提供符合精度要求的数据，在土地利用现状变更调查中，利用 GPS 来完成利用遥感影像数据不能直接精确确定的变更图斑位置界定，以获取准确的变更调查数据。

（4）复合分析。应用 GIS 技术，叠加最新的行政界线，输出成果图，编写调查报告。

案例分析

基于 ENVI 的遥感影像监督分类方法示例

本示例使用 LandSat5 TM 影像在 ENVI 软件中对其进行监督分类。

1. 图像预处理

对下载好的影像进行几何校正。

2. 加载图像，建立解译库

预处理后的影像以 1、2、3（blue，green，red）波段加载，加载进 ENVI 之后的图像如图 4.2 所示。由合成影像特征的颜色和色调、形状、大小以及位置建立解译库，具体描述见表 4.1。

表 4.1　　　　　　　　　　　　　土地利用分类解译标志库

土地利用类型	判读标志	图　像　特　征
林地		纹理粗糙，以绿色或者暗绿色为主
水域		纹理成网格状，色调多为蓝黑色
耕地		形状较为规则，纹理均一，色调呈浅绿色
未利用地		色调多为白色

土地利用类型	判读标志	图 像 特 征
建设用地		纹理为粗颗粒状，色调灰白呈淡紫色
草地		色调呈绿偏黄，多分布于山岗

图 4.2　真彩色合成加载图片

3. 定义训练样本

应用 ROI Tool 创建兴趣区，本示例中以森林为例（图 4.3）。具体操作步骤是：Basic Tools - Region of Interest - ROI tool。在 ROI tool 的对话框中，要设置以下参数：

（1）ROI Name，即需要进行分类的土地利用类型，输入森林后回车确认。

（2）Color，右键即可选择不同颜色，如森林选择绿色。

（3）在 Window 中选择 Zoom，可以在下方的 Zoom 窗口中绘制需要的兴趣点。兴趣点数量的选取根据图像的大小决定，分布要尽可能的均匀。

选取完森林的兴趣点之后，点击 ROI Tool 窗口中的 New Region，重复步骤 (1)～(3)，创建其他植被类型的兴趣点，如草地、农田、建筑用地等。

4. 评价训练样本

需要对已经进行分类的兴趣点进行评价，用以分析创建的训练样本是合格。

在 ROI Tool 窗口选择 Options - Compute ROI Separability，计算任意类别之间的统计距离，这个统计距离用于评价个类别间差异性程度。

在弹出的窗口的 Select Input File：选择输入的 TM 图像文件，点击 OK。在弹出的窗口中选择 Select All Items。计算可分离性并将结果显示在 ROI Separability Report 里

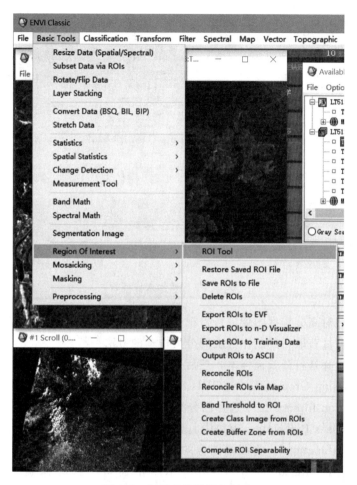

图 4.3　兴趣点的选择与创建

面。在此需要注意的是，可分离性的值域为 0～2，数值大于 1.9 证明二者之间的可分离性好；数值小于 1.8 则需要对二者进行重新的兴趣点的选取，即重复步骤 2 中的（1）～（3）；若数值小于 1 则要考虑将两类样本合并为同一种土地利用类型（在 ROI Tool 窗口中的 Options - Merge Regions）。如在本例中农田和建筑用地的可分离值为 1.719（图 4.4），则证明需要对农田和建筑用地进行重新分类选取兴趣点。

5. 执行监督分类

监督分类器的方式有多种，其中包括平行六面体（Parallelpiped）、最小距离（Minimum distance）、马氏距离（Mahalanobis distance）、最大似然（Maximum likelihood）等，可根据自己的需求进行分类器的选择。本例中使用最大似然法。Classification - supervised - maximum Likelihood，执行监督分类，然后将分类完成的结果展示出来。

6. 评价分类结果

分类结果精度的检验主要有两种形式：①通过地表真实图像对已经分类的图像进行结果的检验，查看是否有像元被误分，然后对着真实图像进行修改；②根据地表真实感兴趣区进行评价。使用地表真实感兴趣区之前，首先要准备反映地表真实地物信息的 ROI 文

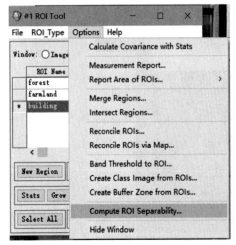

(a) 评价过程

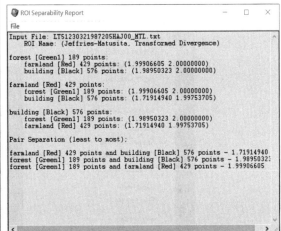

(b) 样本可分离性报告

图 4.4 训练样本评价

件。该文件可通过对高分辨率图像进行目视解译获取各个分类的地表真实感兴趣区，也可以通过野外实地测量获取，其制作方法同分类样本的方法一样。

具体的操作步骤是打开验证样本，然后点击 Classification – Post Classification – Confusion Matrix – Using Ground Truth ORIs。

在 Classification Input File 中选择已分类的结果图像，然后地表真实感兴趣区将会被加载进 Match Classes Parameters 窗口中。分别选择 2 个列表中匹配的土地利用类型，然后点击 "Add Combination"，将两幅图像的不同土地利用类型结果进行匹配。然后点击 "OK"。在弹出的 Confusion Matrix Parameters 的窗口中选择像素（Pixels）和百分比（Percent）。点击 "OK"，输出混淆矩阵报表（图 4.5）。

在输出的混淆矩阵报表中包含以下要素：总体分布精度（Overall accuracy）、Kappa 系数（Kappa coefficient）、错分误差（Commission）、漏分误差（Omission）、制图精度（Prod. Acc.）、用户精度（User Acc.）。

总体分布精度（Overall accuracy）：正确分类的像元总和除以总像元数。

Kappa 系数：通过把所有真实参考的像元总数 N 乘以混淆矩阵对角线（XKK）的和，再减去某一类中真实参考像元数与该类中被分类像元总数之积之后，再除以像元总数的平方减去以某一类中真实参考像元总数与该类中被分类像元总数之积对所有类别求和的结果。

错分误差：被分为某一类，而实际上属于另一类的像元。

漏分误差：其本身属于地表真实分类，但是没有被分类器分到响应的土地利用类型中像元数。

制图精度：分类器将整个图像的像元正确分为某类土地利用类型的像元数和该土地利用类型与真实参考总数的比率。

用户精度：正确划分到某类土地利用类型的像元总数与分类器将整个图像的像元分为

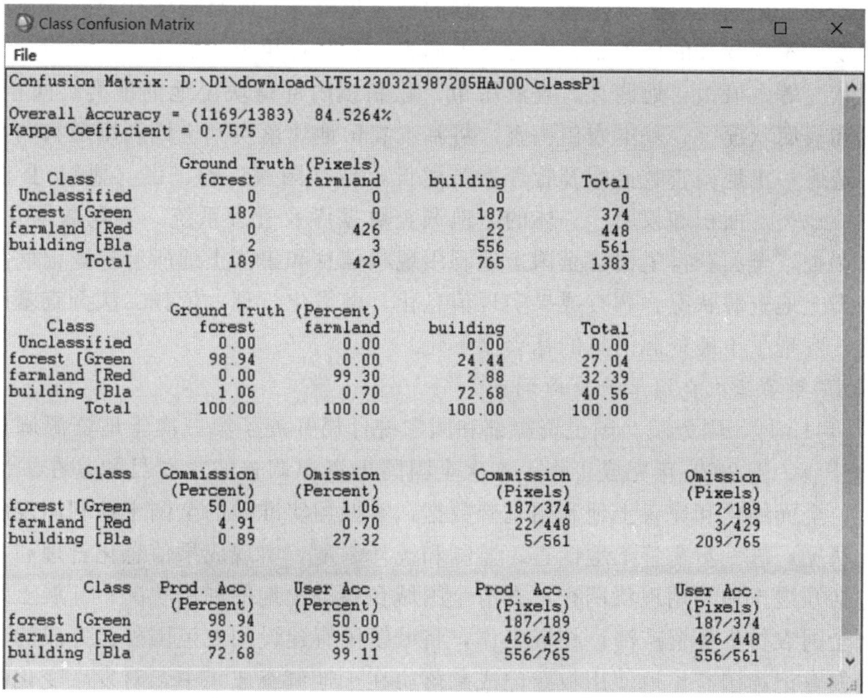

```
Class Confusion Matrix
File
Confusion Matrix: D:\D1\download\LT51230321987205HAJ00\classP1

Overall Accuracy = (1169/1383)  84.5264%
Kappa Coefficient = 0.7575

                 Ground Truth (Pixels)
     Class          forest    farmland      building        Total
 Unclassified            0           0             0            0
forest [Green          187           0           187          374
farmland [Red            0         426            22          448
building [Bla            2           3           556          561
        Total          189         429           765         1383

                 Ground Truth (Percent)
     Class          forest    farmland      building        Total
 Unclassified         0.00        0.00          0.00         0.00
forest [Green        98.94        0.00         24.44        27.04
farmland [Red         0.00       99.30          2.88        32.39
building [Bla         1.06        0.70         72.68        40.56
        Total       100.00      100.00        100.00       100.00

        Class   Commission    Omission      Commission        Omission
                 (Percent)   (Percent)        (Pixels)        (Pixels)
forest [Green        50.00        1.06         187/374           2/189
farmland [Red         4.91        0.70          22/448           3/429
building [Bla         0.89       27.32           5/561         209/765

        Class   Prod. Acc.   User Acc.      Prod. Acc.       User Acc.
                 (Percent)   (Percent)        (Pixels)        (Pixels)
forest [Green        98.94       50.00         187/189         187/374
farmland [Red        99.30       95.09         426/429         426/448
building [Bla        72.68       99.11         556/765         556/561
```

图 4.5　输出混淆矩阵报表

该土地利用类型的像元总数的比率。

4.2.3　土地资源调查平台建设

4.2.3.1　全国土地资源调查

1. 1984 年第一次全国土地资源调查

新中国成立以来，我们国家没做过全面的土地资源调查，现有耕地面积不实，草地、水面以及其他建设用地也缺乏准确的统计数据，1984 年国务院开展了第一次全国土地资源调查工作，1997 年完成工作。此次开展土地资源详查的主要任务是：全面查清我国土地的类型、数量、质量、分布和利用状况，并做出科学的评价。本次土地资源详查与土壤普查统一部署，结合进行。通过本次调查，全面了解了我国土地实况，成功查清了我国城乡土地权属、用途和面积，获得了乡、县、地、省和全国各种土地类型、数量、分布、利用率和权属状况，形成了系统的、完整的、翔实可靠的土地资源文字、数据和图件成果，为土地资源评价、土地管理、农业规划、行政勘界提供了重要依据。

2. 2007 年第二次全国土地资源调查

2007 年 7 月 1 日，国务院、国土资源部和国家统计局开展了第二次土地资源调查（简称“二次调查”），2009 年完成工作。本次土地调查具有里程碑的意义，首次采用了统一的土地利用分类国家标准，首次采用了政府统一组织、地方实地调查、国家掌控质量的组织模式，首次采用覆盖全国遥感影像的调查地图，实现了图、数、实地一致。此次土地调查的目的是：全面查清土地利用状况，掌握真实的土地基础数据，建立和完善土地调查、统计和登记制度，实现土地调查信息的社会化服务，满足经济社会发展及国土资源管理的需要。本次调查的任务是：农村土地调查，查清每块土地的地类、面积、分布、利用和权属状况等；城镇土地调查，查清城市、建制镇内部每块土地的地类、面积、位置、利用状况和权属状况等；基本农田调查，将基本农田地块落实到土地利用现状图上，并登记上证、造册；土地调查数据库及管理系统建设，建立国家、省、市（地）、县四级集影像、图形、地类、面积和权属于一体的土地调查数据库及管理系统，实现数据互联共享。通过二次调查，全面获得了覆盖全国土地利用现状信息和集体土地所有权登记信息，完全掌握了各类土地资源状况，调查成果实现信息化、网络化管理，依托二次调查基础数据库信息平台，实现了土地资源信息的社会服务化。

3. 2017 年第三次全国土地资源调查

2017 年 10 月，国务院、国土资源部和国家统计局开展了第三次土地资源调查（简称"三次调查"），于 2020 年完成工作。本次全国国土资源调查的主要目的是在二次调查成果基础上，全面细化和完善土地利用基础数据，掌握翔实准确的全国土地利用现状和土地资源变化状况，进一步完善土地调查、监测和统计制度，实现成果信息化管理和共享。主要内容包括开展土地利用现状调查，查清全国城乡各类土地的利用状况；开展土地权属调查，结合全国农村集体资产清产核资工作，将城镇国有建设用地范围外已完成的集体土地所有权确权登记和国有土地使用权登记成果落实在土地调查成果中，对发生变化的开展补充调查；开展专项用地调查与评价，包括耕地细化调查、批准未建设的建设用地调查、耕地等级调查评价等；建设各级土地利用数据库，包括四级土地调查及专项数据库，各级土地调查数据及专项调查数据分析与共享服务平台。通过三次调查，掌握了真实准确的土地基础数据，健全了土地调查、监测和统计制度，进一步强化了土地资源信息社会化服务，满足了经济社会发展、国土资源管理、生态文明建设、空间规划编制的需要。

为了科学、有效地组织实施土地调查，保障土地调查数据的真实性、准确性和及时性，2018 年 3 月 19 日颁布了新的《土地调查条例》规定：根据国民经济和社会发展需要，每 10 年进行一次全国土地调查；根据团队管理工作的需要，每年进行土地变更调查。土地调查的目的，是全面查清土地资源和利用状况，掌握真实准确的土地基础数据，为科学规划、合理利用、有效保护土地资源，实施最严格的耕地保护制度，加强和改善宏观调控提供依据，促进经济社会全面协调可持续发展。

4.2.3.2 土地资源调查数据库与管理平台建设

土地资源调查所获得的信息是非常庞杂的，传统的以纸质图件和数据表格对土地调查数据进行存储和管理的方法已经难以满足社会经济发展对土地资源调查数据应用的要求，随着计算机技术及地理信息系统的发展，为了便于土地资源调查数据的存储、查询以及分析、管理和应用，提高土地资源调查数据的使用效率，应建立土地资源基础数据库（land resource database）来对土地资源调查数据进行统一和有效的管理。

1. 土地资源调查数据库的主要特征

土地资源数据库是按照一定结构组织的土地资源调查相关数据的集合，是在计算机存储设备上合理存放的相互关联的土地资源调查数据集。利用土地资源数据库，可以对土地资源数据进行组织、存储、查询、统计和维护等，土地资源数据库主要具有以下特征：

①能够减小土地资源调查数据存储的冗余量；②能够提供稳定的空间数据结构，在用户需要改变数据时，该数据结构能迅速作相应的变化；③满足用户对空间数据及时访问的需求，并能高效地提供用户所需的空间数据查询结果；④在数据元素间维持复杂的联系，以反映空间数据的复杂性；⑤支持多种多样的决策需要，具有较强的应用适用性；⑥数据独立性强，数据的存放尽可能地独立于使用它的应用程序；⑦统一管理，能够用一个软件统一管理这些数据，实现对数据的维护、更新、增删和检索等一系列操作。

2. 土地资源基础数据库的组成及数据模型

土地资源数据库主要包括图形库、影像库和属性库等，它们通过特定的标识符进行联系。

数据模型是指表达实体及其联系的形式。数据模型是数据库系统的核心和基础，数据库设计的核心问题之一是要设计一个好的数据模型。选择什么样的数据模型取决于所要表达的实体间的联系。数据库常用的数据模型包括层次模型、网状模型、关系模型、面向对象的数据模型及时空模型等。

（1）层次模型。层次模型是以记录类型为结点的定向有序树。树的主要特征为：除根节点外，任何节点只有一个父节点，而父节点表示的总体与子节点表示的总体是一对多的关系。如土地利用现状调查数据中的"农用地数据集"，包括"耕地数据集""园地数据集""林地数据集"和"牧草地数据集"等；"耕地数据集"又包括"水田数据集""旱地数据集"及"水浇地数据集"等。层次模型建立比较容易，但查找比较麻烦，而且数据的冗余度也较大。

（2）网状模型。网状模型是用网络结构来表示实体之间联系的数据模型。网状模型是以有向图表示的网络结构。其特点是一个子节点可以有2个或多个父节点；2个节点之间可以有2种或多种联系。如城市、乡镇和农村居民点之间的连通方面，一个城市可能与多个乡镇之间有道路连通，同时多个城市也可能与一个乡镇连通，乡镇和农村居民点之间也是这样的情况，所以，描述城市、乡镇和农村居民点之间交通联系的数据模型就是一种网络模型。网络模型查找比较省时，数据的冗余度比层次模型小，但比关系模型大。

（3）关系模型。关系模型是以二维表的形式表达数据逻辑结构的数据模型。表的每一列代表实体的一个属性，相当于一个数据项。表的每一行代表一个实体的记录值。这些关系表的集合就构成了关系模型，其关系表可表达为

$$R(A_1, A_2, A_3, \cdots, A_n)$$

式中　R——关系名；

A_i——关系 R 所包含的属性名，$i=1, 2, 3, \cdots, n$。

目前采用关系模型的数据库比较多，它与层次模型和网络模型数据库相比，更有利于设计。关系模型的特点是关系不用指针表示，而由数据本身自然建立起联系，而且是用关系代数和关系运算去操作数据，因此，关系模型的使用和维护方便，数据操作灵活，有较强的数据独立性。

（4）面向对象的数据模型。面向对象的数据模型是在前面数据模型的基础上发展起来的面向对象的数据模型技术，它既可以表达图形数据，又可以有效地表达属性数据。它利用分类、概括、联合、集聚、继承等数据抽象技术，采用对象联系图描述其模型的实现方

法，使得复杂的事物变得清晰易懂。这种模型中，一个土地实体可以由点、线和面 3 种简单对象或它们的组合构成，是集图形、图像、属性数据于一体的整体空间数据模型，可较好地处理复杂目标、地物分类及信息继承等问题。

（5）时空数据模型。时空数据模型是空间数据模型的进一步拓展，它将时间变量加入土地信息系统的空间分析过程中去，使得空间数据有了更大的应用范围。时空土地信息系统是一种四维（X，Y，Z，T）的信息系统，其中 X、Y、Z 表示空间数据，T 表示时间，这是一种具有时空复合分析功能和多维信息可视化的系统。它主要研究时空数据模型，即时空数据的表示、存储、操作、查询、更新、时空分析和可视化等。

3. 土地资源基础数据库的建立

土地资源基础数据的建库过程是实现土地资源信息化管理与应用的关键环节。建库时，要以土地资源调查技术规程、土地利用数据标准和土地资源数据建库规范等为依据，同时还要考虑数据库使用的易操作性。在土地资源数据建库时，应注意以下几方面的内容。

（1）土地数据的分类与编码。在进行土地资源数据建库之前，应先做好土地数据分类和编码工作。如果已有土地分类和编码体系，可参照相应的规范和规程进行分类和编码；若没有土地分类和编码体系，或对分类和编码有特殊要求的，应参照相关资源分类和编码规范，自行拟定土地资源数据分类和编辑体系。同时，应编写完善的土地资源数据字典，内容包括地类码、坡度码、土壤质地码、植被码、行政代码、土地权属及单位、变更原因等信息，以规范对土地资源数据的描述，提高数据库的开放性和可扩充性，同时减少数据冗余，为数据库设计和应用程序设计奠定基础。

（2）土地空间数据的输入与编辑。土地资源空间数据主要包括点、线和面 3 种类型。土地空间数据的输入主要是通过数字化仪、扫描仪等图形输入设备，将土地资源的实体数字化为点、线、面要素，建立彼此之间的空间（拓扑）关系，并最终以土地数据库文件保存。土地空间数据编辑主要有土地资源实体的分割与合并、实体边界的调整、插花地与飞地处理、拓扑重建等。

（3）土地属性数据的输入与编辑。主要包括以下内容：

1）土地属性数据库结构的设计：应对土地属性数据库数据结构包括土地数据项、数据类型、数据长度、数据精度和数据单位等进行统一的规定和说明。设计属性库结构时，应考虑土地信息系统的应用方向、土地资源与利用之相关技术规范、规程以及数据库设计的要求。

2）属性数据的输入：属性数据库结构确定以后，每一个土地资源实体单元就可以按照既定的数据项目、数据类型等输入相应的属性值。输入时，可以是根据有关资料输入单个的点、线、面实体属性，也可以是通过数据接口导入外部数据库中相关的属性数据。

3）属性数据的编辑：属性数据的编辑主要包括土地资源实体中点、线、面要素属性的修改、增加、删除等。

（4）土地空间数据与属性数据的连接。在土地信息系统中，由于土地空间数据和土地属性数据的结构、变化特点、数据管理等方面存在着较大的差别，因而两者的采集和管理经常是单独进行。这样，在必要的时候，就要通过指定图形库与属性库中相同的标识码（如字段序号、字段名称），将土地空间数据与属性数据连接起来。

4.2.3.3 土地资源动态监测与预警

土地资源动态监测（dynamic monitoring of land resources）主要是对土地利用现状、土地质量等土地资源的动态变化状况进行监测。常规地依靠测量工具（平板仪、经纬仪等）进行变化信息的空间测量，以纸为介质来储存土地资源信息的方法已经不能满足土地资源动态监测的需要。新形势下土地资源动态监测工作应该包括以下内容：主动发现土地资源利用的变化信息；准确、快速地获取不同时期土地信息的数量和特性；将不同时期的土地信息进行空间分析，获得土地变化信息数据；土地数据的计算机管理与可视化；方便快捷地输出成果图件。

针对土地资源动态监测的工作内容，需要运用"3S"（RS，GIS，GPS）技术，建立基于计算机系统的以"3S"技术为基础的动态监测方法。"3S"技术是GPS、RS和GIS技术的通称，是空间技术、传感器技术、卫星定位与导航技术和计算机技术、通信技术相结合，多学科高度集成地对空间信息进行采集、处理、管理、分析、表达、传播和应用的现代信息技术。

GPS（global positioning system）是全球定位系统的简称，是随着现代科学技术的迅速发展而建立起来的新一代精密卫星导航定位系统。RS（remote sensing）技术则是利用地物的电磁波特性进行地面物体信息快速获取的一种手段，而GIS（geographic information system）技术则是在计算机硬、软件系统支持下，对整个或部分地球表层（包括大气层）空间中的有关地理分布数据进行采集、储存、管理、运算、分析、显示和描述的技术系统。

近年来，国际上"3S"的研究和应用向集成化方向发展。这种集成应用包括：GPS主要被用于实时、快速地提供目标的空间位置；RS用于实时地或准实时地提供目标及其环境的语义或语义信息，发现地球表面上的各种变化；GIS则对多源时空数据进行综合处理、集成管理、动态存取，形成新的集成系统的基础平台。

利用"3S"技术进行土地资源动态监测的技术要点如下：

（1）利用遥感技术快速获取地面变化信息：以遥感技术和已有的土地利用现状数据库或土地利用现状图为基准，首先对遥感影像进行预处理，然后使遥感影像与土地利用图件配准叠加，利用计算机自动化发现变化信息，或人机交互解译提取土地利用变化信息，进行土地利用现状图的更新。

（2）GPS引导土地利用变更外业调查并使RS数据能实时地与原土地利用调查数据实现动态配准，外业调查在GPS技术引导和准确定位下，确认变化图斑的类型、面积、范围和权属，核实地物宽度和零星地物（包括遗漏的小图斑）的量测；遥感数据要实现和原土地利用现状数据的精确配准，需进行精确几何校正，遥感的几何校正和定位等必须通过地面控制点进行大地测量才能确定，这不但费时费力，而且当地面没有控制点时更无法实现，从而影响数据的实时进入系统。而GPS快速定位技术可为RS数据实时、快速进入GIS系统提供了可能。也就是说，借助GPS可使RS迅速进入GIS分析系统，保证RS数据及地面同步监测数据获取的动态配准、动态地进入GIS数据库。因此利用RS提供最新的图像信息，利用GPS提供图像信息中的"骨架"位置信息，利用GIS图像处理、分析应用技术手段，可提供更快速、精确的图件和数据，为进行土地资源的动态监测展现出广阔的前景。

（3）利用 GIS 数据实现对基础图件和数据库的数字化更新：内业在地面调查的基础上，利用 GIS 技术在多源信息的支持下，实现对基础图件的数字化更新。地理信息系统提供了强有力的空间分析及制图输出功能。其中叠加功能包括建立新的特征和新的属性关系。以叠加分析模块分别进行各时段土地利用图的叠加分析，即可产生土地利用动态变化图和数据，了解各地类空间的扩展和收缩动态，同时提取各地类的相互转化信息及地类转化图，了解各地类空间相互转化，输出变化前后的土地利用现状图、统计报表和土地利用变化图，从而实现土地利用的动态监测。如果已有土地利用矢量数据库时，直接利用数据库矢量数据，按照矢量化的方法更新，除更新变化的图斑外，还包括对属性数据的更新和数据库的更新；如果没有数据库，只有纸质图件时，在数字化环境下，采用栅格化的方法更新，更新结果为数字形式可直接制图输出为纸图。按照可获取的遥感数据状况，对土地利用现状图件的更新，在能够获取成图时遥感数据（基期遥感数据）的情况下，同时采用基期遥感数据和更新年两时相遥感数据，从遥感数据直接发现土地利用变化；在难以获取基期遥感数据的情况下，仅采用更新年遥感数据，利用遥感数据和土地利用图件人机交互提取变化。

4.2.3.4　土地资源调查数字平台的建立与应用

随着地理信息系统和互联网技术突飞猛进的发展，很多机构已经将大量的与资源环境相关的专题地图发布在互联网上。初步分析表明，目前互联网上可以共享的专题地图信息包括高分辨率 DEM、高分辨率卫星影像、覆盖全球的土壤、土地利用和土地覆被数据库等。这些数据资源大多可以通过 WMF/WMTS 等方式实现信息聚合，部分资源可以免费下载和发布。2019 年《中共中央　国务院关于建立国土空间规划体系并监督实施的若干意见》（中发〔2019〕18 号）发布后，对在 2020—2035 年期间构建"五级三类四体系"的国土空间规划提出了新要求，各级政府编制国土空间规划的任务重，时间紧。因此，依托近年来迅猛发展的云虚拟服务器，通过部署 WebGIS 服务器发布自有数据专题地图技术和经济可行性都大大提高，构建了土地资源调查数字平台（Land resource survey digital platform）。

1. 系统架构设计

基于 OpenGIS 规范下的 GeoServer 服务器，可以依据用户请求返回到已载入的适当的地图，以 Java 为系统开发语言并以 OpenLayers 作为客户端实现地图加载功能。系统的主要结构体系如图 4.6 所示。

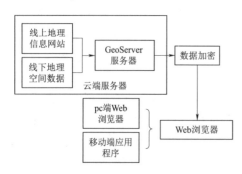

图 4.6　系统总体架构

（1）云端服务器。无须购买硬件即可配置的服务器，是支持 GIS 服务器系统、地理空间数据库、数据加密服务等一系列组件的基础系统。

（2）WebGIS 服务器。在云服务器端配置 Java 和 Tomcat 后，GeoServer 服务器对所有数据进行分类、上传、发布、预览地理空间数据的平台。支持矢量数据、栅格数据上传，并支持通过 WMS/WMTS 实现悬挂远程网站地图服务。

（3）数据加密系统。按照国家相关安全等级保护的要求进行安全保障体系的建设，确保系统运行过程中的物理安全、网络安全、数据安全、应用安全、访问安全。

（4）Web 浏览器。作为客户端，用于连接运行于 Web 服务器中的 WebGIS，可以调用 WebGIS 服务器发布的地图数据。同时进行了向移动端的移植，利用移动端 App，为土地科学研究人员提供一个便捷、全方面、可信的查询地理信息的辅助平台工具。

2. 数据来源

数据库分为自然数据和社会经济数据两类，数据来源如图 4.7 所示。自然数据和社会经济数据的数据类型分为栅格数据及矢量数据，基本涵盖了国土空间规划及野外调查所需要的数据类型。自然数据包括全国范围内的 DEM 高程、水文、年平均降水量、植被类型、土壤类型、地势地貌类型；社会经济数据包括主要农作物类型、熟制、行政区划、高速公路、国道、省道、乡镇村道及铁路数据。

3. 功能模块设计

（1）数据存储及更新功能。目前，农业、林业、自然资源管理、城市建设、交通等部门积累了国土空间规划所需的海量数据和文档资料，并且呈现多元化（纸质、图片、AutoCAD、Shape 文件）等

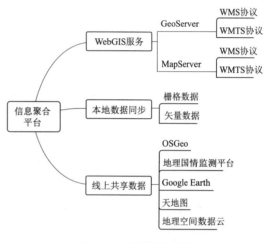

图 4.7　系统数据来源

特点，因此迫切需要运用现代信息化手段对这些数据进行管理。利用最新的来自国土、矿产、旅游、地质、环保、政府日常办公等方面的资料，对已失时效的数据进行实时更新，保持数据的现势性。

（2）图层叠置功能。通过图层叠置操作，可以实现多个图层以不同透明度在地图界面同时显示。置换功能可以更换图层顺序，达到更换底图的效果。

（3）地图基础功能。在客户端对地图进行基础的放大、缩小、定位等功能。

（4）专题分析功能。众多的地图数据看似完备却需要复杂的分析处理过程，可以选择相应的字段，选择某个要素单独分类、分级显示，起到突出某种要素在地图上的作用。与桌面端 GIS 一致，WebGIS 同样提供对地图要素的分析服务，包括地图的缩放、定位、距离测量及地图数据的分析处理功能。在相关商业插件的辅助下，还可以实现数据的一系列可视化的静态与动态显示。

4. 应用

（1）辅助野外环境分析。利用 WebGIS 服务器发布的地图，可以分析某地区地势地貌、土地利用等情况。

（2）辅助规划决策。目前，关于自然资源的管理多停留于宏观层面解读，系统性应用

实践较少。因此，本文基于实践案例，从乡镇国土空间规划层面介绍该平台的实用性。乡镇国土空间规划是构建分级、分层、分区域国土空间规划体系的重要内容，是建立健全城乡一体的空间规划制度的重要环节。

乡镇国土空间规划包括村庄全域规划和以生态、水域、农田等系统保护和修复的专项规划工作。在规划的过程中，借助 WebGIS 可以实现一系列规划工作的简便化和高效化。乡镇国土空间规划要求结合人口规模、建设用地规模、建筑规模、生态红线、永久基本农田等限制性指标，根据"两区三线"原则，并落实战略留白用地要求。

由于桌面端 GIS 系统需要庞大的数据量支持，而且占用的空间和数据种类过大而难以整理，在规划成果管理过程中，要求同时提交纸质版和电子数据，上传至规划成果信息库中，并进行包括"两区三线"在内的一系列审查。审查过程中，借助 WebGIS，将项目成果与 WebGIS 发布的基础数据进行比对即可，避免数据缺失的同时减少了工作量。

（3）村庄规划用地校核。在进行村庄整体规划前，需要形成土地利用现状数据，并根据土地利用现状数据对已有的土地利用数据进行校核。具体工作思路为：将已有土地利用变更数据与卫星遥感影像及地形图进行核对比较，并通过现场实地勘察加以验证。

将卫星遥感影像数据作为底图，上传至 WebGIS 服务器并发布。规划时，将桌面端GIS 调取发布的卫星遥感影像作为底图，与土地利用变更调查数据进行比对并标记出现差异的部分，进行实地调查核实后，根据核实结果对土地利用变更调查图进行修改，得到土地利用现状图。

4.2.4 土地资源调查中的新理论、新技术、新方法

4.2.4.1 遥感（RS）技术在土地资源调查中的应用

遥感就是借助对电磁波敏感的仪器，在不与探测目标接触的情况下，记录目标物对电磁波的辐射、反射、散射等信息，并通过分析，揭示目标物的特征、性质及其变化的综合探测技术。遥感技术是 20 世纪 60 年代兴起并迅速发展起来的，它是在航空摄影测量的基础上，随着空间技术、电子计算机技术等现代科技的迅速发展，以及地学、生物学、环境科学等学科发展的需要，发展形成的一门新兴技术学科。

遥感作为一种高效获取信息的手段，其蕴涵的信息量丰富、全天候、信息获取周期短和多光谱特性，可以极大提高土地资源调查效率。例如，英国于 1944 年进行全国第一次土地资源调查，组织全国地理院校学生参加，花了 8 年时间，此后 1960 年进行全国第二次土地资源调查，用 6 年进行野外调查，70 年代初英国接受前两次调查的经验教训，改用遥感方法，仅用 6 个人、8 个月时间对全国农田进行了一次普查，编制出土地利用图。遥感技术从 20 世纪 50 年代开始被应用到我国的土地资源调查中，随后几十年间，遥感技术作为调查手段和方法在我国土地资源调查监测工作中得到广泛应用。

1. 遥感技术在土地利用动态监测中发挥了重要作用

通过对重点城市建设占用耕地等土地利用遥感动态监测，为加强土地管理工作提供了重要的技术支撑。例如，1999—2001 年期间，我国利用多源多时相高分辨率卫星遥感资料，应用 400 余景 30m 多光谱 TM 和 1500 多景 10m 全色 SPOT 卫星数据，综合应用图像处理技术、计算机和网络等高新技术，连续对全国 66 个 50 万人口以上重点城市和其他

经济热点城市的年度新增建设用地及其占用耕地情况进行动态遥感监测，监测范围涉及171 个（次）城市的 1465 个（次）市区及近郊，累计监测面积约 140 万 km^2。

2. 遥感技术在土地利用更新调查中得到广泛应用

土地利用变更调查主要以现时性航空、航天正射影像图和地形图为基础调查资料，在与原有土地利用现状图套合对比，并经实地调绘和补充调查，实现对土地利用现状的更新。例如，采用分辨率较高的 SPOTS 2.5m 全色卫星影像数据和 10m 多光谱卫星影像数据，通过影像融合，用影像的纹理和光谱特征，结合土地利用现状矢量图库完成土地利用现状更新调查。而更新 1∶5000 以上比例尺图件时，多采用更高分辨率影像，如 IKONOS 影像等。

3. 遥感技术在农村产权调查、城市集约利用潜力评价等工作中得到充分应用

在农村产权调查中利用遥感数据，节省了大量的时间和人力，提高了成果精度；在城市集约利用潜力评价和耕地后备资源调查评价中采用遥感数据辅助调查，取得了良好的效果，为国土资源大调查和土地资源管理提供了先进的技术手段。

随着遥感图像分辨率的提高，利用遥感图像对耕地和建设用地等土地的变化情况进行及时、直接、客观的定期监测已成为可能，遥感技术逐步成为土地利用动态监测中的主要方法。如何利用同一区域不同年份同一时相的图像识别土地利用的现状或土地利用的变化信息，成为遥感土地动态监测研究的重点。常用的方法有直接提取法（差异主成分法）、影像分类比较、目译解译法、基于知识和 GIS 的分类决策，等等。

目前我国土地资源调查的遥感调查已经从土地开发利用的数量变化研究发展到质量变化研究，从静态调查发展到动态监测，从利用现状研究发展到预测预报，从单一遥感技术为主发展到 RS 与 GIS、GPS 集成综合调查。

4.2.4.2 地理信息系统（GIS）在土地资源调查中的应用

GIS 可以实现对土地资源信息的高效管理与查询。土地资源调查中所获取的信息可分为 2 类：属性信息和空间信息。常见的关系型数据库对属性信息的管理已相当成熟，但对空间信息的管理就显得力不从心。地理信息系统不仅可以有效地管理属性信息和空间信息，而且还可以实现属性信息与空间信息之间的交叉查询。利用 GIS 分层管理地学信息，开发和建立数字制图系统网络，可作为适应不同用户需求的重要技术途径。

空间分析是 GIS 的核心，GIS 的突出优势就在于可提供分析、变换的能力和方法，并可利用数学工具建立适应不同应用目的、可扩充的模型库。这可以有效地改变利用传统方法解释土地资料调查中大量矢量数据和栅格数据时所造成的解释结果不确定性。

GIS 可视化技术可以改变传统土地资源调查成果的表达方式。将传统方式中的文字和图件转化为形象化的图形，直观地呈现给客户，以便快速浏览和观察多种数据集、相互关系和趋势，判断土地资源的空间、时间、属性特征，建立起总体的时空分布概念。

日益发展的网络 GIS，可以实现远程土地资源数据共享和各种地理空间数据分析。借助 GIS 来管理各种调查资料，通过现代通信技术与信息高速公路接轨，可以有效实现区域、全国乃至全球范围的信息资料共享。例如，我国"金土工程"的建设内容中便包含建立四级联网、实时在线的国土资源业务办公网络系统，涵盖全业务、全地域、全流程；建立全国国土资源业务网，实现国家、省、市、县四级国土资源管理部门应用系统的互联互通和数据的网络传输等，这将为进一步全面提高国土资源信息化提供契机。

GIS 在增加工作的严肃性和准确性的同时，还可以大量减轻日常工作负担，甚至可以改变一些传统的工作流程，例如土地监察的实地调查、权属纠纷调处的过程等。

4.2.4.3 全球定位系统（GPS）在土地资源调查中的应用

GPS 测量模式分为静态测量和动态测量 2 种模式，而静态测量又分常规静态测量模式和快速静态测量模式，动态测量模式又分为准动态测量模式和实时动态测量模式，实时动态测量模式再分 DGPS 和 RTK 方式。利用载波相位差分技术（RTK），在实时处理 2 个观测站的载波相位的基础上，可以达到厘米级的精度。RTK GPS 测量系统主要由 GPS 接收机、数据传输系统、软件系统 3 部分组成。RTK GPS 测量系统中至少应包含 2 台 GPS 接收机，其中一台安置于基准站上，另一台或若干台分布安置于不同的用户流动站上，作业中，基准站的接收机应连续跟踪全部可见 GPS 卫星，并将观测数据通过传输系统实时发送给用户站。基准站同用户流动站之间的联系是靠数据传输系统（简称数据链）来实现的。数据传输设备由调制解码器和无线电台组成。基准站上，利用调制解码器将有关数据进行编码调制，然后由无线电发射台发射出去，用户站上利用无线电接收机进行接收后再通过调解器进行数据还原后送给用户流动站的 GPS 接收机。RTK 测量软件系统的功能和质量，对于保障实时动态测量的可行性、测量结果的可靠性及精度具有决定性意义。

GPS 技术已开始广泛深入各个应用领域。在土地资源调查中，相对于传统的测量技术来说，GPS 技术具有明显优点：

（1）测量精度高。基于载波相位法进行相对定位测量的精度可以达到毫米级，完全可以满足土地资源调查中的测量精度要求。

（2）地对空的观测模式不要求测站之间的通视，不受时间、气象条件的限制，具有全天候观测能力，仪器小，便于携带，野外操作简便。

（3）测量结果是统一在 WGS84 坐标系下的三维地理数据，彼此之间相关性好，易于共享。

（4）信息自动接收、自动存储，内外业结合紧密，可以减少传统方法中繁琐的中间过程，提高测量速度和成果的可靠性。

GPS 的基本功能是定位、导航和测量。这些基本功能在土地资源调查的外业调绘中均可发挥巨大作用。土地资源调查过程中有关采样定位、选择训练区进行定标及分类，以及信息复合过程中空间定标校核等，均可以从 GPS 中获得技术支持。调查人员使用 GPS 作为导航根据，可以方便快速地确定其在地形图上的位置。同时，如果将航路点坐标输入 GPS 组成航线，GPS 可引导调查人员沿预定线路进行调绘，同时也起到导航作用。更为主要的是，GPS 可以替代粗大笨重的平板仪、水准仪、经纬仪等完成测量工作。此外，由于 GPS 测量结果可以直接输入地理信息系统中，与其他数据进行复合分析、制图，为土地资源调查的内业工作快速准确地提供了定位数据和基础信息。例如，补测地物时，只需在建筑物的 4 角采集 4 个定位点，即可将建筑物的位置标于地形图上。在地类调查时，调查人员只要携带 GPS 接收机沿地类边界行走一周，边走边采集数据，即可将边界存储于接收机中。最后将接收机与电脑连接，即可将该图形直接输入到 GIS 中进行处理。

随着 GPS 和计算机技术的发展，基于掌上电脑 PDA 和 GPS 的硬件集成系统在土地调查中呈现出良好的发展态势。GPS－PDA 作为土地调查信息采集的主要手段，可将 GIS 矢量图或 RS 影像图导入到 GPS－PDA 中，用于野外变更调查的工作底图，GPS－PDA 所记录的 GPS 测量数据与基站信息进行实时差分处理后得到的新增地物坐标、面积、地类、编号等变更信息，从而实现数据库的更新。

4.2.4.4 "3S"集成在土地资源调查中的应用

土地调查是一门交叉学科，与很多学科和技术有紧密联系。随着测量学、计算机制图、地理信息系统（GIS）、遥感技术（RS）、全球定位技术（GPS）、计算机技术和网络技术的发展，土地调查理论和技术取得了长足的进步和重大突破。土地资源调查空间范围广、时间尺度大，需要广泛借助新技术，同时，也正是新技术的应用，才使得土地资源调查更为准确、方便。在众多新技术中，"3S"技术及其结合日益成为土地资源调查的支撑技术。当前，"3S"集成技术在土地资源调查中的应用主要体现在以下几个方面：

（1）利用"3S"技术快速获取与处理土地利用信息。随着"3S"技术的迅猛发展，其在土地管理各项业务中应用日趋广泛。通过遥感手段和影像解译技术，分析城市土地利用类型和动态变化，可监测城市用地范围；第三次全国土地调查及以后的年度变更调查与遥感监测工作紧密结合，通过历年遥感数据发现变化信息，辅助年度变更外业调查，从而快速、准确地更新土地利用现状数据库；利用 GIS 强大的空间分析和统计功能选择土地分等定级指标和各自权重值及其他土地利用信息，可为土地评价和农用地分等定级提供方便、高效、智能的方法。

（2）航空数码遥感新技术在土地调查中得到应用。航空遥感影像一直是我国城市大比例尺土地利用现状图的主要信息源。传统的航空遥感影像获取主要采用胶片进行航摄，需要经过相片扫描、地面控制点的外业测量、空间加密等工序才能进行内业生产。当前，IMU/DGPS 辅助航空摄影测量技术、数字航空摄影技术、低空数码遥感等航空数码遥感新技术，已经能够弥补传统航空摄影技术的薄弱环节，对机场和天气条件的依赖性较小。飞机在航摄飞行中直接测定航摄仪的位置和姿态，并经严格的联合数据处理后，获得定向测图所需的高精度航片外方位元素，可实现无或极少地面控制的航片定向。生成的遥感数据具有高分辨率、高成像质量优势，以及方便计算机管理、快速、低成本的特点，可广泛应用于大比例尺土地利用图件的生成和更新，适合于小城镇、村庄、大型厂矿企业的土地利用信息的快速获取。

（3）应用地理信息系统建立土地资源调查数据库，提高土地管理信息化水平，并逐步建立和完善土地信息系统（LIS）。土地资源数据库的建设主要采用地理信息系统、数据库管理系统和计算机网络等信息技术手段，以 GIS 为平台，以土地利用现状数据库为基础资料，进行信息系统的二次开发，逐步建立和完善 LIS，形成满足土地利用总体规划编制与管理需要的基础数据库、模型库、规划编制子系统、规划管理子系统和规划成果数据库，提高各级土地利用总体规划编制和管理的信息化水平。

4.2.4.5 无人机遥感影像在第三次土地调查中的应用

根据《中华人民共和国土地管理法》《土地调查条例》有关规定，国务院决定自 2017 年起开展第三次全国土地调查。根据《第三次全国土地调查实施方案》的要求，第三次全国国土调查的任务是在第二次全国土地调查成果基础上，在全国范围内，利用遥感、测绘、地理信息、互联网等技术，统筹利用现有资料，以数字正射影像图（DOM）为基础，实地调查土地的地类、面积和权属，全面掌握全国耕地、园地、林地、草地等地类分布及利用状况；细化耕地调查，全面掌握耕地数量、质量、分布和构成。因此需要在多个方面进行创新突破，外业举证更是需要得到新技术的有力支持，避免技术滞后带来的严重危害。随着科学技术水平的不断提高，无人机遥感影像（uav remote sensing image）技术的应用范围愈发广阔。其航测技术的应用在现阶段越发成熟，将其灵活引入第三次全国国土调查工作中，不仅能够弥补传统遥感的影响分辨率问题，还能进行大比例尺底图的测绘，研究分析土地利用现状、准确测量国土，有着一定的推广价值。

1. 无人机遥感影像在土地资源调查中的优势

（1）技术适应性强。外业核查的环境较为复杂，有一些人们无法到达的地区，此情况下就可以借助无人机遥感影像技术，并确保影像的分辨率，满足省级审核标准。与此同时，无人机遥感影像系统中的逻辑控制器型号较多，适配性较高，可以按照工作的需求选择合适的逻辑控制器，增强技术应用的适应性。

（2）实现精准全覆盖。无人机遥感影像系统中主要涉及5G技术与RS技术，可以形成完善的数据监控模式，在区域之内能够快速、全面收集有关的数据信息。其中，RS技术的应用，可以通过系统的控制快速收集数据信息，将其与5G技术相互整合，还能将所采集的影像、数据信息等远程性地传输到移动终端，自动化存储数据信息。

（3）技术应用具有灵活性。应用无人机遥感摄影技术开展国土调查的工作，可以灵活性地进行航摄方向、高度的调整，弥补人工拍照的不足之处，保证拍摄全面性的同时也能够在高空进行拍摄，将图斑的整体状况、周围环境情况等反映出来，凸显图斑的土地利用的具体状况，准确明确图斑的地类。此外，在应用无人机遥感摄影技术时还有POS系统，可以准确进行拍照坐标的采集，以此来确保举证中所获取的数据信息真实性和全面性。

2. 无人机遥感影像在第三次土地资源调查中的应用

（1）遥感成像预测数据变化。RS图片的成像清晰，通过对比图片、系统化研究就能够获得土地变化的数据信息，预测未来的变化趋势，为土地管理提供准确的参考依据。土地调查工作中应用数字模型遥感影像技术，能够与超级计算机相媲美，综合运用大数据技术，获取的源头数据质量高、及时主动更新，能够提升土地数据核对以及建模工作。另外，采用大数据技术还可以通过互联网云端计算的功能为土地调查工作提供大数据资源管理、编程建模、云端存储等数据处理服务，完善土地调查工作数据核查处理的功能。

（2）信息化数据库应用。土地信息数据逐年变化，数据信息的高效化管理非常关键，因此，在工作中应利用大数据技术，对原始数据进行集合分析，着重应对目前土地基础数据库数据陈旧过时的问题，结合各部门数据库进行土地信息汇总。同时构建信息数据反馈机制，将土地基础数据库内更新数据与各级部门资源池进行反馈共享，大幅度简化土地调查工作流程，同时有效提高土地信息数据搜集的效率。

（3）深度地质层测绘。与传统的遥感影像系统相比，无人机遥感传输与成像清晰度等更加完善，通过无人机遥感的互联网连接，使用背景减法、相邻帧差法和光流法进行无人机遥感内运动目标的智能捕捉识别，通过无人机遥感系统可以在土地调查工作中实现深层地质测绘的工作。因为传统的成像技术只能针对地表进行信息收集，无法探测到地底情况，而遥感技术主要是通过使用传感器向土地辐射电磁波，再通过其所具有的反射特性对土地地类进行探测，属于远程测绘技术的一种，无须实地进行接触，合理对测绘目标的深层地质测绘工作。

（4）土地类别遥感辨认。通过应用遥感技术能够有效地辨别土地类别，运用计算机虚拟化技术可以有效提高土地模型建模优化的工作效率。计算机系统虚拟化技术其本质是一种非具象的技术手段，其运作方式是通过对无人机系统的虚拟化，使得无人机在自身硬件设备没有进行升级换代的情况下，能够不受任何外部条件制约的情况下，同时运行两个甚至两个以上的不同应用或者操作系统。可以说计算机虚拟化技术通过强大的虚拟化能力以及系统整合技术，在计算机土地数字模拟优化领域当中起到了举足轻重的作用。

（5）在调查规划中的应用。第三次全国土地调查中应用无人机遥感影像技术，可帮助提升调查规划的科学性。首先，可通过制定系统操作规划和飞行射击方案，拓宽具体的调查覆盖面，快速并且准确获取数据信息，明确有关规划是否科学、有无问题。在使用技术的过程中需要针对调查区域之内的航行轨迹进行优化设计，结合各种影响因素着重增加摄影信息的重叠度和覆盖度，保证影像色彩、影像图协调性的同时，注重相控测量工作的质量。其次，在最初的规划阶段，可以采用无人机遥感影响技术制作相关的底图，在验证与嵌合处理之后将有关的数字化内容、电子化信息等调查资料、成果作为依据，编制具有可行性的规划，这样才能在调查规划的帮助下加快国土调查的速度，提升各种数据信息内容的通用性和共享性。最后，通过无人机遥感影像技术来提供关于第三次国土调查方面的数据信息，供应权属取证有关的数据内容，便于完善调查规划方案。

（6）在外业调绘工作中的应用。我国传统的国土调查外业调绘，主要应用巡查、访问等方式来获得有关的数据信息，核查特殊性、规律性地物的具体状况，保证调绘工作的准确实施，但是，如若在核查过程中受到非季节因素的影响，就必须要应用先进的技术，确保所获得数据信息内容的完善性、准确性，尤其是第三次国土调查的工作，面临着较为复杂的自然、人文与经济环境，调绘的工作难度较高，这就需要应用无人机遥感影像技术，在人工操作、自动化控制的情况下制作底图，然后将其作为基础执行有关的外业调绘工作，快速、全面、精准地获取有关影像和数据信息，保证调绘工作的质量。值得一提的是，在应用无人机遥感影像技术进行外业调绘期间，应按照客观情况采集地理信息、影像，通过操控站设备、软件系统等对地理因素进行准确的判断，确保调绘工作准确性的同时还能良好存储各种数据信息。

处理上述几点研究之外，在使用无人机遥感影像技术的过程中，还应该着重关注影像数据的处理，采用影像畸变校正方式、像控点测量方式、空三加密形式、数据高程模型系统等，严格进行数据信息的处理，着重将像控点测量当作是基础部分，合理测量的情况下保证折射影像的精度，并且借助空三加密的形式提升影像成图的质量，采用数字高程模型来增强影像均色处理效果。与此同时，还需要在应用技术期间合理收集各种影像资料，设计实地踏勘、航飞的流程，最终生成质量较高的影像，发挥技术应用期间的高分辨率、高适应性的优势，确保国土调查工作的有效实施。

4.3 土地资源制图及调查报告

4.3.1 土地资源调查制图的一般方法

土地资源调查成果图（land resource survey and mapping）包括土地类型图、土地利用现状图、土地权属界线图、土地生产潜力图、土地适宜性评价图等，它们是土地资源调查的重要成果。

编制土地资源调查成果图的目的在于形象、直观地反映出土地资源的类型、数量、质量和分布规律。因此，在图幅内容上不仅要反映出定性定位和定量概念，体现土地资源的区域分布特征和规律，还应兼顾到图件的科学性、生产实用性与制图艺术性的完美结合。

成果图是专题地图，各类成果图的内容、形式、比例尺均不相同，编图资料的来源、类型也多样，因而使得成果图的编绘方法不尽相同。但是，将其编制过程概括起来，则基本相似，一般分为4个阶段，包括地图设计与编辑准备阶段、地图编稿与编绘阶段、地图清绘与整饰阶段和地图制印阶段，如图4.8所示。

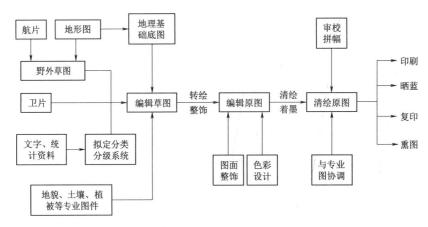

图 4.8　专业地图制作的一般程序

1. 地图设计与编辑准备阶段

该阶段主要完成成果图设计和成果图正式编绘前的各项准备工作，一般包括：根据制图的目的任务和用途，确定成果图的选题、内容、指标和地图比例尺与地图投影；搜集、分析编图资料；了解熟悉制图区域或制图对象的特点和分布规律；选择表示方法和拟定图例符号；确定制图综合的原则要求与编绘工艺；提出底图编绘的要求和专题内容分类、分级的原则并确定编稿方式。最后写出成果图编制设计文件——编图大纲或成果图编制设计书，并制定完成成果图编制的具体工作计划。

2. 编稿与编绘阶段

此阶段主要完成地图的编稿与编绘工作，一般包括工作底图绘制、编稿草图和编绘原图这3个阶段。

（1）工作底图绘制。土地资源调查工作底图是土地资源专题内容的骨架，一般包括水系、居民地、境界、道路、地貌等要素，它是各类成果图必不可少的共同基础，可用来定向、定位、定量说明专题要素的分布特征、分布规律以及它们与周围地理环境的相互关系。工作底图的编制方法是：①利用直角坐标展点仪、坐标格网尺、分规等按规定比例尺展绘出地图的经纬线图廓点、经纬线网或直角坐标网、控制点等；②按相应比例尺，利用国家基本地形图直接裁割，嵌贴在展有数学基础的裱版上；③编绘地物或地貌，然后蒙上聚酯薄膜清绘，剪贴注记，进行图面整饰；④可将底图直接晒蓝在聚酯薄膜上进行编绘，清绘成果图。有条件的地方，可采用单色印刷或双色印刷，在印刷图的基础上，编绘成果图。

（2）编稿草图。编稿草图也称作者原图，它是由专业人员根据所编专题图的任务要求、地图比例尺和制图资料的情况，将专题内容编绘到工作底图上做出编稿草图或作者原图。作者原图的编绘方法包括转绘专题内容和制图综合。

专题内容的制图资料通常包括各种比例尺的印刷地图（地貌图、土壤图、土地利用图等）、地面调查实测的手稿草图以及遥感调查图件等。专题内容的转绘方法主要有：照相套晒法、塑料片透写法和光学投影仪器转绘。照相套晒法是将专题地图编稿图按正式底图尺寸照相缩小（如果是等大编稿，则等大照相，但须按正式底图纠正尺寸），然后把专题内容套晒到底图版上，再进行编绘。塑料片透写法是将编稿图照相缩小至正式底图尺寸，然后用晒有淡蓝色底图内容的透明绘图塑料片，蒙在已缩小的编稿图蓝图或黑图上，根据经纬网格、水系及其他地物的相对位置转绘。如果编稿草图与正式底图投影不太一致，可以采用分块分段或分带转绘的方法。光学投影仪器转绘（如反光投影转绘仪、相片转绘仪等），即将专题内容编稿图缩小投影到正式底图上面，根据经纬网格、水系等地物定位转绘专题内容。

制图综合就是以缩小的形式表达地面景物的空间结构。根据底图用途、比例尺、内容及区域特点，进行内容的选取和概括，其实质就是舍弃一些次要事物，而在地图上表示制图对象最基本、典型的面貌和主要的特征及其相互关系。通过制图综合，可以使地图更清晰易读。一般使用的制图综合方法主要有：①数量特征的概括，即减少数量分级，增大间距，提高最低级的起点数值等；②质量特征的概括，即根据相近地物的性质或特征进行分类或归纳，即对事物和现象进行合理的排序或按一定标志进行分类，或按一定特征进行归并，具体做法包括提高制图分类等级，由分类和制图的低级单元过渡到高级分类和制图单元；③图形的取舍，包括选取与合并，在取舍中保留主要的，以地图符号表示的典型点状、线状地物或面状图斑，去掉次要的、不典型的点状、线状地物或细小图斑；④图形的概括，就是呈线状和面状分布现象的几何图形的简化，主要包括简化一些细小弯曲和碎部以及夸大一些细小但反映特征的弯曲。

（3）编绘原图。编绘原图就是在编稿草图的基础上按统一的原则和要求，进行专门要素的分类、分级、图例设计、图面整饰等工作，最终完成编绘原图。

3. 地图清绘与整饰阶段

为了满足照相制版的要求，并得到质量较高的地图复制品，必须经过地图清绘整饰这一环节，使地图线划均匀光滑、符号美观精细、色彩分明清晰。

清绘由经过严格训练的绘图员完成，先将编绘原图照相在清绘图版上晒成蓝图。为保证清绘质量，一般采取放大清绘（放大 L3 或 L4 照相晒蓝），以便在缩小照相制版时可消除清绘线划的一些细小不均匀部分。原图上的线划、符号位置按规定要求用墨或颜色绘出，注记与符号采取照相植字剪贴方法进行制作。

随着制图技术进步，一些新的工艺方法逐步采用，主要有刻图法、透明注记、符号转印等。其中刻图法就是在透光桌上利用刻图工具，在涂布于透明片基上的阻光膜层上刻出线划和符号的一种绘图方法。采用刻图法可以省去出版原图的辐照与大量分涂工作。而且同清绘相比，刻绘的线划质量高，速度快，易于掌握和操作。

4. 地图制印阶段

地图制印是地图制版印刷的简称。地图制印比较复杂，往往需要经过 10 多道工序，其中最基本的工序和过程是：复照、翻版、分涂、制版、打样、印刷等。如果采用刻图法完成刻绘原图，可省去复照工序。

4.3.2　遥感资料制图

利用遥感数据进行地图编制的方法一般是利用黑白、多波谱段、多频率雷达、红外等航空或卫星影像，在室内分析判断的基础上，经过实地验证，利用所建立的影像判读（解译）标识编制各种专题地图；还可借助于图像假彩色合成、影像增强和密度分割等光学仪器处理以及光学立体转绘，以提高影像分析解译的能力和内容转绘的精度。目前，采用电子计算机与图像处理设备，利用数字影像通过非监督分类、监督分类或其他图像分析模型自动分类，并与地形图或地理底图匹配，已成为编制各种专题地图的主要方法。

利用遥感数据自动制图的整个过程可包括图像处理、自动识别与分类、图像到图形的转换、土地利用专题图的输出与面积量算等。

1. 图像处理

遥感图像虽然具有一定的几何精度和影像质量，但是直接用于制图还存在许多问题，需要对图像产品进行一系列制图处理，用以提高图像的光谱与几何性能，增强影像的表现能力以及突出和提取所需要的地图要素等。通过图像的几何纠正和配准来消除或减少图像的几何误差及变形，实现图像几何性质的变换，建立图像与地形图直接的正确联系，变换投影等。对于几何纠正处理后的图像必须经过图像重采样，即对输出像元的亮度值按规则格网重新分配，来改善输出影像的质量。对于两景影像还要进行上下两景相邻图像色调和反差的匹配及几何配准。此外，还需要通过图像的增强处理来改变图像的影像质量和影像灰度，提高图像的可解能力。

2. 制图要素提取

制图要素提取即进行图像识别和分类。计算机自动分类是以地物影像波谱特征的相似性做判别标准进行分类的。目前使用的分类方法一般有监督分类法、非监督分类法等。

3. 图形处理

计算机自动分类的结果是由不同编码组成的各类型数据集合，每一种编码代表一种类型，每一个数据码代表一个像元，有利于进行图形处理和边界提取。对于分类结果，要进行专题滤波，即从专题地图角度需要进行综合取舍，对于零星图斑和噪声可按一定阈值进行剔除；对于具有特征意义的专题类型则要加权处理；对于被剔除的图斑还要进行类型编码数据替换。随后，进行边界提取以构成图形，即将面状类型边界"线性化"。边界提取后得到的边界点坐标数据结构仍是栅格形式，因此还必须进行数据矢量化处理，形成多边形数据文件。对于土地利用专题图，通过自动选定内点和注记办法来对多边形类型进行编码注记。此外，还有对专题地图进行图面注记和图廓整饰、专题图与地理底图配准等。

4. 图形输出与面积量算

根据专题地图的要求和输出设备的条件可以输出矢量线划图和栅格彩色图。进行面积量算，矢量化前，面积统计可以按像元数量进行累加，矢量化后可以按多边形边界坐标进行面积计算。

4.3.3 计算机制图

计算机制图主要是应用地理信息系统（GIS）进行数据输入、数据处理及图件的编辑和输出等一系列过程。常用的 GIS 制图软件有 ARC/INFO、ARCVIEW、MAPINFO、MAP - GIS 等。利用 GIS 进行专题图制作主要流程如下：

（1）数据的输入。GIS 的数据源主要包括土地资源调查的工作底图、TM 卫星影像图、地形图等。对于栅格数据，通常是以 TM 卫星影像图为基础图件，以遥感调查结果与土地详查结果为基本数据，在 TM 图像上勾绘专题要素。GIS 主要涉及使用扫描仪等设备对这些专题要素的扫描数字化。通过扫描获取的数据是标准格式的图像文件，大多可直接进入 GIS 的地理数据库，形成栅格图像文件。对于矢量数据，通常是以现有的地图为基础图件。主要通过手工数字化、地图跟踪数字化等进行矢量数据的采集。

（2）数据处理。由于手工操作误差，数字化设备精度、图纸变形等因素，使输入的图形与实际图形在位置上往往有误差，因此，必须对空间数据进行检查。检查的方法很多，可以在屏幕上用数字化的结果对照原图或光栅文件检查错误，看是否有遗漏、重复的符号或线；也可以把数字化的结果输出在透明材料上，然后与原图叠加以发现错漏；对于图纸变形引起的误差，应使用几何纠正来进行处理。如果用地图扫描矢量化，还会出现一些眼睛不易识别的错误，比如人工矢量化采集数据时，手的抖动可能会导致图上坐标点重叠、线重叠、线段自相交、微短线、悬挂线的存在等，对于这类错误，一般的 GIS 软件都能处理。

矢量数据主要包括点、线和多边形 3 种类型，数字化的数据经检查校正后，如果输入无错误，可以对输入的图形建立拓扑关系，以形成数据库文件，然后将图形要素中的属性输入数据库。至此，就完成了图形及其属性的输入与编辑。

（3）地图的整饰和输出。图形数据输入与编辑后，还需做进一步的编辑、整饰、美化工作，主要有：制作图廓和地理坐标网线、加注文字注记、图名和编图说明、制作比例尺和图例等。在编制输出图的过程中，应掌握"平衡"的原则，使各个地图要素编排有序，位置得当，使输出的地图既不丢失信息，又美观大方。

编制成功的地图可直接在显示器上显示，任意放大、浏览；也可用彩色喷墨打印机或绘图仪输出成品图，还可进行照排印刷。

利用 GIS 编制的地图可以全面、准确地表达所反映的信息，又能实时修改，同时它又能和数据库交互使用，其信息量是传统地图所不能达到的。目前它正广泛应用于土地资源调查、土地利用动态监测等各个环节。

4.3.4　土地资源调查报告

土地资源调查报告（land resources survey report）是对土地资源调查工作的成果总结，是在深入研究、综合分析各种调查成果的基础上编写的，调查报告依据调查目的不同内容有所侧重，调查报告的内容主要有4个部分。

（1）调查区域的自然地理特征和社会经济状况。主要包括调查区域地理位置、行政区划和总面积。自然地理特征包括地貌、气候、土壤、植被、水文、地质等各土地构成要素的分析，以及调查区内乡（镇）、村及国营农林牧渔场、工矿交通等用地单位的分布，各类用地面积所占比重，人口、劳力、人均耕地、农业生产水平、人均收入水平等社会经济概况。在土地类型和土地资源质量调查报告中，自然地理特征应详细阐述。在土地利用现状调查报告中，可以简略，但要论述土地构成要素与土地利用的关系。

（2）调查采用的方法和工作过程。主要包括调查人员组成、机构设置、调查工作的组织、调查的步骤、采用的技术方法和主要技术规范等。

（3）调查成果及质量分析。调查成果包括调查区内土地资源的类型、数量、质量与分布，包括土地类型的位置、分布规律、面积、形态结构和自然特征等，还包括土地类型的质量评价、土地利用现状调查的各类土地面积统计、分布状况图件等。调查成果质量分析包括调查成果质量的分析、成果质量中的存在的问题及其产生的原因。

（4）问题与建议。分析土地资源在利用、管理、保护中的问题，并针对存在的问题，提出建设性意见。

本　章　小　结

土地资源调查就是运用土地资源学的知识，借助测绘制图方法或遥感、地理信息系统、全球定位系统等手段，调查分析各类土地资源的数量、质量、空间分布状况，以及它们之间相互关系和发展变化规律的过程，是土地资源利用、评价、规划、开发、整理、保护等工作的重要前期工作。土地资源调查内容和任务会随着不同历史时期土地资源调查的具体目标和侧重点而略有不同，一般可分为土地利用现状调查、土地资源质量调查以及土地类型调查等。本章在介绍土地资源调查概念、目的、意义及内容的基础上，详细阐述了土地资源调查的一般工作程序以及工作方法，并介绍了土地资源制图的方法以及调查报告的编写。

复 习 思 考 题

1. 什么是土地资源调查？

2. 土地资源调查的一般程序和方法有哪些？遥感技术在土地资源调查中有哪些优势？

3. 土地资源制图的方法有哪些？详述其中一种方法。

4. 土地资源调查报告包含哪些重要内容？

第5章　土地资源评价

➢ **本章概要**

　　土地资源评价作为制定合理的土地利用规划、城市规划、区域规划等的前期基础工作，是优化土地资源管理，促进土地高效利用的有效技术手段。本章主要介绍土地资源评价的原则、类型、方法和程序，重点阐述了土地资源评价体系及其应用。本章内容可在对土地各构成因素及综合体特征认识的基础上，以土地合理利用为目标，根据特定的目的或针对一定的土地用途来对土地的属性进行质量鉴定和数量统计，阐明土地的适宜性程度、生产潜力、经济效益和对环境有利或不利的后果，确定土地价值，为经济和社会发展及土地利用和管理提供参考。

➢ **本章结构图**

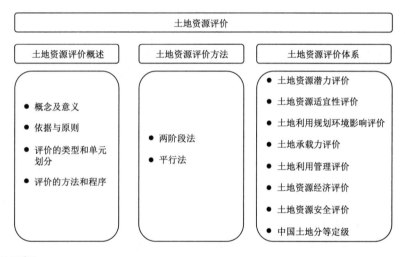

➢ **学习目标**

1. 熟悉土地资源评价的含义和研究内容，了解国内外研究进展。
2. 熟悉土地资源评价的主要类型及其评价的内容、方法和体系。

5.1　土 地 资 源 评 价 概 述

5.1.1　土地资源评价的概念及意义

　　土地资源评价的概念存在多种表述，如1976年，联合国粮食与农业组织在《土地评价纲要》一书中指出：土地资源评价是当土地作为特定的用途时，对土地的特性进行评估的过程。1981年，《土地调查和土地评价》一书中提及：土地资源评价是估计土地作为各种用途潜力的过程。周生路等于 2006 年出版的《土地评价学》中指出：土地评价是在特定的目的下通过土地质量对土地的自然属性和社会经济属性进行综合鉴定，确定土地等级，揭示土地质量等级的空间分异的过程。陈百明等于 2015 年出版的《土地资源学》一书中指出：土地评价是指针对一定的利用目的，对土地的性状进行质量鉴定和数量统计的过程。

上述对土地资源评价的定义中，都强调了是对一定利用方式的土地进行土地质量的评价。因此，土地资源评价又可称为土地评价，即是在土地资源调查、土地类型划分完成以后，在对土地各构成因素及综合体特征认识的基础上，以土地合理利用为目标，根据特定的目的或针对一定的土地用途来对土地的属性进行质量鉴定和数量统计，从而阐明土地的适宜性程度、生产潜力、经济效益和对环境有利或不利的后果，确定土地价值的过程。

土地资源评价的意义在于土地资源评价可为其他工作提供服务，具体如下：

（1）为土地利用规划服务。土地资源评价可通过研究土地用途和土地质量之间的关系，协调土地利用规划在时间和空间上的土地用途和土地质量之间的关系，是土地利用规划的基础。

（2）为土地分等定级、估价与土地交易服务。土地使用权的出租、转让、有偿使用等土地交易的进行，要求对土地进行估价，土地估价是对土地经济价值的评价，形成的结果可为土地交易活动提供基础资料和重要依据；通过土地评价对土地经营活动中的投入和土地经营后的产出进行分析，也是土地使用者选择土地的重要参考。

（3）为土地税收服务。主要分为两个步骤：①通过土地评价，确定全国范围内的土地等级；②根据土地等级制定土地税收政策和税收标准。土地资源评价可为土地税收提供标准。

（4）为土地补偿服务。土地资源评价可为土地补偿提供科学的依据以及补偿的标准。

（5）为土地管理服务。土地资源评价的结果可以更科学地管理土地，使土地资源达到最优配置，使土地资源的开发、利用、保护做到合理、高效、持久。土地资源评价为土地资源配置实施效果提供了评判标准，也可以通过可持续土地管理评价，对其影响进行分析，判断现在的土地利用方式是否符合可持续发展的标准。也可以通过土地资源评价，发现现有土地利用中存在的问题与不足，为制定相应的土地政策提供依据。

5.1.2 土地资源评价依据和原则

1. 土地资源评价的依据

土地资源评价的依据有土地资源的适宜性、土地资源的限制性、土地利用的效果。

（1）土地资源的适宜性。土地的适宜性是指在一定条件下土地对发展各项生产的适宜程度。衡量土地适宜程度的主要标志是看土地是否能长期的、最有效地得到利用和最大限度地发挥其潜力。土地的适宜性一般分为多宜性（即适宜农林牧业）、单宜性（即适宜某一业）和不宜性。对某一项生产或某种作物来说，土地适宜性可分为 4 等：①最适宜，各种条件均好，生产投资小，经济效益高；②比较适宜，一般条件好，部分条件不太好，但可以采取改造措施，经济收益比较高；③不大适宜，各种条件不太好，勉强可以发展，但改造措施投资大，经济收益不高；④不适宜，主要条件不能满足要求，也不易改造，经济收益最低。一般说，土地评价首先选其最适宜性，其次选其比较适宜性。

（2）土地资源的限制性。土地的限制性是指某种或某些不利因素对土地适宜性和生产潜力发挥的影响程度。土地限制性因素主要包括风沙、盐碱、干旱、沥涝、低温、水土流失及劳动力、肥料、交通运输等条件不良。根据限制因素的影响程度和改造难易，可分为容易改造的（即不稳定限制因素）和不容易改造的（即稳定限制因素）两类。评价土地主要抓住对土地质量影响较大的稳定限制因素，它是决定土地质量高低的重要依据。

（3）土地利用的效果。土地利用现状是人们长期改造利用土地的结果，在某些方面已反映了土地的适宜性，可以作为土地评价的参考。土地生产水平是在一定条件下土地生产能力的大小，它一般用土地产品和产量表示，如农地用单位面积产量及总产，林地用木材生产量和采伐量，牧地用载畜量和畜产量。为了便于比较，还有的采用产值和纯收入。

基本原理包括多样性原理、综合性原理、系统分析原理、相对性原理、可比性原理、限制性原理。

2.土地资源评价的原则

土地资源评价的原则有生产性原则、综合性原则、主导性原则、针对性原则、比较性原则、相对稳定原则。

（1）生产性原则。土地评价的最终目的是利用。评价土地应从经济利用的角度出发，分析评价土地利用的条件和潜力，论证土地合理利用方向和经济效益。

（2）综合性原则。土地资源质量的优劣、适宜性的范围及适宜程度均是土地资源内部各要素物质和能量特征及其外部形态的综合反映，是各要素综合作用的结果。因此，评价必须以综合性原则为基础，根据评价因素的综合作用评定土地。

（3）主导性原则。土地质量一方面受土地的自然属性、经济属性及技术条件等多种因素的综合影响。另一方面，土地各因素之间对土地质量的影响程度在不同的自然地理、社会经济条件下是不相等的，因而不能等量齐观。所以，在土地资源评价中既要研究各因素的综合影响，更要注意其中对土地质量起主要限制作用的主要因素的突出作用。

（4）针对性原则。由于土地具有地域性，评价土地必须因地制宜，做到宜农者农，宜林者林，宜牧者牧，以扬长避短，发挥优势，最大限度地提高土地生产力。

（5）比较性原则。为使土地资源评价结果可靠、合理、科学和实用。土地资源评价应遵循以下3点：①在一个评价区内，只有对影响土地质量的各个指标进行比较和调整，才能避免单纯就指标衡量的结果可能造成的偏向和失真现象；②在进行土地资源评价时还必须考虑大地地域差异规律对土地自然属性和社会属性的影响，只有通过不同地区间土地生产力的差异比较，才能确定参评因素和评级标准；③土地资源评价还应对不同的土地利用方式进行比较，有时还包括对土地利用现状与可能的变化进行比较。

（6）相对稳定原则。土地的质量等级只能在一定时间内保持相随稳定。因此，随着时间的推移，土地会因交通条件的改善、土地肥力的变化、矿产资源的开采与利用和风景区的兴衰等自然、社会条件变化而发生相对较大的变动。因此在一定时间内应对土地评价的结果加以修正，如果变动较大，则应重新进行土地资源评价工作，以保证评价结果的真实性。但是尽管土地的自然、社会条件不断发生变化，土地的经济价值也随之变化，但土地各等级之间的差距是相对的，因此，土地的各质量等级将保持相对稳定性。

5.1.3 土地资源评价的类型和单元划分

5.1.3.1 土地资源评价的类型

根据土地评价的目的、目标、对象、方法等的不同，可以将土地评价分成各种类型（表5.1）。

表 5.1　　　　　　　　　　　　　　　土地资源评价类型分类

分类依据	土地资源评价类型	分类依据	土地资源评价类型
评价目的	土地适宜性评价	评价对象	农用地评价
	土地生产潜力评价		林业用地评价
	土地经济评价		牧业用地评价
评价途径	直接评价		开发区用地评价
	间接评价		城镇用地评价
评价方法和精确程度	定性评价		旅游用地评价
	定量评价		自然保护区用地评价
评价目标	单目标评价		矿业用地评价
	多目标评价		交通用地评价

（1）按评价目的分类。根据评价目的，土地资源评价可分为土地潜力评价、土地适宜性评价和土地经济评价。土地适宜性评价是指在一定条件下土地对不同的土地用途的适宜程度的综合分析与评价。土地生产潜力评价是指针对特定的土地利用方式的土地生产力水平的估算。土地经济评价是指在一定的土地利用方式下对土地经济效益或经济价值的综合评估。

（2）按评价途径分类。根据评价途径，土地资源评价可以分为直接评价和间接评价。

（3）按服务目标分类。根据服务目标，土地资源评价可以分为单目标评价和多目标评价。单项评价也叫单目标评价，是根据某一具体目标和土地利用的具体要求开展土地评价。综合评价也叫多目标评价，一般是根据农、林、牧业生产的综合要求或国民经济各部门间合理分配土地资源的利用要求来开展多目标的土地评价。

（4）按评价方法和精确程度分类。根据不同的评价方法和评价精确程度，可划分为定性评价和定量评价。定性评价是指在评价过程中采用定性的术语进行描述，进行逻辑判断和推理，其结论也是用定性的术语表示；一般用于较小比例尺的土地评价。定量评价是指在评价过程中采用定量的数据，用数学方法进行估算，其结论可以用量化数值表示，一般用于大比例尺的土地评价。在实践中，2种评价方法经常相互配合。定性评价通常用于总体规划目的而做的概查中，而定量评价则用于比较具体的研究中。

（5）按评价结果的形式分类。根据评价结果的形式，土地资源评价可分为当前适宜性评价和潜在适宜性评价。现状土地评价是指在无大规模的土地改良措施而对处于当前状况下的土地对某种用途的适宜性或生产力的评价。潜在土地评价是指假设在实施各种土地改良措施之后土地对某种用途的可能适宜性或生产潜力。在预期进行大型的土地利用方式的变更或土地改良计划（如排水、垦殖或灌溉计划）的地方，需要进行潜在评价。

（6）按评价对象分类。根据评价对象的不同可以分为多种的评价类型，如农业用地评价、林业用地评价、牧业用地评价、城镇用地评价、交通用地评价、自然保护区评价等。同时如果将评价目的细分，则土地资源评价类型见表5.2。

表5.2　　　　　　　　　　　土 地 资 源 评 价 类 型

评价类型	主要评价方法	概念及目的
土地资源潜力评价	美国土地资源生产潜力级分类系统	评价结果能够表示某一区域内不同土地单元的生产潜力差异和限制性因素类型、程度，以利于土地利用布局
	美国农业部的土地评价与立地分析系统	
土地资源适宜性评价	联合国粮食与农业组织（FAO）土地适宜性评价	评价某种作物或土地利用方式对一定地区土地的自然条件（包括气候、土壤、地貌、水文等条件）的综合适宜程度
	《中国1：100万土地资源图》土地资源分类系统	
土地利用规划环境影响评价		对土地利用规划实施后可能造成的环境影响进行分析、预测和评价，提出预测或减轻不良影响的对策和措施，制定进行跟踪监测的方法和制度。对规划方案的实施和环境的有效保护，促进区域的协调发展
土地承载力评价		在一定的行政区域内，根据其土地资源的生产潜力，及不同的投入（物质的、技术的）水平所能生产的食物，能够供养一定生活水平的人口数量。是土地生态系统的自我维持、自我调节能力，资源与环境系统的供容能力及其可维持的社会经济活动强度和具有一定生活水平的人口数量
可持续土地利用管理评价	FAO评价方法与指标体系	如果预测到某一种土地利用在未来相当长的一段时间内不会引起土地适应性的退化，则可认为这种土地利用是可持续的。土地资源可持续利用可为可持续发展提供坚实的物质资源保证，是实现经济可持续发展的保证，促进人民生活质量和社会文明程度的提高
	压力-状态-响应模型框架	
	生态、经济、社会指标评价框架	
土地资源经济评价	毛利分析法	土地在一定的土地利用方式下对其经济效益的综合鉴定，即对土地生产的成本和效益进行分析和评定
	现金流量贴现分析法	
土地资源安全评价	土地资源安全单项评价	土地资源安全是指一个国家或地区可以持续地获取，并能保障生物群落、人类健康和高效能生产及高质量生活的土地资源状态或能力。实质上反映的是土地资源对人类安全生存、安全生产及社会经济发展的支撑能力
	土地资源安全综合评价	

5.1.3.2　土地资源评价的单元划分

土地评价必须落到一定的地块或实体上，基本的地块或实体单位即土地评价单元。或土地评价单元是具有专门特征的土地单位并用于制图的区域，它是土地评价的基本单位。根据国内外的实践来看，土地评价单元的选择大致有以下5种方式：

（1）以土地类型（或土地资源）单元为评价单元，以土壤-地貌-植被-利用现状的相对一致性作为划分依据。

（2）以土壤分类单位（我国采用土类、土属、土种，英国、美国采用土系），划分的依据是土壤分类体系。在大比例尺评价时由于其他因素如气候因素变异不大，土壤在土地综合性质变异中起主导作用，可直接利用土壤分类系统的某一级作为评价单元，准确地反映了土壤情况。如农用耕地的土地评价直接以土种的分类单元为评价单元。这种方法比较适合于大比例尺的土地评价。

如果存在其他的土地因子在评价范围内具有较大的变异，以至于评价时不得不考虑，就必须在土壤图的基础上根据这些因子分布图进一步划分类型单元，如将土壤图与坡度图叠加后获得的评价单元便同时具有了土壤和坡度的信息。

（3）以土地利用类型单元为评价单元，划分依据是土地利用分类体系。土地类型是根据全部土地构成要素之间相互作用而形成的综合体的相对性和差异性进行分类的结果，它一方面反映了土地的气候、地学、土壤、生物等自然条件的相对均一性和差异性；另一方面也表现了人类活动结果的相对均一性和差异性。因此，土地类型分类单元是理想的土地评价单元。

（4）以生产地块和地段（如我国的承包地块或其组合，西方国家的家庭牧场或大农场的作业地块）作为评价单元。

（5）以行政区划单位（如乡、村）为评价单元。

上述 5 种方式均有其合理性，没有优劣之分。至于究竟采用哪一种方式及该方式中的哪一级别，均应根据不同目的、用途、范围、制图比例尺而定。一般而言，以土地自然评价为主的工作多采用第 1、第 2 种方式；以土地经济评价为主的工作多采用第 2、第 3、第 4 种方式。评价目的越具体、用途越明确、范围越小、制图比例尺越大，在各方式中选取的类型单元级别则越低。

5.1.4　土地资源评价的方法和程序

5.1.4.1　土地资源评价的程序

主要介绍土地资源评价的一般工作程序，主要包括 3 个阶段：土地资源评价的准备阶段、土地资源评价的中间阶段、土地资源评价的资料整理和成果汇报阶段（图 5.1）。

1. 土地资源评价的准备阶段

主要内容包括立项、确定目标、工作人员及相应的物质条件的配备基础数据的收集与工作计划的制定等。

（1）土地评价立项与初步商讨。内容包括：①评价目标；②评价所依据的数据和论据；③评价地区范围与界线；④可能考虑的土地利用种类；⑤评价方法；⑥评价要求进行的调查深度和比例尺；⑦对评价最终成果的要求；⑧评价过程中工作阶段的划分。

（2）评价目标的确定。土地资源评价的目标是正确进行土地资源评价的保证，土地资源评价的目标一般根据生产要求而定，同时考虑自然条件和社会经济条件，以及评价人员的技术水准。土地资源评价的目标多种多样，有些是综合性的，如：为一个地区总体规划服务的土地资源评价，其目标可能是为多种模式的土地利用方式进行自然适宜性评价，获

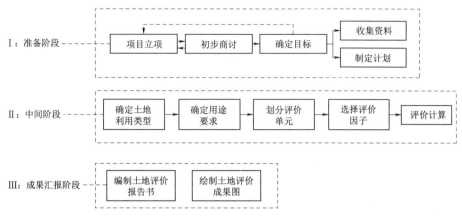

图 5.1 土地资源评价程序

取具体而准确的经济参数；为某个地区发展灌溉进行的土地资源评价，其评价目标可能是获取多种灌溉方式对不同土地的适宜性程度以及相应的灌溉量与增产效果等。还有的评价目标具体而简单，如：对交通用地的评价仅需考虑是否适宜于修筑公路或铁路；农场需要发展苹果园，只需对其土地进行苹果树的适宜性评价等。

（3）数据和资料的调查、收集，包括研究地区的基本情况、用于评价的数据和资料。研究地区的基本状况是指该地区的自然、社会、经济和政治状况，一般包括以下内容：地理位置、气候带、地形、土地改良的状况（如开垦、排水）、人口及其变率、生活水平、教育、目前的经济基础、基础设施（如交通、通信、城市公用事业）、政府支持、土地所有制及其管理方式、政治制度等。用于评价的数据和资料无论是定性的土地资源评价，还是定量的土地资源评价，其主要依据是能反映评价对象的各种性状的数据和资料。这些数据和资料根据表现方式不一样，可以分为属性数据和图形数据。属性数据是对评价对象各种性状的直接描述，它可以是精确的数字（如年平均气温 10℃、土壤有机质含量 1.2%等），也可以是抽象的描述性数据（如土壤排水状况良好、交通中等发达等）；图形数据是用图形表示评价对象不同类型的空间位置及其相互关系的数据，如土壤图、土地利用现状图等。用于评价的数据和资料见表 5.3。

表 5.3　　　　　　　　　　　　用于土地资源评价的数据和资料

指　　标	详　细　指　标
气候	光照、热量、气温、降水等
土壤	土壤类型、土壤理化性状参数值等
地形地貌	海拔、坡度等
水资源	主要指地表水和地下水
农作物	作物品种、种植制度等
动物资源	家畜、家禽等
土地利用现状	
人口数据	人口数量、素质等

指　　标	详　细　指　标
投入	农药、化肥、基础设施、科学技术投入等
地理区位	
需求	市场和价格等
政策环境和金融环境	

（4）制定土地评价的工作计划，包括确定待评价土地的范围和边界、选择可以考虑的土地利用方式、选择土地评价的类型、确定调查的范围、深度和比例尺、划分工作阶段。

1）确定待评价土地的范围和边界。根据立项时的要求，以行政区域或自然地理区域为单元确定范围和边界。

2）选择可以考虑的土地利用种类。这要根据评价目标、该地区的自然社会经济条件和土地利用现状选定。

3）选择土地资源评价的类型。首先根据评价的目标和对象确定是进行农业用地评价，还是林业用地评价等；然后再确定是否都需要进行土地自然适宜性评价、土地生产潜力评价、土地经济评价这 3 方面还是只需要其中的 1～2 个方面，确定进行当前评价还是潜在评价，定性评价还是定量评价。

4）确定调查的范围、程度和比例尺。这可以根据由评价目的所决定的所需数据和已经取得的数据进行比较来决定。

5）划分工作阶段。就以上各点做出初步决定之后，就应估计以后进行每项工作的时间和相对的工作阶段，并写出书面计划。

2. 土地资源评价的中间阶段

土地资源评价的中间阶段包括土地利用类型的选择和确定、土地用途的要求、土地评价单元的划分和土地性状的描述、评价因子的选择与评价结果的计算。

（1）土地利用类型及其要求：包括土地利用类型的选择和确定、确定土地用途的要求。选择和确定土地利用类型是土地评价过程的基本组成部分，大致分为以下 2 种情况：

1）在评价立项之初就确定了土地利用类型：如按土地利用大类进行定性调查和分析的评价工作中，在评价立项之初就确定了土地利用类型；也有在为一种或有限几种土地利用方式确定土地类型的研究中，根据评价目标确定该种情况下应予以考虑的土地利用类型，如确定灌溉果园或保留林地的地点。

2）在评价之初仅对土地利用类型做出初步的描述，随着评价工作的深入再作修改和调整：如在区域土地开发项目中可能包括农业、畜牧业和林业等多种利用方式，起初土地利用方式只是笼统地描述一下，如种植业；随着评价的进行，有些细节，如作物选择、建议的轮作制度、所需的水土保持设施和最佳的经营规模等逐渐地定下来，而详细的土地利用方式仅能在研究末期才能得以描述。

每一种土地利用类型都有大致确定的土地用途要求。例如，蔬菜地不宜过于平坦或坡度过大，以免积水和不利灌溉；大多数多年生作物需要根部终年存在有效水分；水稻用地要求耕层厚度不少于 17～23cm；栽培水稻要求平整的土地或花费可接受的成本后可加以平整的土地；茶树最适宜的酸碱度 pH 值为 4.5～6.5；林业要求一定的立地条件，虽然它一般在陡坡上也能生长。每种土地用途如在可持续利用和经济上可行的基础上付诸实施的话，都需要不同的环境条件，要尽量从自然、社会、经济等多方面综合分析，尤其是土地条件对土地用途在特定要求方面有明显的限制性时，在确定土地用途的要求时，要重点考虑。

（2）土地评价单元的划分和土地性状的描述。土地评价单元的划分整个评价范围的土地，可以按土地性状的组合方式，划分成若干多个的土地单元，即土地评价单元。土地评价单元是土地评价对象的最小单位，在同一个评价单元中，土地的基本属性具有相对一致性，不同评价单元之间具有相对明显的差异性和可比性。

土地评价是对各个土地评价单元的差异性进行综合分析，由每个土地评价单元的评价结果的综合整理形成土地评价的结果。土地评价的最终结果要通过评价单元反映出来。因此，划分土地评价单元是土地评价工作的基础。土地评价单元划分的依据是：评价对象的变异程度、评价目标的精度要求、土地调查所能达到的程度等。在实际工作中，必须综合考虑这些因素划分土地评价单元，不同时期、不同地区、不同内容的土地评价划分土地评价单元的方法都会有所不同，常用的方法见 1.3.2 节。

在划定土地评价单元之后，就必须清楚地描述各个单元的土地性状。对于土地性状的描述，应当尽量全面，至少应包含已确定的土地用途要求的所有土地属性数据。其数据来源，可以是收集的资料摘取、图件和图片上读取，必要时，可进行补充调查。

评价因子的选择：土地评价的实质是比较分析土地用途的要求与评价单元的土地性状，在确定土地用途的要求、描述土地性状时，要尽量全面；在评价分析时，一般不对所确定的或描述的所有的土地属性进行分析，而是选择其中有代表性的、起主导作用的一些属性或因素进行分析。即，要进行评价因子的筛选，以便使评价工作变得简单、易行。

评价因子的筛选，一般应遵循两个原则：①主导因子原则，对某一种土地利用方式而言，土地生产力取决于影响较大的因素（称为主导因子）；可在众多的土地利用影响因素中，选择对土地生产力影响大的主导因子，着重分析它们与土地适宜性或生产力之间的关系；②因子稳定性原则，可根据因子的时空变异特性，找出持续影响土地生产力的稳定性因子，主要采用该类因子作评价，而尽量避免选用易变的因子。一般来说，气候、地形、土壤质地、土层厚度等是稳定性因子，而土壤有效养分、生物因子等为易变因子。

评价因子的选择是针对一定的地区、一定的作物或一定土地利用方式进行的，可采用如下方法进行选择：①采用经验排除法，根据土地性状及土地用途要求的分析，排除在评价地区分布均匀的那些因素（气候因素，特别是辐射条件往往是这种因素）和所有评价单元中都没有出现对要求的作物或土地用途产生明显限制作用的因素；②采用权重法、回归系数法、主成分分析法等数学方法对剩下的、分布不均匀的、在某些评价单元中对土地利用方式具有限制作用的因素进行分析，确定主导因子。

评价结果的计算：通过以上的工作，明确土地用途的要求、获取评价单元中评价因子的数据，通过对两者的比较分析，采用一定的计算方法，计算每个评价单元在一定的用途下的生产力和等级，得出评价结果。不同类型的土地评价，可能选用不同的计算方法，比如，土地适宜性评价、土地生产潜力评价等较多地选用比配（matching）的方法，有的土地生产潜力评价选用数学模型的方法，而土地经济评价一般要选用经济分析方法，如投入-产出分析。

3. 土地资源评价的资料整理和成果汇报阶段

土地资源评价的成果主要包括两方面，即土地评价报告书和土地评价成果图。土地评价报告书主要是以文本的格式呈现，其中应体现下面几方面的内容：

（1）土地评价的目的。清楚地论述土地评价立项的依据、土地评价对象的基本情况、土地评价所要达到的目标。

（2）土地评价的过程与方法。清楚论述土地评价采用的数据和资料、土地评价的主要内容和土地评价所采用的方法。

（3）土地评价的结论。这是土地评价成果报告书的关键部分，它由3部分组成：土地评价的中间过程中通过一系列的估算和分析而获得的结果、根据结果而推导出的结论、针对结论而开展的讨论和建议。

土地评价成果图是以专题图鉴的形式体现，是直观地表达土地评价结果和结论的有效手段，是土地评价结果中不可缺少的部分，能够反映不同的土地利用类型、土地质量的空间分布和各土地等级之间的组合规律、有明确表明土地的数量和质量，以及土地质量的结构特征。但不同目的和内容的土地评价成果图的种类不同，如土地自然适宜性评价的成果图，是土地评价对象的适宜性等级分布图；土地生产潜力评价则是土地评价对象的土地生产潜力等级图；土地经济评价的成果可能是评价对象的土地经济分级图。

土地评价成果图应科学地确定制图比例尺，它是反映土地评价精度和制图内容的详细程度的主要标志；比例尺越大，其内容就越详细，精度也就越高，在生产实践上的针对性也就越强；比例尺越小，内容越趋于概括，在一个很小的图斑内，往往包括土地评价系统中若干个等级的土地类别，因此小比例尺土地评价图主要反映土地质量的宏观规律对生产实践的指导作用，也常常是战略性的。

不同比例尺的图件，所反映的土地评价成果有较大的差别，所以土地评价图的比例尺要根据土地评价的目的、评价地区面积的大小与制图内容及在其所要求的精度来选择和确定。一般全国性的土地评价图采用1∶100万比例尺；省和地区级土地评价图采用1∶50万～1∶20万比例尺；县级土地评价图采用1∶10万～1∶5万比例尺；乡级土地评价图采用1∶1万或更大的比例尺。

5.1.4.2　土地资源评价的方法

土地资源评价的方法多种多样，一般概括为两阶段法和平行法（图5.2）。

（1）两阶段法。第一阶段依据基础调查而进行定性的土地资源评价结构分类，其分类是依据调查开始时选定的土地利用类型的土地适宜性做出的。在第一阶段中社会经济分析的作用仅限于核实土地利用类型是否恰当。第二阶段依据第一阶段的结构，如图件或报告，进行社会经济分析，做出定量的土地资源评价结果分类，为规划决策提供直接的依据。

（2）平行法。平行法是指土地和土地利用类型的社会经济分析与自然因素的调查和评价是同时进行的。所评级的土地利用种类在研究的过程中常常会更改。例如，在种植业中，这种改变可能包括作物和轮作制度的选择、资金和劳动力投入的估算，以及最适当的

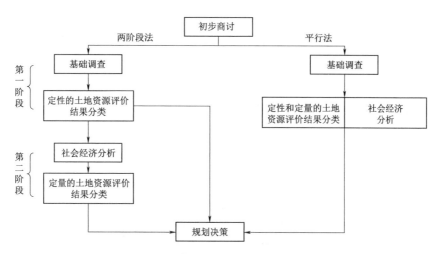

图 5.2　土地资源评价的两阶段法和平行法

农场规模的决定。平行法由于将两阶段法中的 2 个阶段同时进行，因此可以缩短评价的时间。多适用于小范围大比例尺的评价制图，当土地利用类型选择性较小时，使用起来尤为方便。

5.2　土 地 资 源 潜 力 评 价

土地潜力（land capability）是指在一定的自然条件或社会经济条件下，土地用于农林牧业生产或其他利用方面的潜在能力。土地资源潜力评价是指在特定的目的下，对土地的生产生物产品或经济产品潜在能力进行综合评价和定级的过程。评价结果能够表示某一区域内不同土地单元的生产潜力差异和限制性因素类型、程度，以利于土地利用布局。土地潜力既指土地的好坏，又表示土地的生产能力，它可分成现实条件下的土地生产能力和改变某种限制条件后将来的土地生产能力。

土地资源潜力评价可以分为土地利用潜力评价和土地生产潜力评价。土地利用潜力评价是指以土地的适应性、限制性、保护、改造的措施来划分土地的等级，它是一个相对等级的评价。土地生产潜力评价是指根据气候、土壤等因素，估算出土地在一定条件下能生产多少生物或经济产量，它是一个绝对数量的概念。

5.2.1　美国土地潜力分类

美国农业部土壤保持局于 1961 年正式颁布的土地潜力分类系统，是世界上第一个较为全面的土地评价系统。它以农业生产为目的，根据土地对作物生长的自然限制性因素的强弱程度，将土地分成若干个顺序的类别。该系统可分为潜力级、潜力亚级和潜力单元三级。

（1）土地潜力级（land capability class）按照土地对大田作物、牧草等利用方式的限制性种类、强度和需要特殊改良的管理措施等情况，以及长期作为某种利用方式而导致土地退化的危险性，对土地潜力级进行分类，共分 8 个潜力级，从Ⅰ级到Ⅷ级，土地在利用时受到的限制性与危险性是逐级增加的（图 5.3），其中，Ⅰ级最好，适宜于所有的利用方式，包括种植作物（农业利用），或作草场、牧场、林地、野生生物保护区。具体说明如下：

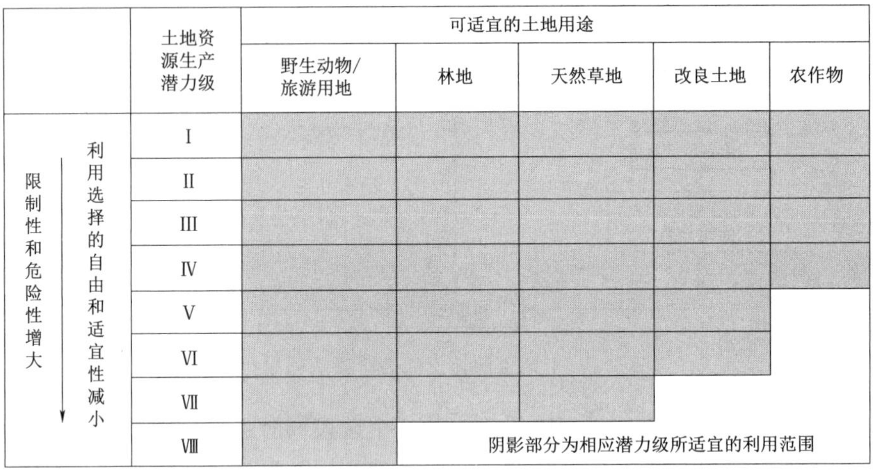

土地资源生产潜力级		可适宜的土地用途				
		野生动物/旅游用地	林地	天然草地	改良土地	农作物
限制性和危险性增大 ↓	利用选择的自由和适宜性减小	Ⅰ				
		Ⅱ				
		Ⅲ				
		Ⅳ				
		Ⅴ				
		Ⅵ				
		Ⅶ				
		Ⅷ	阴影部分为相应潜力级所适宜的利用范围				

图 5.3　美国土地资源生产潜力级分类系统（改编自 USDA，Handbook 2010，1961）

Ⅰ级：在土地利用上没有或只有很少限制，土壤和气候条件都最佳，无坡度或稍有倾斜，土壤侵蚀的危险性很小。因此，在正常的管理水平，适宜于许多植物，且产量高。

Ⅱ级：在利用上有一定的限制性，如土层小于理想的厚度、有缓坡、偶尔遭受破坏性洪水、有轻度或中度盐渍化等，存在中等程度的破坏和风险。因此，该级土地虽然也适宜于许多植物，但是，减少了种植作物选择的余地，或者要求有中度的保护措施。

Ⅲ级：在利用（特别是农业利用）上有严重的限制性，如坡度较陡、洪水频繁、排水困难等，利用后有比较大的风险，如土壤侵蚀、造成土壤盐渍化等，存在严重的破坏或风险。因此，与第Ⅱ级相比，种植作物选择的余地更小，需要有专门的保土措施。

Ⅳ级：在利用（特别是农业利用）上有十分严重的限制性，可能只适宜种植 2～3 种常见的作物，且产量很低，一定时期后还可能发生土地退化、产量降低的现象。因此，适宜的农作物种类很少，在作物的选择上有很大的限制，在利用方式上都有严格的要求，如要进行休闲、要有十分精细的管理。

以上 4 级，除了种植农作物，都适宜于用作草场、牧场、林地、野生生物保护区等各种方式。

Ⅴ级：本级应该保持永久的植被，地势平坦，没有或少有侵蚀的危险，但有其他不可排除的限制因素，如土壤潮湿、经常遭河水漫淹或砾石太多。因此，无法进行农业耕作，但用作草场、牧场、林地、野生生物保护区，则没有或很少有永久性限制。

Ⅵ级：用作放牧地、林地，存在中等的危险；由于存在严重的限制性和土地退化的危险性，不宜于耕作，但经过一定的改良后，可用作牧场，在一定的管理条件下，可作草场、牧场、林地、野生生物保护区。

Ⅶ级：有严重的不可克服的限制性因素，无法将其改良为草场或牧场，而只能用作放牧、林地、野生生物保护区，但要有一定的保护措施。

Ⅷ级：主要为瘠地、岩石、裸山、沙滩、河流冲积物、尾矿地以及近乎不毛之地的土地，作为牧地、林地都是不宜，但可以作为野生动物放养地、水源涵养地、风景游乐地、休养地等，加强保护和设法增加覆盖是极重要的。

（2）土壤潜力亚级（land capability subclass）在土地潜力级之下，按照土地利用的限制性因素的种类或危害，续分为亚级（其中，由于Ⅰ级没有限制性，也不分亚级），同亚级的土地，其土壤与气候等对农业起支配作用的限制性因素是相同的。共分4个亚级：

1）e（侵蚀限制因子）土壤侵蚀和堆积危害。

2）w（过湿限制因子）土壤排水不良，地下水位高，洪水泛滥危害。

3）s（土壤限制因子）植物根系受限制的危害，包括土层薄、干旱、硬盘层、石质、持水量低、肥力低、盐化、碱化等。

4）c（气候限制因子）影响植物正常生长的气候因素危害，如过冷、干旱、霜雹等。

如有2种以上限制因子程度基本相同时，则按e、w、s、c顺序表达。

（3）土地潜力单元（land capability unit）潜力亚级续分为潜力单元。在同一个土地潜力单元内，对于植物的适宜性和所需要的经营管理技术都基本相似；它们在土地制图单位上属于范围较小，性质更为均一的，具有相近土地利用潜力和相似管理措施的土地单元。具体来说，属于同一潜力单元的土地类型应具有以下特点：①在相同经营管理措施下，可生产相同的农作物、牧草或林木；②在种类相同的植被条件下，要求相同的水土保持措施和经营管理方法；③具有相近的生产潜力（在相似的经营管理制度下，同一潜力单元内各土地的平均产量的变率不超过25%）。

美国土地资源生产潜力分级结构示意图如图5.4所示。

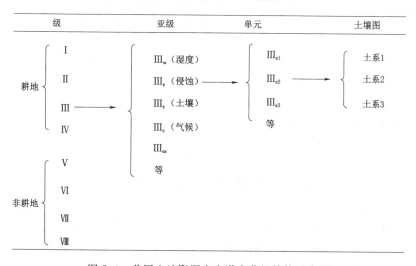

图5.4　美国土地资源生产潜力分级结构示意图

5.2.2　美国农业部的土地评价与立地分析系统

美国的土地资源生产潜力评价主要以土地自然属性的限制性作为评价依据，对一个实际地块或一个评价单元展开评价。所谓限制性，是指对利用潜力有不利影响的土地性质。限制性有永久与暂时之分：永久限制性是指那些不能轻易排除，至少不能通过小型土地改良排除的不利土地性质，如坡度、土层厚度、洪涝危害、气候灾害（如冻害、干旱、霜雹）等；暂时限制性是指可以通过土地改良措施排除或改善的不利土地性质，如土壤养分含量和程度轻微的排水不畅。

潜力级的评定主要依据土地利用的永久限制因子。首先，确定评价单元的主要限制因素，及其限制性程度；然后，比较各限制因素的限制性程度，采用"最小因子律"确定该评价单元的潜力级，即：尽管其他的一些土地性质不存在什么问题，但只要某一限制性因素的限制程度已足以使土地的潜力级降至某一级以下，便将该土地单元定为这一潜力级。例如，某一土地单元，地表平坦，排水良好，而且不受洪涝危害；只是土层厚度仅为10cm，属于比较严重的限制性，使土地的潜力级降低为Ⅵ级，所以，综合而言，该地块的潜力级只能评为Ⅵ级。

潜力亚级的评定主要根据限制因素的种类来评定。一般来说，其亚级也应由限制性程度最大的因素决定。例如，如果土层厚度为最严重的限制因素，则其亚级为S（根系限制因子）。

潜力单元的评定主要依据实际的经营管理方式和产量水平来确定。将实际的经营管理方式和产量水平接近的土地，确定为一个潜力单元。

美国农业部土地潜力评价系统的具体特点可归纳如下：

（1）潜力级的评定主要依据土地利用的永久限制，而将现状植被（树木、灌木等）视为非永久限制性，因此，在评价中一般不考虑植被。

（2）同一潜力级的土地尽管其限制程度相似，但是限制性因素的种类不一定相同，因此，所需经营管理措施也不一定相同。

（3）潜力级的评定主要依据土地的自然要素，而不进行专门的投入产出分析。然而，在潜力级的评定中仍须考虑一般性的投入产出。

（4）假定在中等经营管理水平（当地大多数农户所及的经营管理水平）上评定土地的潜力级，即对经营管理水平不作专门考虑。

（5）评价时不考虑市场的远近、道路存在与否及道路的级别。因此，地处偏僻但质量好的土地仍有可能评为Ⅰ级。

5.3　土地资源适宜性评价

土地适宜性评价（land suitability evaluation）是以特定利用土地为目的，评价土地适宜性的过程。土地自然适宜性是指某种作物或土地利用方式对一定地区土地的自然条件（包括气候、土壤、地貌、水文等条件）的综合适宜程度。

5.3.1　联合国粮食与农业组织（FAO）土地适宜性评价

土地适宜性分类方法应用较为广泛的是联合国粮食与农业组织（FAO）于1976年公布的《土地评价纲要》及陆续制定的一系列方案。该土地适宜性分类系统是一种解释性分类系统，可以适用于不同的土地利用种类的土地适宜性分类，而且始终保持一定的结构，即具有相同的分类类目，每个类目在应用于不同的土地利用种类时，仍保持它在不同的分类范畴中的基本含义。其土地自然适宜性分类系统采用土地适宜性纲（order）、土地适宜性级（class）、土地适宜性亚级（subclass）、土地适宜性单元（unit）四级分类制。

土地适宜性纲反映土地适宜性的种类，表示针对所考虑的土地用途是否适宜。纲包含2个，分别用S和N表示（表5.4）。其中S纲表示适宜，这类土地对所考虑的土地用途能够可持续利用，即可以产生足以抵偿投入的收益，同时没有破坏土地资源的危险。N纲表示不适宜，这类土地对所考虑的土地用途不能可持续利用，其原因可能是存在着不可克服的一种或多种限制性因素。

表5.4 联合国粮食与农业组织（FAO）土地适宜性评价体系

适宜性纲	适宜性级	适宜性亚级	适宜性单元
S（适宜）	S_1：高度适宜	无	
	S_2：中度适宜	S_{2m}（水分限制）	S_{2e-1}
			S_{2e-2}
			S_{2e-3}
	S_3：勉强适宜	如 S_{3e}（侵蚀危险限制）	
N（不适宜）	N_1：当前不适宜	N_{1m}	
	N_2：永久不适宜	N_{2me}	

注 改编自FAO《土地评价纲要》。

土地适宜性级，反映纲内适宜性程度，按照在纲内适宜性程度递减的顺序，用连续的阿拉伯数字表示。在适宜纲内，级的数目不做规定，根据评价工作的需要而确定，但一般不超过5级。实践中，多采用3级，在定性分类中可以分别采用下列名称和定义进行描述。

S_1级，高度适宜：土地对某种用途的可持续利用没有限制，或只有较小的限制，这种限制不会显著地降低产量或收益，并且不会将投入提高超出可接受的程度。

S_2级，中度适宜：土地对指定用途的可持续利用中存在中等程度的限制性，这些限制会减少产量和收益并增加所需的投入，但这种用途仍能从中获得利益，虽有利可图，但明显低于S_1级的土地。

S_3级，勉强适宜：土地对指定用途的可持续利用有严重的限制，因此将降低产量和收益或增加必需的投入，其收支仅仅勉强达到平衡。

在不适宜纲内，通常分为两级：

N_1级，当前不适宜：土地具有短期能克服的限制性，但在目前的技术和现行成本下，不能改变这种局限性；限制性的严重程度达到在既定方法下不能保持土地有效地持续利用。

N_2级，永久不适宜：土地限制性非常严重，以至于在既定方法下不存在有效地可持续利用的任何可能性。

土地适宜性亚级，土地适宜性亚级反映级内限制性的种类或需改良的种类，如土壤水分亏缺、侵蚀危险。亚级用英文字母表示限制性，如 S_{2m}（表示中等适宜类，有效水分限制亚级，m 表示土壤水分限制性）、S_{2e}（表示中等适宜类，侵蚀限制亚级，e 表示侵蚀危险的限制性）。S_1 级下没有亚级。

土地适宜性单元，土地适宜性单元是亚级的再细分，反映亚级内土地利用或经营管理的细小差别。亚级内所有的单元具有级水平的相同适宜性程度和亚级水平的相似限制性种类，单元与单元之间在限制性的细节上存在差别。适宜性单元可用连续号后加一个阿拉伯数字表示，如 S_{2e-1}、S_{2e-2}。在一个亚级内划分单元的数目不受限制。

5.3.2 《中国1∶100万土地资源图》土地资源分类系统

《中国1∶100万土地资源图》是我国第一套全面系统反映土地资源潜力、质量、类型、特征、利用的基本状况及空间组合与分布规律的大型小比例尺专业性地图。《中国1∶100万土地资源图》的编制是国家《1978—1985年全国科学技术发展规划纲要》重点科学技术项目第一项"对重点区域的气候、水、土地、生物资源以及资源生态系统进行调查研究，提出合理利用好保护的方案，制定因地制宜地发展社会主义大农业的农业区划"和《全国基础科学发展规划》地学重点项目第五项"水、土资源与土地合理利用的基础研究"中的一项研究课题。

该项成果的主要成就如下：

（1）以土地资源评价为核心，包括土地类型与土地利用现状在内的多因素综合制图，它反映了土地资源潜力、土地资源的基本性质与土地资源利用的基本状况。

（2）首次提出了土地资源分类系统。这个系统包括了土地潜力区、土地适宜性、土地质量等、土地限制型与土地资源单位。层次分明、结构严整。它是根据中国土地资源的基本特点与编图目的，将土地资源评价系统与土地资源类型系统结合起来，把土地的适宜性与土地限制性结合起来，既有全国的可比性，又有地区的差异性。该图将全国划分为9个土地潜力区、8个土地适宜类、农林牧各3个土地质量等10个土地限制型与2600多个土地资源单位。

（3）根据分类系统可以统计80项土地资源数据，包括反映土地潜力的土地适宜性、土地质量、土地限制因素及限制强度；反映土地自然性质的地貌、土壤、植被和土地类型；反映土地利用现状的耕地、林地、草地以及各类后备资源情况。

中国科学院自然资源综合考察委员会于1983年拟定了《中国1∶100万土地资源图》的土地资源分类系统，其分类系统采用"土地潜力区-土地适宜类-土地质量等-土地限制型-土地资源单位"5级分类系统，各级的内容和划分依据简介如下。

5.3.2.1 土地潜力区

根据大气的水热条件差异将全国划分为华南区、四川盆地-长江中下游区、云贵高原区、华北-辽南区、黄土高原区、东北区、内蒙古干旱区、西北干旱区和青藏高原等9个土地潜力区。它反映了各区之间生产潜力的差异，即同一区内的土地大致有着相近的生产潜力，包括适宜的农作物，牧草与林木的种类、组成、熟制和产量，以及土地利用的主要方向和主要措施等。

5.3.2.2　土地适宜类

在土地潜力区内根据土地对农、林、牧业生产的适宜性来划分土地适宜类。它反映土地的主要适宜性和多种适宜性。按此共分为宜农土地类、宜农宜林宜牧土地类、宜农宜林土地类、宜农宜牧土地类、宜林宜牧土地类、宜林土地类、宜牧土地类及不宜农林牧土地类等8个土地适宜类。

5.3.2.3　土地质量等级

在土地适宜类内按照土地对农林牧3方面的适宜程度和生产潜力的高低划分为一等宜农土地、二等宜农土地、三等宜农土地，一等宜林土地、二等宜林土地、三等宜林土地，一等宜牧土地、二等宜牧土地、三等宜牧土地，分别用阿拉伯数字1、2、3表示；不宜农林牧类用数字0表示。宜农耕地类用1位数字表示，其他均用3位数表示，第1位表示宜农等级，第2位表示宜林等级，第3位表示宜牧等级。如"1"表示一等宜农耕地；"233"表示二等宜农三等宜林宜牧土地；"010"一等宜林不宜农牧地。各等土地的具体内容如下：

（1）一等宜农地对农业无限制或少限制，质量好。通常这类土地地形平坦，土壤肥力高，在正常耕作管理措施下，能获得好收成。若是未垦土地，则不需改造或稍加改造即可开垦为农用，并在正常利用下不致发生土地退化和影响邻区生态环境等不良后果。

（2）二等宜农地农业利用受一定限制，质量中等。这类土地需采取一定的改良措施才能较好地为农业利用；或者需要一定的保护措施，以免土地退化。

（3）三等宜农地农业利用受较大限制，质量差。这类土地需在更大改造措施之后才能农业利用；或需采取重要保护措施防止土地在农业利用时发生退化现象。

（4）一等宜林地最适宜于林木生长的土地，产量高、质量好。这类宜林地无明显限制，在更新或造林时只需采用一般技术。

（5）二等宜林地比较适宜林木生长的土地，产量与质量均为中等。这类宜林地受到地形、土壤、水分或盐分等因素的一定限制，造林时要求较高的技术措施。

（6）三等宜林地林木生长有一定难度，产量很低。受地形、水分、土壤或盐分等因素的较大限制，造林技术要求高，并需一定的改良措施。

（7）一等牧地最适宜于放牧或饲养牲畜的土地。其所产牧草品质好、产草量高。这类地水土条件好，易于建设基本草场。

（8）二等宜牧地比较适宜于放牧或饲养牲畜的土地。其所产牧草品质较差或产草量较低，或草场有轻度退化，但水土条件好，较易于改良和恢复。

（9）三等宜牧地勉强适宜于放牧或饲养牲畜的土地。其所产牧草品质较劣或产量很低，草场退化，需大力改造。

5.3.2.4　土地限制型

土地限制型是在土地资源等范围内，按其限制因素及其强度划分的结果。同一土地限制型的土地具有相同的主要限制因素和相似的改造措施。同一土地资源等内的不同土地限制型之间只反映限制因素的不同与改造措施的差别，并无质量等级上的差别。土地限制型共分为无限制（o）、水文与排水条件限制（w）、土壤盐碱化限制（s）、有效土层厚度限制（l）、土壤质地限制（m）、基岩裸露限制（b）、地形坡度限制（p）、土壤侵蚀限制（e）、水分限制（r）与温度限制（t）等 10 个限制型。土地限制型的表示方法为：用英文小写斜体字母放在土地质量等的右上角。限制强度则用小号阿拉伯字母 1、2、3 等表示，放在英文字母的右下角。

5.3.2.5　土地资源单位

土地资源单位是土地资源分类的基层单位，它表明土地的自然类型或利用类型，是由一组具有较为一致的植被、土壤即中等地形或经营管理与改造措施上较相同的土地构成。因此，土地资源单位的数量不限，在各土地潜力区内很不一致。土地资源单位用阿拉伯数字 1、2、3 等表示，放在土地质量等的右下角，按图幅自行顺序编排。例如 $333W_1^2$，其中：333 表示三等宜农、宜林、宜牧，水文与排水限制（W），限制程度为 2 级（右上角 2），右下角 1 表示该土地资源单位为谷地-沼泽土-杂类草草地。

综上所述，《中国 1∶100 万土地资源图》的评价系统有如下特点：

（1）划分土地潜力区，作为土地资源评价的"零"级单位，这种做法有利于解决不同地区、同一等土地之间的不可比性。我国幅员辽阔，各地自然条件差别甚大，例如，南方的一等宜农地与北方的一等宜农地在绝对量上差别甚大，而划分水热条件相对一致的潜力区，在一定程度上可解决这一矛盾。

（2）评价体系与联合国粮食与农业组织的《土地评价纲要》有许多相似处。例如，土地质量等相当于《土地评价纲要》的土地适宜类，土地限制型相当于《土地评价纲要》的土地适宜亚类，而土地资源单位也颇相似于《土地评价纲要》的土地适宜单元。

（3）评价与制图结合较好。评价成果在图上表示出来使人一目了然。而且，通过在评价图上量算出各类、等、型土地的面积，可为土地利用调整和规划等提供宝贵的第一手资料。

（4）采用土地类型与土地利用现状相结合的"土地资源单位"作为评价的基础，有利于将评价结果与利用现状进行比较，从而摸清现状土地利用的合理与不合理之处，这也有助于土地利用的调整。

5.4　土地利用规划的环境影响评价

5.4.1　土地利用规划环境影响评价的概念和意义

土地利用规划环境影响评价是指土地利用规划实施后可能造成的环境影响进行分析、预测和评价，提出预测或减轻不良影响的对策和措施，制定进行跟踪监测的方法和制度。土地利用规划环境影响评价在规划区环境质量现状调查的基础上，根据有关环境保护的法律、法规和技术指导，通过对规划方案的实施和环境的有效保护，并促进区域的协调发展。

土地利用规划环境影响评价主要有以下几个任务：分析规划的任务和内容、识别关键环境要素、针对评价对象构建评价指标和方法、制定不良环境影响的减缓措施。

土地利用规划进行环境影响评价是可持续发展的需要，是环境保护的需要，是社会、经济、生态效益相统一的需要。土地利用规划进行环境影响评价可以进一步完善规划方案。规划的环境影响评价可以在规划方案的形成阶段就参与其中，以便及早从生态环境保护与建设的角度出发，分析规划方案可能引起的积极与消极的影响，从而进一步改善规划方案。土地利用规划涵盖各业用地，是配置和合理利用土地资源的重要手段，与生态环境保护与建设息息相关。因此，土地利用规划影响评价可以从规划区环境保护和生态建设的总体角度出发，同时结合国民经济发展计划，考虑诸多建设项目的协同作用和累积作用，统筹规划土地利用与生态环境建设，促进经济、社会和生态的可持续发展。土地利用规划环境影响评价可以全面考虑替代方案。规划环境影响评价可以在对规划区域生态环境现状、环境目标分析和评价的基础上，针对规划方案的潜在影响，评价影响的范围和程度，拟定替代方案，并提出消除、减缓不利环境影响的措施。

5.4.2 土地利用规划环境影响评价与其他环境影响评价的关系

土地利用规划环境影响评价和其他环境影响评价之间的区别在于：评价的对象即内容不同、介入的时间不同、评价的完整性和全面性不同、评价的影响力度不同、公众参与的程度不同。二者之间的区别具体见表5.5。

表 5.5　　　　　　土地利用规划环境影响评价和其他环境影响评价之间的区别

项　目	土地利用规划环境影响评价	其他环境影响评价
现阶段发展现状	法律以及和管理程序还不健全，同时对评价的指标还没有统一的规定和标准	已经形成了一套比较成熟的评价体系
评价范围	土地规划，属于规划层次，具有全局性和战略性	只对建设项目，是对战略的具体落实，具有局限性和短期性
评价内容	包括现状评价和方案评价	只对建设项目造成的影响进行评价
介入的时间	较早	滞后
影响时间的长短	具有长时间的影响效应	只考虑建设项目期间或者建成一段时间后对环境的影响
评价指标	多，复杂，涉及整个生态系统	单一，简单，只涉及有关的影响因子
解决的问题	规划层次的问题	与建设项目有关的具体问题
对生态环境的作用	可以整体考虑规划区环境和生态建设	只考虑单个项目的环境影响，不能考虑多个项目的累积效应，缺乏整体性
对规划方案的影响	可以全面考虑替代方案	只对建设项目的不利影响提出缓解措施
公众参与程度	可能受到限制	全过程都可以参与

土地利用规划环境影响评价和其他环境影响评价之间也存在联系，土地利用规划环境影响评价在某些环节是对其他环境影响的借鉴，其中包括对评价方法、评价原则、评价指标体系监理、公众参与的方法和方式等方面的借鉴。土地利用规划环境影响评价和其他项目环境影响评价在程序上具有一定的相似性。具体程序流程见图5.5。

5.4.3 土地利用规划环境影响评价的特点和原则

土地利用规划环境影响评价具有针对性、有限性和实用性3个特性。土地利用规划环境影响评价应遵循以下原则：

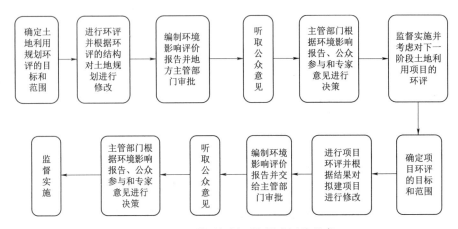

图 5.5　土地利用规划环境影响评价程序

（1）科学、客观、公正原则。土地利用规划环境影响评价必须科学、客观、公正，综合考虑规划实施后对各种环境要素及其所构成的生态系统所造成的影响，为决策提供科学依据。这是任何评价工作都应遵守的基本原则，评价者的立场是能否科学、客观、公正地展开工作的基础，通常将中立的第三方评价作为其前提条件。

（2）早期介入原则。土地利用规划环境影响评价应尽可能地在规划编制初期介入，并将对环境的考虑充分融入规划中。早期介入，总的来说，是在规划草案形成之前介入。早期介入原则是土地利用规划环境影响评价的精髓。通过早期介入，可以及早地将环境因素纳入综合决策之中，已实现可持续发展的目标。

（3）整体性原则。土地利用规划环境影响评价应把与该规划相关的政策、计划、规划以及相应的项目联系起来，做到整体性考虑。尤其是应该将具有共同环境影响要素的相关规划置身于该要素（如水环境与水资源）的环境容量或环境承载力分析中，分析其是否相容。

（4）公众参与原则。在土地利用规划环境影响评价过程中鼓励和支持公众参与，充分考虑到社会各方面的利益和主张。一方面，需要开展土地利用环境影响评价的规划多与人民群众的社会经济生活关系密切，属于公共政策范畴，而公众通过参与土地利用规划环境影响评价也是促进了重大决策的民主化与科学化；另一方面环境污染、生态破坏等环境问题的受害者也多为普通群众，而且随着社会经济的发展，群众参与各类环保活动的意识、觉悟与能力不断提高，对环境质量的要求也正在提高。因此，公众参与原则在土地利用规划环境影响评价中显得尤为重要。

（5）一致性原则。土地利用规划环境影响评价的工作深度应当与规划的层次、详尽程度相一致。由于规划涉及的范围、层次、详尽程度差别较大，对于不同层次规划进行环境影响评价所能获取到的信息应有较大的区别，不同层次规划决策部门所关心的问题层次也不同，考虑到这些因素，强调土地利用规划环境影响评价的工作深度应与规划相适应，既不能做得不足，也应避免过度。

5.4.4　土地利用规划环境影响评价的内容和方法

土地利用规划环境影响评价的工作流程见图 5.6。

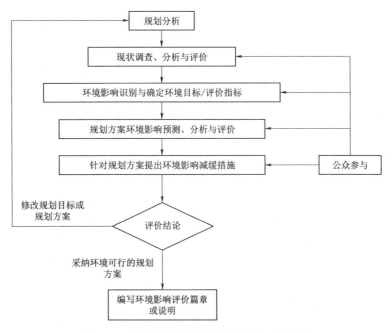

图 5.6 土地利用规划环境影响评价工作流程

土地利用规划环境影响评价的基本内容主要包括以下 8 个方面：

（1）规划分析。其中包括分析拟议的规划目标、指标、规划方案与相关的其他发展规划、环境保护规划的关系。

规划分析的基本内容应包括：规划描述、规划目标的协调性分析、规划方案的初步筛选以及确定规划环境影响评价的内容与范围等 4 个方面。

1）规划描述。规划环境影响评价应在充分理解规划的基础上进行，应阐明并简要分析规划的编制背景、规划的目标、规划对象、规划内容、实施方案，及其与相关法律、法规和其他规划的关系。

2）规划目标的协调性分析。按拟定的规划目标，逐项比较分析规划与所在区域/行业其他规划（包括环境保护规划）的协调性。

3）规划方案的初步筛选。规划的最初方案一般是由规划编制专家提出的，评价工作组应当依照国家的环境保护政策、法规及其他有关规定，对所有的规划方案进行筛选。筛选的主要步骤有：识别该规划所包含的主要经济活动，分析可能受到这些经济活动影响的环境要素；简要分析规划方案对实现环境保护目标的影响，进行筛选以初步确定环境可行的规划方案。

4）确定规划环境影响评价内容与评价范围，规划环境影响评价的内容主要根据规划对环境要素的影响方式、程度，以及其他客观条件。每个规划环境影响评价的工作内容随规划的类型、特性、层次、地点以及实施主体而异；根据环境影响识别的结果确定环境影响评价的具体内容。确定评价范围时不仅要考虑地域因素，还要考虑法律、行政权限、减缓或补偿要求、公众和相关团体意见等限制因素。

（2）环境现状调查与分析。其中包括调查、分析环境现状和历史演变，识别敏感的环境问题以及制约拟议规划的主要因素。

现状调查、分析与评价是进行环境影响识别的基础,主要通过资料与文献收集、整理与分析进行,必要时进行现场调查与测试,规划的现状调查与分析除了要对规划影响范围内各环境要素的现状进行调查、分析之外,还要求进行社会、经济方面的资料收集及评价区可持续发展能力的分析。现状调查应针对规划对象的特点,按照全面性、针对性、可行性和效用性的原则,有重点地进行。现状调查内容应包括环境、社会和经济3个方面。调查重点应放在与该规划相关的重大问题,以及各问题之间的相互关系及已经造成的影响。

现状分析的主要内容包括:①分析社会经济背景及相关的社会、经济与环境问题,确定当前主要环境问题及产生的原因;②分析生态敏感区(点),如特殊环境及特有物种、自然保护区、湿地、生态退化区、特有人文和自然景区以及其他自然生态敏感点等,确定评价范围内对被评价规划反应敏感的地域及环境脆弱带;③分析环境保护和资源管理,确定受到规划影响后明显加重,并且有可能达到、接近或超过地域环境承载力的环境因子。

(3)环境影响识别与确定环境目标和评价指标。其中包括识别规划目标、指标、方案(包括替代方案)的主要环境问题和环境影响,按照有关的环境保护政策、法规和标准拟定或确认环境目标,选择量化和非量化的评价指标。

环境影响识别的目的是确定环境目标和评价指标。环境目标主要包括规划涉及的区域或行业的环境保护目标,以及规划设定的环境目标。识别指标是环境目标的具体化描述。评价指标可以是定性的也可以定量的,是可以进行监测和检查的。规划的环境目标和评价指标需要根据规划的类型、规划层次,以及涉及的区域或行业的发展状况和环境状况来确定。

规划涉及的环境问题可按当地环境(包括自然景观、文化遗产、人群健康、社会/经济、噪声、交通)、自然资源(包括水、空气、土壤、动植物、矿产、能源、固体废物)、全球环境(包括气候、生物多样性)三大类分别描述(表5.6)。

表5.6   **规划涉及的环境因子**

全球可持续性因子	自然资源因子	当地环境质量因子
生物多样性	土地和土壤品质	区域介质环境质量
耗竭性资源	空气质量	景观和公共用地
非耗竭性资源潜力	水资源保有量和质量	文化遗产
特有生境	矿产资源保有量	公共交通
CO_2的排放量	生物资源更新速率	建筑物质量

环境影响识别的内容包括对规划方案的影响因子识别、影响范围识别、时间跨度识别、影响性质识别。环境影响识别的方法主要有:核查表法、矩阵法、网络法、GIS支持下的叠加图法、系统流图法、层次分析法、情景分析法等。

(4)环境影响预测、分析与评价。其中包括预测和评价不同的规划方案(包括替代方案)对环境保护目标、环境质量和可持续性的影响。

环境影响预测应对所有规划方案的主要环境影响进行预测,为规划方案的环境比较提供基础,使得规划编制人员和决策者有更多的机会来选择环境可行、环境优化的规划方案。规划环境影响评价是评价多个规划方案，而不是只寻找一个推荐方案的替代方案。环境影响预测的主要内容包括其直接的和间接的环境影响，特别是规划的累积影响；规划方案影响下的可持续发展能力预测。预测的方法一般有类比分析法、系统动力学、投入产出分析、环境数学模型、情景分析法等。

环境影响分析与评价应对规划方案的主要环境影响进行分析和评价，分析评价的主要内容为：①规划对环境保护目标的影响；②规划对环境质量的影响；③规划的合理性分析，包括社会、经济、环境变化趋势与生态承载力的相容性分析。环境影响分析与评价的方法一般有加权比较法、费用效益分析法、层次分析法、可持续发展能力评估、对比评估法、环境承载力分析等。

（5）针对各规划方案（包括替代方案），拟定环境保护对策和措施，确定环境可行的推荐规划方案。在规划环境影响预测与评价的基础上，首先应对具有显著的、不可接受环境影响的规划方案提出针对性的减缓措施，并分析采取减缓措施后的环境影响是否降低到可接受的水平以及减缓措施的费用是否合理或可以承担；然后确定规划方案是否为环境可行的规划方案；再将所有的环境可行的规划方案进行汇总、排序并优选；最后提供或建议环境可行的推荐方案。

（6）开展公众参与。公众参与可以反映广大公众的意愿，帮助决策者科学决策。但是由于规划与建设项目不同，它涉及的决策层次高，影响面大，因此规划环境影响评价中的公众参与同建设项目有所不同。首先，由于许多规划涉及国家、地方、行业或商业机密，因此在其酝酿期需要保密。这就要求公众参与者的范围不宜过大。其次，有的规划专业性较强，因此，对公众参与者的层次要求较高。

公众参与的主要内容包括：①环境背景调查，通过公众参与掌握重要的、为公众关系的环境问题；②环境资源价值估算；③减缓措施；④跟踪评价与监督。

（7）拟定监测、跟踪评价计划。对于可能产生重大环境影响的规划，在编制规划环境影响评价文件时，应拟定环境监测和跟踪评价计划和实施方案。环境监测与跟踪评价的基本内容包括：①列出需要进行监测的环境因子或指标；②环境监测方案与监测方案的实施；③对下一层次规划或推荐的规划方案所含具体项目环境影响评价的要求。

（8）编写规划环境影响评价文件（报告书、篇章或说明）。

5.5 土地承载力评价

5.5.1 土地资源人口承载力的含义及其研究意义

土地资源人口承载力（population supporting capacity of land）是指在一定的行政区域内，根据其土地资源的生产潜力，及不同的投入（物质的、技术的）水平所能生产的食物，能够供养一定生活水平的人口数量。也是指在未来不同的时间尺度上，以可预见的技术、经济社会发展水平及与此相适应的物质生活水准为依据，一个国家或地区利用土地资源所能可持续供养的人口数量。它是土地生态系统的自我维持、自我调节能力，资源与环境系统的供容能力及其可维持的社会经济活动强度和具有一定生活水平的人口数量。

因此，土地资源人口承载潜力包含以下 3 个层次的内涵：①生物生理特性的人口承载量，它是把人均食物（粮食）消费水平压缩到只能满足人们生理需要的最低水平时，所估算的区域土地最大可供养的人口数；②基于现实条件的人口承载量，它是根据现有食物消费水平，参照可以预见的生活标准、生产力水平和土地资源消长状况，以估算未来某一时段所能供养的最大人口规模；③土地资源的极限（理想）人口承载量，它是在假设影响土地生产力的自然因素处于最优状态，资源管理近乎尽善尽美的理想情况下，土地的食物产出所能供养的最大人口限度。

从广义的资源承载力的本质来看，土地资源人口承载潜力具有如下内涵：①生态内涵，资源所承载的总和效用具有生态上的极限，资源的开发利用应以不超过这种极限为前提，以及当开发利用达到资源承载力极限时，意味着这一生态系统得到充分的利用；②技术内涵，资源承载力离不开特定的科学技术背景，这不仅在于资源承载力的生态极限与特定的技术水平有关，而且在于通过优化资源管理或者提高科学技术水平，可以提高资源对社会经济的承载能力；③社会经济内涵，生态系统的生态极限往往并不能脱离特定区域人口的价值观和具体的效用需求而确定，社会经济系统的优化可以提高资源的承载力；④时空内涵，资源承载力是一定区域尺度上的生态系统自身的承载力，不同的时空尺度，相同的资源量的承载力是不同的，在时间上是一个将来的概念。

简而言之，土地资源人口承载潜力研究具有 3 个基本要点：①针对一个特定的行政区域，可以是一个国家，也可以是一个省或一个县，是研究区域人地关系和可持续发展潜力的重要指标；②关键过程是计算该行政区域的食物生产能力，它取决于这一区域的土地生产潜力和物质、技术等方面的投入水平，随着社会生产力的发展，土地生产力也可以因对土地的投入增加和科技的进步而提高；③需要分析预测期内的社会生活水平变化，不同的生活水平和营养结构，所能够养活的人口数量是不同的，因而土地人口承载潜力是相对的、动态的。

5.5.2　土地资源人口承载力研究的思路

土地资源人口承载力的研究基本内容包括以下 5 部分：

（1）土地生产潜力。在一定区域内可以生产多少供人类食用的物质即土地的生产潜力。土地生产潜力通过土地的生产过程实现，取决于植物的转化功能，即植物将水分、二氧化碳及养分合成为有机物质的功能，转化效率高低决定土地生产潜力大小。而当地的气候潜力结构、土壤潜力结构和植被生长潜力又直接影响植物合成能力的大小。其中气候潜力是指在土地的生产过程中，相关的气候转化因素的强度、组合、分布，如太阳辐射、植物生长期间的温度量值、匹配及地段分异等，主要包含光合潜力、光温潜力和气候潜力。土壤潜力结构即土体内部影响植物生长的各种要素的组成、强度和组合形式。植被生长潜力可根据植被生态群体的类型、生长过程、产量及其建造形式来估算。

气候潜力、土壤潜力和植被生长潜力结构在土地生产过程中可看作是土地物质、能量的收入过程、调节过程和合成过程。在现实中，这 3 种潜力结构不可能达到完全的协调和匹配，受各种限制因子的影响，存在着不同程度的衰减，土地的生产量沿着光合潜力、光温潜力、土壤潜力、植被潜力的顺序逐渐降低。

（2）技术经济条件。土地生产潜力一方面受土地资源自然因素的影响，另一方面也与评估的特定时期的技术经济条件直接相关，技术经济条件直接影响到土地资源利用的广度和深度。即使影响土地生产力的一切自然要素都相同，如果投入或使用的技术水平、耕作制度不同，土地的生产力也可能会产生很大的差异，因此，不同区域、不同时期的社会经济技术条件是导致土地生产潜力产生差异的直接条件之一。对于农业生产来说，技术经济条件的差异主要表现在物质投入和科技投入 2 方面。物质投入包括农药、肥料、粮种、机械等，技术投入包括先进的耕作管理、科学的农田规划等。

（3）需评估的土地面积。由于土地人口承载潜力研究首先是要计算土地能够生产出的食物，即依赖的是土地的第一性生产力及部分第一性生产力经畜牧业转化后的第二性食物生产潜力。因此在评估一定区域土地生产潜力时，部分学者将能够生产粮食的农地作为评估对象，即只局限于全部种植业用地或宜耕地，以生产粮食为目标。也有学者认为土地人口承载潜力研究应将区域的全部农用地作为评估对象，包括耕地、园地、林地、牧草地以及养殖水面等，人类生存所必需的粮食、棉花、油料、肉、蛋、奶、水果、水产品等都依赖于这些类型土地的生产力，以此为评估对象才能真正反映区域的土地承载能力。以上 2 种相对狭义和广义的土地评估范围在实际研究中都有应用，具体的评估可结合当地的区域特征和研究目的及要求来确定和取舍。

（4）人均基本生活标准。人均基本生活标准在不同的国家和地区之间存在一定的差异，应根据当地的实际情况确定。但通常按照生活标准所包含的内容可以分为以下几类：①基本型，即仅考虑人类生活的最基本食物-粮食的占有量；②多项型，规定了不同消费水平下人类生活所需的产品消耗量，包括粮、棉、油、肉、蛋、奶、薪柴、木材、蔬菜、水果等；③过渡型，考虑人们生活中最重要的食物——粮、油、肉。

除了以上用实物数量表示生活标准外，还可用卡路里-蛋白质量来表示，即人均每天需要的卡路里和蛋白质量。FAO 规定每天成年男子在轻体力劳动的情况下热量和蛋白质的消耗标准为 10.9kJ/人，若结合考虑女性、儿童和老人的消耗量，平均热能的日均消耗量在以上的基础上乘以 0.73 的系数。我国确定人均日消耗热量标准为 10.0kJ，蛋白质为 70～80g。

（5）研究的时间尺度。土地人口承载潜力研究中既要确定投入水平，又要设定基本的生活标准，这些内容都与研究所设定的时间直接相关。不同的时间尺度下社会经济发展水平不同，人均生活标准也不一样，因此，在研究之初应首先明确所要预测的时间点，在此基础上才能进一步预测人口、技术经济水平和生活标准。

5.5.3　土地资源人口承载力估算的方法流程

应用农业生态区法进行区域土地资源人口承载潜力的研究和预测，一般要经历 3 个阶段：第 1 个阶段是土地资源清查，包括气候资源清查、土壤资源清查、作物种植制度清查、土地利用现状清查等；第 2 个阶段是土地资源物质生产潜力计算，即要计算区域土地资源在一定物质投入和技术水平下的物质生产能力；第 3 个阶段是土地资源人口承载潜力计算和分析，即按人均所需的食物消费量来预测一定行政区内所能承载的人口容量（图5.7）。根据具体的研究内容和工作流程，AEZ 法又可分为如下 6 个主要步骤：

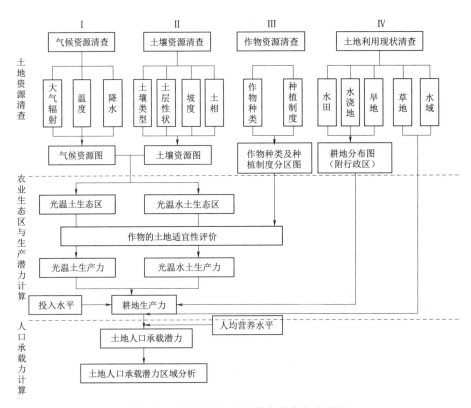

图 5.7　土地资源人口承载力研究方法流程

（1）清查研究区的农业资源，其中包括气候资源、土壤资源、作物资源及耕地资源，并分别绘制出所要求的、相同比例尺的资源图幅。

（2）将气候资源清查中分别计算光温生产力图与光温水生产力图，并与土壤资源图叠合，并形成以各个农业生态小区单元为单位的农业生态区图。其中，包括光温土生态区图和光温水土生态区图等两张图。

（3）在上述生态区图的基础上，叠加作物种类与种植制度分区图，进行匹配、修正与计算 2 个生态区图的每个生态单元的作物产量，即光温土生产力（灌溉农业的生产力）与光温水土生产力（旱作农业的生产力）。

（4）在上述光温土生态区图与光温水土生态区图及其生产力计算的基础上，分别叠加耕地资源清查图，这一方面是在生态区图中输入了行政区的内容；另一方面是在每个行政区内，根据其灌溉地（水浇地、水田）、非灌溉地（旱地）、草地、水域等的面积统计，及相应生态单元的匹配而计算出耕地（包括灌溉地与旱地）、草地、水域的土地生产力；最后，可以统计出每一定行政区内的土地生产力。

（5）在上述有关土地生产潜力自然因素量化计算的基础上，进一步考虑经济投入的水平问题，从而使土地生产潜力的计算与一定的社会经济条件相联系。

（6）按平均每人（包括不同年龄、不同性别、不同工种的统计）每天以至每年所需热量、蛋白质量，折合为平均粮食量，并按每一定行政单位内的土地生产潜力，来计算所能支持的人口数量。

5.6　土地利用管理评价

5.6.1　可持续土地利用管理系统分析

系统分析（system analysis）是把研究对象视为系统的一种研究和解决问题的方法，它在收集系统信息的基础上，建立与系统结构、功能有关的模型，对信息进行整理、加工、综合，从而解释与研究对象有关的现象，对系统的行为和发展做出评价和预测，并对系统做出调控。

根据系统分析的一般原理，以及土地利用的特点，土地利用系统分析的过程如下：

（1）确定系统边界。任何一个土地利用系统都有其确定的边界范围，这种边界是多层次的，除了时空的边界范围外，还有流动的人、物质和资金等，对于后者，难度更大，需要对认识、研究、利用、改造的对象进行认真分析后，才能确定。

（2）确定系统目标。土地利用系统的目标，应是多目标的综合，是经济效益、社会效益、生态效益3者之间矛盾的统一。具体的目标体系，包括两个方面的内容：①确定土地利用总体方向或土地利用方式；②确定土地利用的指标体系，如农产品产量指标、经济增长指标。确定目标时，要充分考虑系统内的土地条件、社会经济条件，同时还要考虑系统外的人文、经济、自然环境。确定目标要有充分的依据，从实际出发，切忌随意性和盲目性。目标有误或不实，将导致决策和实践的失败。

（3）进行土地评价。在对系统内与目标有关的各类资源环境数据资料的收集与分析基础上，开展土地评价，有助于研究者了解土地与目标之间的关系，为最后的决策提供直接的依据。是否需要进行自然适宜性评价、生产潜力评价还是经济评价，可以根据实际需要而定。

（4）可行性分析。在土地评价的基础上，对土地利用方式和指标进行全面的可行性分析，包括：①资源环境可行性；②技术可行性；③组织体制的可行性；④经济可行性；⑤社会可行性等。要做好以上分析，有时需要进行必要的预测，如自然资源开发变化趋势预测、科学技术影响预测、社会经济条件（人口、劳动力、资金、物质投入等）变化的影响预测、市场变化趋势预测、国家有关经济政策变化的预测等。

（5）输入输出模型分析。建立输入输出模型，对土地利用系统中的物质、资本、劳动等多方面的指标参数进行系统分析，提出系统存在的问题及其原因，预测系统运行的效果或前景；同时，为下一步建立土地利用结构优化模型提供参数选择。这时的输入输出分析，可以是对现有系统的分析，也可能是对根据经验而假设的系统的分析。无论是现有系统，还是假设系统，对生态环境、经济、社会等各个方面的输入、输出都要有全面的考虑，保证预测值的准确。

（6）土地利用结构优化模型。分析在以上分析的基础上，研究者根据研究目标和相关的约束条件（如林地面积必须达到多少、人均收入必须达到多少等），建立土地利用结构优化模型，如线性规划模型或系统动力学模型。通过模型分析，提出系统优化的多种方案。然后，对各个方案运用系统工程和运筹学方法进行方案的规划、统计以及相应的实施和管理的模拟研究。

（7）报告或决策。对于研究者来说，需要写出分析报告，描述优化方案（一个或多个），分别进行可行性分析和风险分析（对可能发生的风险进行预测，并制定相应的风险应急规划），供决策者参考。对于决策者（一般为政府部门或使用土地的单位和个人），则需要根据研究者提供的方案，做出最后的决策。决策的内容包括"土地给谁用（单位或个人）、做什么用、怎样用（选择土地利用方向、方式）"等内容。

（8）反馈修正。方案确定后，就要付诸实施。实施过程中，发现问题后，可在系统分析的基础上，对方案进行必要的修改，以便有效、合理地利用土地。

5.6.2 可持续土地利用管理评价步骤

土地可持续利用评价的过程包括：辨识问题、寻找解决的途径和方案、对备选方案做出抉择。方案实施后，通过监测对问题解决程度进行评估，在此基础上重新辨识问题、修订方案。由此构成决策循环，见图5.8。

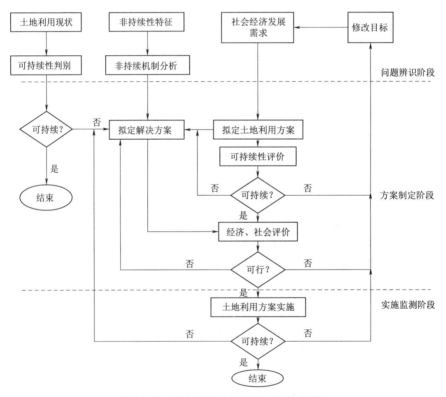

图 5.8 可持续土地利用管理评价步骤

（1）问题辨识阶段。这一阶段的作用有两个：①判断现有的土地利用方式是否可持续；②分析所得出的或已经出现的非持续特征的形成机制。前者需要覆盖全面的指标和对未来趋势、过程的预测，后者注重特定方面的具体关系和作用过程。

（2）方案制订阶段。这一阶段一方面对可持续性问题进行辨识的基础上拟订相应的解决方案，另一方面对解决社会经济发展所制定的各类土地利用方案进行可持续性评价。对方案的评价要具有针对性和可操作性。所有方案还需要通过技术可行性、经济可行性和社会可接受性的评价。如果评价是否定的，则应权衡各方利弊，修改初始目标以寻求新的解决方案。

（3）方案实施监测阶段。在方案实施过程中，对于可持续性问题应进行实施监测，以评估实施效果。这需要事先确定反映土地利用可持续性的测定指标、判断标准和监测手段。可持续性评价的结果反馈给决策者，为重新认识和进一步修订土地利用方案提供参考和依据。

5.6.3　可持续土地利用管理评价方法与指标体系

土地资源的可持续利用评价是一项综合性评价。从土地资源可持续利用的标准出发，可以构建 4 个层次的评价指标体系：第一层次是目标层，即评价目标（区域土地资源的可持续利用）；第二层次是准则层，即包含土地可持续利用的准则；第三层次是分目标层，即每个准则层具体由哪些因素决定；第四层次是指标层，即每个评价因素由哪些具体指标来反映。

5.6.3.1　FAO 评价方法与指标体系

1. 概述

1993 年 FAO 提出了《可持续土地利用管理评价纲要》，将土地资源可持续利用的原则概括为土地生产性、稳定性、保持性、经济可行性和社会可接受性 5 个方面。土地资源利用的目的就是要实现土地生产力的持续增长和稳定性，保护土地资源的生产潜力和防止土地退化，并生产良好。

2. 指标体系

根据 FAO 对土地可持续利用的定义，在土地可持续利用的总目标下，可以将准则层为土地可持续利用的 5 个分目标，再将各个分目标细化，得到详细的单向指标见表 5.7。

表 5.7　　　　　　　　　　土地资源可持续利用评价指标体系

总目标	分目标	评　价　指　标
土地资源可持续利用	土地生产性	土壤质地，有效土层厚度，土壤肥力指数，土壤含盐量，坡度，水土保持系数，灌排条件，人均水资源量，机耕面积比重，农作物良种化率，农业人口非文盲率，复种指数，垦殖指数，单位面积产量，单位面积林木蓄积量，土地生产率，农业劳动生产率，人均粮食占有量，农产品商品率，人均肉类产量，人均蛋类产量，人均蔬菜占有量
	生产稳定性	自然灾害成灾率，受灾面积比例，灾害类型，灾害发生频率，有效灌溉面积比例，中低产田占耕地面积比例，亩均化肥适用量，万元工业产值"三废"排放量，单位面积土地工业"三废"排放量，非农用地占用比例，耕地人口承载量（人/亩）与正常承载量的比例
	资源保护性	森林覆盖率，耕地资源存量，耕地面积减少比例，新开发耕地面积比例，水土流失面积比例，土壤污染面积比例，土壤侵蚀面积比例，人均耕地警戒值，耕地年减少率，土壤污染治理率，中低产田改造率，工业废水处理率，工业固体废弃物综合利用率
	经济可行性	亩产值，亩产商品率，优质农产品在产品中的比例，人均农业产值，农民人均纯收入，农业在区域国民生产总值中的比重，非农人口比重，非农就业劳动力比重
	社会可接受性	土地使用期限，产权获得的难易程度，集体土地面积比例，人均住房面积，人均农产品消费水平，区域农产品自给率，人口增长率，剩余劳动力就业率，人均用地量，建筑密度，路网密度，每百人拥有机动车数量，景观、娱乐用地面积变化，环境质量变化

3. 评价方法

根据 FAO 的这 5 个准则进行土地利用可持续性评价，其评价方法可分为下面 2 类。

（1）定性评价方法，即单指标多角度评价法。它从不同方面、不同角度逐个评价各准则层的各项评价因素是否满足可持续性要求，若 5 个方面中的任何一个是不可持续的，则认为这种土地利用方式是非持续性的。从理论上讲，土地资源可持续利用追求 5 个目标的统一，依据"木桶原理"，只要其中一个准则层评价结果不理想，即认为该准则层是不可持续的。

单指标多角度评价法能够分析评价结果，发现问题，提出改进的土地利用方式。评价并不是最终目的，最终目的是找出土地利用过程中存在的不可持续因素，提出解决问题的办法，使土地利用向可持续发展。单指标多角度评价法的缺陷是不同区域的评价结果不易比较。

（2）定量评价法，也叫综合指数评价法。综合指数评价法通过对各单项指标的阈值综合，最终得到一个综合评价结果值，利用它可进行各区域平均结果的比较。在不等权条件下，利用加权指数计算方法，评价模型为

$$p = \sum_{i}^{n} x_i a_i$$

式中　　p——综合评价指数；

　　　　n——评价指标的数量；

　　　　x_i——第 i 个评价指标的分值；

　　　　a_i——第 i 个评价指标的权重。具体评价标准见表 5.8。

表 5.8　　　　　　　　　　　　　　　土地可持续性评价标准

综合评价指数 p/%	可持续水平	综合评价指数 p/%	可持续水平
<50	不可持续	70~85	一般可持续
50~70	初步可持续	>85	可持续

综合指数评价法的不足是不易直接将土地利用管理中明显不持续的因素进行排除。当土地利用系统存在明显的限制性因素时，可持续性由最大限制因素的分值或临界值来决定。在评价时，将最大限制因素的权重看作 1，而将其他因素的权重当作 0。评价时，通过将综合评价指数 p 分为 4 个级别，来判断土地利用的持续性水平。

5.6.3.2　压力-状态-响应模型框架

1. 模型介绍

压力-状态-响应（pressure – state – response，PSR）模型是 20 世纪 70 年代经济合作与发展组织（Organization for Economic Co – operation and Development，DECD）为评价世界环境状况而提出的评价模型（图 5.9），其基本思路是人类活动给环境和自然资源施加压力，结果改变了环境质量与自然资源质量；社会通过环境、经济、土地等政策、决策或管理措施对这些变化发生响应，减缓由于人类活动对环境的压力，维持环境健康。该模型反映的是人类活动、环境和自然资源之间的相互影响关系。模型中，压力表示造成土地不可持续利用的一系列影响因素，状态表示土地利用过程中资源环境在压力影响下所表现出来的特征，响应表示人类为促进土地可持续利用所采取克服压力、调整状态的对策，通过压力、状态、响应指标构成一条直接反映具体问题的指标链。

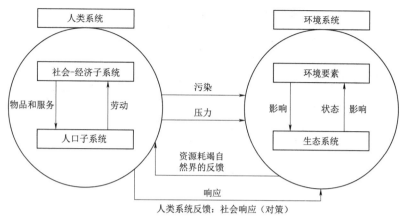

图 5.9　压力-状态-响应（PSR）模型框架

2. 指标体系

PSR 模型通过"压力-状态-响应"3 个子系统来揭示土地利用中人地相互作用的链式关系，其指标体系包含经济、社会和生态 3 个方面的内涵，其有机结合构成土地资源可持续利用目标，见图 5.10。

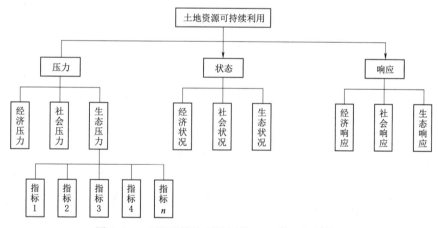

图 5.10　土地可持续利用评价 PSR 模型指标体系

各分目标层下设的具体指标依据各个地区的情况以及资料的可获取性进行选取，表 5.9 为以黄石市为例的土地资源可持续利用的评价指标。

3. 评价方法

"压力-状态-响应"模型评价方法与 FAO 评价方法类似，也是采取综合指标评价法。首先通过特尔斐法确定各指标的权重 w_i，然后计算各指标 u_i、对系统有序的功效 $U_A(u_i)$，最后采取综合指标评价法计算土地可持续利用的协调度来评价土地可持续利用的程度。

评价系统的有序功效可以用功效函数进行，根据协同论，当系统处于稳定状态时，状态方程为线性；势函数的极值点就是系统稳定区域的临界点；慢弛豫变量在系统稳定状态时也有量的变化，这种变化对系统有序度有 2 种功效：①正功效，即随着慢弛豫变量的增大，系统有序趋势增加；②负功效，随着慢弛豫变量的增大，系统有序度趋势减少。

表 5.9　　　　　　　　　　　　黄石市土地资源可持续利用评价指标

过程	领域层	指标层	说明	指标属性
压力	自然灾害风险性	年平均降雨深度	反映受暴雨灾害的危险度指数	负向
		城市近源地震等效等级	反映地震灾害危险度指数	负向
		省级气象预报信号发布数	反映暴雨、大风、大雾、干旱等多种自然灾害的综合发生情况	负向
	人为灾害风险性	人均社会事故损失额	反映城市系统空间面临压力情况	负向
		刑事案件立案数	反映城市社会安全情况	负向
		工业废水排放量	反映人类活动对资源环境系统的负面效应	负向
		工业 SO_2 排放量		负向
		工业粉尘排放量		负向
状态	资源环境"状态"	森林覆盖率	反映资源储备量对城市系统的支撑能力	正向
		建成区人均公共绿地面积		正向
		人均水资源量		正向
		人均用水量	反映资源的消耗水平	正向
		人均耗电量		正向
		万元 GDP 综合能耗		负向
	社会"状态"	65 岁以上老年人占比	反映人口脆弱性	负向
		14 岁以下青少年占比		负向
		失业率		负向
		人均城市道路面积	反映基础设施现有量对城市系统的支撑能力	正向
		人均排水管道长度		正向
	经济"状态"	人均 GDP	反映城市经济资本存量	正向
		全体居民人均可支配收入		正向
		第三产业占比	反映经济的效率与活力	正向
		三产业经济贡献率		正向
响应	预警能力	电视节目综合人口覆盖率	反映政府管理部门的预警与信息传达能力	正向
		广播节目综合人口覆盖率		正向
	恢复能力	地方财政总收入	反映政府财政对推进城市系统恢复的支持能力	正向
		财政收入增长率		正向
		社会保障投入与地区生产总值比	反映政府对社会的保障能力	正向
		社会保险覆盖率		正向
		人均医院、卫生院床位数		正向
		城市污水集中处理率	反映全社会对城市系统的正面效应	正向
		生活垃圾无害化处理率		正向
		环保建设投入与地区生产总值比		正向

过程	领域层	指标层	说明	指标属性
响应	学习适应能力	高新技术产值占 GDP 比重	反映创新力对城市发展的支撑能力	正向
		万人 R&D 人员数		正向
		科教事业投入与地区生产总值比	反映政府对创新、学习能力的投入	正向
		R&D 经费支出与地区生产总值比		正向

注 引自论文《基于压力-状态-响应模型的城市韧性评估》，华中科技大学，陈丹羽，2019。

$$U_A(u_i) = \begin{cases} X_i \geqslant a_i, U_A(u_i) \text{具正功效时}(i=1,2,3,\cdots,n) \\ \dfrac{X_i - b_i}{a_i - b_i} b_i < X_i < a_i, U_A(u_i) \text{具正功效时} \\ \dfrac{b_i - X_i}{a_i - b_i} a_i < X_i < b_i, U_A(u_i) \text{具负功效时} \end{cases}$$

式中 $U_A(u_i)$——指标 u_i 对系统有序的功效，其中 A 为系统的稳定区域，u_i 为土地可持续利用系统评价指标变量；

X_i——评价指标值；

a_i——统稳定临界上指标的上限值；

b_i——系统稳定临界上指标的下限值。

采取综合指标评价法计算土地可持续利用的协调度过程如下：

$$T_p = \sum_{i=1}^{n} w_i U_A(u_i)$$

$$T_s = \sum_{j=n+1}^{m} w_j U_A(u_j)$$

$$T_R = \sum_{k=m+1}^{m} w_k U_A(u_k)$$

$$T_{\text{综}} = rp \sum_{i=1}^{n} w_i U_A(u_i) + rs \sum_{j=n+1}^{m} w_j U_A(u_j) + rR \sum_{k=m+1}^{m} w_k U_A(u_k)$$

式中 T——土地可持续利用协调度，$0 \leqslant T \leqslant 1$，在不同的取值区间，$T$ 的协调度存在差异，并对应于相应的土地可持续利用程度；

W——各因素的权重；

r——各子系统的权重。

协调度与其所对应的土地可持续利用程度的关系见表 5.10。

表 5.10 协调度 T 区间及所对应堆土可持续利用程度

T 值范围	$T \geqslant 0.8$	$0.6 \leqslant T < 0.8$	$0.4 \leqslant T < 0.6$	$0.2 \leqslant T < 0.4$	$T < 0.2$
协调度	高度协调	比较协调	基本协调	不协调	极不协调
土地可持续利用程度	可持续利用	初级可持续利用	可持续利用起始	非可持续利用	非可持续利用，土地严重退化，环境恶化

5.6.3.3　生态、经济、社会指标评价框架

1. 概述

这一框架由国内学者傅伯杰于 1997 年提出。土地可持续利用就是实现土地生产力的持续增长和稳定性，保证土地资源潜力和防止土地退化，并具有良好的经济效益和社会效益，即达到生态合理性、经济有效性和社会可接受性。因此，土地可持续利用可以从生态、经济、社会 3 个方面进行评价。

通过对生态、经济、社会效益的叠加来获取不同空间尺度的评价指标，其特点是强调了不同空间尺度评价的不同侧重点，评价指标涉及的范围较广，其动态监测性和预测性不足。

2. 指标体系

(1) 生态指标。生态指标主要是用来揭示一种土地利用方式在目前及其较长时期内的承载能力，以及对土地的基本属性和生态过程的影响，即度量土地的自然持续性或生态持续性。通常应包括气候条件、土壤条件、水资源、立地条件和生物资源等。在土地可持续利用评价时，不仅需要对生态要素现状进行调查和评价，而且更应强调土地利用对生态过程的影响，见表 5.11。

表 5.11　　　　　　　　　　土地可持续利用评价生态指标

一级指标	二级指标	三　级　指　标
气候条件	太阳辐射	辐射强度，季节分布，日照天数，日均照射时间
	温度	年积温，年平均温度，月平均温度，年际变化
	降水量	年均降水量，季节分配，年变率
	气象灾害	风沙，暴雨，霜冻，冰雹等
土壤条件	土壤肥力	有机质含量，有机质盈亏，年、季变化，有效氮、磷、钾
	土壤结构	颗粒组成，孔隙度，透水性，持水性
	土壤侵蚀	侵蚀面积，强度，变化趋势
	土壤退化	沙化、盐碱化的面积、强度和过程
水资源	水资源量	水域面积，总量，年、季变化，供需平衡等
	水质	水化学特征，浑浊度，BOD，COD，有机酚等
立地条件	地貌特征	地貌类型，坡度，坡向等
生物资源	动物	动物个数，自然增长率，灭绝率，分布刻度
	植被	植被覆盖率，生物量，生长率，人工/天然植被组成
	生物组成	生物各类，受威胁程度，生物年龄结构，空间结构，生物数量分布
	生物多样性	基因多样性，物种多样性，生态系统多样性，景观多样性，优势种，破碎度，隔离度等

(2) 经济指标。经济指标反映一种土地利用方式经济效益的大小。一种土地利用方式，在资源质量不发生退化的情况下，能够不断地取得净收益，并使整个系统持续保持下去，则认为具备了经济持续性。那些急功近利，只顾当前经济收益，使利用行为产生负影响的方式不具备在生态和社会上的可行性和可接受性，因而是非可持续的。土地可持续评

价的经济指标主要包括经济资源、经济环境和综合效益3个方面，与土地经济评价不同的是重视反映经济资源与环境潜力及其可持续性，见表5.12。

表 5.12　　　　　　　　　　　土地可持续利用评价经济指标

一级指标	二级指标	三 级 指 标
经济资源	劳动力资源	劳动力来源，劳动力保证率，劳动生产力季节变化
	资金资源	资金信贷方式，资金回收
	智力资源	文盲率，教育普及水平，社会咨询度
	动力资源	动力资源类型，可使用方式
	效率	土地面积/劳动力，资金/劳动力，投入产出率
经济环境	生产成本	投入成本，生产风险，生产成本季节变化
	产品价格	价格水平，年度变化
	信贷环境	信贷可获取程度，使用方式，利率
	市场状况	基础设施，供货与销售市场的距离，通达程度
	人口环境	人口密度，人口流动，人口变化
综合效益	经济收入	总收入，单位收入，净收入
	利润	毛利，净收益
	消耗	总消耗，消耗分配比例

（3）社会指标。社会指标主要说明局部与区域、当代与后代的关系。子孙后代的利益、环境资源的保护、土地收益的公平分配，这些内容具有明显的社会性。因此，影响土地可持续利用的社会指标主要包括宏观的社会、政治环境、社会的接受能力等方面，见表5.13。

表 5.13　　　　　　　　　　　土地可持续利用评价社会指标

一级指标	二级指标	三 级 指 标
宏观社会、政治环境	政策法规	国家政策，区域政策，专项政策，部门条例法规
	总体规划	国家、区域中长期规划、近期规划，部门规划
	政策保障	政策的有效性、持续性
社会接受能力	个人接受能力	直接影响者，间接影响者
	团体接受能力	文化、宗教部门，区域团体等
	美学价值	保持自然景观美学，人工设计美学

3. 评价方法

评价指标体系中的每一个单项指标都从不同侧面以不同的程度反映土地可持续利用的状况。评价方法与"压力-状态-响应"模型相似，采用综合指标评价法，土地可持续利用水平可以用土地利用协调度 T 来表示：

$$T = \sum_{i=1}^{3} \left(\sum_{j=1}^{n} x_{ij} r_{ij} \right) w_i$$

式中　T——土地可持续利用协调度，$0 \leqslant T \leqslant 1$，在不同的取值区间，$T$ 的协调度与土地可持续利用程度的相关关系见表5.10。

X_{ij}——i个子目标（第1、第2、第3个目标分别代表生态、经济和社会指标）里第j个单项指标的量化值；

n——各子目标中单项指标的数量；

w_i——各子目标的权重值；

r_{ij}——各单项指标的权重值。

在评价活动中，通常采用的权重确定办法有特尔斐法、层次分析法等。

5.7 土地资源经济评价

5.7.1 土地资源经济评价的含义

土地经济评价（land economic evaluation）是指土地在一定的土地利用方式下对其经济效益的综合鉴定，即对土地生产的成本和效益进行分析和评定。从定义上看，土地经济评价偏重从经济属性角度来评价土地产出效果。由此可见，土地经济评价与土地适宜性评价、土地潜力评价的最大差别是：后两者着重研究土地的自然属性对不同土地利用方式的适宜性或潜力大小；前者则不仅考虑土地所固有的自然属性的差异，还综合考虑社会经济因素对土地产出的影响。

土地经济评价的目的如下：

（1）科学地确定土地的生产能力，为国家制定有关土地政策和法规提供依据。土地质量的高低是通过土地经济评价去科学地确定土地生产能力的高低，它的确定可以为国家制定有关土地政策、法规提供科学依据。

（2）合理确定生产耗费和产品生产的关系，为拟定土地税收标准服务。在不同的生产方式（包括种植方式、技术水平和管理水平等）下，土地的生产能力有明显差异，而这种生产能力与生产耗费又存在紧密联系。土地纳税标准的制定，既要考虑土地的自然属性特征，也要考虑土地在生产耗费上的多少，尤其要考虑生产耗费与产品生产之间的关系。因此，通过土地经济评价，阐明生产耗费和产品生产之间的关系，可为土地税收和有关费用如土地使用费、征地补偿费、土地承包转包费等的确定创造必要的条件。

（3）全面揭示土地质量，为土地利用规划和土地改造提供依据。在土地自然评价的基础上开展自然土地经济评价，可更全面提示土地的质量，并提出土地利用规划中需要解决的土地社会经济方面的问题。土地经济评价可从经济角度为土地利用的改变及其后果作出预测，从而为土地利用规划决策提供依据。

（4）通过土地经济评价确定土地价值和价格，为土地的科学管理提供更强有力的手段。土地价值和价格确定，有很多方面的作用，不仅可为拟定土地税费标准提供基础，也可为调节土地供需关系提供土地质量的依据，为土地出让、转让等提供价格基础。

（5）通过土地经济评价，可有效地促进土地合理利用。土地经济评价结果体现土地利用的经济效果或效益，通过土地经济评价可有效地鼓励和引导人们去正确使用土地，向土地增加投入，进一步调动经营者在合理利用土地方面的积极性；同时，可抑制对土地的不合理利用，促进土地利用向更合理的方向转化。因此，土地经济评价是土地可持续利用管理所必不可少的一项重要基础工作。

5.7.2 经济评价的指标体系

5.7.2.1 评价指标体系（evaluation index system）构建原则

（1）科学性原则。土地资源开发利用效益评价所选取的指标，应能科学、全面地反映区域土地资源开发利用的状况，为土地资源管理部门提供决策依据。选取指标时，必须坚持客观科学的原则，合理制定宏观经济评价指标体系，运用科学的评价方法，采用真实可靠的统计数据，确保评价结果真实可靠。

（2）可操作性原则。在保证评价结果的客观性、全面性的前提下，设定的指标体系要尽可能简洁明了。在选取指标时，要确保所选指标代表性强，且计算程序简洁，指标计算所用数据要较易获取，且真实可靠，以便于评价工作的顺利开展。

（3）可比性原则。评价指标体系设计要在现有土地统计制度的基础上进行，除个别重要的需要额外增加的统计指标外，尽可能采取现有统计指标，使得数据在时序上具有一定的连续性，便于对区域土地资源开发利用情况进行纵向和横向比较。

（4）目标导向性原则。设定区域土地资源经济评价指标体系，各类指标要综合反映区域土地资源集约开发利用水平、经济活动效果、投资强度、价格波动等方面内容，以促进各区域土地结构优化，引导各地合理开发利用土地资源，提高土地利用效益，科学统筹建设用地指标，增强土地资源集约利用水平，从而实现土地资源的可持续利用。

5.7.2.2 评价指标体系架构

土地经济评价必然要采用某些指标，这些指标名目繁多，含义各不相同，适用场合也不同。这里仅对农业用地经济评价所采用的指标作简单介绍（表5.14）。

表 5.14 土地经济评价指标体系

指　标　类	指　标　组	具　体　指　标
土地经济效果指标	土地的生产率＝产量或产值/土地面积	（1）单位土地面积的产量或产值； （2）单位农用地的产量或产值； （3）单位耕地的产量或产值； （4）单位播种面积的产量或产值； （5）单位土地面积的净产值＝（农产品产值－消耗的生产资料价值）/土地面积（农用地或耕地） （6）单位土地面积纯收入＝（农产品产值－生产成本）/土地面积（农用地或耕地）
土地经济分析指标	生产资料消耗指标	（1）农业集约化水平； （2）单位面积播种量； （3）单位面积施肥量； （4）单位面积用水量； （5）单位面积用电量
	成本费用与资金占有指标	（1）农作物单位面积成本； （2）平均单位面积耕地拥有资金量； （3）平均单位面积耕地拥有固定资产

指　标　类	指　标　组	具　体　指　标
土地经济分析指标	土地利用及结构指标	（1）土地利用率； （2）复种指数； （3）播种面积比例； （4）草场面积比率； （5）林地面积比率； （6）耕林覆盖率
	社会经济条件指标	（1）单位面积耕地的国家财政对农业的投资； （2）每平方千米的公路网密度； （3）每平方千米的修配网点密度； （4）距主要城镇的距离； （5）每平方千米的人口密度
土地经济效果分析指标	技术效果指标	（1）农作物良种化程度； （2）适时作业率； （3）技术措施增产率； （4）水利设施的保证灌溉面积； （5）水井分布密度； （6）渠系分布密度； （7）草场载畜量指数； （8）造林成活率； （9）造林密度； （10）采伐率； （11）单位面积木材蓄积增长率
	技术效果指标	（1）每单位物质费用的农产品产值； （2）每单位直接生产费用的农产品产值； （3）成本利润率； （4）每千克商品肥的产量； （5）施肥的边际产量； （6）每千克种子的产量

（1）土地经济效果指标。土地经济效果指标从农业生产角度来说又可称为土地生产率指标，它是综合反映土地质量与农业技术经济效果的指标。土地经济效果指标是土地经济评价的总体指标，可直接用于土地经济评价，尤其是那些用投入与产出之差来表示土地优劣的指标，如单位土地面积的净产值和纯收入（土地盈利率）。这类指标一般适用于集约化水平较低的地区，使用这类指标有助于鼓励土地利用者去挖掘土地利用的潜力。

（2）土地经济分析指标。在土地经济评价中，土地经济分析指标一般用于辅助计算与分析，用于揭示土地的具体利用特征。它包括生产资料耗费指标、成本费用与资金占有指标、土地利用及其结构指标和社会经济条件指标 4 组。

（3）土地经济效果分析指标。如同土地经济分析指标，土地经济效果分析指标在土地经济评价中也属辅助计算与分析指标，它包括技术效果指标和生产耗费效果指标两组。

需要指出，以上各类指标仅是农业土地资源评价中所涉及的一些主要指标，由于评价目的和评价方法不同，在具体使用时应有选择和取舍。在选择评价指标时，还需考虑资料的特点。土地经济评价的资料有以下几个要求：准确性、连续性、完整性、典型性和可比性。

5.7.3 土地资源经济评价的常用方法

在土地自然适宜性评价的基础上，根据经济学的标准，应用经济分析方法，评价土地利用方式的适宜程度的过程，称为土地经济适宜性评价。因此，其评价程序一般是先进行自然适宜性评价，然后再应用一定的经济分析方法，做经济适宜性评价。常用的经济分析方法是投入-产出分析法，即通过比较土地利用方式的投入与产出来确定适宜性等级或程度的方法。下面举例介绍 2 种常用的投入-产出分析法。

5.7.3.1 毛利分析法（gross margin analysis）

1. 基本概念

毛利分析又称边际效益分析。所谓毛利是指产品的产值减去生产费用。毛利分析不仅要测算毛利，还要计算纯收入和纯利润。土地经济评价中的毛利分析是由 FAO 最先提出的，并曾在非洲马拉维等国尝试使用，一般结合土地适宜性评价进行。毛利分析的结果可反映土地生产力的高低，并可通过在同种土地资源评价单元上比较不同作物或其他农林牧产品的毛利收入，用单位土地面积上的收益水平确定土地的适宜性和适宜程度，以确定最佳的土地利用方式。

2. 计算步骤

毛利分析一般可分两步进行。先考虑单项作物或其他林牧产品，然后将其分析结果综合起来，对整个农业（或林牧业）企业的土地经济效益作出估算，具体步骤如下：

（1）利用土地自然评价的成果，选择有发展前景的几种土地利用方式，作为毛利分析的对象。这一选择可包括：为每一种土地资源评价单元从某些经初步确定的土地利用方式中选择最适宜（S_1）的土地利用方式；为每一种土地利用方式选择比较适宜的土地资源评价单元类型，即确定是仅仅对高度适宜的土地（S_1）和中等适宜的土地（S_2）进行评价，还是也包括勉强适宜的土地（S_3）确定考虑哪一种投入水平，是高投入水平，还是中等投入水平。

（2）为每一种已选定的土地利用方式和土地适宜性等级，估算其以实物形式的经常性投入。这种投入，既包括物质的投入（如种子、肥料、农药、燃料、牲畜等），也包括非物质投入，尤其是每种农事活动所需的用工量。适宜性等级低的土地往往需要较多的投入。同一适宜级但是不同适宜亚级的土地，需要的投入也不同。例如，S_{2m} 需要进行补充灌溉，S_{2n} 则需要高的肥料投入。

（3）估算实物产量。如果是种植业，则指估算农作物的单产，这是土地经济评价中的基本资料。这些资料可以通过试验、调查访问和查阅统计资料等获得。

（4）确定所有的投入和产出的单价。这包括物质的和非物质的投入单价，尤其是劳动力单价。

（5）估计农场或其他生产经营单位的固定成本。固定成本是指那些不能归属于某一特定生产经营项目的成本（如农场建筑物的维修费用），或不随生产经营项目的规模大小而变的成本。

（6）进行农场或其他生产经营单位的毛利分析。分析时按以下步骤：

1）对每一种选定的土地利用经营项目（如每一种作物），把经常性投入和估算的产量与投入和产品的价格相结合起来。如上所述，投入乘以单价为可变成本，产出（产量 X 价格）减去可变成本为此经营项目的毛利（边际效益）。在这一步，可对不同的作物、轮作方式或其他不同土地利用项目的组合进行比较，目的是选择最佳的轮作方式或其他不同的土地利用组合方式，从而提高土地利用效益。

2）按每种土地利用项目的占地面积计算其毛利，然后再减去固定成本，便得到某农场或其他生产经营单位的纯收入，即农场主或其他经营管理者所得到的盈利或亏损。对于某一种土地利用方式而言，纯收入必须超过事先设定的"标准收入"。只有这样，从经济意义上讲这种利用方式才是可行的。

毛利＝收益－可变成本

纯收入＝毛利－固定成本

纯利润＝纯收入－不可估量的费用（农场及成员的劳力、风险等）

（7）分析各种种植业模式的收益情况（先按作物种类单项分析，再综合）。

（8）划分土地的适宜等级。

（9）与经济目标比较。

（10）给出决策依据。

3. 实例分析

以 $3hm^2$ 的英国家庭农场为例说明农场毛利计算法。

（1）挑选土地利用方式和作物类型。农场的土壤类型有两大类——肥沃土壤和沙质土壤。可挑选的有希望的作物是玉米和烟草。其中，烟草在各种土地单元的自然适宜性和经济效益都较高。但种植烟草需要花费大量的人工，最多能栽培 $1hm^2$。这样，选择的利用方式为 $2hm^2$ 玉米和 $1hm^2$ 烟草。

（2）估算变动成本（经常性投入）。变动成本包括种子、肥料、农药、机械设备等物质投入和劳动力等非物质投入。估算的方法一般是先估计单位面积的投入量，然后再乘以单价。

（3）估计农场的固定成本。固定成本指除了变动成本以外的用于固定设施的成本，如建筑物的折旧、维修等。对于财务管理健全的生产单位，固定成本可以通过财务分析进行估算；对于财务管理不健全的生产单位，固定成本只能通过经验估算进行。一般先估计整个生产单位，即农场的固定成本总额，然后根据需要分摊到单位面积的土地上。本例中，农场的固定成本总额为 150 英镑，则单位面积的固定成本为 50 英镑/hm^2。

（4）估计产值（或产出）。估计作物的单产和产品的市场价格，计算其产值。

（5）计算农场的毛利和净收入估计产值（或产出）。

毛利＝产值－可变成本

纯收入＝毛利－固定成本

（6）进行适宜性评价。假设作物的经济适宜性等级分类方法是：毛利＞200 英镑/hm^2 为 S_1；150～200 英镑/hm^2 为 S_2；100～150 英镑/hm^2 为 S_3；＜100 英镑/hm^2 为 N。对于肥沃土壤，玉米的经济适宜性等级为 S_2、烟草为 S_1；对于沙质土壤，玉米为 S_3、烟草为 S_1。

假如农场的目标纯收入为 300 英镑，则对于拥有 $3hm^2$ 肥沃土壤的农场来说这种土地利用组合方式是经济适宜的，而对于 $3hm^2$ 沙质土壤的农场则不适宜。对于后者，可以通过增加雇工，进而增加烟草的种植面积，减少玉米的种植面积。农场毛利的计算方法见表 5.15。

表 5.15　　　　　　　　　　　农 场 毛 利 计 算 方 法

土地利用	单　位	肥　沃　土　地		沙　质　土　壤	
		玉米	烟草	玉米	烟草
肥料投入	kg/hm²	200	100	400	200
肥料价格	英镑/100kg	12	12	12	12
其他变动成本	英镑/hm²	20	60	20	60
变动成本合计	英镑/hm²	44	72	68	84
固定成本	英镑/hm²	50	50	50	50
作物单产	kg/hm²	5000	1500	4500	1500
作物价格	英镑/1000kg	40	200	40	200
产值	英镑/hm²	200	300	180	300
毛利	英镑/hm²	156	228	112	216
农场毛利	英镑/农场	540		440	
农场固定成本	英镑/农场	150		150	
农场净收入	英镑/农场	390		290	

5.7.3.2　现金流量贴现分析法（discounted cash flow analysis）

毛利分析法适用于土地改良费用和其他基本建设投资费用不大的土地利用项目。如果土地改良费用和其他基本建设投资费用较大，则需要开展进一步的效益分析，其目的在于把最初的土地改良费用和基础建设费用与未来各年从这种费用所得到的收入进行比较，其方法之一就是贴现现金流量分析。这种方法通常只适用于单项土地利用的经济评价。

1. 基本原理

在实施土地改良工程时，必然要在第一年或开头几年内支付基本建设投资费用，在以后的年份里，则以增加产量或利润的形式用收益偿还。例如，在灌溉工程或其他类似的农业改造基本建设项目中，初始的基本建设费用可导致若干年之后农作物产量的稳步增长。贴现现金流量分析，就在于对最初支付的基建费用与未来不同时段所得收益进行比较。

目前用于基本建设的投资费用，如不进行投资而存入银行则可获得利润，也就是说在未来的年份内会增值，假定利率为 10%，第 1 年投资 100 元，那么 1 年后便增至 110 元，2 年以后为 121 元，可表示为

$$P = 100(1+r)^n$$

式中　P——n 年后成本和收益；

　　　n——年数；

　　　r——利率，用小数表示。

因此，通过以上复利，并把未来的全部金额都折算成同一时期的金额，就可进行不同时期的成本和收益的比较。然而，由于投资决策是现在做出的，所以最好倒过来算，即把

全部投资和收益折算成现在的等值，称为"现值"。所谓"贴现"，就是附加利息的逆运算。例如，贴现率（利率）为0.1，1年后支付或收入的100元费用其现值为$100/(1+0.1)=90.9$元，2年后支付或收入的100元其现值为$100/(1+0.1)2=82.6$元。换句话说，2年后100元的开支就等于把能赚10%复利的82.6元现在投资到某一土地改良项目上。

贴现方法对成本和收益的处理是相同的。在一般情况下，在几年后支付的成本或收益的货币值，折合现值V可表示为

$$V=P/(1+r)^n$$

式中　V——折合现值；

P——实际成本或收益；

$(1+r)^n$——贴现因子，可编制成表便于查阅。

经过最初一段时间之后，土地改良工程设施的养护费用和收益可达到逐年稳定的状况。在此情况下可用累计贴现因子计算，这样更为简便。

2. 计算步骤

贴现现金流通分析要从上述毛利分析的6个步骤作为开端，然后再加上以下5个步骤。

（1）估计必需的土地改良工作性质，例如，需挖掘的排水沟的长度、需搬动的土方数等。土地适宜类和亚类可体现土地改良方面的投入情况。

（2）作出必要的经济假设。首先，要规定采用什么贴现率。如果土地改良工程投资费用来源于银行贷款，那么可采用商业利率作为贴现率；如果投资费用由社会资金偿付，即由政府机构负担，则要采用"社会贴现率"，这是指排除通货膨胀影响的贴现率，它比商业利率低得多。

其次是关于价格和劳力。就价格而言，要决定是采用实际价格还是采用影子价格。劳力则反映社会成本，尤其要确定农场主及其家庭成员的劳力是否算在成本之内。

最后是关于"项目寿命"，即项目发挥效益的时间，一般为20年、30年或50年。在此期限之后，在贴现现金流通分析中一般不再考虑其效益。

（3）按年度分配投入和产出的现金流通量，土地改良工程的规模不同，情况也不同。规模小的土地改良工程的投资可全部分配至第一年，因此，可不进行贴现分析；而规模较大的土地改良工程的投资要分配于未来若干个年度之中。在后一种情况下，随着投资和新的土地的投入使用，收益也会逐渐增加，最后达到这样一种状态，即在土地改良工程完成时，经常性成本费用和产出均已趋于稳定，因而产出相对于成本的年度净余额也趋于稳定。

（4）对成本和收益进行贴现计算成本和效益的现值，求得用于成本收益分析的有关参数，即净现值（收益现值减去成本现值）、收益成本率（收益现值除以成本现值）和内部回收率（收益现值等于成本现值时的贴现率）。

（5）进行效益分析及提供决策。

3. 实例

现以一个灌溉工程为例，介绍现金流量贴现分析在土地经济适宜性评价中的应用。

假设灌溉工程的总投资为 100 万英镑，灌溉面积为 $1000\mathrm{hm}^2$，单位面积的投资额为 1000 英镑/hm^2。灌溉工程投入使用后，对于 A、B、C 3 种土地利用方式，每年能增加的净收益为 60 英镑/hm^2，80 英镑/hm^2 和 100 英镑/hm^2，要分别分析 3 种土地利用方式条件下灌溉工程的经济适宜性（或可行性），就必须将今后每年的净收益贴现为现值 V_n，并求出 n 年的总收益之和 H。

$$H = \sum V_n = \frac{P}{(1+r)} + \frac{P}{(1+r)^2} + \cdots + \frac{P}{(1+r)^n} = P\left[1 - \frac{1}{(1+r)^n}\right]/r$$

假设 $r=5\%$，项目生命期为 20 年。计算得：$H_A = 748$ 英镑/hm^2，$H_B = 997$ 英镑/hm^2，$H_C = 1246$ 英镑/hm^2。对于土地利用方式 A，收益现值远小于投资（即成本现值），显然不适宜；对于土地利用方式 B，收益现值接近于投资，一般也认为不适宜；对于土地利用方式 C，收益现值大于投资，一般认为适宜，至于适宜程度有多大，则需要根据一般的社会平均投资回报率和投资特点来进一步确定。

贴现现金流量分析法将未来的投资、成本费用或收益都换算成现值后，就可以获得具有可比性的投入与产出。根据投入-产出分析，就可以比较进行一定的土地改良工程的土地利用方式的经济适宜性，或者专门分析改良工程的经济可行性。

5.7.4 我国水土保持生态补偿

水土资源是人类赖以生存的物质基础，水土保持是生态建设和环境保护的重要内容，也是广大农村社会经济发展的重要保障。建立水土保持生态补偿是落实中央关于建设资源节约型社会和环境友好型社会的重要内容。水土保持补偿制度的建立与实施，可以增强全社会的水土保持意识，加大对以牺牲资源与环境换取经济收益行为的经济约束。同时，拓宽水土保持投资来源渠道，增加水土保持投入，推动水土保持预防保护、监督管理、综合治理和监测评价工作的全面开展，加快生态保护和恢复的进程，促进区域经济协调均衡发展，促进人与自然和谐发展，走上科学发展的轨道。

5.7.4.1 水土保持生态补偿基本理论

1. 基本概念

水土保持生态补偿归根结底是人类社会系统为控制水土流失、维护水土保持功能、保障水土资源的持续利用对生态系统进行的物质和能量输入。如何使这种物质和能量自觉地、及时地、恰当地输入自然生态系统，有必要在社会系统建立水土保持补偿机制。在社会系统内部，水土保持补偿表现为水土保持相关利益主体之间的经济补偿。因此，水土保持生态补偿可以定义为：人类社会系统通过调整其内部相关群体之间的利益关系，对自然生态系统进行适度干预，以有效控制水土流失，增强水土保持功能，实现水土资源的可持续利用和生态环境的可持续维护。

建立和完善水土保持生态补偿机制，有利于加大防治水土流失投入，加快水土流失防治进程；有利于推动"环境有价、资源有价、生态功能有价"观念成为全社会价值取向，提高全民保护水土资源和生态环境意识；有利于协调相关利益各方关于水土保持生态建设效益与经济利益的分配关系，促进经济发展与水土保持生态建设，以及城乡间、地区间和群体间的公平性和社会的协调发展，实现资源的可持续利用和生态环境的可持续维护，构建和谐社会，支撑经济社会的可持续发展。

2．理论基础

水土保持生态补偿源于生态补偿，比生态补偿更具有针对性，是专门针对因水土流失导致资源损坏、生态环境破坏的区域而言。它的理论基础是建立在环境资源价值理论、生态学理论、环境经济学理论的基础上，根据资源价值理论，资源、环境是有价值的，利用资源和环境就要给予相应的补偿。根据生态学理论，应将流域作为一个整体系统来研究。通过建立水土保持补偿来协调和理顺系统内各要素的关系，改善系统的物质能量流向，促进生态系统的良性循环，实现整个流域生态系统的最优化。根据环境经济学理论，商品可分为生产成本、使用成本和外部成本，其中外部成本是指商品生产所造成的环境污染和生态破坏而产生的损失。生产者一般只承担了生产成本，而没有承担或部分承担使用成本和外部成本，即生产者只承担了影响者有利的影响，为促进内外平衡，行为人还应承担所造成的对受影响者不利的影响的后果。人类作为生产者和消费者，不断对水资源、土地资源以及其他自然资源进行开发利用，没有承担其在资源开发利用后对开发区造成的生态环境破坏和水土流失给受害者带来的损失。为协调二者的平衡关系，要建立和实行水土保持生态补偿。

3．补偿主体

补偿主体主要包括下游对上游的补偿、生态受益区对生态保护和建设区的补偿、资源使用者对资源所有者和资源开发受害方的补偿等。有些补偿主体是比较明确和具体的，如矿产资源、水能开发的开发商、消费者及资源开发影响区、确定的受支援地区与支援地区；有些补偿主体和受益程度是不明确、不具体的，如上游与下游、生态保护区与受益区。由于补偿主体（补偿方与被补偿方）明确与否不同，建立和实施补偿的方式、时间和步骤也不相同。

4．补偿标准

补偿标准包括"充分补偿"和"必要补偿"。从经济学角度来讲，水土保持生态补偿中的充分补偿是指补偿的价值至少不得低于由于水土流失和生态环境恶化造成的全部经济损失或为防治水土流失而采取水土保持措施所必需的费用。据中国水土流失与生态安全科学考察专题研究初步成果，全国因水土流失造成的经济损失，2000年为1887亿元，全国水土保持措施的生态服务价值2004年达48617亿元，可见水土资源损失和生态破坏造成的经济损失是巨大的；水土保持的生态服务价值也是巨大的；但实际上，由于环境破坏所带来的经济损失很难直接、准确地计算，充分补偿难以做到，因此，从实际情况来看，水土保持补偿包括其他补偿都适宜采取"必要补偿"的标准，具体的补偿数额要根据支付能力、社会经济发展水平等多种因素综合考虑。

5．补偿方式

水土保持生态补偿方式包括政策补偿、资金补偿、实物补偿、智力与技术补偿等。政策补偿主要是对特殊的区域，如水土流失严重地区、老少边穷地区、革命老区实施特殊的优惠政策，包括税赋优惠政策、"四荒"拍卖等政策；资金补偿主要有中央财政转移支付、项目支持、征收水土保持补偿税（费）用于水土流失治理和生态保护；实物补偿主要是对农户实施水土保持或生态环境保护政策（如退耕还林、退牧还草、免耕、坡改梯）后造成的损失进行物质上的补偿，如粮食补贴、化肥、除草剂以及机械设备等物质补偿；智力与技术补偿则是对水土保持措施实施后，组织技术人员推广配套知识和应用技术，如舍饲圈养、水土保持耕作措施等。

6. 补偿原则

受益主体明确的，按照"谁受益，谁补偿"的原则，对受益者征收水土保持生态补偿专项基金，用于水土流失治理。对有明确的受益载体的上下游或区域间实施直接补偿。无明确受益载体的，通过政府强制征收税费等方式，运用财政转移支付实现补偿，支持治理区水土保持生态建设。目前，以财政转移支付形式应用较多，补偿方式较为单一，国家或地方政府有关部门由于补偿主体不明确，采取财政转移支付，来激励水土保持和生态环境保护与建设。

5.7.4.2 水土保持资金补偿机制的建立

依据水土流失发生发展特点、形态、相关群体利益关系和防治对策的不同，将水土保持生态补偿划分为三大类：预防保护类、生产建设类和治理类。下面对 3 种补偿机制分别进行介绍。

1. 预防保护类水土保持生态补偿机制

（1）适用范围。预防保护类水土保持生态补偿适用于植被覆盖度高，水土流失轻微，生态环境良好，对于国家和区域生态安全具有重要作用的区域。

（2）补偿目标。由于这些地区生态系统持续提供的生态服务价值，对国家和区域经济社会发展具有重要支撑和保障作用，是改善全社会成员生产生活质量的重要生态屏障，因此对这一地区必须实行预防为主、保护优先的方针，禁止或限制对生态环境可能造成影响的生产建设活动。一方面全社会成员出于生态环境方面的考虑要求禁止和限制开发，另一方面当地群众出于生存发展的需要要求加快开发。因此，预防保护类水土保持生态补偿的目标就是通过制度安排，协调全体社会成员生态权与当地群众生存发展权之间的矛盾。

（3）补偿责任主体。按照受益者付费原则，享受保护行动带来生态效益的受益者均应承担补偿责任。受益者包括特定经济主体、可明确界定受益程度的行政区域（特定行政区域）和不可明确界定受益程度的行政区域（非特定区域）3 类。

承担补偿责任的特定经济主体应该同时具有以下特征：①直接从保护行动中获益；②其获益程度易于度量。

可明确界定受益的行政区域具有以下特征：①受益范围易于确定；②总体受益程度易于度量；③整个区域内大部分经济主体均不同程度地享受了水土保持效益；④受益区内众多经济主体支付意愿不一致，且大多数经济主体作为个体无法单独与上游贡献者谈判，达成补偿协议。可明确界定受益的行政区域众多的经济主体必须以整体形式出现，与保护区谈判，承担补偿责任。受益区地方政府作为代言人，代表受益区内众多经济主体与保护区谈判，从而实现对保护区的补偿。

不可明确界定受益程度的行政区域具有以下特征：①间接受益；②受益程度难以量化；③受益范围无法明确界定。对于国家划定的保护区，应由中央政府作为整个受益群体的代言人，承担补偿责任；对于地方政府划定的保护区，应由相应级别地方政府作为该区域的代言人，承担补偿责任。

（4）补偿对象。补偿对象包括两大类：①保护行为的直接投入者；②因保护行动丧失生存和经济发展机会的群体或个人。

（5）补偿额度测算方法。预防保护补偿总额度应不低于预防保护直接投入成本与保护区生存和经济发展机会成本之和，即：预防保护补偿总额度应不低于预防保护直接投入成本与保护区生存和经济发展机会成本之和。

$$Q_F = Q_{F1} + Q_{F2} + Q_{F3}$$

式中　Q_F——预防保护补偿总额度；

　　　Q_{F1}——预防保护直接投入成本；

　　　Q_{F2}——保护区生存机会成本的总额度；

　　　Q_{F3}——保护区经济发展机会成本的总额度。

1）预防保护直接投入。保护成本主要包括预防保护行动直接投入的人、财、物的成本，即

$$Q_{F1} = \sum (Q_i \sum M_i) \quad (i = 1, 2, 3, \cdots, 9)$$

式中　M_1——管护费，包括管护人员工资、材料费、日常运行费；

　　　M_2——生态林补植补种的费用；

　　　M_3——宣传培训费，包括宣传标语、手册制作等；

　　　M_4——病虫害防治、防火投入；

　　　M_5——舍饲圈养投入；

　　　M_6——能源替代投入；

　　　M_7——基本农田改造投入；

　　　M_8——小型水利水保设施建设投入；

　　　M_9——生态移民投入；

　　　Q_i——各组成部分在总成本中所占比例，一般而言，如果成本可以直接计算，Q_i就取 1.0 如果不可以直接计算而需要用其他替代方法，则 Q_i 依据实际情况在 0～1 之间取值。

2）生存机会成本。生存成本是指当地群众为了预防保护而放弃的生存机会，主要考虑维持当地群众基本生计的成本。补偿标准以每人每年所需基本生活资料确定。

3）经济发展机会成本。补偿标准的确定采用参考对比法，即

$$Q_{F3} = \Delta \text{GDP}$$

式中　ΔGDP——保护区 GDP（以县为单位）与参考 GDP 之差。

参考 GDP 的选取应遵循以下原则：国家级保护区，应以国家人均 GDP 为参考值；地方级保护区，应以相应级别的人均 GDP 为参考值。如，省级保护区应以全省人均 GDP 为参考值，县级保护区应以全县人均 GDP 为参考值。

经济发展机会补偿标准影响因素比较复杂，在具体确定标准时，还应充分考虑当地资源潜力、区位条件和保护区重要程度等因素。

（6）补偿实现途径。预防保护类水土保持生态补偿可以采用资金投入、启动绿色项目、制定优惠政策、进行产业扶持以及受益区提供就业机会、引导劳务输出等手段，促进当地产业结构调整和升级，减小群众生产生活对土地的依赖程度，维护和巩固预防保护

成果。

1）政府主导。

a．纵向补偿——上级政府向保护区补偿。上级政府出于生态安全需要，设定保护区，制定保护规划，提出保护行动的目标和任务，并将保护行动的直接投入和机会成本一并纳入财政预算。

除了通过安排专门的预防保护项目外，还可以通过专项财政转移支付（主要用于促进保护区当地产业结构调整而建立的项目）和一般性财政转移支付（主要解决保护区公共服务问题）来实现补偿。

b．横向补偿——受益区政府向保护区补偿。主要通过受益区政府对保护区政府的专项财政转移支付或者共同设立专项保护基金来实现补偿。

资金可从受益区地方财政收入、基金、征收专门事业收费（或提高水资源费标准）等方面筹措。

c．部门补偿——特定经济主体向保护区补偿。享受保护区水土保持效益的特定经济主体，从其营业收入中提取一定比例资金，设立专用账户，由企业自主支配，或是企业缴纳一定比例的补偿费，由当地政府统筹管理，或是政府、企业和社会联合设立保护基金，用于保护区的预防保护。

2）市场主导。水土保持生态补偿的主体与对象，就补偿方式和额度进行平等的协商、谈判，最终达成协议，实现补偿。借鉴国内外经验，可以采取泥沙指标交易和生态产品认证实现补偿。

a．泥沙指标交易。河流泥沙含量是衡量区域水土保持生态功能强弱的一个重要指标，同时也是衡量江河湖海面源污染的一个重要指标，而且河流泥沙含量和污染物易于监测。根据国际碳交易、配额交易、许可证交易等成功经验，可以尝试建立泥沙指标交易机制，在分配不同区域泥沙指标配额的基础上，通过市场交易的方式实现补偿。

设立泥沙指标确认和登记机构，确定不同区域河流泥沙允许指标，定期和不定期组织监测不同区域河流泥沙，向社会发布河流泥沙公报，作为泥沙指标交易的依据。建立交易市场，对于泥沙指标有可能超标的区域，一是可以采取积极的预防保护措施降低泥沙含量，二是通过市场交易方式向其他区域购买泥沙指标。

b．生态产品认证。对因从事有利于维护保护区水土保持功能的生产经营活动而生产的产品，在各项指标符合相关行业要求的前提下，可以进行生态产品认证，引导消费者的选择，在市场上取得高于平均价格的价差，来实现对保护者的补偿。

2．生产建设类水土保持生态补偿机制

（1）水土流失特点。生产建设活动是人类为了进行正常的生产与生活而开展的扰动地表和地下物质、可能造成水土流失的一切活动。生产建设活动的一个显著特点是要扰动地表或地下岩土层、排放废弃固体物、构筑各种人工地貌，造成水土资源的破坏和损失，加剧土壤侵蚀。根据生产建设活动的性质，可以将其划分为资源开发类和非资源开发类两大类。生产建设活动水土流失具有以下特点：

1）与人类扰动地表程度密切相关。生产建设活动水土流失的强度、范围与人类活动的强度、范围密切相关，其分布范围与生产建设活动的分布范围相一致，并且随着扰动程度的加强而加剧，随着扰动程度的减弱而减轻。

2）时空集中、流失强度大。生产建设活动一般施工周期短，占地面积相对小，但是由于对地表的强烈扰动，往往在短期内造成土壤侵蚀强度剧增，水土流失在时间和空间上分布十分集中。

3）成因复杂、潜在危害重、恢复难度大。影响生产建设活动水土流失的因素十分复杂，常常是多种因素叠加在一起，加剧了水土流失。

4）与环境污染相伴。在矿产资源开发和生产建设过程中排放的废弃固体物不是一般意义上的土体，其成分相当复杂，包括岩石、土壤、煤矸石、尾矿、尾渣、垃圾等，这些物质常常含有有毒有害成分，一旦流失会造成下游水体的污染，危及人民生命健康和财产安全。

5）与特定社会文化密切相关。从事开发建设活动的单位和个人的文化差异、价值取向、生态意识、管理水平等影响人们对水土资源的利用方式，进而对水土流失产生影响。

因此对生产建设活动水土流失的控制，不能单纯从技术入手，要采取多种手段，特别是要着力提高从业人员的生态观念，这样才能从根本上解决问题。

（2）补偿的目标。生产建设类水土保持生态补偿的核心就是要协调生产建设活动和水土保持之间的矛盾，实现3个目标：①把生产建设活动形成的水土流失外部成本内部化，让生产建设活动主体对其损坏或者消耗的水土保持功能付费，变环境资源无偿使用为有偿使用，促使企业改进生产工艺，提高管理水平，从而实现控制生产建设活动水土流失的目的；②促进生产建设单位积极治理生产建设活动已经造成的水土流失，及时恢复业已受损的水土保持功能；③可以为大范围的水土保持和生态修复筹措资金，起到以工补农、补生态的作用。

（3）补偿的责任主体。生产建设活动主体在获取经济收益的同时，引发水土流失，导致生态环境恶化，增加了其他社会成员的生产生活成本，这是生产建设活动的外部成本。如果外部成本不能内部化，在经济利益驱动下，会助长生产建设活动主体对水土资源的滥用和对生态环境的破坏。因此，生产建设活动主体应该承担水土保持补偿责任。此外，在实践中，承担生产建设项目的施工单位也有可能成为补偿主体。

（4）补偿对象。从社会系统内部的利益关系分析，补偿对象可以理解为因水土保持功能降低或丧失受到直接和间接影响的社会成员。

（5）补偿额度测算方法。由于生产建设类水土保持生态补偿主要是通过提高生产建设活动的成本，促使生产建设主体承担防治水土流失的责任和造成水土流失的损失，进而约束滥用水土资源和破坏生态环境的行为，维持区域水土保持功能的总体平衡。因此，生产建设类补偿应该包含生产建设活动水土流失防治投入和水土保持功能损失补偿费用。

$$Q_s = Q_{s1} + Q_{s2}$$

式中　Q_s——生产建设类水土保持补偿总额度；

Q_{s1}——生产建设活动期间水土流失防治投入；

Q_{s2}——水土保持功能损失补偿费。

1）防治成本的计算标准。水土保持防治措施包括工程措施、植物措施和临时措施。因此，在计算时，要综合考虑这些防治措施的成本。另外，除了这些措施费外，还有水土

保持防护运行费用。因此，根据投入成本计算的补偿额度为

$$Q_{s1} = \sum_i \sum_j W_{ij} P_{ij} + P$$

式中　Q_{s1}——生产建设活动期间水土流失防治投入；

W_{ij}——第 i 类措施下第 j 类具体措施量；

P_{ij}——第 i 类措施下第 j 类具体措施单价；

P——独立费用，包括建设管理费、工程建设监理费、科研勘测设计费、水土流失监测费等；

i——工程措施、植物措施和临时措施。

2）水土保持功能损失。水土保持功能损失的价值可以通过措施功能降低或丧失带来的经济损失来确定。在标准确定时，还需考虑当地经济发展水平以及支付意愿等因素，具体如下：

$$Q_{s2} = \varphi(1 + \beta) \sum_i \sum_j P_{ij}$$

式中　Q_{s2}——水土保持生态服务功能损失量；

φ——基于支付意愿的社会发展系数；

β——水土流失其他经济损失在 $\sum_i \sum_j P_{ij}$ 中所占的比例；

P_{ij}——第 i 种水土流失损失在第 j 种状态下的经济损失。

（6）补偿实现途径。

1）征收水土保持补偿费。对生产建设主体，按照水土保持功能降低或丧失造成的价值损失，由政府机关强制征收水土保持补偿费，将生产建设活动造成的部分水土保持外部成本纳入生产建设成本。这种补偿是一种以政府为主导的补偿方式。生产建设活动对区域生态系统水土保持功能的影响巨大，而且它往往危害的是整个社会，是几代人甚至几十代人。生产建设活动的这部分外部性，由于产权的难以界定和难以分割，以及交易主体的不确定性，所以无法通过市场主体的交换来解决。政府作为全社会利益的代表可以通过向生产建设单位征收水土保持补偿费，来消除生产建设活动所造成的这部分社会成本。

2）督促企业自行防治。这种补偿是在政府的监管下由企业自主来进行完成，是一种政府和市场共同作用的补偿方式。政府可以对企业防治水土流失的标准提出要求。政府按照事先设定的目标和技术规范对企业在生产建设中可能对水土保持所产生的影响进行评估，以确定是否同意其开发行为。对企业制定的水土保持方案进行审批，并监督其付诸实施。企业则按照审批的水土保持方案防治能源开发过程造成的水土流失，保证水土保持设施与主体工程同时设计、同时施工、同时投产使用，水土保持设施经政府验收通过后主体工程方可投产使用。为了确保企业防治水土流失的效果，可以实行水土流失防治保证金制度，由企业自提自留自用，政府监管。对拒不治理或因技术等原因不便自行治理的生产建设单位，可由政府组织或者委托相关单位治理，所需费用由生产建设单位承担。

3）水土流失侵害民事赔偿。生产建设单位对因其生产建设活动受到水土流失侵害的权利人给予经济补偿，这种补偿实质上是一种民事赔偿。生产建设单位在生产建设过程中往往会造成严重的水土流失，给其他经济活动主体和周围（包括下游）居民带来危害，侵

犯其合法权益，理应承担民事赔偿责任。生产建设单位对相关者的补偿可按其造成影响的程度通过谈判、协商的方式解决，一般不需要政府进行行政干预。政府所要做的是：①明确相关主体的产权；②对生产建设活动水土流失进行动态监测并定期发布公告；③对水土流失危害进行责任认定，并组织第三方对水土流失危害程度进行鉴定。补偿的方式可以灵活多样，既可以实物、资金进行补偿，也可通过产业扶持、智力支持等多种方式给予补偿。

3. 治理类水土保持生态补偿机制

（1）适用范围。治理类水土保持生态补偿，主要针对土壤侵蚀强度在轻度以上的区域。目前补偿的重点区域主要为大江、大河、大湖的中上游和老少边穷地区，这些地区往往水土流失严重，生态环境恶化，自然灾害频繁，经济社会发展滞后。

（2）补偿目标。通过建立长效补偿机制，加大水土保持投入，采取切实有效的措施，尽可能将土壤侵蚀模数减小到容许值以下，最终达到重建和恢复受损生态系统水土保持功能的目的。

（3）补偿责任主体。按照"谁受益、谁付费"的原则，受益者都应该为享受到的水土流失治理效益支付费用。从理论上看，受益者既包括水土流失区的当地居民、企业和政府，也包括水土流失区外的受益居民、企业和政府。

目前，由于水土流失区的生态破坏主要是由历史原因造成的，而且治理水土流失所产生的效益为全社会所共享，所以补偿责任不应该完全由当地居民、企业和政府来承担。同时，这些地区往往经济欠发达、财力有限，当地居民、企业和政府作为受益主体承担补偿责任也缺乏现实条件。此外，依目前的技术水平，对受益区的受益范围和受益程度界定具有困难，无法准确、有效量化受益区的补偿份额。水土保持生态效益的空间流转特征以及效益的不可分割性等特征，决定了其显著的"公共物品"特性。福利经济学中解决"公共物品"供给不足较为有效的办法是由政府来提供，即依靠公共财政投入，因此治理类水土保持生态补偿责任，应该主要由水土流失治理区外的受益区政府和中央政府来承担。

（4）补偿对象。治理类水土保持生态补偿机制的补偿对象是从事水土流失治理的当地居民、企业和政府。

（5）补偿标准测算方法。根据不同的补偿目的和对象，补偿标准按投入成本法和平均利润法来确定。国家和地方财政投入，主要采用投入成本法确定；生态企业投入治理的，采用平均利润法。

1）财政投入的补偿标准。财政投入的补偿额度为水土保持治理投入减去通过治理所取得的直接经济效益的值。水土保持治理措施包括工程措施、林草措施、封育治理措施和保土耕作措施。因此，在计算时，要综合考虑这些措施的成本。除此之外，有水土保持的运行费用及在水土保持前期投入费用。根据投入成本计算的补偿标准为

$$Q_{z1} = \sum_i \sum_j P_{ij} + P_{独立}$$

式中　　Q_{z1}——生态补偿标准；

　　　　P_{ij}——第 i 类水土保持措施下的第 j 类具体措施成本。

2）生态企业的补偿额度。对从事水土流失治理的企业，应充分考虑企业盈利的特征，

为充分鼓励和调动其参与水土流失治理的积极性，补偿标准可以按照企业利润低于当地社会平均利润的差值来确定，即

$$Q_{z2} = \Delta P_i$$

式中　Q_{z2}——生态补偿额度；

ΔP_i——第 i 家水土保持治理企业与区域（以市为计算单元）全部产业的平均利润的差值。

另外，对当地政府因组织水土流失治理所增加的成本也应适当给予补偿。

治理类水土保持生态补偿标准与防治等级有密切关系，因此在确定补偿标准时应充分考虑水土流失防治目标。

（6）补偿实现途径。

1）政府直接投资治理。对于水土流失十分严重、生态环境脆弱、严重制约当地群众生产生活和区域经济发展且对国家生态安全构成严重威胁的区域，中央政府或地方政府可通过各种渠道，安排专项资金，组织实施水土流失重点治理工程。

2）财政直接补贴。财政直接补贴主要用于水土流失区当地农户采取农业技术措施防止水土流失的补贴。例如，针对保护性耕作方式、修建拦蓄设施、能源替代等进行的个人直接补偿。

3）政府购买治理成果。政府可以通过评估和谈判，购买当地居民和企业的治理成果来实现补偿。

4）社会投资。社会投资包括：①由政府、企业和其他组织，通过接受社会公益捐赠、发行生态彩票，建立水土保持生态建设基金，专门用于水土流失治理；②通过制定优惠政策，深化产权制度改革，鼓励和调动社会治理积极性。

5.8　土地资源安全评价

5.8.1　土地资源安全评价的内涵

土地资源安全（land resource security）是指一个国家或地区可以持续地获取，并能保障生物群落人类健康和高效能生产及高质量生活的土地资源状态或能力。实质上反映的是土地资源对人类安全生存、安全生产及社会经济发展的支撑能力。具体而言它包括以下几方面的内容：①按人类所需可以持续地获取土地资源；②土地对于生物群落的生存是健康的；③人类生物群落能利用土地资源高效地生产和高质量地生活。它主要包括耕地资源安全、土地资源经济安全、土地资源生态安全和土地资源的产权制度安全。

土地资源安全评价是以保障土地资源安全为目标函数，详细研究各评价对象的安全阈限值，以定量或定性的方法予以表征，再以一定的方法或模型对土地利用系统健康或危险状况所作的评价。从研究的广度看，土地资源安全评价包括单项评价和综合评价，单项评价是综合评价的基础，综合评价是对土地资源系统进行整体的辨识和评价，更能反映土地资源安全的真实状况。

5.8.2　土地资源安全的影响因素

5.8.2.1　土地资源的质量、数量和结构

一定区域内土地资源的数量、质量和结构是影响土地资源安全的重要因素。一般来说土地资源的数量越多、质量越好、结构越合理，土地资源越安全。我国土地资源的总量在世界占有一定优势，但质量和结构较差，在一定程度上威胁着土地资源安全。

5.8.2.2　人类不合理的开发利用

人口增长过快，导致过度或不合理开发利用土地资源以及政治、战争等人为因素都是影响土地资源安全的重要因素。随着我国工业化和城市化的不断推进，工业发展和城市扩张占用了大量耕地，土地资源不合理开发利用甚至滥用现象时有发生，土地资源安全受到严重影响。不同的经济发展阶段、不同的经济发展水平以及对不同经济发展模式和道路的选择，决定了对土地资源的态度和利用模式，间接影响着土地资源的安全。

5.8.2.3　相关法律法规制度

长期以来我国对土地资源的开发利用一直缺乏科学的土地思想作为指导，虽然我国已经制定了《中华人民共和国土地管理法》等一些与土地资源保护有关的法律、法规和条例，但这些法律法规或条例具有明显的条块特征，各种法律法规或条例比较分散，交叉与重复并存，与其他法律规定的联系不紧密，不能形成一个有机的体系，因此其作为法律的效率大打折扣。在执法方面，由于缺乏必要的资金、技术、人力及其他执法条件，违法用地现象时有发生。在土地资源开发利用中，由于没有依法制定科学的总体规划，致使土地资源的开发利用一直处于无序和掠夺性利用的混乱状态。相关法律法规制度不健全影响着土地资源安全。

5.8.2.4　管理体制

在土地资源管理中，各地区、各部门基于各自的利益和目标，各行其是，各自为政，降低了土地资源的保护效率。由于没有建立起科学的土地资源安全监测预警系统和安全评价体系以及信息披露和信息共享机制，因而不能对土地资源的安全状况做出前瞻性的预测。另外土地资源利用和保护效率也很低，缺乏科学、统一的土地资源安全评价指标和指标体系。

5.8.2.5　自然灾害

气象和气候灾害、地质灾害等各种自然环境灾害对土地资源安全有重大影响。龙卷风、暴雨、干旱等气象和气候灾害会给土地带来一定的破坏和灾害，如暴雨、龙卷风会造成严重的水土流失和土地资源破坏，严重干旱会导致土地颗粒无收等。地震、泥石流等地质灾害也会使土地资源遭到严重破坏，给土地资源安全带来威胁。

5.8.3　土地资源安全的评价方法

5.8.3.1　土地资源安全单项评价

由于土地资源涉及自然环境、社会经济、土地管理制度等众多因素，使得土地资源安全综合评价难度巨大，在中国多以单项评价为主，集中于耕地安全、建设用地安全和土地生态安全等方面，相关综合评价研究还比较欠缺，实际结果难以在空间中得以表现。而欧

美把常规资源、能源资源安全尺度主要分为 3 个层次：从宏观层面上估算每一常规资源、能源的安全态势；从中观层面对自然资源进行风险预测；以微观角度研究与探讨土地资源、生态系统安全。

5.8.3.2 土地资源安全综合评价

土地资源安全综合评价包括土地资源食物安全评价、生态安全评价、经济安全评价等方面。

（1）土地资源安全保障研究。在土地资源安全保障方面，邓红蒂认为要从土地资源安全保障体系的构建，保护优质耕地、农田，水资源的优化配置，利用 2 种资源、市场缓解耕地压力，改善生态环境、增强土地生产能力等 5 个方面着手。徐保根认为土地资源安全程度的提高要依赖于实施土地整理且与其他资源的一体化管理。王炳春等从我国农业土地资源安全现状入手，分析了我国农业土地资源的数量和质量安全，并提出确保中国农业土地资源安全的对策。

不同学者从不同角度对如何保障土地资源安全的问题提出了相应的策略。总体布局上讲，成果和缺陷并存：对土地资源安全战略问题缺乏系统深入的思考，战略高度不够（缺乏系统深入地考虑安全战略问题）；战略停留于理论口号层面，可操纵使用性不强；脱离现存的规章制度，处于理想化真空态的理论；大部分是经验性研究，缺乏严密的定量研究。

（2）土地资源安全预警研究。土地资源安全预警就是在系统全面地掌握土地资源安全运动状态和变化规律的基础上，对土地资源安全的现状和未来进行模拟，预报不正常的时空范围和危害程度，提出应对措施。

5.9　中国土地分等定级

当前，我国土地评价的理论研究取得了飞速的进展。根据土地利用的需要，又产生了土地集约利用评价、土地可持续利用评价、土地安全评价等新的评价类型。土地评价逐步从自然评价向经济、社会、生态综合评价发展。目前我国具有代表性的土地综合评价是城镇土地分等定级和农用地分等定级。

5.9.1　城镇土地分等定级

在我国土地管理工作中，城镇土地分等定级（urban land classification and gradation）是土地利用管理的一个重要组成部分。城镇土地分等定级的目的是为全面掌握城镇土地质量及利用状况，科学管理和合理利用城镇土地，提高土地使用效率，为国家和各级政府制定各项土地政策和调控措施、土地估价、土地税费征收和城镇土地利用规划、计划制定提供科学依据。目前，我国已对城镇土地分等定级进行了标准化，本部分内容主要参照《城镇土地分等定级规程》（GB/T 18507—2014）相关规定。

5.9.1.1 城镇土地分等定级体系

城镇土地分等定级分为两级体系，即"分等"和"定级"。其中，城镇土地分等是通过对影响城镇土地质量的经济、社会、自然等各项因素的综合分析，揭示城镇之间土地质量的地域差异，运用定量和定性相结合的方法对城镇进行分类排队，评定城镇土地等；城镇土地定级是根据城镇土地的自然、经济两方面属性及其在社会经济活动中的地位、作用，对城镇土地使用价值进行综合分析，揭示城镇内部土地质量的地域差异，评定城镇土地级。也就是说，土地分等反映城镇之间土地质量的地域差异，土地定级反映城镇内部土地质量的差异。

城镇土地分等宜分层次进行。全国开展城镇土地分等，应重点考虑对全国范围内重要的设市城市划分土地等；省域（自治区）开展城镇土地分等，应重点考虑对省、自治区内的城市和县城镇划分土地等；直辖市域开展城镇土地分等，应重点考虑对市域内的市区、地级和县级政府驻地城镇划分土地等。城市所辖的空间上与主城区分隔的实体（如独立工矿区、开发区等），宜在城市分等基础上，经综合平衡划定等别。必要时，可对跨不同行政区域的城镇进行分等。不同层次的分等工作应相互衔接。

按照研究对象性质差异，城镇土地定级有综合定级和分类定级 2 种类型。综合定级是指对影响城镇土地质量的各种经济、社会、自然因素进行综合分析，按综合评价值的差异划分土地级。分类定级是指分别对影响城镇某类型用地质量的各种经济、社会、自然因素进行分析，按分类评价值的差异划分土地级；分类定级包含商业用地定级、住宅用地定级、工业用地定级等。城镇土地定级主要分析现状土地质量的差异，必要时，应考虑城市规划等其他因素对土地级别的影响。市区非农业人口 50 万以上的大城市，宜进行综合定级和分类定级；其他城镇宜进行综合定级，必要时可同时进行分类定级。

5.9.1.2　城镇土地分等定级的对象和原则

城镇土地分等对象是城市市区、建制镇镇区土地。城镇土地定级对象是土地利用总体规划确定的城镇建设用地范围内的所有土地。城镇以外的独立工矿区、开发区、旅游区等用地可一同参与评定。城镇土地分等定级遵循以下原则。

（1）综合分析原则。城镇土地分等定级应对影响城镇土地质量的各种经济、社会、自然因素进行综合分析，按综合差异划分土地等和级。

（2）主导因素原则。城镇土地分等定级应重点分析对土地等和级具有重要作用的因素，突出主导因素的影响。

（3）地域分异原则。城镇土地分等结果要符合城镇本身的经济特征，充分考虑城镇的宏观地理位置，与区域经济发展水平保持相对一致。城镇土地定级应掌握土地区位条件和土地特性的分布与组合规律，分析由于区位条件不同形成的土地质量差异，将类似地域划归为同一土地级。

（4）土地收益差异原则。城镇土地等和级的划分应符合区域和城镇内部的土地收益分布规律。

（5）定量与定性分析结合原则。城镇土地分等定级应尽量把定性的、经验性的分析进行量化。在确定城镇土地等和级的初步方案时以定量分析为主，城镇土地等和级的调整与最终定案应依靠定性分析。

5.9.1.3　城镇土地分等定级工作内容

城镇土地分等工作主要包括以下内容：①城镇土地分等准备工作及外业调查；②城镇土地分等因素选取、资料整理及定量化；③城镇分值计算及土地等初步划分；④验证、调整分等初步结果，评定城镇土地等；⑤编制城镇土地分等成果；⑥城镇土地分等成果验收；⑦成果应用和更新。

城镇土地定级工作内容包括：①城镇土地定级准备工作及外业调查；②城镇土地定级因素资料整理及定量化；③单元分值计算及土地定级评定；④编制城镇土地级别图及量算面积；⑤城镇土地定级的边界落实及分类整理；⑥编写城镇土地定级报告；⑦城镇土地定级成果验收；⑧成果归档和资料更新。

5.9.1.4　城镇土地分等定级主要技术内容

1. 分等定级的主要技术方法

城镇土地分等定级采用多因素综合评价法，并结合土地收益、土地价格等信息，应用市场资料进行验证，以综合评定土地等级。

多因素综合评价法也称多因素分值加和法，为使得评价过程规范化、标准化，多因素综合评价法常用以下公式进行表达：

$$S_i = \sum_{j=1}^{n} (W_j F_{ij})$$

式中　S_i——第 i 个分等对象或定级单元的分值；

　　　W_i——第 i 个分等或定级因素的权重值；

　　　F_{ij}——第 i 个分等或定级对象的第 j 个因素分值；

　　　n——分等或定级因素的总数。

我国现行的土地分等定级技术思路为：首先通过多因素综合评价法初步划分土地等或级；其次，通过数据聚类判别分析、市场资料分析或是典型行业的土地收益测算，对初步划分的土地等或级进行校核。

2. 分等定级的因素选择

在城镇土地分等定级评价中，因素的选择尤为重要。对于主导因素，在评价时必须选择，而对于非主导因素，则在实践中根据具体情况进行选择。

（1）分等因素的选择。城镇土地分等因素是指对城镇土地等有重大影响，并能体现城镇间土地区位差异的经济、社会、自然条件，一般分成因素、因子两个层次。

实践中一般选择以下因素和因子作为评价指标：①城镇区位因素，包含交通区位、城镇对外辐射能力等因子；②城镇集聚规模因素，包含有城镇人口规模、城镇人口密度、城镇非农产业规模、城镇工业经济规模等因子；③城镇基础设施因素，包含有道路状况、供水状况、供气状况、排水状况等因子；④城镇用地投入产出水平因素，包含城镇非农产业产出效果、城镇商业活动强度、城镇建设固定资产投资强度、城镇劳动力投入强度等因子；⑤区域经济发展水平因素，包含有国内生产总值、财政状况、固定资产投资状况、商业活动、外贸活动等因子；⑥区域综合服务能力因素，包含科技水平、金融状况、邮电服务能力等因子；⑦区域土地供应潜力因素，包含有区域农业人口人均耕地、区域人口密度等因子。

（2）定级因素的选择。定级因素指对土地级别有重大影响，并能体现土地区位差异的经济、社会、自然条件。根据不同定级类型，实践中主要选择以下因素。

1）综合定级因素选择范围包括：①繁华程度方面的因素有商服繁华影响度；②交通

条件方面的因素有道路通达度、公交便捷度、对外交通便利度；③基本设施方面的因素有基础设施完善度、公用设施完备度；④环境条件方面的因素有环境质量优劣度、绿地覆盖度、自然条件优劣度；⑤其他方面的因素。

2）商业用地定级因素选择范围包括：①繁华程度方面的因素有商服繁华影响度；②交通条件方面的因素有道路通达度、公交便捷度，对外交通便利度（客运）；③基本设施方面的因素有基础设施完善度；④人口状况方面的因素有人口密度；⑤其他方面的因素。

3）住宅用地定级因素选择范围包括：①基本设施方面的因素有基础设施完善度、公用设施完备度；②交通条件方面的因素有道路通达度、公交便捷度、对外交通便利度（客运）；③环境条件方面的因素有环境质量优劣度、绿地覆盖度；④繁华程度方面的因素有商服繁华影响度；⑤人口状况方面的因素有人口密度；⑥其他方面的因素。

4）工业用地定级因素选择范围包括：①交通条件方面的因素有道路通达度、对外交通便利度（货运）；②基本设施方面的因素有基础设施完善度；③环境条件方面的因素有自然条件优劣度；④产业集聚效益方面的因素有产业集聚影响度；⑤其他方面的因素。

3. 分等定级因子的分值和权重计算

（1）分等因素的分值计算。为了便于不同量纲因素指标能够互相比较，分等对象的综合分值计算必须从因子指标的标准化开始，经因素分值计算，自下而上逐层进行。对于分等因素的分值的标准化计算，一般采用位序标准化和极值标准化的方法，分别计算分等对象的因子分值，因子分值应在0～100之间。因子分值越大，表示分等对象受相应因子的影响效果越佳。

（2）定级因素的分值计算。定级因素的量化可分面状因素和点、线状因素两大类进行。若因素对土地的影响仅与因素指标值有关，称之为面状因素，面状因素直接计算其对空间上各点的作用分；若因素对土地的影响既与因素涉及的设施规模有关，又与距设施的相对距离有关，称之为点、线状因素，点、线状因素应计算设施本身的功能分，进而计算设施对空间上各点产生的作用分。

（3）权重计算。各因素的权重依然可采用特尔菲法、成对因素比较法和层次分析法等方法确定。

4. 等级的划分

等级的划分一般按照聚类分析法、数轴法、总分剖面图法等，并结合实际资料验证的方法来划分。一般而言，土地等的数目，依不同区域的行政级别、所包含的城镇数量、差异复杂程度而定，一般确定：省（自治区）3～8等；直辖市3～5等；省级以下区域2～5等；全国和跨省级区域依实际情况而定。对于土地定级而言，则根据实际需要而定。

5.9.2　农用地分等定级

农用地是指直接用于农业生产的土地，包括耕地、园地、林地、草地、农田水利用地、养殖水面等。为贯彻落实《中华人民共和国土地管理法》，对农用地进行科学、合理、统一、严格管理，提高农用地管理水平，科学量化农用地数量、质量和分布，理顺土地价格体系、培育完善土地市场，促进农地资源合理配置，我国开展了农用地分等定级（agricultural land classification and gradation)。从概念上说，农用地分等定级是根据农用地的自然属性和经济属性，对农用地的质量优劣进行综合评定，并划分等别、级别。与城镇土地分等定级工作类似，农用地分等定级工作也进行了标准化。本部分内容主要参照国土资源部制定的《农用地质量分等规程》（TD/T 1004—2012）和《农用地定级规程》（GB/T 28405—2012）。

农用地分等定级的工作对象是行政区内现有农用地和宜农未利用地，不包括自然保护区和土地利用总体规划中的永久性林地、永久性牧草地和永久性水域。

5.9.2.1　农用地分等定级体系

农用地分等定级采用"等"和"级"2个层次的工作体系。农用地等别是依据构成土地质量稳定的自然条件和经济条件，在全国范围内进行的农用地质量综合评定。农用地等别划分侧重于反映因农用地潜在的（理论的）区域自然质量、平均利用水平和平均效益水平不同，而造成的农用地生产力水平差异。农用地分等成果在全国范围内具有可比性。农用地级别是依据构成土地质量的自然因素和社会经济因素，根据地方土地管理工作的需要，在行政区（省或县）内进行的农用地质量综合评定。农用地级别划分侧重于反映因农用地现实的（实际可能的）区域自然质量、利用水平和效益水平不同，而造成的农用地生产力水平差异。农用地定级成果在县级行政区内具有可比性。

5.9.2.2　农用地分等

1. 农用地分等原则

（1）综合分析原则。农用地质量是各种自然因素、社会经济因素综合作用的结果，农用地分等应以造成等别差异的各种相对稳定因素的综合分析为基础。

（2）分层控制原则。农用地分等以建立全国范围内的统一等别序列为目的。在实际操作上，农用地分等是在国家、省、县3个层次上展开。县级分等成果要在本县域范围内可比；省级协调汇总成果要在本省域范围内可比；国家级协调汇总成果要在全国范围内可比。

（3）主导因素原则。农用地分等应根据相对稳定的影响因素及其作用的差异，重点考虑对土地质量及土地生产力水平具有重要作用的主导因素，突出主导因素对分等结果的作用。

（4）土地收益差异原则。农用地分等应反映不同区域土地自然质量条件、土地利用水平、社会经济水平的差异对区域土地生产力水平的影响，也应反映对区域土地收益水平的影响。

（5）定量分析与定性分析相结合原则。农用地分等应以定量计算为主。对现阶段难以定量的自然因素、社会经济因素采用必要的定性分析，定性分析的结果可用于农用地分等成果的调整和确定工作中，提高农用地分等成果的精度。

2. 主要工作内容

农村用地分等主要工作内容如下：

（1）工作准备。编写任务书、编制有关表格、准备图件；收集现有资料并进行整理。

（2）外业补充调查。现有资料不能满足分等工作要求，包括资料不足、不实、不详、陈旧等，应进行外业补充调查。

（3）内业处理。根据标准耕作制度，确定基准作物、指定作物，查各指定作物光温（气候）生产潜力指数、产量比系数；划分分等单元，编制分等单元图；划分分等指标区或样地适用区，并确定各指标区的分等因素或分等特征属性；编制"指定作物-分等因素-自然质量分"关系表或分等特征属性自然质量分加（减）规则表；计算分等单元各指定作物的农用地自然质量分；计算农用地自然质量等指数并初步划分农用地自然质量等别；计算各指定作物的土地利用系数和土地经济系数并划分等值区；计算农用地利用等指数、农用地等指数并初步划分农用地利用等别、农用地等别。

（4）确认和整理成果。对各步成果进行检验、校订、确认；编制图件和文字报告；设立标准样地永久标志；成果验收和归档。

3. 技术路线与方法步骤

（1）技术路线。依据全国统一制定的标准耕作制度，以指定作物的光温（气候）生产潜力为基础，通过对土地自然质量、土地利用水平、土地经济水平逐级订正，综合评定农用地等别。

（2）方法步骤：①资料收集整理与外业调查；②划分指标区、确定指标区分等因素及权重；③划分分等单元并计算农用地自然质量分；④查指定作物的光温（气候）生产潜力指数表，计算农用地自然质量等指数；⑤计算土地利用系数及农用地利用等指数、土地经济系数；⑥计算农用地等指数；⑦划分与校验农用地自然等别、利用等别、农用地等别；⑧整理、验收成果。

4. 主要技术内容

（1）划分评价单元。分等单元是农用地分等的最小空间单位，分等单元应按以下要求划分：①单元之间的土地特征差异明显，不同地貌部位的土地不划为同一单元，山脉走向两侧水热分配有明显差异的不划为同一单元，地下水、土壤条件、盐碱度等分等因素指标有明显差异的不划为同一单元；②单元内部的土地特征相似，土地分等单元边界不跨越分等因素指标区和土地利用系数等值区、土地经济系数等值区；③单元边界应不跨越地块边界；④单元边界应采用控制区域格局的地貌走向线和分界线，河流、沟渠、道路、堤坝等线状地物和有明显标志的权属界线。

评价单元的划分方法主要有叠置法、地块法、网格法和多边形法等。叠置法是指将比例尺相同的土地利用现状图与地形图、土壤图叠加，形成的封闭图斑，即为一个分等单元。若图斑小于最小上图面积（6mm²）则要进行归并。叠置法适用于土地利用现状类型多、地貌类型比较复杂的地区。地块法是指在工作底图上用明显的地物界线或权属界线，将农用地分等因素相对均一的地块，划为一个分等单元。也可直接将土地利用现状图上的图斑作为分等单元。地块法适用于所有分等类型和地区。网格法是指用一定大小的网格作为分等单元。网格大小以能区分不同特性的地块为标准，可采用大小均一的固定网格，也可采用大小不均一的动态网格。网格法适用于分等因素空间变化不复杂的地区。多边形法是指将所有分等因素图进行叠加，最终生成的封闭多边形即为分等单元。多边形法适用于所有分等类型和地区。

（2）计算农用地自然质量分。根据当地实际情况，选择因素法或样地法计算农用地自然质量分。

采用因素法计算农用地自然质量分，需要划分农用地分等因素指标区（以下简称指标

214

区），指标区是依主导因素原则和区域分异原则划分的分等因素体系一致的区域。在确定农用地分等因素时，分推荐因素和自选因素两类。推荐因素由国家统一确定，分区、分地貌类型给出；自选因素由省级土地行政主管部门确定，用于分等的自选因素，一般不超过3个。所有分等因素都需要采用特尔菲法、因素成对比较法、主成分分析法、层次分析法等方法中的2种以上方法进行检验和确定，在分等任务书中应予以明确。初步确定的农用地分等因素，应进一步按照指标区的具体情况，经过科学分析论证后加以简化。在计算农用地自然质量分时，可采用几何平均法或加权平均法，计算各分等单元各指定作物的农用地自然质量分。

采用样地法计算农用地自然质量分，需要划分样地适用区。适用区是依主导因素原则和区域分异原则划分的分等因素体系一致的区域。应依照以下规定来划定标准样地：①在县域范围内每个乡镇布设1个标准样地，地貌条件、耕作制度差异较大的乡镇，可以布设多个标准样地，并根据其相似性进行归类；②根据地貌条件、耕作制度或强限制性因素的区域分异规律，参照标准样地的归类结果划分适用区，县域范围内适用区一般不超过10个；③一个适用区内，选定的分等因素要对农用地的质量有明显影响，一般不超过10个，农用地自然质量分等依据所选用的分等因素计算；④根据上述结果计算农用地自然质量分。如需要，应按照规程要求进行农用地利用等指数、农用地等指数的计算。

（3）农用地等别划分与校验。初步分等包括以下内容：①根据农用地自然质量等指数、农用地利用等指数、农用地等指数分别进行农用地自然质量等、农用地利用等和农用地等的划分；②采用等间距法进行农用地各等别的初步划分，各省根据自己的情况和需要确定本省农用地自然质量等、农用地利用等、农用地等的划分间距，国家通过对各省份结果的分析、协调确定国家农用地自然质量等、农用地利用等、农用地等的划分间距。

随后应对中间结果和初步分等结果进行实地校验。在所有分等单元中随机抽取不超过总数5%的单元进行野外实测，将实测结果与计算结果进行比较。如果与实际不符的单元数小于抽取单元总数的5%，则认为计算结果总体上合格，但应对不合格单元的相应内容进行校正；如果大于5%，则应按工作步骤进行全面核查、校正。经检验与校核后形成最终分等成果。

农用地定级成果包括图件、数据、文字报告及相应的电子文档。

5.9.2.3 农用地定级

农用地定级主要有因素法、修正法和样地法3种方法。其中因素法是指通过对构成土地质量的自然因素和社会经济因素的综合分析，确定因素因子体系及影响权重，计算单元因素总分值，以此为依据客观评定农用地级别的方法；修正法是指在农用地分等指数的基础上，根据定级目的，选择区位条件、耕作便利度等因素计算修正系数，对分等成果进行修正，评定出农用地级别的方法；样地法是以选定的标准样地为参照，建立定级因素计分规则，通过比较，计算定级单元因素分值，评定农用地级别的方法。

与农用地分等类似，在开展定级工作时，也应遵循综合分析原则、主导因素原则、土地收益差异原则、定量分析与定性分析相结合原则。

1. 主要工作内容

（1）工作准备，编写任务书。

（2）收集资料与外业补充调查。

（3）整理资料及定量化处理。

（4）计算定级指数及评定级别。

（5）校核级别与落实边界。

（6）编制图件、统计与量算面积、编写成果报告。

（7）成果验收。

（8）成果归档与更新应用。

2. 技术步骤

（1）确定定级方法。

（2）确定定级因素。

（3）计算定级因素分值。

（4）编制定级因素因子分值图。

（5）划分定级单元。

（6）计算定级单元各定级因素分值。

（7）计算定级指数，初步划分土地级别。

（8）校验和调整初步定级成果。

（9）统计和量算面积。

（10）编制图件、报告和基础资料汇编。

3. 主要技术内容

（1）确定定级指数。定级指数是划分农用地级别的基本依据，确定方法有因素法、修正法、样地法3种。

对于因素法，定级因素指对农用地质量差异有显著影响的自然因素、区位因素和社会经济因素，某些因素可分解为多个因子，构成因素体系。权重反映定级因素、因子对农用地质量的影响程度。将定级因素量化，可计算得到定级指数。其量化的核心思想仍然为影响因子量化值与其权重乘积。

不同类型影响因素的量化方法一般不同。一般而言，定级因素可分为面状因素、线状因素和点状因素。其中，面状因素指定级因素指标的优劣仅对具备此指标的地块有影响（如土壤质地）。面状因素是非扩散性因素，量化方法采用最大最小值法或均值度法；线状因素指定级因素指标的优劣不仅对具备此指标的地块有影响，还对一定距离范围内的农用地产生影响（如交通条件）。线状因素是平行扩散性因素，随着距离的增加，其影响强度按一定规律衰减，量化方法采用直线衰减法或指数衰减法；点状因素指定级因素指标的优劣不仅对具备此指标的地块有影响，还对其周围农用地产生影响（如农贸中心），点状因素是同心圆扩散性因素，量化方法采用直线衰减法或指数衰减法。影响因子权重仍可用特尔斐法等方法。

对于修正法，则是在农用地分等成果上对影响定级的因素进行修正，从而得到定级结果。一般备选修正因素包括土地区位条件，包括农贸中心和交通状况等；耕作便利条件，包括耕作距离、田间道路和田块形状等；土地利用状况，包括土地利用现状、利用方式、经营效益、利用集约度等，以及其他因素。修正法计算定级指数的公式为

$$H_i = G_i W_i$$

式中　H_i——第 i 个对象的定级指数；

　　　G_i——第 i 个对象的分等指数；

　　　W_i——第 i 个对象的定级修正系数。

对于样地法，则是首先选择标准样地，然后将定级单元特征与标准样地特征逐一比较，根据比较结果获得定级单元的定级指数的方法。将农业综合生产条件最优的标准样地定义为 1 号标准样地，其分值定为 100 分，按照定级因素对农业生产的影响程度，将 100分分配给各个定级因素；其他标准样地定级因素的分值，可根据定级因素的分级情况，与1 号标准样地的相应因素特征值比较后确定，比较过程中若出现农用地综合特征优于 1 号标准样地的情况，应调整标准样地的编号及其分值。将定级单元各定级因素的特征值与标准样地的特征值对比，根据记分规则计算定级因素记分量，并将各定级因素记分量求和，结果作为单元记分量。

（2）级别划分与校验。根据单元定级指数，采用等间距法、数轴法或总分频率曲线法初步划分级别。其中，等间距法是按照定级指数，采用相同间距划分级别；数轴法则是将定级指数标绘在数轴上，选择点数稀少处作为级别界限；总分频率曲线法是对定级指数进行频率统计，绘制频率直方图，选择频率曲线突变处作为级别界限。

在初步完成级别划分后，应对该成果进行校验。在所有定级单元中随机抽取不超过总数 5% 的单元进行野外实测，将实测结果与定级结果进行比较，如果与实际不符的单元数小于抽取单元总数的 5%，则认为计算结果总体上合格，但应对不合格单元的相应内容进行校正；如果大于 5%，则应按工作步骤进行全面核查、校正。初步定级成果完成后，主管部门应组织专家组进行论证，并写出书面论证意见，承担单位应根据论证意见，进行修改完善。同时，初步划分的农用地级别应具有明显的正级差收益，否则，应重新进行调整与计算。对初步定级成果至少采用两种方法进行校验。

农用地定级成果包括图件、数据、文字报告及相应的电子文档。

本 章 小 结

土地资源评价是优化土地资源管理，促进土地高效利用的有效技术手段。本章首先介绍了土地资源评价的含义和意义，并随之详细介绍了评价的主要类型，包括土地资源潜力评价、土地资源适宜性评价、土地利用规划环境影响评价、土地承载力评价、土地利用管理评价、土地资源经济评价、土地资源安全评价以及中国土地分等定级。

复 习 思 考 题

1. 简述土地评价的一般工作程序。

2. 阐述联合国粮食与农业组织的土地适宜性评价体系，并比较其同美国农业部土地评价体系的异同。

3. 简述土地利用规划环境影响评价和其他项目环境影响评价之间的异同。

4. 阐述农业生态区法研究土地资源人口承载潜力的工作步骤。

5. 可持续土地利用管理评价方法有哪些？并选择其中之一对其指标体系和评价方法进行描述。

6. 试述土地经济评价的方法。

7. 试述城镇土地分等定级的主要工作内容。

8. 试述农用地分等定级的技术方法。

第6章　土地资源利用与规划

>**本章概要**

　　土地是生存与发展的基础。基于我国土地资源的基本国情、我国土地资源的现状和国民经济社会发展中长期计划，统一调整和规划耕地、林地、牧草地、居住用地、交通用地、水域用地、建设用地和其他土地，合理分配土地资源，避免浪费和保护土地资源。全国土地利用总体规划纲要就是一个在全国范围内对土地利用进行宏观调控，协调土地资源的开发、利用、保护、整治的指导性战略规划。

　　土地利用规划（包括总体规划、专项规划、内部规划）作为土地利用规划体系中的重要组成部分，其目的是不断地开发土地资源的生产潜力，为人类社会及生态环境的可持续发展提供相应保障。而土地资源的利用与规划工作，一般包括以下几点内容：首先，要对土地利用的概念、内涵、一般过程和我国土地利用现状有系统的认识；其次，要建立可持续发展的思路，根据我国资源环境和社会经济发展现状，让土地利用规划目标和工作符合可持续发展的要求；再次，根据社会经济可持续发展的要求，对土地资源的利用和配置进行不断的优化；并通过优化配置，从宏观和微观层面对土地利用进行动态监测；最后，结合社会经济可持续发展要求和土地资源现状进行土地利用内部规划、专项规划和总体规划。

>**本章结构图**

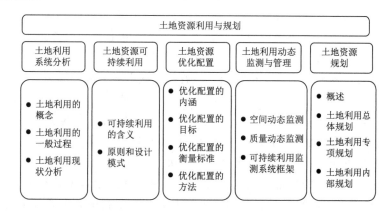

>**学习目标**

　　1. 人类研究土地资源的出发点不外乎两点：①对土地和土地资源这个自然客体的不断认识和了解；②如何合理地利用、管理及规划土地资源，不断地开发土地资源的生产潜力，为人类社会的持续繁衍提供保障。

　　2. 通过土地资源利用与规划，基于区域自然条件、土地自身的适宜性及区域社会经济的发展需求，在社会经济发展需求和资源环境的供给能力中探寻平衡点，研究并规划最佳的土地资源利用结构和布局，达到土地资源的开发、利用、保护和治理的战略性目标。

6.1 土地利用系统分析

6.1.1 土地利用的概念

土地利用是指人类对土地自然属性的利用方式和目的意图的一种动态过程，是人类劳动与土地结合获得物质产品和服务的经济活动，表现为人类与土地进行的物质、能量与价值、信息交流及转换，即土地利用是由土地质量特性和社会土地需求协调而决定的土地功能过程。

土地利用是个技术问题。当人类的科学技术水平高，对于作为综合体的土地所包含的各种因素的认识程度就高，利用这些因素所采取的手段、措施也就越先进，因而取得的效果也就越好。土地利用同时又是个经济问题。土地作为一种最基本的生产要素，与其他要素相结合后，才能进入生产过程，与其他生产要素在利用过程中必须服从一定经济规律，才能取得良好的经济效益。关于土地利用专家和学者有不同的观点，1995 年，国际全球变化人文因素计划（International Human Dimensions Programme on Global Environmental Change，IHDP）和国际地圈生物圈计划（International Geosphere Programme，IGBP）共同拟定了"土地利用与土地覆被变化（Land – Use and Land – Cover Change，LUCC）"科学研究计划，并将其归为全球环境变化的一个核心项目（Turner，1995；Lambin et al.，1999），使土地利用变化相关研究成为全球环境变化研究的一个热点与前沿问题，从而掀起了土地利用与土地覆被变化研究的热潮。

国外的土地利用理论研究可以追溯到 19 世纪德国古典经济学家、区位理论先驱者冯·杜能在其经典著作《孤立国同农业和国民经济的关系》中建立的同心圆理论模型，该模型以市镇为中心，围绕乡村土地使用而展开，为此后的城市土地利用奠定了基础。20 世纪20 年代开始，欧美各国学者对城市土地利用理论进行了深入研究，形成了以伯吉斯同心圆理论、扇形理论、地租理论等经典理论。随着第二次世界大战的结束，西方各国的经济结构发生改变，众学者们立足于当地的社会情况，在土地利用研究中逐渐形成了新的观点，如英国的《阿斯瓦特报告》中提出以补偿金的形式把未开发的土地国有化，日本的《关于地价等土地政策建议书》中总结了地价失控的原因，并建议把土地利用中所得利益回馈社会等。我国的土地利用研究由来已久，公元前 4 世纪（战国时代）出版的《禹贡》中就提出了对土地进行等级划分的土地利用思想；2004 年之前，傅伯杰等（1997）、谢俊奇（1999）、刘彦随（2001）等学者分别围绕着土地可持续利用的本质等进行了深入的研究；2004 年后，学者们侧重分别运用不同的研究方法、从不同层面，如对城市土地可持续利用、区域土地可持续利用、城市边缘区土地可持续利用等的内涵和定义进行了研究。

其中，代表性的土地利用表述有以下 3 种：①土地利用是指国家、某一地域、某一单位范围内的土地在不同用途、不同性质、不同主体之间的分配和使用（Lambin et al.，1999）；②土地利用是人们根据土地资源特性功能和一定的经济目的对土地的使用、保护和改造（Turner，1995）；③土地利用是指人以土地为对象（或手段）为一定利用目的而从事的土地经营或经济活动。上面几种观点虽然角度不同，但可以从中看出一些共性，即土地利用是人类与土地结合获得物质产品和服务进行自然、经济再生产的复杂社会经济过程。从土地利用定义可知：土地利用是人类社会对土地自然属性的利用方法、方式以及状况，人类社会根据土地、土地资源和土地利用的自然特点，按土地利用的社会和经济目的，采取生物和科技手段，对土地资源进行周期性及长期性的管理和治理活动。

6.1.2 土地利用的一般过程

土地利用的一般过程可包括为以下 7 个部分：基于土地利用理论研究进行土地利用目标的设置、土地利用的组织设计及评价、土地利用可行性分析、土地利用系统性分析、土地利用结构优化分析、提交报告或决策、土地资源的利用。

6.1.2.1 土地利用目标的设置

1. 土地利用基本性质

从基本性质来说，土地利用的基本内容可总结为以下几个方面：土地资源的调查、土地利用分类与统计；土地利用的程度、土地利用结构与产生的效益等现状的分析；土地利用规划；土地资源的开发及保护。人类通过土地资源的利用来满足社会生存和发展的需求，其目标是满足自然、社会与经济的协同发展。我国人口众多，土地资源相对不足，可开垦的耕地资源更是甚少，因此土地利用目标的设置是土地利用过程的基本前提，也是核心内容，具有共同性、层次性，也有时间性和考核性。

而从土地利用层次上，可分为宏观土地利用目标、中观土地利用目标和微观土地利用目标。宏观目标，即全国的土地利用目标，它具有全局性、战略性等特点，宏观土地利用目标的制定，要以国家社会经济发展的宏观目标为依据，并与之协调；中观目标，即地区的土地利用目标，它既要与宏观土地利用目标衔接，又要结合区域特征提出具有地区特色且切实可行的目标；微观目标，微观土地利用目标相比宏观和中观目标较为具体，可分解为县内各部门（农业与林业部门、畜牧业部门、环保与交通部门等）和各土地利用单位的土地利用分目标。分目标要与微观土地目标密切结合并将相关目标数量化以便考核，达到可行性和科学合理性的目的。而从时间尺度上，土地利用目标可分为长期目标、中期目标和短期目标，长期目标的时间尺度为 10 年以上，中期目标为 5 年左右，短期目标为 1 年左右。

2. 土地利用原则

基于土地利用概念与定义、土地利用目标和土地利用的基本性质以及《土地管理法》，将土地利用原则归纳为以下 8 大类：

原则 1：土地公有原则。土地公有制原则是我国土地制度的基础和核心，土地利用与管理必须遵循这一核心原则。

原则 2：合理利用与保护土地原则。《中华人民共和国土地管理法》中明确规定："国家鼓励单位与个人按照土地利用总体规划，在保护和改善生态环境防止水土流失及土地荒漠化的前提下，开发未利用的土地资源，并将适宜开发为农用地的优先开发为农用地解决粮食问题。"因此合理开发利用与保护土地是保证土地利用率和产出率、增加产品有效供给的基本保障。

原则 3：耕地特殊保护原则。根据《中华人民共和国土地管理法》："国家保护耕地、严格控制耕地转为非耕地。"的这一规定，我国省、自治区、直辖市等各级人民政府应严格执行土地利用总体规划和土地利用年度计划，采取对应措施，确保各行政区域的耕地总量稳增或保持不变；对于急剧减少的地区，由国务院责令在规定期限内利用未利用地等闲置资源，开垦与所减少的耕地资源相当的耕地并由国务院土地行政主管部门偕同农业行政主管部门进行验收。即耕地特殊保护工作是我国土地管理政策的首选目标，也是土地利用最重要的原则之一。

原则4：土地用途管制原则。为保证土地资源的合理利用、社会经济和环境的协调发展，通过编制土地利用规划，划定土地用途区，确定土地使用条件，国家要求土地的所有者和使用者严格按照国家确定的土地用途使用和利用土地的制度。

原则5：土地有偿使用原则。在当今社会主义市场经济条件下，土地具有资源与市场的双重属性，它作为一种特殊的商品进入市场流通。实行土地有偿使用，有利于理顺土地所有者和使用者的经济关系，也有利于合理利用土地资源，促进土地资源的优化配置。

原则6：土地统一管理原则。由各级人民政府和土地管理部门代表国家统一行使土地管理的职权。既要对国家所有土地进行管理，也要对集体所有土地进行管理；既要对城市土地进行管理，也要对农村土地进行管理。总而言之，各级人民政府与其他土地管理部门要对所辖区域的土地资源依法实施全面管理。

原则7：保护土地所有者和使用者合法权益的原则。对我国而言，土地财产权主要包括土地所有权、土地使用权和土地承包经营权等基本产权，以上产权一经依法获得，其合法权益就会受到法律保护，这是我国宪法和民法的基本原则在土地管理中的具体表现。

原则8：正确处理中央与地方、土地所有者与使用者之间利益分配关系的原则。土地问题涉及各行各业、涉及公民、法人、经济组织和社会团体等众多方面，因此土地利用过程必须正确处理这些关系，既要保护国家利益不受损失，又要保证当事人的合法权益不受侵犯。

综上所述，我国的土地利用原则主要包括以上8点，通过合理利用和保护土地这一宗旨来改善生态环境，有利于提高土地利用率；而对土地实行有偿制度原则，可促进土地资源的合理利用和协调土地所有者和使用者的利益，达到农村、城镇及国家的土地资源均达到高效利用的目的。

3. 土地利用的组织设计及评价

基于土地利用目标以及设置的原则，对系统内与目标有关的县级、省级和国家级范围内的各类土地资源进行调查和数据收集等组织设计工作，并开展土地利用评价，促进土地所有者和使用者了解土地与目标之间的关系，为最后的土地利用实践工作提供依据。且根据实际需求，可开展自然适宜性评价、生产潜力评价及经济评价。

6.1.2.2 土地利用的过程分析

1. 土地利用可行性分析

在开展的自然适宜性评价、生产潜力评价和经济评价等土地评价的基础上，对土地利用方式和各类土地资源的承载力进行全方面的可行性分析，包括：①资源环境可行性；②技术可行性；③组织体制的可行性；④经济可行性；⑤社会可行性。如图6.1所示。

2. 土地利用系统性分析

土地利用系统性分析是在土地利用可行性分析的基础上，对土地利用过程的物质、能

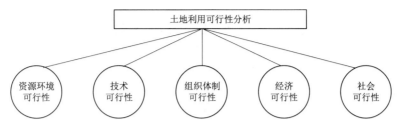

图 6.1　土地利用可行性分析

量、资本、劳动等多方面的指标参数进行系统的分析，提出土地利用过程中存在的问题和原因。同时，为下一步建立土地利用结构优化和土地利用规划的制定等工作提供基础，也可结合土地利用系统中的各要素建立相关模型，对其进行输入输出分析。系统性分析工作无论是针对现有状况，还是基于各项参数和经验进行土地利用状况的预测，都需要对生态环境、经济与社会条件进行全面考虑，保证结果的准确性。

3. 土地利用结构优化分析

土地利用结构优化分析是基于土地利用系统性分析，结合研究目标和土地利用的约束性（包括土地利用效率低、土地利用结构不合理），建立土地利用结构优化模型，结合当地资源条件，提出系统优化的各种方案，并对各项优化方案运用系统工程和运筹学方法进行方案的规划、统计以及相应的实施和管理的模拟研究等工作。

4. 提交报告或决策

土地利用报告和决策文件的提交是土地利用过程中最重要的环节之一，土地利用的一般过程中，在提交报告的这一环节研究者根据研究目标和前期工作写出分析报告，描述土地利用优化方案，对可能发生的风险进行土地利用可行性分析和风险分析并制定相应的风险应急规划，以便决策者参考。对于政府部门以及使用土地的国土局、自然资源厅等单位和土地所有者与使用者等个体，则根据研究者提供的方案做出最终的决策，包括土地使用者的确定（单位或个人）、土地利用目的、土地利用方式等内容。

5. 土地资源的利用

方案确定后，就是土地资源的利用，而土地利用过程中发现问题后，可在系统分析和可行性分析的基础上，对方案进行必要的修改，以便有效合理地利用各项土地资源。

6.1.3　土地利用现状分析

土地利用现状分析是在土地利用现状调查的基础上，通过土地资源系统的数量与质量、结构与分布、利用现状与开发潜力等方面进行系统性分析，明确规划区域内土地资源的整体优势与劣势，揭示各类土地资源在地域组合上、结构和空间配置上的合理性，明确土地资源开发利用的方向与重点，为制定人地协调的发展和强化抵御系统功能的土地利用规划提供科学的依据。

6.1.3.1　土地利用现状分析的研究内容

宏观层面上，所谓的土地是指地球陆地的表层。它是由土壤、植被、地表水及表层岩石和地下水等诸多要素形成的自然综合体，是自然历史的产物，同时也是人类社会赖以生存、发展的物质基础。

随着社会经济的不断发展，人口急速增长、工业化和城镇化速度不断加快，人们对土地的需求量也在不断增加，而土地的数量的有限性导致社会发展与土地资源之间产生了极大的矛盾，引起了一系列资源环境问题，如土壤污染、粮食短缺、能源紧张、资源浪费等物质能源的破坏情况。因此，自然环境和社会经济的可持续发展问题是当今全球面临的重大问题，也是全球性瞩目的研究方向，而这些问题的开展与研究都与土地利用有着密切的联系。

现状分析的第一步为依据合理利用与保护的基本原则及要求，运用乡镇土地利用现状数据或调查数据、遥感影像数据和统计数据等众多数据资源，借助 ArcGIS（地理信息系统）、ENVI Classic 等软件和 FRAGSTATS 等景观分析软件，根据土地利用研究的基础理论、景观生态学理论和人地协调及可持续发展理论，采取土地利用数量结构分析数学模型和景观指数分析及空间统计分析相互结合的研究方法，对研究区土地利用现状进行系统的分析，并找出土地利用过程中存在的问题，依据土地利用总体规划和详细规划及治理的基本原则和策略，提供具有可行性和针对性的科学措施，为区域土地利用现状管理、分析与土地资源可持续利用提供科学依据和手段。

土地利用现状分析是制定土地利用总体规划的基础，是编制土地利用相关规划的起点和重要依据，通过现状分析我们可以掌握到规划区域内的以下情况：①区域土地利用的自然和社会经济条件；②土地利用的历史演变与变化趋势；③土地利用现状结构与布局特点；④土地利用程度；⑤土地利用的效果；⑥土地利用存在的问题等。土地利

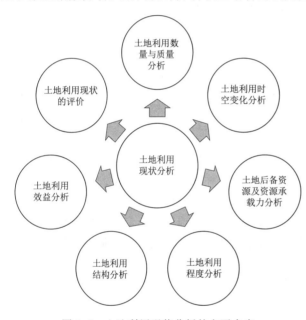

图 6.2　土地利用现状分析的主要内容

用现状分析的主要内容如图 6.2 所示。

6.1.3.2　土地利用现状分析资料的收集与整理

土地利用现状分析资料的收集与整理是现状调查的基础，调查内容可总结为以下几个方面：①政策与决策资料的收集；②历史与现状等资料的调查、收集与评价，包括气候、水资源、土地资源、矿产资源、土地利用工程措施和社会经济资源的调查等工作；③测绘图件的收集，当前我国全部土地资源都已被各种比例尺的地形图所覆盖，对于土地利用总体的规划，我们要根据规划区域的具体情况采取相应的比例尺，对于省级范围需采用1：100万的比例尺，县级范围采用1：5万或1：10万的比例尺。而 Landsat TM 影像等卫星遥感图和统计年鉴数据是土地利用总体规划的基础数据。

6.1.3.3 土地利用现状分析内容

1. 土地利用数量与质量的分析

结合第三次全国国土调查土地利用现状分类及工作分类工作可知，土地利用现状分类可分为12个一级类、56个二级类数据，其中一级类可分为耕地、园地、林地、草地、商服用地、工矿仓储用地、住宅用地、公共管理与公共服务用地、特殊用地、交通运输用地、水域及水利设施用地、其他土地，共计12类。根据土地用途管理又可分为农业用地（又称农用地）、建设用地和未利用地3大类（图6.3）。农业用地包括耕地、园地、林地、牧草地等，建设用地包括居民点及工矿用地、交通用地、水域（指的是所属于建设用地的水库水面和水工建筑用地）等。

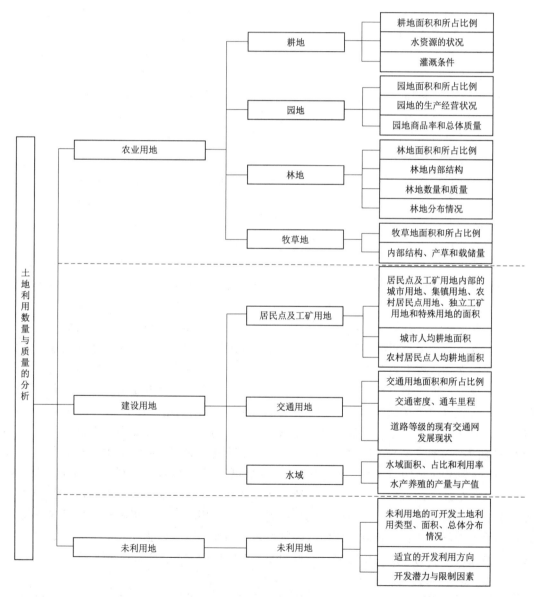

图 6.3 土地利用数量与质量分析内容

（1）农业用地的数量与质量分析。农业用地质量与数量分析中最重要的是耕地分析，耕地利用现状分析是指人们日常生活中以种植农作物为主的土地，是一种经济价值比较高的农业用地。耕地的调查主要是对耕地面积和在土地总面积中所占比例，以及灌溉水田、水浇地、旱地等二级类土地在耕地中的所占比例，水资源的状况和灌溉条件。计算分析各类作物占用耕地的面积和所占比例，计算区域人均占有耕地的面积，最终将其与全国、省、旗县的人文地理特征，分析区域耕地资源的现状。耕地质量的好与坏是耕地肥力、水土流失情况、坡度、洪涝灾害、生产水平和集约化程度的综合水平。其次为园地利用现状分析，园地是指以采集果、叶、根、茎为主的集约化经营的多年生草本作物，覆盖水平大于50％，或是每株数大于合理株数70％的土地，园地的二级分类包括果园、桑园、茶园、橡胶园和其他园地。园地利用现状的分析主要包括：园地占总土地的比例、各类园地面积与分布概况、园地的生产经营状况、园地商品率和园地资源的总体质量。林地利用现状分析中，林地是指生长乔木、灌木、沿海红树林等土地，林地不包括居民点周围的绿化用地，以及铁路、公路、河流、沟渠的护路、护岸林等。从二级分类上，林地可分为有林地、灌木林地、疏林地、未成林造林地等。林地调查内容包括林地面积和在此区域总土地中所占的比例，林地内部结构、数量、质量、分布情况进行深入的分析。通过现状调查可看出区域各类林业用地的基本情况和开发利用状况，阐明规划区域内林地的整体质量和整体资源量及开发利用潜力。

牧草地是指以草本植物为主，用于牧业用地的土地。二级类包括天然草地、改良草地和人工草地，草地的现状调查内容与耕地和园地一致，此外要对牧草地的内部结构、数量、质量、分布状况要进行调查研究，同时分析草地的产草量、载储量等内容，以此来说明本区域牧草地的主要种类、特点、生产水平和发展潜力。

（2）建设用地的数量与质量调查。建设用地之居民点及工矿用地现状分析，居民地及工矿用地是指城乡居民点以外的独立工矿、国防与名胜古迹等用地。调查内容包括研究居民点及工矿用地内部的城市用地、集镇用地、农村居民点用地、独立工矿用地和特殊用地的面积，并进一步分析研究区城市和农村居民点中的人均耕地面积。而交通用地是指居民点以外的铁路、公路、农村道路、港口码头和其他附属设施用地。交通用地的调查包括交通用地面积和在区域土地总面积中所占的比例，其中铁路、公路、农村道路等地的交通密度、通车里程、道行能力和道路等级的现有交通网发展现状。水域是指陆地水域和水利设施用地，二级分类包括河流水面、湖泊水面、水库水面、坑塘水面、滩涂、沟渠和冰川等。对于水域的现状调查，应包括水域面积、所占比例以及二级分类中各类资源的面积以及水资源的利用率，水产养殖的产量与产值，为土地利用规划的制定提供科学依据。

（3）未利用土地的数量与质量分析。未利用地是指目前位置还未利用的土地，其二级分类包括荒草地、盐碱地、沼泽地、沙地、裸地和其他未利用地。未利用地是我国珍贵的土地资源，开发未利用地可大幅度地提高我国总土地利用率，也可提高对社会经济的服务功能和服务价值。通过现状调查我们可以掌握未利用地的可开发土地利用类型、面积、总体分布情况、适宜的开发利用方向、开发的潜力和制约因素。

2. 土地利用动态变化分析

土地利用动态变化分析是在各类用地调查的基础上，收集一定历史时期内的土地利用资料，采用纵向对比的方式对土地资源的利用面积、结构、分布的演变和发展趋势进行分析。

3. 土地利用程度分析

土地利用和开发程度反映土地利用是否科学合理，体现在土地利用率、垦殖率、净面积与毛面积之比、人均占有的土地资源等方面。

（1）土地利用率。土地利用率是指已利用的土地面积和土地总面积的百分比，用来反映当前土地利用的程度和土地资源潜力的一项指标。

$$土地利用率 = \frac{土地总面积 - 土地利用面积}{土地总面积} \times 100\% \qquad (6.1)$$

（2）土地垦殖率。土地的垦殖率是指耕地面积和土地总面积的占比，用来反映土地开发程度和种植业的发展程度。

$$土地垦殖率 = \frac{耕地面积}{土地总面积} \times 100\% \qquad (6.2)$$

（3）农业用地率。农业用地率是指农、林、牧、渔业的用地面积与土地总面积的百分比，用来反映大农业的发展程度。

$$农业用地率 = \frac{农业用地面积}{土地总面积} \times 100\% \qquad (6.3)$$

（4）耕地复种率。耕地复种率是全年的农作物播种总面积与耕地总面积的百分比，反映耕地的利用程度和效率。

$$耕地复种率 = \frac{全年农作物播种面积}{总耕地面积} \times 100\% \qquad (6.4)$$

（5）粮食作物复种率。粮食作物复种率是指全年粮食作物的播种面积和粮占耕地面积的百分比，建设用地率、载畜量、水面利用的计算方法也与粮食作物的复种率一致。

$$粮食作物复种率 = \frac{全年粮食作物播种面积}{粮占耕地面积} \times 100\% \qquad (6.5)$$

4. 土地利用经济与社会效益分析

对于土地利用的效益分析，也可通过以下几种公式计算土地利用的社会、生态和经济效益，其研究内容包括以下几个方面（表6.1）。

表 6.1　　　　　　　　　土地利用经济与社会效益分析方式

序号	指标名称	指标含义	计算公式
1	单位播种面积的产量	单位土地的播种面积生产的物质产品数量，用来反映农业生产的集约化程度	$单位面积产量 = \dfrac{某作物产量}{某作物播种面积}$
2	单位农业用地总生产	反映农业技术措施效果和土地利用情况	$单位农业用地总产值 = \dfrac{农、林、牧、渔总产值}{农业用地面积}$
3	单位土地面积净产值	表明单位面积土地劳动创造的价值水平	$单位土地面积净产值 = \dfrac{农产品产值 - 消耗的生产资料价值}{土地面积}$
4	单位土地面积纯收入	表明单位土地资源面积的收入水平和对社会的贡献	$单位土地面积纯收入 = \dfrac{农产品产值 - 生产成本}{土地面积}$

序号	指标名称	指 标 含 义	计 算 公 式
5	单位面积水面水产品产量	表明单位面积水面的生产能力及生产水平	单位面积水面水产品产量 = 水产品产量与产值 / 全部可利用水面积
6	人均纯收入	反映区域经济和社会发展的情况以及人们的生活水平	人均经济纯收入 = 个人所得总收入 / 区域全部人口

因为土地利用要考虑到土地的产出，和对社会经济的服务功能、服务价值以及与社会经济的适应问题，不仅要最有效地进行生产，同时也要考虑社会最为有效的分配生产和服务，实现最好的消费。而土地利用的经济效益是指对土地的投入与取得的有效产品（服务）之间的比较，而有效产品是指该产品能为社会所需要，在分析土地利用的经济效益时一定要把产品和投入进行比较，若投入产出率高，则土地利用的经济效益就高；反之亦然。

6.2 土地资源可持续利用

6.2.1 土地资源可持续利用的含义

土地资源的可持续利用是指既能满足当代人的需求，对后代满足其需求能力又不会构成危害的土地资源利用方式。土地资源可持续利用意味着土地的数量和质量要满足不断增长的人口和不断提高的生活水平而对土地的需求。土地是可更新资源，利用得当，可循环永续利用，如果利用不合理，土地生产能力就会部分或全部丧失。例如，耕地乱占滥用，森林乱砍滥伐，草地超载过牧，就会引起耕地大量减少，土地沙化退化，使土地人口承载量与日益增长的人口数量越来越不协调。土地资源的可持续利用早就引起了各国政府与土地、土壤专家们的注意。1990—1995 年，在印度、加拿大和泰国就土地可持续利用就召开过几次国际学术讨论会。对可持续土地利用中的生产性、安全性、保护性、可行性和可接受性等五大原则得到了共识（图 6.4）。

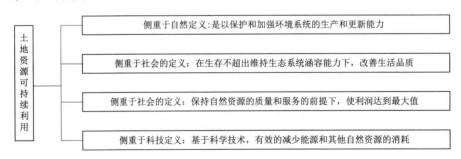

图 6.4　土地资源可持续利用的含义

可持续利用理论的形成过程经过了理论的萌芽、产生、逐步发展与完善和最终的实践检验等阶段，内涵包括：①可持续发展不否定经济（尤其是穷国的经济）增长，但需要重新审视如何实现经济增长；②可持续发展以自然资产（如土地）为基础同环境承载力相协调；③可持续发展以提高生活质量为目标，同社会进步相适应；④可持续发展承认并要求体现出环境资源的价值；⑤可持续发展的实施以适宜的政策和法律体系为条件，强调"综合决策"和"公众参与"；⑥可持续发展认为发展与环境是一个有机整体。

6.2.2　土地资源可持续利用的原则和设计模式

6.2.2.1　土地资源可持续利用的原则

土地资源可持续利用的思想最早是出现在西方（郭斌等，2010），欧美各国对该理论的含义界定以及相关的研究方法等一直处于领先地位，目前各国通过技术使得对土地可持续利用的研究空间不断扩大，并将研究方法定量化、可视化，并将研究方向逐步转向存量挖潜、土地的综合整治以及有效保护等相关方面，尤其进一步完善了相关的法律体系，由于土地资源具有区域特殊性的特质，因此在我国对于土地资源可持续利用方面也具有特殊性，土地资源的可持续利用一般都遵循以下几个方面的原则。

1. 土地资源可持续利用的资源原则

土地资源是人类社会发展过程中最基本的、不可替代、不可再生的物质资源，遵循土地资源可持续利用的资源原则，将地区的土地资源看成稀缺资源，将其开发利用和保护有机地结合起来，坚持"在保护中开发，在开发中保护"的总方针。因此，一要增强保护意识，二要增强开发意识。我们也要看到，我国还有大量土地尚未开发利用，其中有一定数量的宜耕地。

2. 土地资源可持续利用的区域原则

区域协调原则具有两个方面的含义：

（1）区域内人地关系系统的协调，有机结合起来，从而使人类的生存发展与土地资源的开发利用相互协调与统一。从区域分工协作来看，不同地区地理环境条件差异大，因此，土地资源的开发利用一方面遵循因地制宜、从实际出发的基本原则，合理利用本地区的资源优势与劣势，实现区域经济的发展。

（2）要实现资源的合理配置与生产力的合理布局，组织合理的地区结构。

3. 土地资源可持续利用的社会原则

土地资源的可持续利用首先要保障和促进整个地区经济的持续、稳定与健康发展，要促进西部地区社会文明程度的提高，有利于生活水平和人口素质的提高，见表6.2。例如，我国西部地区无论是居民人均可支配收入还是人均GDP都呈现较低水平。西部地区由于地形地势和气候条件恶劣，土地开发难度大，土地资源的可持续利用率也较低。

表 6.2　　　　　　　　　　　土地资源可持续利用的社会原则

	因　素　层		属　　　　性
社会因素	宏观社会政治环境	政策法规	国家政策、区域政策、专项政策、部门调理法规
		总体规划	国家和区域中长期规划、近期规划、部门规划
		政策保障	政策的有效性、持续性
	社会接受能力	个人接受能力	直接影响者、间接影响者
		集体接受能力	文化、宗教、部门、区域或团体等
		美学价值	保持自然景观学、人工设计美学

4. 土地资源可持续利用的经济原则

土地资源可持续利用的经济原则见表6.3。要实现经济的持续、快速、健康发展，提高生活水平，就要求我们必须充分、有效地开发利用土地资源，发挥土地资源和资产的双重特性功能，解除地区发展资金短缺的瓶颈因素的制约，以最低的土地资源消耗获取最大的生态、社会和经济效益。

表 6.3　　　　　　　　　　　土地资源可持续利用的经济原则

因　素　层			属　　　性
经济因素	经济资源	劳动力资源	劳动力来源、保证率、季节变化
		资金资源	资金借贷方式、资金回收
		知识资源	文盲率、教育普及水平、社会咨询度
		动力资源	动力资源类型、可使用的方式
		效率	土地面积和劳动力之比、资金和劳动力之比、投入水平
		产品成本	投入水平、产品成本、产出风险
		产品价格	价格水平、变化、价格风险
	经济环境	信贷环境	信贷可获取程度、使用的方式、利率
	综合因素	市场	交通设备、信贷与市场距离、交通通达程度
		人口	人口密度、人口流动、人口变化
		收入	总收入、单位收入、净收入
		利润	毛利润、净收益
		消耗	总消耗、消耗分配比例
		恩格尔系数	食物与满足生活花费的金额占总消耗的比例

5. 土地资源可持续利用的生态原则

土地资源可持续利用的生态原则见表6.4。生态环境建设是土地资源持续利用的根本和切入点。改善生态环境是必须首先研究和解决的一个重大课题。土地的生态负荷是有限度的，若利用得当，便能不断更新和提高利用率与土地生产力，构成一种良性循环。否则就会破坏土地的生态平衡，形成一种恶性循环，最终将造成水土流失严重，自然灾害频繁，土地生产力下降。

6.2.2.2　土地资源可持续利用的设计模式

所谓土地利用模式的设计就是指基于地区人文和自然地理特征，分析土地资源和土地利用现状，提出一套完整的具有全面性和针对性的土地资源利用的方案。实现区域土地资源可持续利用就是在一定区域内通过技术与行政、法律、经济等手段使土地资源利用类型结构、空间分布与总体功能以及各土地资源利用类型等内部的具体管理技术均能与本区域的自然和经济发展相适应，使土地资源充分发挥其功能作用，既能满足当代人的需要又不对后代人满足其需要的能力构成危害（郭斌，2010）。近几十年来如何使有限的土地资源得到持续利用，探索土地可持续利用发展模式，已成为区域发展所面临的紧迫而艰巨的任务（陈传明等，2002），也是当前土地利用可持续发展研究的热点，为此结合土地资源可持续利用的原则制定科学性和针对性较强的几种土地资源可持续利用发展模式，详情如下。

表 6.4　　　　　　　　　　　　土地资源可持续利用的生态原则

因素层			属性
生态因素	气候条件	太阳辐射	辐射强度、季节分布、日照天数、辐射时长
		温度	年积温、年平均温度
		降水量	年均降水量、季节分配、年变率
		气象灾害	风沙、风暴、沙尘暴
	土壤条件	土壤肥力	有机质含量、有机质盈亏、有效氮、磷、钾
		土壤结构	颗粒组成、孔隙度、透水性、持水性
		土壤污染	污染面积、范围、强度、污染的趋势
		土壤侵蚀	侵蚀面积、强度、变化趋势
	水资源	水资源量	水域面积、总量、分布情况
		水质	水化学特征、混浊度、BOD、COD
	立地条件	地貌特征	地貌类型、坡度、坡向、高程
	植被组成	植物	植被覆盖率、生物量、植物多样性
		植物组成	种类、植物年龄结构、空间结构、数量分布
		多样性	基因多样性、物种多样性、生态系统多样性、景观多样性、破碎度、隔离度

1. 土地资源可持续利用生态发展模式

尽管实现土地可持续利用的途径和手段千差万别，但从生态意义上讲有一点是殊途同归。即多尺度、多层次、多层意义上探索人类土地利用系统与资源环境系统之间相互作用的过程、格局和动力学机理诱导及促进这 2 个系统相互适应和协同进化。土地利用战略的研究内容如图 6.5 所示。

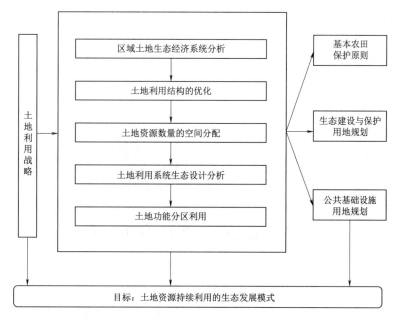

图 6.5　土地利用战略的研究内容

可见，这种基于"生态中心论"生态发展模式便是实现人类可持续发展理想的途径（全国农业区划委员会，1984）。判断土地利用变化是否符合生态发展，主要取决于在人类-生物-环境之间的冲突与协调、增长与平衡相互作用的动态过程中人类对发展模式的整体权衡或选择，只有整合人类社会经济、生物与环境目标的社会整体选择才可以实现生态发展。

2. 土地资源利用功能分区模式

土地资源分布的区域特点决定了对土地资源的利用与开发问题进行分析时，必须注意其区域性不同区位优势不同，气候、地形、水文、植被等自然状况也有差异，所面临的人口、资源环境、经济社会问题都不同。土地利用分区一般包括地域分区和类型分区，土地利用功能分区思想来源于综合农业区划，到20世纪90代中期，各级综合农业区划工作均完成。土地利用区划是农业综合区划的最主要组成部分，是一种地域分区，是在土地利用现状调查及土地资源调查的基础上进行各级土地利用分区的划分，并编制相应的分区图与文字资料，是土地利用现状调查的主要任务和科研成果之一，也是土地利用的基本研究方法。

土地利用分区的一般依据是：①地形、降水量、热量条件与土地资源的分布情况基本一致；②在相似的科学技术和管理条件下，各类产业的稳定程度、生产潜力基本一致；③影响因素如土壤质地、气候、水分、土壤理化性质、地形地貌等基本一致；④对农林牧渔业的适应程度基本一致；⑤抵御自然灾害的能力基本一致。

因土地利用系统是由自然、社会、经济子系统的耦合作用而形成的复杂系统，各个子系统之间相互作用产生了土地利用系统的结构增殖，使得系统表现出一定的非加和性。以下为基于综合指数法制定的空间分区模型，具体步骤为：

（1）构建指标体系。由指标类、指标项、具体指标构成3级指标体系，并运用层次分析法（AHP）确定各指标的权重值。

（2）建立土地利用分区模型。求各单元土地利用综合指数。

$$L_j = \sum_{i=1}^{m} \frac{V_{ij} W_j}{\sum_{j=1}^{n} V_{ij}} \quad (i=1,2,\cdots,m\,;j=1,2,\cdots,n) \tag{6.6}$$

式中　L_j——j 区土地利用综合指数；

V_{ij}——j 区 i 指标的实测值；

W_j——i 指标的权重值。

（3）对 L_j 进行统计分析。根据分布规律确定综合指数相对集聚或离散区间，统计各区间的区域数量，并将每一个区域划分为几个不同的功能区，对不同区域的自然环境、社会环境和经济环境、土地利用状况、可持续发展模式进行统计分析。

6.3　土地资源优化配置

6.3.1　土地资源优化配置的内涵

从土地资源优化配置的内涵上来讲，是一种以政府的管理或是干预产生的维护公众利益的社会力量，是一个对既定的目标和方案进行不断修正，对影响土地利用发展演变的各类因素和利益不断地进行协调的过程。区域土地利用系统是一项多重利益交织、多重目标取向的综合体。而在我国现实情况下，既表现为国家、集体和个人之间的分配，又表现为资源在不同利益的产业部门之间的配置。因此，区域土地资源的优化配置应该建立在对区域不同阶层的社会和经济利益进行系统分析的基础上，通过控制机制影响并体现在各个阶层的利益取向。

土地资源优化配置是有层次的，从宏观层次到微观层次需解决3类问题：①在全国或者省级范围内如何以劳动区域分工理论为基础，因时、因地制宜地完成并发展优势产业，以便实现土地利用的区域化、专业化生产及规模化的经营；②在一定的生产力条件下，在区域的各产业和各部门之间合理分配有限的土地资源和各项用地的空间布局形式；③如何在产业内实现人力、物力、财力等生产要素的合理比配。一般而言，在较低层次上，自然和生态因子与农作物起着决定作用，而在较高层次上，社会和经济因素起着决定性的作用，虽然生态和社会经济因子在不同的层次水平上发挥着不同的作用，但是它们都相互联系、相互作用，共同组成了一个有机体。

6.3.2 土地资源优化配置的目标

对于土地资源的优化配置问题，其配置的目标可以总结为以下几类：①有限的土地资源产生最大的效益；②取得既定效益所需最少的土地资源。土地资源优化配置关于各个行为主体的利益追求是各行为主体在可持续发展的理念指导下的行为抉择。土地资源配置的终极目标是提高转化率、服务人类社会发展进步的要求。土地资源如何配置涉及方方面面，受到诸多条件和因素的影响。这些因素和条件可以分为内生条件（包括土地面积、类型，光、热、水等）和外生条件（包括资金、技术、人才等）。流动因素能否进入特定区域并发挥作用受到制度框架的制约，也与区域内经济发展水平有关，土地资源优化配置效率与区域经济发展呈正相关。土地资源配置主体是政府和市场（企业），手段是计划和市场价格调控。在配置中无论政府，还是市场（企业）都要遵循土地资源配置的基本规律。土地资源配置涉及的相关理论有：区位理论、产权理论、轴线理论、循环经济理论、可持续发展理论等。根据上述分析，实现土地系统结构优化的模型设计应该追求以下目标。

6.3.2.1 经济效益目标

经济效益是指在有限的投入条件下，生产出的社会产品与服务的多少。土地利用结构优化追求的主要目标依然是利用有限的土地尽可能生产较多的产品和服务。目前，普遍被接受可用于衡量经济效益的指标仍然是GNP（国民生产总值）和GDP（国内生产总值）。

6.3.2.2 社会效益目标

无论是在何种领域，社会效益越来越受到重视。土地资源的优化配置，在追求经济效益的同时，对社会效益的追求也同步到比较重要的位置，这就要求土地要进行最有效的生产，社会要最有效地分配生产和服务，最终实现最有效的消费。因此，在对土地进行优化配置过程中，要详细分析各方面的利益，做到经济效益相当的情况下，优先考虑社会效益大的项目；经济效益不等的情况下，充分权衡社会效益显著程度高的项目。

6.3.2.3 生态效益目标

生态环境资源是全人类共有的，任何人类工程都无时无刻不与人类的生态环境相联系。许多经济效益高，但污染性大的项目已经很难吸引当下人眼球，用地项目上亦是如此。土地利用结构优化的合理性既包括具有高经济效益的产出和公平的分配，也包括对生态环境改善的客观要求，在注重经济效益的同时，也应该注重提高生态效益。

因此，将生态效益具体量化作为目标函数之一，通过借鉴已有的研究成果，采用生态服务价值作为土地资源配置的生态效益衡量指标。

6.3.3 土地资源优化配置的衡量标准

衡量土地资源最优化配置的标准一词最先是由帕累托提出的。根据帕累托最优标准的概念，只有任何一种土地配置状态的改变使得社会每个人的福利增加或至少使其中一个人福利增加而不减少其他人的福利时，才意味着一个社会在既定的生产技术和既定的土地利用条件下，土地资源配置达到最适度状态，社会福利才会达到最大值。在完全竞争市场条件下，市场机制会自发引导土地资源达到"帕累托最优状态"。但完全竞争市场只是一种理想模式，在现实生活中，市场机制存在许多缺陷和诸多外部干扰因素，土地资源配置无法自发达到帕累托最优状态。

6.3.4 土地资源优化配置的方法

6.3.4.1 线性规划方法

所谓线性规划方法，是一种较为普遍的土地利用建模方法，此方法可以求解多方面的问题，除线性问题，还能够使用对数法解决非线性问题。研究者通过线性规划模型优化了区域尺度和地块尺度上的土地资源，尤其是对于地块尺度下的土地资源结构的优化方面的研究更为频繁。典型的线性规划模型如 LUAM（land use allocation model），该模型中加入了影响农业用地的各种因素，并根据影响因素调整农业用地的结构和格局来提高农业利润。

6.3.4.2 多目标规划方法

在社会经济系统的研究过程中面临的系统决策问题常常是多目标的，且不同的目标之间会相互作用，导致决策过程具有一定的复杂性。而多目标规划方法能够使决策者根据不同的标准选择较为满意的优化配置方法，充分地反映决策者的愿望来给决策者提供最佳的方案。多目标规划方法的研究由 20 世纪 50 年代开始，研究者 Koopmans 从生产和分配的活动分析中提出了多目标最为优化的问题，并首次提出了 Pareto 最优解的概念，1968 年 Johnsen 系统地提出了有关多目标优化模型的研究报告；进入 20 世纪 70 年代后多目标决策分析开始被广泛应用于工程技术、经济管理等方面。

6.3.4.3 灰色预测模型

线性规划模型是一种静态模型，而此方法不能够适应社会经济状况、自然环境和科学技术条件变化的要求，而灰色预测模型，作为景观结构研究的重要指标之一，分形与分维在土地结构的研究方法和模型上具有应用分形理论，因此学者根据分形理论计算了土地空间结构的分维和稳定性指数，构建了土地空间结构的分维非等间距预测模型，此模型针对数据量少、波动性不大的数据的预测分析。

6.3.4.4　系统动力学方法

系统动力学方法作为一种土地资源的优化配置方案已广泛应用于区域与国家尺度的土地资源配置建设。该方法能够方便灵活地进行决策模拟，解决复杂系统的结构功能协调和长期的系统动态发展过程，如运用此方法分析经济-社会-土地系统的行为、功能与结构，通过描述与统计 3 者之间的内在联系分析各产业用地的发展过程来得出土地利用优化方案。

6.4　土地利用动态监测与管理

6.4.1　土地利用空间动态监测

6.4.1.1　监测内容

土地利用与土地覆被（land use/land‑cover）是地球表层系统最重要的景观标志。尤其人类的生存和发展对土地的开发利用以及引起的土地覆被变化被认为是全球环境变化的重要组成部分和主要原因。在人类土地利用活动的驱动下，自然土地覆被格局的改变影响了陆地生态系统的生物多样性和初级生产力，影响了全球生物地球化学循环和大气中温室气体的含量，改变了区域大气化学性质及过程，对局地、区域及全球气候都产生了广泛而深刻的影响。因此，土地利用空间动态监测是从总体上综合模拟和评价环境，认识人类活动在全球变化中的作用机制，减小预测的不确定性显得非常重要。

土地利用空间动态监测的研究内容分为总量监测和具体监测，土地利用总量监测是指从空间上研究大面积土地利用现状变化的总量和趋势，为国家、省和自治区的土地利用变化的统计和土地资源的调查提供科学依据。其研究手段为"3S"技术，所谓的"3S"土地利用空间动态监测是指基于地理空间数据云等平台，按照研究区行政边界截取卫星影像，通过 ArcGIS 等影像处理平台进行辐射定标、波段组合、大气校正等图像处理，并在空间分布上分析区域土地利用结构的数量和质量的变化情况。

土地利用具体监测的研究侧重于区域地块细部的变化，目的为对区域土地资源的治理和经营工作提供服务。尤其是我国农村土地的管理工作，农村土地利用变化数据不是通过地块日常的买卖审批工作来维护，而是集中于每年的秋收季节（10 月）完成全年度的变更工作，若进行实地调查需投入大量的人力、物力和精力，并且调查结果误差大的概率极大。因此针对我国变更周期长、变化范围大、检测精度要求高的土地利用动态监测工作中需引入"3S"土地利用动态监测技术，在研究区范围内利用不同时期的遥感影像进行解译，通过人机交互判读的方式分析土地利用变化的数量和空间上的位置。

6.4.1.2　监测分析

对于土地利用动态的监测分析工作而言，遥感技术是当前土地利用变化动态监测的核心技术，在我国土地资源的管理工作中发挥着极为重要的作用。遥感技术是 20 世纪 60 年代发展起来的观测综合性技术，可进行电磁场、机械波等探测工作，随着航天航空技术的发展，航空遥感和航天遥感技术也逐渐发展成熟，广泛应用于土地资源的调查、利用及环境监测。基于遥感技术的土地利用监测分析工作主要分为遥感图像预处理和土地利用信息提取两部分。

1. 遥感影像的预处理

图像预处理是遥感技术应用的第一步，也是极为关键和最重要的一步，目的为使土地利用变化信息的提取快速且准确，提高提取的效率。在土地利用动态监测的应用中图像预处理主要包括影像矫正、融合、增强、色调调整和镶嵌裁剪等工作，通过一系列的预处理工作能够为后期的土地利用信息的提取提供更为清晰的影像资源。

2. 遥感影像纠正

土地利用变化的动态监测过程中初始得到的遥感影像均经过了几何粗校正，但测量过程中因各因素的影响，地球曲率和空间折射都发生了变化，出现了非系统性的几何变形。因此在进行几何校正时需考虑到几何变形的特点和性质，图像的应用目的和校正数据。例如运用二次多项式法进行影像的矫正，采用三次卷积法进行灰度采样。此外，影像的纠正必须要选好控制点，因此在纠正时确定若干个地面控制点，并结合相关模型进行纠正工作。

3. 遥感影像的融合

影像的多分辨率融合是一项极为重要的图像处理技术，土地利用动态监测过程中因相同地区需采用多个不同类型的传感器进行数据的采集，为此通过图像的融合对多个传感器获取的数据进行空间配准，通过各类数据的互补与融合产生更为准确和详细的数据。彩色的遥感图像是通过对多个不同波段的有效组合而形成的，因此最佳的波段组合是一种非常重要的影像预处理工作，例如绿波段、红波段和短波红外波段的组合能够接近真彩色的遥感图像，典型遥感影像的融合方法如小波变换法。

4. 遥感影像的镶嵌

对于增强处理后形成的具有准确性和完整性的融合影像文件，进行影像的拼接和镶嵌，因为区域的遥感影像少则由3~4景影像拼成，多则10~20多个景，为此需要对影像进行接边处理。从几何角度分析，影像的镶嵌是指相邻影像进行——对接，且色调均为一致，通过拼接后根据区域行政边界进行裁剪工作。

5. 土地利用变化信息的提取

土地利用变化信息的提取可分为多个阶段，第一阶段为数据的准备，第二阶段为变化信息的发现，第三阶段为变化区域提取。第一阶段中需要对不同时期的遥感图像进行预处理，形成基础图像，运用统一地理坐标对不同时期的遥感图像进行相互配准，为数据处理和遥感解译做准备。第二阶段为变化信息的发现，通过对图像的一系列处理后，将区域变化的部分从影像中凸显出来，确定变化的地理位置与范围。第三阶段为变化区域的提取，在第二阶段发现变化信息后通过相应的措施对变化信息进行提取，如人机互解译法信息提取。

6.4.1.3 土地利用/覆被变化研究

1. 土地利用变化数据库构建

土地利用/覆被变化是表征人类活动对地球表层系统影响的最直接的表现形式，人类活动通过对生物圈与大气圈的交互，直接或间接地影响地表反照率、比辐射率、地表粗糙度、光合有效辐射以及蒸散发等地表生物物理参数，进而对地表辐射能量平衡、生物地球化学循环以及生态系统服务功能产生深远影响。

1995年国际地圈与生物圈计划（IGBP）和全球变化人文因素计划（IHDP）共同制订的"土地利用/覆被变化科学研究计划"以及2005年发布的全球土地计划（global land project，GLP），将土地利用/覆被变化作为全球变化研究的核心内容。进入21世纪以来，随着社会经济持续快速发展，国家进入了快速城市化和工业化阶段，由此迈入战略转型关键时期。为掌握和揭示中国土地利用变化的时空格局和动态特征，以卫星遥感影像数据为基础，当前已建成国家尺度土地利用变化数据库，并且每隔5年采用同类卫星遥感信息源，持续开展国家土地利用变化数据更新。

对于我国土地利用变化情况进行监督分析，以遥感卫星影像数据为基础，基于Landsat TM、GF-2等遥感卫星数据，参考中国土地利用遥感制图分类系统构建的高分辨率遥感-无人机-地面调查观测技术体系，结合基于地学知识的人机交互解译方法，获取土地利用数据集，构建我国土地利用数据库。

2. 土地利用变化度量指标

为有效分析土地利用变化特征，揭示其变化的速率和强度，对每一类土地利用类型采用4种指标进行度量，分别为该类型土地利用变化面积、年均变化面积、年变化率和动态度。而第 i 种土地利用类型的年变化率 L_i 计算公式为

$$L_i = \left[\sum_j^n \left(\frac{\Delta M_{i,j}}{M_i} \right) \right] \frac{1}{t} \times 100\% \tag{6.7}$$

式中　M_i——监测开始时第 i 类土地利用类型的总面积值；

　　ΔM_i——监测开始至结束的时间范围内第 i 类土地与其他地类 j 相互转换后的面积变化；

　　t——时间段。

第 i 类土地利用类型的年变化率 L_i 反映了与时间段 t 对应的研究地区的该地类的年变化速率。

第 i 类土地的动态度 D_i 计算公式为

$$D_i = \left[\sum_j^n \left(\frac{|\Delta M_{i,j}|}{M_a} \right) \right] \frac{1}{t} \times 100\% \tag{6.8}$$

式中　M_a——区域总面积；

　　$|\Delta M_{i,j}|$——监测开始至结束的时段内第 i 类土地利用类型和其他类土地 j 相互转化的面积的绝对值；

　　t——时间段。

该类土地的动态度则表明了与该时间段对应的研究区的土地利用类型变化的剧烈水平。

6.4.2　土地资源质量动态监测

6.4.2.1　土地资源质量动态监测的内涵和目的

土地资源质量的动态监测是指基于遥感、土地调查等技术手段和计算机、监测仪等科学设备，选取土地质量监测指标以土地详查的数据和图件作为本底资料，对土地质量的动

态变化进行全面系统地反映和分析的科学方法。土地资源质量动态监测是为了实时实地地掌握耕地质量的情况，持续定期地通过科学而合理的空间取样，调查影响土地质量的主要属性和指标，对土地质量的变化做出评估。通过土地质量的动态监测能够掌握一定时期内土地质量的变化，结合社会经济的发展要求进行调控，从而避免土地退化，保障土地质量的维持或提高，实现国土资源的持续利用。

各类土地资源质量的动态监测一般采用时间序列模型分析，结合影响因素进行分析。通过对比不同时段的土地质量指标，揭示土地质量的演变规律和特征，结合驱动因素的变化特征及趋势，分析土地质量下一步的演变方向。而土地资源质量动态监测的内容主要是通过对土壤pH值、土壤养分、土壤结构、土壤的污染、水土流失和荒漠化情况等微观质量特性的动态监测。

6.4.2.2 土地资源质量动态监测指标的选取

土地资源是人类生存的基本资源，而土壤是表征土地质量的关键因素，因此在土地质量监测指标确定过程中应充分了解引起土壤质量变化的各种影响因素。指标选取时应更多地考虑以下几个方面内容（表6.5）。

表6.5 土地资源质量动态监测指标

检 测 内 容	监 测 指 标	检 测 内 容	监 测 指 标
土地自然质量指标	有机质	土地自然质量指标	CEC
	全氮	土地自然生态指标	镉
	有效磷		汞
	有效钾		砷
	土壤质地		铅
	pH		铬

1. 土地资源的自然质量指标

土地资源的自然质量指标为土壤主要养分指标和主要理化性状。影响土地自然质量的指标很多，但影响力也存在很大差异，土地质量的动态监测是一个长期且动态的过程，因此应该考虑对土地资源质量影响较大的因素，在充分实现土地质量动态变化监测的同时，降低监测的成本。

2. 土地资源的生态质量指标

土地资源的生态质量指标为土壤主要污染物。土壤中污染物的类别也较多，大多污染物并没有超过安全级别，在一定含量水平界限下不会对人体产生危害，所以在进行土地质量监测时需考虑对人体危害大且容易累积的土壤污染物。

因此，监测内容包括土地的自然质量指标和生态质量指标。土地自然质量指标是指反映土壤质量高低的各项量化指标。主要监测指标有：土壤质地、有机质、全氮、碱解氮、有效磷、速效钾、pH、CEC。

6.4.2.3 土地资源质量动态监测指标的采集与分析

对于土地资源质量动态监测指标的采集，可以根据样地的地理位置，结合当地的人文地理特征采用GPS获取经纬度坐标，并规定好采集的时间和采集量，并制定采集路线，如"S"形路线和"X"形路线进行样品采集。鉴于土地质量动态监测的长期性和永久性，为增加数据的可比性，土壤样品的测试方法必须统一（表6.6）。

表6.6 样品的分析项目与方法

分析项目	分析方法
有机质	重铬酸钾-外加热法
全氮	凯氏定氮法
有效磷	碳酸氢铵或氟化铵-盐酸浸提-钼锑抗比色法
有效钾	乙酸铵浸提-火焰光度法
土壤质地	比重计法
pH	pH 计法
CEC	EDTA-乙酸铵盐交换法
镉	石墨炉原子吸收光谱法
汞	冷原子吸收分光光度法
砷	原子荧光光谱法
铅	石墨炉原子吸收光谱法
铬	原子吸收石墨炉法

6.4.2.4 土地资源质量动态监测结果

土地资源质量的动态监测是基于各期的土地资源质量指标运用综合指数法计算模型算出土地质量各项指标，并结合土地资源质量的生态监测指标和自然监测指标分析区域土地资源质量的动态变化，以下为计算各期土地质量指标值的具体模型。

1. 自然监测指标的计算

计算土地资源质量的自然检测指标时，借鉴相关理论并咨询相关领域专家的意见选取能反映土地质量变化情况的综合性指标——土地质量综合指数变化率，作为土地资源的自然质量预警系统的警情指标，综合指数的计算公式如下：

$$M = \sum M_i W_i \tag{6.9}$$

$$M_i = \frac{M_{\text{测定值}}}{M_{\text{max}}}$$

式中 M——土地自然质量综合指数；

M_i——耕地质量评价单元内各个评价因子的标准值；

W_i——土地质量评价单元内各个评价因子相对应的权重；

M——监测点的实际测定值；

M_{max}——样本的最大值。

2. 生态监测指标的计算

因单因子指数只反映单个污染物的污染程度，不能全面反映土壤的污染情况，而综合污染指数兼顾了单因子污染指数平均值和最高值，可以突出污染较重的污染物的作用，土地生态质量综合指标计算采用内梅罗综合污染指数法，计算方法如下：

$$J = \sqrt{\frac{J_{i平均}^2 + J_{i\max}^2}{2}} \qquad (6.10)$$

$$J_i = \frac{C_i}{S_i}$$

式中　　J——污染综合指数；

　　$J_{i平均}^2$——各污染指标的平均值；

　　$J_{i\max}^2$——各污染指标的最大值；

　　J_i——i污染物的污染指数；

　　C_i——污染物的实测值；

　　S_i——污染物的评价标准值。

而土地资源质量的动态监测是基于以上的2个指标计算不同时段内的综合指数，并对比同一地区不同时期的动态监测指数，对比土地资源质量的演变规律和变化特征。

6.4.3　我国可持续土地利用监测系统框架

对于我国土地资源利用监测系统框架的研究发现，国土资源利用的监测大体上可分为以下3个层次：一级为国家与省级监测，二级为旗县级监测，三级为土地资源利用的单元级监测。因不同级别监测的内容和目标不同，监测对象不同，作用的尺度和范围不同，监测周期也有所差异。

6.4.3.1　土地利用监测系统的层次结构

1. 一级监测系统框架

国家级监测是对省级监测的整理、统计与分析。省级监测作为实际操作的层次，具体根据各类指标进行评价。国家级监测和省级监测实际上是同一层次的监测，其监测尺度对应于国家和区域尺度，由国家和各省跨部门的国土利用监测系统组成。国家和省级监测工作是面向省级以上的可持续土地利用的分析和评价的，因国家和省是土地利用政策的制订层次，因此要侧重于政策因素的变化对土地利用造成的影响。

监测管理机构组织相关各部门分工负责，相互配合开展监测，并负责汇总监测数据，编制各省和国家国土利用监测公告。监测的网点基本是在各省、各部门现行的监测站点中优选出来的。

2. 二级监测系统框架

因县级检测系统相比国家和省级较小，气候差异影响微弱，主要是微观地貌的差异，因此县级层次的监测尺度对应于流域和景观尺度。旗县是土地利用政策的实施层次，是土地利用活动、管理政策和土地自然特性三者的结合点，是土地利用规划和管理的最佳尺度。旗县作为我国行政管理的完整单位，县级监测同时也可以成为全国监测的数据提供者，或作为样本直接参加全国或大区域的监测与评价。

旗县级别的土地资源可持续利用是由县级政府负责，所以研究区根据地方的人文地理特征组成县级监测网络。由于县的辖区范围较小，县级监测应仿照国家级监测，采取分别由县级各部门监测形式，进行统一的监测和管理。县域级的土地资源监测工作介于国家层次和土地利用单元层次之间，其重点在于结合县域土地特性，对县域土地资源进行优化配置，实现整个县域的可持续发展。

3. 三级监测系统框架

三级的监测尺度对应于土地利用单元尺度，针对具体利用方式的土地利用单元，即统一管理下的相同土地利用方式的土地。土地利用单元是微观的土地利用层次，单元内部土地特性差异细微，其可持续性主要体现在土地利用的技术和微观的经济活力上。监测方法以建立固定监测点、实施定点监测为主。因此三级的监测系统适用于乡村地区的研究，固定监测点的建立要考虑不同地区的土地利用类型，主要由国家在每个可持续土地利用分区的典型土地利用系统，选择符合条件的监测站点组成监测网络。

监测站点可以由相关各部门的监测站点中选取，如原有生态站、环境监测站、水文站等。各监测站点由原属部门和国家土地利用监测中心共同进行管理。

6.4.3.2　土地利用监测系统的模块结构

影响土地资源可持续利用的因素较多，不但包括气候、土壤等自然因素，还包括人口、政策等社会因素，以及经济结构等经济因素，其指标体系涵盖自然、社会经济等多重方面，涉及专业众多，跨度大，加上我国管理的条块分割，单靠一个单位和部门难以完成。因此要充分汇集并利用各部门的数据对于减少重复建设、压缩开支、增强项目的可操作性可持续。土地利用监测既是统一的又是分散的，是由各个部门专业板块共同组合而成。

土地资源的可持续利用监测系统是由农业监测子系统、林业监测子系统、环境监测子系统、水利监测子系统、土地利用监测子系统与社会经济统计子系统 6 个子系统共同组成，而每个子系统相对独立，负责某一专业方面及相关领域数据的观测、获取和统计。基于可操作性子系统由原属行业部门负责管理。

6.5　土 地 资 源 规 划

6.5.1　概述

土地资源规划是指对一定区域范围内的土地资源进行科学合理地安排与规划设计，提高土地利用的水平。按土地资源规划所控制的范围分为国家级、省级和企业单位三型。全国和区域土地资源规划着眼于全国或一个地区及一个流域范围的土地资源的合理利用。其做法在对土地资源进行全面清查的基础上，对各种土地进行分类并进行相关评价；再根据国家经济发展需要，合理组织土地利用，配置、确定工业、农业、水利、文化、教育、卫生等各部门和企业间的用地范围与规划设计。

因我国是一个人口大国，并且随着我国城镇化和社会经济的进一步发展，城镇化水平和农村建设的步伐不断加快，对我国农村土地的占有量也日渐加剧。土地资源的规划对我国经济的可持续发展有着非常重要的意义，当前我国在土地规划管理中还存有诸多问题，为改善这一现状要采取多种对策，为我国土地资源的有效应用贡献一臂之力。土地规划的目的是发展社会制度、维护政权，为国家的宏观决策来提供依据，在促进国家的稳定、繁荣方面起着重要地位。

6.5.2 土地利用总体规划

6.5.2.1 土地利用总体规划的概念和特征

1. 土地利用总体规划的概念

土地利用总体规划是在一定规划区域内，根据当地自然和社会经济条件以及国民经济发展的要求，协调土地总供给与总需求，确定或调整土地利用结构和用地布局的宏观战略措施。土地利用总体规划是由各级人民政府组织编制的，土地利用总体规划的核心是确定或调整土地利用和用地布局，它的作用是宏观调控和均衡各业用地。

土地利用总体规划的实质是对有限的土地资源在国民经济各部门间的合理配置，即土地资源的部门间的时空分配（数量、质量、区位），具体借助于土地利用结构加以实现。因此土地利用结构和布局是土地利用总体规划的核心内容。

2. 土地利用总体规划的特征

土地利用总体规划具有整体性、长期性、战略性和控制性的特点。

（1）整体性。土地利用总体规划的对象是规划区内的全部土地资源，而不是某一种用地，在总体规划中要全面考虑土地资源的合理配置，要把时间结构、空间结构和产业结构与土地的开发、利用、整治和保护进行统筹安排和合理布局。综合各部门对土地的需求，协调部门用地矛盾，对土地利用结构和土地利用方式进行对应的调整，使之符合经济和社会发展目标，以促进国民经济持续、高速、健康的发展。

（2）长期性。土地利用总体规划一般以 10 年或更长的时间为时段，要与土地利用有关的重要经济和社会活动（如工业化、城镇化、农业现代化、旅游事业的发展，国内外贸易的发展和人口增长等）紧密结合，并对土地利用进行远景预测，制定长远的土地利用方针、政策和措施，并将其作为中、短期土地利用计划的基础。

（3）战略性。土地利用总体规划的战略性表现在它所研究的问题具有战略意义，如经济、社会各部门的用地总供给与总需求的平衡问题，土地利用结构与用地布局的调整问题，土地利用方式的重大变化等。

（4）控制性。土地利用总体规划的控制性主要表现在两个方面：从纵向来讲，下一级的土地利用总体规划受到上一级土地利用总体规划的指导和控制，下一级土地利用总体规划又是上一级土地利用总体规划的反馈，这是按行政区域分级的规划，在全国范围内形成一个有机联系的土地利用总体规划体系；从横向来讲，一个区域的土地利用总体规划，对本区域内国民经济各部门的土地利用起到宏观控制作用。

总体而言，土地利用总体规划时根据国民经济和社会发展中长期计划，根据社会各生产部门的用地需求和土地自身的特征与供给能力，合理、统筹协调土地资源在国民经济各部门之间的配置的战略性规划。

土地利用总体规划具有控制各类用地的法律地位，各部门土地利用规划，包括城镇建设、工矿、交通、水利建设、农、林、牧等用地规划都要服从土地利用总体规划。土地利用总体规划一旦经过相应一级立法部门的审批将具有法律效力，是控制和监督各部门用地活动的基本依据。《中华人民共和国土地管理法》第22条规定："城市总体规划、村庄和集镇规划，应当与土地利用总体规划相衔接，城市总体规划、村庄和集镇规划中建设用地规模不得超过土地利用总体规划确定的城市和村庄、集镇建设用地规模。"

6.5.2.2 土地利用总体规划的目标和任务

1. 土地利用总体规划的目标

土地利用总体规划的目标是在土地利用结构研究的基础上，根据国民经济发展的长期规划对土地资源的需求、土地资源的供给状况、土地的人口承载潜力和土地利用战略的研究成果，提出规划年应实现的土地利用目标。

根据《全国土地利用总体规划纲要》中确定的全国土地利用总体规划的总目标是：在保护生态环境的前提下，保持耕地总量动态平衡，土地利用方式由粗放经营向集约经营转变，土地利用结构与布局明显改善，土地产出率和综合利用效益有比较明显的提高，为国民经济持续、快速、健康发展提供土地保障。

各地在确定土地利用目标时，应结合当地的实际情况，特别是各省应参考全国土地利用总目标来确定本省的土地利用目标。

2. 土地利用总体规划的任务

编制土地利用总体规划是我国当前阶段土地管理中最重要任务之一。土地利用总体规划作为国家措施，其任务可以概况为以下3个方面：

（1）土地利用的宏观调控。为加强土地利用的宏观管理，需建立用地计划体系、土地信息系统等土地利用宏观管理体系。土地利用总体规划则是土地利用宏观管理体系的重要基础，也是土地利用宏观控制的主要依据。国家通过土地利用总体规划协调国民经济各部门的土地利用活动，建立适应社会、经济和市场发展需要的合理的土地利用结构，合理配置土地资源，有效利用土地资源和杜绝土地资源的浪费。

（2）土地利用的合理组织。通过土地利用总体规划在时空上对各类用地进行合理布局，如对农业用地和建设用地以及自然保护区、风景旅游区等专项用地的布局，对后备土地资源潜力进行综合分析研究，制定相应的配套政策，实施利用于保护之中的政策，引导土地资源的开发、利用、整治和保护，以保证充分、合理、科学、有效地利用有限的土地资源，防止对土地资源的盲目开发。

（3）土地利用的规范监督。根据《中华人民共和国土地管理法》的规定关于"土地利用总体规划一经批准，必须严格执行。"土地利用总体规划具有法律效力，任何机构和个人不得随意变更规划方案，各项用地审批必须依据规划，土地利用总体规划是监督各部门土地利用的重要依据。规划方案的修改也必须按编制规划的法定程序进行。

3. 土地利用总体规划与土地利用的用途管制

"土地用途管制"实际上是为保证土地资源的合理利用、优化配置，促进生态、社会、经济协调发展，通过土地利用总体规划等国家强制力，划定土地利用区，确定土地使用条件，使土地所有者和使用者严格按照国家确定的用途使用土地的一种制度，具有一定所谓法律地位。土地利用总体规划所确定的土地用途、各业用地指标、用地面积和平面分布未经法律程序不得改变。

构建土地用途管制制度，是当前土地利用规划管理工作的根本任务，其核心内容主要体现在3个方面：①以土地利用总体规划确定的土地利用分区为基础；②以严格的土地用途转变审批制度为手段；③以相应配套的法律和行政规章作保障。

6.5.2.3 土地利用总体规划的内容与程序

1. 土地利用总体规划的内容

土地利用总体规划涉及范围广且内容丰富，不同级别、不同区域的土地利用总体规划由于区域差异和级别不同，而侧重点和内容深度不同。但一般来讲，土地利用总体规划主要包括以下几个方面的内容：

（1）土地利用现状分析。通过土地利用现状分析与评价，构建土地利用基础数据库，监测土地利用现状结构与时空布局，分析土地利用演变规律。在此基础上归纳土地利用现状分析中反映的土地利用特点和存在的问题，分析规划期间可能出现的各种影响因素，分清轻重缓急，提出规划要重点解决的土地利用问题。

（2）土地供给量预测。科学有效地评价土地资源质量是编制土地利用总体规划的基础，在规划时应当充分运用土地质量评价资料。在此基础上对区域建设用地利用潜力和农业用地利用潜力进行测算。同时对未利用地的分布、类型、面积进行分析，评价未利用土地适宜开发利用的方向和数量。

（3）土地需求量预测。依据区域国民经济发展指标，土地资源数量与质量，由各用地部门提交规划期间用地变化监测报告和用地分布图，并对预测进行必要的分析和校核，对区域用地的需求量和供给量进行预测。

（4）确定规划目标。在土地利用现状调查和土地供需监测的基础上，拟定规划的主要任务、目标和基本方针。

（5）土地利用结构和布局调整。结合规划目标和用地方针，对各类用地的供给量和需求量进行综合平衡，依据土地利用调整次序和土地利用结构与布局调整的步骤与方法，合理安排各类用地，调整用地结构和布局。统筹协调土地开发、利用、保护、整治措施，拟定出重点建设项目用地布局方案，土地整理、土地复垦和土地开发方案，以及区域土地结构调整方案。

（6）土地利用分区。通过土地利用分区与土地利用控制指标相结合的方法，把规划目标、内容、土地利用结构和布局的调整及其实施的各项措施，落实到土地利用分区，有利于规划的实施。省级以上的土地利用分区，提出各地区土地利用的特点、结构和未来发展方向及提高土地利用率的主要措施；县级以下的土地利用分区，提出土地利用的具体用途，制定各分区土地利用管制规划；市级规划分区可结合具体情况，参照省级或县级规划要求进行。

（7）制定相应措施。土地利用总体规划是一项具有战略意义而又十分艰巨复杂的规划，要实施这一规划，必须有相应的政策措施作保障，土地利用总体规划中要根据实现土地利用目标和优化土地利用结构的要求，提出相应的实施政策和措施，包括法规、行政、经济和技术措施等。土地利用总体规划在获得批准后，即具有法律效力，有关部门必须认真遵守，同时应该把年度土地利用计划纳入地区国民经济计划中，这样才能保证规划的顺利实现和落实。

2. 土地利用总体规划的程序

土地利用总体规划主要经过 3 个阶段，即准备、编制和审批，如图 6.6 所示。

（1）准备阶段。准备阶段包括：①组织准备，成立规划的领导组织和业务班子；②制

图 6.6 土地利用总体规划的程序

定工作计划，具体工作计划的编制；③制定技术方案，规划依据、规划的内容和方法、技术路线、成果要求等；④收集资料，做好规划的技术准备。

（2）方案编制阶段。方案编制阶段是基于准备工作，根据国民经济和社会发展的需求，进行土地利用现状评价与土地供需预测、土地供需平衡分析、确定土地利用目标与基本方针、编制供选方案和方案择优工作，并按照国家统一部署和有关程序规定进行土地利用总体规划编制的过程。土地利用现状评价与土地供需预测包括土地资源评价、土地利用现状分析评价、土地利用潜力分析、土地现状评述等。

1）土地资源评价，包括土地适宜性评价和土地后备资源评价，是确定合理的土地利用结构的客观依据。土地后备资源评价：对那些尚未开发利用的土地，如工矿、道路、废弃地、空隙地等的开发利用潜力、利用方向、开发改良措施等进行研究。开发后备资源是土地利用的"开源节流"原则中"开源"的主要内容，是提高土地利用率的主要手段。

2）土地利用现状分析评价：发现土地利用中存在的问题，进行土地利用结构和布局调整的依据。

3）土地利用潜力分析：分析各类用地的潜力，是确定用地数量和调整用地布局的依据。

4）土地现状评述，包括规划地区基本情况概述，土地利用现状，土地利用现状中存在的问题，关于调整土地利用结构、提高土地利用综合效益的建议等。

（3）土地供需平衡分析。通过各类用地预期的供给量和需求量计算，以达到协调各类用地的关系。

（4）确定土地利用目标与基本方针。要作好"两个估计"和"两个协调"：明确了规划需要解决的土地利用问题，掌握了土地供需的总体状况，即可以着手拟定土地利用目标，但在拟定目标的过程中还要注意做好"两个估计"和"两个协调"。"两个估计"：①对规划期内土地利用问题所能解决程度的估计；②对实施规划所能取得的社会、经济、生态效益的估计。这两个估计必须建立在对主客观条件进行充分分析、论证的基础上。"两个协调"：①与上级规划目标、指标的协调；②与本地区社会经济发展计划的协调，做好这两个协调是实现土地利用目标的保证。

（5）编制供选方案。供选方案一般应有2～3个。方案设计有2种方法：①综合平衡法；②数学方法。

（6）方案择优。对各种供选方案全面评价，对比优选，选择效益较好、最有可能实施的方案作为规划方案。规划方案确定之后，要组织有关部门进行论证和协调。

3. 规划审批阶段

（1）土地利用总体规划成果评审。为保证规划成果质量，应规定相应的成果质量评定标准和建立成果验收制度，并由上级土地管理部门组织规划成果评审小组对规划成果进行评审。

规划成果应该符合下列要求：贯彻耕地总量动态平衡的要求，充分体现了切实保护耕地、严格控制各类建设用地、集约利用耕地的原则精神；落实了上一级规划的土地利用控制指标；规划需要解决的土地利用问题符合实际，规划目标和任务切实可行；土地利用结构调整依据充分，各业用地原则正确，调控措施切实可行；耕地占补平衡挂钩的要求得到落实；土地利用分区合理，用地位置清楚；土地整理、开发、复垦的潜力分析和可行性分析比较深入，重点项目明确，分期实施计划可行；规划指标分解落实到下级；指标分解与用地布局控制紧密衔接；规划与城镇规划及其他部门规划协调较好；规划文本、说明及专题研究内容符合要求，论述清楚；规划图的内容全面，编绘方法正确，图面整洁清晰。

（2）土地利用总体规划的审批。土地利用总体规划审批是对土地利用总体规划成果的确认阶段，由同级人民政府组织技术鉴定后，提请规划领导小组审批，然后由同级人民政府审议，审议修正后由同级人民政府行文上报有权审批的上级人民政府审批，并报上一级土地行政管理部门备案。

审查报批程序：审查报批的前期工作，各级土地行政部门组织编制规划时，应深入调查，充分论证，广泛征询社会各界意见，认真组织评审，做好部门协调工作。上级部门要对下一级的编制工作加强指导：①申报，各级规划经同级人民政府审查同意后，由同级人民政府上报有权批准的上级政府，上级政府收到报件后，将其批转同级土地管理主管部门组织审查；②审查，土地管理主管部门在收到同级人民政府交办的报件后，分送有关单位征求意见，在综合各方面意见的基础上对规划进行全面、公正、客观的评价，并提出同意批准、原则批准、不予批准的意见，土地管理部门完成组织规划审查的时间为1个月，有关部门对规划有较大意见分歧时，土地管理主管部门应组织有关部门进行协调；③批复，土地管理主管部门将综合审查意见和附件及有关部门不同意见一并报同级政府部门审批。凡属原则批准，但需进一步修改、补充和完善的规划，编制该规划的一级人民政府在公布规划前应认真修改，并将修改后的规划报批准规划的上级土地管理主管部门备案。

6.5.3 土地利用专项规划

6.5.3.1 土地利用专项规划的概念

土地利用专项规划是单项用地的利用规划或为解决土地的开发、利用、整治、保护中某一单项问题而进行的规划，如土地开发规划、土地整理规划、基本农田保护规划等为典型的土地利用专项规划。

6.5.3.2 土地利用专项规划的原则

1. 符合土地利用总体规划的原则

土地开发规划实质上是指土地利用总体规划的延续、加深和具体化的规划，因此土地开发规划符合土地利用总体规划。在制定土地利用总体规划时，一方面需建立符合时代要求的规划，即要对规划进行不断地更改。另一方面，土地开发规划在社会、经济和生态效益方面要与土地利用总体规划的社会、生态和经济效益一致，此外要使水利、交通、能源等相关的工程与土地利用各项规划相互作用、相互配合。

2. 生态优化原则

从生态环境的角度而言，土地开发是一种打破土地固有状态的社会行为，从而对区域生态环境产生一定的响应。早期因土地资源的盲目开发导致洪涝灾害、草原沙漠化等一系列的环境问题，现如今在土地开发过程中仍可能会因为过分追求单一的开发数量和经济效益而忽视生态环境的重要作用，因此土地开发必须建立在获取良好的生态环境的基础上。

进行土地开发时可以根据以下 2 个指标作为衡量标准，以免土地开发对生态环境的负面作用。标准 1 为土地开发的速度与规模及开发方向是否会引起土地质量的退化；标准 2 为土地开发是否会给相邻地区带来不利的影响。

3. 利润最大化原则

土地开发的目的为充分利用土地资源，即土地开发的经济原则。在开发过程中取得良性生态环境的同时，土地开发规划必须争取最小的投入，获得最大的产出。首先体现在尽可能挖掘潜在的资源面积，其次是尽可能实现其利用优势。

4. 适宜性原则

土地开发规划中必须在对资源分析评价的基础上，根据不同的适宜性综合考虑农、林、牧等的不同要求，对开发利用方向进行最优选项。土地开发的适宜性包括：①土地质量的适宜性，由水土、气候等条件决定；②土地生态环境的适宜性，主要由生态系统要求所决定；③社会经济适宜性，由国民经济计划、社会需求，人口压力等条件决定。因此适宜性原则必须是这 3 方面适宜性的综合和统一，确定出土地开发利用方向。

5. 可行性原则

土地开发规划的编制必须在可行性前提下进行，即在规划之前必须有可行性论证。影响可行性的因素有生产力水平、劳动力、资金来源等内容，自然条件好坏及生态环境的可否。

6.5.3.3　土地开发规划的内容

1. 土地开发利用方向的确定

土地开发首先要明确开发后的土地利用方向，土地开发是一项战略性问题，对利用方向的选择是土地开发规划主要内容之一。对于一个开发群体来说必须以地域生态优化为指导思想，进行农、林、牧多种利用方向的优化组合。对于一个开发单体来说，由于利用方向单一，必须在生态方面以适应为主，因地制宜不要因开发利用某一片土地而引起整个地域生态环境的紊乱，因小失大。同时开发单体的利用方向又必须符合开发群体的总体要求，局部利益服从整体利益。利用方向可以是多种方案的，在选择确定时应该全面分析、综合衡量，择优而定。

2. 土地开发规模和布局的确定

通过对土地开发规划的定量与定位在量上来规划土地的开发，包括以下两个方面的内容：①某区域内总体开发量的确定，根据国民经济的发展、人口的增长率等土地的需求量以及区域中资源供给来确定；②开发单体的开发量的确定，因客观限制因素较多，包括可开发资源提供以及生态环境对土地资源开发限制，可以通过土地资源潜力分析确定土地开发的布局，是根据可开发资源的分布情况、生产力水平的分布情况（包括人力和财力）以及开发条件优劣情况，将土地开发量合理地配置在各点，这样可以因地制宜地选择开发方向和重点。

3. 土地开发的资金规划

土地开发规划是投资性很强的工作，没有资金作保证，开发将是纸上谈兵。随着土地开发逐渐被重视，国家、地方政府都将设立各种投资组织和各种土地开发基金，在进行开发潜力分析和开发可行性论证时就已经考虑到了财力资金因素。因此，为充分利用资金，以最小的投入获取最大的收益，在进行土地开发技术性规划时，必须同时编制配套的土地开发资金计划。

在编制开发资金计划时：①做好准备工作，根据土地开发的程度与难度等情况，筹备所需资金；②有所侧重，对于重点开发区、效益高快区、资金困难区等要采取倾斜投资政策；③国家资金与地方资金合理配置，根据地方经济力量以及开发模式，可划分出哪些是完全性投资区，哪些是支持性投资区，哪些是扶持性投资区。完全性投资区以国家投资为主，支持性投资区以地方投资为主，扶持性投资区国家与地方共同筹集资金，共同编制资金计划。另外，外资的引进也是资金计划所必须考虑的。

4. 土地开发模式的选定

土地开发模式指的是土地开发的社会方式，包括土地开发的组织形式、经济投入分配方式等。开发模式的优劣对土地开发目标的实现及开发者积极性的大小有着直接的影响，它主要决定于以下方面：①社会经济体制；②国家的干预程度；③待开发土地本身特征。

我国城市土地开发发展较快，土地开发已逐步专业化、商品化，有利于土地开发者改进技术、降低费用，提高开发效率。农村土地开发由于经济力量参差不齐，开发方式也多种多样，正在探索之中。农村土地开发中也有开发与经营相分离的模式，在选择土地开发模式时，应该注意以下几点：①有利于国家对土地开发的管理和干预；②有利于提高土地开发者的积极性；③有利于减少土地开发投机。

总体而言，土地整理规划、基本农田保护规划等专项规划均采用与土地开发规划一致的原则和方案。

6.5.4　土地利用内部规划

6.5.4.1　土地利用内部规划的内涵

土地利用内部规划是有关生产、建设用地较全面而长远的计划。土地利用内部的规划是社会经济建设的一项基础工程，在国家有关方针政策和经济建设计划指导下，以经济学、土壤学、生态学、农学、土地科学等学科理论为基础，研究合理组织土地利用的内部计划和详情，对国家土地资源的开发利用、治理保护及维护良好生态环境、全面发展国民经济具有重要意义。

土地利用内部规划的典型案例如小城镇和农村居民点用地的规划。居民点，即聚落，是指居民依据生产生活而逐渐形成的集聚定居的地点，是由建筑群、道路网、绿化系统和其他工程措施组成的综合体。居民点并不是人文社会一开始便有的，而是社会经济发展到一定的历史阶段形成的产物，而生产力的进步与生产关系的变化、社会劳动的加工等众多因素对居民点的形成产生了极为重要的影响。

6.5.4.2　土地利用内部规划的目的

第一步要根据国民经济发展需要，在国民经济各部门、各企业间进行合理调配；其次在农业土地资源详查、评价以及农业区划工作的基础上确定各类土地的利用方向，建立与现代化大农业相适应的土地利用结构；最后建立和完善土地管理制度，使土地的开发利用和治理保护有章可循，有法可依，促进土地管理的科学化和制度化水平。

6.5.4.3 土地利用内部规划的原则

1. 土地资源的珍惜原则

因我国人口多、土地少的特点导致在制定土地利用内部规划时十分珍惜每寸土地。合理利用每寸土地，也是必须坚持的一项基本国策。要严格控制各项基本建设用地，非农业生产用地要尽可能使用劣地，要严格保护农用土地。

2. 土地资源可持续利用原则

土地资源虽然是再生的自然资源，但部分土地利用方式不当就会引起退化和破坏，甚至完全失去生产力，影响整个生态环境。因此，土地利用规划时必须坚持保护土地持续利用的原则。

3. 因地制宜利用原则

土地具有很强的地域性。不同地区不同土地类型的自然条件和社会经济状况千差万别，具有不同的适宜性、限制性和生产力水平。规划时必须以土地资源评价结果为依据。按土地的特性，选择适宜的土地利用方式。这种适宜的利用方式，能够适应土地的适宜性和限制性，能充分发挥土地的生产潜力，能保证土地永续利用而无危害，把合理利用土地和改良保护土地结合起来。

4. 综合效益最大化原则

土地利用内部规划的制定应重视协调以下 3 个方面：

（1）良好的生态效益。土地用地一般由农业生产用地、生活用地、工矿用地和自然保护地等形成，农、林、牧、副、渔地等农业生产用地对生态环境影响极大，农业内部用地结构合理，则整个土地利用系统的生产功能和生态环境向良性循环发展；反之则恶化。例如，过去有些地区片面强调发展种植业，忽视林业、畜牧业、副业、渔业，最终造成一个地区"三料"（肥料、饲料、燃料）俱缺，甚至使不少土地因被土壤侵蚀、裸露出岩层而彻底破坏。必须正确协调规划区内农业各部门间物质和能量的交换关系，保持土壤肥力平衡，控制水土流失，以保证农业的全面发展和良好的生态效益。

（2）较高经济效益。规划区内土地利用结构必须以不断改善经营者的经济收益，不断提高生产力水平。注意统筹兼顾，使当前生产与远景发展密切结合，力争规划实施后能早期受益。

（3）重视社会效益。土地利用规划是在国民经济计划、全国和区域的总体规划指导下进行的，应该重视国家和社会的整体利益，在可能范围内力争提高土地利用系统的社会效益。

6.5.4.4 土地利用内部规划的方法和步骤

土地利用内部规划是基于土地利用总体规划和专项规划完成带全局性大项目的总体设计，然后进行局部规划以解决单项的细部规划。在规划中注意由上到下，由粗到细，逐级进行，以避免单项细部规划的盲目性。在土地资源评价的基础上，在上级领导同意下进行单项细部规划。土地利用规划工作一般分为 3 个阶段，即准备工作阶段、规划设计阶段及实施阶段，如图 6.7 所示。

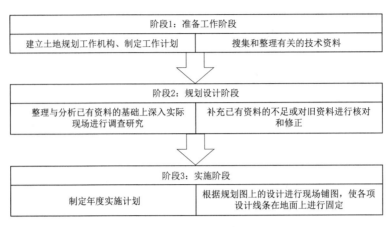

图 6.7   土地利用内部规划步骤

1. 准备工作阶段

准备工作阶段主要包括：建立土地规划工作机构、制订工作计划、搜集和整理有关的技术资料等。因土地规划是一项涉及多学科、多部门、综合性强的技术工作，所以要组织一个由土地管理、测绘、农业经济、农学、土壤、水利、畜牧、林业（果树）及其他有关技术人员参加的多学科技术队伍。要充分利用已有的各种资料，包括自然资源综合调查资料、遥感影像、土地利用调查和监测资料、历年的研究区统计年鉴，土地资源评价和地域社会经济情况资料等，通过对上述资料的整理与分析，找出规划区内土地资源的有利因素和不利因素，总结原土地利用结构存在的经验和问题。

2. 规划设计阶段

此阶段是土地利用规划工作的主体，应在整理与分析已有资料的基础上深入实际现场进行调查研究，补充已有资料的不足或对旧资料进行核对和修正。再通过一定规划程序对不同土地类型利用方式的产量、产值变化、资金收支和水土流失情况等多方面的内容进行测算，并对当地可能建立的各种土地利用结构模型，从生态、经济、社会效益 3 方面，从整体结构进行详细测算和评价，从中选出几个优化方案进行论证和比较，并形成材料和图件，包括结论性建议，提交有关规划单位和上级领导进行审查。经过审查后，修正编制的规划设计方案，再要经过专家鉴定和有关领导机构批准，才能付诸实施。

3. 实施阶段

实施阶段为土地利用内部规划的最后阶段，包括制定年度实施计划，使各项设计线条在地面上固定下来，以便施工。在实施阶段要进行定期检查，处理存在的重大问题，进行调整修改，使内部规划工作更为完善。

本　章　小　结

土地资源的利用与规划是使用土地的最基本的一项工作，通过土地资源的利用规划能够更为科学合理地分配土地资源，使其土地利用效果更佳，产生的利润也最为理想。土地利用规划工作的实施需经过一定的历程，最先我们需掌握土地资源、土地利用动态变化、土地利用监测、土地利用规划等词语的学术概念、内涵及意义，在此基础上运用理论框架一步一步地完成对应的工作，土地资源的目的是不断地开发土地资源的生产潜力，为社会经济及生态环境的可持续发展提供相应保障，使得人地协调发展。

可持续发展理念是社会发展过程中最为重要且最容易被忽视的理念，其研究表现为土地资源在利用和配置中数量和质量的可持续性，因此我们要基于土地资源的可持续利用原则进行土地利用规划，并结合研究区人文地理特征制定出针对性和科学性较高的土地资源利用规划方案。

复 习 思 考 题

1. 国外对于土地利用理论研究的起源是基于哪位学者和哪项研究内容？
2. 土地利用目标可分为长期目标、中期目标和短期目标的时长分别为多少？
3. 土地资源可持续利用的含义与内涵？
4. 土地资源优化配置由几个模块组成？每一模块的研究内容和侧重点是什么？
5. 土地资源空间动态监测是主要基于哪些技术？
6. 土地利用总体规划、专项规划和内部规划的共同点和不同点在哪里？

第7章 土地资源的保护与整治

> **本章概要**

本章内容主要介绍了土地保护、土地整治、土地开发、土地整理、土地复垦和土地生态系统的概念；强调了土地资源保护与整治的重要性；同时相应地介绍了土地资源保护与整治的一些具体措施与技术工艺；本章内容有助于学习者理解土地资源对于人类的重要意义，使其能够更好地将土地资源理论与实践相结合。

> **本章结构图**

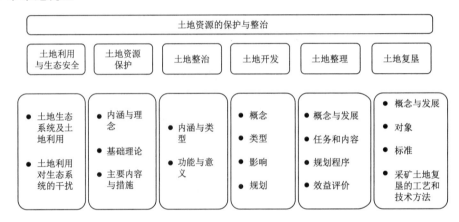

> **学习目标**

掌握土地保护、土地整治、土地开发、土地整理、土地复垦和土地生态系统的相关概念；了解土地利用对生态系统的影响及土地生态安全评价；对土地保护的内涵、理念、基础理论以及内容与措施有一定认识；理解土地整治的有关内容；加深对土地开发的概念、影响、类型和规划；同时明确土地整理的概念与发展、其主要任务、内容、相关规划程序及效益评价；还需对土地复垦的内容深入学习，包括概念与发展、对象、标准、技术体系以及采矿土地复垦的工艺和技术方法。

7.1 土地利用与生态安全

7.1.1 土地生态系统及土地利用

土地利用是一个把土地的自然生态系统变为人工生态系统的过程，是自然、经济、社会诸因素综合作用的过程，其中社会生产方式往往对土地利用起决定的作用，它是人类对土地自然属性的利用方式和利用状况，包含着人类利用土地的目的和意图，是一种人类活动。因此，农业用地、商业用地、交通用地、居住用地等都是土地利用的概念。对于土地利用变化的分析是希望通过长时间序列在相同空间范围内对于特定类型或特定区域的土地使用情况变化进行分析，从而判断该区域或该类型土地变化的规律，进而分析人类生产生活和环境的变化对于土地利用的影响。

土地利用是人文地理学，尤其是经济地理学的重要研究内容，对于协调人地关系、发展国民经济有重要的作用。除地理学以外，经济科学、农业科学、城市科学等学科也以不同方式研究土地利用。

土地利用类型指的是土地利用方式相同的土地资源单元，是根据土地利用的地域差异划分的，是反映土地用途、性质及其分布规律的基本地域单位，是人类在改造利用土地进行生产和建设的过程中所形成的各种具有不同利用方向和特点的土地利用类别。它不是土地用途分类中的一个明确的级别，但它综合说明在一定的自然、社会经济环境下形成的土地利用方式。例如在农业用地中，个体经营的生产某种经济作物的小农业是一种类型，以生产粮食为主的国营农场是又一种类型；在牧业用地中，干旱草原粗放的畜牧业是一种类型，城郊的奶牛养殖场又是一种类型；在沿海海涂利用中，围海垦殖是一种类型，水产养殖是又一种类型；在旅游用地中，名胜古迹旅游胜地是一种类型，国家公园、自然保护区又属于不同类型等。土地利用类型在地区分布上可以不连片而重复出现，但同一类型必须具有相似的特点。

土地利用类型反映了土地的经济状态，是土地利用分类的地域单元。通常具有以下特点：①是一定的自然、社会经济、技术等各种因素综合作用的产物；②在空间分布上具有一定的地域分布规律，但不一定连片而可重复出现，同一类型必然具有相似的特点；③不是一成不变的，随着社会经济条件的改善和科学技术水平的提高或受自然灾害和人为的破坏而呈动态变化；④是根据土地利用现状的地域差异划分的，反映土地利用方式、性质、特点及其分布的基本地域单元，具有明显的地域性。通过研究和划分土地利用类型，一可查清各类用地的数量及其地区分布，评价土地的质量和发展潜力；二可阐明土地利用结构的合理性，揭示土地利用存在的问题，为合理利用土地资源，调整土地利用结构和确定土地利用方向提供依据。

土地生态系统是在一定地域范围内，由土地各自然要素（地貌、气候、土壤、水文、植被、动物和微生物等）组成，包括过去和现在人类活动的影响在内，是一个复杂的物质循环和能量流动的有机综合体。

其组成包括生物因子和非生物因子两大部分，生物因子是土地生态系统内物质和能量转化、储存的主体，主要是指土地和地下动植物和微生物，也包括人类本身，共同构成系统的食物链网。非生物因子是组成系统结构的物质基础，即所谓环境系统，包括大气、土壤、水、地貌和地质环境等。生物因子和非生物因子之间，通过水循环、大气循环、生物循环和地质循环相互联系、相互制约，有机组成在一起。

土地资源的生态分类是从生态学角度对土地资源的划分，其含义是把各种不同的土地资源视为具有一定结构、执行特定功能的土地生态系统，这种生态系统主要是指地球表层一定地段以生物和人类为主的自然和人文多种要素组合而成的复杂有机组合体，不同于一般的生物生态系统。

德国学者 W. 海博以自然度的减少或人文化的增加，提出主要土地系统或生态系统体系。首先区分为生物生态系统和技术生态系统两大类，又在生物生态系统中划分出自然生态系统、近自然生态系统、半自然生态系统及人类生态系统 4 个次级类型。

自然生态系统是指在一定时间和空间范围内，依靠自然调节能力维持的相对稳定的生态系统，如原始森林、海洋等。其不但为人类提供食物、木材、燃料、纤维以及药物等社会经济发展的重要组成成分，而且还维持着人类赖以生存的生命支持系统，包括空气和水体的净化、缓解洪涝和干旱、土壤的产生及其肥力的维持、分解废物、生物多样性的产生和维持、气候的调节等。

近自然生态系统是指顺应自然的计划和管理模式，它基于从自然生态系统更新到稳定的这样一个完整的发育演替过程来计划和设计各项经营活动，优化自然的结构和功能，永续利用各种自然力，不断优化森林经营过程，从而使受到人为干扰的自然生态系统逐步恢复到近自然状态的一种方式。

半自然生态系统是经过了人为干预，但仍保持了一定自然状态的生态系统。如天然放牧的草原、人类经营和管理的天然林等。

人工生态系统是按人类的需求建立起来，受人类活动强烈干预的生态系统，如城市、农田、人工林、人工气候室等。

根据生态系统的环境性质和形态特征来划分，把生态系统分为水生生态系统和陆地生态系统。水生生态系统又根据水体的理化性质不同分为淡水生态系统（包括流水水生生态系统、静水水生生态系统）和海洋生态系统（包括海岸生态系统、浅海生态系统、珊瑚礁生态系统、远洋生态系统）；陆地生态系统根据纬度地带和光照、水分、热量等环境因素，分为森林生态系统（包括温带针叶林生态系统、温带落叶林生态系统、热带森林生态系统）、草原生态系统（包括干草原生态系统、湿草原生态系统、稀树干草原生态系统）、荒漠生态系统、冻原生态系统（包括极地冻原生态系统、高山冻原生态系统）、农田生态系统、城市生态系统等。

美国著名景观生态学家佛曼和高德润出版的《景观生态学》一书中，根据人类在景观中的地位和作用，把地表景观划分为自然景观、管理景观、耕作景观、城郊景观和城市景观 5 种类型。自然景观中没有人类的直接干预。管理景观中的自然物种由人管理和收获。耕作景观中散布有村庄和自然或管理的景观斑块。城郊景观是具有居住、商业、耕地、管理植被和自然地域的城镇及周围农村地区。城市景观是有少数受管理自然公园的建筑物密集区。

土地生态系统的特性包括 3 个方面：

（1）开放性。不管是人控还是自然的土地生态系统都是不同程度的开发系统，不断地从外界输入能量和物质，经过转换，一部分以有机物的形式积累在系统内，另一部分以热量或废弃物的形式输出到系统外，从而维持系统有序状态。

（2）可变性。一般来说，生态系统层次越多，结构越复杂，系统就越趋于稳定，受到外界干扰后，系统自我调节及恢复能力也越强。相反，食物链越单一，系统越趋于脆弱，稳定性也越差，稍受干扰，就可能导致系统的崩溃。引起土地生态系统变化的因素有自然的，也有人为的。

土地生态系统具有自身的特殊性，它遵循自身的运动规律不断地发展和演替，人类只有尊重土地生态系统的规律来利用土地，发展生产，才能达到理想的目标。例如：这里本来是历史上多种自然条件下形成的湿地，你就不能人为地把它疏干，而应该加以保护并合理开发利用。又例如许多山地本来树木丛生，由于无序砍伐导致加大水土流失。

（3）土地生态系统是自然过程最活跃的场所，是人类的活动基地。土地生态系统是人类生产活动的基地。在垂直方向上，它包括了从基岩、土壤的母质层到植被的冠层及其上方的大气层，是岩石圈、大气圈和水圈等相接触的地方，是各种物理过程、化学过程、生物过程、物质和能量交换转化过程最活跃的场所，它构成了一个完整的、生物与其环境密不可分的系统。

自然界的 4 大基本循环（大气循环、地质循环、水分循环和生物循环）都在土地生态系统中有不同程度的表现，而且各种循环的各个环节都表现为物质的迁移和能量的转换，从而构成系统与外界的联系，维持着系统的动态平衡和自身的发展。

大气、土壤、水分、生物之间物质迁移和能量交换的过程是土地生态系统中最基本的过程，它们之间互相联系、相互作用，构成复杂的网络结构，将土地的各个自然要素联结成一个统一整体，并具有统一的功能，即土地生产力。

7.1.2 土地利用对生态系统的干扰

生态平衡是指在一定时间内生态系统中的生物和环境之间、生物各个种群之间，通过能量流动、物质循环和信息传递，使它们相互之间达到高度适应、协调和统一的状态。也就是说当生态系统处于平衡状态时，系统内各组成成分之间保持一定的比例关系，能量、物质的输入与输出在较长时间内趋于相等，结构和功能处于相对稳定状态，在受到外来干扰时，能通过自我调节恢复到初始的稳定状态。在生态系统内部，生产者、消费者、分解者和非生物环境之间，在一定时间内保持能量与物质输入、输出动态的相对稳定状态。在时间上呈有序性，在空间上呈自组性。

7.1.2.1 土地利用对生态系统结构的影响

生态系统结构是指生态系统各种成分在空间上和时间上相对有序稳定状态，包括形态和营养关系两方面的内容。

（1）生态系统的形态结构：生态系统的生物种类、种群数量、种群的空间配置（水平分布、垂直分布）、种群的时间变化（发育）等，构成了生态系统的形态结构。如一个森林生态系统，其中动物、植物、微生物的种类，以及每一生物种类的生物数量在一定的时间内相对稳定。在空间（三维）结构上，自上而下有明显的层次现象，高层有乔木，中层有灌木，中下层有草本植物，地面有苔藓、地衣类，地下有根系。

（2）生态系统的营养结构：生态系统各组成成分之间建立起来的营养关系，就构成了生态系统的营养结构，它是生态系统中能量和物质流动的基础。

生态系统是由生物与非生物相互作用结合而成的结构有序的系统。生态系统的结构主要指构成生态诸要素及其量比关系，各组分在时间、空间上的分布，以及各组分间能量、物质、信息流的途径与传递关系。生态系统结构主要包括组分结构、时空结构和营养结构3 个方面。

1. 组分结构

组分结构是指生态系统中由不同生物类型或品种以及它们之间不同的数量组合关系所构成的系统结构。组分结构中主要讨论的是生物群落的种类组成及各组分之间的量比关系，生物种群是构成生态系统的基本单元，不同物种（或类群）以及它们之间不同的量比关系，构成了生态系统的基本特征。例如，平原地区的"粮、猪、沼"系统和山区的"林、草、畜"系统，由于物种结构的不同，形成功能及特征各不相同的生态系统。即使物种类型相同，但各物种类型所占比重不同，也会产生不同的功能。此外，环境构成要素及状况也属于组分结构。

2. 时空结构

时空结构包含生态系统的水平结构和生态系统的垂直结构。

（1）生态系统的水平结构是指在一定生态区域内生物类群在水平空间上的组合与分布。在不同的地理环境条件下，受地形、水文、土壤、气候等环境因子的综合影响，植物在地面上的分布并非均匀的。有的地段种类多、植被盖度大的地段动物种类也相应多，反之则少。这种生物成分的区域分布差异性直接体现在景观类型的变化上，形成了所谓的带状分布、同心圆式分布或块状镶嵌分布等的景观格局。例如，地处北京西郊的百家瞳村，其地貌类型为一山前洪积扇，从山地到洪积扇中上部再到扇缘地带，随着土壤、水分等因素的梯度变化，农业生态系统的水平结构表现出规律性变化。山地以人工生态林为主，有油松、侧柏、元宝枫等。洪积扇上部为旱生灌草丛及零星分布的杏、枣树。洪积扇中部为果园，有苹果、桃、樱桃等。洪积扇的下部为乡村居民点，洪积扇扇缘及交接洼地主要是蔬菜地、苗圃和水稻田。

（2）生态系统的垂直结构包括不同类型生态系统在海拔高度不同的生境上的垂直分布和生态系统内部不同类型物种及不同个体的垂直分层两个方面。

随着海拔高度的变化，生物类型出现有规律的垂直分层现象，这是由于生物生存的生态环境因素发生变化的缘故。如川西高原，自谷底向上，其植被和土壤依次为：灌丛草原-棕褐土，灌丛草甸-棕毡土，亚高山草甸-黑毡土，高山草甸-草毡土。由于山地海拔高度的不同，光、热、水、土等因子发生有规律的垂直变化，从而影响了农、林、牧各业的生产和布局，形成了独具特色地的立体农业生态系统。

生态系统的垂直结构以农业生态系统为例：作物群体在垂直空间上的组合与分布，分为地上结构与地下结构两部分。地上部分主要研究复合群体茎枝叶在空间的合理分布以求得群体最大限度地利用光、热、水、大气资源；地下部分主要研究复合群体根系在土壤中的合理分布，以求得土壤水分、养分的合理利用，达到"种间互利，用养结合"的目的。

3. 营养结构

营养结构是指生态系统中生物与生物之间，生产者、消费者和分解者之间以食物营养为纽带所形成的食物链和食物网，它是构成物质循环和能量转化的主要途径。

（1）食物链。植物所固定的能量通过一系列的取食和被取食的关系在生态系统中传递，我们把生物之间存在的这种传递关系称之为食物链。即所谓食物链，就是一种生物以另一种生物为食，彼此形成一个以食物连接起来的链锁关系。受能量传递效率的限制，食物链一般 4～5 个环节，最少 3 个。但也有例外的时候，比如我国的蛇岛，曾出现过 7 个

环节 "花蜜-飞虫-蜻蜓-蜘蛛-小鸟-蝮蛇-老鹰",但这种情况是极为特殊的。

食物链主要可分为两类:①以活体为起点的,称之为牧食食物链;②以死体为起点的,称之为碎屑食物链。

(2)食物网。在生态系统中,生物之间实际的取食与被取食的关系,并不像食物链所表达的那样简单,通常是一种生物被多种生物食用,同时也食用多种其他生物。

这种情况下,在生态系统中的生物成分之间通过能量传递关系,存在着一种错综复杂的普遍联系,这种联系像是一个无形的网,把所有的生物都包括在内,使它们彼此之间都有着某种直接或间接的关系。像这样,在一个生态系统中,食物关系往往很复杂,各种食物链互相交错,形成的就是食物网。

食物网越复杂,生态系统抵抗外力干扰的能力就会越强,反之,越弱。例如,苔原生态系统是地球上最耐寒也最简单的生态系统之一,它是由 "地衣-驯鹿-人" 组成的食物链所构成的。但众所周知,地衣对二氧化硫的含量非常敏感,如果一旦地衣遭到破坏,那么苔原生态系统就会崩溃。可如果消失的地衣是存在于热带雨林生态系统中,那么虽然也会对生态系统的稳定性和功能造成一定的影响,但不会是毁灭性的。

综上所述,食物链和食物网的组成及其量的调节是十分重要的。首先,其可以带来很大的经济价值。例如鱼类和野生动物的保护,就必须明确动物、植物间的营养关系,而且还应注意食物链中量的调节,才能使该项目自然资源获得稳定和保存,否则会破坏自然界的平衡与协调,使该地区的生物群落发生改变,对社会经济产生严重影响。其次,物质流在食物链中有一个突出特性,即生物富集作用。某些自然界不能降解的重金属元素或其他有毒物质,在环境中的起始浓度并不高,但经过食物链逐渐富集进入人体后,可能提高到数百倍甚至数百万倍。

土地利用对生态系统结构的影响有以下 3 个方面。

(1)生物侵入:土地利用引起生态系统内区系的重组,即在地理隔离的系统内侵入新的物种,也就是生物侵入。

(2)生物多样性损失:到目前为止,地球上的物种正以比人类活动高 100～1000 倍的速度消失。

(3)土地利用加剧生物侵入和生物多样性损失:以农业扩张及其集约化为主要特征的农业土地利用,是陆地生态系统生物侵入和生物多样性损失的主要原因。

物种消失的主要原因就是土地转化造成的生境损失和生物侵入。生物侵入是随物种的消失自然发生,土地利用加速了这一过程。发生土地转换的生境是生物侵入的主要发生地,生物侵入又迫使土地转换。土地转换对陆地生态系统的影响最直接的表现形式就是生境转换。

由森林转换为农田、再沦为退化土地极大地威胁着该区域的生物多样性。由于杂草侵入和表层土壤侵蚀导致土地生产力丧失而弃耕。这类生态系统尽管有自然入侵和演替过程发生,但相当缓慢,如不进行人工恢复重建也有可能形成一种贫瘠的生物区系。在那些大量皆伐的地区,原来系统中较普遍的先锋植物和演替过程中、后期的物种消失,其恢复过程相当缓慢。因此,除非进行修补和恢复,否则,物种资源库最终将消亡。还有一些土地利用类型虽未发生变化,但已被破碎,同样影响物种的生境。

7.1.2.2　土地利用对生态系统功能的影响

生态系统功能是生态系统所体现的各种功效或作用。主要表现在生物生产、能量流动、物质循环和信息传递等方面，它们是通过生态系统的核心——生物群落——来实现的。生物生产是生态系统的功能之一。生物生产就是把太阳能转变为化学能，生产有机物，经过动物的生命活动转化为动物能的过程。生物生产经历了2个过程：植物性生产和动物性生产。两种生产彼此联系，进行着能量和物质交换，同时，两者又各自独立进行。

能量流动指生态系统中能量输入、传递、转化和散失的过程。能量流动是生态系统的重要功能，在生态系统中，生物与环境、生物与生物间的密切联系，可以通过能量流动来实现。能量流动有两大特点：单向流动，逐级递减。详见第1章1.4.2.1内容。

物质循环是指生态系统的能量流动推动着各种物质在生物群落与无机环境间循环。这里的物质包括组成生物体的基础元素碳、氮、硫、磷，以及以DDT为代表的，能长时间稳定存在的有毒物质。详见第1章1.4.2.1内容。

物理信息指通过物理过程传递的信息，它可以来自无机环境，也可以来自生物群落，主要有：声、光、温度、湿度、磁力、机械振动等。眼、耳、皮肤等器官能接受物理信息并进行处理。

1. 土地利用对碳循环的影响

土地利用可以通过改变生态系统的结构（物种组成、生物量）和功能（生物多样性、能量平衡、碳、氮、水循环等）来影响生态系统碳循环过程。土地利用的改变对于生态系统的结构能够产生很大影响。生态系统的物种组成和生物多样性将会产生很大变化。

土地利用也会影响陆地生态系统的功能，改变生态系统的小气候状况以及物理化学性质，从而影响凋落物的质量（碳氮比、单宁和纤维素含量等）和分解速率、土壤生物（动物和微生物）组成、土壤物理结构（砂砾、黏粒、粉粒组成以及土壤黏聚体结构）、土壤碳、氮、水含量、土壤有机质质量（易分解和不易分解的有机质比例）等。这些因素进而都会影响生态系统碳循环过程，进一步影响到生态系统的碳储存和释放。因此土地利用/覆盖的改变将会对生态系统的碳循环产生巨大影响，而不同类型的土地利用/覆盖变化对于生态系统碳循环的影响是截然不同的。

全球范围内土地利用变化造成大量CO_2释放到大气中。森林砍伐、森林转化为农田或草地、森林和草地的退化、城市用地增加等都可能导致陆地生态系统碳释放量增加，而不同的土地利用格局造成的碳释放量不同，不同区域的土地利用对生态系统碳交换格局的影响也不一致。

2. 土地利用对水循环的影响

土地利用变化对水循环的影响表现为水量空间分布的变化。由于不同的土地利用类型对降水的截留、阻挡、蒸腾及下渗作用不同，因而土地利用变化不但导致地表或地下水量的变化，而且会改变区域水循环的方式。不同的土地利用类型会产生不同的水分循环特征，城市用地的扩展会减少水分存留和下渗，加大了径流量，甚至增加洪灾的频率；农业用地的增加，会降低入渗和蒸发，从而增加年均流量；森林土地利用对水循环的影响已有大量研究，森林对截留、阻挡、下渗和土壤侵蚀的影响已有较一致的认识，但在对降水、径流及洪峰等要素的影响方面有较大分歧。

另外，为了解决日益增加的淡水的需求和淡水资源不足的矛盾，人类已经进行了大量的河流改道和拦截。在美国，仅有2％的河流水流入海洋，估计目前已有2/3的河流水受到人类的调节，大约6％的河流水由于人类的调节而蒸发。由于河流改道和拦截而造成的海水的减少又导致了鱼类和其他海洋生物的减少，对海水生态系统造成的损失远大于陆地生态系统。在地表水比较贫乏和过度开采地区，人类已经开始利用不可更新的地下水，甚至化石水。全球范围，40％的作物产量来源于16％的灌溉农田。随着人类对粮食产量的进一步需求，灌溉用水将进一步增加。过量开采地下水已经引起严重的后果，缺少灌溉水已威胁着人类的发展。如何采取有效方法揭示土地利用变化对流域水文过程的影响，是目前亟待解决的问题。

3. 土地利用对氮循环的影响

氮循环是指氮在自然界中的循环转化过程，是生物圈内基本的物质循环之一，如大气中的氮经微生物等作用而进入土壤，为动植物所利用，最终又在微生物的参与下返回大气中，如此反复循环，以至无穷。

土地利用方式转变不但能通过改变土壤有机物质输入和输出量直接影响土壤碳氮矿化，而且可以通过改变土壤理化性状、微生物性质、活性氮的含量和组成、土壤温度和水分状况等，间接影响土壤碳氮矿化过程。

草地转变为农地后土壤有机碳和全氮的降低主要是因为土壤耕作引起土壤结构破坏，造成土壤结构体对土壤氮保护作用的减小。此外，草地转变为农地后显著降低地上部和根系生物量，进而减少土壤中新鲜有机碳和氮素的输入。一方面，草地植物多为多年生植物，地上部生物量会在地表逐年积累，是土壤氮的主要来源；而农地上部生物量在作物收获季节被收获移走，地表所剩余的植物残留物很少，不足以补充土壤有机碳和全氮损失。另一方面，草地根系生物量显著高于农地，而且在土壤剖面的分布较深，草地转变为农地后将会显著降低土壤中根系有机碳和氮的输入，从而造成土壤碳氮损失。农地施肥后也会对土壤碳氮产生影响。农地施用的氮肥多为化学肥料，施入土壤中会流失一部分，而且作物吸收的氮随着作物的收获而移出，其对土壤氮素的补充有限。化学氮肥的施用还会促进土壤中原有有机碳的矿化损失，造成有机碳含量的降低。

草地转变为林地后土壤碳氮的变化与气候条件有关，在黄土高原相对干冷地区，草地转变为林地后土壤碳氮有所损失，而在相对暖湿地区，土壤碳氮有所积累。草地转变为林地时对土壤的扰动将会造成土壤结构体的破坏，土壤大团聚体的破坏使土壤结构丧失了对土壤碳氮的保护作用，造成了土地利用转变初期的土壤碳氮损失。同时由于研究区灌丛生物量较小，这些损失在灌丛建造后不能得到补充，土壤碳氮含量因此显著低于草地土壤。

4. 土地利用对磷循环的影响

磷循环是指磷元素在生态系统和环境中运动、转化和往复的过程。磷灰石构成了磷的巨大储备库，含磷灰石岩石的风化，将大量磷酸盐转交给了陆地上的生态系统。并且与水循环同时发生的是，大量磷酸盐被淋洗并被带入海洋。在海洋中，它们使近海岸水中的磷含量增加，并供给浮游生物及其消费者的需要。

土壤磷来源主要有两种途径：土壤母质和大气干湿沉降。陆地生态系统的磷最初都来源于矿物岩石（主要是磷灰石和其他含磷化合物）的缓慢风化作用。在没有外来肥料施入的情况下，土壤磷含量主要决定于母质类型。沙地土壤中磷矿化合物含量低，导致沙地土壤磷含量远低于其他土壤。尽管磷的生物地球化学循环属于沉积型循环，但进入大气中的土壤细颗粒和植物体碎屑等，以干湿沉降的方式落于地表，成为土壤磷输入一部分。在干旱半干旱地区，风沙大，干湿沉降磷输入量不可忽视。沙地农田土壤磷的来源，除来自土壤母质和大气干湿沉降外，主要来自化学肥料及牲畜粪肥，满足农作物对大量营养元素的需求。在我国北方生态脆弱带，急剧增加的人口压力和经济活动范围的扩大强烈干扰自然环境，对土地资源的不合理利用可短期内造成大面积的生态环境恶化和沙漠化，主要表现在大面积开垦土地、乱砍滥伐、过度放牧等，受经济利益驱动的人为过程在沙漠化发展中是一个恶性循环过程，地表植被破坏导致地表粗糙度降低，从而加剧风沙流活动，当对土地的开发强度超越了原本脆弱的生态系统所能承受的压力时，必然造成其生态系统的进一步恶化，如植被退化、水土流失、表土风蚀等，封闭的土壤磷循环过程被破坏，土壤磷平衡丧失。

7.1.3 土地利用对生态系统重建的影响

生态重建是指依靠大规模的社会投入对退化的生态系统进行整治，包括改造导致生态恶化的社会经济因素，从而迅速提高土地生产力，并使生态系统进入良性循环。

生态重建（ecological reconstruction）是现代生态学最活跃的关键行动之一，在我国被译为"生态恢复"。经查验其英语含义和演变过程，建议正名为"生态重建"，指在人为辅助下的生态活动。而"生态恢复"（recovery）在国际文献中指没有人直接干预的自然发生过程，二者不容混淆。"恢复"的发生是没有人的直接参与的自然发生过程，而"生态重建"却是在人为活动的辅助下实施的，这就是"恢复"与"重建"二者的根本区别。"生态重建"不仅英文释义不同于"恢复"，其科学含义与技术也要比"生态恢复"丰富得多，在生态管理中处于更高的层次，在生态文明和理念上具有更重要的地位。

生态重建（ecological restoration）是自 20 世纪 80 年代以来生态学领域最活跃的关键行动之一。尤其是进入 21 世纪以来，由于国际社会和学界对地球生态与环境退化和健康的关注。我国政府对生态建设有极大的投入，中共十八大以来，在习近平生态文明思想引领下，中国坚持生态优先、绿色发展，生态环境保护法律体系日臻完善、监管机制不断加强、基础能力大幅提升，生物多样性治理新格局基本形成，生物多样性保护进入新的历史时期。

中国不断推进自然保护地建设，启动国家公园体制试点，构建以国家公园为主体的自然保护地体系，率先在国际上提出和实施生态保护红线制度，明确了生物多样性保护优先区域，保护了重要自然生态系统和生物资源，在维护重要物种栖息地方面发挥了积极作用。

自 1956 年建立第一个自然保护区以来，截至目前，中国已建立各级各类自然保护地近万处，约占陆域国土面积的 18%。近年来，中国积极推动建立以国家公园为主体、自然保护区为基础、各类自然公园为补充的自然保护地体系，为保护栖息地、改善生态环境质量和维护国家生态安全奠定基础。2015 年以来，先后启动三江源等 10 处国家公园体制试点，整合相关自然保护地划入国家公园范围，实行统一管理、整体保护和系统修复。通过构建科学合理的自然保护地体系，90％的陆地生态系统类型和71％的国家重点保护野生动植物物种得到有效保护。

中国以恢复退化生态系统、增强生态系统稳定性和提升生态系统质量为目标，持续开展多项生态保护修复工程，有效改善和恢复了重点区域野生动植物生境。稳步实施天然林保护修复、京津风沙源治理工程、石漠化综合治理、三北防护林工程等重点防护林体系建设、退耕还林还草、退牧还草以及河湖与湿地保护修复、红树林与滨海湿地保护修复等一批重大生态保护与修复工程，实施25个山水林田湖草生态保护修复工程试点，启动10个山水林田湖草沙一体化保护和修复工程。森林面积和森林蓄积连续30年保持"双增长"，成为全球森林资源增长最多的国家，荒漠化、沙化土地面积连续3个监测期实现了"双缩减"，草原综合植被盖度达到56.1％，草原生态状况持续向好。

中国科学院院士张新时在其论文《关于生态重建和生态恢复的思辨及其科学含义与发展途径》强调自然恢复和生态重建的三类时间尺度，即地质年代尺度（千、万、亿年），自然生态系统世代交替和演替尺度（十、百、千年）和生态建设时间尺度（一、十、百年）。前二者为自然恢复尺度，三者相差2～3个数量级或更多。

人类不能超尺度地依赖自然恢复能力，自然与人为时间尺度的不匹配是自然恢复难以满足人类社会生态需求的根本原因。土地利用对生态系统重建的影响一般是指对那些受自然与社会经济因素的制约和影响使其利用率低、质量差、产出不高的土地生态系统采取工程、生物和农业的综合技术措施进行改良、治理、建设，也就是对影响和制约土地生态系统潜在生产力发挥的各种限制性因素的改造的过程。主要有水土流失地的治理、盐碱地的治理、风沙地的治理、受污染土地的治理、种地产田改造、荒山荒地的开发与治理、工矿废弃地和因灾废弃地的治理和复垦、基本农田建设、山水农田路、山水林田湖草沙的综合治理等。

7.1.4　土地生态安全及土地生态安全评价

7.1.4.1　土地生态安全评价及其指标体系

随着全球人口数量的激增，土地资源的稀缺性越来越突出，土地资源面临的生态风险问题越来越严峻，美国生态学家Leopoled A.于1941年提出"土地健康"概念，这是初步的土地生态安全思想的萌芽，随着"土地健康"的提出，人们发现土地生态环境处于没有或者很少受到污染的健康状态，土地资源才能维持其与人类的协调发展，实现自然、经济和社会的可持续发展目标，进而提出"土地生态安全"概念。由此可知，土地生态安全是基于可持续发展的目标而提出的概念，其是指人类赖以生存与发展的土地资源所处的生态环境处于一种不受或少受威胁与破坏的健康、平衡状态，土地生态安全需要土地生态系统具有稳定、均衡和充裕的自然资源可供人类利用。土地生态安全还应具有一个国家或地区的全部土地资源对实现其可持续发展具有稳定的供给状态和良好的保障能力。土地可持续利用的生态安全需要通过土地资源的合理利用与管理，使土地生态系统对人类在生产、生活和健康等方面不受生态系统破坏或不受环境污染影响，土地生态安全需要考虑土地生态系统自身结构是否受到破坏；其生态功能是否受到损害；土地生态系统对人类的生产和生活是否安全以及土地生态系统所提供的服务是否能够满足人类的生存需要。

关于土地生态安全评价的概念，《土地资源安全研究的理论与方法 》综合国内外学者对于土地评价、生态安全评价的定义与内涵，将土地生态安全评价定义为是指对土地生态系统健康危害或危险状况所作的评价，它必须在一般的土地评价的基础上，选择对研究对象（土地及其环境、建设对象）最有意义的若干生态特性，进行专项评价，进而查明土地生态类型与土地利用现状（或将来的利用方向）之间的协调程度及其发展趋势，诊断土地生态系统的健康程度和土地利用的生态风险，将不涉及社会意义的自然生态系统质量评价与涉及人类社会生活或社会经济过程的生态系统的生态评价相互结合起来，对土地生态系统的退化、破坏程度或潜在危险进行评价。

《土地评价学》中指出，由于土地生态安全对于国家、地区的经济发展和未来的土地资源环境的合理利用起着至关重要的作用，对土地进行生态安全评价是土地生态安全研究的核心内容。并强调土地生态安全的动态过程，评价要以土地资源、环境和生物为中心，立足于安全，着眼于可持续发展，充分利用科学技术，实现土地资源可持续发展战略及解决土地可持续发展中的重大生态安全问题。同时，由于土地属于自然、社会与经济各要素的综合体，因此，土地生态安全评价应综合土地自然环境和社会经济情况，从土地生态系统的结构和功能出发。建立系统的区域生态安全评价指标体系，揭示各个生态扰动因子在不同时空上的综合性生态效应和生态风险的时空分布规律，阐明退化生态系统过程的内在动力学机制，确定不同生态功能区的最低安全值，全面分析研究各因素及其组成因子之间的动态联系和组成方式，以及它们对生态环境的影响和作用的效应。

由于土地生态系统自身所具有的自然、社会及经济等基本属性，因此，评价土地生态系统的生态安全问题也应主要围绕其基本属性展开，其评价的指标应包括自然、社会经济两大方面的构成要素：

（1）自然指标：主要是反映土地资源利用的状况、发展潜力及与之密切相关的生态、环境状况，构成土地的自然因素包括气候、地形、土壤、植被、水文等指标。

（2）社会指标：主要是反映土地资源利用方式对人们生活的影响和人们对它的反应，诸如城市化水平、人均住房面积、人均肉蛋产量、交通条件等指标。经济指标：主要是反映某种利用方式下土地资源的生产力和生产效益，诸如土地生产率、粮食产量、人均GDP、人均年收入等指标。

土地生态安全评价的指标体系应能充分反映出生态安全的现状与生态安全的程度，特别应体现人类对土地生态系统的影响层次与等级的"压力-状态-响应（PSR）"评价体系。其中：①压力指标是用来描述人为活动对土地资源所造成的压力，以指示影响土地质量变化的人类活动、过程和格局，如地下水的开采、木材过采、坡地过垦等；②状态指标是用来描述土地资源状态，以指示土地质量变化，如地下水位下降、植被退化或土壤侵蚀等，也包括土地生态系统健康状况改善的现象；③响应指标是用来描述社会对造成土壤质量状态变化的压力响应，以指示政策取向和对土地质量变化所做出的其他反应，如水资源利用率的提高、水土保持等。压力指标、状态指标及响应指标之间有时并没有明确的区别，实际应用中应综合考虑。详情请见第5章5.6.3.2部分。

7.1.4.2 土地生态安全评价的主要内容

土地生态安全评价是揭示区域生态安全状况及空间变异的有效手段，对区域的生态情况起着监测和预警的作用。土地生态安全评价，是针对土地利用的宏观结构调整与布局对环境与生态的可能影响作出的预测性评估，它对于避免规划造成的环境影响和维护区域生态安全有着重要意义。根据土地生态安全评价研究的侧重点不同，研究对象可分为两类：以自然地理景观为主要研究对象，如地理区、生态区；以受人类活动影响显著地区为主要研究对象，如行政区、经济区。目前土地生态安全评价研究重点主要集中在评价指标体系和评价方法两个方面，这也是进行土地生态安全评价研究的难点。

土地生态安全评价的主要内容主要有以下4个方面：

（1）土地生态安全等级评估。土地生态安全等级的划分与评估是土地生态安全评价的主要目标与结果。基于土地生态安全的综合评价，通常可将土地生态安全等级划分为不同的级别，诸如很安全、安全、危险等级别，不同的安全等级表示不同的土地生态系统所处的健康与稳定状态，并对人类影响的不同程度的胁迫状态。土地生态安全等级的评定在一定程度上还指示了人地之间的相互作用关系，因此，土地生态安全等级的评估是土地生态安全评价的基本内容。

（2）土地生态安全预警。土地生态安全预警是土地生态安全研究的重点，它在土地生态安全等级评估的基础上，对土地资源生态安全危机或危险状态的预测和警告，其对研究区域内的社会、经济、环境的协调发展具有重要意义。与土地生态风险评价不同之处是：土地的生态安全预警强调人的积极主导作用，它从分析研究区域的系统要素和功能（过程）出发，探求维护系统生态安全的关键性要素和过程，通过与安全诊断指标的对比分析，划分出研究区内的安全等级和不同安全等级之间的临界状态。

（3）土地生态安全设计。土地生态安全设计是指用生态建设的原理和方法，在预警结果安全等级较低的研究区域内，利用生态建设的原理和方法，通过对原有系统要素的优化组合或引入新的要素，调整或构造新的安全格局，从而使关键性过程不受阻碍和系统内关键性的要素所受的胁迫控制在安全等级允许的范围内。

（4）土地生态安全维护与管理。土地生态安全维护与管理涉及生态资产管理、生态服务功能管理、生态代谢过程管理、生态健康状态管理以及复合生态关系的综合管理，它要求充分利用生态学和管理学知识，从自然、经济、社会等各个层面对现有安全系统进行全面管理，它是生态安全研究中的一个重要组成部分。安全管理以减少风险为目标，按照预防和回避风险的目的，设置安全标准，制定、修改法律和法规，同时建立社会公众对于公共安全监控和评估的体制。

7.2 土地资源保护

7.2.1 土地资源保护的内涵与理念

土地资源保护是指保护人类社会初级生产可利用的地面空间的数量（面积）和质量的措施。

从土地利用角度来看，土地资源保护是指保护现有土地的利用价值、使之免于降低或遭到破坏，其中包括预防污染、侵蚀、沙化、水土流失、次生盐碱化、次生潜育化以及采矿地地面塌陷、煤矸石、垃圾等覆盖地面、挖土烧砖造成的地表破坏等。

从经济学的角度来看，土地资源的保护和管理，中心问题是解决人口与土地特定的关系，正确处理农用地和非农用地的关系及其如何利用问题。

土地资源保护必须从整体出发综合考虑对策，必须贯彻十分珍惜和合理利用一切土地的方针，全面规划，加强管理、保护、开发土地资源，制止乱占耕地和滥用土地的行为，节约建设用地，综合运用行政、经济和法律手段切实加强对土地的统一管理。由于人口的不断增长，形成对土地资源的巨大压力：一方面是非农业用地不断扩大，占去和破坏一部分耕地；另一方面是在土地利用中，由于一些不合理的开发，破坏了土地生态系统与环境要素之间的平衡关系，致使土地资源不断退化，生产力不断下降。所以，土地保护成为土地管理工作的一项重大而长期的基本任务。

一般说来，土地资源保护应该遵循如下 3 项基本原则：

（1）保护耕地、节约用地的原则。土地是不可再生资源，是人类赖以生存的物质基础和生产资料。但人口的不断增长，使得人们对土地的需求日益增加，土地资源短缺的问题更加凸显出来。因此，只有切实贯彻保护耕地、节约用地的原则，在对土地的开发、利用过程中，按有关法律、法规的规定规范人们的行为，才能将珍惜土地资源、加强对土地资源的保护的政策落到实处。

（2）强化计划管理、实行总量控制的原则。根据有关资料，中国现有的全国城市规划面积加起来可容纳 20 亿人生存，这种现状与人均耕地 1.19 亩的局面相比较，是触目惊心的。强化计划管理，实行总量控制原则，对土地保护是必要的。因此，对国家建设用地、乡镇企业建设用地、民用建房用地、房地产开发用地、开发区用地、特种养殖用地等非农用地实行计划控制，对城镇建设规模进行科学规划，是确保用地总量不突破计划指标的前提。

（3）依法保护土地的原则。中国法律对土地保护做了详细的规定。《土地管理法》首先确定了"十分珍惜和合理利用土地"的基本国策；强化了土地利用总体规划的法律地位，规定了年度计划是实施总体规划的重要手段，其规定的建设用地指标应是各项审批制度的主要依据；规定了土地用途管制制度，中国实施最严厉的土地管理制度；实行占用耕地补偿制度，突出保证耕地总量动态平衡，对耕地实行特殊保护。其次，对土地资源的保护还需防止水土流失、风蚀沙化、盐渍化、潜育化等土地破坏情况，因为它们严重地毁损、降低了土地的质量，破坏了土地的环境效能，使得危及生态系统平衡的现象屡有发生。保护珍贵的土地资源不仅是《土地管理法》的重要内容，也是一系列其他相关法律的重要内容，譬如《水土保持法》对水土保持的原则、方针、组织、具体措施、违法者的法律责任等作了具体规定；《草原法》《矿产资源法》《森林法》均对防治土地沙漠化、风蚀作出了规定。

7.2.2 主要土地资源保护的内容与措施

7.2.2.1 耕地资源的保护与措施

1. 我国耕地资源面积减少、质量退化

如前所述，自新中国成立以来，我国耕地资源一直在减少。人多地少的矛盾非常突出。据统计，我国 1958—1978 年的 21 年间，因基建占地、退耕还林还牧。灾害弃耕等原因共减少耕地约 5 亿亩，而被占用的耕地大多为城乡周围较为肥沃的良田。今后随着城市

化、工业化的发展、人口的继续增长以及对水土流失严重的陡坡耕地、沙化土地的退耕还林还牧等原因，耕地面积必将呈现进一步减少的趋势。另一方面，由于不少地区迫于人口的压力，忽视了用地与养地的关系和土地的保护性开发，使土地利用强度大大超过土地生态系统所能忍耐的阈限（即土地资源利用极限），导致土地资源质量退化有加重的趋势，表现在耕层减薄、理化性质变坏、土壤抗逆性减弱等。

2. 耕地资源保护的主要措施

耕地资源的保护涉及方方面面，除靠国家土地管理部门大力宣传、贯彻、执行有关政策，严格控制占用耕地，尤其坚决制止乱占滥用耕地现象之外，还必须采取一系列措施才能真正保护耕地资源。

合理地开发宜农荒地这是适应人口增长和基本建设占地之需要并缓解耕地资源逐年减少之趋势的重要措施，它与节约基本建设用地一样，亦具有重大的战略意义。故应根据我国各省均有宜农荒地分布的特点，积极鼓励各地在努力整治现有耕地、挖掘其生产潜力的同时。在保护和建立生态平衡的基础上，大力合理地开垦宜农荒地，以扩大耕地面积。应指出，这里强调的是合理开荒，而不是乱开滥垦，即须经国家勘测规划设计、符合开垦要求和政策规定的才能进行垦荒。

实施保护性建设措施是防止耕地减少和质量下降的重要措施。所谓保护性建设，就是防患于未然的农田基本建设，应坚持工程措施和生物措施相结合，以培肥地力为中心，不断加强综合治理，进一步改善农田生态环境。由于我国土地辽阔，地域差异明显，故各地农田基本建设的重点截然不同，如西北荒漠地区主要是治旱，其重点是建设绿洲农业，建立以水、林、土为中心的农业生态系统；南方主要是治涝；中原则旱涝兼治；山地丘陵区则主要治理水土流失，实施水土保持工程。

7.2.2.2 草地资源的保护与措施

1. 我国草地资源退化状况

草地资源是草原以及草山、草坡等一切生长草类资源的土地的总称，它是畜牧业生产的物质基础。我国草地资源共达 55.49 亿亩，其中草原面积 44.95 亿亩，草山草坡 10.5 亿亩，是我国主要的畜牧业基地。然而，目前草地利用很不合理，南方草山草坡资源大多未被充分利用；北方草原则过度放牧、超载，使草场退化极其严重。我国草原基本上处于原始的放牧状态，草原建设极少，加上盲目地增加牧畜数量，加剧了草原矛盾，致使草原普遍退化、沙化、碱化。

2. 草地资源保护的主要措施

不同地区的草地，其开发利用和保护与建设各不相同，故应因地制宜地采取措施、进行保护和建设。这里主要阐述风沙区草原、丘陵区和高原区草地的保护问题。

风沙区草原资源的保护为了确保风沙区草原不再退化、沙化，当前应着重采取以下保护性改良和建设措施：①分区轮牧，即按牧场面积、产草量以及牲畜种类和数量划分出若干片区，规定各区放牧天数，实行轮流放牧，以保证草原均衡利用、利于牧草的再生；②封育草场，即利用封禁的途径，禁止人畜通行，同时辅之以适当的人工培育措施，以迅速恢复和提高草场生产力；③引水洞沙育草，即通过开发地下水或将河流、水库、渠道中的水引入或渗润于沙漠之中，以改善沙地水分状况、促进沙地草木的自然生长；④低湿草山排水和补播，由于湖盆滩地中的低湿草地往往积水过多并有盐渍化现象，影响牧草生长和放牧，故应采取排水、除碱措施，并因地制宜地对有盐碱危害、牧草稀疏的下湿地补播某些耐碱草种；⑤清除毒害性草类，天然草场中往往生长有不少毒害性草类，须用人工挖割、磨耙清除等办法加以清除，否则将危害牲畜。

丘陵区草地资源的保护主要应采取封沟（坡）育草、更新草带以及建立沟头防护草带等措施。封沟（坡）育草对于目前还不能彻底治理的荒沟荒坡特别适用。不过，封沟育草应有计划地进行，最好结合轮牧施行轮封。在封淘期间，须禁止放牧，以利天然牧草良好地生长，在植被稀疏的坡地，宜采用分带加播牧草的方法，实行草带更新，这可在短时间内（一般为2～3年）便改良全部稀疏草地，提高牧草产量利草质，并形成坚固的草皮，可防止侵蚀，由于沟头的侵蚀最为活跃，崩塌和滑坡现象不断发生，为了保护沟头，应积极配合工程措施，建立治头保护草带。

高原区草地资源的保护首先应实行合理的轮牧制度，冬季草场划片轮牧，春季走圈放牧，充分利用小片草山、适时转移草场，就场利用应做到先远后近、先高山后平滩、先阴坡后阳坡；实行跟放牧，严防抢牧、乱牧。在水源充沛、地势平坦的地区，应积极进行松耙、施肥灌溉并补播适宜的多年生优良牧草，以提高草场生产力和逐步更新草原；而对缺水地区的草场，则应采取蓄、引等措施，尽快解决人畜饮水问题。在山地灌丛草场和草甸草场地区，应以消灭鼠害、虫害为主，因为这些地区往往鼠害、虫害十分严重，轻者引起秃斑地，产草量降低，重者则导致寸草不生、水土流失严重、肥力减退。故须大力消灭鼠、虫害，尽快恢复这些受害地区的草场植被。此外，在湖盆滩地上，应采取封滩育草措施，培育天然割草场，以提高产草量和草场质量。

7.2.2.3 森林资源的保护与措施

1. 森林资源保护的重要性概述

丰富的森林资源能够为我国生态建设提供良好的物质基础，在促进林业可持续发展的同时，助力社会主义和谐社会的建设发展。就森林资源保护的实际情况来看，其主要作用体现在以下几个方面：

（1）涵养水土资源，实现气候调节。通过对森林资源进行有效保护，可以对水土流失问题进行控制，且空气中多余的水分也能够得到充分利用，使林地周围的湿度得以提升，从而实现气候调节的作用。

（2）改善大气环境，减少环境污染。在工业产业快速发展背景下，碳氧化物、氯化氢等废气排放造成的环境污染越加严重，而森林资源能够对这些气体进行吸收，将其转化为生物需要的氧气，在减少环境污染的同时，使大气环境得到改善。

（3）保护野生动物，降低噪声污染。通过对森林资源进行保护，能够为野生动物的生存提供良好的物质环境，解决因生存环境被压缩造成的野生动物濒危等问题。同时，通过对森林资源进行有效保护，可以对噪声的传播进行控制，使噪声污染得以降低，从而满足当地居民对自身生活环境的需求。

2. 森林资源保护的具体措施分析

（1）加强森林资源保护管理。首先，需要对有关森林资源保护的法律法规进行完善，一旦发现违法开发森林资源、破坏森林资源的行为，需要严格按照法律规定对其进行处罚，以此增强个人及社会主体的森林保护意识，使其能够自觉做好森林资源保护工作。在进行森林资源保护工作的时候，采用定期普查与不定期普查相结合的方式对森林资源进行保护，便于及时发现其中存在的问题，及时解决森林资源破坏行为。其次，需要采用集中式的森林资源保护管理模式，实现对森林资源质量的控制。将家庭承包制度落实到林业发展中，为林业稳定发展提供更多支持。最后，需要在提高执法力度的同时，对森林资源保护管理机制进行优化，以便能够及时对森林资源浪费问题进行处理。

（2）优化林业产业结构。为促进林业产业的健康发展，需要重视对林业产业结构的优化，减少森林资源过度开发等行为的出现。从第一产业方面来讲，需要在保证市场需求得到满足的条件下，促进原料林和经济林的发展，对传统的林木采伐模式进行改变。从第二产业方面来讲，需要加强技术研发，适当增加技术研发的投入成本，使林产品的技术含量得以提升，从而促进低端产业向高端产业的发展。同时，林产品的加工方式也将得到改变，能够对林业的产业链条进行延伸，使林产品能够获取更大的市场占有率。从第三产业这一方面来讲，需要充分发挥森林资源本身具有的优势，发展森林康养、森林旅游等新型产业，在保护生态环境的基础上，充分满足消费者的各项需求。整个过程要重视基础设施的建设，以此促进当地交通、医疗、住宿及餐饮等相关行业的发展，实现不同产业的融合发展。

（3）做好森林防火防灾工作。在进行森林资源保护工作的时候，必须要充分认识到防火防灾工作对森林资源保护的重要性，只有做好森林防火防灾工作，才能够减少森林资源被破坏的问题，使森林资源保护工作人员的生命安全得到保障。首先，需要做好森林资源保护方面的宣传工作，利用新媒体、广播、电视等进行森林防火宣传，确保群众能够充分认识到森林火灾的危害性，掌握一些基本的森林防火知识，自觉做好森林防火工作，减少因人为因素造成的森林火灾等问题。其次，需要明确各个单位在森林资源防火工作中的责任，将责任落实到各个工作人员的身上，从而保证各项工作的有序进行。同时，需要对林区的关键部位进行重点监管，尤其要做好秋季、春季的巡查工作，及时处理林区的火灾隐患，使森林防火工作的目的得以实现。最后，需要制定科学合理的应急处理方案，做好森林防火及火灾处理的演练工作，从而提高森林火灾的扑救效率，使工作人员的生命安全得到保障。

7.2.3 土地资源保护历程

7.2.3.1 土壤肥力的保护

土壤保护是指使土壤免受水力、风力等自然因素和人类不合理生产活动破坏所采取的措施。如土壤盐渍防治、封山育林和水土流失区植树种草等。

土壤保护首先要农、林、牧、工统一规划，合理利用和管理土壤资源，使土壤的生产投入与输出相平衡，使土壤生产力与承受力相适应，使土壤肥力、土壤生产力以及环境景观都得到改善和提高。以生物措施为根本措施，并结合适当的工程措施，才能达到土壤保护的目的。

土壤污染成因复杂，主要污染源包括：工业"三废"；城镇居民生活废弃物；农用化学物质；畜禽养殖废弃物等。

土壤污染的危害性：土壤受到污染后，其原有特性将遭到破坏，农作物的质量也会随之下降，并且表层受污染土易在风力和水力的作用下进入大气和水体中，导致大气污染、地表水污染和地下水污染等生态环境问题。

其基本措施有以下4个方面：

（1）科学地进行污水灌溉。工业废水种类繁多，成分复杂，有些工厂排出的废水可能是无害的，但与其他工厂排出的废水混合后，就变成有毒的废水。因此在利用废水灌溉农田之前，应按照《农田灌溉水质标准》规定的标准进行净化处理，这样既利用了污水，又避免了对土壤的污染。

（2）合理使用农药，重视开发高效低毒低残留农药。合理使用农药，这不仅可以减少对土壤的污染，还能经济有效地消灭病、虫、草害，发挥农药的积极效能。在生产中，不仅要控制化学农药的用量、使用范围、喷施次数和喷施时间，提高喷洒技术，还要改进农药剂型，严格限制剧毒、高残留农药的使用，重视低毒、低残留农药的开发与生产。

（3）合理施用化肥，增施有机肥。根据土壤的特性、气候状况和农作物生长发育特点，配方施肥，严格控制有毒化肥的使用范围和用量。增施有机肥，提高土壤有机质含量，可增强土壤胶体对重金属和农药的吸附能力。如褐腐酸能吸收和溶解三氯杂苯除草剂及某些农药，腐殖质能促进镉的沉淀等。同时，增加有机肥还可以改善土壤微生物的流动条件，加速生物降解过程。

（4）施用化学改良剂，采取生物改良措施。在受重金属轻度污染的土壤中施用抑制剂，可将重金属转化成为难溶的化合物，减少农作物的吸收。常用的抑制剂有石灰、碱性磷酸盐、碳酸盐和硫化物等。例如，在受镉污染的酸性、微酸性土壤中施用石灰或碱性炉灰等，可以使活性镉转化为碳酸盐或氢氧化物等难溶物，改良效果显著。因为重金属大部分为亲硫元素，所以在水田中施用绿肥、稻草等，在旱地上施用适量的硫化钠、石硫合剂等有利于重金属生成难溶的硫化物。对于砷污染土壤，可施加 $Fe_2(SO_4)_3$ 和 $MgCl_2$ 等生成 $FeAsO_4$、$Mg(NH_4)_2$、AsO_4 等难溶物减少砷的危害。另外，可以种植抗性作物或对某些重金属元素有富集能力的低等植物，用于小面积受污染土壤的净化。如玉米抗镉能力强，马铃薯、甜菜等抗镍能力强等。总之，按照"预防为主"的环保方针，防治土壤污染的首要任务是控制和消除土壤污染源，对已污染的土壤，要采取一切有效措施，清除土壤中的污染物，控制土壤污染物的迁移转化，改善农村生态环境，提高农作物的产量和品质，为广大人民群众提供优质、安全的农产品。

7.2.3.2 水土流失防治

中国是世界上水土流失最严重的国家之一。水土流失直接关系国家生态安全、防洪安全、粮食安全和饮水安全。1991年《中华人民共和国水土保持法》颁布以后，中国将水土保持确立为一项基本国策，加大了水土保持工作力度，对改善农业生产条件和生态环境，促进中国经济社会可持续发展发挥了重要作用。

为了进一步防治水土流失，减轻水土流失带来的财产及生命损失，今后一段时期中国水土流失防治工作总的思路应该是：努力不欠新账，加快清还老债。一方面要严格控制各类生产建设活动造成新的人为水土流失；另一方面对历史上已经形成严重水土流失的地区要加大治理力度，加快治理进程。

1. 坚持预防为主，保护优先，坚决遏制新增人为水土流失

今后相当长的时间内，国内各类生产建设活动将会维持在一个较高的水平，为此，应当加强预防保护工作。

（1）加强重点预防保护区水土资源保护。对重要的生态保护区、水源涵养区、江河源头和山地灾害易发区，需要严格控制进行任何形式的开发建设活动，有特殊情况必须建设的，应充分进行水土保持方案论证，切实采取水土流失防治措施，防止水土流失的发生和发展。

（2）依法强化开发建设项目水土保持监管。对扰动地表、可能造成水土流失的生产建设项目，都应当实施水土保持方案管理。监督管理部门也要加强跟踪检查，做好验收把关，保证水土保持防治措施能够落到实处。同时，需要在法律中严格有关的管理制度，明确处罚措施，使水土保持违法案件能够得到查处，全面落实水土保持"三同时"制度。

（3）加强水土流失防治的社会监督。采取政府组织、舆论导向、教育介入的形式，广泛、深入、持久地开展宣传，并充分发挥各级人大的作用，开展经常性的监督检查，同时不断强化群众监督，唤起全社会水土保持意识，大力营造防治水土流失人人有责、自觉维护、合理利用水土资源的氛围。

（4）需要尽快建立水土保持生态补偿机制。坚持"谁占用破坏，谁恢复补偿"的原则，建立和完善水土保持补偿制度。同时，对于水土流失区的水电、采矿等工业企业，要建立和完善水土流失恢复治理责任机制，从水电、矿山等资源的开发收益中，安排一定的资金用于企业所在地的水土流失治理。

2. 大力推动小流域综合治理，突出抓好坡耕地和侵蚀沟综合整治

小流域综合治理是被实践反复证明为非常成功、有效的一条技术路线，应坚持不懈地抓紧抓好。在当前退耕还林、退牧还草工作取得阶段性成果的情况下，生态建设应尽快改变偏重单项措施的做法，加大综合治理力度。特别是应把坡耕地和侵蚀沟综合整治提上重要议事日程，优先解决群众生计问题，实现综合效益，以弥补以往建设的不足。

实施坡耕地和侵蚀沟综合整治一举多得：①可以从源头上控制水土流失，对下游起到缓洪减沙的作用；②能够改善当地的基本生产条件，解决山丘区群众基本口粮等生计问题，巩固退耕还林成果，坡耕地改造为梯田后粮食单产一般可以翻一番，黄土高原坝地的单产一般为坡地的4倍；③可以增强山丘区农业综合生产能力，促进农村产业结构调整，为发展当地特色经济奠定基础；④可以有效保护耕地资源，减轻对土地的蚕食，为守住国家18亿亩耕地的红线做出贡献，保障粮食安全。坡耕地和侵蚀沟整治是目前我国建设基本农田最具潜力的一个途径。

3. 加大封禁保护力度，充分发挥生态自然修复能力

发挥生态自然修复能力是加快水土流失防治步伐的一项有效措施。在人口密度小、降雨条件适宜、水土流失比较轻微地区，可以采取封育保护、封山禁牧、轮封轮牧等措施，推广沼气池、以电代柴、以煤代柴、以气代柴等人工辅助措施，促进大范围生态恢复和改善。在人口密度相对较大、水土流失较为严重的地区，可以把人工治理与自然修复有机结合起来，通过小范围高标准的人工治理，增加旱涝保收基本农田、人工草场，解决农牧民的吃饭、花钱问题，为大面积封育保护创造条件。

4. 坚持因地制宜，分区确定防治目标和关键措施

根据各地的自然和社会经济条件，分类指导，分别确定当地水土流失防治工作的目标和关键措施。

（1）黄土高原区，应以减少进入黄河的泥沙为重点，将多沙粗沙区治理作为重中之重。措施配置应以坡面梯田和沟道淤地坝为主，加强基本农田建设，荒山荒坡和退耕的陡坡地开展生态自然修复，或营造以适生灌木为主的水土保持林。

（2）长江上游及西南诸河区，重点是控制坡耕地水土流失，提高土地生产力。在溪河沿岸及山脚建设基本农田，在山腰建设茶叶、柑橘等经果林带，在山顶营造水源涵养林，形成综合防治体系。

（3）东北黑土区，应有效控制黑土流失或退化的趋势，使黑土层厚度不再变薄，生产力不再下降，保障国家粮食安全。治理措施应以改变耕作方式、控制沟道侵蚀为重点。

（4）西南岩溶区，重点是抢救土地资源，维护群众基本的生存条件。应紧紧抓住基本农田建设这个关键，有效保护和可持续利用水土资源，提高环境承载力。

（5）西北草原区，加强对水资源的管理，合理和有效利用水资源，控制地下水位的下降。对已经退化的草地实施轮封轮牧，有条件的建设人工草场，科学合理地确定单位面积的载畜量。对主要风沙源区实施重点治理。

5. 加强领导，强化地方政府水土流失防治目标责任

水土流失是一个综合的自然与社会经济问题，水土保持也是一项非常复杂的系统工程，应在政府层面确立水土流失防治目标，落实防治责任，研究防治的重大问题和相应的政策措施。在政府统一协调下，各部门按照职责分工，各司其职，各负其责，密切配合，综合防治当地的水土流失。

7.2.3.3 土壤健康保护

土地是人类从事一切活动的依托和家园，土地是一种广义的概念，而土壤才是构成真正的土地的实质内容，土壤中生产出的农产品是一切产业的基础。可以这样说，土壤的健康状况决定人类的命运。而土壤是地球上生物多样性最丰富的栖息地之一。植物根系、根际微生物群和土壤微生物群以多种方式相互作用，在养分利用率、防治病虫害、储存碳、改善土壤结构和蓄水能力等发挥重要的作用。土壤健康是指土壤在生态系统以及土地利用范围内作为重要生命系统发挥作用的能力，以维持植物和动物的生产力，维持或提高水和空气质量，促进植物和动物的健康。健康的土壤可以为农林作物提供持续不断的肥力及水气资源，成就它们健康成长的根部优生环境，丰富而具有活性的微生物促进完成物质循环和能量循环；土壤中有益的昆虫不仅能够疏松土壤，还可以沃化土壤，有增肥透气的作用。相反，不健康的土壤，不仅生产能力会不断下降，而且品质也会不断恶化，甚至生产出有毒有害的产品。有时土壤健康受到严重破坏的土地甚至彻底失去了生产能力，成为不毛之地，如此惨痛的教训在世界各地屡见不鲜。可见，土壤健康决定着农业生产特别是种植业的生产。

保护土壤健康的措施主要有以下几点：

（1）对于不正当开发以及自然灾害引起的土壤健康恶化，如荒漠化、冲蚀沟等问题，依靠民间的力量很难根本解决，关键是政府。

（2）科学划定重点区域，开辟土壤治理与修复"试验田"。结合污染源调查、土壤污染来源解析和污染途径分析，选择有代表性的重点防控区域，分别示范土壤环境保护、土壤环境监管和污染土壤治理与修复的先进适用技术。重点建立一批土壤污染防治示范工程，为在更大范围内开展土壤环境保护和生态恢复提供示范、积累经验。

（3）加强源头控制，改变现行谁污染谁治理的模式，建立政府主导的污染物第三方处理制度。要使土壤和水体得到持久的保护，必须从源头根治污染物的排放。建议建立政府主导的污染物第三方处理机制，即由污染企业和政府共同出资，由第三方对污染物进行专门处理，以保证工矿企业产生的污水和固体废弃物得到有效的处置，避免向环境偷排有害物现象的发生。

（4）关于化肥的大量使用，高毒、高残留农药的连续使用等方面引起的问题，政府应出台更加严格的农药市场管制措施，加大对劣质农药的打击和监管力度，把那些高毒、高残留农药尽快从生产许可的名单中消失。同时，政府应组织有关部门，加大宣传力度，引导农民更加科学、合理、环保地用药。在肥料应用方面大力提倡增施有机肥和秸秆还田等。只有通过多方不懈地努力，多种有效措施综合运用，健康的土壤上必然源源不断地为我们提供充足而优质的农产品，让我们的生活质量不断提高。

7.2.3.4　生态学对土地保护的影响

生态学研究了生态系统中的各个成员之间的关系，它有大量的分支学科，如景观生态学、土地生态学等，它研究环境因子、生态因子对环境的作用以及相互之间的关系，并提供了大量的有关环境问题和有关生态系统的模型，它为环境保护实践提供了坚实的理论基础，在农业、工业等方面都有重要的意义。

从生态学的角度来看，土地保护是指人们在开发利用土地资源时，对土地本身存在的不利因素，以及开发利用不合理和受自然灾害影响而遭受破坏的土地的防护和整理。

7.2.3.5　土地利用规划学对土地保护的影响

土地利用规划是在一定区域内，根据国家社会经济可持续发展的要求和当地自然、经济、社会条件对土地开发、利用、治理、保护在空间上、时间上所作的总体的战略性布局和统筹安排；是从全局和长远利益出发，以区域内全部土地为对象，合理调整土地利用结构和布局，以利用为中心，对土地开发、利用、整治、保护等方面做统筹安排和长远规划，目的在于加强土地利用的宏观控制和计划管理，合理利用土地资源，促进国民经济协调发展；是实行土地用途管制的依据，其通论为在一定区域内，根据国家社会经济可持续发展的要求和当地自然、经济、社会条件对土地开发、利用、治理、保护在空间上、时间上所作的总体的战略性布局和统筹安排。它是从全局和长远利益出发，以区域内全部土地为对象，合理调整土地利用结构和布局；以利用为中心，对土地开发、利用、整治、保护等方面做统筹安排和长远规划。目的在于加强土地利用的宏观控制和计划管理，合理利用土地资源，促进国民经济协调发展。

土地利用规划注重耕地数量或者质量，生态文明建设要求在规划中引入生态的概念，生态功能应成为规划中的约束条件。不管是生态服务还是生态评价，应融入规划来解决土地利用规划、宏观调控的问题。在土地利用规划中，做好小尺度规划可以大大降低环保问题，目前规划的重点应是区域和乡村。乡村规划的一个主要任务是维护生物多样性，这一方面有利于保护基本农田，更重要的是也有生态效益、生态价值问题。

土地规划是对土地利用的构想和设计，它的任务在于根据国民经济和社会发展计划和因地制宜的原则，运用组织土地利用的专业知识，合理地规划、利用全部的土地资源，以促进生产的发展。具体包括：查清土地资源、监督土地利用；确定土地利用的方向和任务；合理协调各部门用地，调整用地结构，消除不合理土地利用；落实各项土地利用任务，包括用地指标的落实，土地开发、整理、复垦指标的落实；保护土地资源，协调经济效益、社会效益和生态效益之间的关系，协调城乡用地之间的关系，协调耕地保护和促进经济发展的关系。

7.2.3.6 可持续发展思想对土地保护的影响

从生态学角度定义，"持续性"这一概念由生态学家首先提出来，指称生态持续性，并以此为立足点给出了一些持续发展的定义。美国的生态学家福尔曼认为，可持续发展是寻求一种最佳的生态系统和土地利用的空间构形，以支持生态的完整性和人类愿望的实现，使一个环境的持续性达到最大。1991 年 11 月，国际生态学联合会和国际生物学联合会联合举行关于可持续发展问题的专题研讨会，会上将持续发展定义为"保护和加强环境系统的生产和更新能力"。从生态学角度定义的另一个代表观点是从生物圈概念出发，认为可持续发展是寻求一种最佳的生态系统，以支持生态的完整性和人类愿望的实现，使人类的生存环境得以持续。

土地保护是指保护人类社会初级生产可利用的地面空间的数量（面积）和质量的措施。土地资源保护的目的是要达到对土地资源的可持续利用。土地资源持续利用是人口、环境与社会经济协调发展的前提和条件。土地持续利用包含两层含义：①土地资源的高效持续利用；②土地资源与社会其他资源相配合共同支撑经济、社会持久发展。土地可持续利用主要包括以下几个方面的内容：在资源数量配置上与资源的总量稀缺性上高度一致；在资源的质量组合上与资源禀赋相适应；在资源的时间安排上与资源的时序性完全相当；土地资源配置应当考虑区域差异，反映各地区特点，激发各地区的发展活力。总之，土地可持续利用战略，要求土地资源配置在数量上具有均衡性，在质量上具有级差性，在时间上具有长期性，在空间上具有全局性，从而实现自然持续性、经济连续性和社会持续性的统一。

7.2.4 土地资源保护的内容

7.2.4.1 土地资源数量的保护

土地资源的数量是指土地资源在水平面上的面积，包括土地资源类型的数量和各类土地资源的面积。保护措施如下：

（1）禁止非农业建设占用耕地，保障基本农田数量。

（2）禁止垦殖林地、草地，完善农业结构调整。

（3）保护湿地数量。

7.2.4.2 土地资源质量的保护

土地资源质量的保护通常是指土地资源的地力保护，维护土地的生产潜力和提高资源生产力水平。土地质量保护是针对土地退化而言的。土地资源的质量或土地资源的好坏包括："适宜程度高低""生产潜力或生产力的大小""污染状况"和"价值的多少"等 4 种类型。土地资源质量的保护通常指土地资源的地力保护，指维护土地的生产潜力和提高土地资源生产力水平，主要有防治水土流失、沙化、次生盐碱化、贫瘠化等。

土地资源质量的保护的根本措施是植树造林，对已开发利用的土地资源，要坚持因地制宜、合理耕种、保护培养、节约用地，并防治土地沙化、盐碱化；对已开垦的土地，如山地、海涂等必须进行综合调查研究，作出全面安排和统筹规划，使海涂得到合理的开发和利用。

7.2.4.3　土地资源环境的保护

土地资源环境的保护即防治土地资源污染。土地资源保护要以生态平衡为依据，维持和建立土地生态平衡，使土地生态环境保持一个良好的状态，保持土地的可持续利用，包括防治土地资源污染、维护草原植被、加强水资源的保护等。

土壤是重要的自然资源，它是农业发展的物质基础。没有土壤就没有农业，也就没有人们赖以生存的衣、食等基本原料。"民以食为天，农以土为本"道出了土壤对国民经济的重大作用。由于人口不断增加，人类对食物的需求量越来越大，土壤在人类生活中的作用也越来越大。因此，人们必须更深入地了解土壤，利用和保护土壤。但随着城乡工业不断发展壮大，"三废"污染越来越严重，并由城市不断向农村蔓延，加之化肥、农药、农膜等物质大量使用，土壤污染在所难免。减少和防治土壤污染已成为当前环境科学和土壤科学共同面临、亟待解决的重要任务。

7.3　土　地　整　治

7.3.1　土地整治内涵与类型

7.3.1.1　土地整治概念及基本内涵

土地整治是指在一定区域内，按照土地利用总体规划、城市规划、土地整治专项规划确定的目标和用途，通过采取行政、经济和法律等手段，运用工程建设措施，通过对田、水、路、林、村实行综合整治、开发，对配置不当、利用不合理，以及分散、闲置、未被充分利用的农村居民点用地实施深度开发，提高土地集约利用率和产出率，改善生产、生活条件和生态环境的过程，其实质是合理组织土地利用。

2003 年 3 月，国土资源部颁发的《全国土地开发整理规划（2001—2010 年）》，包含了土地整理、土地复垦和土地开发 3 项内容。给出了相关的定义：土地整理是指采用工程、生物等措施，对田、水、路、林、村进行综合整治，增加有效耕地面积，提高土地质量和利用效率，改善生产、生活条件和生态环境的活动；土地复垦是指采用工程、生物等措施，对在生产建设过程中因挖损、塌陷、压占造成破坏、废弃的土地和自然灾害造成破坏、废弃的土地进行整治，恢复利用的活动；土地开发是指在保护和改善生态环境、防止水土流失和土地荒漠化的前提下，采用工程、生物等措施，将未利用土地资源开发利用的活动。

2012 年 3 月，《全国土地整治规划（2011—2015 年）》经国务院批准正式颁布实施，明确了"十二五"期间土地整治的 5 项主要任务：①统筹推进土地整治；②大力推进农用地整治；③规范推进农村建设用地整治；④有序开展城镇工矿建设用地整治；⑤加快土地复垦。

2017 年 1 月，《全国土地整治规划（2016—2020 年）》根据《国民经济和社会发展第十三个五年规划纲要》《全国主体功能区规划（2011—2020 年）》《全国土地利用总体规划纲要（2006—2020 年）》《国家新型城镇化规划（2014—2020 年）》《全国高标准农田建设总体规划（2011—2020 年）》和《国土资源"十三五"规划纲要》等，提出规划期土地整治的主要目标：

（1）高标准农田建设加快推进。落实藏粮于地战略，积极推进高标准农田建设，确保"高标准建设、高标准管护、高标准利用"。在"十二五"期间建成 4 亿亩高标准农田的基础上，"十三五"时期全国共同确保建成 4 亿亩、力争建成 6 亿亩高标准农田，其中通过土地整治建成 2.3 亿～3.1 亿亩，经整治的基本农田质量平均提高 1 个等级，国家粮食安全基础更加巩固。

（2）耕地数量质量保护全面提升。落实最严格的耕地保护制度，努力补充优质耕地，加强耕地质量建设。通过土地整治补充耕地 2000 万亩，其中农用地整理补充耕地 900 万亩，损毁土地复垦补充耕地 360 万亩，宜耕未利用地开发补充耕地 510 万亩，农村建设用地整理补充耕地 230 万亩；通过农用地整理改造中低等耕地 2 亿亩左右，开展农田基础设施建设，建成排灌渠道 900 万 km，建成田间道路 600 万 km，耕地保护基础更加牢固。

（3）城乡建设用地整理取得积极成效。落实最严格的节约用地制度，稳妥规范推进城乡建设用地整理。有序开展城乡建设用地增减挂钩，整理农村建设用地 600 万亩，城乡土地利用格局不断优化，土地利用效率明显提高；稳步推进城镇建设用地整理，改造开发 600 万亩城镇低效用地，促进单位国内生产总值的建设用地使用面积降低 20%，节约集约用地水平进一步提高。

（4）土地复垦和土地生态整治力度加大。落实生态文明建设要求，切实加强土地修复和土地生态建设。按照宜耕则耕、宜林则林、宜草则草的原则，生产建设活动新损毁土地全面复垦，自然灾害损毁土地及时复垦，大力推进历史遗留损毁土地复垦，复垦率达到45%以上，努力做到"快还旧账、不欠新账"；积极开展土地生态整治，加强农田生态建设，土地资源得到合理利用，生态环境得到明显改善。

（5）土地整治制度和能力建设进一步加强。落实全面依法治国战略，大力加强土地整治法律制度和基础能力建设。推动制定土地整治条例，完善土地整治规章制度，土地整治制度机制更加健全；加强技术规范标准和人才队伍建设，技术标准体系和人才队伍结构更加完善合理，基础能力明显增强，支撑作用更加有力。

7.3.1.2　土地整治主要类型

广义的土地整治包括土地整理、土地复垦和土地开发。

土地整理指将零碎高低不平和不规整的土地或被破坏的土地加以整理，使人类在土地利用中不断建设土地和重新配置土地的过程，是土地管理的重要内容，也是实施土地利用规划的重要手段。土地整理主要内容包括：①农村建设用地的整理，包括村庄改造、乡村工矿企业破坏土地和废弃农业建设用地的整治垦复、平坟复田等；②城镇建设用地的整理，包括旧城改造、城镇产业用地置换以及闲置、低效用地的开发与再开发；③大型建设项目用地整理，包括工矿、交通、水利等建设直接破坏土地的复垦、线状工程两侧畸零土地的调整利用以及水库下游河道土地的整治开发等；④农田的整理，包括地块合并、农田平整、明渠改暗渠、坡地改梯田以及水冲砂压农田的复垦等。

土地复垦是指对生产建设活动和自然灾害损毁的土地，采取整治措施，使其达到可供利用状态的活动。具体地说，土地复垦是指对被破坏或退化的土地通过工程、技术等措施恢复其可利用状态。

根据土地损毁的情况不同，土地复垦主要有 4 个类型：

（1）露天采矿、烧制砖瓦、挖沙取土等地表挖掘所损毁的土地。

（2）地下采矿等造成地表塌陷的土地。

（3）堆放采矿剥离物、废石、矿渣、粉煤灰等固体废弃物压占的土地。

（4）能源、交通、水利等基础设施建设和其他生产建设活动临时占用所损毁的土地。

土地开发从广义上来讲指因人类生产建设和生活不断发展的需要，采用一定的现代科学技术的经济手段，扩大对土地的有效利用范围或提高对土地的利用深度所进行的活动，包括对尚未利用的土地进行开垦和利用，以扩大土地利用范围，也包括对已利用的土地进行整治，以提高土地利用率和集约经营程度。从狭义的角度理解，土地开发主要是对未利用土地的开发利用，要实现耕地总量动态平衡，未利用土地开发是补充耕地的一种有效途径。

7.3.2　土地整治功能与意义

土地整治项目的实施，对于水土保持也有一些作用和意义不容忽视，主要体现在土地整治过程中所实施的农业水土工程和防护林工程对水土保持具有非常重要的意义。

1. 农业水土工程对水土保持的意义

通过土地整治中各项农业水土工程的实施，可以实现节约水资源、降低水能损耗的目标，有利于区域水资源的保持与分配。

（1）山沟治理工程能有效减少水土泥沙含量，对山洪和泥石流等灾害的发生具有防御作用。沟头防护工程、谷坊工程以及各种淤地坝、拦沙坝等，既减少了径流的泥沙含量，可以有效减少洪水灾害，又可以对基本农田进行保护。

（2）山坡治理工程的设施，能改变局部地形，进而提高土壤的蓄水、含水量。排水设施和支撑性建筑的修建，可以解决水流速度过快、水流过量而引发泥石流、水土流失等灾害，有利于水流下渗以增加土壤的蓄水量，提高土壤的湿度。

（3）小型水利工程中的引洪灌地、小型蓄水塘坝、引水上山设施、小型水库等，能起到拦截坡地径流等水土保护作用，提高土壤的含水蓄水量。

（4）农业种植结构和灌溉方式的改变，有助于提高土壤保持水分的能力，发挥水土保持的最大效能。例如高横条间栽技术、植物种植种类的特定选择等，可以提高植物的抗风能力和保持水土能力；灌溉方式改为滴灌式，不仅能扩大灌溉面积，便于农作管理，而且也能起到节约水资源和水能的作用。

2. 农田防护林工程对水土保持的意义

增加植被是土地整治项目的重要内容，通过防护林的种植，一方面对农田的防风沙、保护沟堤能起到良好的作用；另一方面，防护林的增加，对于区域水土保持意义重大。

（1）土地整治项目中广泛营造和保护人工植被，利用植被对土壤水分的蓄纳作用，可以减少水土流失、留住更多雨水，增加土壤中的含水量。

（2）土地整治中的土地平整等工程，通过在鱼鳞坑、水平梯田植树造林，能有效发挥水土保持的作用。

（3）在山坡地表种植树木草皮，在陡坡山顶密植树木，能对地表起到较好的加固作用，降低山洪和滑坡等危害，减少降水径流的快速流失。

总之，土地整治项目实施后，不仅能优化项目当地的土地利用结构，提高土地利用率，改善农村生产生活条件，而且能改善生态环境，通过基础设施建设的完善，能有效防治水土流失，在大的格局上降低了水土流失的风险。

7.3.2.1　土地整治功能

（1）激活乡村发展要素。土地综合整治有效改善土地利用条件，优化土地利用格局，增强土地发展潜能，实现土地资源的优化配置与价值提升。土地整治以土地要素为核心带动，通过产业发展、城乡要素流动、人口迁移等渠道，激活其他乡村发展要素，助推农业农村现代化发展。

（2）重塑乡村产业形态。当前农村土地整治向"山水林田湖草"综合治理的转型，有利于改善农村生产条件，破解土地细碎化问题，加快农业机械化发展与新型经营主体的培育。并且多类型的土地整治活动具有综合性特征，通过杠杆效应带动相关产业发展与就业提升。

（3）联结城乡地域系统。土地整治以土地要素为纽带，加快城乡要素流动，实现城乡功能互补，联通城乡地域系统。其中土地要素的城乡空间置换为直接渠道，农民与农产品进城、资本与技术下乡、生态补偿等为间接渠道。

7.3.2.2　土地整治意义

1. 土地整治是强化国土资源管理有效性的必要手段

（1）在国土资源管理中，土地整治是基础管理手段。在国土资源管理中，土地整治作为一种基础的管理手段，对国土资源管理工作的开展有重要的影响。土地整治是一种有效的治理手段，能够对土地违规使用和土地未按规划使用等问题进行有效的治理。通过土地整治工作的开展，能够进一步规范国土资源管理工作，使国土资源管理能够获得有效的手段支持和管理方法支持。所以，土地整治是国土资源管理中的基础管理手段，对国土资源管理工作而言具有重要的现实意义，是做好土资源管理工作的基础。

（2）土地整治是强化国土资源管理效果的重要方法。随着我国土地集约化管理工作的深入推进，如何提高国土资源管理效果成了重要目标。为了有效地规范土地使用行为，使土地能够按照规划使用，提高土地的利用效果。有效地开展土地整治，能够对土地不规范利用的现象进行有效的整顿和治理，并且改变错误的土地使用行为，使土地利用能够符合规划规定和土地用途，减少土地的浪费。所以，土地整治是强化国土资源管理效果的重要方法，对国土资源管理工作的开展有着重要的意义。

（3）土地整治是解决国土资源管理问题的重要措施。目前国土资源管理中所暴露出来的问题，除了土地未按照规划正确使用之外，土地资源浪费和土地侵占的现象都比较突出，这些问题的出现不但反映出国土资源管理相对薄弱的问题，同时还反映出了国土资源管理工作在推进过程当中没有有效的治理手段。土地整治工作的开展，恰好弥补了这一不足，使国土资源管理工作中存在的问题能够得到有效的治理，保证国土资源管理能够得到全面推进，切实解决国土资源管理问题。

2. 土地整治是国土资源管理政策落实的重要措施

（1）土地整治关系到国土资源管理政策是否能够落实。基于国土资源的重要性以及土地资源的稀缺性，在国土资源管理工作中，各项政策的落实尤为重要，而有些地方和个人忽视了国土政策的相关规定，在土地资源利用过程当中存在未按规划使用土地的现象，影响了国土资源管理政策的落实。为了有效解决这一问题，土地整治手段成了一种有效的管理措施，通过土地整治工作的开展，为国土资源管理工作奠定有效的基础，保证了国土资源管理政策能够得到全面有效的落实。

（2）土地整治是纠正土地用途和实现土地综合治理的重要措施。对于土地用途不规范和土地需要综合治理的问题，土地整治是一种有效的措施，既能够实现对土地用途的纠正，同时也能够保证土地利用取得积极效果。基于土地整治工作的特点，以及土地整治对于国土资源管理的现实意义，土地整治是纠正土地用途和实现土地综合治理的重要措施，通过土地整治工作的开展，能够对土地不规范使用问题和需要综合治理的土地问题进行有效的处理，最终达到提高国土资源管理效果的目的。

（3）土地整治对国土资源管理政策的落实产生了重要影响。通过土地整治工作的开展，国土资源管理的相关政策得到了贯彻和落实，并在实际的执行过程当中得到了有效的监督，最大限度地实现了国土资源管理政策的有效执行，使国土资源管理政策基本达到了预期目标，避免国土资源管理政策在落实和执行过程当中出现偏差。因此，土地整治对国土资源管理政策的落实产生了重要的影响，推动了国土资源管理政策的执行，使国土资源管理政策能够成为治理土地问题和优化土地使用的科学政策。

3. 土地整治对国土资源管理的实效性有直接影响

（1）土地整治工作的开展标志着国土资源管理进入了新阶段。对于国土资源管理工作而言，土地整治工作的开展标志着国土资源管理进入了新阶段，通过土地整治工作的推进，国土资源各项管理政策得到了贯彻和落实，并取得了积极的效果，土地整治工作的开展也为国土资源管理营造了良好的管理氛围和管理局面，使国土资源管理工作在开展过程当中能够得到更多的机构和群众的认可，使国土资源管理工作得到实质性的开展，同时也取得了积极效果。

（2）土地整治工作效果是衡量国土资源管理有效性的重要标尺。从目前国土资源管理工作的实施来看，土地整治工作的开展以及土地整治工作效果是衡量国土资源管理有效性的重要标志，对于国土资源管理工作的推进有着重要的影响，做好土地整治工作不但能够衡量国土资源管理是否达到相关标准，同时还能够保证土地整治工作在推进过程当中获得相关政策的支持，形成对国土资源管理工作的有效支撑，本次土地整治工作效果已经成了衡量国土资源管理有效性的重要标志，对国土资源管理工作的开展有着重要的影响。

（3）土地整治工作的开展是夯实国土资源管理工作基础的重要措施。基于对土地整治工作的认识以及土地整治工作在现阶段开展过程当中所取得的积极效果，土地整治工作可以认为是夯实国土资源管理工作基础的重要措施。目前国土资源管理工作在开展过程当中，需要有效的监督管理手段予以支持，而土地整治工作作为一种有效的整顿和治理措施，对国土资源管理政策的落实以及国土资源管理工作的推进都有着重要的影响。因此，我们应当将土地整治工作作为国土资源管理工作的重要基础来看待，保证国土资源管理工作能够有效地进行。

7.4 土 地 开 发

7.4.1 土地开发的概念

土地开发，即对土地进行开发、利用，一方面要增加土地面积，另一方面要保证经济建设用地所需。土地进行开发的目的是：提高土地的利用率，增加土地面积的同时，能最大化地发挥土地的效用，最大程度上利用其深度与空间。从广义的角度看，土地开发是指运用当前先进的科学技术对土地进行改良，提高土地面积，以在有限的空间内发挥土地最大利用空间与深度，以实现生态环境的可持续发展与国家经济建设的稳定增长，其不仅包括对未利用土地的规划改造，也包括对已利用土地的整治，以发挥土地集约效应。从狭义的角度看，土地开发着重点是对未利用土地的开发与利用，未利用土地的开发在土地整理工程中占据重要地位，因为其是补充耕地面积的重要手段，对保持耕地面积和总量平衡发挥着不可替代的作用。土地开发的类型见表 7.1。

表 7.1 土 地 开 发 的 类 型

按开发级别来划分	土地一级开发
	土地二级开发
按开发后土地用途来划分	农用地开发
	建设用地开发
按开发前土地类型来划分	宜农荒地的开发
	闲散地的开发
	农业低利用率土地开发
	沿海滩涂开发
	城市新区的开发
	城市土地的再开发

7.4.1.1 按开发级别来划分

按开发级别来划分，土地开发可分为土地一级开发和土地二级开发：

（1）土地一级开发是指政府实施或者授权其他单位实施，按照土地利用总体规划、城市总体规划及控制性详细规划和年度土地一级开发计划，对确定的存量国有土地、拟征用和农转用土地，统一组织进行征地、农转用、拆迁和市政道路等基础设施建设的行为，包含土地整理、复垦和成片开发。

（2）土地二级开发是指土地使用者从土地市场取得土地使用权后，直接对土地进行开发建设的行为。

7.4.1.2 按开发后土地用途来划分

土地开发可分为农用地开发和建设用地开发2种形式。其中，农用地开发包括耕地、林地、草地、养殖水面等的开发；建设用地开发包括各类建筑物、构筑物用地的开发。

7.4.1.3 按开发前土地类型来划分

土地开发可分为宜农荒地的开发、闲散地开发、农业低利用率土地开发、沿海滩涂开发、城市新区的开发、城市土地的再开发。

1. 宜农荒地的开发

宜农荒地是我国有限的具有可开发价值的资源性土地资产。开发必须遵循因地制宜和持续发展的原则。我国宜农荒地资源的地区分布与宜农荒地开发方向详见表7.2、表7.3。

表7.2 我国宜农荒地资源的地区分布

数量与等级地区分布	合 计		一等地 /万 hm²	二等地 /万 hm²	三等地 /万 hm²
	面积 /万 hm²	占全国比例 /%			
全国	3536.87	100	314.94	796.13	2425.8
东北湿润半湿润区	817	23.1	212.13	311.27	293.6
内蒙古半干旱草原区	839.2	23.8	72.2	254.73	512.27
西北干旱区	1188.6	33.6	16.27	102.2	1070.13
青藏高原区	128.2	3.6	14.07	29.53	84.6
黄土高原区	96	2.7	—	6.8	89.2
黄淮海平原区	70.87	2	—	—	70.87
南方山丘区	397	11.2	0.27	91.6	305.13

表7.3 宜农荒地开发方向

分区名称	分布范围	宜农荒地面积	开发方向及主要开发措施
东北湿润半湿润区	黑龙江、吉林、辽宁三省及内蒙古呼伦贝尔盟东部、兴安盟等地	817 万 hm²，其中一、二等地约 523.3 万 hm²，占 64%	以发展粮食，大豆和甜菜为主，建设具有全国意义的商品粮、大豆和甜菜生产基地。主要措施是排水、防洪、保持水土和防止风沙危害
内蒙古半干旱草原区	除呼伦贝尔盟东部、兴安盟和阿拉善盟以外的内蒙古其他地区	839.2 万 hm²，其中三等地约占 61%	现为牧区，今后仍以牧为主，土地开垦应为当地牧业服务，建设区内饲料基地，局部可发展自给性粮食生产。主要措施是发展灌溉、防风沙和改良盐碱地
西北干旱盐碱土区	新疆、甘肃河西走廊及宁夏北部	1188.6 万 hm²，其中 90% 以上为盐碱地及荒漠土	建立商品棉花、粮食和甜菜基地为主，开发规模取决于灌溉水源。主要措施是发展灌溉、改良盐碱和防止风沙危害

分区名称	分布范围	宜农荒地面积	开发方向及主要开发措施
青藏高原区	青海、西藏、四川西部甘孜、阿坝、凉山和云南丽江、迪庆、怒江等地	128.2 万 hm²	以建立自给性饲草饲料基地为主，并发展油料、甜菜及亚麻等产品生产。主要措施是发展灌溉，防治风沙，选择早熟品种，柴达木盆地需进行盐碱土改良
黄土高原区	陕西、山西及甘肃东部、宁夏东部	96 万 hm²	荒地开发应与黄土高原的综合治理相结合，宜开垦为人工草地或实行草地轮作，以促进畜牧业发展。主要措施是垦后及时播种牧草，防止开垦过程中加剧水土流失
黄淮海平原区	河北、河南、山东、安徽、江苏等地大部分或部分地区	70.87 万 hm²，全部为三等地	荒地开发必须与整个地区的旱涝盐碱综合治理相结合，因地制宜发展粮、棉、油与饲料生产。主要措施是排水、改良盐碱和防止风沙
南方山丘区	云南、贵州、四川、湖南、湖北、广西、广东、江西、福建、江苏、浙江、安徽等地	397 万 m²，以云南、江西、广东、广西为最多	以发展木本粮油作物和经济林果为主，海南岛和西双版纳地区宜发展粮食生产。主要措施是改良红黄壤和防止水土流失
沿海滩涂区	沿海辽宁、河北、天津、山东、江苏、上海、浙江、福建、广东、广西、台湾等地	158.13 万 hm²，以北部黄海、渤海沿海为最多，约有 66.7 万 hm²	沿海人多地少，围垦海涂可就地扩大耕地面积，发展粮食生产。主要措施是对海涂开发进行统一规划，正确处理围垦与水产养殖、盐场及港口航运等关系，并加强水利建设与改良土壤

2. 闲散地开发

闲散土地主要是指面积零碎、分布散乱的尚未利用的废塘库、滩洼地、工矿废弃地、四旁闲地、水冲沙压或自然滑坡等自然灾害破坏的土地。开发闲散土地资源，要因地制宜"三类产业"综合开发利用。在闲散土地上，不仅可以经营农、林、牧、副、渔，而且还可经营工、商、建、运、服。实行多门类生产，多目标经营，多渠道流通可以灵活有效地把当地的资源优势和传统产品优势逐步转变为商品经济优势。

3. 农业低利用率土地开发

土地农业利用率指直接用于农业生产的土地，包括耕地、园地、林地、牧草地及其他农用地面积的合计数占土地总面积的比例。对于土地农业利用率低下的土地开发必须要高度重视该地农业生产中面临的实际问题，必须要加大农业投入，确保科技兴农。转变老旧的农业生产方式，走现代农业发展道路。同时还要加大对该地区农民的培养力度。培养高素质农民，为农业高产出培养优秀劳动力。还要树立长期发展理念，在提高该地农业土地利用效率的同时，注重土地的保护，确保农业的可持续发展。

4. 沿海滩涂开发

沿海滩涂，即海滩，指潮汐大潮高潮位与低潮位之间的潮浸地带。滩涂的范围包括潮上带、潮间带和潮下带 3 个部分。平均大潮高潮线以上的沿岸陆地部分，通常称潮上带，也称海岸线，是各地沿海开发最早、利用程度最高、利用类型最多、区域特点最明显的地带。

5. 城市新区的开发

城市新区是为了解决城市化的发展给城市带来的一系列经济、社会和环境问题而在城市外围开发建设的新地区。城市新区的开发应当满足：具有充足的水资源与能源、便利的交通、利于防灾等建设条件，并应避开地下矿藏、地下文物古迹。城市新区的选择不仅要满足城市新区建设对大规模、低成本土地开发的需要，而且也要临近老城区，通过合理布局，使新城区与老城区合为一体，相互促进，共同发展。

6. 城市土地的再开发

城市土地的再开发指因历史、自然或人为等原因，造成城市某一片区的土地低效利用、空间格局不合理、基础设施落后、人居环境不适宜等问题，难以满足城市可持续发展，从而对该片区的建筑物构筑物进行拆除，对土地进行开发整理，使该区域内的土地达到供应和建设条件，再按规划进行开发、建设，包括市政配套、政府保障性住房等非营利性工程的建设，也包括工业、商服业、商品住宅等的建设与运营。城市土地的再开发应以获得经济、社会、环境综合效益最高为目标。

7.4.2　土地开发的影响

土地是一个自然经济综合体，土地开发会带来这一综合体的变化，也会带来正负两个方面的影响。如植树造林、地力培肥等，会给生态环境带来良性影响；而毁林开荒、粗放野蛮耕作则会给生态环境带来负面效应。这些影响分为可见的和不可见的，如旧城区改造、开垦荒地等，给环境带来的变化是明显的；而培肥地力，给生态环境带来的影响就是渐进的、不明显的。

7.4.2.1　土地开发对生态环境和社会经济正面影响

1. 农用土地开发对生态环境和社会经济正面影响

（1）林地和园地开发。林地和园地开发主要是对宜农荒地的开发，宜农荒地主要是指可以开垦的天然草地、疏林地、灌木林地以及其他未被利用的土地。将低稳定性的土地开发成高稳定性的林地和园地，可以大大提高土地生态系统的生产力，并能极大地丰富生态系统的生物多样性，同时可以起到保持水土、涵养水源、净化空气、调节气候的作用。而林木产品也可以带来巨大的经济效应。

（2）耕地开发。耕地开发除了对宜农荒地的开发以外还应包括农业低效用地的开发。通过加大投入及采取一定的工程技术措施，将宜农荒地和农业低效利用率的土地改造成可利用土地或更高利用率土地，不但能够促进生态系统的稳定性，也增加了粮食生产。

（3）草地开发。这种开发方式主要在我国的西北干旱区比较适用。草地是一种低稳定性的生态系统，这是由西部地区特别是西北干旱区特殊的气候条件决定的。在地表植被稀少的地方种草，建立草原生态系统，对保持水土、涵养水源、净化空气、调节气候以及提高系统生物多样性有重要作用。在西北干旱区这样独特的气候条件下进行草地的开发，是西部大开发战略的一个重要内容，不仅可以重振畜牧业，而且会给当地的乃至全国的经济带来很多正面的效应。

2. 城市土地开发对生态环境和社会经济正面影响

（1）城市新区开发。从土地利用的角度，这种开发是将城市规划区内的农业用地或未利用地改造成可供人类生产生活各类建设用地的过程，包括居住用地、工业用地和商业用地等。从经济社会效益看，城市发展推动着经济、文化、教育和科技的发展，改变着人们的生活质量和思想观念。同时，一座生态宜居的城市，还是自然生态系统能量循环和物质流动的最好结合。

（2）城市存量土地的再开发。目前，城市土地再开发的主要形式是旧城改造。通过对城市存量土地进行再开发，可以改善城市生态环境，提高土地利用效率；同时对基础设施进行升级改造，可以提升城市的综合竞争力，促进城市经济协调全面可持续发展。

7.4.2.2　土地开发对生态环境和社会经济负面影响

1. 农用土地开发对生态环境和社会经济负面影响

（1）耕地的不合理开发，如毁林开荒、陡坡开垦以及不合理的围湖围海造田等，对生态环境和社会经济都会造成极大的破坏。大面积的陡坡开垦，很可能发生严重的水土流失；大量的泥土搬移也会导致大规模的自然灾害。耕地实质上属于一种低稳定性的生态系统，大面积的毁林开荒必然会对生态系统产生负面影响；不合理的围湖围海造田不仅对生态环境产生破坏作用，还会在一定程度上影响区域的防洪蓄洪能力，危害人民生命财产安全。

（2）草地的不合理开发。草地按照现行的土地利用现状划分可分为天然牧草地、人工牧草地和其他草地。中国的草地面积达到 4 亿 hm^2，占国土面积的 23.5%。草地一般分布在气候干燥、干旱少雨的地区，这决定了其生态系统极其不稳定，很容易受到外界因素的影响，特别是人类不合理的开发利用。如将高稳定性的森林生态系统开发成低稳定性的草原生态系统，会降低其生物多样性和植物生产能力，从而造成生态系统功能紊乱。

2. 城市土地开发对生态环境和社会经济负面影响

（1）局部的小气候发生变化。众所周知，城市化达到一定程度之后，高度的人工化会引起不同程度的集聚，不经济，造成城市环境恶化。如大量的水泥沥青硬化地面、钢筋混凝土建筑物，会导致地面吸收太阳辐射的能力增强。另外，机动车和工业企业大量的碳排放，造成城市"热岛效应"。热岛效应会捕集污染物，造成大气污染，干扰生态系统的稳定性与社会的发展。

（2）噪声污染。噪声污染与城市过度开发有关。环境噪声对人类的生理健康危害巨大，长期暴露在噪声下，人类的听力系统会受到严重的影响，进而导致人类器官的生理功能紊乱甚至危及生命安全。对于噪声，最常见的治理措施就是建立绿化带，与生态系统融为一体。所以，既要避免土地生态系统从高稳定性的土地生态系统向低稳定性的生态系统转化，也要减少农林牧土地生态系统转化成城市社会经济系统频率和规模。另外，城市土地开发应尽量少占用郊区农用地和绿化林地，充分利用城市旧城区的存量土地，提高城市土地利用集约度，避免盲目扩张。

7.4.3　土地开发的规划

土地开发规划是指对工程、生物和技术等措施的规划，使各种未利用土地资源，如荒山、荒地、荒滩、荒水等，投入经营与利用；或使土地利用由一种利用状态改变为另一种状态的活动，如将低效利用的建设用地或农地开发为高效的城市建设用地。

7.4.3.1　土地开发规划的依据

（1）有关土地开发利用的法律、法规，如：由第十三届全国人民代表大会常务委员会第十二次会议于 2019 年 8 月 26 日修订通过，自 2020 年 1 月 1 日起施行的《中华人民共和国土地管理法》；由第十二届全国人民代表大会常务委员会第八次会议于 2014 年 4 月 24 日修订通过，自 2015 年 1 月 1 日起施行的《中华人民共和国环境保护法》等。

（2）各级人民政府制定的有关土地开发利用的政策、措施。

（3）当地国民经济和社会发展规（计）划。

（4）土地利用总体规划以及农业区域开发规划等。

（5）待开发土地资源调查资料以及为土地开发而设置的专项研究成果等。

（6）国民经济统计资料等。

7.4.3.2　土地开发规划的原则

（1）符合土地利用总体规划原则。土地开发规划，首先应符合土地利用总体规划。土地利用总体规划是对一定区域土地利用全局性的战略安排。土地开发作为土地利用的重要内容，必须在土地利用总体规划的控制下进行。土地开发规划既要参与土地利用总体规划中的用地平衡调整；还要与其相衔接，并对土地利用总体规划中所提出的开发指标加以落实。

（2）生态优化原则。土地开发实质上是将自然生态系统转化为人工生态系统的过程，是打破土地固有状态的行为，对于生态环境必然产生很大的影响。土地开发规划必须以建立良好生态环境为基础，既要保护好原有的良好生态环境，又要进一步改善生态环境条件。严禁在生态脆弱的地区进行盲目开垦。

（3）最佳利用原则。在开发能力许可的条件下，以最小的投入获得最大的产出，同时，尽可能挖掘潜力和发挥利用优势。

（4）可行性原则。开发规划必须在开发目标、开发规模、开发利用方向等方面进行可行性论证，保证规划在经济、技术和生态方面可行。

7.4.3.3　土地开发规划的基本内容和方法

土地开发规划可分为农用地开发规划和城镇土地开发规划，两者内容各有侧重。

1. 农用地开发规划

农用地开发是以农林牧渔为中心的土地开发，大型的农用地开发还包括水利、道路设施和保护水土的生物工程设施的配置，综合性垦区要设置居民点。农用地开发规划比较复杂，待开发土地的利用规划要统筹协调和总体部署。对于开发规模、时间和地点的确定，既要考虑社会经济技术条件的制约，还要适合土地资源特点。一般情况下，农用地开发规划应包括以下内容：

（1）待开发土地资源调查评价。在勘测调查待开发土地的类型、数量、质量和分布等基础上，对土地及其形成要素进行评价，分析土地开发的有利条件和限制因素，确定土地的适宜性和生产力。土地开发的可行性论证在调查评价基础上，从社会、经济、技术和生态等方面评价土地开发的可行性。主要包括：社会经济条件的分析；开发工程技术的选择；开发后社会和生态环境效应；开发期限与投资核算；开发后社会经济效益的测算等。

（2）编制土地开发规划方案。编制土地开发规划方案包括确定土地开发目标和方向，编制待开发土地利用结构和布局的调整方案，划分土地开发区。根据调查和可行性研究的结果，对待开发土地今后的利用方式、工程措施和环境保护等进行统筹安排。生态环境的保护是土地开发的中心环节，编制规划时，要分析预测土地开发可能引起的生态破坏和土地污染，采取措施，积极预防。

（3）土地开发规划方案的实施措施与计划。主要确定土地开发的时间、地点、资金、方式和方法，安排好土地开发的重点项目。土地开发的资金来源一般为国家设立投资组织、国家财政计划、地方集资以及外资的引进。开发模式包括国家大规模开发、集体组织开发、农户承包开发、土地开发公司集中开发等，要根据实际情况，选择适宜的土地开发模式。

2．城镇土地开发规划

城镇土地开发有多种形式，根据城镇土地开发所在区位的不同，可分为旧区开发和新区开发。旧区开发是在原有城镇建成区范围内进行的，必须符合城镇建设总体规划。而新区开发是在原有城镇建成区范围以外进行的，开发前需要编制规划。要处理好新区与建成区的有机结合。一般来说，城镇土地开发规划主要包括以下内容：

（1）土地勘测调查和社会经济情况的调查。

（2）土地开发方案的可行性论证。

（3）开发区的总体布局与功能分区。

（4）水、电、道路等基础设施的规划布局。

（5）小区规划设计。

（6）土地开发实施计划，包括开发时间、规模和地段开发顺序等。

7.5 土 地 整 理

7.5.1 土地整理的概念与发展

7.5.1.1 概念和内涵

土地整理是多学科的，在社会制度不同、发达或发展中国家，由于政治、经济、文化和地理的多样性，使得土地整理的概念有所不同。在德国，土地整理指对土地进行重新规划和调整，在16世纪30—40年代其目的主要为了地产增值，而70年代则为景观生态保护。在苏联，指为了实施有关土地法令和政府组织土地利用及保护土地的决议，创造良好的生态环境和改善自然景观的一系列措施体系，其土地整理历来把调整土地关系和界定土地占有与使用作为主要目的。土地整理在韩国称为土地调整，是指根据利用基础设施建设能带来相邻地段地价增值的原理，对土地利用方式与土地收益进行调整的一种措施。

我国台湾地区的土地重划（整理）包括农地重划和市地重划，指改进土地利用环境与增大土地利用效能的一项综合措施。原国土资源部在借鉴海内外土地整理概念的基础上，将土地整理定义为在一定区域内，按照土地利用规划或城市规划所确定的目标和用途，采取行政、经济、法律和工程技术手段，对土地利用状况进行综合整治、调整改造，以提高土地利用率，改善生产、生活条件和生态环境的过程。

我国的土地整理的概念分为狭义和广义两种。狭义的土地整理主要指农地整理，广义的土地整理包括土地的复垦和开发，其主要目的是增加耕地，保持耕地总量动态平衡。目前，原国土资源部的土地整理内容将逐渐涵盖传统的农地整理以及土地的复垦和开发，但重点仍是农地整理。随着土地整理在我国的不断开展，在学术界给土地整理下一定义显得尤为重要。有学者认为土地整理是对土地资源及其利用方式的再组织和再优化过程，是一项复杂的系统工程，土地整理不仅要遵循自然生态原理，因地制宜；还要遵循社会经济法则，适应社会经济的发展。

概括海内外土地整理的不同，其内涵可以包括以下几点：

（1）土地整理涉及自然、社会、经济、工程等各个方面，横跨众多学科领域，是一项技术性和实践性极强的系统工程。

（2）土地整理的内容和目标随着社会经济的发展而发展表现为一个持续的动态发展过程。

（3）土地整理不仅包括土地利用的空间配置和土地利用内部要素的重新组合，还包括土地权属和土地收益的调整。

（4）土地整理不仅协调自然过程，还协调社会经济和文化过程，追求生态效益、经济效益和社会效益的统一。

7.5.1.2　发展概述

20世纪70—80年代以来，由于人口增加、全球变化、城市化和工业化进程加快等原因，而引起的土地利用、耕地减少和人地矛盾等问题将更加突出。可以预见，实施可持续发展战略面临的人口、资源、环境三大问题，土地始终是一种稀缺的资源。而土地整理作为协调人地关系，实现土地资源优化配置的重要手段，在有效缓解人地矛盾、解决土地利用问题方面将发挥越来越大的作用，展现了土地整理的巨大发展潜力。

"土地整理"一词在国外最早问世于德国，随后法国、俄国、加拿大等国也沿用这个名词。土地整理的概念首次出现在1886年巴伐利亚王国的法律中，根据这项法律设立了土地整理专门机构。随后，联邦德国在1953年制订颁布了第一部《土地整理法》。法国于1919年颁布了《土地调整法》。俄国的土地整理于17世纪开始并在1779年建立了土地管理学校，有关的土地整理研究一直延续至今。荷兰于1985年颁布了《土地发展法》，以法律的形式规定了土地开发整理的程序、运作方式等。

中国最早的土地整理是公元前1066年西周时期的井田制度。虽然中国土地整理历史久远，但以前都是对于农业用地的简单整理，土地整理的系统研究滞后于海外。中国在新中国成立之后实施计划经济，土地归集体所有，实行公社制度，土地整理通过"一平二调"实现；20世纪60年代由于受到"文化大革命"的影响，中国土地整理整体处于停滞状态；70年代加强了对农业的关注，这个时期土地整理研究的主要内容是整理沟渠、修道路、平整土地，以达到改善农田基础设施条件的目的。与此同时中国台湾地区在1979年颁布了《市地重划实施方法》，标志着该地区土地整理的运作步入规范化阶段。20世纪80年代，中国开始施行家庭联产承包责任制，土地整理在用地结构和土地利用方式上都有了重大改变；20世纪90年代，中国经济快速发展，城镇用地需求日益增加，导致耕地面积迅速减少，为了大力挖掘土地利用潜力，中国开始采取编制土地利用总体规划的方式，同时通过土地整理来改善生产条件和环境。21世纪，由于研究的不断深入以及政策的不断出台，城乡建设用地增减挂钩作为土地整理的一种形式逐渐被大众所熟知。针对中国农村居民点的整理模式主要包括4种，分别是"迁村上山"、农民公寓、迁村并点和"空心村"改造模式。迁村并点指的是把缺乏规划、零散分布的一些村庄进行整体的迁移，将其迁移到中心乡镇。"空心村"改造主要针对的是"一户多宅"这种现象。农民公寓是指通过"三统一"的原则打造的，分别是指统一标准、统一设计、统一规划的原则，建造农村多层住宅楼，将农民转变为市民，将农村转变为社区，使居住方式由宅院式向多层公寓式楼房发展。"迁村上山"是指将山地丘陵区中人均居住面积超标、占用好地的村庄进行整体搬迁，将土质条件良好、地势平坦的宅基地复垦为耕地，将村庄向山麓地带集中。

7.5.2 土地整理的主要任务和内容

7.5.2.1 土地整理的主要任务

土地整理的主要任务就是加强土地使用效率。对已投入应用的土地，依托土地整理将间接生产用地、辅助建筑用地以及非生产性用地的面积压缩到最小，高度重视建筑用地与直接生产用地。对没有使用的建设废地与土地，需展开全面整理开发与复垦使用。终极目标是最大限度地提升土地使用效率。而以提升土地使用效率方面的土地整理内容，包含土地划分、土地保护、土地复垦、村庄更新、地籍管理、景观维护、地价查估、田块整理等。

7.5.2.2 土地整理的内容

一般情况下，土地整理分为农地整理和市地整理两大类。结合我国国情，目前土地整理的重点为农村地区。土地整理的主要内容有：①农地结构的调整，对零散地块进行归并；②对土地进行平整，对土壤进行改良；③综合建设道路、沟渠、林网等；④对农村居民点和乡（镇）工业用地等进行归并；⑤对废气土地进行复垦；⑥对地界进行划定，对权属进行确定；⑦对环境进行改善，对生态平衡进行维护。

7.5.3 土地整理规划程序

7.5.3.1 土地整理的规划内容

在土地整理规划中，主要有农地整理规划和非农地整理规划两个方面。结合现在农田建设，综合整治田、水、路、林等，并针对山地开发进行整理，主要有以下几种情况：

（1）以小流域规划开始整理，不断提高农业生产水平，对生态环境加以改善。

（2）针对村庄土地实施开发整理，有效结合农民的住宅建设情况，利用村镇的合理规划，不断增加耕地面积。

（3）针对开发整理闲置的土地，利用城市存量的挖掘，有效解决城市建设用地，对闲置的土地进行合理开发与整理。

（4）关于矿区土地的开发整理，建设形成废弃土地，实施复垦的整治，不断增加建设用地，进而使生态环境得到良好的改善。

（5）整理开发灾区土地，有效结合灾后重建的事宜，整理被毁的农田，并对移民后的老旧住宅进行有效整理，使其能发挥出土地的实际应用价值。

土地类型不同，规划也不同。在土地开发整理中，可以利用迁村并点的形式，让农民住宅迁移，由中心村向小镇集中。利用有效的搬迁改造，让乡镇的企业也能够改变方向，向着工业园区集中化发展，从而使农田得到集中化和规模化的管理。

7.5.3.2 土地整理项目规划设计原则

土地整理项目在规划设计时应满足以下 4 个原则：

（1）有利于提高土地利用率和产出率。我国的人地关系比较紧张，为了用这些有限的地来养活我国的众多人口，只能寻求提升我国土地利用率和产出率这一条途径。提高土地利用率的途径为将闲置土地进行利用以及开垦荒地和效用低下的土地，从规模上进行扩大，这样能够提升土地质量；至于产出率则需要通过改进耕作方式、提高土地肥力以及一些农业外部设施的辅助和生态环境的改变等来实现。

（2）与土地利用总体规划相衔接。土地利用的总体规划具有统筹性，是结合了当前的经济建设需要以及当前土地状况和预计未来希望达到的一个目标综合进行的规划，希望通过长时间的实践来实现对某一区域内的土地资源的分配和利用，目的是提升对土地资源潜力的深挖。

（3）社会经济和生态效应相统一。从整体上看土地整理对于社会、生态、经济这 3 个方面的影响是起到了促进作用的，虽然短期内可能会出现彼此之间的矛盾，但是总体来说仍然是保证了这 3 者的利益，起到了一个平衡的作用，在长期的发展中，这 3 个内容会逐渐形成相互辅助和促进的关系。

（4）与相关部门规划相协调。土地整理项目规划时，考虑土地用途是否与土地利用规划相协调，并对项目规划的方案进行不断完善。土地用途是利用土地结构整理完成的，所以项目规划不可在用途方面随意改变。要想让土地整理项目在规划中合理，必须与土地利用的具体规划相契合。

7.5.3.3 土地整理项目规划设计的基本技术方法

1. 系统设计方法

在土地整理项目规划设计中，要注重技术方法的应用。由于土地整理涉及的内容较多，比如地形地貌、土壤土地利用、产权调整等，要实现对土地持续性的整理，必须要把土地整理视为技术系统，充分考虑相关因素，进而做好规划设计。

（1）以充分满足土地利用要求为基本原则，并在施工与技术设计上，持续对土地进行整理，从而消除影响土地利用的相关因素。

（2）进行土地整理的时候，要综合考虑多方面的因素，比如土壤、气候、水文条件、资源状况等，同时也要考虑整理区以外的因素，涉及道路、地形和城镇的分布。

（3）田地、沟渠、道路的整体设计，要结合整理区域内的地形情况，根据经济发展水平，采用适合的技术设计。比如沟渠路设计，可以用来整理区外的道路，使其不受主干沟渠线路设计的影响。所以，土地整理项目设计时，一定要充分考虑多方面的因素，使土地利用系统与环境能够整合起来，进而避免不适宜的情况出现。

（4）自然相融性的设计形式，在整体土地规划设计中，也有良好的应用，是土地利用的主要部分。实施工程设计技术时，注重产品和自然的联系，两者相辅相成，相互协调。所以项目工程在设计产品时以生态型为主，不断引用系统优化的技术设计。土地利用其实比较复杂，土地整理就是优化系统设计技术，利用工程实施，达到土地系统基本环境的优化效果。在土地整理项目中，系统的优化性设计有很多种，比如田块优化、路沟渠线路优化、整体结构优化等，均能实现经济效益最大化，也能使投入产出达到预期目标。

2. 工程勘测方法

工程勘测方法包括地形测量技术和土地整理现状调查勘测技术两种技术。

（1）地形测量的比例是根据 1∶2000 测量整理区内的地形，确定其地貌形态，并确定土地利用的状态、道路沟渠的具体位置。规划好路渠沟的位置和尺寸设计，这是土地规划设计不能缺少的凭证。

（2）土地整理现状调查勘测包括土地调查测定，水资源供需调查，水文气象状况调查，原有水利设施数量类型结构可利用程度和农田灌排水状况及道路勘测，土地权属调查量测登记，土地质量调查评价等内容。在实际勘测中可利用农田灌排水操作，完成对土地权归属的调查，完成土地质量调查评价。通过科学开展勘测技术分析，提升土地规划水平，有利于全面保证土地资源管理效率。

3. 土地整理项目工程设计方法

土地整理项目工程中设计技术的方法，有如下 5 种：

（1）公众识别的技术方法。关注公众感兴趣的工程，充分考虑土地发展的问题，不急于整理项目关系委托人或用户的意见。

（2）广泛合作技术方法。这种方法在工程施工的时候，可联合各行各业的专业人士，将多学科的知识组合应用。

（3）创造性设想的技术方法。这种方法能够持续让土地项目设计中的专业人员，充分发挥想象力和创造力。

（4）交换观念的技术方法。该技术方法是利用多媒体的形式或者三维设计，让多种设计思路和观点能够实现交换，以达到技术的不断优化。

（5）普及知识的技术方法。不管是成功的土地整理，还是不成功的土地管理，在工程设计中都要让公众及决策人知晓，以发挥知识普及的作用。

4. 统计工程量的快速方法

土地整理项目规划的设计中，统计工程量的技术方法主要有以下 3 种：

（1）统计"点"型建筑物时，对管理房数量、井数量、变压器台数等小型建筑设施做统计，可利用直接关闭无关图层的方法，获取准确数量。

（2）统计"线"型建筑时，要统计田间路、生产路、高压线、低压线以及沟渠长度等情况，关掉无关图层，把要统计的对象全选、复制、粘贴到空白地区，以单线形式统计要平移的对象，通过绘图边界的命令，创建封闭边界，通过工具查询找到面积特性命令，算出边界的周长。

（3）统计"面"型建筑物，如河道的面积或田地面积。可利用工具菜单查询，找到面积命令进行查询。

总之，随着新时期技术的不断发展，在土地整理项目规划设计过程，要以提高土地的利用率为主，重视强化土地资源的生态化管理工作。通过对土地整理项目规划设计进行具体分析，提高工作认识，以优化土地利用布局，提高土地利用效率。

7.5.3.4 土地整理的程序

（1）选择土地整理区域。选择土地整理区域主要内容包括：收集有关土地利用的自然社会经济情况、分析研究土地整理的潜力、准备土地整理的资金和技术条件、确定土地整理的目标和要求、经与初选区域有关单位个人充分协调取得理解和支持后选定开展土地整理的区域并予以公告。

（2）进行土地整理规划和设计。根据选定区域土地利用规划的原则要求，编制实施土地整理规划设计，并广泛征求土地整理参与者的意见，修改完善规划和设计后申请批准。

（3）通过法律程序批准土地整理实施。依据制定的法律或政策性规定，通过一定的法律程序审查土地整理规划设计，经批准并向社会公告后才准许其实施。

（4）组织土地整理实施。按照批准的土地整理规划和设计，在区域范围内动员人力物力财力开展土地整理活动，土地整理实施通过调查和测量确定权属进行工程建设。经过土地评估并重新配置后，最终以登记发证的法律手段确认整理成果。

（5）宣布土地整理结束。在完成土地整理预定目标后，开展地籍更新资料汇总和归档工作，形成报告。经法律规定的程序审查验收，最后宣布土地整理结束。

7.5.4 土地整理效益评价

土地整理作为促进土地资源重新配置、增加土地利用效益和提高土地供给能力的重要途径，对促进土地资源的可持续利用发挥了重要作用。虽然土地整理属于公益性投入，但必须取得良好的效益才能促使土地整理事业滚动发展，如何准确、科学地评价土地整理效益也就成为土地整理技术研究的一项基础工作。

目前，我国土地整理效益评价在土地整理工作中分为两个阶段：①在土地整理前进行的，为土地整理措施的影响评价，主要针对土地整理措施所引起的经济、社会和生态影响进行，这种影响评价既包括正面影响也包括负面影响，根据影响评价结果确定土地整理实施方案；②在土地整理措施实施结束后的后效益评价，内容包括土地整理的经济、社会和生态效益。

7.5.4.1 土地整理效益的内涵

土地整理效益评价的核心是评价内容和评价方法的确定，而评价内容的确定取决于对土地整理效益内涵的界定，土地整理效益内涵不同，评价内容也就不同。因此，对土地整理效益内涵的分析是土地整理效益评价的基础。

1. 国外及我国台湾地区土地整理效益内涵分析

国外及我国台湾地区在开展土地整理的初期非常重视土地整理的经济效益评价，而随着土地整理工作的不断深入发展，土地整理给生态环境所带来的负面影响逐渐被人们所认识，因此在进行土地整理效益评价时，又增加了土地整理生态效益评价，使土地整理的效益评价更加完善。根据国外及我国台湾地区的土地整理实践，土地整理效益内涵可概括为：土地整理由最初注重经济效益转向经济、社会和生态效益并重。在德国、俄罗斯、荷兰、塞浦路斯、波兰等国家，土地整理的经济、社会和生态效益统一体现比较明显。德国最初的乡村土地整理内容是改善农业和林业经济的生产和作业条件，促进土壤改良和土地开发，农村土地整理过程中路、沟、渠大量铺筑水泥等，注重土地产出率的提高。目前，德国土地整理在注重改善农业和林业生产作业条件的同时，也注重了景观的塑造与保护以及森林和特种作物区的土地整理，加强了土地整理的生态保护。荷兰的土地整理也由以经济回报率作为土地整理的投资标准转为土地整理的经济、社会和生态效益并重考虑，并在《土地整理法》中明确规定："在农业用地区内，非农用地面积不能超过项目区总面积的5％"。土地整理已经从单纯的以农业经济发展为目的转为以经济、社会和生态环境综合社区发展为目的。塞浦路斯土地整理目的是解决土地使用和占有结构不合理的问题，同时在土地整理的法案中也规定了土地整理项目要具有种植灌木和树木、在非农业用地区域建设小型娱乐设施和公园、保护历史遗迹和生态环境的内容，注重经济、社会和生态效益的统一。波兰土地整理的经验是土地整理应考虑满足农业生产对经济、社会和土地生态条件的综合要求。我国台湾地区农地重划也注重经济、社会和生态效益的统一。

土地整理效益是增量效益。俄罗斯土地整理效益资料表明，经过土地整理，农业产值可提高20％，纯收入可提高22％；每百公顷农用地产值增加12.1％；每百公顷农用地劳动消耗减少4.7％；实施轮作制的比重达8.1％，轮作区规模扩大18.2％。我国台湾地区农地重划效益表现为，农作物产量增加25％，土地利用率提高20％，节省劳力和用水量分别为25％和40％，每个劳动力收获量增加30％，改善了人地关系，地界和争水纠纷减少；市地重划效益表现为提高土地价值，升幅为1.8～2.7倍。资料研究表明，国外及我国台湾地区土地整理效益内涵都是土地整理所引发的增量效益，即土地价值的提高幅度。

2. 我国土地整理效益内涵分析

我国大陆地区的土地整理从一开始就重视经济、社会和生态效益的统一，但在实际工作中，受土地整理学科发展水平的限制，土地整理效益评价以经济效益评价为主。各地上报原国土资源部关于土地整理工作开展情况的报告和土地整理项目可行性研究报告等，都非常重视土地整理的经济效益分析，土地整理的社会效益分析内容较少，生态效益分析则是少之又少。目前，有关土地整理生态效益分析的研究也开展得较少，对土地整理的生态效益分析多属零星的探索性研究，缺乏系统性。在上述分析和研究中，经济效益评价的内容主要是进行土地整理活动时所取得的，即可在市场上交换而获利的一切收益。社会效益分析的内容主要是土地整理为社会系统提供的一切社会成果，它体现在对人类生活质量提高、对人类生产条件的改善等方面。生态效益分析的内容主要是土地整理对区域内水资源环境、土壤、植被、大气、生物等环境要素及其生态过程产生诸多影响的程度，而土地整理对土地生态要素影响机制研究以及受影响的土地生态要素又如何达到一种新的平衡，这种新的土地生态平衡对农业生产又会产生怎样的影响，则鲜有论及。

7.5.4.2 土地整理效益评价的方法

1. 国外及我国台湾地区土地整理效益评价方法分析

土地整理效益评价方法主要是指衡量土地整理效益的途径，即采用定性描述、定量描述还是定性与定量相结合进行。根据国外及我国台湾地区的土地整理实践，土地整理效益评价以定量评价为主，并建立了适合本国、本地区自然经济特点的效益评价指标体系。荷兰采取指标的形式对土地整理效益进行定量评价，经济效益指标采用土地整理对国家经济的回报率作为主要指标，配合土地整理的投入和产出分析；社会效益指标主要包括提供就业岗位、改善农村休闲娱乐设施等；生态效益指标主要包括抵御洪水能力、农田需水量、水质、濒危物种栖息地等指标。在进行具体评价时，对所选择的指标尽量定量化，不能定量化的，在专家建议下进行定性描述。我国台湾地区进行土地整理效益评价时也采用指标形式，只不过指标的内容与荷兰有所不同。经济效益指标主要采用对地块整理前后的产出、劳动生产率提高以及地价的变化进行分析；社会效益指标对农业耕作条件（如距道路、沟渠远近）、土地权属改善等方面进行分析；生态效益指标主要采用防洪排涝能力指标。

2. 我国土地整理效益评价方法分析

目前，我国大陆地区土地整理效益评价方法的研究成果较少，而在土地整理的实际工作中开展了大量的土地整理效益评价。如土地整理项目可行性研究报告、土地整理项目验收报告中都涉及了如何评价土地整理的经济、社会和生态效益。实际工作中的土地整理效益评价以定性为主、定量为辅。如土地整理项目经济效益以土地整理的投入产出分析为内容，以正效益作为衡量经济效益的标准。而由于缺乏对土地整理带来的社会、生态影响机理的深刻认识，土地整理社会和生态效益评价仅表现为定性描述，主要内容表现为改善生产生活和农村面貌情况、提高抗御自然灾害能力、防止土地退化和提高植被覆盖率等。我国大陆地区土地整理效益评价与国外及我国台湾地区相比，评价内容和方法都过于简单。现今存在的缺点也是将来我国土地整理效益评价需要加强研究的重点。

（1）以土地整理投入和产出作为衡量土地整理经济效益的唯一标准，这种衡量方法没有考虑到地类调整后，土地利用结构变化所产生的经济价值，同时对土地整理投资所产生的乘数效应也没有考虑。

（2）衡量社会效益以定性描述为主，效益评价内容也过于简单。

（3）衡量生态效益也以定性描述为主，评价内容没有考虑地类调整所引起生态影响的变化，同时对土地整理工程所引起的生态影响也没有给予充分考虑。

（4）效益评价的时段过于短暂，仅考虑土地整理结束验收时点的效益，没有充分考虑社会和生态效益的滞后性，造成效益评价的不完整。

7.5.4.3　土地整理的经济效益

土地整理是一项有资金及劳动投入的过程，是一个典型的经济行为。土地整理经济效益是指投资行为主体或其他经济行为主体通过对待整理土地进行资金、劳动、技术等的投入所获得的经济效益。根据国外开展土地整理的经验，土地整理的资金来源通常是 3 个部分：国家（包括中央政府和地方政府）、企业（参与土地整理的企业）和个人（土地整理区内的土地所有人）。在农村土地整理中往往国家是投资的主体，例如德国，国家政府对土地整理的投资一般占到资金总来源的 80%，日本占到 90%，我国台湾地区占到 60%～80%，而在我国大陆地区土地整理资金的 98% 是来源于政府（中央和地方）。所以我国土地整理投资行为的主体就是国家，包括中央政府和地方政府。其他经济行为主体是指整理区域内的农户，他们一般以投劳的形式参与到土地整理活动中，并通过土地整理获取直接的经济效益。

7.5.4.4　土地整理对国民经济发展的影响

土地整理项目的经费支出主要包括工程施工费、设备购置费、其他费用与不可预见费，其中工程施工费是经费支出的大项，一般占总支出的 70%～90%。土地整理主要进行的工程包括土地平整工程、农田水利工程、田间道路工程和其他工程。土地平整工程一般包括土石方开挖、土石方回填、土石方运输、平整土地等；农田水利工程是对水土资源、排灌渠系统及其建筑物等进行改造；田间道路工程主要是指直接为农业生产服务的田间道路和生产道路的建设；其他工程是指土地整理过程中涉及的农田生态防护林及水土保持工程等。从上述分析中可以看出，土地整理项目的经费主要是用于购买各种建筑材料如水泥、砂子、石子、PVC管、铁管、弯头等，各种电力设备如电线杆、变压器、配电控制柜等，各种水利设施如潜水泵、喷头、动力设备等。其余的费用主要用于支付施工者的工资、项目的设计与验收等。由此可知，土地整理经费的领受者是与土地整理项目工程相关的行业，如建筑施工行业等。从国家角度而言，国家每年用于土地整理有保障的资金来源于新增建设用地有偿使用费、耕地开垦费及其他一些相关费用，加之另外一些企业资金、社会资金等，也是一笔巨额资金。这些资金通过开展土地整理活动流入与土地整理相关的各种行业，将带动相关行业的发展，产生良好的经济效益。

从经济效益的角度衡量，土地整理的投资者之所以对土地整理抱有积极的态度，是因为他们可以通过土地整理获取利益，追求的是经济利益的最大化，只有当产出大于投入时，经济上才可行。土地整理经济效益有两种衡量方式，一是纯经济效益最大化，二是纯经济效率最大化。纯经济效益最大化追求的目标是投资的总体效果最优，它能使投资者得到最大的纯收益，而纯经济效率最大化追求的目标是单位效果最优。就我国目前土地整理而言，面临的主要问题就是资金不足，这要求我们在衡量土地整理的经济效益时，不仅要考虑总体效果，还要考虑单位效果，注重单位资金的效率。所以土地整理经济效益最佳的衡量方式就是纯经济效益与纯经济效率均最大。

7.5.4.5 土地整理对整理区农户的影响

土地整理的直接受益者是整理区域内的农户，其对农户的经济效益表现为土地经整理后产量增加与生产成本降低两方面，从而提高了农户的收入。

产量增加的原因可归纳为以下 3 项：

（1）土地整理后有效耕地数量增加。土地整理将处于荒废状态的道路、沟渠、损毁的防护林、废弃的坑塘、坟墓等整理恢复成直接生产用地，并通过土地平整、小田并大田、权属调整、田块规整等措施，减少田坎占地面积，充分利用耕地中难以利用的边角地，增加有效耕地面积。

（2）土地整理后生产能力得以提高。土地整理健全了农田的灌排系统，消除了限制因素，直接提高了土地的生产能力。在洪涝灾害发生频繁地区，排水系统的健全，会影响到农田土壤入渗率，从而引起作物耕作有效期天数的变化，这样农户可以以长周期作物替代短周期作物，提高作物产量；在旱作地区，灌溉系统的健全，保证了作物的需水要求，同样可以改变作物耕作有效期的天数，提高耕作复种指数；限制因素的消除，改变了土壤结构，缩小了作物潜在生产力与现实生产力之间的差距。据国家土地开发整理示范区之一的遂宁示范区坡改梯工程表明，将坡耕地整理为梯田，粮食作物旱涝保收，产量平均增幅30%～50%；无锡示范区农田整理也表明，农田整理建成"吨粮田"833hm^2，每年增加粮食产量190余万 kg。

（3）土地整理后农户对土地的投入与采用农业新技术的可能性增加。农户对整理后土地的态度决定了农户对土地的投入程度与采用农业新技术的可能程度，而土地的权属状况、农田格局（田块大小、形状等）与农户自身的素质又决定了农户对整理后土地的态度。实践证明，整理后的土地权属更加清晰、田块的大小与形状更加适合耕种，所以整理后的土地将诱导农户增加对土地的投入，并采用更有效率的作物栽培技术。

生产成本的降低表现为土地整理后，农户的劳动成本和生产物资投入都相应减少。这些成本的节约主要包括3个部分：

（1）由于田块集中节约的劳动成本。齐伟等学者在河北曲周四疃乡调查时发现，采取一户一地做法的村庄由于可以采用大型拖拉机，机耕费用在180元/hm² 左右，机收小麦405元/hm² 左右；而采取一户多地的村庄用小型拖拉机机耕，需费用300元/hm²，机收小麦450元/hm²，且采用一户一地的村庄由于地块集中，减少了排灌设备和塑料管道的搬运，提高了效率和延长了使用寿命。

（2）田块规整机械化耕作节约的成本。王万茂学者等在无锡东亭农业现代化实验基地开展土地整理时发现，田块规模扩大后，作业长度增加，提高工作行程率30%，班工作量20%，油耗降低10%，最终降低生产成本15%。

（3）通过完善灌溉设施和田间道路系统，降低灌溉成本和节约运输时间。J. Castro调查表明，土地整理后农场到田块的平均距离从整理前的1.19km 减少到0.83km，田间道路的改善使平均运输时间减少38%。

当然，土地整理中对田间道路、灌溉系统、排水系统等投资所产生的效益并不是相互独立的，而是相互影响的。例如：田间道路投资的效益如果是伴随着对灌溉系统的投资会更大。

7.5.4.6 土地整理的生态环境效益

土地整理需借助一系列的生物、工程措施，在此过程中必然打破一定区域内土地资源的原位状态，会对该区域内的水资源、土壤、植被、生物等环境要素及其生态过程产生诸多直接或间接、有利或有害的影响。土地整理的生态效益就是土地整理投资行为主体的经济活动影响了自然生态系统的结构与功能，从而使得自然生态系统对人类的生产、生活条件和质量产生直接和间接的生态效应。当然，这种效应可能是好的，也可能是不好的，即投资行为的最终结果，可能是带来自然生态系统的正向演替，所谓正的生态效益；也可能是使得自然生态系统逆向演替，即所谓负的生态效益。土地整理对自然生态系统结构的影响表现为整理后，自然生态系统中各构成要素的组合、相互关系及其在系统中的空间配置发生变化。诸如土地整理后水土资源结构的变化、生物多样性的变化、林草比例的变化等。土地整理对自然生态系统功能的影响表现为整理后，人类从自然生态系统中持续稳定地生产产品的能力发生改变。诸如土地整理后土地生产率的变化、农田作物光温利用率的变化等。土地整理对环境的影响表现为整理后，农业生态环境质量与人为的生产和生活环境发生变化。诸如土壤质量的变化、土地侵蚀面积与程度的变化、村庄内部环境的变化等。

从土地整理的产生发展来看，各国初期土地整理的主要内容是针对土地分散、畸零实施集中，并配套完善农业基础设施，以改善农业生产经营条件。但随着经济社会的发展，这种模式的土地整理虽然改善了农林生产条件，促进了农业大规模发展，但对农业生态环境却产生了一定的负面影响。譬如因土地整理造成生物栖息地的破碎和单一化而引起物种的丧失、生态环境的破坏。所以近期土地整理的内容增加了生态环境的保护，以期通过土地整理追求经济、生态环境效益的统一和协调。譬如目前联邦德国的乡村土地整理就十分注意生态效益。除了对有价值的自然生态因素进行保护外，还采取适当的措施保持农田的生态价值。例如，把道路或水渠旁边的树木与保留下来的灌木丛或沿岸植物结合起来，作为生物群落的组成部分。同时为维护土地的自然生产力而尽量保持生物多样性。例如，为保持灌木丛，一般将道路布置在灌木丛的旁边，如果灌木丛必须被分割开来，则需事先种植和培育一个新的灌木丛加以弥补，而且要恢复土地整理过程中被清除的带状或片状生物群落。

相对于现代意义上的土地整理而言，我国土地整理尚处于初级阶段，大多数地区土地整理的目标仍主要是增加耕地或其他农用土地面积，尚未进入以提高生产能力、改善生态环境为主要目标的阶段。所以在土地整理实践中往往偏重土地整理的经济效益，而忽视生态效益，究其原因：①由于经济效益是具体可见的，而生态效益具有滞后性，不容易立即感觉到，有的甚至要在一代或几代人之后才可能感觉到；②由于经济效益和生态效益各自与土地利用者的利害关系不同，一般说来，经济效益同土地利用者眼前的、局部的利益有直接关系，而生态效益却是关系到全社会长远的甚至子孙后代的利益。于是在我国土地整理实践中出现了一些不适当的土地整理方式和技术措施，例如由于单一连片种植不仅影响了土壤养分的循环效益，而且还会引起表土层细菌、放线菌、真菌数量的减少，机械填埋使土壤板结并使表土熟化层破坏，土地整理工程中水泥的大量使用影响了农田物种的扩散，沟渠和河道的规划设计及建设使生物栖息地环境退化等。这些做法都会引起自然生态系统的逆向演替，形成负的生态效益。

7.5.4.7　土地整理的社会效益

土地整理的社会效益指的是土地整理实施后，对社会环境系统的影响及其产生的宏观社会效应。也就是说，土地整理在获得经济效益、生态效益的基础上，从社会角度出发，为实现社会发展目标（促进农村经济发展、增加就业机会、缩小城乡差别、公平分配等）所作贡献与影响的程度。土地整理的社会效益因涉及的范围广，具有明显的间接性、潜在性和滞后性，且易与经济效益、生态环境效益交叉，所以对其难以进行辨别。大致可以将土地整理的社会效益归结为3点：①土地整理对农村社会环境的影响；②土地整理对农村社会经济的影响；③土地整理对合理利用自然资源的贡献。

土地整理对农村社会环境的影响表现为：

（1）缓解人地矛盾，提高粮食自给率。我国目前土地整理的目标之一是增加耕地面积，解决非农建设占用耕地的问题，所以无论是农田整理，还是村庄整理，都可以实现耕地面积的增加，有助于缓解人多地少的矛盾，提高本地区粮食自给率。

（2）调整产权，减少土地纠纷，实现农村社会稳定。土地整理过程中对插花地、飞地进行了调整，调整后的权属界线明确清晰，减少了土地利用过程中引发的各种纠纷，实现农村社会的稳定。

（3）扶持农村贫困人口，缩小城乡差别，促进农村城镇化的发展。目前农田整理和村庄整理在我国开展广泛，土地整理的重点放在农村地区，这有助于改变落后地区的贫困面貌，转变农村的生活方式，促进农村城镇化的发展。

（4）完善农村社会服务体系。土地整理过程中对村庄内部公共设施用地，如行政管理用地、教育机构用地、文体科技用地、医疗保健用地、商业金融用地和集贸设施用地进行完善，有助于改善本地区的教育状况、医疗卫生状况和农业技术服务体系等。

（5）健全农村基础设施体系。通过对田间道路、村屯路、供排水设施和供电设施的健全，方便了村民的生产与生活。

土地整理对农村社会经济的影响表现为：

（1）提高农民收入。土地整理后有效耕地面积的增加、土地生产能力的提高、生产成本的降低等，都会直接影响到农户对土地投入与产出的比率，进而影响农民的收入。

（2）增加就业机会。土地整理为农户提供新的劳动场所，增加新的生产行业，为农村剩余劳动力提供就业机会，减少了劳动力的闲置。

（3）便于推广现代农业技术。土地整理后农田水利设施、交通设施等基础设施的配套完善，为农村规模化、集约化、机械化生产以及农户发展多种经营提供一个良好的平台，便于现代化农业技术的推广使用。

土地整理对合理利用自然资源的贡献表现为：

（1）合理利用土地资源。土地持续利用是土地整理的基本原则之一，土地整理改善了土地利用不充分的现象，消除了土地利用中的障碍因素，提高了土地利用率与复种指数。

（2）有效利用水资源。在干旱地区，土地整理通过兴建蓄水、节水设施以及机井等，有效拦蓄天然降水及利用地下水。在水资源丰富地区，土地整理通过兴建各种提水设施，充分利用地表水。

（3）充分利用光温资源。土地整理过程中，在地形、耕作形状、防风要求等条件允许时，尽量将田块长边方向设计为南北方向或接近南北方向，保证作物从早到晚一天当中能吸收尽可能多的光热。同时农田林网的建设也有利于提高光能利用率，增加干物质积累。

7.5.4.8　土地整理的景观效益

有关景观的定义，有多种表述，但一般是指反映内陆地形地貌景色的图像，诸如草原、森林、山脉、湖泊等；或是某一地理区域的综合地形特征；或者是人们放眼所映获的自然景色。土地整理具有区域性的概念，一般是针对某一地理区域实施相同的整理措施，所以整理后所呈现出的景观是以相似的形式在整个整理区域上重复出现，每一景观单元可视为由镶嵌体、廊道和基质所组成。土地整理主要是对地块面积、形状的改造以及对沟渠、道路的重设以及防护林网的建设等，而地块可以被认为是景观空间格局中的斑块，沟渠、道路、防护林可以被认为是廊道，这些因素就组成了土地整理的景观。土地整理的景观就是指组成优美农村、农业田园景色的要素（如地形、水文、土壤、植被、动物等）和组分（如防护林、草地、农田、水体、道路、沟渠等）的种类大小、形态、轮廓、数目及它们的空间配置与时间配置的进程差异所能表现出的各种美感，如空间美、时间美、自然美、人工美、形态美、色彩美等。土地整理后这种"田成方、树成行、渠相通、路相连"的美妙景观会给当地居民带来愉悦的心情，提高居民的生活质量，改善其生存环境，称之为土地整理的景观效益。

7.5.4.9　土地整理的综合效益

土地整理的综合效益是土地整理经济效益、生态环境效益、社会效益与景观效益4者的综合。土地整理具有效益的统一性：就土地利用的基础来看，自然因素（生态因素）是制约土地资源利用的主导因子，追求生态环境效益和景观效益是土地整理的基础与前提；就土地利用的服务对象来看，社会因素成为土地利用系统的主导因子，社会效益是土地整理的目的所在；而追求经济效益是土地整理的中心内容，也是土地整理生命力所在。所以，土地整理应追求经济、生态环境、社会、景观效益的统一，做到生态上平衡、经济上有效、社会上可行和可接受。

就我国目前土地整理实践而言，土地整理的目标偏重于经济有效，忽视了土地整理生态环境的保护与改善，而且在土地整理项目设计中，很少进行景观设计方面的考虑。实际上，讲求生态环境效益和景观效益是保护经济效益、实现社会效益的物质基础，如果生态环境效益和景观效益不好，迟早要反馈到经济效益上，从长远看，经济效益难以得到保障，社会效益也会因此受到损害。当然，经济效益在生态环境效益和景观效益良好的基础上越大越好。因为人只有在满足最基本的需求之后，才可能满足人类自身的生产与生活的需要。同时社会效益是土地整理的最终目标，满足社会的物质需要，为人类的休养生息和生产劳动等提供一个优良环境。所以土地整理的成功与否，需要考虑土地整理的综合效益，假设综合效益低，则意味着其中一项或几项单项效益水平不高，需要在土地整理实践中有针对性地加以改进。

7.6　土　地　复　垦

7.6.1　土地复垦的概念与发展

国外描述"土地复垦"多用 Reclamation、Rehabilitation、Restoration 3 个词语，其内涵是指将各种扰动损毁的土地和环境进行恢复治理，达到等于或优于扰动前的土地利用和生态环境状态。这 3 个词语表示的内涵基本一致，只因各国使用习惯的不同而采用不同的表述，其研究对象、目标都是一致的。中国对"土地复垦"一词的确定也有其发展过程和历史背景。我国土地复垦工作始于 20 世纪 50 年代，但都是一些小规模的修复治理工作，缺少科学的理论指导。20 世纪 80 年代以后，我国土地复垦科学研究快速发展，主要集中于土壤重构、生态修复、土地复垦管理以及复垦方案编制等几方面，我国相关学者将这一领域称作"造地覆田""复田""垦复""复耕""复垦""综合治理"等多种名称。20世纪 80 年代，直到 1988 年《土地复垦规定》的颁布，"土地复垦"一词才被正式确定下来，并将其定义为：对在生产建设过程中，因挖损、塌陷、压占等造成破坏的土地，采取整治措施，使其恢复到可供利用状态的活动。《土地复垦规定》是我国土地复垦发展历程中的一个重要的里程碑。尽管其中有许多条款已不适应市场经济的形势，但关于土地复垦的定义已经深入人心。由于新中国成立后很长一段时间中国还是相对贫穷且人口众多的国家，为了解决温饱问题，粮食安全和耕地保护就成为首要关心的问题。因此，当时对破坏土地的复垦基本以恢复耕地为目标。在土地复垦的实践中，也将因地制宜，宜农则农、宜林则林、宜渔则渔、宜牧则牧作为基本原则。

尽管"土地复垦"一词已被学界和实践界广泛采纳，但"土地复垦"的内涵更多被理解为"恢复耕地"，与"土地复垦"的真实内涵还是存在较大的差别。《土地复垦条例》第二条："本条例所称土地复垦，是指对生产建设活动和自然灾害损毁的土地，采取整治措施，使其达到可供利用状态的活动。"按照这一定义和因地制宜的土地复垦原则，将损毁的土地恢复成任何可供利用的状态，都是土地复垦，包括将采煤沉陷土地复垦为湿地公园、矿山公园、水产养殖场等。

早在20世纪末，就有学者对"土地复垦"的名词概念及其目标与内涵问题进行了研究，并于2004年在《中国土地科学》撰文，阐明土地复垦的目标和内涵是既要求恢复土地价值，又要求恢复生态环境，而不仅仅是恢复耕地。因此，结合中国土地复垦实践和学科发展需求，有必要将土地复垦区分为广义的土地复垦和狭义的土地复垦。狭义的土地复垦就是人们通常理解的恢复耕地，属于典型的土地问题；而广义的土地复垦应与国际接轨，其内涵是对损毁的土地与环境进行修复，实现土地使用价值与生态环境的双恢复，属于"大环境问题"的概念。基于这种认识，广义的矿区土地复垦与矿区生态环境修复内涵并无差异，这对促进矿山土地复垦与国际接轨具有重要意义。此外，土地是承载一切社会活动的基础，土地也是生态环境的重要组成部分。在对损毁土地恢复利用的同时，也是对土地之上的生态环境进行恢复。因此，即使"土地复垦"常被理解为"土地问题"，也丝毫降低不了它对生态环境改善的重要作用。

7.6.2 土地复垦的对象

土地复垦是相对于土地损毁而言的，因此，土地复垦学的研究对象就是各种人为活动或自然灾害损毁的土地。土地损毁导致其上的生物随之损毁，即土地生态系统遭到损毁，因此土地复垦学的研究对象实质上就是"损毁的土地生态系统"。所以，尽管今天还是将"损毁的土地"作为土地复垦独特的研究对象，但其内涵一定要从"土地生态系统"去理解。损毁的土地不仅仅是土地使用价值的损毁，而且也是生态环境的损毁，这样土地复垦的目标自然而然就是"恢复土地使用价值和生态环境"的双重任务。

损毁土地从损毁的特征可以区分为物理损毁和化学损毁。物理损毁主要是对土地生态环境的直接破坏，是显性的破坏；化学损毁就是土地污染，往往是隐性的损毁，不容易被发现。因此，过去更多重视对物理损毁土地的复垦，如今对化学损毁土地的修复（复垦）已变得越来越重要。

依据损毁的原因，可以将损毁土地区分为人为损毁和自然灾害损毁。人为损毁又可以区分为采矿、交通建设、城乡建设等人为活动；采矿损毁又可以依据矿物资源以及其采矿方式不同进行进一步细分。总之，损毁土地的原因多种多样，使得其损毁特征具有复杂性，有的还具有隐伏性和动态性，对土地复垦技术的选择具有极大的挑战。

7.6.3 土地复垦的标准

土地复垦目标可分为基本环境目标和发展利用目标。基本环境目标在工程复垦阶段完成，相应地应满足以下几个方面的要求：

（1）场地的安全与稳定，防止滑坡及泥石流等灾难性事故发生。

（2）清除矿区范围内的有毒有害废物，防止其污染水体和植物。

（3）复垦后的场地要尽可能与自然条件作用形成的地形保持一致，其景观地貌要与周围未破坏地区相协调。

（4）表层应具有可供植物生长的土壤环境。

（5）控制侵蚀与保持水土。

在生物复垦阶段完成复垦土地的发展利用目标，其最终用途可分为农业用地、林业用地、牧草地和建设用地等。各复垦方向的技术要求见表7.4。

表 7.4　　　　　　　　　　　复垦方向的用途与技术要求

复垦方向	用　途	技　术　要　求
农业用地	耕地、菜园	土地平整、铺表层土。对粮食作物表土层不小于 0.5m，其中腐殖土层厚度不小于 0.2～0.3m，水力条件好
林业用地	栽种树木、果园	地形可有适当坡度。需铺表土层，对种植树木表土一般不小于 0.3m，树穴处局部深挖铺土 1m 左右
牧草用地	栽种牧草	技术要求稍低于农用地
休闲娱乐	公园、体育场、人工湖等	土地需很好夯实，有水域是需防渗层，建筑适当采取加固措施
建设用地	民用或工业建筑用地	土地需很好夯实，建筑适当采取加固措施

7.6.4　土地复垦技术体系

土地复垦技术体系的建立是在全面分析相关行业及本行业标准、特点和规范等相关内容（如 2011 年《土地复垦条例》）的基础上。将各相关内容进行横向与纵向对比，归并和界定，并结合中国目前土地复垦项目实践，收集已实施项目的相关内容，对体系进行构建。

土地复垦技术体系是土地复垦体系构建的重要组成部分，其包括土地复垦标准、土地复垦规程规范、土地复垦规划、土地复垦分区、土地复垦分类、土地复垦模式、土地复垦技术、土地复垦项目评价和土地复垦信息系统 9 个部分，为土地复垦体系提供技术指导和支持。土壤复垦技术体系构建如图 7.1 所示。

（1）土地复垦标准。土地复垦标准包括土地复垦技术标准、土地复垦投资标准、土地复垦竣工验收标准、国家和地方的一些其他标准 4 个部分。土地复垦标准是土地复垦技术体系的重点，能为土地行政主管部门加强土地复垦管理提供技术支撑，能促进土地复垦事业的有序发展。

（2）土地复垦规程规范。土地复垦规程规范包括项目勘察设计规范、项目规划设计规程规范、项目监理规程规范、项目勘测规程规范、项目施工规程规范等。土地复垦规程规范的制定主要为土地复垦各阶段具体工程的实施提供依据。

（3）土地复垦规划。按照土地复垦规划的时限和规划范围不同，可将土地复垦规划分为国家级、省级和县（市）级 3 个层次，各层次规划又包含近期、中期和远期 3 期规划。土地复垦规划是对一定区域范围内土地复垦在时间和空间上作出的具体部署和安排，是土

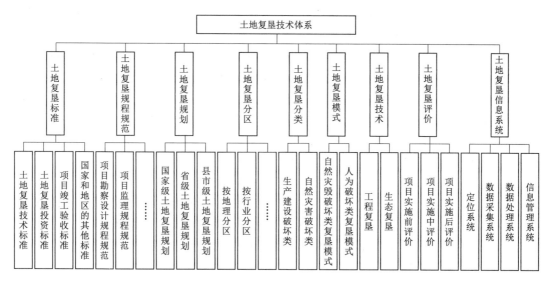

图 7.1　土壤复垦技术体系构建

地利用总体规划的重要内容，其是一个多层次的分级体系，不同层次的规划有各自的任务，起着不同的作用，上一层次的土地复垦规划对下一层次的规划起着控制作用，是土地复垦设计的基础。

（4）土地复垦分区。土地复垦分区包括按地理分区、按地形分区、按行业分区、按重点区域分区和其他分区 5 种方式，分区方式可以灵活多样，全国各地应根据地方实际情况选择分区划分。建立全国土地复垦分区体系，以便土地管理部门对土地资源的开发、利用和保护进行系统科学的管理；使有限的土地资源能够在开发、利用和保护过程中增量增值。

（5）土地复垦分类。按《土地复垦条例》的内容，将土地复垦的类型分为生产建设破坏类和自然灾害破坏类 2 类。其中生产破坏类主要是指矿山开采、国家基础设施建设和其他生产建设活动临时占地等所引起的土地的破坏；自然灾害破坏类主要是指泥石流、洪涝、风沙等自然灾害造成的土地破坏。在土地复垦分类的基础上可以针对不同的破坏类型采取不同的复垦技术。

（6）土地复垦模式。土地复垦模式分为自然灾毁破坏类土地复垦模式和人为破坏类土地复垦模式 2 类。自然灾毁类的土地复垦是针对因自然灾害引起的土地破坏而进行的复垦，对不同的灾毁类型采用不同的复垦模式，如水毁地复垦模式、塌方滑坡灾毁复垦模式和风沙灾毁复垦模式等；人为破坏是指因人类生产生活等非农建设活动所引起的土地的破坏，其模式有矿区采挖破坏土地复垦模式、公路铁路建设破坏土地复垦模式和废弃坑塘土地复垦模式等，建立土地复垦模式使土地复垦的实施具有较强的针对性，更有效地指导土地复垦。

（7）土地复垦技术。土地复垦技术分为工程复垦和生态复垦 2 类。工程复垦主要是采取挖深垫浅、充填和疏于排水等一定的工程措施对破坏的土地进行复垦，使其恢复到可供人类利用的状态；生态复垦主要是采取生物、微生物等措施对破坏地进行复垦，注重生态恢复和景观重塑。土地复垦技术是土地复垦技术体系的重要组成部分，应在充分分析破坏地现状基础上采取不同的土地复垦技术。

（8）土地复垦评价。土地复垦评价分为土地复垦项目实施前评价、项目实施中评价和项目实施后评价 3 个阶段。项目实施前评价是决定项目能否实施的关键过程，项目实施中评价可及时发现项目实施过程中的问题，加以改进，以提高项目实施水平。土地复垦项目后评价是指对项目实施及使用过程中积累的经验、存在的问题、实际运行效果、实际投资效果等进行系统分析、评价的过程。它对其他同类项目及本项目进一步方案设计或改进都具有十分重要的意义。

（9）土地复垦信息系统。土地复垦信息系统包括定位系统、信息采集系统、数据处理系统和数据管理系统等 4 个部分，其中定位系统以 GPS 技术为核心，信息采集系统以 RS 技术为核心，数据分析以 GIS 为核心。通过建立信息系统收集、汇总和发布土地复垦数据信息，接受社会监督、提出预警，为土地复垦规划、设计、监管及决策服务。

7.6.4.1 土地复垦规划

1. 土地复垦规划的概念

土地复垦规划就是根据待复垦地区的自然、社会、经济条件，以及待复垦土地状况，确定其最佳利用方式和复垦措施，并对土地的复垦在空间和时间上进行科学安排。

2. 土地复垦规划内容

土地复垦规划一般应包括土地复垦规划工作准备、土地破坏现状调查与预测、土地复垦规划基础性研究、土地复垦规划方案编制、土地复垦规划成果与审批 5 个部分。见表 7.5。

表 7.5 土 地 复 垦 规 划 内 容

土地复垦规划工作准备	规划工作准备	制定工作计划
		成立领导机关、落实经费
		成立技术工作组、进行技术培训
	规划资料收集	文字资料 数据资料 图件资料
	规划工作规划程序	规划指导思想、规划期限
		规划内容、规划程序、规划成果
土地复垦规划基础性研究	待复垦土地资源现状分析	待复垦土地数量及分布分析
		被破坏土地对周围环境影响分析
		被破坏土地经济效益损失分析
		待复垦土地现状述评
	待复垦土地资源适应性评价	适宜性评价原则和依据的确定
		适宜性评价单元的划分
		适应性评价方法的选择
		参评因子的确定
		评价标准的确定
		适宜性评价结果分析

土地复垦规划基础性研究	土地的可行性研究	土地复垦的有利条件
		土地复垦的不利因素分析
		土地复垦投入－产出分析
		待复垦区生态重建的可行性分析
		土地复垦综合效益分析
土地复垦规划方案编制	土地复垦规划的指导思想、目标和任务	
	规划目标年土地复垦指标的确定	
	土地复垦分年度计划	
	土地复垦类型	土地复垦措施的确定
		土地复垦工程工艺
		土地复垦工艺初步设计
	土地复垦工程量及投资匡算	动土方量计算
		投工量计算
		总投资计算
	土地复垦效益分析	经济效益
		社会效益
		生态效益
	土地复垦规划图的编制	
	土地复垦规划实施的制定	
土地复垦规划成果与审批	土地复垦规划（送审稿）	
	土地复垦基础性研究报告	待复垦土地现状分析报告
		待复垦土地适宜性评价报告
		土地复垦可行性报告
	土地复垦规划总结报告	土地复垦规划技术报告
		土地复垦规划工作总结报告
	土地复垦规划成果图	待复垦土地现状与预测图
		待复垦土地适宜性评价图
		土地复垦规划图
	土地复垦规划的审批	

3. 土地复垦规划的原则

资源的开发利用对水体、大气、土壤、动植物、地下资源等均产生不同程度的影响。土地复垦是恢复或弥补这些影响的重要措施之一。根据我国土地供需形势，借鉴国外的成功经验，土地复垦规划应遵循如下原则：

（1）因地制宜原则。根据待复垦土地所在地的自然、气候条件，按照土地适宜性评价的结果，宜农则农、宜林则林，合理安排各类用地，使遭破坏的土地发挥最大效益，将有潜在可能性的生产力变为现实生产力。如将深积水区改造成鱼塘，将无积水区改造成耕地、林地或园地。因地制宜不仅体现在空间差异上，而且体现在实践更替上。比如采煤塌陷前的水田，因地下水系遭到破坏，塌陷后部分地段则由于地表地下水的疏干而只能发展旱作农业。

（2）持续性原则。可持续发展思想对于土地复垦规划显得特别重要，因为矿区废弃地、塌陷地的产生正是源于资源开发利用的不可持续性。土地复垦规划只有以可持续发展为基础，立足于土地资源的持续利用和生态环境的改善，才有利于保证社会经济的可持续发展，变"废弃"为可利用，达到永续利用。

（3）综合效益原则。土地复垦追求的目标是融社会、经济和生态效益为一体的综合效益最优，即使土地复垦寓于社会经济发展和维持生态系统平衡之中，谋求社会、经济、生态三大效益的统一。

（4）统一的原则。坚持开采工艺设计与复垦设计相统一是国外矿山通行的做法，也是采矿法规明确要求的。把复垦内容纳入采矿计划之中，统一规划、统一管理，使开采程序和排土程序及排土工艺根据土地复垦的要求做出相应的调整，既可节省复垦费用，更能使遭破坏的地表尽快恢复其功能。这也是我国矿山规划必须重视的一点。

4. 土地复垦规划步骤

根据矿区土地复垦规划的内容和原则，一般可由以下 6 个步骤组成：

（1）确定规划范围和规划目标。对已形成的废弃地和塌陷区，其规划范围应根据周围的自然地理和社会经济发展状况，由地方政府提出对生产矿区和规划矿区则应由矿山企业和地方政府共同确定。规划目标由确定复垦范围的机构提出并广泛征求当地群众的意见。

（2）复垦资料的收集。复垦资料的收集主要包括规划区内的土地利用、土壤、水文、地质、人口、经济社会等方面的资料，为复垦土地的分类和评价奠定基础。

（3）复垦土地的分类与制图。在综合分析规划区内的自然特征、人类需要和社会经济条件的前提下，根据规划目标和原则，选取影响复垦土地利用类型的主导因子作为分类指标，进行复垦地的分类和制图，以此作为复垦土地适宜性评价的基础。

（4）复垦土地评价。在复垦土地分类制图的基础上，对各类土地进行评价。

（5）复垦土地规划与设计。根据上述评价结果，按照规划原则的要求，构造合理的复垦土地的利用格局。

（6）复垦土地规划实施与调整。矿区土地复垦规划的实施伴随着矿山的开采逐步推进，其复垦计划的调整与采矿计划的实施同时进行。为保证复垦规划的顺利实施，还要制定出一套详细的措施，促使规划方案的全面实施。

7.6.4.2 土地复垦工程实施

我国土地复垦按技术方法依据所处的生态环境、土地破坏的方式和土地利用现状，可以分为工程复垦、生物复垦。

1. 工程复垦

工程复垦以工程技术手段为主，采空区主要采用回填、覆土等整理技术。针对排土场、废弃物压占地一般采用机械进行土地平整、调整和固定边坡等技术。在此基础上，将植被采用穴植、条植的技术进行土壤改良，植被一般依据当地的气候和环境条件选择适宜的、速生的品种。

(1) 表土剥离。首先应将拟破坏或占用的土地表土进行剥离，剥离的表土用来快速恢复地力、满足植物生长的需求。所剥离的表土不仅包括耕地的耕作层，也包括园地、林地、草地的腐殖质层。表土剥离厚度一般根据原土层厚度、复垦土地利用方向及复垦土方需求量确定。对于位置集中、剥离厚度较大、便于机械操作的区域，可采用机械剥离。对于地形复杂，机械施工困难的区域采用人工剥离。对于剥离后表土一般放置于临时表土堆放场，需要做好临时防护、养护工作。一般表土剥离的施工工艺流程如图 7.2 所示。

确定剥离区、剥离时间 → 确定表土堆放场位置 → 剥离表土 → 运送至堆放场存放 → 养护 → 交工验收

图 7.2　表土剥离施工工艺流程

(2) 裂缝充填。裂缝充填主要是针对井工开采而言。由于矿区进行多层或分层开采，随着工作面的不断向前推进，地表会发生变形产生裂缝。对于轻度裂缝一般可就地进行平整。对于中、重度裂缝，应取回填物进行充填。在充填部位或削高垫低部位覆盖耕层土壤。对于尚未稳定的沉陷区域，充填后应略比周围田面高出 5～10cm，待其稳定沉实后可与周围田面基本齐平；在充填裂缝距地表 1.0m 左右时，每隔 0.3m 左右分层应用木杠或夯石分层捣实，直至与地面平齐。裂缝充填施工工艺流程如图 7.3 所示。

裂缝表土开挖 → 充填物充填 → 分层压实，与地齐平 → 交工验收

图 7.3　裂缝充填施工工艺流程

(3) 土地平整。土地平整主要针对露天矿的排土场、井工开采的裂缝区、沉陷区，主要指对排土场进行平整或消除开采造成的附加坡度以便于耕作及排水。对于低潜水位不产生积水的沉陷区域，可采用一般的方法进行简单的平整即可；对于丘陵区，地面沉陷形成高低不平且坡度较大的地貌时，可沿等高线修整为梯田。土地平整施工工艺流程如图 7.4 所示。

施工准备 → 按设计图纸 → 分条田设计平整高程测量放样 → 田间施工便道布置 → 沿渠道
流向剥离表土 → 在条田内集体堆放耕土层 → 平整条田 → 表土回覆 → 交工验收

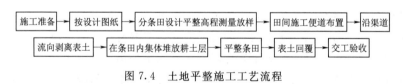

图 7.4　土地平整施工工艺流程

(4) 田间道路。田间道路主要分为田间道和生产路两类。复垦区道路应满足复垦工程和耕作时的人行与农业运输要求。田间道路应可通行大车和小型农用机动车，每平方公里布设约为 3km。生产道路为田间耕作通行道路，每平方公里布置 5km。对于原有道路产生破坏的，进行维修。田间道路施工工艺流程如图 7.5 所示。

施工准备 → 测量放样 → 土方开挖 → 路床检验 → 地面原土打夯机夯实 → 路面铺筑 → 交工验收

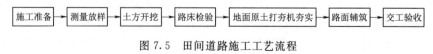

图 7.5　田间道路施工工艺流程

(5) 灌排设施。灌排设施主要包括水源设施（蓄水池、半地下式水窖等）、田间灌溉设施及排水设施。在一些干旱地区，进行复垦时必须充分考虑当地降水情况、水利设施状

况及土壤的保水蓄水与抗旱能力，减少因旱灾影响当地农业生产的歉收及给人畜用水带来的困难，在适宜地区可以考虑修建集水设施。田间灌溉设施，主要根据当地的灌溉情况，对开采造成破坏的灌溉渠道进行整修或重建，一般根据其控制灌溉面积计算渠道断面，确定渠道的规格。灌溉渠系一般均沿道路布置。田间排水设施，主要为防止雨季道路两侧产生积水，对周围耕地产生影响，一般在道路两侧或一侧布设排水沟。主要根据汇水面积确定排水沟断面尺寸。灌溉渠道施工工艺流程如图7.6所示，排水沟施工工艺流程如图7.7所示。

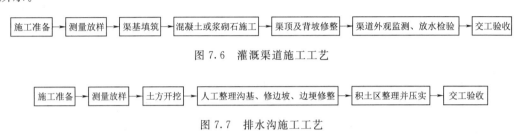

图7.6　灌溉渠道施工工艺

图7.7　排水沟施工工艺

从复垦工程的紧迫性及对农业生产的影响分析，表土剥离、裂缝充填工程需要及时进行。当矿山企业根据生产进度安排需要占用优质农用地时，必须及时地进行表土剥离，防止未剥离直接压占的情况，使珍贵的表土得以保存，为后期复垦提供条件。当资源开采产生裂缝时，需对裂缝进行及时的充填，保证农业生产的正常进行。对于土地平整、田间道路、灌排设施、生物措施等工程可以待项目区稳沉后采取措施统一治理。依据土地整理的经验，一般项目开工后，遵循以道路铺筑为先导，以土地平整为主线，以灌（排）渠施工为重点，配套设施及时跟上的原则。所以，考虑各工程自身特点，土地复垦工程之间存在着一定的先后顺序：以裂缝充填为基础，以道路铺筑为先导，以土地平整为主线，在此基础上进行灌排设施布置、农田防护林网建设。

2. 生物复垦

生物复垦是一种综合复垦技术，要依据分子生物学、微生物学、生态学、环境学、土壤学等相关专业相结合，共同作用的一种复垦方式，主要有：改良土壤、植物栽植、农林业发展等方案，这种技术对于改善生态环境、还原系统平衡、恢复土地生产力、提高农业生产水平具有很好的作用，已成为现在最为提倡的复垦技术和研究热点。土地复垦方案中的生物措施主要包括土壤改良、快速植被恢复、农田防护林网建设等。

（1）土壤改良。土壤改良主要指增施有机肥料，如沤肥、土杂肥、人畜排泄物等。增施有机肥有助于改良土壤结构及其理化性质，提高土壤保水保肥能力。在施肥时，可将有机肥料与化学改良剂、化肥等结合使用。但需注意肥料的交叉作用，避免混施造成肥效降低或失效。种植绿肥牧草和作物也可用于土壤改良。新垦土地准备辟作农田时，可先种几年绿肥植物，改良土壤、培肥土地，然后再种植大田作物。可在一个轮作周期内进行草田轮作，适当安排种植一段时间牧草的种植改良土壤。或采用草田带状间作，即在坡地等高线方向，以适当间距划分若干等高条带，每隔1～3带农作物种植一带牧草，形成带状间作，牧草带能够拦截、吸收地面径流和拦泥挂淤，明显减少水土流失。

（2）快速植被恢复。矿区土地复垦的直接目标是为矿区土地利用服务，因此应因地制宜尽快使矿区土地恢复到可利用的状态。在考虑待复垦土地所处的地理位置及气候等因素的同时，考虑树种的适应能力、固氮能力、根系情况、生长速度、成活情况；选择树种或草种。一般应采用本土化树种或草种。

（3）农田防护林网建设。农田防护林规划是农田规划和生产布局的组成部分。一般需确定防护林的类型、分布、林木覆盖率、占地比例等。农田防护林工程一般可考虑在田间路与生产路的单侧或两侧、项目区周边处种植树木；也可在引水渠、排水沟两侧及沟底种植花草。这样既可以美化环境、防风固沙、防止水土流失，也可以调节农田小气候。林木栽植施工工艺流程如图7.8所示。

图 7.8　林木栽植施工工艺

7.6.4.3　复垦后的改善与管理

土地复垦与生态恢复工程是指对受损的土地及生态环境进行修复的过程，在完成相关的人工修复工作之后，还需进行长时间的自我修复。因此，需加强后期的维护管理工作。

1. 后期管护的基本原则

（1）确保项目区基础设施的长效使用，维护项目区群众的利益。

（2）引入市场机制，充分调动工程管护者的积极性。

（3）坚持责、权、利相统一，明确工程管护各方的利益与责任。

（4）坚持因地制宜的原则，积极探索后期管护新机制，充分尊重农民意愿，结合各地实际，扎实有效地做好工程后期管护工作。

2. 后期管护的内容

（1）对农田水利工程建筑物进行管护，确保排灌站、井房、沟渠、桥、涵、闸、配电设施的完好，能够正常使用。

（2）对田间道路、农田林网等进行管护，确保道路系统的完整，保障通行的畅通和农田林网、水土保持等系统的完好，满足项目区的生产生活需要。

3. 后期管护的方式

（1）谁主管、谁负责的方式。受益范围为村，由村民委员会负责管护；由乡级人民政府负责管护的监督检查和措施的落实。

（2）鼓励利用市场方式。在受益农民村民会议2/3以上成员或者2/3以上村民代表同意的前提下，可依法通过承包、租赁、拍卖、业主负责制等多种市场方式落实工程管护主体。

（3）成立农民自行管护的组织。项目所在地的群众可以成立协会等组织，对农田水利、田间道路等基础设施进行维护。

4. 后期管护资金的来源渠道

（1）土地承包经营者自筹资金解决其受益工程的管护。

（2）项目所在地政府从有关经费中安排一定的资金，作为后期管护经费。

（3）向当地受益群众农户筹集一定的管理资金，用于后期管护的开支。

（4）通过土地复垦项目区内工程承包、租赁、拍卖等形式取得的收入，优先用于后期管护。

5. 后期管护主体的权力与责任

（1）权力：①有权制止各种破坏工程的行为；②按照保修合同，要求项目施工单位对工程进行维护和保养；③享有工程后期管护合同里签订的其他权力。

（2）责任：①保持各种工程设施能够正常运行和使用；②定期向项目承担单位、土地所有者、使用者提供工程设施运行情况的书面汇报；③对工程运行、使用情况进行记录，做好档案资料的保管工作。

7.6.5 采矿土地复垦的工艺和技术方法

7.6.5.1 复垦工艺

1. 有覆土复垦工艺

矿山采空区、排土场、尾矿库的土壤理化性质是错综复杂的。不同矿山的矿石成分有差异，经过采矿、选矿工程处理之后所排放的废料、尾矿及采石场的土壤状况差别很大。采石场因土壤的粒度组成中大粒度矿石的比例往往过大而不适于植物生长，排土场及尾矿场的土壤质地也大多有别于耕地土壤，这些土壤必须加以处理方可种植作物。因此，在工程处理过的采石场、废石场、尾矿场表面覆土成为矿山土地复垦的必要措施。有覆土复垦工艺为：表土的采集、储存和复用-岩石的排弃和回填-场地整备-铺垫表土-耕作种植。

2. 无覆土复垦工艺

有些矿山排土场、尾矿场甚至风化较好的采石场，其表层土质与耕作土壤相近，无须进行表面覆土即可种植，如果表层土质与耕作土有较大的差别，例如酸性或碱性过高、黏粒含量偏低、某些化学物质的含量过低或过高、土壤肥力低等，可以选择适宜的植物品种进行种植。无覆土工艺为：场地工程整备－种植。该工艺实现了尾矿库边坡上不需要覆土直接建立植被层、边坡稳定，水土流失控制达到 90% 以上，为缺乏土源的地区提供了行之有效的植被稳定边坡的复垦生态恢复工艺。

7.6.5.2 复垦技术方法

1. 工程复垦技术

工程复垦技术是根据采矿后形成废弃地的自然环境条件，包括地形、地貌现状，以及复垦地利用方向的要求，并结合采矿工程特点，对废弃地进行回填、堆垒和平整覆土及综合整治并进行必要的防洪、排涝及环保治理中的处理技术。其目的是造地，为生物复垦阶段生物群落建立一个良好的生态环境。根据复垦土地的利用方向以及土地破坏的形式、程度不同，采用的工程复垦技术也不同，常用的工程复垦技术有：就地整平复垦、梯田式整平复垦、挖深垫浅式复垦和充填法复垦技术等。

（1）挖深垫浅式土地复垦。可利用公路、铁路和河流、干渠将大面积塌陷区划分为相对较小的治理单元。在各治理单元内，根据地表塌陷量大小分布情况，在积水较深的区域继续深挖建设深水养殖塘，水深较浅的主要用于种植莲藕、茨菇、菱白等水产经济作物，浅水域周边地区可治理为蔬菜基地。这种方法利用开采沉陷形成积水的有利条件，把沉陷前单纯种植型农业，变成了种植、养殖相结合的生态农业，经济效益、生态效益十分显著。挖深垫浅的复垦方式在沉陷区复垦中，特别是华东、华北各矿区土地复垦中广泛应用，同时它也适用于废石场的复垦。

（2）拖式铲运机复垦。使用大型自我驱动式铲运机剥离和回填土壤已被广泛地应用于露天矿的土地复垦。但在采煤沉陷地复垦中应用铲运机还鲜为人知。在某些区域的土壤中含有大量砂浆砾石，针对这种土壤条件，将中小型铲运机应用于大面积沉陷地的复垦中，可以发挥铲运机在大面积、长距离剥离和回填表土等土石方工程的突出优势。铲运机在采煤沉陷地复垦中的应用，是一种新颖的采煤沉陷地复垦技术。拖式铲运机复垦可连续工作、速度快、工期短、效率高，每台机械平均挖土方，但工人劳动强度较大。采用这种复垦方式能保留熟土层，土壤养分损失较少复垦后土壤存在压实现象，需要深耕复垦后土地能立即恢复耕种。但其受雨季、潜水面深度及地形因素影响较大。

（3）梯式动态复垦。如矿区煤层交替回采，地表塌陷呈动态变化，按照塌陷区综合治理规划，可采用梯式动态复垦的方式。梯式动态复垦的方针，即"动态塌陷，滚动治理，先塌先复，后塌同治，挖填结合，整体平衡"。本方法根据采区内煤层赋存状况，合理布局回采工作面，厚薄煤层交替配采，使地表塌陷呈梯次动态变化。依据塌陷区综合治理规划，对浅部块段先行复垦还田，中部块段休耕同治，"挖深垫浅"，形成精养鱼塘，发展水面养殖业，深部块段用固体废弃物充填，覆土后用于开发经济林地。塌陷区综合治理安排了煤矿下岗人员再就业和农村富余劳动力，不仅保护了矿区的生态环境，保证了矿区安全生产形势的持续稳定发展，而且繁荣了经济，取得了良好的经济和社会效益。梯次动态复垦是工程复垦的一种，它适用于矿区塌陷地。

（4）充填复垦。充填复垦是利用矿区的固体废渣作为充填物料，主要充填物为煤矸石和坑口电厂粉煤灰，因此又分为煤矸石充填复垦和粉煤灰充填复垦。充填复垦兼有掩埋矿区固体废弃物和复垦土地的双重效能，充填复垦技术可治理煤矿地表采掘废弃地的水害和恶化的生态环境，充填复垦适用于采煤塌陷地。

（5）梯田式土地复垦。采煤形成塌陷而产生的附加土地的坡度一般比较小，大约在2°以内，通过土地平整或不平整就能耕种，塌陷后地表坡度在2°～6°之间时，可沿等高线修整成梯田，并略向内倾以拦水保墒，土地利用时可布局成农林果相间，耕作时可采用等高耕作，以利水土保持。这种土地复垦形式为梯田式复垦。对位于丘陵山区或中低潜水位采厚较大的矿区，耕地受损的特征是形成高低不平甚至台阶状地貌。梯田式复垦适用于地处丘陵山区的塌陷盆地，或中低潜水位矿区开采沉陷后地表坡度较大的情况。

（6）疏排法复垦。疏排法复垦要建立合理的排水系统，选择承泄区排除塌陷区内积水和降低地下潜水位，以达到防洪、除涝、除渍的目的。疏排法复垦防洪要求洪水季节承泄区河水及外围径流不倒灌或流入塌陷低洼地，通常应采取整修堤坝和分洪的方法。除涝设计取决于排水面积和排水地区的具体条件。疏排法复垦属于非充填复垦，是解决高潜水位矿区塌陷地大面积积水问题的有效办法。疏排法复垦费用低，复垦后土地利用方式改变不大，深受农民欢迎。排水系统设计方法同样适用于中低潜水位矿区及其他复垦区疏排系统的设计。

（7）矸石山复垦整形设计。井下开采煤矿矸石排放，长期以堆积成锥形的矸石山为主。近年来部分矿区开展了将煤矸石直接排往塌陷坑的实践，取得了较好的经济、社会与环境效益。但这些矿区过去遗留下的矸石山，以及仍以矸石堆积排放法为主的矿区的矸石山，形成了我国煤矿开采企业一个独特的风景。对矸石山进行整形改造，整形改造后进行种植绿化使之消除危害、美化环境，并且能获得一定的经济效益。我国有不少矿山采取了矸石山的整形复垦，如兖州兴隆庄煤矿、潞安王庄矿以及新汉、鹤岗等矿区。国外，如波兰、苏联等是较早采取矸石山整形复垦的国家。

（8）泥浆泵复垦。造地复田往往需要挖土、装土、运土、卸土和平整地等5道工序。泥浆泵复垦方法就是利用泥浆泵这一组机械，模拟自然界水流冲刷原理，把机电动力转化成水力而进行挖土、输土和填土作业，即由高压水泵产生的高压水，通过水枪喷出一股密实的高压高速水柱，将泥土切割、粉碎、使之湿化、崩解，形成泥浆和泥块的混合液，再由泥浆泵通过输送管压送到待复田的土地上。泥浆泵复垦的适用条件主要有：①土壤类型，沙类土最理想，淤泥土不太适用，黑黏土和疆土不适用；②冬季不能施工；③地下水位情况，以决定开挖深度和面积；④塌陷深度等。

2. 生物复垦技术

生物复垦技术核心是迅速建成人工植被群落，即在新恢复的土地上选种适宜作物，能够形成景观好、稳定性高和具有经济价值的植被面。关键技术是解决土壤熟化和培肥问题，加速复垦地"生土"熟化过程。

（1）土壤生物改良技术。土壤生物改良技术通常采用下列4种不同的方法：

1）微生物培肥技术：利用微生物化学药剂或微生物有机物的混合剂，对将要复垦的贫瘠土地进行熟化和改良，恢复其土壤肥力。公路用地大多由于人为扰动，改变了原有土壤结构，破坏了生物生存和繁衍条件。复垦土壤经过生物改良形成植物生长发育所必需的立地条件，迅速重建人工生态系统。微生物培肥技术是国外土壤改良研究新热点，微生物肥料固氮菌、磷细菌、钾细菌肥料及复合肥料等已在复垦土壤培肥中得到工业化应用，在中国还缺少具体应用实践。

2）绿肥法：改良复垦土壤、增加有机质和氮磷钾等多种营养成分的最有效方法。凡是以植物的绿色部分当作肥料的称为绿肥，绿肥多为豆科植物，绿肥一般含有有机质的氮素，其生命力旺盛。在自然条件较差，较贫瘠的土地上都能很好地生长，它根系发达，能吸收深层土壤的养分，绿肥腐烂后还有胶结和团聚土粒的作用，从而改善土壤的理化特性。澳大利亚通过对草场草类改善研究，推荐在复垦区建立豆科植物的草场，会很快稳定废弃堆地表，可改善覆土的物理、化学和微生物性质，可控制水和风力侵蚀。绿肥法是公认的对于缺水和贫瘠的废弃地环境上进行植被恢复中最有效的方法。绿肥法宜同挖深垫浅的工程复垦方式相结合，它也适用于矸石山的土地复垦。

3）客土法：对过砂、过黏土壤，采用"泥入砂、砂掺泥"的方法，调整耕作层的泥砂比例，达到改良质量，改善耕性，提高肥力的目的。客土法的关键是寻找土源和确定覆盖的厚度与方式。为解决土源问题，有些国家和企业要求，在采矿工程动工之前，先把表层及亚表层土壤取走，并认真加以保存，待工程结束后再把它们放回原处。目前西欧大多数国家都要求凡涉及露天开采的工程都采用这一技术，我国海南田独铁矿、云南昆阳磷矿也进行了该项工作。

4）化学法。化学法复垦即是利用自然的地球化学作用，尽可能地不干扰自然界，依元素自然循环来去除有关的化学元素。由于化学工程学模拟自然界的各种自清洁作用，就地取材地改善人类生存的环境，它不会带来新的污染，因而具有广阔的前景。化学工程学环境技术包括衰变、分解或中和、富集作用、分散作用、隔离作用及用化学方法调整环境的物理条件。化学工程学方法可以有效修复土壤污染、水污染和大气污染。化学法复垦主要用于酸碱性土壤改良，中和酸性土层一般用石灰作掺合剂，变碱性为中性常用石膏、氯化钙、硫酸等作调节剂。

（2）植被品种筛选技术。植被品种筛选技术一般是通过实验室模拟种植试验、现场种植试验、经验类比等方法筛选确定。筛选出的品种应生产快、产量高、适应性强、抗逆性好、耐贫瘠。尽量选用优良的当地品种，条件适宜时应引进外来速生品种。

（3）生物增产技术。生物增产技术包括以下3种方法：

1）施肥法。合理施肥是土地复垦增产有效措施，调整化肥品种、营养组分配比、施肥时间、施肥方式、施肥量等对增产效果影响显著。在复垦地施肥方法研究中，种子丸衣技术发展迅速，利用流失丸衣、微量元素丸衣、储水丸衣、农药丸衣、肥料丸衣等可增加植物对养分吸收。

2）用活性菌系进行土地复垦。活性菌系可以使矿山排土场岩土的农业化学性质不断改进，调整值，使游离磷、钾和腐殖质的增加速度比传统方法快1倍。在要复垦的土地上接种菌剂后，可以大幅度提高植物生物学产量和加速培肥土壤。与常用的施入化肥或掺入土壤改性材料相比，其优点是经济、高效、持久、无污染。

3）土壤调节剂——TC技术。TC是由吸水聚合物、肥料、生长促进剂和载体物质组成，经实验研究对改良土壤、保水保肥、植物根系发育等具有显著促进作用。

3. 生态复垦

（1）基塘复垦。基塘复垦模式是指对采煤塌陷地采取挖深垫浅措施，获得一定比例的旱田与水面，并按生态学原理对旱田和水面进行全面利用的复垦模式。该模式形成的土地生态系统为水陆复合型生态系统，该模式是生态工程复垦的典型模式。基塘复垦模式明显受煤矿开采沉陷规律的影响，这种模式只能用于高潜水位矿区。由于开采沉陷后，地面水体会通过煤层露头或垂直或侧向入渗至井下，因此煤层露头上方或开采深度较浅的采空区上方不宜开挖鱼塘。若开挖鱼塘，必须采取防止鱼塘水体与井下发生水力联系的措施，这样会使复垦成本增加。基塘复垦土地利用集约度高，效益可观，是我国目前高效高标准复垦的一种典型形式。但它也存在着初期投资大，对种养技术要求高的缺点。

（2）矸石山的生态工程复垦。矸石山是煤矿在采煤及煤加工过程中排出的固体废弃物堆集而成。一般占地几十亩，高度几十米，坡度在$30°\sim45°$之间。矸石山的生态工程复垦包括微生物复垦与植物复垦2类。对矸石山进行复垦的程序为矸石山的整形、矸石山的处理、道路布设、灌溉及排水系统布置、种植条件调查及种植植物的品种选样布局、种植的时间和方法、管理等。生态工程原理在矸石山复垦中的应用主要表现为，根据矸石山不同区域的条件研究其生态位、适生植物品种的选择及矸石山植物种群的建立等。另外，还要研究矸石山营养物质的流动，解决其循环利用办法。

（3）利用生态演替原理进行土地复垦。生态系统的核心是该系统中的生物及其所形成的生物群落，在内外因素的共同作用下，一个生物群落如果被另一个生物群落所替代，环境也就会随之发生变化。因此，生物群落的演替，实际是整个生态的演替。生态学是露天煤矿土地复垦的理论依据，以生态演替原理进行矿山土地复垦，适用于露天煤矿，尤其适用于露天煤矿排土场的土地复垦。按照生态演替原理把露天煤矿土地复垦工程分为水土保持、生态效益和经济效益3个阶段。复垦过程中，遵循自然界群落演替规律并进行人为干扰，进行矿区生态恢复和生态重建，调制群落演替、加速演替时间、改变演替方向，从而加快矿山土地复垦。

（4）营造人工林进行土地复垦。营造人工林的土地复垦技术，可以在开采后的土地上迅速形成绿色植被，保护土壤不致水土流失，并能增加土地的肥力，改善区域的生态条件。在露天开采的矿区采用营造林技术进行土地复垦一般能取得较好的效果，这种复垦方法技术关键是树种的选择。树种选择一直是各个国家复垦研究的重点内容。苏联在这方面做了广泛研究，积累了丰富的生产经验和科研成果。他们在选择树种时，除考虑地带性规律外，还坚持耐寒性、抗旱性、耐贫瘠、生长迅速和一定土壤改良作用的原则。所选的植物种应具有抗污染、速生、良好发育、水土保持和卫生保健、绿化及经济功能等生物生态学特征。大量资料表明，固氮树种能适应严酷的立地条件，特别是刺槐、狭叶胡颓子、黄花锦鸡儿、灰赤杨、黑赤杨、沙棘和一些豆科植物。因而它们常被作为复垦地的先锋树种引入。

4. 多种复垦方法相结合

在土地复垦中，一般通过工程复垦平整土地，排除积水、旱涝等用生物复垦的方法改善土壤的质量，消除由于采矿造成的环境污染及土壤污染，提高农作物的产量在土地复垦的最后阶段，运用生态复垦的方法改善复垦土地局部的生态环境，使土地不仅得到了复垦，而且能创造一定的经济效益和社会效益。通过这3种复垦方法的结合，才能从真正意义上实现土地复垦。

（1）层次分析法。层次分析法通过对复杂问题的分析判断将影响系统的各因素划分成条理化的有序层次，再对每一层次各元素的相对重要性进行比较排序，以此作为决策者的依据。层次分析法对于解决大系统中多层次、多目标决策问题行之有效，具有高度的逻辑性、灵活性和简洁性的特点。高潜水位矿区的土地复垦工程，涉及的因素多，包含的环节多，牵涉的部门多。在复垦时可能有很多方法以供选择，我们可以分选出具有代表性的几种方法，应用层次分析法进行选择分析，确定出最有效的矿山土地复垦方法。实践证明，层次分析法是高潜水位矿区选择土地复垦工程措施的有效方法。

（2）联合工艺复垦模式。联合工艺复垦模式是把复垦与采矿融为一体，从而改变以往把复垦当作后患被动治理的有效措施。按复垦工艺的要求，统一安排剥离、采矿、排土和复垦作业，有计划按顺序同步进行。实现边开采边复垦，土地复垦周期由多年或更长时间缩短为一年，复垦费用可降低。现代化的矿区土地复垦，是完整采矿工艺流程的一个组成部分。要求根据矿区环境，在矿区的整个开发时期，明确矿区复垦的范围和土地利用方向，选择最佳的利用方案保证在时空上全面、经济合理地实施各种复垦活动。矿区土地复垦作为一个系统工程，涉及包含开采工艺、排土工艺、造地工艺、整治技术、垦植技术、管理技术、整体优化等各环节。联合复垦工艺是在长期的复垦实践中逐步发展起来的，它适用于露天开采的矿山。运用开采、排土、造地、整治、垦植、管理相联合的复垦技术，将与矿区复垦有关的矿山生产活动作为一个系统，合理规划、统一设计、有效组织、同期实施，用尽可能少的复垦获得最佳的复垦效果，以期取得良好的复垦经济效益、生态效益和社会效益。

本 章 小 结

土地资源是人类生存与发展不可或缺的一种资源，在土地资源开发利用的过程中必定会对生态环境造成影响。本章围绕土地资源的保护与整治，从其概念与内涵到影响、功能与意义，再到具体的规划、措施、技术、工艺，由内而外地分别系统地介绍了土地利用与生态安全、土地资源保护、土地整治、土地开发、土地整理、土地复垦6个方面的内容。

复 习 思 考 题

1. 简述土地生态系统的特性。
2. 论述土地利用对生态系统结构的影响。
3. 简述土地生态学理论。
4. 简述耕地资源保护的主要措施。
5. 土地保护遵循的原则是什么？
6. 我国土地整理效益评价方法都有哪些？
7. 土地整理的内涵包括哪几点？
8. 论述生态复垦的具体方法。
9. 详细论述煤矿区的复垦工艺。
10. 试论述工矿废弃地复垦的必要性。

第8章 区域土地资源开发

▶本章概要

利用、规划土地资源的目的是不断地开发土地资源的生产潜力，为人类社会及生态环境的可持续发展提供相应保障。而区域土地开发是基于土地利用总体规划和专项规划，开发区域土地资源，使可开发的资源在实际生活中利用的过程，具体内容包括区域土地开发的理论和概念、土地开发的内涵、开发的方式和具体形式及遵循的原则，对开发过程的系统理解；根据研究区资源环境和社会经济条件，通过经济可行性、对生态环境和社会经济的影响评价，分析区域土地开发的潜力和开发的可行性；基于可开发的区域进行详细的规划，包括制定开发的任务、开发的内容、得出的成果和实施情况4个方面。

▶本章结构图

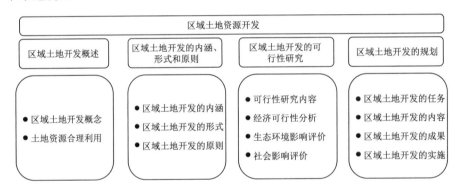

▶学习目标

区域土地开发是在土地资源利用与规划的基础上，通过对一定区域内自然环境和社会经济条件进行综合分析、整理规划和开发的一项工作。通过调查分析规划区域的土地利用现状和土地开发潜力及开发的可行性，对开发工作做出总体安排，使可开发的土地资源全部得到合理利用，以便达到区域土地生产力和土地利用率充分发挥的目的。

8.1 区域土地开发概述

区域国土资源作为我国重要的资源，对我国的经济发展起着重要的作用。按一般的理解，地区土地资源的开发就是城市建成区和规划建设区域由非建设用地变成建设用地或增加建设用地使用效能，包括新建开发与低效地再开发。也就是说，土地开发包含了新增开发与存量开发两类。如城市新区；产业园区；旅游景区；商业街区/都市综合体的建设、改造/棚改/城市更新；特色小镇/产业新市镇的建设等项目和工程为典型的区域土地资源的开发。

区域土地资源的开发利用在一方面要使土地资源得到充分与高效的利用，另一方面又要使土地的开发利用与土地资源的合理保护和科学整治结合起来，从而实现土地利用与社会、经济与资源环境系统之间的协调发展。

因此区域土地资源开发利用应该是一种具有技术上的可行性与经济上的合理性、资源环境的可持续性、社会的公平性等方面相互统一的高度自觉的理性行为。实现区域土地资源持续利用，提高土地利用率。在一定区域内通过科学技术与法律和经济手段使土地资源利用类型的结构、空间分布与总体功能，以及各土地资源利用类型内部及其间的具体管理技术等，均能与本区域的自然特征和经济发展相适应，使闲置的土地资源充分发挥其功能和价值，具体特征如下：

土地资源的合理利用是通过适当的利用方式与管理措施获得经济效益和社会效益的同时，保护土地资源免遭破坏，不造成负面的环境效应。土地资源合理利用是土地资源持续利用的前提条件，是土地资源持续利用的基础。

（1）进行区域土地资源的开发时，只有区域土地资源适宜开发，经济效益才能有长久的保障，土地质量才不会退化，保持长久的生产力。

（2）土地利用的适宜度有利于生态环境的保护，当土地开发模式符合地域土地和社会经济的发展特征，人为行为和自然才能相互协调。

（3）土地开发要促进生产的稳定，若土地开发方式符合土地特征，那么对应的生产性也是稳定的。

（4）要减少土地开发对生态环境的负面影响，人类社会从事农业生产和工业生产往往会造成环境的污染，使生态环境和生产生活条件受到破坏，因此要遵循绿色开发的原则进行科学合理的土地资源开发。

进行区域土地开发时要做到土地资源的合理利用，尤其是闲置的土地资源，此外还要求在区域范围内实现土地利用结构的优化，构建良好的土地利用结构和布局。我国作为农业大国大部分地区均以农业用地为主，如果在土地开发时形成农、林、畜牧业三足鼎立的土地利用结构和布局，对区域农林牧渔业的发展是十分有效的。此外，农用地、建设用地和未利用地是区域土地资源的重要组成部分，如何在区域范围内合理安排各类资源，形成良好的土地资源利用结构和布局，实现各类土地资源的有机结合是决定土地开发结果的重要因素之一。

区域土地开发要与区域社会经济发展水平相适应。区域发展不平衡性是区域的社会经济发展的特点，也是研究地区土地资源开发过程中必须面对的问题，问题主要表现在以下两个方面：①各地区的自然地理与经济地理存有极大差异，如经纬坐标、气候特征、地形地貌、资源环境、产业、人口和政策等；②各区域的社会经济发展水平与发展规模都有所不同，区域经济社会发展水平的差距有深刻的历史和现实原因，当前想消除这类差距存在较大的困难。发达地区因过度开发资源、资源承载力和对社会经济的服务功能和服务水平较为低下；而欠发达地区有些资源尚未开发，国土资源的利用程度不是很充分，但是土地资源的开发程度较低也导致社会经济发展较为缓慢，因此在进行土地资源的开发时要遵循因地制宜的原则，不同地区的土地开发工作要有效结合不同地区的社会经济发展特征和资源环境的开发特征，即与当地的社会经济发展水平相适应。

8.2 区域土地开发的内涵、形式和原则

8.2.1 区域土地开发的内涵

人多地少、耕地后备资源短缺是我国的基本国情。人均耕地少，在不断减少耕地总体质量差且退化严重，耕地后备资源严重不足是我国耕地的基本态势。针对我国严峻的耕地形势及未来可能出现的粮食问题，确保我国社会、经济的可持续发展，我国政府提出了实现耕地和其他土地资源总量动态平衡的目标。

国土资源部对全国的土地开发整理规划工作进行了部署。土地开发规划是指对特定区域范围内未来较长时期的土地开发、土地整理、土地复垦等方面所作的统筹安排与综合协调，是通过对区域内土地资源状况与土地利用潜力进行评价，确定土地开发、整理、复垦的总体目标与任务，划定土地开发、整理、复垦的重点区域，安排重点工程，提出重点项目，制定补充区域土地资源的平衡方案，估算土地开发整理所需投资，评价预期综合效益，并制定实施规划的对策措施，其开发要兼顾生态学理论、经济学、社会学和可持续发展理论等众多理论。

土地资源的开发与规划是保障区域人文社会和生态环境合理、健康发展的有效途径，也是实现农业用地总量动态平衡战略目标的重要手段，是落实土地利用总体规划、土地利用动态监测、实行土地用途管制的重要措施，是选择土地开发整理项目的依据。搞好土地开发整理规划，对于科学指导土地开发整理活动、合理安排土地开发整理项目，对保障区域土地资源保护目标的实现具有重要意义。

8.2.2 区域土地开发的形式

因我国自然灾害频繁，水土流失严重，如生态环境脆弱、人地矛盾突出、有限的土地承载着过量的人口导致生态环境压力很大，但尚有一定数量的土地后备资源；土地资源的总量较大，类型多样、开发条件优越，但同时土壤质量低，在空间分布格局上地域分异差异明显，因此对于不同地区而言采用的土地利用开发模式也有所不同，大体上包括农牧复合模式、生态家庭农场集约开发模式、立体生态农业利用模式等 3 类，见表 8.1。

8.2.2.1 农牧复合模式

从资源角度而言，我国荒草地资源有较大的开发潜力和利用空间。荒地的开发要采取水平开梯、块石砌埂方式建造水平梯地。具体做法是根据地形地貌采用大弯随弯、小弯取直、高砌低垫、分段求平。在进行梯地建造中先刨出耕层表土，爆破排石，块石用于砌梯坎，上部 30cm 的地方要用水泥砂浆浆砌，埂面用水泥砂浆抹平；梯上底层用碎石、片石铺垫、中层铺垫掺混有机肥的石缝土，对表土进行回填。土层深 50cm 以上的进行梯面平整、坡度小于 50° 的土壤肥力可达中上水平。

对所处海拔高、坡度大、发展种植业生产有较大难度的荒草地资源应与绿化荒山荒坡，建立农牧复合生态系统以及调整畜牧业产业结构大力发展草食牲畜相结合。对坡度

表 8.1

土地开发模式			具 体 措 施
区域土地开发模式	农牧复合模式	荒草地资源应与绿化荒山荒坡复合模式	对坡度大、土层薄、砾石含量高及立地条件差的土地进行封山育草的措施，对植被稀疏、冲刷严重的草山草坡定期轮流封禁，实施种树与种草结合，依靠植物本身的繁殖力进行人工补植和人工培育，增加林草覆盖率
	生态家庭农场集约开发模式	农林牧渔立体生态型开发模式	包括食物链式和林农式生态型开发模式，以治水改土和水土保持为中心，坚持以一业为主，农牧结合、种养结合、长短结合，因地制宜，实行多层次、多方位地立体开发利用土地资源
	立体生态农业利用模式	"头戴帽"	坡度>35°的石山、裸岩、砾地等未利用和难以利用的坡地，土壤覆被率5%～10%，人工种植经济植物较难的地区，综合运用封、造等措施恢复植被，建造成生态防护林体系
		"腰系带"	坡度在25°～35°范围内，土壤覆被率在10%～30%的坡耕地进行统一规划，有计划种植适宜喀斯特地区生长的经济林和用材林，山腰处建成生态屏障，为耕地系上一条"绿色安全带"，以调整农林地的比例，增加农牧民的经济收入，巩固退耕还林的成果，促进生态良性循环
		"脚穿靴"	在坡度<25°的条件下进行土地资源的开发行为

大、土层薄、砾石含量高及立地条件差的土地进行封山育草的措施，对植被稀疏、冲刷严重的草山草坡定期轮流封禁，实施种树与种草结合，依靠植物本身的繁殖力进行人工补植和人工培育增加林草覆盖率。

8.2.2.2 生态家庭农场集约开发模式

1. 农林牧渔立体生态型开发模式

农林牧渔业类的生态农场是以治水改土和水土保持为中心，坚持以一业为主，农牧结合、种养结合、长短结合，因地制宜，实行多层次、多方位的立体开发利用土地资源的一种模式。

（1）食物链式生态型开发模式。食物链式生态型的生态家庭农场，是在农林牧渔综合开发的基础上，按生物供求关系形成食物链式的开发利用。

（2）林农式生态型开发模式。林农式生态型的生态家庭农场是要充分发挥地方优势，在不同生长季节，利用林木果树空间合理间作各种农作物。

2. 立体生态农业利用模式

立体生态农业利用模式能够形象地用"头戴帽，腰系带，脚穿靴"来概括。"头戴帽"是指坡度大于35°的石山、裸岩、砾地等未利用和难以利用的坡地，土壤覆被率5%～10%，人工种植经济植物较难的地区，综合运用封、造等措施恢复植被，建造成生态防护林体系。"腰系带"是指在坡度在25°～35°范围内，土壤覆被率在10%～30%的坡耕地进行统一规划，有计划种植适宜喀斯特地区生长的经济林和用材林，在山腰处建成生态屏障，为耕地系上一条"绿色安全带"，以调整农林地的比例，增加农牧民的经济收入，巩固退耕还林的成果，促进生态良性循环。"脚穿靴"是在坡度小于25°的条件下进行土地资源的开发行为。

8.2.3 区域土地开发原则

土地资源分布的人文地理特点决定了对土地资源的开发问题进行分析时一定要遵循区域性原则，不同区域在处理土地开发过程中面临的人口、资源、环境等问题时土地资源的开发模式也有所不同，因此在进行区域性土地资源开发利用研究时应遵循以下几个原则：

（1）土地规划与土地开发相协调的原则。土地利用总体规划是土地规划体系的核心部分，也是土地利用结构宏观调控的依据。

（2）开发利用与环境保护相结合的原则。开发利用和保护土地资源是同一问题的两个方面，土地资源的利用是最终目的，生态资源的保护是手段。只有对其进行积极的保护、培育和规划，才能使资源充满自我更新能力，才能达到可持续利用目的，只有对土地资源进行合理的开发利用，创造经济价值，才能为保护和培育资源提供物质基础。

（3）农业优先的原则。我国作为农业大国，根据地区各省、旗县的生产总值和人均收入及人均耕地面积，农副产品应以自给为主，特别是我国北方地区粮食大幅度减产和耕地减少情况较为严重，且周边省份存粮有限导致粮食产量供不应求。

（4）土地开发与执法统一的原则。长期以来，我国土地资源的开发管理一直处于无法可依、无章可循的状态。《中华人民共和国土地管理法》是国家运用法律和行政的手段对土地财产制度和土地资源的合理利用所进行管理活动予以规范的各种法律规范的总称。该管理法遵循土地开发与执法统一的原则，为加强土地管理，维护土地的社会主义公有制，保护、开发土地资源，合理利用土地，切实保护耕地以及促进社会经济的可持续发展中发挥了重要作用，

（5）宏观指导与微观调控统一的原则。进行区域土地开发工作应结合宏观指导和微观调控原则，针对土地资源的综合治理与开发利用的规划缺乏预见性、针对性和可行性状况，宏观控制各项功能缺失，微观管理目标模糊、执行度低的问题，实施各项工作建立示范样板，构建有效的土地开发模式。

8.3 区域土地开发的可行性研究

8.3.1 区域土地开发可行性研究的主要内容

区域土地开发工作不仅涉及农业措施、生物措施和工程措施等众多工程项目，还涉及区域社会经济与生态条件，具体内容包括以下几个方面（于铜钢，1991），如图8.1所示。

（1）区域土地资源的开发与背景：包括主观与客观、宏观与微观依据，尤其是农业用地开发的要求和背景。

（2）土地开发利用的方向：土地开发的总体目标与方向，经营的方针与开发途径，预

期所涉目标和操作可行性程度。

（3）开发利用地区的人文地理条件与选址方案：包括人文地理、社会经济、资源承载能力、限制因素、资金、能源等条件以及开发区地理位置与范围。

（4）区域土地规划与开发设计：包括两部分内容，第一部分为土地开发要兼顾土地整治措施规划，如盐碱地开发与治理、风沙地开发利用与治理、水土流失区和低产区的开发与治理；第二部分为明确土地开发规划的方向和治理的有效途径，包括农林牧渔业用地的规划设计和优化措施。

（5）土地开发组织管理：健全并补充区域土地开发利用汇入治理措施的管理组织，各类人员的分配与落实，制定人员组织化的管理制度与条例。

（6）开发资金落实：开发资金的落实是土地开发过程中最重要的环节之一，也是决定土地开发可行性的核心因素。开发资金的落实方法包括资金的来源，如银行信贷、自筹资金及引用外资等，在此基础上制定资金使用计划、资金的分配方式、监测及审计等内容。

（7）编制土地开发可行性研究报告：土地开发可行性研究报告的编制是基于以上研究内容，结合开发现状撰写可行性研究报告。

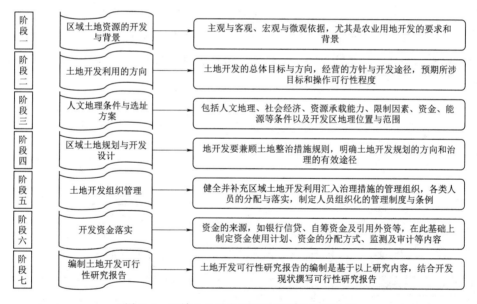

图 8.1　区域土地开发可行性研究的主要内容

8.3.2　区域土地开发的经济可行性分析

区域土地开发的经济可行性取决于土地的开发成本及产生的利益，土地的开发成本包括规划与开发计划实施的前期费用、征地和收地产生的补偿费、财务费、管理费与税费等众多费用。因此土地开发的经济可行性受以下几个因素的影响（图 8.2）：①开发位置，所开发地区的地理位置、经济区位条件等因素决定了征地补偿费用和收地补偿费用的水平，同时也决定了地块单价，开发区越好、交通越方便，成本则越高；②开发性质，开发区块的性质直接决定规划特征和产生的费用，对于居民用地、城镇建设用地、商服用地等上市的经营性土地的出让资金均为较高，后续的一系列工作的进展所需花费的成本也高，道路与交通用地、公共用地等非上市的公益性用地对应的成本就偏低；③市场条件，土地开发利用的成本尤其是开发利润，受房地产市场和土地市场的影响较大，市场活跃区土地开发的各项成本均为较高，对应的经济效益也会上涨，反之亦然；④社会政策，区域政策水平主要体现在土地开发过程中提供的各项补偿政策上，如待拆政策、各项补贴和土地资源的出让政策，而政策力度将直接影响土地开发成本的高低。

面对快速发展的时代，区域土地开发成本和实施难度在逐渐提高，土地开发经济可行性成为影响规划实施的关键因素，也是地方政府及相关管理部门在规划方案确定、土地开发实施决策中考虑的重要方面，进行土地开发工作和经济可行性分析时必须要统筹兼顾开发位置、开发性质、市场条件和社会政策条件。

8.3.3 区域土地开发对生态环境影响的评价

8.3.3.1 区域土地开发对生态环境影响评价的技术路线

区域土地开发的生态系统评估与其他生态评价的方法一样，要与实际的工程项目进行结合，选择具有针对性的评估方法并选择适当的评价指标与标准。对于区域土地开发产生的生态效益评价而言，主要是围绕水土资源的开发及其影响展开的工作，因此一般要选用水土资源的影响程度、气候调节作用等指标，图8.3为区域土地开发对生态环境影响评价的具体流程。

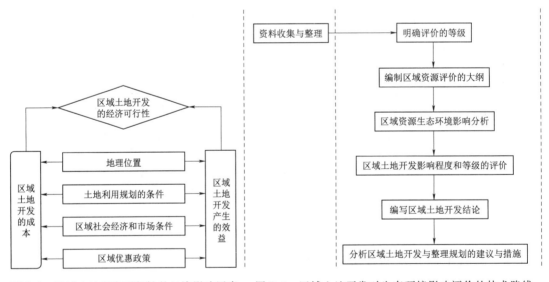

图 8.2 区域土地开发可行性的经济影响因素　　图 8.3 区域土地开发对生态环境影响评价的技术路线

8.3.3.2 区域土地开发对生态环境影响的评价内容

所谓的生态环境是指影响人类社会的生存与发展的水资源、生物资源、气候资源及其他资源数量与质量的总称。

生态环境是由地形地貌、气候、土壤、植被、水文等多种因素组成的复杂系统。而土地开发与规划实质上就是改变土地利用和土地覆被结构,土地利用状况和土地覆盖变化是自然条件和人类社会共同作用的结果。在不同的时间尺度上表现为不同的景观变化。而景观格局的变化会导致生境变化,生境的变化又反作用于土地利用。因此土地利用变化与气候变化、水文变化等自然环境的变化具有密切的联系。研究内容则包括各类土地资源、生物资源和动植物资源等众多资源在土地开发、复垦和整理后受到的影响进行评价,并根据结果制定对应的生态环境规划与整理方案等(表8.2)。

表 8.2 区域土地开发对生态环境影响的评价内容

评价内容	评价对象	评价目的
区域土地开发	荒山荒地的开发	开展水土保持方案和规划方案
区域土地的复垦	矿山废弃用地和废弃的工业与建设用地及其他用地的复垦	进行废弃用地和污染用地的二次复垦
区域土地的整理	村庄、荒坡与其他用地的整理与规划	开展水土保持和生态环境的规划与整理方案

8.3.3.3 区域土地开发对生态环境的影响评价

区域土地开发对生态环境产生的影响可以从积极和消极两个方面进行分析(图8.4)。

(1)从积极影响的角度而言:首先,通过区域土地资源的宏观设计与整治,能让有限的土地资源承载更大的能量,创造出更为高效和绿色的生态系统,营造一个更为自然和谐的生态环境,实现宜农则农、宜林则林的目标;其次,通过生物工程措施的整治,区域土壤会有更强的蓄水能力,在强有力的蓄水能力之下再加上设备齐全的水利设施,能够在很大程度上降低区域内地表径流量,从而使这一区域的抗旱防洪能力增强;最后,土地开发能对区域土地资源进行更为合理的规划与安排,使得原本无序的土地利用情况得到有效改善,耕地面积无论是质量上还是面积上都发生了可喜的变化,在一定程度上消解人地之间的矛盾。

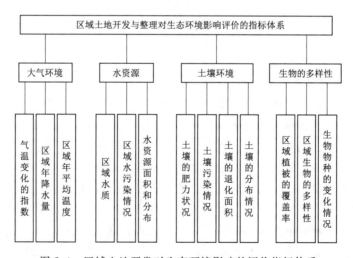

图 8.4 区域土地开发对生态环境影响的评价指标体系

(2)区域土地开发对生态环境的消极影响评价:如对于湿地和沼泽等土壤中成长的植物是许多野生动物理想的栖息地,不仅维护着区域内生态平衡,更能够起到减少旱涝等情况的发生、调节干燥气候的作用。而在土地开发的过程中有时会对湿地和沼泽地进行开发导致区域内的原生与次生植被的减少甚至消失，生物多样性也在一定程度上被破坏，直接影响了对害虫的转移，降低了区域生态系统的抗风险能力。其次，土地开发工程的实施没能彻底地做到因地制宜，缺乏根据区域环境内景观的保护，在规划过程中较少考虑到环境影响评价，对道路与沟渠进行设计时将过多的目光放在了美观性上面，而缺乏对实际使用情况全面而细致的考虑导致河道和沟渠的平衡能力下降，土壤呼吸困难，进而气温变化，整个生态结构日趋不稳定，提升区域的生产风险。

最后，受工期效益与科学技术条件的影响与限制，在土地开发计划的实施过程中，相关工作人员很少在各个环节中都从宏观的生态保护角度看问题，施工方式简单粗暴。如土地整理中，最为基础的一个环境就是土地平整工程，在施工过程中地块原本的形态发生改变促使土壤退化，对整个生态系统造成极大的负面影响。

8.3.4 区域土地开发对社会影响的评价

从社会学、人类学的角度来讲，社会分析是从人类的心理、社会经济的关系进行的社会分析，解决的是人类自身产生的矛盾。因此，地区土地开发项目的社会影响评价侧重于项目对"社会人民的影响"的评价，即分析区域土地开发的政策、项目、规划或方案带来的后果、带来的影响，包括对个人、组织与社区团体的影响。依据土地开发整理的科学概念和运行机理，对应的社会影响评价的内容（刘元帅等，2018；钱泉花，2020）、方法（孙向阳，2019）、技术路线（陈倩颖等，2017）和评价体系（郭小倩，2016）包括以下方面的内容。

8.3.4.1 区域土地开发对社会影响评价的技术路线

社会影响评价工作是一个复杂的过程（金群，2008）。不同社会政策的出台将会改变社区和人民社会变化的正常趋向，即使最小的土地开发利用项目对于特定区域也会产生严重的影响。一般而言，研究区域越有限，越容易识别社会影响的后果和持续时间。此外，不同地区的社会影响将根据区域特性、强度和持续时间的变化而发生变化，其技术路线的总体方向与生态影响评价的技术路线一致。

8.3.4.2 区域土地开发对社会影响评价的内容

区域土地开发与利用对于国家层次而言，承担着实现国家土地资源的安全及社会安全等重大任务，反映了在国家整体目标中区域分工的要求（陈述光，2019；王敏，2007）。如以提高土地生产力为目标的土地开发工程，包含了增加农业用地面积，提高农用地质量，改善生产条件，提高农村建设用地集约度等内容，也囊括了未利用地开发、整理，中低产田土改造，水土流失区、荒漠化地区、废弃地复耕等综合整治，农村宅基地整理等众多内容。对区域的社会影响则集中于粮食安全、粮食政策、农民收入、补助方式和社会政策等方面。土地开发项目或工程措施的描述，如土地开发整理项目或工程描述的内容涉及项目本身及项目的构成要素、实施目标、研究理念和影响项目的社会经济文化程度与项目的合作单位、受益群体等内容。

8.3.4.3 区域土地开发对社会影响评价的指标体系

区域土地开发对社会影响评价指标体系的构建是一个复杂的过程（图8.5），包括国家层面的宏观经济政策、区域社会经济发展、社区的就业水平、人们的收入与消费水平、社会福利政策、生产生活条件和文化教育等诸多方面，而这些影响很难数量化，即各种影响的量纲不一致，为全面系统地分析土地开发整理项目的社会影响，必须坚持定量分析与定性分析相结合，确立针对性和科学性强的社会影响评价指标体系，并由一系列相互联系、相互补充、全面评价社会影响的指标构成。

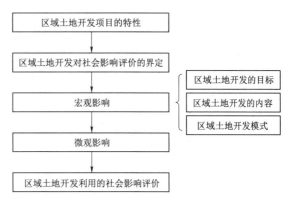

图 8.5　区域土地开发对社会影响的评价

8.4　区域土地开发的规划

8.4.1　区域土地开发的任务

对于区域土地开发任务的研究，根据《土地开发整理若干意见》（国土资源发〔2003〕363 号）等文件得知其任务是依据土地利用总体规划和土地开发整理等各项规划（张红梅，2012；汪少群，2011），对区域水土、道路与交通、林业资源等生态资源进行综合整治的一项工作；并对在开发规划过程中，挖损、塌陷等水土流失和污染、破坏的土地资源和洪灾、泥石流、沙化等自然灾害损毁的土地进行复垦与开发治理为任务的一项工作，包括建立完善的开发、规划与管理体系、建立合理规范的项目管理制度、建立有效的资金投入与支出机制、提高土地开发的科技水平和有效的法律保障。

8.4.1.1　建立完善的开发、规划与管理体系

区域土地的开发首先要做好土地开发利用规划的编制工作，要以务实的态度、科学有效的方法编制土地开发整理规划来保证规划的科学性和可行性（赵烨，2006）。严格实施执行土地开发规划，规划一经审定，就应当严格执行，以便保证规划工作的按时完成。

8.4.1.2　建立合理规范的项目管理制度

土地开发利用项目中的各类工作都必须纳入项目管理，且国土资源部门要对此项目实行项目申报、审查、实施、核对、验收等系统性管理工作并加强监管力度，做好项目实施前的审查和项目验收等组织化管理工作。

8.4.1.3　建立有效的投入与支出机制

形成稳定的人力、物力和资金投入渠道、保障土地开发整理的持续开展是土地开发利用工作的核心任务之一。首先要巩固土地开发整理资金来源渠道，依法足额收取土地有偿使用费、土地的开垦和土地复垦费等专项资金。第二要制定合理有效的政策，吸引社会投资，积极开展国际合作引进外资企业，形成以政府投资为引导、社会投资相结合、产业化运作为经济纽带的土地开发整理投入机制。第三要根据财政改革对土地开发整理项目各项管理提出的新要求，积极推进和实行部门预算制度，细化各项预算编制。

8.4.1.4 提高科技水平

随着土地开发利用工作的深入开展，科技研究与应用的地位越发突出。目前，这方面的工作还相对薄弱。针对区域土地开发利用特点，积极开展相关基础理论和技术工程的研究和应用，加强区域土地开发利用的标准化建设，大力推进土地资源的监测、资源承载力评价、规划设计、工程建设等科技水平的提高，形成技术、经济和管理的标准化体系，积极开展利用与开发信息化建设。

8.4.1.5 建立有效的法律保障

我国土地资源的开发、整理和利用有着悠久的发展历程，法治建设的任务也不尽相同。土地整理工作是在探索中起步，在实践中发展的，我们要认真总结和借鉴各类实践、典型案例，尽快制定土地开发利用的专项法规和规章制度。随着市场经济的发展不断地更新规章制度，完善土地相关的法规，保证用地单位和个人履行相关义务，进行更加严格的控制管理，在切实保护生态环境的前提下，才能进行适度的土地开发工作。

8.4.2 区域土地开发的内容

区域土地的开发与规划是区域土地开发的全面系统的部署，是以土地利用总体规划中规定的土地资源开发指标为依据，结合区域社会经济的发展需求，土地资源特征及开发的各项科学技术和政策支撑等条件，拟定开发规模、地点、总体流程和所要达到的目标。

从区域土地开发的任务和原则而言，区域土地开发是统筹规划农林牧渔业各类用地，尤其是农耕用地的开发。因不同区域的地理环境和人文社会条件有所差别，因此要采取的开发规划流程、方法、遵循的原则和技术路线及最终的目标要根据区域实际情况而定，具体内容可总结为以下几个方面。

8.4.2.1 开发土地的调查与评价

对于开发区的土地资源，需先对自然、社会、经济与政策等基础情况进行现状调查和动态监测，评价区域土地资源的适宜性和承载能力，分析区域土地开发的优势与劣势。

8.4.2.2 区域土地开发的可行性论证

区域土地开发的可行性论证研究包括科学技术、开发的原则、政策支撑、组织化管理和开发难度等方面，尤其是生态平衡方面进行可行性论证。

2012年党的十八大将生态文明理念纳入了"五位一体"总体布局；2013年在十八届三中全会中指出，一定要紧紧围绕建设美丽中国深化生态文明的体制改革，建立系统完整的生态文明制度体系，用制度来保护生态环境。同时也指出，山水林田湖（草）是一个生命共同体，人的命脉在田、田的命脉在于水、水的命脉在于山、山的命脉在于土、土的命脉在于林草。2014年的十八届四中全会上也明确指出，要用严格的法律制度保护生态环境。

8.4.2.3 明确区域土地开发的总体目标

区域土地开发目标的划定是开发过程中最重要的环节之一，也是土地开发的重要研究内容。土地开发的目标可概括为社会、经济与生态等所需达到的效益，土地开发的总体规模和数量。从时间上开发目标也可规定为短期目标、中期目标和长期目标。

8.4.2.4　明确土地开发模式

在明确土地开发的总体目标的基础上,根据区域人文地理和自然地理特征选取最为合理的土地利用开发的方式与模式。

8.4.2.5　明确土地开发的程序、资金计划和实施措施

在确定土地开发的总体目标和开发模式的基础上,制定区域土地开发的具体流程和各项资金的筹备计划、开发规划的具体实施方案等。

8.4.3　区域土地开发的成果

土地整理规划成果是基于土地开发的计划、工程措施、研究内容、方法、流程等各项工作的基础上得出的生态、经济和社会成果。2014 年习近平总书记对内蒙古自治区进行考察时指出,内蒙古生态环境状况不仅会影响到内蒙古各族群众的生存和发展,也会关系到东北、西北和华北等我国大部分地区的生态安全,因此一定要把内蒙古自治区建设成我国北方重要的生态安全屏障。因此在统计土地开发成果并将其规范化工作时,可以将成果总结为以下几个方面:土地整理规划文本与说明、土地整理规划图件及附件。土地整理项目规划、设计成果,包括项目规划成果(项目规划图、项目规划说明书)、项目设计成果(项目设计图件、项目设计说明书)。

第一部分为土地开发规划资料:①区域土地开发规划方案;②区域土地整理规划的图件和相关附件材料。

第二部分为土地开发项目规划资料:①区域土地规划项目图;②区域土地规划技术流程图;③项目规划的详细说明;④规划实施的资金筹备方案和政策支撑材料;⑤规划项目设计图件;⑥项目开发的总体设计说明文件(区域土地开发的规模与面积、所要达到的效益和预期目标)。

第三部分为土地开发前的生态与社会经济环境调查结果:①区域土地利用现状;②资源环境现状;③生态质量;④区域人均 GDP;⑤第一、第二、第三产业产值;⑥区域土壤养分和物理化学成分;⑦土壤质地和地形地貌等情况。

第四部分为土地开发后的生态与社会经济环境调查结果,主要为土地开发的面积、规模、达到的效果以及对周边环境带来的影响。

8.4.4　区域土地开发的实施

对于区域土地开发的实施方案,我们要根据《中华人民共和国土地管理法》《自然资源部关于印发〈土地征收成片开发标准(试行)〉的通知》[自然资规〔2020〕5 号]的有关法律规定和区域相关工作部署的安排,在进行土地开发工作前组织编制《土地征收成片开发方案》(草案)。因此在进行土地开发工程时先将方案的主要内容进行公示,征求社会公众意见,分析区域土地开发的可行性,在公示期间对该方案的意见或建议在公示期内以书面等法定形式进行反馈。

8.4.4.1　区域土地开发实施方案的编制依据

对于区域土地实施开发方案的编制,我们要依据区域的人文地理和自然地理特征和《中华人民共和国土地管理法》(2019 年修订)、《自然资源部关于印发〈土地征收成片开

发标准（试行）》的通知》［自然资规（2020）5号］等相关文件，编制《地区土地征收成片开发方案》，开展土地征收工作。

8.4.4.2 区域社会与自然情况的调查

根据区域的自然环境和人口、人均GDP、"三产"产值等社会经济方案和土地征收、开发和治理等各项社会政策进行统计调查。

以内蒙古自治区通辽市奈曼旗大沁他拉镇为例，分析区域土地开发与规划的任务、内容、成果及具体实施情况。其开发与规划任务是根据《奈曼旗土地利用总体规划（2009—2020年）调整方案》中下达的各类用地的调控方案，调整各个乡村耕地质量和基本农田的保护面积，增加建设用地的结构与布局，为此本次任务的侧重点是开发建设用地，并以2008年为基年期、2010年为近期、2020年为远期，对大沁他拉镇的全部土地进行规划与一定的开发，总计面积14415.90hm²。大沁他拉镇土地利用结构如图8.6所示。

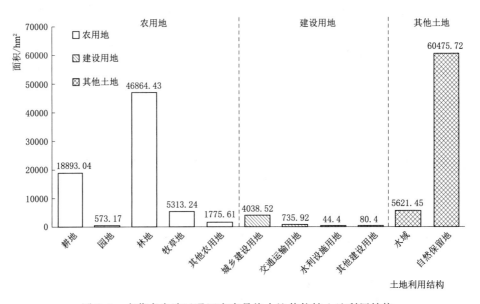

图8.6 内蒙古自治区通辽市奈曼旗大沁他拉镇土地利用结构

8.4.4.3 开发条件的分析

1. 开发必要性分析

对于区域土地的开发工作前要对区域的土地开发工作进行必要性分析，为充分发挥即要达到各区域的经济带新增长目标，强化地区的综合服务能力和社会经济能力，提高规划建设、服务管理水平、综合承载能力和竞争力，我们要进行必要性分析。

2. 开发合法合规性分析

进行土地开发工作时，要先统计区域未利用地和闲置土地的分布面积和时空分布格局。开发项目已纳入国民经济和社会发展年度计划和在编国土空间规划确定的城镇开发边界预案中，分析要开发的土地是否不涉及占用永久基本农田和生态保护红线并符合土地征收成片开发标准。

土地开发方案要符合国民经济和社会发展规划、土地利用总体规划、城乡规划和专项规划，做到了保护耕地、节约集约用地、保护生态环境，能够促进地区经济社会的可持续发展。

（1）不突破规划建设用地规模指标。在不突破大沁他拉镇建设用地规模控制指标的基础上，建设区域土地资源的可利用于建设用地的布局调整。

（2）合规定的依程序办理手续。对于区域符合规定的，要依据程序办理审批手续。

（3）集约节约用地要求区进行复垦工作。对于在土地利用总体规划中〔这里指的是《奈曼旗土地利用总体规划（2009—2020年）调整方案》〕经评估确认的拆旧建设用地复垦到位，且达到集约节约用地要求的，区域内根据规定的要求进行相关工作的实施。

3.区域土地开发的实施计划

对于区域土地开发的实施计划的制定工作，我们要统筹兼顾资源禀赋、区域基础设施情况、融资情况、建设计划等因素，综合论证后制定项目开发时序及年度实施的具体方案：①对于耕地和基本农田，计划到2020年耕地保有量16643.42hm²，保证耕地占补平衡。基本农田保护面积保有量15340.13hm²；②对于土地资源的集约节约水平，到2020年大沁他拉镇各行各业的土地利用效益和开发利用程度大幅提升，农村居民点用地面积控制在3744.50hm²；③优化区域土地利用结构，规划到2020年区域农用地面积保持在72208.28hm²，建设用地增加到6441.81hm²，交通运输用地减少到657.86hm²，水利设施用地增加到1666.82hm²，其他建设用地减少至71.97hm²；④要全面推进区域土地的开发整理，重点对区域的工矿废弃用地进行全面复垦，并且在建设用地和耕地尽心开发整理，且通过开发复垦完成补充耕地27.73hm²。

通过分析也得知，在进行土地开发与利用工作时要注意以下内容：

（1）简单而不复杂。对于区域土地开发利用工作，宏观上要简化严控、微观上进行详细具体的计划。

（2）灵活而不无趣。对于区域土地开发利用要根据区域地域差异进行因地制宜的开发计划。

（3）弹性而不呆板。根据不同区域的土地复垦与开发难度，采取弹性的土地开发方案。

（4）整体而不割裂。土地的开发大部分情况下是以耕地开发和生态系统的修复为主，要遵循"五位一体"总体布局。

本 章 小 结

区域土地资源的开发是一项基于区域水土资源和社会经济资源，对未利用地和闲置用地通过生物与工程措施，使其达到可利用状态的一项活动。从宏观层面讲，土地开发是人类社会的生产建设和生态不断发展的要求，采用经济和政策手段，结合科学技术扩大对未利用地和闲置土地进行开发，提高土地对社会生活的服务功能与服务价值。从微观层面上来讲，土地开发就是对未利用地进行开发整理，实现农耕用地的动态平衡。

区域土地的开发一般包括开发理论的研究、开发原则和形式的选定、开发的具体内容、经济和生态可行性以及对生态经济的影响等可行性研究和合规性研究，开发任务的明确、内容、所要达到的效果以及具体方案的实施等内容。只有系统全面地解决以上的问题，才能够真正地实施好土地的开发工作，使得开发结果具有实践意义。

复 习 思 考 题

1. 区域土地开发的内涵、形式与原则包括哪些内容？

2. 区域土地开发的可行性由几个模块和阶段组成，每一阶段的侧重点是什么？

3. 区域土地开发的生态环境影响评价可以从积极和消极两个层面分析，那么积极和消极影响分别是由哪些因素形成的？影响程度多少？

4. 区域土地开发的任务是什么？

5. 区域土地开发主要研究的内容和目标是什么？有哪些法律法规是区域土地开发过程中需要重点参考的？

6. 区域土地开发计划的实施时基期、中期和远期分别是指什么？

第9章　土地资源学综合案例分析

➤ 本章概要

本章为土地资源学综合案例分析，从第三次全国土壤普查工作、到土地资源的合理利用、开发治理、生态修复和规划建设项目，再到土地资源相关的法律案例，都涉及了土地资源学相关理论知识。其中包含了土地资源学最为基础的土地、土地资源概念和分类、土地资源的组成要素，还包括了应用广泛的土地资源调查、土地利用分类、土地资源利用现状评价、土地资源法律法规等内容。通过本章的实际案例学习，可以熟练掌握土地资源学的基本理论知识，初步掌握应用土地资源学的基本理论框架从"点—线—面"来解决生态、规划类行业中遇到的实际问题，提高学习者发现问题和解决问题的综合能力。

➤ 本章结构图

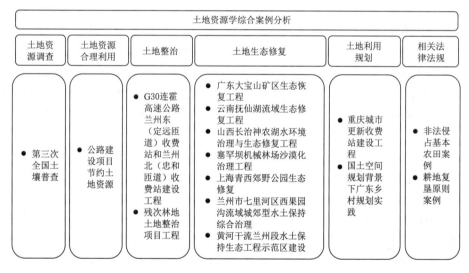

➤ 学习目标

1. 在案例研读的基础上，熟练掌握土地资源学的相关内容与方法。

2. 了解土地资源学相关内容在相关领域的应用。

9.1　第三次全国土壤普查

按照党中央、国务院有关决策部署，为全面掌握我国土壤资源情况，根据《国务院关于开展第三次全国土壤普查的通知》（国发〔2022〕4号，以下简称《通知》）的要求，为保障第三次全国土壤普查（以下简称"土壤三普"）工作科学有序开展，制定《第三次全国土壤普查工作方案》（农建发〔2022〕1号方案）。各省（自治区、直辖市）按照工作方案要求，结合本地区实际情况，组织编制本地区的实施方案，2022年6月底前报第三次全国土壤普查领导小组办公室备案。

9.1.1 普查总体要求

以习近平新时代中国特色社会主义思想为指导，全面贯彻党的十九大和十九届历次全会精神，弘扬伟大建党精神，完整、准确、全面贯彻新发展理念，加快构建新发展格局，推动高质量发展，遵循全面性、科学性、专业性原则，衔接已有成果，按照"统一领导、部门协作、分级负责、各方参与"的要求，全面查明查清我国土壤类型及分布规律、土壤资源现状及变化趋势，真实准确掌握土壤质量、性状和利用状况等基础数据，提升土壤资源保护和利用水平，为守住耕地红线、优化农业生产布局、确保国家粮食安全奠定坚实基础，为加快农业农村现代化、全面推进乡村振兴、促进生态文明建设提供有力支撑。

9.1.1.1 普查目的意义

土壤普查是查明土壤类型及分布规律，查清土壤资源数量和质量等的重要方法，普查结果可为土壤的科学分类、规划利用、改良培肥、保护管理等提供科学支撑，也可为经济社会生态建设重大政策的制定提供决策依据。

（1）开展土壤三普是守牢耕地红线确保国家粮食安全的重要基础。随着经济社会发展，耕地占用刚性增加，要进一步落实耕地保护责任，严守耕地红线，确保国家粮食安全，需摸清耕地数量状况和质量底数。全国第二次土壤普查（以下简称"土壤二普"）距今已40年，相关数据不能全面反映当前农用地土壤质量实况，要落实藏粮于地、藏粮于技战略，守住耕地红线，需要摸清耕地质量状况。在第三次全国国土调查（以下简称"国土三调"）已摸清耕地数量的基础上，迫切需要开展土壤三普工作，实施耕地的"全面体检"。

（2）开展土壤三普是落实高质量发展要求、加快农业农村现代化的重要支撑。完整、准确、全面贯彻新发展理念，推进农业发展绿色转型和高质量发展，节约水土资源，促进农产品量丰质优，都离不开土壤肥力与健康指标数据作支撑。推动品种培优、品质提升、品牌打造和标准化生产，提高农产品质量和竞争力，需要翔实的土壤特性指标数据作支撑。指导农户和新型农业经营主体因土种植、因土施肥、因土改土，提高农业生产效率，需要土壤养分和障碍指标数据作支撑。发展现代农业，促进农业生产经营管理信息化、精准化，需要土壤大数据作支撑。

（3）开展土壤三普是保护环境、促进生态文明建设的重要举措。随着城镇化、工业化的快速推进，大量废弃物排放直接或间接影响农用地土壤质量：农田土壤酸化面积扩大、程度增加，土壤中重金属活性增强，土壤污染趋势加重，农产品质量安全受威胁。土壤生物多样性下降、土传病害加剧，制约土壤多功能发挥。为全面掌握全国耕地、园地、林地、草地等土壤性状、耕作造林种草用地土壤适宜性，协调发挥土壤的生产、环保、生态等功能，促进"碳中和"，需开展全国土壤普查。

（4）开展土壤三普是优化农业生产布局、助力乡村产业振兴的有效途径。人多地少是我国的基本国情，需要合理利用土壤资源，发挥区域比较优势，优化农业生产布局，提高水土光热等资源利用率。推进国民经济和社会发展"十四五"规划纲要提出的优化农林牧业生产布局落实落地，因土适种、科学轮作、农牧结合，因地制宜多业发展，实现既保粮食和重要农产品有效供给、又保食物多样，促进乡村产业兴旺和农民增收致富，需要土壤普查基础数据作支撑。

9.1.1.2 普查思路与目标

以习近平新时代中国特色社会主义思想为指导，全面贯彻党的十九大和十九届历次全会精神，深入落实党中央、国务院关于耕地保护建设和生态文明建设的决策部署；遵循土壤普查的全面性、科学性、专业性原则，衔接已有成果，借鉴以往经验做法，坚持摸清土壤质量与完善土壤类型相结合、土壤性状普查与土壤利用调查相结合、外业调查观测与内业测试化验相结合、土壤表层采样与重点剖面采集相结合、摸清土壤障碍因素与提出改良培肥措施相结合、政府主导与专业支撑相结合，统一普查工作平台、统一技术规程、统一工作底图、统一规划布设采样点位、统一筛选测试化验专业机构、统一过程质控；按照"统一领导、部门协作、分级负责、各方参与"的组织实施方式，到2025年实现对全国耕地、园地、林地、草地等土壤的"全面体检"，摸清土壤质量家底，为守住耕地红线、保护生态环境、优化农业生产布局、推进农业高质量发展奠定坚实基础。

9.1.1.3 普查对象与内容

1. 普查对象

普查对象为全国耕地、园地、林地、草地等农用地和部分未利用地的土壤。其中，林地、草地重点调查与食物生产相关的土地，未利用地重点调查与可开垦耕地资源相关的土地，如盐碱地等。

2. 普查内容

普查内容包括土壤性状普查、土壤类型普查、土壤立地条件普查、土壤利用情况普查、土壤数据库和土壤样品库构建、土壤质量状况分析、普查成果汇交汇总等。以完善土壤分类系统与校核补充土壤类型为基础，以土壤理化性状普查为重点，更新和完善全国土壤基础数据，构建土壤数据库和样品库，开展数据整理审核、分析和成果汇总。查清不同生态条件、不同利用类型土壤质量及其退化与障碍状况，摸清特色农产品产地土壤特征、耕地后备资源土壤质量、典型区域土壤环境和生物多样性等，全面查清农用地土壤质量家底。

（1）土壤性状普查。通过土壤样品采集和测试，普查土壤颜色、质地、有机质、酸碱度、养分情况、容重、孔隙度、重金属等土壤物理、化学指标，以及满足优势特色农产品生产的微量元素；在典型区域普查植物根系、动物活动、微生物数量、类型、分布等土壤生物学指标。

（2）土壤类型普查。以土壤二普形成的分类成果为基础，通过实地踏勘、剖面观察等方式核实与补充完善土壤类型。同时，通过土壤剖面挖掘，重点普查1m土壤剖面中沙漏、砾石、黏磐、砂姜、白浆、碱磐层等障碍类型、分布层次等。

（3）土壤立地条件普查。重点普查土壤野外调查采样点所在区域的地形地貌、植被类型、气候、水文地质等情况。

（4）土壤利用情况普查。结合样点采样，重点普查基础设施条件、种植制度、耕作方式、灌排设施情况、植物生长及作物产量水平等基础信息，肥料、农药、农膜等投入品使用情况，农业经营者开展土壤培肥改良、农作物秸秆还田等做法和经验。

（5）土壤数据库构建。建立标准化、规范化的土壤空间和属性数据库。空间数据库包括土壤类型图、土壤质量图、土壤利用适宜性评价图、地形地貌图、道路和水系图等。属性数据库包括土壤性状、土壤障碍及退化、土壤利用等指标。有条件的地方可以建立土壤数据管理中心，对数据成果进行汇总管理。

（6）土壤样品库构建。依托科研教育单位，构建国家级和省级土壤剖面标本、土壤样品储存展示库，保存主要土壤类型样品和主要土属的土壤剖面标本和样品。有条件的市县可建立土壤样品储存库。

（7）土壤质量状况分析。利用普查取得的土壤理化和生物性状、剖面性状和利用情况等基础数据，分析土壤质量，评价土壤利用适宜性。

（8）普查成果汇交汇总。组织开展分级土壤普查成果汇总，包括图件成果、数据成果、文字成果和数据库成果。开展土壤质量状况、土壤改良与利用、农林牧业生产布局优化等数据成果汇总分析。开展 40 年来全国土壤变化趋势及原因分析，提出防止土壤退化的措施建议。开展黑土耕地退化、耕地土壤盐碱和酸化等专题评价，提出治理修复对策。

9.1.1.4 普查时间安排

2022 年，完成工作方案编制、技术规程制定、工作平台构建、外业采样点规划布设、普查试点，开展培训和宣传等工作，启动并完成全国盐碱地普查。

2023—2024 年，组织开展多层级技术实训指导，完成外业调查采样和内业测试化验，开展土壤普查数据库与样品库建设，形成阶段性成果。外业调查采样时间截至 2024 年 11 月底。

2025 年上半年，完成普查成果整理、数据审核，汇总形成第三次全国土壤普查基本数据；下半年，完成普查成果验收、汇交与总结，建成土壤普查数据库与样品库，形成全国耕地质量报告和全国土壤利用适宜性评价报告。

9.1.1.5 普查技术路线与方法

以土壤二普、国土三调、全国农用地土壤污染状况详查、农业普查、耕地质量调查评价、全国森林资源清查固定样地体系等工作形成的相关成果为基础，以遥感技术、地理信息系统、全球定位系统、模型模拟技术、现代化验分析技术等为科技支撑，统筹现有工作平台、系统等资源，建立土壤三普统一工作平台，实现普查工作全程智能化管理；统一技术规程，实现标准化、规范化操作；以土壤二普土壤图、地形图、国土三调土地利用现状图、全国农用地土壤污染状况详查点位图等为基础，编制土壤三普统一工作底图；根据土壤类型、地形地貌、土地利用现状类型等，参考全国农用地土壤污染状况详查点位、全国森林资源清查固定样地等在工作底图上统一规划布设外业调查采样点位；按照检测资质、基础条件、检测能力等，全国统一筛选测试化验专业机构，规范建立测试指标与方法；通过"一点一码"跟踪管理，构建涵盖普查全过程统一质控体系；依托土壤三普工作平台，国家级和省级分别开展数据分析和成果汇总；实现土壤三普标准化、专业化、智能化，科学、规范、高效推进普查工作。

（1）构建平台。利用遥感、地理信息和全球定位技术、模型模拟技术和空间可视化技术等，统一构建土壤三普工作平台，构建任务分发、质量控制、进度把控等工作管理模块，样点样品、指标阈值等数据储存模块，数据分类分析汇总模块等。

（2）制作底图。利用土壤二普土壤图、地形图，国土三调土地利用现状图、最新行政区划图等资料，统一制作满足不同层级使用的土壤三普工作底图。

（3）布设样点。在土壤普查工作底图上，根据地形地貌、土壤类型、土地利用现状类型等划分差异化样点区域，参考全国农用地污染状况详查布点、全国森林资源清查固定样地等，在样点区域上采用"网格法"布设土壤外业调查采样点；根据主要土壤土种（土属）的典型区域布设剖面样点。与其他已完成的各专项调查工作衔接，确保相关调查采样点的同一性。样点样品实行"一点一码"，作为外业调查采样、内业测试化验等普查工作唯一信息溯源码。

（4）调查采样。省级统一组织开展外业调查与采样。根据统一布设的样点和调查任务，按照统一的采样标准，确定具体采样点位，调查立地条件与土壤利用信息，采集表层土壤样品、典型代表剖面样品等。表层土壤样品按照"S"形或梅花型等方法混合取样，剖面样品采取整段采集或分层取样。

（5）测试化验。以国家标准、行业标准和现代化验分析技术为基础，规范确定土壤三普统一的样品制备和测试化验方法。其中，重金属指标的测试方法与全国农用地土壤污染状况详查相衔接一致。开展标准化前处理，进行土壤样品的物理、化学等指标批量化测试。充分衔接已有专项调查数据，相同点位已有化验结果满足土壤三普要求的，不再重复测试相应指标。选择典型区域，利用土壤蚯蚓、线虫等动物形态学鉴定方法和高通量测序技术等，进行土壤生物指标测试。

（6）数据汇总。按照全国统一的数据库标准，建立分级的数据库。以省份为单位，采用内外业一体化数据采集建库机制和移动互联网技术，进行数据汇总，形成集空间、属性、文档、图件、影像等信息于一体的土壤三普数据库。

（7）质量校核。统一技术规程，采用土壤三普工作平台开展全程管控，建立国家和地方抽查复核和专家评估制度。外业调查采样实行"电子围栏"航迹管理，样点样品编码溯源；测试化验质量控制采用平行样、盲样、标样、飞行检查等手段，化验数据分级审核；数据审核采用设定指标阈值进行质控，阶段成果分段验收。

（8）成果汇总。采用现代统计方法等，对土壤性状、土壤退化与障碍、土壤利用等数据进行分析；利用数字土壤模型等方法进行数字制图，进行成果凝练与总结。

9.1.1.6 普查主要成果

（1）数据成果。形成全国土壤类型、土壤理化和典型区域生物性状指标数据清单，形成土壤退化与障碍数据，特色农产品区域、盐碱地调查等专题调查土壤数据，适宜于不同土地利用类型的土壤面积数据等。

（2）数字化图件成果。形成分类普查成果图件，主要包括全国土壤类型图，土壤养分图，土壤质量图，耕地盐碱、酸化等退化土壤分布图，土壤利用适宜性分布图，特色农产品生产区域土壤专题调查图等。

（3）文字成果。形成各类文字报告，主要包括土壤三普工作报告、技术报告，全国土壤利用适宜性（适宜于耕地、园地、林地和草地利用）评价报告，全国耕地、园地、林地、草地质量报告，东北黑土地、盐碱地、酸化耕地等改良利用、特色农产品区域土壤特征等专项报告。

（4）数据库成果。形成集土壤普查数据、图件和文字等国家级、省级土壤三普数据库，主要包括土壤性状数据库、土壤退化与障碍数据库、土壤利用等专题数据库。

（5）样品库成果。形成标准化、智能化的国家级和省级土壤样品库、典型土壤剖面标本库。

9.1.1.7　普查组织实施

（1）组织方式。土壤普查是一项重要的国情国力调查，涉及范围广、参与部门多、工作任务重、技术要求高。土壤三普工作按照"统一领导、部门协作、分级负责、各方参与"的方式组织实施。国家层面成立国务院第三次全国土壤普查领导小组，负责统一领导，协调落实相关措施，督促普查工作按进度推进。领导小组下设办公室（挂靠农业农村部），负责组织落实普查相关工作，定期向领导小组报告普查进展；负责组织制定土壤三普工作方案、技术规程、技术标准等；负责组织全国普查的技术指导、省级普查技术培训和省级普查质量抽查；负责组织建立土壤三普工作平台、数据库，汇总提交普查报告等。各省（自治区、直辖市）成立省级人民政府第三次土壤普查领导小组（下设办公室），负责本省（自治区、直辖市）土壤普查工作的组织实施，开展以县为单位的普查。依据本工作方案和土壤三普技术规程，结合本省份实际，编制土壤普查实施方案，明确组织方式、队伍组建、技术培训、进度安排等，报国务院第三次全国土壤普查领导小组办公室备案后实施。各省（自治区、直辖市）土壤三普领导小组办公室具体负责本地区土壤普查工作落实、质量督查和成果验收等。

（2）进度安排。2022年启动土壤三普工作，开展普查试点；2023—2024年全面铺开普查；2025年进行成果汇总、验收、总结。"十四五"期间全部完成普查工作，形成普查成果报国务院。

9.1.1.8　普查保障措施

（1）组织保障。全国土壤普查在国务院第三次全国土壤普查领导小组统一领导和普查领导小组办公室具体组织推进下有序开展。领导小组成员单位要各司其职、各负其责、通力协作、密切配合，加强技术指导、信息共享、质量控制、经费物资保障等工作。各省级人民政府是本地区土壤普查工作的责任主体，要加强组织领导、系统谋划、统筹推进，确保高质量完成普查任务。地方各级人民政府要成立相应的普查领导小组及办公室，负责本地区普查工作的组织和实施。

（2）技术保障。国务院第三次全国土壤普查领导小组办公室加强技术规程制定、技术培训、技术指导，以及相关技术队伍体系组建等技术保障工作。成立专家咨询指导组和技术工作组，在领导小组和办公室领导下，负责土壤普查相关基础理论、技术原理，以及重大技术疑难问题的咨询、指导与技术把关等。各省（自治区、直辖市）组建省级技术专家组，并组建由省级技术专家组和各级基层技术推广机构参与的专业队伍体系，承担本区域以县级为单位的外业调查和采样等工作。

（3）经费保障。土壤普查经费由中央财政和地方财政按承担的工作任务分担。中央负责全国技术规程制定、平台系统构建、工作底图制作、样点规划布设等；负责国家级层面的技术培训、专家指导服务、内业测试化验结果抽查校核、数据分析和成果汇总等。地方负责本区域的外业调查采样、内业测试化验、技术培训、专家指导服务、数据分析、成果汇总和数据库样品库建设等。地方各级人民政府要根据工作进度安排，将经费纳入相应年度预算予以保障，并加强监督审计。各地可按规定统筹现有资金渠道支持土壤普查相关工作。

（4）宣传引导。通过报纸、电视、广播、网络等媒体和自媒体等渠道，大力宣传土壤普查对耕地保护和建设，促进农产品质量安全，推进农业高质量发展，支撑"藏粮于地"战略实施，夯实国家粮食安全基础，促进乡村振兴，推进生态文明建设，实现"碳中和"目标的重要意义，提高全社会对土壤三普工作重要性的认识。认真做好舆情引导，积极回应社会关切的热点问题，营造良好的外部环境。

（5）安全保障。严格执行国家信息安全制度，建立并落实普查工作保密责任制，确保普查信息安全。

9.1.2　关键知识点

土地资源调查内容、方法和成果等。

9.2　公路建设项目节约土地资源

9.2.1　工程简介

鹤岗至大连高速公路（G11，以下简称"鹤大高速公路"）是《国家高速公路网规划》"7918网"中的一纵，纵贯黑龙江、吉林、辽宁三省，承担区域间、省际以及大中城市间的中长距离运输，是区域内外联系的主动脉，开辟了黑龙江和吉林两省进关达海的一条南北快速通道，扩大丹东港、大连港的影响区域，对于促进区域经济发展，带动旅游开发以及发展对外贸易，加快融入"一带一路"国家战略布局具有重要意义。

鹤大高速公路靖宇至通化段工程位于吉林省靖宇县、通化县境内，主线全长107.167km。采用4车道高速公路标准建设，设计速度80km/h，路基宽度24.5m。总占地面积697hm²，路基土石方总量2185.24万m³，设特大桥2712m/2座，大桥9062.5m/30座，中桥1308m/20座，小桥2座，涵洞184道，隧道15916m/9座，互通立交3处，分离立交4处，天桥7座，通道51处，管理处、养护工区2处，服务区2处，匝道收费站3处，隧道管理站2处、变电所14处。

鹤大高速公路小沟岭（省界）至抚松段工程位于吉林省东南部的敦化市、抚松县境内。沿线穿越敦化市的雁鸣湖镇、官地镇、敦化市、江源镇、大蒲柴河镇，以及抚松县的北岗镇、抚松县。主线全长232.262km，为4车道高速公路建设标准，设计速度80km/h。全线路基土石方4329.33万m³；特大桥2668m/2座，大桥24691m/60座，中桥1195m/20座，小桥4座，涵洞308道，隧道22700m/9座，互通立交12处，分离立交19处，天桥23座，通道105处，管理处、养护工区4处，服务区5处，收费站11处，隧道管理站5处、变电所12处。

9.2.1.1 土地利用现状调查

公路建设项目在立项、设计阶段需要做大量前期调查工作，其中土地资源方面的调查是重点之一。如施工图设计勘测，根据《公路勘测规范》（JTG C10—2007）、《公路勘测细则》（JTG/T C10—2007）等规范要求，采用现场测量、航空摄影、数字地面模型等手段，采集、搜集路线所经地区的人文景观、地形、地质、气象等资料，进行必要的计算、绘制图表，以取得满足公路设计需要的空间数据、信息。

此外，公路建设项目前期还需要编制《项目用地预审报告书》《项目使用林地可行性报告》《水土保持方案报告书》《环境影响报告书（表）》等技术文件并报相应主管部门审批。这其中也包含了大量详细的现场调查工作。项目建成交工阶段，还要编制《项目水土保持设施验收报告》《竣工环境保护验收调查报告》等技术报告，并组织开展验收工作。

鹤大高速公路靖宇至通化段工程位于吉林省东南部的长白山区，穿越龙岗山脉，由中低山、丘陵、沼泽地貌组成，山高大部分在800～1200m，相对高差300～700m，典型的中刻切剥蚀中、低山地形。沿线所经地区沟谷发育，路线多在沟谷中展布，河谷及台地多为旱田及水田，山地多为天然次生林及人工林。龙岗山脉为主要分水岭，其南为鸭绿江水系，其北为松花江水系。

鹤大高速公路小沟岭（省界）至抚松段工程所在区域属于吉林东部长白山生态区，是吉林省重要的生物多样性分布区，也是吉林省乃至东北地区的水系发源地。沿线地貌类型主要包括河谷平原、低山丘陵、中高山地，长白山系东倾盆地、中山低山区，地形起伏变化大。沿线水系发达，公路跨越多条环境敏感河流。公路沿线土地肥沃，土壤类型主要以黑钙土、淡黑钙土、草甸土为主，表土层深厚，富含腐殖质。公路沿线地表植被以森林为主，包含寒温带和温带山地针叶林-乔草、杂类草盐生草甸-温带落叶阔叶林-温带针叶、落叶混交林-温带丛生禾草草原-温带落叶小叶林-温带落叶阔叶林；按植物地理区划属长白山植物区系、红松针阔混交林为其地带性植被的顶级群落。现存的森林绝大部分属于天然次生林。丰富的珍稀动植物资源、多彩的自然景观和脆弱的生态环境是该区的典型特征。鹤大高速公路（吉林省）工程沿线生态环境敏感，公路建设涉及的生态环境保护目标较多，如自然保护区、国家地质公园、国家重点保护动植物、地表水系等，具体见表9.1～表9.3。

表 9.1　　　　　　鹤大高速公路（吉林省）工程沿线的生态环境保护目标

序号	路　段	保护目标	保护对象	公路与保护目标位置关系
1	靖宇至通化段	吉林靖宇国家级自然保护区	主要保护对象为天然矿泉群及其赋存和形成的自然环境	距其边界最近距离约为700m
2		吉林靖宇火山矿泉群国家地质公园	火山锥体、矿泉群、湿地、其他地质遗迹	工程在施工图桩号K270+600～K285段穿越吉林靖宇火山矿泉群国家地质公园，长度约14.4km
3		吉林哈泥国家级自然保护区	山地、河流、湿地、森林	路线距保护区边界约5km

序号	路 段	保护目标	保护对象	公路与保护目标位置关系
4	小沟岭至抚松段	雁鸣湖国家级自然保护区	湿地保护区，保护其湿地生态系统的完整性	高速公路距离保护区实验区110m，中间隔有国道201老路
5		吉林省松花江三湖保护区	保护对象为森林生态和水资源	本项目在施工图桩号（K672＋600～K729＋400，K749＋500～终点K753＋648）分两段共约60.9km穿越吉林省松花江三湖保护区的远湖区
6		吉林抚松国家地质公园		本项目与吉林抚松国家地质公园北岗园区最近距离210m
7		吉林抚松野山参省级自然保护区		本项目抚松连接线距离吉林抚松野山参省级自然保护区最近距离为150m
8	吉林省全线	国家重点保护植物	红松、黄檗、水曲柳等天然次生林	公路沿线
9		国家重点保护动物	黑熊、马鹿等	公路沿线

表9.2　　　　鹤大高速公路（小沟岭至抚松段）工程沿线地表水环境保护目标

水 系			施工图桩号	跨越的桥梁名称	水质类别	水环境功能区划（一级/二级）	备注
牡丹江水系	牡丹江	小沟河	K522＋890	小沟高架桥	Ⅲ	牡丹江吉黑缓冲区（无二级）	
		大沟河	K525＋698	大沟高架桥	Ⅲ		
		荒沟河	K531＋341	荒沟中桥	Ⅲ		
		马鹿沟	K540＋362	马鹿沟中桥	Ⅲ	牡丹江敦化开发利用区/牡丹江敦化市农业用水、过渡区	
		官地河｜干流	K542＋690	嘀嗒嘴1号大桥	Ⅲ		
		官地河｜干流	K543＋636	嘀嗒嘴2号大桥	Ⅲ		
		官地河｜三道沟	K546＋541	三道沟大桥	Ⅲ		
		官地河｜干流	K547＋715.5	官地河大桥	Ⅲ		
		官地河｜干流	K550＋260	官地河1号中桥	Ⅲ		
		官地河｜干流	K552＋040	官地河2号中桥	Ⅲ		
		官地河｜惠民河	K555＋600	惠民中桥	Ⅲ		
		沙河	K560＋873	沙河大桥	Ⅲ	沙湖敦化市开发利用区/沙河敦化市农业用水区	
		干流	K568＋332	红石牡丹江大桥	Ⅲ	牡丹江敦化开发利用区/牡丹江敦化市农业用水、过渡区	
		黄泥河	K570＋827	黄泥河大桥	Ⅲ	黄泥河敦化市开发利用区/黄泥河敦化市农业用水区	

水　　系			施工图桩号	跨越的桥梁名称	水质类别	水环境功能区划（一级/二级）	备注
牡丹江水系	牡丹江	小石河水	支流 K583+653	中桥	Ⅲ	小石河敦化市开发利用区/小石河敦化市农业用水区	
			干流 K587+500	小石河大桥	Ⅲ		
		支流	K591+611	中桥	Ⅲ	牡丹江敦化开发利用区/牡丹江敦化市农业用水、过渡区	
		支流	K591+910	中桥	Ⅲ		
		大石河	K598+700	大石河大桥	Ⅲ	大石河敦化市开发利用区/大石河敦化市饮用水源区	敦化市第一生活饮用水水源准保护区内
		西黄泥河	K600+483	西黄泥河大桥	Ⅲ	黄泥河敦化市开发利用区/黄泥河敦化市农业用水区	
		干流	K608+918	江源牡丹江大桥	Ⅲ	牡丹江敦化开发利用区/牡丹江敦化市农业用水、过渡区	
		支流	K622+035	小桥	Ⅲ		
		支流	K623+939	小桥	Ⅲ		
第二松花江水系	二道松花江	富尔河	支流 K634+239	光明大桥	Ⅱ	富尔河敦化市、安图县保留区（无二级）	
			支流 K635+608	中桥	Ⅱ		
			支流 K637+137	中桥	Ⅱ		
			支流 K646+400	大浦柴河北分离立交	Ⅱ		
			干流 K649+700	富尔河特大桥	Ⅱ		
			支流 K653+327	腰甸子中桥	Ⅱ		
			驼道沟 K658+861	驼道沟大桥	Ⅱ		
		浪柴河	干流 K668+608	浪柴河大桥	Ⅱ	二道松花江安图县、抚松县、敦化市保留区（无二级）	
		干流	K672+185	二道松花江特大桥	Ⅱ		
		西北岔河	K697+229	西北岔河中桥	Ⅱ		
		三道砬子河	K704+165	砬子河村大桥	Ⅱ		
			K705+788	三道砬子河大桥	Ⅱ		
		二道砬子河	K711+067	二道砬子河大桥	Ⅱ		
		头道砬子河	—		Ⅱ		
			K723+228	头道砬子河大桥	Ⅱ		
		松江河	万良河 K743+710	芦苇村大桥	Ⅲ		
			K744+652	六品叶沟大桥	Ⅲ		
			K745+720	抚松北互通鸡冠砬子大桥	Ⅲ		
			K746+670	后崴子大桥	Ⅲ		
			抚松连接线 L2K4+740	万良河大桥	Ⅲ		
		干流	抚松连接线 L2K3+310	松江河大桥	Ⅲ		

水　系			施工图桩号	跨越的桥梁名称	水质类别	水环境功能区划（一级/二级）	备注
第二松花江水系	二道松花江	支流	K749+095	荒沟门大桥	Ⅱ	头道松花江三湖保护区（无二级）	吉林省松花江三湖保护区
		干流	K750+261	荒沟门头道松花江大桥	Ⅱ		
		干流	K751+651	高丽城子头道松花江大桥	Ⅱ		
		干流	K752+682	抚生村头道松花江大桥	Ⅱ		
		支流	K753+454	榆树川互通主线桥	Ⅱ		
		支流	DK0+212	榆树川互通D匝道桥	Ⅱ		

表 9.3　鹤大高速公路靖宇至通化段工程沿线地表水环境保护目标

水系	河　　流			施工图桩号	桥　　名	水质类别	备　　注
第二松花江	头道松花江	头道花园河	砬子门河	K271+096	中桥	Ⅱ类	原靖宇自然保护区
				K274+620	砬门河大桥	Ⅱ类	
				K277+200	中桥	Ⅱ类	
				K277+975	大桥	Ⅱ类	
		西北岔河		K280+638	东风湿地大桥一	Ⅲ类	
				K282+472	东风湿地大桥二	Ⅲ类	
鸭绿江	浑江	浑江干流		K295+500	江源互通匝道	Ⅲ类	—
		西南岔河		K296+177.5	西南岔河一号大桥	Ⅲ类	—
				K297+065	西南岔河二号大桥	Ⅲ类	—
				K299+227	西南岔河大桥	Ⅲ类	—
				K300+395	中桥	Ⅲ类	—
				K302+630	大桥	Ⅲ类	—
				K309+106	大桥	Ⅲ类	—
				K311+623	大桥（分离式）	Ⅲ类	—
				K313+305	中桥（分离式）	Ⅲ类	—
		哈泥河	回头沟河	K313+808	大桥（分离式）	Ⅱ类	通化市生活饮用水水源保护区准保护区
				K315+577	回头沟分离立交	Ⅱ类	
				K316+542.3	回头沟大桥（分离式）	Ⅱ类	
				K318+184	板石沟中桥	Ⅱ类	
			北岔沟河	K324+837	北岔沟中桥	Ⅱ类	
				K325+343	中桥	Ⅱ类	

水系	河 流		施工图桩号	桥 名	水质类别	备 注
鸭绿江	浑江	哈泥河	北岔沟河 K328+752	中桥	Ⅱ类	
			K329+959	小桥	Ⅱ类	
		南岔河	K330+278	庆升大桥	Ⅱ类	
			K333+735	朝阳大桥	Ⅱ类	
			K335+296	白家堡子中桥	Ⅱ类	
			Ak0+663	兴林互通匝道桥	Ⅱ类	
			K338+134	高丽沟中桥（分离式）	Ⅱ类	
		夹皮沟河	K341+011	夹皮沟1号中桥（分离式）	Ⅱ类	通化市生活饮用水水源保护区准保护区
			K341+493	夹皮沟2号中桥（分离式）	Ⅱ类	
		东南岔河	K343+630	许可地大桥（分离式）	Ⅱ类	
			K345+497	中桥	Ⅱ类	
			K350+783	东升大桥	Ⅱ类	
		哈泥河干流	K353+182	哈泥河大桥（分离式）	Ⅲ类	
		闹枝沟河	K356+008	闹枝沟大桥（分离式）	Ⅱ类	
			K359+060	中桥	Ⅱ类	
	二密河	大横道河	K366+451	马当九队大桥（分离式）	Ⅲ类	—
			K368+264.5	马当大桥（分离式）	Ⅲ类	—

9.2.1.2 环境影响调查评价

公路建设项目在立项、设计阶段一般需编制环境影响评价文件，在开工前需取得环评审批手续。建设过程中会开展环境监理和环境监测工作。工程完工后投入试运营应开展竣工环境保护验收工作，编制项目竣工环境保护验收调查报告，项目通过竣工环境保护验收后方可正式投入运营。

环境影响评价文件编制过程中需对公路项目区域开展详细的生态环境调查，其中土地资源方面的调查是重点内容之一。环境影响评价在翔实的环境现状调查基础上，分析预测对环境产生的影响，尤其是不利影响，并提出切实可行减缓不利影响的环保措施。竣工环境保护验收调查报告对环境影响评价及其审批文件所要求的各项环境保护措施的落实情况予以核查并说明，调查项目在设计、施工、试运营阶段所采取的控制生态影响、污染影响所采取的环境保护措施的有效性，必要时提出切实可行的整改措施。

生态环境影响调查可针对不同时期、不同的调查因子或内容采取不同的调查方法，主要包括文件资料核实（或调研）、现场勘察、公众意见调查、生态遥感调查、理论分析评估等技术手段和方法。生态环境现状调查可根据项目及区域环境特点采用样方调查、目测和摄影、摄像、收割调查、经验估算或其他简便、易操作的方法。充分利用已有资料，并与实地踏勘、现场调研、现状监测相结合。

1. 生态环境调查评价

（1）评价等级和调查评价范围。按公路所经地区不同的生态系统类型进行分段评价，并分别确定评价工作等级。针对可能产生重大影响的工程行为及其涉及的敏感生态系统明确重点评价区域和关键生态影响因子。

路段评价工作等级划分：

1）三级评价：评价范围内无野生动植物保护物种或成片原生植被，不涉及省级及以上自然保护区或风景名胜区，不涉及荒漠化地区、大中型湖泊、水库或水土流失重点防治区的路段。

2）二级评价：评价范围内涉及荒漠化地区、大中型湖泊、水库，或水土流失重点防治区，但评价范围内无野生动植物保护物种或成片原生植被，不涉及省级及以上自然保护区或风景名胜区的路段。

3）一级评价：评价范围内涉及野生动植物保护物种或成片原生植被，或涉及省级及以上自然保护区、风景名胜区的路段。

生态环境影响评价范围：①三级评价范围为公路用地界外不小于100m；②二级评价范围为公路用地界外不小于200m；③一级评价范围为公路用地界外不小于300m。当项目的建设区域外有高陡山坡、峭壁、河流等形成的天然隔离地貌时，评价范围可以取这些隔离地物为界。省级及以上自然保护区的实验区划定边界距公路中心线不足5km者，宜将其纳入生态环境现状调查范围，并根据调查结果确定具体评价范围。对于受工程建设直接影响的原生、次生林地，应以其植物群落的完整性为基准确定评价范围。

（2）生态环境现状调查内容。

1）走访项目直接影响区县级及以上环境保护、林业、农业、渔业、水利、矿产资源等政府部门，了解相关的环境保护法规并就具体问题进行咨询。

2）收集项目直接影响区县级及以上人民政府批准的生态规划、城镇规划、土地利用总体规划、水土保持规划，及自然资源现状分布、野生动植物分布的资料和图件。

3）收集项目直接影响区县级及以上人民政府划定的自然保护区、风景名胜区、森林公园的现状分布与规划图，查明保护区与项目之间的相对位置关系。

4）收集项目直接影响区县级及以上人民政府划分水土流失重点监督区、重点治理区和重点预防保护区的通告。

5）根据需要收集项目直接影响区地形图、卫星照片或航测照片。

6）需进行一级或二级评价的较敏感的工程影响区域，应进行实地调查，调查内容应包括：①地形、地貌特征，土壤侵蚀类型、特点和程度；②植被类型及其相应的分布；③优势植物种类及其覆盖率，受影响的古树名木的位置、树种，野生保护植物的种类及分布；④野生保护动物的种类、分布、活动区域和迁徙路线；⑤自然保护区、风景名胜区及森林公园的位置、分布、性质和保护级别。

生态环境现状调查可根据项目及区域环境特点采用样方调查、目测和摄影、摄像、收割调查、经验估算或其他简便、易操作的方法。

（3）生态环境现状评价。生态环境现状评价宜包括以下各款中的部分或全部内容：

1）三级评价的路段：结合项目地理位置图、土地利用现状图、地表水系图，说明项目直接影响区的生态系统类型、主要生态问题及其发展趋势；重点描述、分析土地资源及其利用情况、动植物区系、主要物种、植被覆盖率、项目区域生态环境宏观特征。

2）二级评价的路段：本条第1款所列内容；阐明评价范围内自然保护区、风景名胜区、森林公园的基本情况，并说明其与项目间的空间位置关系；通过工程平纵面图、地形图、土地利用现状图、植被分布图、现场照片，结合生态规划、城镇规划和土地利用总体规划资料，对评价范围内的生态结构、主要生态因子现状及其抗干扰能力进行分析，并说明其变化趋势。

3）一级评价的路段：本条第2款所列内容；绘制野生保护植物资源分布图和评价范围内的生物量图表；结合现场摄像和照片分析评价范围内的生态系统结构、稳定性、物种多样性、抗干扰能力及其变化趋势；有条件时可采用地理信息系统（GIS）、遥感（RS）等信息技术进行处理和分析。

（4）生态环境影响预测。

1）生态环境影响预测方法。根据工程和评价区域的性质、特点，生态环境影响预测可分别或以组合方式采用类比预测法、图形叠置法及经验分析与专家咨询法。

2）生态环境影响预测评价宜包括以下各款中的部分或全部内容：

a. 三级评价的路段：分析项目征用土地对项目直接影响区土地资源和农林牧渔业生产、主要动植物物种、植被覆盖率的影响；分析项目直接影响区土地利用状况的变化。

b. 二级评价的路段：本条第1款所列内容；分析预测项目实施对评价范围内生态敏感区域的潜在影响；分析预测工程实施对项目评价范围内列入保护名录的野生动植物和优势植被的影响，并在此基础上预测评价范围内主要生态因子和生态系统结构可能发生的变化。

c. 一级评价的路段：本条第2款所列内容；进行植物群落、动物栖息地、迁徙通道的影响分析，并分析评价范围内的生态系统结构、稳定性、物种多样性变化趋势。通过相关图表说明工程对评价范围内生态系统结构、功能及其抗干扰能力的影响，并可用现场摄像和照片资料进行辅助说明。

对一级和二级评价的路段，宜用生物量、物种多样性、植被覆盖率、频率、密度、优势度等指标对评价范围内的生态特征进行工程建设前后的对比定量分析；有条件时可采用遥感、地理信息系统等技术进行分析评价。

（5）生态环境保护措施。生态环境保护措施可以包括：①保护生态环境的规划、选线措施；②改善和恢复生态环境的绿化措施；③保护水土资源及其他生态环境要素的工程措施；④野生保护动植物物种的专项保护措施；⑤为保护生态环境而采取的施工方法和施工组织优化措施；⑥保护、改善、恢复生态环境的管理和监督措施。

2. 水环境调查评价

（1）调查和评价范围。地表水环境影响评价只对公路所经区域河流（包括河口）、湖泊、水库的环境影响进行评价。

评价范围应符合下列要求：①路中心线两侧各200m范围内，路线跨越水体时，扩大为路中心线上游100m、下游1000m范围内；②当建设项目的污水直接排入城市排水管网时，评价点应为建设项目污水排入城市排水管网的接纳处；③当项目排污的受纳水体为开放性地表水水域（含灌溉渠道）时，评价范围应为建设项目排污口至下游100m；④当项目排污的受纳水体为小型封闭性水域时，评价范围为整个水域。

（2）地表水环境现状评价。

1）现状调查。现状调查应符合以下规定：①收集污水受纳水域的水体位置、常规水文资料和调查范围内水域的常规水质监测资料，绘制水系分布图；②调查受纳水体的水系构成、环境功能区划、使用功能、污染物总量控制指标；③调查原则是尽量利用现有的资料和数据；④调查改扩建项目在改建前的污水排放量、既有水质监测资料、污水排放去向、受纳水体环境功能区划，绘制污水排放去向图。

2）现状评价。根据水环境现状资料，对受纳水体地表水环境质量分项进行达标状况评价。

（3）地表水环境影响预测评价。施工期地表水环境影响价述应符合以下规定：①调查了解施工方案、施工临时驻地位置、集中机械维修点、大型隧道和桥梁施工点，以及相邻地表径流方向和水域功能；②分析施工期废水排放的原因、地点及施工期废水的水质特征；③可采用类比调查方法预测施工期污水排放量和污水水质，对照排放标准评价施工期排放废水可能产生的影响范围、影响程度和时效性。

运营期地表水环境影响评价应符合以下规定：①评价内容主要是服务区生活污水和洗车污水等；②敏感路段应进行水环境现状评价和污染源预测评价，提出切实可行的水环境保护措施；③一般路段不进行地表水环境影响评价，可简要说明污水排放数量、排放去向、受纳水体情况，并对照评价标准进行简要的环境影响分析，提出水环境保护措施。

（4）地表水环境保护措施。地表水环境保护措施应包括管理措施和工程防护措施。应根据项目污水排放达标情况和对受纳水体的影响程度提出污水治理措施，并评价其环境效益，也可进行简要的技术经济分析。

直接穿越饮用水源保护地的路段应提出路线避让要求，如无法避让时应提出可靠的保护措施。环境管理措施可包括对污水排放口布设及地表水环境监测的建议、防止泄漏等事故发生的措施建议、环境管理机构设置的建议等。

应对施工驻地、集中施工场地以及大型隧道和桥梁施工工点等提出有效、经济的工程管理措施和临时性的污水处置及防护措施。

9.2.1.3 竣工验收中的生态环境调查

1. 生态影响调查

（1）调查范围。生态环境影响调查范围原则上与评价范围一致。

（2）调查方法。生态环境影响调查可针对不同时期、不同的调查因子或内容采取不同的调查方法，主要包括文件资料核实（或调研）、现场勘察、公众意见调查、生态遥感调查、理论分析评估等技术手段和方法。

（3）调查重点。

1）工程占地情况。

2）工程扰动土地（主要指工程临时占地、施工道路等）的生态或功能恢复情况。

3）水土保持工作情况。

4）工程对国家或地方重点保护野生动植物及其栖息地、野生动物通道的影响，采取的保护措施和保护效果。

5）工程对所涉及的自然保护区、风景名胜区等生态敏感目标的影响，采取的保护措施和保护效果；工程对湿地水文环境的影响。

（4）主要生态调查指标。

1）永久占地：包括占地类型、占地面积，重点是占用耕地、林地和草地的数量等。

2）临时占地：包括便道、站场、施工营地等的数量，恢复措施和恢复效果等。

3）取、弃土（渣）场：包括取、弃土（渣）场的位置，占地面积，占地类型，土石方数量，与公路的距离，采取的恢复措施及恢复效果；说明实际设置的取、弃土（渣）场与环境影响评价文件中确定的取、弃土（渣）场的变化情况及合理性。

4）工程防护和水土流失：包括主体工程和取、弃土（渣）场所采取的防护工程、水土保持措施的数量及实施效果等。

5）绿化工程：包括绿化方案，绿化面积，绿化投资，绿化植物的种类、数量，重点区域〔包括互通立交、边坡、取、弃土（渣）场、服务区、收费站、管理处等〕景观绿化，公路用地范围内的绿化率等。

6）河流水系、水利设施：公路用地范围内扰动的河流水系、水利设施分布状况及相应的防护措施等。

7）其他生态指标：每公里平均土石方量、公路工程特有的生态保护措施等。

8）调查公路建设过程中产生的固体废弃物类型、数量、去向以及处置方式。

（5）生态影响调查与分析。

1）自然环境概况。

a.调查公路沿线区域内自然环境基本特征，包括区域气象气候因素、地形地貌特征、河流水系、土地利用、土壤类型和性质、水土流失、动植物资源、国家和地方重点保护野生动植物和地方特有野生动植物的分布和生理生态习性、历史演化情况及发展趋势等。

b.调查公路所在区域内的生态敏感目标的历史和现状情况等，并应对不良地质状况做出必要说明。

2）一般生态影响调查与分析。

a.根据工程建设前后影响区域内国家和地方重点保护野生动植物和地方特有野生动植物生存环境的变化情况，调查工程建设对上述野生动植物及其栖息地是否产生影响，分析保护措施的效果及有效性。

b.结合公路绿化工程及重点区域景观绿化情况，分析公路用地范围内植被类型、数量、覆盖率的变化情况。

c. 分析工程建设对自然保护区、湿地、风景名胜区、森林公园、历史遗产地、地质剖面等生态敏感区的影响，并提供工程与敏感目标的相对位置关系图，必要时提供图片辅助说明调查分析结果。

d. 分析公路主体工程和取、弃土（渣）场、施工营地、站场、便道在施工期及试运营期对自然生态环境的影响、采取的保护措施及其实施效果。

e. 公路工程建设及运营造成水生生物生存环境变化时，应调查环境影响评价文件中的减免、补偿措施的落实情况，分析减免、补偿措施的有效性。

f. 分析公路建设对所涉及的生态敏感区生态完整性的影响。

3）农业生态影响调查与分析。

a. 列表说明工程占地的情况，包括占地类型、占地面积、位置、采取的恢复措施和恢复效果，分析公路占地对沿线农作物产量的影响以及建设过程中所采取的减少占地措施，分析建设项目采取工程措施、植物措施和管理措施后，对区域内农业生态环境的影响。

b. 调查工程对项目影响区域内河流、水利设施的影响。

4）水土流失影响调查与分析。

a. 列表说明工程土石方量和利用平衡，取弃土场等临时工程占地位置、原土地类型、采取的生态恢复措施和恢复效果，采取的护坡、排水、防洪、绿化工程等。

b. 分析采取工程、植物和管理措施后，公路建设对沿线水土保持的影响。根据公路建设前水土流失原始状况，对工程施工扰动原地貌、损坏土地和植被、弃渣、损坏水土保持设施和造成水土流失的类型、分布、流失总量及危害的情况进行分析。

c. 调查公路主体工程及临时工程采取的水土流失防治措施及防护效果；调查公路用地范围内滑坡、崩塌、沉陷、软土路基等不良地质路段的分布状况及工程采取的防护措施，并分析其实施效果。

（6）生态保护措施有效性分析与补救措施建议。

1）主要从自然生态影响、生态敏感目标影响、农业生态影响、水土流失影响等方面分析采取的生态保护措施的有效性。分析指标可包括生物量、特殊生境条件、珍稀濒危物种的状况、景观效果、公路用地范围内扰动面积的治理率等；评述生态保护措施对生态结构与功能的保护、生态功能补偿的可达性、预期的可恢复程度等。

2）根据上述分析结果，对存在的问题分析原因，并从保护、恢复、补偿、建设等方面提出具有操作性的补救措施和建议，有针对性地避免或减缓项目建设所造成的实际生态环境影响。

3）对于环境影响评价文件中预测的影响，调查相应环保措施落实情况及效果，验收其影响程度和范围；对于环境影响评价文件中未预测的影响，应按环境影响后评估方法评估影响，进而提出相应的补救措施和要求。

2. 水环境影响调查

（1）现状调查。调查与本工程废水排放相关的政策、规定和要求。调查公路施工期废水排放情况，施工期采取的防治水环境污染措施。调查公路沿线集中式饮用水水源的分布情况、饮用水水源保护区和准保护区的划定情况、取水口位置。调查公路临近或跨越的水环境敏感目标的分布情况及与公路的距离，公路排水、沿线设施污水外排、弃渣堆放等对水环境敏感目标的影响。调查公路沿线设施的污水排放情况，包括污水主要来源、污水种类、排放量、污水排放特征、污水排放去向等。调查公路沿线设施的污水处理设施情况，包括污水处理方式、处理规模、处理工艺流程、处理效果及设备处理能力及型号。调查跨越或临近敏感水域桥梁桥面径流和危险品运输事故收集系统设置情况。

（2）现状监测。水环境现状监测的对象主要是公路沿线设施配套的污水处理设施与外部水环境相沟通的界面。对于公路沿线重要敏感水域可进行水环境质量现状监测。

（3）措施有效性分析及补救措施建议。分析施工期水环境保护措施的有效性。根据水质监测结果，分析评价达标情况。论述设计和环评要求的沿线设施需采取的污水处理设施的落实情况，现有水污染治理措施的实施效果及存在问题。分析公路排水对沿线居民的生活、生产造成的影响。分析公路排水和公路突发性环境污染事件对饮用水水源造成的影响，分析采取措施的可行性和合理性。如果公路跨越的水体功能在环评至试运营期间发生变化，如水体功能由Ⅲ类变成Ⅱ类，应增加路面、桥面径流水收集及危险品事故处理措施。

9.2.1.4 节约土地资源和环境保护措施

1. 立项可研阶段

合理选线。国内公路建设将土地占用情况作为路线走廊方案选择的重要指标，尽量减少占用耕地，避让基本农田和经济作物区。选择合理的建设标准和规模，达到满足公路功能要求与减少建设用地的合理统一。高速公路选线工作，实际上是影响高速公路节约用地最大的因素，一旦高速公路线位确定，整体的路线规模和结构物（桥梁、隧道等）数量也基本确定，其余只能做一些局部的优化和调整工作。但选线也是最为设计人员最难以把握的，因为路线的走向往往不是可以单纯通过技术优化可以决定的，受地方规划、自然人文景观的保护、地方政府的决策等诸多非技术性的因素影响。

2. 设计阶段

（1）降低路基高度。路基高度增加直接导致筑路材料的增加，并且随着路基高度增加，路基基底宽度明显增加，导致公路用地增加。鹤大高速公路利用实测的数字地面模型，通过对路线平、纵、横进行了细致的优化、调整，在条件允许的情况下，路基尽量减小填土高度，采用低矮路堤方案。通过优化路基高度，有效节约占地，减少了高速公路对附近农田的影响和土石方开挖、运输及碾压环节的能源消耗，降低了取土对沿线生态环境的破坏。

鹤大高速公路靖宇至通化段工程施工图设计中对 K282～K284、K290～K295 两段路线优化了纵断面设计，降低了 K282～K284 路段的路基填土高度，减少了 K290～K295 路段的填挖数量，减少了占地面积。鹤大高速公路小沟岭（省界）至抚松段工程通过优化路基高度，K581＋400～K583＋100 路基高度整体降低了 1.3～1.5m，减少土石方数量85230 m³；K684＋930～K685＋750 路基高度由 11.8m 降低至 9.7m，减少土石方数量97723.5m³；K692＋380～K692＋880 路基高度由 7.2m 降低至 6.1m，减少土石方数量24447.5m³；K698＋100～K698＋500 路基高度由 2.3m 降低至 1.5m，减少土石方数量 9664m³。

（2）桥隧代替路基。当路堤较高时，以桥代路是节约土地资源的好方法。按一般填土路堤 1：1.5 的边坡坡率计算，当路堤高度大于 5m 时，高速公路路堤占地面积将是桥梁占地面积的 2 倍以上。据统计，2005 年和 2006 年由国家审批的高速公路项目桥隧长度占总路线长度的比例平均达到 47%，为国家节约了大量宝贵的土地资源。东部平原区部分省份尝试采用低桥穿过耕地，以最大限度地保护耕地。

鹤大高速公路靖宇至通化段工程穿越原吉林靖宇省级自然保护区路段，针对保护区内东风湿地进行特殊设计，采用两座特大桥（东风湿地一号大桥和东风湿地二号大桥）跨越湿地，最大程度保护湿地原始地貌环境。此外，在东风湿地其他路段，采用了生态敏感路段湿地路基修筑技术，在 ZT12 标东风湿地处施工段落为 K283＋314.5～K283＋580，共施工 5 道碎石盲沟＋波纹管涵，保持高速公路两侧湿地水资源的平衡、流通。如图 9.1 所示。

（a）东风湿地大桥一号桥

（b）东风湿地大桥二号桥

（c）湿地路基铺设波纹管涵

图 9.1　桥隧代替路基

（3）合理设置附属设施。高速公路设施主要包括服务区、停车区、管理中心、养护工区、收费站和隧道管理站等，合理确定附属设施合理的占地规模可以节约用地。主线为 4 车道或者 6 车道的高速公路，服务区用地规模不应超过 4.0hm^2，双向 8 车道高速公路的服务区，用地规模和建筑面积可以适当增加。高速公路服务设施与监控通信、养护以及收费站等管理设施合并建立，合并后的用地规模会相应减少。

鹤大高速公路靖宇至通化段工程设置管理处 2 处、养护工区 2 处、服务区 2 处、收费站 3 处，隧道管理站 2 处，隧道变电所 14 处。其中白山东收费站与养护工区合并同址建设，光华管理处与收费站、养护工区合并同址建设，朝阳隧道管理站与 1 号入口变电所合并建设，闹枝隧道管理站与 1 号变电所合并建设。在初步设计阶段，光华隧道管理站与闹枝隧道管理站较近，在施工图设计阶段将光华隧道管理站功能归设在闸枝隧道管理站，取消了光华隧道管理站的建设。

（4）动物资源保护。鹤大高速公路靖宇至通化段利用通道涵洞进行自然环境营造，引导动物通行。在施工图桩号 K275＋400～K276＋050 路段紧贴高速公路隔离栅外侧设置 0.6m 高、绿色、光滑的铁皮挡板，挡板顶部倾斜 45°，以防两栖类动物进入高速公路。在 K275＋683、K275＋731、K275＋780 三处涵洞，沿涵洞侧壁设置高出雨季水位的平台小道，宽 0.6m，小道与两侧地面自然连接，方便两栖类动物通过。K276＋050～K278＋800 设置高度 1m、孔径 2cm×2cm 的隔离栅，在 K278＋195 通道，地势较低一侧沿内墙侧保留 1m 宽路面不硬化，土质路面植草绿化，引导兽类动物通行。通过布设红外相机对动物通道的动物通行情况进行监测，发现有黄鼬、松鼠等动物通行。在该路段配套设置了兽类、两栖类动物通道警示牌，禁止鸣笛，如图 9.2 所示。

（a）野生动物保护区标识牌　（b）兽类动物通道警示牌　（c）两栖类动物通道警示牌　（d）两栖类挡板

（e）兽类通道　（f）孔径2cm×2cm的隔离栅　（g）两栖类通道　（h）0.6m高铁皮挡板

（i）红外相机夜间拍摄的黄鼬通行　（j）公路设置动物通道有松鼠通行

图 9.2　动物资源保护

（5）水环境保护。为防止危险化学品运输事故污染Ⅱ类水体，建设单位落实环评及批复要求，跨Ⅱ类水体桥梁设置了桥面径流收集系统，将桥面排水引入桥梁下面的收集池，收集池具有防渗功能。收集池容积满足收集 2 年一遇暴雨条件下 20min 桥面径流的能力，为暴雨情况下的危险化学品泄漏事故预留应急处置的时间。

公路会在穿越饮用水水源保护区路段采取一系列水环境保护措施。例如工程在营运桩号 K639＋260～K675＋860（施工图桩号 K593＋800～K630＋400）约 36.6km 穿越敦化市第一生活饮用水水源保护区准保护区，为防止危险化学品运输事故污染敦化市饮用水源准保护区，建设单位落实环评及批复要求，在水源保护区内 3 座大桥设置了桥面径流收集系统，将桥面排水引入桥梁下面的收集池，收集池具有防渗功能。每个桥梁设有 2 个收集池，总容积 280m³。同时在 3 座大桥设置了 3 处桥面监视摄像机，一旦发生事故，可以及时发现并启动应急预案。在穿越水源保护区内的路基工程段，设置路面径流收集系统，一共设置了 233 个集水池。通过路基两侧设置的防渗边沟，将路面径流收集至路侧收集池，防止路基段发生危险化学品运输事故导致危险化学品流入水源保护区污染水源。在高速公路驶入、驶出水源保护区的位置双向均设置了标识牌，提醒路上行驶车辆的司机您已进入敦化市水源准保护区，请谨慎驾驶。在保护区内双向设置了报警电话标识牌，识牌上写明"报警电话 12122"，一旦有事故发生，可以及时报告，及时启动突发环境事件应急预案。如图 9.3 所示。

（a）敦化市第一生活饮用水水源保护区江源牡丹江大桥桥面径流收集池与收集管

（b）敦化市第一生活饮用水水源保护区路面径流收集池

（c）敦化市第一生活饮用水水源保护区路面径流收集池

（d）敦化市第一生活饮用水水源保护区谨慎驾驶标识牌

（e）敦化市第一生活饮用水水源保护区谨慎驾驶标识牌

（f）危化品车辆减速慢行标识牌

（g）报警电话标识牌

（h）高丽沟中桥（K338+134）桥面径流收集系统

图 9.3　水环境保护

3. 施工阶段

（1）废弃材料的综合利用。目前，国内高速公路建设项目在材料综合利用、变废为宝、节约资源方面进行了大胆的探索和尝试。粉煤灰渣、矿山开采废料、矿渣等材料作为路基填料利用已经在材料富集地区被采用，路基、隧道挖方尽可能地平衡回填利用以减少取土、弃渣占地也是目前设计、施工阶段考虑较多的一种措施。

鹤大高速公路靖宇至通化段工程路基填筑的隧道出渣利用率为92%，尾矿渣利用量为8万 m³。工程施工过程中对隧道弃渣等施工废料再利用，在料仓中加入隧道洞渣、水泥和粉煤灰，经搅拌机搅拌后用成型机压制成半成品，进入子母窑车养生窑蒸汽养生，达到500℃时出窑到降板机，推板到码控机，最后到打包机打包，经过短短25s的砌块设备加工，隧道的弃渣就能变废为宝，成为合格的路基填筑物。如图9.4所示。

（a）隧道弃渣生产机制砂图　　　　　　　　　　（b）生态砌块用于边坡防护

图9.4　废弃材料的综合利用

此外，工程沿线区域冬季严寒，夏季温热，属于典型的季冻地区，道路环境要历经近80℃的温度变化。原有的沥青改性技术要在如此之大的温差内起到防止车辙和裂缝的作用十分困难。工程施工过程中因地制宜地采用天然火山灰代替传统的化学改性剂，与普通混合料相比，在高温抗车辙、低温性能、抗水损害性能等方面优势明显。

（2）临时用地的合理选址或并场利用。鹤大高速公路多处施工场地利用路基、互通永久占地范围内布设，如荒沟岭隧道拌和站位于路基永久占地范围内，没有新增临时占地，施工结束后，拆除施工机械，场地恢复为高速公路路面或绿化用地。另有部分拌和站、预制场、项目部3种临时占地合并同址建设，减少临时占地面积。如K545+800拌和站、预制场、项目部合建，占地面积5.5hm²，施工结束后已恢复为耕地。如图9.5所示。

（3）表土收集利用。利用路域表土资源进行复耕、复垦能够有效恢复土壤的肥力，提高临时用地生态恢复效果。鹤大高速公路占地类型包括农田和林地，农田和林地表土土质较肥沃、表土腐殖层较厚，其中林下腐殖土还含有大量的有机质和本地植物种子，是极其珍贵的资源。这些腐殖土可以作为绿化恢复的营养基底，不仅减少了后期绿化工程种植土和种子的购买成本，而且对本地生态安全有积极作用。鹤大高速公路对清表范围的腐殖土（表土）进行了收集和再利用，共计372.76万 m³。如图9.6所示。

（a）拌合站、预制场、项目部(K545+800)施工期照片　　　（b）拌合站、预制场、项目部(K545+800)复耕后照片

（c）海南万洋高速公路拌合站设置在湾岭互通永久占地内　　（d）海南万洋高速公路施工结束后拆除拌合站，互通永久
　　　（以其他项目无人机拍摄照片为例）　　　　　　　　　　　　占地绿化恢复（以其他项目无人机拍摄照片为例）

图 9.5　临时用地的合理选址或并场利用

（a）表土剥离与防护（K623+200）　　　　　　（b）左侧表土存放点（K715+000）

图 9.6　表土收集利用

（4）原生植被保护。鹤大高速公路路基施工之前先划出"环保绿线"（即路基压实边界到公路征地界范围的区域），"环保绿线"区域是土地和植物资源保护的重点。第一次清表时环保绿线范围的所有原生植被（包括乔木、灌木、草本以及林业部门采伐树木后留下的树桩）实行强制性保护。第二次清表根据开挖后地质情况、地形特点、周边环境确定分台高度、边坡坡率、排水形式、施工需要等确定清场范围，第二次清场最大限度保留环保绿线范围所有原生植被（图 9.7）。

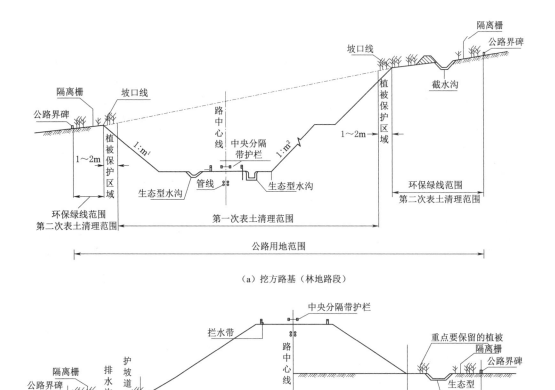

（a）挖方路基（林地路段）

（b）填方路基（林地路段）

图 9.7　原生植被保护施工示意图

隧道洞口在施工阶段注意原生植被的保护保留，减少后期人工恢复的成本和痕迹。互通区一般公路建设采用先全面清除地表植物，路基建成后在进行人工植被恢复的做法。鹤大高速公路在清表阶段就进行了精细施工，保留了互通匝道圈内的原生植被，减少后期人工恢复的成本和痕迹。如图 9.8 所示。

通过保护工程沿线的土地及植物资源，鹤大高速公路共保留树木共计 345041 棵，其中国家级保护物种红松 353 棵、黄檗 50 棵、水曲柳 55 棵。

9.2.2　关键知识点

公路建设中"点-线"土地利用现状调查评价（包括调查内容、方法、评价、影响预测、保护措施等）、土地利用规划环境影响调查评价、竣工验收中的生态环境调查、节约土地资源和环境保护措施、生态保护措施有效性分析与补救措施建议等知识点，进行公路建设的土地资源合理利用、达到节约使用土地资源的目的。

（a）东南岔隧道洞口绿化

（b）小沟岭隧道洞口绿化

（c）马鹿沟岭隧道绿化

（d）泉阳互通植被保留效果

（e）施工期泉阳互通植被保留

（f）以往互通区匝道环内植物全部清表

（g）古树名木保护

图 9.8　原生植被保护

9.3　G30 连霍高速公路兰州东（定远匝道）收费站和兰州北（忠和匝道）收费站建设工程

9.3.1　工程概况

地理位置：改扩建的兰州北主线收费站位于甘肃省兰州市皋兰县忠和镇，距离兰州市约 21.2km，距离水阜镇约 11km，距离树屏枢纽约 45.3km。兰州东主线收费站位于甘肃省兰州市榆中县定远镇猪嘴岭村东侧，距离兰州市约 23.4km，距离定西市约 88.4km，距离东岗立交桥约 15.0km。

工程规模：拆除现有兰州东收费站、柳沟河收费站，新建一 10 入 18 出兰州东新收费站。拆除现有兰州北收费站、兰州收费站及傅家窑收费站，新建一 10 入 18 出的兰州北新收费站。

工程占地：项目总占地 44.92hm²（永久占地 38.50hm²，临时占地 6.42hm²），其中榆中县 21.70hm² (其中永久占地 19.20hm²，临时占地 2.50hm²)、皋兰县 23.22hm² (其中永久占地 19.30hm²，临时占地 3.92hm²)。

土石方量：本项目开挖总量 77.99 万 m³ (含表土剥离 5.57 万 m³)，填方总量 115.38 万 m³ (含表土回覆 3.43 万 m³)，借方 59.46 万 m³，弃方 22.07 万 m³ (含表土回覆 2.14 万 m³)，均为自然方。

9.3.1.1 取土场整治

本工程设山坡型取土场 1 处，占地 3.27hm²，取土量 59.46 万 m³。

取土场位于国道 G109 线 K1682＋700 路左侧约 5m 处，公路路面高程 1782m，坡面顶端高程 1822m，与公路路面高差 40m，交通便利，不需布设施工便道，为黄土荒山，土质工程性质较好，适宜作为路基填料使用。

取土场上游山坡汇水面积为 0.09km²。取土场开挖线起点高程 1781m，顶部高程 1822m，相对高差 41m。设计采用 3 级削坡升级，坡比均为 1:1.5，开挖 10m 高时设一道宽 2m 的马道。在取土场顶部开挖边界以外布设坡顶截水沟，在马道布设排水沟，取土场开挖边界两侧布设急流槽，下接消力池，经消力池消能后由尾水排水沟将汇水引入下游自然沟道，对取土后的底部平台和边坡进行整治，修筑挡水埝。

该取土场取土过程中对边坡及时进行人工削坡整治，面积 1.35hm²；取土结束后，取土场底部平台整平、覆表土 0.60m，整治面积 1.92hm²，底部平台每间隔 30m 布设一道挡水埝，挡水埝顶宽 50cm，高 60cm，内外坡比 1:1，共设挡水埝 3 道，长 1066m。

绿化：取土场斜坡面种植紫花苜蓿 1.20hm²，马道栽植紫穗槐、柠条 0.12hm²，平台栽植紫穗槐、柠条 1.92hm²。

9.3.1.2 弃土场整治

本工程设山谷型弃土场 1 处，占地 1.20hm²，弃渣量 20.91 万 m³。

弃渣场位于国道 G309 线 K2183＋600 路右侧约 200m 处，现有道路高程 1857m，沟底高程 1821m，沟底与路面高差 36m，沟道形状 "V" 形，为无长流水荒沟，弃渣运距约 6km。

弃渣从沟头从上往下采用阶梯形堆放，台高 10m，每台设 2m 宽马道，马道上下坡比均为 1:1.5，共设马道 3 道，总长 241m。坡脚设浆砌石挡渣墙，四周设截排水系统，渣面整平，覆表土 50cm，整治面积 0.84hm²。

绿化：渣体斜坡面种植紫花苜蓿 0.27hm²，马道栽植紫穗槐、柠条 0.05hm²，平台栽植紫穗槐、柠条 0.84hm²。

9.3.2 关键知识点

公路收费站改建工程取土场和弃土场的土地整治等。

9.4 残次林地土地整治项目工程

9.4.1 工程概况

随着土地整治项目的深入开展，耕地后备资源不断减少，园地、残次林地等适宜开发的农用地在一定条件下被允许纳入土地整治范围。但由于残次林地的特殊性,有必要对残次林地土地资源整治项目进行生态效益调查与评价。

定边县白泥井残次林土地开发为定边县第一批残次林土地开发项目,是《国土资源部关于改进管理方式切实落实耕地占补平衡的通知》(国土资规〔2017〕13 号)文件发布后第一批次落地的项目。定边县位于陕西省西北部,榆林市西端,属陕北黄土高原与内蒙古鄂尔多斯荒漠草原的过渡地带。白泥井镇地貌为风沙草滩区,地势相对平坦,沙带纵横,间有大面积盐碱滩、旱地和小面积的湖沼洼地及洪漫地,区域内农业发展水平较高。该项目于 2018 年 11 月批准立项,2018 年 12 月完成施工,实施规模 3177.0120hm²,新增耕地 3060.0298hm²,新增耕地率 96.3200%。项目选址范围及土地整治前土地利用类型示意图见图 9.9。

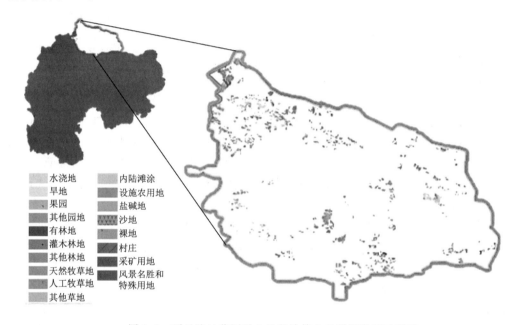

图 9.9 项目选址范围及土地整治前土地利用类型示意图

9.4.1.1 土地资源调查

1. 自然构成要素

定边县位于陕西省西北部,榆林市西端,属陕北黄土高原与内蒙古鄂尔多斯荒漠草原的过渡地带。地势南高北低,中南部有白于山横贯,南部有桥山、梁山纵列,呈缓坡状倾斜。地貌以白于山为界大致分为两类:北部长城沿线及以北地区为风沙盐碱滩区,区内地形平坦开阔,沙带纵横,间有大面积盐碱滩、旱地和小面积的湖沼洼地及洪漫地;南部白于山区为黄土高原丘陵沟壑区,区内地形复杂,丘陵起伏,地面破碎,山多川少,梁峁交汇,沟壑纵横。全县森林植被覆盖率为 29%,天然环境致使该地区森林植被覆盖率较低,且残次林地覆盖率较高。

该地区属于典型的温带半干旱大陆性季风气候区。春季干燥气温回升快,降水较少,多大风及风沙天气,春末夏初常有冰雹;夏季多偏南及东南风,炎热多雨,日温差大,7、

8月多雷阵雨、暴雨及大风天气；秋季凉爽湿润，气温下降快；冬季多偏北及西北风，寒冷干燥，降雪稀少，封冻期较长。区域地表土壤类型主要为沙壤土和沙土。

2. 社会经济构成要素

定边县总土地面积 682138.6hm²，2017 年末，全县总户数为 100577 户，总人口 355713 人。2017 年，全县生产总值（GDP）达 255.32 亿元。其中，第一产业占县生产总值的比重为 7.8%；第二产业占县生产总值的比重为 62.0%；第三产业占县生产总值的比重为 30.2%。人均县生产总值达 77277 元。该年定边县投入 5690 万元，实施了京津风沙源治理、城乡防护林提升、美丽乡村绿化等林业重点工程，全年共完成造林面积 8 万亩；人工种草累计保留面积 100 万亩；治理水土流失面积 101km²。

3. 调查方法

（1）收集定边县白泥井镇土地利用现状资料、土地利用规划资料以及其他相关规划资料，总结该地区存在的土地问题。

（2）通过遥感影像资料与土地利用资料等数据库交叉判读，提取可进行开发的残次林地。提取出的地块应当不属于林地范围（生态林、公益林和经济林等），且不位于生态保护红线范围内，适宜开发，需水务、农业、林业、环保等部门同意。

（3）将提取出的地块制作为外业调查底图，对准备开发地块进行详细实地调研。调研内容应包括地块坐标的准确性；地块土地权属情况；地块土地的基本情况，如种植作物、年产量、是否为水浇地、灌溉水量等；地块所属行政村、自然村、承包人是否同意开发；地块所属行政村、自然村、承包人对地块开发的期望目标；采取地块内的土壤、水浇地水样用于检测分析。

（4）外业调查人员将调查内容反馈到内业工作人员，内业工作人员将调查数据处理汇总，依据土地开发的相关标准制作项目报告、预算、图件等，上报县、市有关部门审核批准。

9.4.1.2 土地利用现状问题

1. 水资源短缺

定边县气候属半干旱大陆性季风气候，春多风、夏干旱、秋阴雨、冬严寒，日照充足，风水频繁，气候日差较大，降水四季分布不均，雨季迟，雨量年际变化大，干旱、霜冻、大雨、冰雹等自然灾害多。全县水资源包括地表水、地下水和少量调入水，呈现地域分布不均、水资源利用率低的特点。境内河流主要分布在南部山区，河网密度 2～4km/km²，年径流总量 14130 万 m³，人均地表水占有量为 625m³，年平均降水量 325mm，低于全省平均水平，为径流贫乏县之一，属于严重缺水地区。由于地表为沙地不易存水，加之蒸发量大，致使林木生长受到抑制，导致林木生长缓慢形成成片残次林。

2. 土壤问题

定边县地表土壤类型主要为沙壤土和沙土。根据《陕西榆林地区地理志》，该类沙土含有机质 2.00g/kg、碱解氮 9mg/kg、有效磷 7.2mg/kg、速效钾 44mg/kg。其风沙土的特点是：疏松易耕，通气透水，土温易升高，利于作物生长；但易风蚀，蓄水保肥力差，有机质含量难以保证林木生长所需，同时由于沙土地林木附着力不强，风沙较大导致林木毁坏。

3. 人为因素

人们对森林的不合理采伐，加快了资源减少，造成林相破碎，林分结构不稳定，自然繁衍的优良种质资源枯竭，水土流失严重，林地质量下降，形成残次林。

9.4.1.3 土地资源整理整治措施

1. 灌溉与排水工程

因项目区内部已为农民自主开发的耕地，少量区域已经基本完成机井建设，并采用滴灌方式进行灌溉，还有绝大部分区域原来机井运行多年失修，基本接近报废不能用，需进行新打机井建设。同时，项目区所在村农网改造已经完成，供电能力充足，充足的电力设施为打井灌溉提供了必备的条件。根据规划，将新建机井，并配备相应的潜水泵及施肥罐实现浇水施肥一体化，同时配置变压器及电力线路满足地块内水泵使用。通过水利设施布设使地块产量得到极大提升。

2. 土地平整

根据项目区地形条件和各地块实际情况，进行土地平整工程，在田块内按照便于耕作、管理和生产的要求，结合地形地势布设格田。耕作层厚度应达到 30cm 以上，有效土层厚度应达到 60cm 以上，土壤理化指标将满足作物高产稳产要求。由于部分地块内土壤下存在红砂岩，难以保证有效土层厚度，须通过覆土保证有效土层。

3. 农田防护与生态环境保持工程

项目区地处风沙滩区，风沙较多，为了防风固沙、防止土地沙化和水土流失、改善土壤结构，结合田间道路布局，在田间道两侧设置防护林带，农田周边扰动区、各田块之间的田坎和取土场地，则采用工程与生物措施相结合方式营造防风固沙体系。结合项目区地形条件，在田间道两侧布置防护林带，两侧乔灌相结合。

残次林形成的主要原因是当地生态环境以及人为因素的破坏。白泥井镇作为农业生产大镇，农业经营收入是农民收入的主要来源，通过土地整治，将残次林地变为可重新利用的耕地，使土地利用结构得到改善（表9.4），极大地提高了土地资源的利用率和产出率。

表 9.4　　　　　　　　　　项目区整治前后土地利用结构变化

土地利用类型		整治前面积 /hm²	整治后面积 /hm²	增减面积 /hm²	整治后地类 比例/%
一级地类	二级地类				
耕地（01）	水浇地（0102）	0.4452	3060.5854	3060.1402	96.34
	旱地（0103）	0.1104	0	−0.1104	0
园地（02）	果园（0201）	0.0300	0	−0.0300	0
	其他园地（0204）	0.0009	0	−0.0009	0
林地（03）	乔木林地（0301）	174.2479	63.3536	−110.8943	1.99
	灌木林地（0305）	1299.7887	0	−1299.7887	0
	其他林地（0307）	62.2959	0	−62.2959	0
草地（04）	天然牧草地（0401）	874.2592	0	−874.2592	0
	人工牧草地（0403）	129.8420	0	−129.8420	0
	其他草地（0404）	398.8627	0	−398.8627	0

土地利用类型		整治前面积 /hm²	整治后面积 /hm²	增减面积 /hm²	整治后地类 比例/%
一级地类	二级地类				
工矿仓储用地（06）	采矿用地（0602）	0.0009	0.0009	0	0
住宅用地（07）	农村宅基地（0702）	0.0714	0.0714	0	0
特殊用地（09）	风景名胜设施用地（0906）	0.0002	0.0002	0	0
交通运输用地（10）	农村道路（1006）	0	31.6284	31.6284	1.00
水域及水利设施用地（11）	内陆滩涂（1106）	0.0006	0	−0.0006	0
其他土地（12）	设施农用地（1202）	0.0055	0.5551	0.5496	0.02
田坎	田坎（1203）	0	20.8170	20.8170	0.66
	盐碱地（1204）	93.7999	0	−93.7999	0
	沙地（1205）	141.3641	0	−141.3641	0
	裸土地（1206）	1.8865	0	−1.8865	0
总计		3177.0120	3177.0120	0	100.00

注 土地利用类型括号内编码参照《土地利用现状分类》（GB/T 21010—2017）。

9.4.2 关键知识点

土地利用现状调查、土地整治和土地复垦等。

9.5 广东大宝山矿区生态恢复工程

9.5.1 工程概况

大宝山是广东省北部的一座大型多金属矿，1958年开始建设，矿区主体上部为褐铁矿体，储量2000万t；下部为大型铜硫矿体，储量为2800万t，并伴有钨、铋、钼、金、银等多种稀有金属和贵金属，是一座名副其实的宝山。然而，经过50多年的规模开采，以及20世纪80—90年代大量的民采民选活动，对矿区及周边地质环境造成了严重破坏，矿山地质环境问题突出，严重影响了矿山生产与发展。

20世纪80年代初，在"大矿大开、小矿小开、有水快流"的背景下，大宝山矿及周边出现大量无序、非法的民间滥采活动。最猖獗时，这类矿窿达到119条之多，选矿厂8个，洗矿点20多处。当时企业的生态环保意识普遍较差，环保设施简陋，大量重金属尾矿渣和选矿废水排下山，经横石水河汇入北江，不仅导致河流鱼虾绝迹，还给下游清远、佛山、广州等地数千万人的饮水安全带来隐患，当地村民投诉不断。

大宝山周边区域环境污染问题，引起中央、广东省层面的重视，中央多家媒体也多次披露。2013年，广东省政府要求对大宝山矿区周边环境问题进行综合整治。原先参与开采的省属国有企业——广东省大宝山矿业有限公司——扛起了这一责任。

保护生态就是发展生产力。面对环保压力和巨额的治理资金，大宝山矿"不推诿、不逃避、不停步"，主动担责。2013年，大宝山矿以绿色矿山建设为契机，制定了"源头防控、过程阻断、末端治理、风险防范"策略，大刀阔斧地推行环境综合整治。几年来，他们分期投入10亿多元，改进回收设施，削减排污总量；新建大型治污设施，确保矿区污水100％循环利用。同时，修筑排洪隧道、竖井、截洪沟、截洪坝等，将清洁雨水导至下游。

为了保证矿山的安全生产，保护矿山生态环境，保护人民群众的安全健康，大宝山矿在矿山地质环境治理领域上已投入大量资金，已初步取得了较好的环境效益和社会效益，得到国家和社会的关注与认同。然而，还有部分生态环境隐患并没有得到根本消除，一些高陡边坡和排土场没有得到有效治理，存在崩塌、滑坡和泥石流等地质灾害风险。尤其是当年非法滥采遗留的上百条矿窿，大部分一到雨天，仍源源不断产生大量酸性废水。需要运用生态恢复理念解决大宝山矿遗留的矿山地质环境问题，恢复矿山生态环境，建设良好人居环境，保障人民群众的安全健康及矿区下游翁源河道两岸人民群众的饮水安全，缓解矿农矛盾。

9.5.1.1 土地利用现状调查

1. 自然构成要素

大宝山矿地处广东曲江、翁源两县交界处，位于113°40′～113°43′E，24°30′～24°36′N，主矿体为褐铁矿、铜硫矿等多金属共生或伴生矿体，是广东省露天开采的大型多金属矿矿山，也是我国南方钢铁工业和有色金属工业的重要原料基地，始建于1958年，至今已有50多年历史。矿区地处亚热带季风气候区，全年温暖多雨，年平均气温16.8℃，多年平均降雨量为2083.5mm。矿区内表层岩石风化强烈，地带性土壤类型为红壤，随海拔高度增加而逐渐演替为山地黄壤。地带性植被为典型常绿阔叶林，组成本区植被的上层乔木多以樟科、山茶科、壳斗科等的一些种类为主，灌木层则多为山茶科、紫金牛科、茜草科等的一些种类，草本植物则以蕨类为主。

2. 经济状况

广东省韶关市曲江区2020年末总人口为29.04万人。2019年曲江区生产总值达199.89亿元，其中第一、第二、第三产业分别占12.2％、32.2％、53.6％，目前曲江区社会经济结构正在转型，第二、第三产业占比均超出了第一产业。目前，曲江区以韶关市做大做强中心城区为契机，加快城市建设，提升城市形象，以城市片区融合、环境融合、文明融合等为抓手，推进与主城区的融合发展。为推进城市片区融合，曲江抢抓韶关市深入实施"东进、南拓、西融、北优"城市发展战略的有利契机，突出曲江新城片区、韶钢片区、曲江经济开发区和乌坭角片区、南华片区等4个片区建设，高位推动曲江各片区与主城区深度融合。

3. 调查方法

从不同地点采集矿坑表土、排土场堆积土和尾矿样品25个，将样品60℃烘干后研磨过筛，保留颗粒直径小于2mm的样品，测定下列土壤性状指标：①无机还原态硫含量；②总实际酸度、1M KCl可提取酸度和水可提取酸度；③1M Hel可提取重金属元素浓度、1M KCl可提取重金属和铝离子浓度与水可提取重金属和铝离子浓度（用ICP-MS或AAS方法）。此外，还对外排矿水及受影响河段的水质进行实地测试和水生昆虫调查。测试指标包括 pH 值、导电率（EC）和溶解氧（DO）等。若干代表性水样带回实验室进行如下化学分析：①可滴定酸度；②重金属元素（用 AAS 方法）。

采取人机交互解译与人工目视解译、内业遥感解译与外业实地调查相结合的方法，对广东大宝山多金属矿开展矿山环境遥感调查与监测，开展遥感监测成果综合研究与评价。矿山开发环境遥感监测技术流程主要包括：①资料收集与整理；②建立遥感解译标志；③图像处理；④监测底图生产；⑤信息提取；⑥实地调查；⑦成果图件编制；⑧统计分析；⑨成果入库。

主要技术方法如下：

1）收集矿山地质环境资料，总结归纳存在的矿山地质环境问题，选择土地遥感数据，以 Arc gis9.2 为平台，野外踏勘建立矿山地物解译标志，解译提取矿山地质环境遥感信息，主要提取矿产资源开采点（或面）位置（井口、硐口、露天采场、活动采区）、开采状况（开采、停产或关闭）、开采矿种（铁、铜等）、开采方式（露天、地下、联合），重点监测矿山开发占地、矿山地质灾害及隐患、矿山环境污染、矿山环境恢复治理 4 项内容，遥感动态监测矿山开发环境、地表覆盖环境、矿山地质环境。

2）通过对室内解译图斑按 10% 比例开展野外实地验证，修改完善遥感解译成果。

3）开展解译成果汇总统计，进行综合分析与综合研究，编制成果图件，对大宝山矿山地质环境存在问题和特征规律进行深入研究。

9.5.1.2 土地利用现状问题

1. 土壤污染严重

由于矿区大面积的金属硫化物裸露，与空气接触后不断有金属硫化物氧化，在降水和径流的冲蚀下，不断释放出酸性物质，导致矿区土壤形成酸性硫酸盐土；而大量酸性物质的存在，又加剧了土壤重金属的活化，酸性物质和重金属的毒害又阻碍了裸地的植被恢复，从而形成一种恶性循环，矿区大部分土壤污染严重。据 2006 年 10 月对凡洞矿区土壤的取样调查分析，凡洞矿区的土壤 pH 值在 2.22～4.53 之间，大部分土壤呈强酸性，特别是铜矿采矿场、弃渣堆放场和李屋拦泥库，pH 值分别为 2.22、2.53、2.77。由于酸性较强，土壤的全 P 和有效 P 含量均较低，有效 N 含量是本地区森林土壤的 1/44。土壤有机质含量一般不超过 5g/kg，不到本地区森林土壤的 1/10。矿区大部分土壤中的重金属元素普遍超标，其中以铜硫矿弃渣的重金属含量最高，Cu 的含量超过标准值 100 多倍，Zn 超过标准值 17 倍，Pd 超过标准值 11 倍。

2. 水土流失剧烈

矿区主要土壤侵蚀类型为水蚀，尤以沟蚀表现；其次是重力侵蚀，主要发生在大宝山矿业有限公司所属的铁矿、铜矿露采区未进行有效防护的开挖面、开采过程中产生的弃渣堆放地和排土场。建矿以来，广东省大宝山矿业有限公司在矿区修建了槽对坑尾矿库、李屋拦泥库、东华拦泥库等水土保持控制性工程，在易产生滑坡、崩塌的局部地段修建了大量挡土墙和排水沟，一定程度上减少、控制了水土流失对矿区外的影响，但是目前所采取的水土保持措施还达不到控制矿区水土流失的要求，水土流失严重。据 2006 年调查，整个矿区（不包括大宝山矿业有限公司周边民采民选点）现有水土流失面积为 324.48hm^2，占矿区总面积的 48.8%。其中极强度流失面积 38.06hm^2，剧烈流失面积 277.74hm^2，分别占矿区总面积的 5.7% 和 41.8%。

3. 植被破坏殆尽

大宝山矿区地带性植被类型为典型常绿阔叶林。组成本区植被的上层乔木多以樟科、山茶科、壳斗科等的一些种类为主，灌木层则多为山茶科、紫金牛科、茜草科等的一些种类，草本植物则以蕨类为主。由于长期采矿等干扰破坏，原生植被已被破坏殆尽。通过现场调查，在矿山范围内，除生产生活区覆盖较好和铁矿已开采完毕区有少量的植被覆盖外，其余基本裸露，局部有自然生长的五节芒等草灌植物，整个矿山植被覆盖率不到10%，植被破坏相当严重。由于缺少植被覆盖，大量的硫化物直接外露，氧化形成酸性物质，同时由于没有植被的拦截、涵养水源作用，大量的酸性物质、重金属随泥沙、径流流入下游河道，造成下游河道水污染。

9.5.1.3 土地资源保护治理措施

1. 客土覆盖与土壤改良

大宝山矿采矿废弃地难以恢复的主要限制性因素是土壤，生态恢复首先要从土壤修复入手，分两个层面：对于土壤层原生裸地必须采取客土覆盖，确保有足够土壤层为植被恢复提供基本的养分支持；对于重金属超标的排土场、采矿坑以及碾轧板结区域除覆盖一定的表土外，还必须采取深层次的土壤改良措施。通过在酸性废弃地施加不同量的石灰、混合不等量的炉渣、不同品种肥料 3 种试验得出，在覆土区，采用加石灰提高土壤 pH 值，加炉渣减小土壤的容重及降低土壤的板结程度为最好方案；而通过植穴内换土，加入适当的熟石灰、稻糠或松树皮或草屑或木屑、适当的有机肥（5kg 左右）和复合肥（200g 左右），可以改善种植穴土壤的理化性状，有效提高造林成活率。经与华南师范大学教授束文圣领衔的团队多次研究试验，最终确定"原位基质改良＋直接植被"的办法，即不改变废矿区地形与土壤结构，调控微生物群与控制产酸的微生物类群，阻滞土壤中重金属迁移，培育自维持、不退化、相匹配的多样性植被。

2. 水土保持工程措施

由于采矿对原地貌的破坏和重塑作用，形成各类新的地表形态，要针对各自的水土流失特点因地制宜地进行设计。采矿活动不外乎开挖、堆弃、占压等类型，无论哪类活动都会改变地表原有状态，原有植被和土壤对降雨的截留、拦蓄、入渗作用大大减弱，原有蚀积动态平衡被打破，从而产生各类侵蚀现象。因此，必须通过采取降雨截排水工程、拦护工程，调控降雨径流，使土体稳定，表层不易流失，才能够正常发挥土壤层固有的生态功能，为植被恢复提供载体。

3. 适生物种筛选

物种选择是植被恢复成功与否的关键，而做好废弃地立地条件分析是物种选择的前提。大宝山采矿废弃地的共同特征是：土壤重金属含量严重超标，且贫瘠酸化，pH 值在4.0 以下，土壤保水、保肥的能力差，不利于大多数植物生长发育。尽管通过客土覆盖和土壤改良措施可以起到一定的调节作用，但当植物生长到一定阶段，其根系不断伸展逐渐穿过表土层，与重金属高的下覆层接触会导致其根系受害或中毒，轻则导致植被生长不良，不能达到预期目标；重则导致大面积植被死亡，使植被恢复彻底失败。另一方面，废弃地养分贫乏，影响植被的快速恢复和长期稳定。因此，所选植物种首先应适应不同区域的立地条件特征，不仅具有适应酸性土壤、抗重金属强的特性，还应具有固氮、耐瘠薄的特性。那些在矿区废弃地上自然定居的植物，能适应废弃地上的极端贫瘠条件，这一类乡土植物应该优先考虑。在具体实施过程中还应事先开展相应的试验研究，从中筛选出最合适的种类。

4. 恢复进程

遵循天然植被进展演替规律是植被恢复的基本原则。据调查，大宝山矿区及周边植被的演替规律为：次生裸地-草丛（五节芒群落）-灌草丛（夹竹桃-五节芒群落）-针叶林（马尾松林等）-针阔叶混交林（马尾松、泡桐等混交）-常绿落叶阔叶混交林（南酸枣、山苍子、荷木林，荷木、黄樟、枫香林）-典型常绿阔叶林（栲树、鹿角栲、荷木林）或竹林（毛竹林）；在自然状态下，次生裸地将逐渐进展演替到典型常绿阔叶林类型；相反，在人为干扰条件下，常绿阔叶林将逆向演替到草丛、灌草丛甚至次生裸地；自然条件下的进展演替是极其漫长的，而人为干扰下的逆向演替却可以是快速的，如矿山开采直接从林地演变成次生裸地；适当的人为措施可加速次生裸地向森林群落演替。植被恢复不能违背自然规律，不能超越阶段，由低级到高级，由简单到复杂，草、灌先行，优先引入那些适应性强的先锋草、灌，充分依靠植被的自然恢复力，通过积极的人工干预措施加快恢复进程，缩短天然恢复时间，视立地条件的改善程度引入乔木类，有步骤、有计划地形成多物种混交的乔、灌、草立体结构，逐步演替至当地顶级群落，能够自我维持其生态稳定性，实现大宝山采矿废弃地植被恢复的终极目标。

经过生态修复后对社会的安定团结和稳定发展起到了重要作用，既调整了土地利用结构，合理利用了土地，还发挥了生态系统功能，促进了生态良性循环，有效削减了排放到水体中的各种重金属污染物的含量，改善提高了下游河道的水质，保障了下游人民健康，促进了下游农村和城市的经济社会发展（图9.10）。

图9.10 广东大宝山矿区修复前后对比

9.5.2 关键知识点

土地利用现状调查（调查采样、遥感监测）、土地生态系统重建、土地利用规划、土地资源整治（矿山修复）等。

9.6　云南抚仙湖流域生态修复工程

9.6.1　工程简介

抚仙湖流域是我国西南地区和珠江流域重要的生态屏障，是我国"两屏三带"生态安全战略格局的重要组成部分，其生态安全对于保障珠江流域生态安全和云贵高原生态服务功能乃至国家水土资源安全具有战略意义。云南省抚仙湖流域山水林田湖草生态修复工程试点基于"山水林田湖草是一个生命共同体"的理念，利用自然的解决方案（NBS），针对抚仙湖流域空间格局有待优化、土地退化较为严重、入湖污染负荷超载、生态风险持续加大等生态环境问题，提出以保障抚仙湖Ⅰ类（GB 3838—2002《地表水环境质量标准》）优质水资源为目标，以流域空间格局优化和管控为前提，以"修山扩林、调田节水、生境修复、控污治河、保湖管理"并重为总体思路，设计了涵盖水源涵养与矿山修复、田地整治与节水减排、生态保护与修复、污染源治理与入湖河流清水修复、湖泊保育与综合管理调控五大类措施，全面恢复抚仙湖流域健康生态功能，有力提升流域生态环境承载力，保障水体洁净和流域生态安全。

云南省政府长期以来高度重视抚仙湖生态环境的保护，为使抚仙湖一湾碧水得以永续，多年来进行了不懈努力。2017年，抚仙湖流域生态保护修复工程纳入国家第二批山水林田湖草生态保护修复工程试点。工程总投资97.28亿元，其中中央财政奖补资金20亿元。工程的实施有效扭转了抚仙湖流域生态系统退化趋势，逐步恢复生物多样性，构建了生态服务功能良好的社会-经济-自然复合生态系统，成为山水林田湖草生命共同体的活样板。同时，该工程也入选2021年自然资源部和世界自然保护联盟发布的10个中国特色的生态修复典型案例。

抚仙湖位于云贵高原，属滇中盆地中心、南盘江流域西江水系，流域内有抚仙、星云二湖，位于全国重要生态功能区中的"无量山-哀牢山"生物多样性保护重要区，是维系珠江源头及西南生态安全的重要屏障，也是区域协调发展和滇中城市群建设的重要保障。抚仙湖是我国蓄水量最大、水质最好的贫营养深水型淡水湖泊，水资源总量占全国湖泊淡水资源总量的9.16%，长期保持Ⅰ类水质，是我国重要的战略备用水源。

抚仙湖由于其独特的低纬高原构造，动态水流少、其换水周期理论值超过200年，生态系统十分脆弱，湖水一旦污染，极难恢复。2002年，抚仙湖曾大面积暴发蓝藻，水质由Ⅰ类降为Ⅱ类。属于抚仙湖流域的星云湖蓝藻水华频发，水质重度污染，一度降为劣Ⅴ类水。

9.6.1.1　土地利用现状调查

1. 自然构成要素

抚仙湖流域位于云南省玉溪市境内，属滇中盆地中心，地理位置处于$102°35'E\sim103°04'E$、$24°12'N\sim24°55'N$之间，跨澄江、江川和华宁3县，流域面积为1098.49km^2。当湖面高程为1722.5m时，抚仙湖湖泊水域面积约216.6km^2，湖岸线总长约100.8km，最大水深为158.9m，平均水深为95.2m，相应湖容水量约206.2亿m^3（占云南省九大高原湖泊总蓄水量的68.3%）。抚仙湖作为我国蓄水量最大、水质最好的贫营养深水型淡水湖泊，水资源总量占全国湖泊淡水资源总量的 9.16％，长期保持Ⅰ类水质，是我国重要的战略备用水源。星云湖原为抚仙湖的补给水源，通过隔河与抚仙湖相连，2003—2010年星云湖、抚仙湖出流改道工程实施后，抚仙湖经隔河向星云湖泄水。

流域属滇中红土高原湖盆区，以高原地貌为主，由于受构造盆地影响，湖泊被群山环抱，周围湖积平原狭窄，流域生态系统封闭程度高，生态经济容量弹性空间小。流域属中亚热带半干旱高原季风气候类型，冬春干旱，夏秋多雨湿热，常年平均气温为 15.5℃，年降水量为 800～1100mm，全年 80％～90％的降水集中在 5—10 月的雨季。抚仙湖流域森林覆盖率很低，仅为 31.68％。在海拔 1720～1900m 的湖盆区，主要是以水稻、烤烟、蚕豆、小麦、油菜、蔬菜等为主的人工植被；在海拔 1900～2300m 的山地及丘陵区，植被以针叶林及针阔混交林为主；海拔 2300m 以上的山区为流域主要林区，林木以华山松为主，覆盖度较大（图 9.11）。

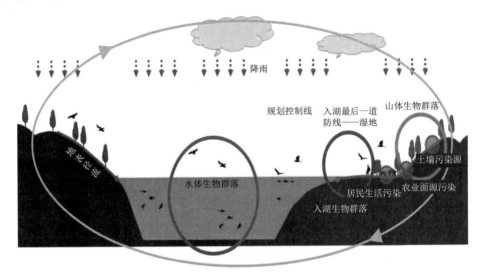

图 9.11　湖域生态系统循环示意图

抚仙湖国家湿地公园及其周边分布维管植物 464 种；2017—2019 年度监测共记录的鱼类物种 32 种，与历史资料综合共计记录 48 种；在动物地理区划上，抚仙湖属西南区云贵高原区，该地区记录有 196 种鸟类。通过查询山水自然保护中心和北京大学联合开发的生物多样性影响评估工具 BIA，抚仙湖 25km 半径范围（含星云湖）内有 IUCN（世界自然保护联盟）物种名录收录的极危物种 1 种，濒危物种 4 种，易危物种 8 种；国家一级保护动物 7 种，二级保护动物 46 种，被列入《国家保护的有重要生态、科学、社会价值的陆生野生动物名录》的动物 186 种。

2. 社会经济构成要素

抚仙湖流域 2015 年末总人口为 36.47 万人，流域内有耕地 284.08km²。2015 年流域国内生产总值达 1350750 万元，其中第一、第二、第三产业分别占 23.88％、39.75％、36.37％，目前流域内的社会经济结构正在转型，第二、第三产业占比均超出了第一产业，流域以粮食为主导、烤烟为支柱、乡镇企业为优势的原经济格局正在改变。

3. 调查方法

（1）收集抚仙湖流域土壤、植被、地貌、气象、水文、地质等环境资料，总结该流域内存在的问题。同时，使用高分辨率的航天航空遥感影像进行抚仙湖流域调查，充分利用现有土地调查等工作的基础资料及调查成果，准确查清流域内土地的利用类型、面积和分布情况。土地利用数据来自江川区、华宁县及澄江县的土地利用变更数据和详查数据，采用 Land TM 遥感影像、抚仙湖流域土地利用现状矢量数据、1:1 万地形图，应用 ENVI 遥感影像处理软件对影像进行几何校正，利用 ArcGIS 9.3 软件进行人机交互目视解译，获取抚仙湖流域土地利用空间信息。影像分类系统采用第一次全国地理国情普查内容与指标中的一级分类体系，将地表覆盖类型分为：林地、耕地、园地、草地、房屋建筑（区）、道路、构筑物、人工堆掘地、荒漠与裸露地表及水域等 10 大类，覆盖整个抚仙湖流域范围。采用遥感分类软件 ERDAS 进行地表覆盖类型分类。

（2）通过对室内解译图斑按 10％比例开展野外样地验证，修改完善遥感解译成果。

（3）开展解译成果汇总统计，进行综合分析与综合研究，编制成果图件，对抚仙湖流域存在问题进行深入研究。

9.6.1.2　土地利用现状及问题

1. 山地生态系统退化

抚仙湖流域有多种矿产资源，流域内矿业开发始于 20 世纪 80 年代，由于矿产长期开采和粗放式的生产经营，加上地质环境保护措施不力，造成了植被破坏、地形地貌景观破坏、大规模的矿山地质灾害及大面积土地资源被占用和破坏，同时矿区地形地貌发生改变，地面植被严重被破坏，荒漠化、水土流失、水质污染等矿区地质环境问题日趋突出，尤其以磷化工、磷矿山开发等高磷产业带来的环境问题最为突出。据土地调查资料，抚仙湖流域水土流失面积（裸地）已由 2004 年的 146.01km² 减少到 2009 年的 111.04km²，但占流域面积比例仍较高，加上抚仙湖陆域空间狭小、地形坡降大、土质疏松，暴雨季节地表径流侵蚀的泥沙输送量非常大，水土流失仍是抚仙湖流域急需解决的重要问题。

2. 水污染压力加剧

流域内经济发展和城镇化速度加快使污染负荷加大，加之城镇及面源污染未能得到有效防控，流域水污染压力加大。陆地入湖污染源中，以农村生活污水、畜禽粪便、农业种植污染为主的农村、农田面源是主要污染来源，农村、农田面源污染负荷量在 1988—2009 年呈逐年递增的趋势，2009—2014 年则出现大幅递增。2014 年，农村、农田面源污染化学需氧量（COD）、氨氮（NH₃-N）、总氮（TN）、总磷（TP）排放量分别占流域总排放量的 78.13％、66.07％、85.70％、87.06％，对抚仙湖生态安全造成严重威胁。

近年来对抚仙湖流域重点入湖河流进行了治理，但抚仙湖北岸、西岸仍有不少入湖河流或沟渠水质污染严重，处于 GB 3838—2002《地表水环境质量标准》劣Ⅴ类水质，给抚仙湖带来不可忽视的影响；抚仙湖东区、南区有 10 余条受水土流失影响严重的入湖河流，携带大量泥沙、可溶态氮和磷入湖。

3. 森林覆盖率低下

由于历史上砍伐树木和陡坡开垦，使抚仙湖流域水源涵养区植被破坏严重，贫瘠化、石漠化土地大量出现。目前，流域内地带性植被半湿润常绿阔叶林已基本消失，以次生形成的云南松林、华山松林和灌丛为主，森林生态系统结构简单、组成单一，森林生态系统服务功能不强，导致流域水源涵养能力严重不足。经过"十二五"期间的修复，抚仙湖流域森林覆盖率由23.7%提高至31.68%，但森林主要分布在远山，面山、近山分布甚少，且林分质量差、生态系统结构单一。目前抚仙湖近山、面山森林覆盖率为40.97%，环湖公路沿线可视域内森林覆盖率仅为21.92%，对流域生态环境保护极为不利。

4. 田地利用效率不高

抚仙湖流域内面积狭小，人地矛盾尖锐。近年来，随着社会经济的发展，加上自然因素的诸多影响，耕地面积逐年减少，目前流域内人均耕地面积仅为0.0993hm²/人。由于长期以来在农田建设方面投入不足，农田水利设施不完善，耕地等级及综合产出率较低，未能发挥其应有的经济效益和社会效益。目前，流域农田灌溉主要采用传统的漫灌方式，灌溉用水量大（近6000m³/hm²），水分蒸发损失大，漫灌产生大量的农田退水，使水资源效益得不到充分发挥，而退水中携带大量的化肥和农药污染物，加大了农田径流的污染。

5. 湖泊水质下降与水生态结构受损

目前抚仙湖仍处于贫营养状态，水体基本保持在Ⅰ类水质，但水质呈下降趋势，尤其是北部和南部、西岸沿岸带水域水质明显下降。水质下降使水生生物种群发生变化，如沉水植物分布面积占比明显增加，从1980年的0.10%增至2014年的1.87%；生长于浅滩的着生绿藻-刚毛藻分布面积与生物量逐年增大；藻类由清水性种类向喜营养性种类演替，且生物量占比明显增加；浮游动物生物量上升，且清水种减少，耐污种增加。目前，抚仙湖水生态功能明显下降，水生态系统发生改变和结构受损。

6. 库塘湿地生态破坏

抚仙湖流域共分布有几十个库塘湿地，这些库塘湿地往往是入湖河流的补给水源，或是附近村镇的饮用水源地，是流域生态系统的关键节点。由于长期受库塘附近村落生活污水、生活垃圾、畜禽粪便和农田面源污染等的影响，部分库塘水质受到污染，库塘生态破坏严重，使饮用水源地安全受到威胁，同时库塘湿地的净化作用难以发挥，对入湖河流及抚仙湖的保护不利。

9.6.1.3　土地资源保护治理措施

1. 保护治理思路及目标

山水林田湖草生态保护修复工程项目内容繁杂、工程量巨大，涵盖了矿山生态系统修复治理、水环境综合治理、农田整治、退化污染土地修复治理、森林草原生态系统修复治理、生物多样性保护等多种类型。山水林田湖草系统修复工程是人类有目的改变土地利用和覆被变化的过程，通过改变景观数量和景观格局，影响生态系统的结构与功能，生态系统所提供的支持服务、调节服务、供给服务和文化服务及其权衡与协同关系也随之改变，最终影响人类福祉和人类生存环境与社会经济的可持续发展。在山水林田湖草系统修复工程对人类福祉和可持续发展影响评估的基础上，从经济子系统、社会子系统和生态环境子系统3个方面提出合理的生态系统管理有效策略，通过山水林田湖草系统修复工程具体落实，使生态系统能够提供更多的优质生态产品。以生态系统服务为桥梁实现山水林田湖草与人类福祉和可持续发展之间的良性互动。以"压力-状态-响应"为主线构建了不同时空尺度上山水林田湖草生态保护修复工程与生态系统服务之间的关系认知框架（图9.12）。

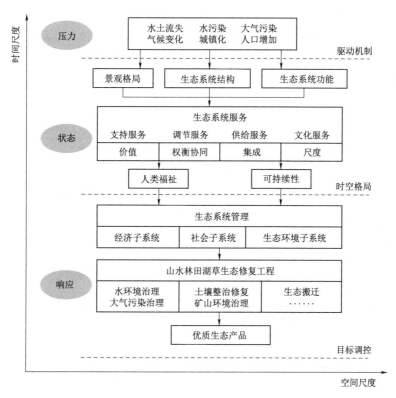

图 9.12　山水林田湖草生态保护修复工程与生态系统服务之间的关系认知框架

因此，该生态修复工程以流域空间格局优化和管控为前提，坚持"修山扩林、调田节水、生境修复、控污治河、保湖管理"并重，实施水源涵养与矿山修复、田地整治与节水减排、生态保护与修复、污染源治理与入湖河流清水修复、湖泊保育与综合管理调控等措施，全面修复抚仙湖流域生态功能，有力提升流域生态环境承载力，保障水体洁净和流域生态安全，践行"绿水青山就是金山银山"的理论。流域山水林田湖草生态保护修复思路见图 9.13。

以抚仙湖Ⅰ类优质水资源保护为总体目标，针对流域突出的生态环境问题，推进流域生态格局优化与空间管控，加大退化土地整治，创建我国西南生态脆弱地区高效的生态保护与修复体系。

2. 流域生态保护主要修复措施

抚仙湖流域生态保护修复以完整的流域为对象进行生态保护修复总体规划，在优化流域生态、农业、城镇空间布局的基础上，开展农村居民点和工矿企业搬迁、畜禽养殖场关停、污水管网污水处理厂建设、入湖河流污染治理等先导工程。同时，根据抚仙湖流域生态环境状况与人为活动压力的空间差异，基于流域空间分异

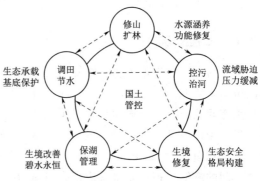

图 9.13　抚仙湖流域山水林田湖草生态保护修复思路

的自然地理属性、水生态功能分区状况及污染物分布特征，兼顾流域汇水区的自然属性和各行政区的相对独立性，将抚仙湖流域划分为水源涵养区（山上）、绿色发展区（坝区）和湖体保护区（山下）三大分区。这三大分区又可细分为水源涵养及水土保持区、矿山修复区、水污染重点防治区、湖滨生态修复区和湖体保育区5个功能区。不同功能区特点及保护措施见表9.5。

表9.5 抚仙湖流域生态保护修复分区

分区	功能区	面积/km²	特点及保护措施
水源涵养区	矿山修复区	177.3	北部和南部磷矿开发区，为水土保持功能极脆弱区。应多措施并举，加强小流域矿山环境综合治理和生态建设，进一步控制磷矿污染及迹地生态修复，防治水土流失，降低水土流失敏感性，提高矿区植被覆盖率
	水源涵养及水土保持区	341.8	流域海拔1900m以上区域，是重要水源涵养功能保护区。通过加强退耕还林、封山育林等进一步提高水源涵养与水土保持能力
绿色发展区	水污染重点防治区	302.1	城镇污染及农田、农村面源高污染区。应严格控制城镇发展规模及布局，加强截污治污体系构建，加强城镇生活污染和农村环境综合整治，严格控制农田化肥流失、旅游污染
湖体保护区	湖滨生态修复区	26.7	在沿抚仙湖、星云湖最高水位线外延100m范围的湖泊一级保护区内禁止一切开发活动；在入湖河流两岸5～10m的河滨缓冲带范围内，逐步修复河滨缓冲带生态系统；在湖滨缓冲带外延200m区域的限制开发区内，可适当发展旅游业，整治改造沿岸村庄，发展绿色农业，因地制宜地建设生态净化系统
	湖体保育区	250.6	湖体区。此区禁止一切开发活动，保护与修复湖内水体

9.6.2 关键知识点

土地利用现状调查（多种调查方法和技术手段）、土地资源分类、土地利用现状评价、土地资源整治、土地生态系统重建、土地利用规划、土地资源可持续利用（基于PSR框架的土地质量指标体系）、土地资源承载力等土地资源学相关的知识点。

9.7 山西长治神农湖水环境治理与生态修复工程

9.7.1 工程概况

神农湖水环境治理与生态修复工程位于山西长治市漳泽湖国家城市湿地公园的东岸中部区域，紧邻漳泽湖主湖体，壁头河水自东向西汇入漳泽湖水库。场地现状为典型的湖泊湿地生态环境与自然野趣的乡村田园肌理，用地以河流湿地、湖泊坑塘为主，分布少量基本农田，用地类型简单，基本处于未开发的原生态状态，土地可利用程度高，发展潜力大。工程总面积约82.9hm²，建设内容主要包括壁头河（长北干线以西）水系梳理、滨河蓝绿空间的恢复；神农湖水系梳理、河道清淤、湖区开挖、地形填筑、驳岸建设、植被修复、湿地建设、海绵建设、人行便道便桥以及围堰、排水等工程。

该项目建设是保护漳泽湖、改善区域生态环境、实现湿地公园健康可持续发展的必然需要。项目开展旨在保护漳泽湖城市湿地公园的生态环境，落实环境保护与生态修复总体规划以及黑臭水体治理任务对漳泽湖湿地公园、壁头河水环境治理的目标要求，在满足未来城市发展需求的同时，减缓周边大规模建设给漳泽湖带来的污染压力，确保湿地的生态安全格局与国家城市湿地公园的景观环境质量，实现区域内环境经济的协调发展。

9.7.1.1 土地资源调查

1. 自然构成要素

项目位于山西长治市漳泽湖国家城市湿地公园的东岸中部区域，该市地处黄土高原东南缘，从全市整体地貌看，山峦起伏、地形复杂，总体呈盆地状。长治大陆性季风强烈、持久，暖温带大陆性气候显著，气候温和、干燥，四季分明。本项目紧邻漳泽湖主湖体，场地竖向变化丰富，场地地面高程 901～930m。自然形成的台地、丘陵、湿地、湖泊景观特色清晰，具有良好的观赏面。区域内植被较为单一，以大面积的湿地水生植物和农田为主，局部有少量长势良好的高大乔木。其中陆生植物以杨柳科、榆科、豆科为主；湿生植物有芦苇、香蒲、荷花、泽泻、水芹等。漳泽水库北部有开阔大水面，南部呈现大片芦苇湿地；浊漳河水量少（枯水期），局部呈现滩涂湿地，水库水质平均仅达到Ⅳ类标准，部分区域不达标。

2. 社会经济构成要素

2019 年，长治市地区生产总值 1652.1 亿元，其中，第一产业占生产总值的比重为3.8%；第二产业占生产总值的比重为 53.0%；第三产业占生产总值的比重为 43.2%。长治市以汉族人口为主，少数民族中以回族人数最多，根据第七次人口普查数据，截至2020 年 11 月 1 日零时，长治市常住人口为 3180884 人。

3. 调查方法

(1) 项目开展前对生态修复区的土壤、植被、地貌、气象、水文和水文地质等自然条件资料进行收集。获取项目区遥感卫星影像，利用 GIS 绘制土地利用现状示意图（图 9.14）。

(2) 通过实地调查走访，确定区域内植被种类较为单一，以大面积的湿地水生植物和农田为主，局部有少量长势良好的高大乔木。其中陆生植物以杨柳科、榆科、豆科为主；湿生植物有芦苇、香蒲、荷花、泽泻、水芹等。

(3) 收集资料后进行外业调绘，勘测神农湖地形地貌，确定现状冲沟、洼地，中间地势低，南北高，场地中部具备形成主体湖面的条件。通过卫星影像与实地调研将项目区及附近区域土地利用类型进行分类。后进行内业工作，绘制土地利用现状图，设计生态修复技术路线。

9.7.1.2 土地利用现状问题

1. 水污染问题

根据工程前期相关监测，现漳泽水库北部有开阔大水面，南部呈现大片芦苇湿地；浊漳河水量少（枯水期），局部呈现滩涂湿地，水库水质平均仅达到Ⅳ类标准，部分区域不达标。依据 2017 年长治市水资源公报，至 2017 年年底，漳泽水库蓄水 1.2502 亿 m³，比2016 年年底增加 0.1242 亿 m³；漳泽水库总磷超Ⅲ类标准，符合Ⅳ类水质，可用于工业用水。本项目场地范围内的污染源包括外源污染和内源污染两部分。内源污染指水体中的

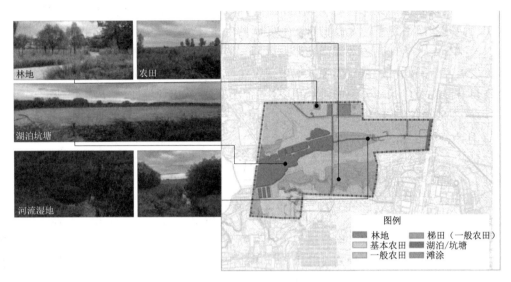

图例
林地　　梯田（一般农田）
基本农田　湖泊/坑塘
一般农田　滩涂

图 9.14　土地利用现状

营养物质逐渐沉降至累积而向湖体释放的来自湖体本身的污染，包括底泥营养盐释放、河湖垃圾及植物枯萎带入的污染。外源污染主要包括壁头河上游来水、排水口、补水水源带入的点源污染汇入，以及项目沿线村落散排生活污水、雨水径流带来下垫面地表污染物等面源污染的汇入。

2. 土地利用效率低

项目场地现状为典型的湖泊湿地生态环境与自然野趣的乡村田园肌理，用地以河流湿地、湖泊坑塘为主，分布少量基本农田，用地类型简单，基本处于未开发的原生态状态，土地利用效率低，开发利用潜力大。

3. 景观效果差

区域内植被覆盖率较低，植被较为单一，以大面积的湿地水生植物和农田为主，局部有少量长势良好的高大乔木，景观效果较差。

9.7.1.3　土地资源保护治理措施

1. 水污染防控与整治

外源污染控制包括对周围村庄生活污水进行截污纳管和小型污水处理站的设置进行点源控制，通过防护空间的构建结合低影响开发措施的应用，控制周边地表径流对水体影响，减少地表径流率，对初期雨水进行面源控制和初级净化。针对现状河道坑塘底泥营养盐释放，将采取清淤疏浚及底质改良方式进行生态清淤，控制内源污染释放。具体措施如下：

（1）生态清淤：在对河湖内垃圾进行外运清理的基础上，对现状水域采取干河清淤方式，清除淤泥部分由压力管道输送至周边指定闲置空地，采用自然干化法进行底泥脱水处理后回用，剩余游泥采用汽车输出至业主指定位置。

（2）底质改良工程：清淤后河道、湿塘底泥仍存在一定含量的有机质，另外新开挖河湖区域现状主要为农田或生长芦苇，设计采取钙盐法泼洒、微生物分解等工程措施对河湖水域进行底质改良处理，使其适宜水生生物生存和发展的需要，最终建立起稳定、平衡的水生态系统。

2. 湿地生态恢复与地带性植被重建

湿地生态系统构建的要求，建立生态水质净化和水体景观系统。通过挺水植物群落搭配、引入优质改良沉水植被，建立水下草皮、水下森林分布群落，同时结合水生动物调控技术，高效吸收、累积、转化水中富营养，从而实现水质净化和水体环境景观优化。

（1）沉水植物净水群落构建：维持水体生态系统稳定，提高水生生物多样性，是浅水水体生态修复的关键与核心。本项目通过培育和改良耐寒、耐污、耐高温、四季常绿型等沉水植物，达到高低不同、形态各异、色泽有别、物种多样、景观优美的效果。

（2）浮叶挺水植物群落构建：为提升河湖整体景观，岸边点缀布置挺水、浮叶植物，以实现水质净化和景观效果的双重收益。挺水植物一般种植在近岸带区域，主要选择鸢尾科、美人蕉、荷花等。浮叶植物选用睡莲和萍蓬草等在一些弯角处进行布置，以提升水环境景观效果。

（3）水生动物调控工程：水生植物种植完毕后，沉水植物生长逐步茂盛，开始投放鱼、虾、螺等水生动物，进一步完善食物链，构建完整的水生态系统。

3. 景观优化设计

针对场地滨水蓝绿空间不足、区域植被覆盖率低、景观效果差、亲水空间不足、场地分割等现状，该项目进行系统性景观优化设计，通过现状水岸的拓挖和地形整理，恢复河湖蓝绿空间，结合水环境治理与生态修复的相关工程措施，以神农湖为中心打造"中湖"（神农湖）、"北坪"（阳光草坪）、"南岗"（四季岗）、"东湾"（月亮湾）、"西堤"的景观格局。通过多种水体形态、地形和植物景观的营造，打造湖、坪、岗、堤、湾、田、滩的整体景观，构建山（丘）、水、林、田、湖、草完整的生态格局（图9.15）。

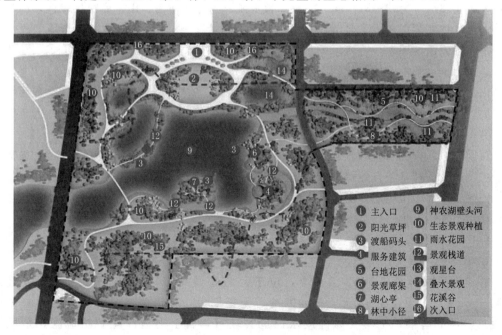

图9.15 景观优化总平面图

9.7.2 关键知识点

土地资源调查、土地整治、土地生态修复、土地利用规划等。

9.8 塞罕坝机械林场沙漠化治理工程

9.8.1 工程概况

塞罕坝机械林场位于河北省承德市围场满族蒙古族自治县北部坝上地区（与北京市中心直线距离283km），属内蒙古浑善达克沙地南缘，系内蒙古高原与大兴安岭余脉、阴山余脉交接处，清朝著名的皇家猎苑"木兰围场"的重要组成部分。北部隔河与内蒙古自治区多伦县、克什克腾旗接壤，南、东分别与承德市御道口牧场和围场县的五乡一镇相邻，海拔1010～1939.9m。境内是滦河、辽河的发源地之一。

塞罕坝曾是水草丰沛、森林茂密、禽兽繁集的天然名苑，清朝后期由于国力衰退，日本侵略者掠夺性的采伐、连年不断的山火和日益增多的农牧活动，使这里的树木被采伐殆尽，大片的森林荡然无存。20世纪60年代的塞罕坝，集高寒、高海拔、大风、沙化、少雨五种极端环境于一体，自然环境十分恶劣，塞罕坝由"林苍苍，树茫茫，风吹草低见牛羊"的皇家猎苑蜕变成了"天苍苍，野茫茫，风吹沙起好荒凉"的沙地荒原。

为恢复塞罕坝昔日荣光，1962年建场以来，塞罕坝机械林场几代人听从党的召唤，响应国家号召，在荒漠沙地上艰苦奋斗、甘于奉献，60年来，他们始终牢记党和人民的重托，忠实履行"为首都阻沙源、为京津蓄水源"的神圣使命，用生命呵护绿色，用心血浇灌大地，把塞罕坝变成了名副其实的"美丽的高岭"。将荒原变成林海，诠释了绿水青山就是金山银山的理念，铸就了牢记使命、艰苦创业、绿色发展的塞罕坝精神。2017年以来，大力推进荒山造林绿化，完成各类造林5.6万亩，平均造林保存率95%以上，每年产出的物质产品和生态服务总价值达145.83亿元。塞罕坝机械林场良好的生态环境带动了周边区域乡村游、农家乐、土特产品加工等产业迅速发展，年社会总收入达6亿多元，有力推动了周边乡村脱贫致富……

目前，在联合国《生物多样性公约》缔约方大会第十五次会议（COP15）生态文明论坛主题四——"基于自然解决方案的生态保护修复"论坛上，自然资源部国土空间生态修复司发布了《中国生态修复典型案例集》（含18个案例），"塞罕坝机械林场治沙止漠筑牢绿色生态屏障"生态修复案例入选其中。

9.8.1.1 土地资源调查

1. 自然构成要素

塞罕坝机械林场于1962年建立，位于河北省最北部，年均气温−1.3℃，最低气温−43.3℃，无霜期64天，气候寒冷、无霜期短，环境恶劣。林场地处内蒙古浑善达克沙漠的南端，土壤受风蚀或水蚀危害较重，属于土地沙化敏感地区，是风沙进入京津地区的重要通道。林场海拔1010～1940m，是滦河、辽河两大水系的重要发源地之一。

历史上，塞罕坝曾是森林茂密、古木参天、水草丰沛的皇家猎苑，属"木兰围场"的一部分。清末实行开围募民、垦荒伐木，加之连年战火，到新中国成立初期，塞罕坝已经退化为"飞鸟无栖树，黄沙遮天日"的高原荒丘（图9.16），林草植被稀少。由于塞罕坝机械林场与北京直线距离仅180km，平均海拔相差1500多m，塞罕坝及周边的浑善达克沙漠成为京津地区主要的沙尘起源地和风沙通道。

图9.16　塞罕坝建场前退化的高原荒丘

2. 社会经济构成要素

塞罕坝林场是全国最大的人工林林场，直属河北省林业厅管辖。设有6个分场，30个营林区，包括三道河口、第三乡、大唤起、北曼甸、阴河及千层板林场。

塞罕坝林场在河北省的经济社会建设中占据重要地位。林场自建厂以来，始终坚持发挥自身独特的区位与资源优势，兼顾生态建设与产业发展，基本形成了以木材销售为主要产业、森林旅游和绿化苗木为补充的产业格局，建设成华北地区重要的园林树种培育基地，提高综合经济效益，为我国的经济建设做出了巨大贡献。

3. 调查方法

（1）收集和整理塞罕坝地质与地貌资料、土壤数据、植被数据、土地利用数据以及社会经济数据等资料，构建基础资料数据库，为调查研究提供基础资料。利用遥感影像对林场进行研究，为环境调查提供了重要的信息来源。

（2）利用地理信息系统对空间数据按地理坐标或空间位置进行各种处理、研究林场现状。利用ArcGIS软件对遥感数据进行目视解译，并利用Kappa系数检验其分类精度，了解塞罕坝土地利用信息。通过对森林资源环境综合分析，获取林场信息，以地图、图形或数据的形式表示处理的结果，满足对空间信息的要求，利用其空间分析功能对研究内容进行可视化表达。

（3）根据数字高程模型（DEM）、几何精校正后的遥感图像及森林资源分布图等，采用一定的研究方法，提取坡度、坡向、海拔、地类等因子值，并对数据进行汇总统计分析，深入研究塞罕坝林场。

9.8.1.2 土地资源利用问题

塞罕坝曾是水草丰沛、森林茂密、禽兽繁集的天然名苑，后来由于过度围垦、砍伐树木，变成了树木稀疏的茫茫荒原，这里成为集高寒、高海拔、大风、沙化、少雨5种极端环境于一体的荒原。面对此种情形，林场积极实施荒山造林、封山育林工程，经营效果显著。塞罕坝基地地处农牧交错带，除建设用地外，林地、农业用地和牧业用地是土地利用的主要类型。坝下以南以农为主，农林结合，自然林较少，人工林为主；坝上以草地、林地为主，除天然的落叶阔叶林外，栽种了大面积的落叶松和樟子松林，森林覆盖率高。坝上吐力根以西属于内蒙古高原，牧业为土地利用的主要类型。建设用地是林场办公管理用地和近年来建设的旅游服务设施。

9.8.1.3 土地资源保护措施

（1）科学育苗，奠定大规模造林基础。育苗是造林的基础。建场初期，因缺乏在高寒、高海拔干旱瘠薄沙地造林的成功经验。面对造林困境，塞罕坝机械林场充分认识到使用乡土苗木造林的极端重要性，摸索了高寒地区全光育苗技术，为全场开展大规模造林绿化奠定了坚实基础。在提高苗木成活率后，林场从此开始了大规模高质量的造林绿化。

（2）克难攻坚，大规模开展造林绿化。在坚持尊重自然规律的基础上，同时依靠科学技术，攻克高寒地区育苗技术难关，为攻克造林技术难关，林场探索创造了"三锹半人工缝隙植苗法""苗根蘸浆保水法"等技术。为进一步增林扩绿，针对林场荒山与沙化土地实施荒山造林措施，以达到提高林区森林覆盖率，调整森林资源结构，增强林区水源涵养和生态防护功能的目的。并把全场范围内的坡度大（15°以上）、土层瘠薄、岩石裸露的地块作为绿化重点，探索出苗木选择与运输、整地客土、幼苗保墒、防寒越冬等一整套的造林技术，进一步提升造林成效。

（3）科学营林，不断提升森林质量。通过对林场内的封育对象实施封育措施，有效制止人为活动和牲畜放牧对林分造成的干扰，人工促进生态修复，保护和恢复森林植被。对存在林分密度过大、林相结构相对简单、枯病率较高、生物多样性程度较低等问题的人工林地，需要对人工林采取改进措施。

从自然保护、经营利用和观赏游憩三大功能一体化经营出发，采取疏伐、定向目标伐、块状皆伐等采伐方式，营造混交林、培育复层异龄混交林，在调整资源结构、低密度培育大径材、实现林苗一体化经营的同时，促进林下灌、草生长，全面发挥人工林的经济和生态双重效能，提升森林质量，使得塞罕坝森林结构不断优化，森林质量不断提升。

（4）加强资源保护，巩固生态文明建设成果。塞罕坝林场属于重点森林火险区，林区内森林覆盖率高，植被密度大，极易引发森林火灾，因此，需建立完备的管理体系。先进的科学技术从防火、扑救及保障3个方面开展森林防火体系建设，实施火灾预警监测系统、生态安全隔离网、防火隔离带阻隔网三大防护举措，形成全天候、全方位、立体火情监控体系，确保林区无死角盲区的管理格局，加强林场资源保护。

9.8.2 案例分析

沙漠化治理土地资源调查、土地生态修复和可持续发展评价等。

9.9　上海青西郊野公园生态修复

9.9.1　案例基本资料

自 2012 年起，上海为保障城市生态安全，不仅建立了环城绿地网络，还在全市重要生态节点规划了 21 处郊野公园来控制城市的无序蔓延，并确定 7 个近期试点之一，位于淀山湖地区的青西郊野公园作为试点之一，于 2016 年 10 月完成一期建设并对外开放，一期建设开放区 4.65km²。青西地区作为上海的西门户，以其独特的自然资源和生态区位优势，在城市生态网络中占据了重要的节点位置，是保护长三角区域环境、保障生态安全、促进长三角地区联动发展的重要生态节点之一，位于青松生态走廊之上的青西郊野公园对市中心形成生态辐射，提升并沟通周边地区的生态环境。

近年来受城镇化、社会化基础设施建设及工业发展等影响，青西地区水系格局破碎，导致生态环境衰退，农副产业不振、农田肌理丧失、乡土植物受冲击，原生态郊野景观遭破坏，社会经济发展和生态保护工作难以为继，青西地区的生态环境不断地受到挑战。

青西郊野公园建设过程中高度重视郊野单元村庄规划引领作用，坚持水、林、田、湖、草、村、厂全域全要素统筹，设计理念坚持节约优先、保护优先、自然恢复为主的方针，以保持现有河湖水系、农田林网、自然村落等江南水乡肌理为特色，突出水、林、田为主的保护修复，结合地区空间人文特色塑造，将其打造为以生态保育、湿地科普、农业生产、体验休闲为主要功能的远郊湿地型郊野公园。

9.9.1.1　土地资源调查

1. 自然构成要素

调查青西郊野公园选址的土地类型、植被、地貌、气象、水文等自然条件。青西郊野公园 22.35km² 的选址范围内涉及 10 个村、2 个社区。四至范围为：东至山泾港、规划路（谢庄公路），西至练西公路，南至南横港，北至淀山湖。作为低碳发展模式的率先实践区、宜居宜业的生态特色区，农用地整治与环境保护成为建设郊野公园的首要任务。青西郊野公园内农用地占比 65.57%，主要地类为耕地、养殖水面、林地；建设用地占比 18.35%，主要为农村居民点用地等；未利用地占比 16.08%，其中河流水面占基地总面积的 15.69%。结合 GIS 地理信息技术，分析郊野公园的土地资源分布规律、演化趋势，结合地形地质、土壤及下垫面特征，得出青西郊野公园单元村庄规划。

2. 社会经济构成要素

随着城镇化的快速发展和乡镇企业的不断增长，青西地区的原生态环境不断地受到挑战，已出现潜在的危机，由于上海郊区人口受教育程度高，年轻人大学毕业后很少回农村务农，导致农村人口流失，大量农田无人耕种甚至荒芜，城市建设迅速向城郊扩张的同时，城郊人口数量也迅速地增长，不仅仅表现在人口的自然增长，更多地表现在人口的机械增长方面。由于城郊住房价格相较城市低很多，导致很多外来务工人员即便是在城市工作，仍有不少居住在城郊，导致城郊人口骤增、土地资源短缺，生态负担加重等一系列城市问题。

3. 调查方法

建立基地生态敏感度评价模型，选取适当的评价因子（生态敏感度、湖景视域质量、环境质量、游憩资源价值），运用 GIS 地理信息技术给予基地评分和叠合分析，最终得出生态敏感度评价图（图 9.17）。通过生态敏感度评价图，对各类开发项目按权重比例进行敏感度评价（表 9.6）。通过科学严谨的评估手段，确定郊野公园内的适建区和不适建区及生态保护区，使保护与发展和谐并行。

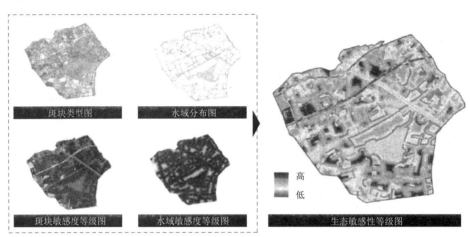

图 9.17　生态敏感度评价图

9.9.1.2　土地资源利用问题

郊野公园规划范围内的大莲湖湖体萎缩，湿地面积减少，鱼类、底栖动物等生物多样性明显下降；湖区人为分割养殖，导致河道淤积，水体连通性严重下降，加之工业、生活等污水排放及农田施肥灌排，导致面源污染现象严重；区域内工业用地布局散乱，利用粗放、低效，导致江南水乡风貌渐失。

9.9.1.3　土地资源保护治理措施

1. 坚持规划引领，全面贯彻生态优先理念

项目实施高度重视郊野单元村庄规划引领作用，设计理念充分吸收国际方案征集成果，突出生态优先、系统修复理念，按照"尊重自然、保护优先、科学修复、适度开发、合理利用"的具体原则，坚持全域、全要素统筹，规划明确功能分区，以保持现有河湖水系、农田林网、自然村落等肌理为特色，突出水、林、田为主的保护修复，结合地区空间人文特色塑造，打造以生态保育、湿地科普、农业生产、体验休闲为主要功能的远郊湿地型郊野公园。项目规划功能分区示意图如图 9.18 所示。

2. 坚持多自然、少人工，实施各类生态保护修复工程

在落实规划功能分区要求基础上，项目主要采取湿地保护与自然恢复、用地结构布局调整、农田生态系统整治、河道综合整治、科普休闲人文空间塑造等措施，恢复区域生态系统稳定性，提升区域整体生态品质。

表 9.6

开发项目选址权重评价表

类别	活动	生态敏感度等级 敏感	较敏感	适中	不敏感	权重/%	湖景视域等级 好	较好	一般	较差	权重/%	环境质量等级 好	较好	一般	较差	权重/%	游憩资源等级 好	较好	一般	较差	权重/%	评分要点
建设	居民点	1	2	3	4	30	4	3	2	1	20	4	3	2	1	40	4	3	2	1	10	考虑视景、生活服务设施,环境要求;重视生态影响
	商业设施	1	2	3	4	20	4	3	2	1	40	4	3	2	1	20	4	3	2	1	20	视景要求高,交通便捷,环境要求较高
	旅游服务设施	1	2	3	4	30	4	3	2	1	10	4	3	2	1	50	4	3	2	1	10	可建地区,视景要求不高,交通便捷,有一些生态影响
农业	农业作物	1	2	4	3	70	1	2	3	4	10	3	4	2	1	20	4	3	2	1	—	以现有农业用地为主,考虑敏感度、环境质量等指标
	农业观光	1	2	4	3	50	1	2	3	4	0	3	4	2	1	30	4	3	2	1	20	以现有农业用地为主,考虑交通、游憩资源、环境质量等指标
游憩体验	水上游憩	1	2	4	3	30	4	3	2	1	30	4	3	2	1	20	4	3	2	1	20	考虑湖景、水域敏感度;重视生态影响
	户外活动	1	2	3	4	60	4	3	2	1	—	3	4	2	1	20	4	3	2	1	20	非建筑用地、非农用地,考虑用地敏感度和游憩资源
	野营烧烤	1	2	3	4	50	4	3	2	1	20	4	3	2	1	30	4	3	2	1	0	非建筑用地、非农用地,考虑用地敏感度和环境质量

图 9.18　项目规划功能分区示意图

　　（1）以大莲湖水森林为核心，退渔还湿，还原生境。通过规划限制游览和建设活动，减少人为干扰，适当"退渔还湿"促进退化湿地生态系统自然恢复。通过生物措施改善处理水的水质和达标率，省动力消耗改善水质，提升精养鱼塘的净化效果。同时，调整水体中的植物类型与植物结构，在湖边适当种植蜜源植物、鸟嗜植物群落，在水体沿岸种植沉水植物，形成由森林植被、灌丛湿地、挺水植被和沉水植被构成的植物群落结构，构建食物链、食物网，为鸟类和昆虫、蛙类等创造适宜生境，提升区域生物多样性和湿地生态系统稳定性。

　　（2）调整用地结构布局，整治农田生态系统。调整用地结构布局，对项目规划范围内的低效建设用地实施减量复垦，淘汰低效高能耗高污染企业，推动农民集中居住，减少区域环境污染，同时优化建设用地布局、提高用地效率。减量后的土地主要用于补充耕地和增植林地，通过农业缓冲区与农业复合林建设，同步实现农业用地结构调整，从而推动区域整体用地布局结构调优。对 630 亩现状田块进行整治，通过促进农田集中连片和农田林网、生态沟渠、小型人工湿地等配套建设，打造田地与水网、林网相结合的江南水乡农田肌理，配合减少化肥农药使用，推广有机肥、绿肥种植等措施，改善农业面源污染，提升农田生态系统服务功能。如图 9.19 所示。

　　（3）河道综合整治。分析现有河网水流运动特性，梳理并修复河道网络，确保调蓄水面，促进河网水系的良性循环。对项目区内现有的北横港、莲湖湾、大莲湖岸 3 处骨干河道以及多条镇村河道，在最大限度保留现状基础上，实施河道清淤和生态型护岸、护坡、防护林建设，共疏浚河道约 15.9km，水系网络结构完整性和连通性提升。如图 9.20 所示。

　　（4）科普教育、休闲游憩等人文空间塑造：①以大莲湖及湖周边河湾、岛屿为基底，

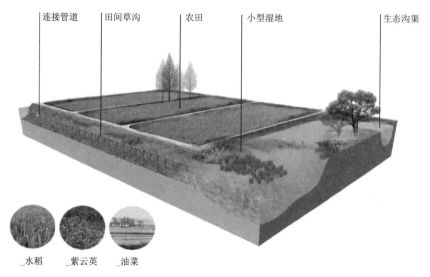

图 9.19　农田生态系统整治工程效果图

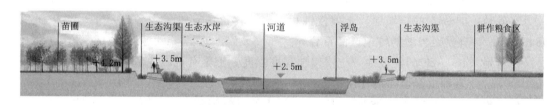

图 9.20　河道综合整治工程效果图

适当置入湿地科普、观赏、生态体验等功能，凸显生态保育理念；②以生态片林、涵养林等为重点，打造森林观光、森林疗养、水上探险、森林果树采摘等功能，凸显鲜氧体验特质；③提升现有保留村落景观风貌，以水系联系农业生产，引入农业观光、农耕体验等功能，传承水乡农耕文化。

9.9.2　关键知识点

土地资源调查、土地生态系统、土地利用规划、土地适宜性评价等。

9.10　兰州市七里河区西果园沟流域城郊型水土保持综合治理

9.10.1　工程概况

9.10.1.1　土地资源调查（流域基本情况）

西果园沟流域包括七里河区的西果园乡、魏岭乡、黄峪乡 3 个行政乡，14 个行政村。属黄土高原丘陵沟壑区第五副区，流域总面积 5053.95hm²。流域海拔 1600～2276m，相对高差 676m，年平均气温 7.8℃，无霜期 153 天，多年平均降雨量 350mm，植被种类少，无天然林分布，土壤以黄绵土、灰钙土和栗钙土为主，土层深厚。

治理前（2001年）土地利用现状：土地总面积5053.95hm²（≤5°，1896.01hm²，占37.52%；5°～15°，581.79hm²，占11.51%；15°～25°，1105.38hm²，占21.87%；25°～35°，375.47hm²，占7.43%；≥35°，1095.30hm²，占21.67%）。

其中：农业用地面积3333.23hm²（≤5°，1531.24hm²，占46.35%；5°～15°，484.49hm²，占14.67%；15°～25°，1090.01hm²，占33.00%；25°～35°，124.40hm²，占3.77%；≥35°，0.73hm²，占2.21%），占总面积65.95%，人均0.21hm²；林业用地面积92.50hm²，占总面积1.83%；荒坡荒沟面积1215.84hm²，占总面积24.06%；其他用地面积412.38hm²，占总面积8.16%。

9.10.1.2　土地资源评价

评价指标体系：地貌、地面坡度、坡向、土壤侵蚀程度、上层厚度、土壤质地、有机质含量、砾石含量、pH值、有无灌溉条件等。

评价结果：

一等地：坡度小于5°的平地，土壤侵蚀程度轻度，土壤有机质含量大于2%，面积1531.23hm²，有灌溉条件的地方宜发展高效农业。

二等地：5°～15°的缓坡地，土壤侵蚀程度轻度，土壤有机质含量1%～1.3%，面积484.49hm²，宜发展当地的特色产品百合。

三等地：15°～25°的陡坡地，土壤侵蚀程度强度，土壤有机质含量0.5%～1.0%，面积1090hm²，宜种植百合和粮食作物。

四等地：25°～35°的急坡地，土壤侵蚀程度为极强度，土壤有机质含量0.1%～0.5%，面积124.4hm²，宜退耕还林。

五等地：35°以上的荒坡荒沟及已开垦的荒地，土壤侵蚀程度为剧烈。土壤有机质含量小于0.1%，面积72.9hm²。沟道和沟头的部分地段有崩塌和滑塌现象，不宜发展种植业，应退耕和发展林、草业。

9.10.1.3　土地利用中存在的问题

一是土地资源利用结构不合理，荒山荒坡所占比重较大，未能有效利用；二是农业用地比重较大，林业用地比重太小。主要原因是受经济利益的驱动，当地群众大面积种植百合，对25°以上的陡坡地不能退耕，同时，流域内大部分村社农业生产的集约化程度不高，种植业的发展仍沿用传统的广种薄收的生产方式，这种耕作方式和流域所处的地理位置及周边的社会、经济、科技文化环境是极不相符的。

9.10.1.4　对策

1. 指导思想

以小流域为单元，山、水、田、林、路统一规划，集中连片，综合治理，蓄、引、灌、排结合，在根治水土流失的基础上，调整产业结构和生产结构，增加农民收入，提高生活水平。

2. 措施布设

水平梯田：在距村较近、土质好的15°～25°的坡耕地上，按集中连片的原则布设水平梯田363.33hm²。

缓坡梯田：在 5°～15°的坡耕地上，布设缓坡梯田 484.44hm²，发展特色种植（百合适宜在坡地种植）。

退耕种草：25°～35°坡耕地全部退耕种草，退耕种草面积 124.40hm²。

水土保持林：在沟道及道路两旁营造乔木林 60.27hm²，在阴坡坡面营造灌木林 231.33hm²。

淤地坝：沟底修建淤地坝 5 座。

谷坊：修建谷坊 250 座。

沟头防护：修建沟头防护 34 道。

水窖：修建水窖 320 眼。

道路：新修乡村 4 级道路 10km，拓宽道路 30km。

9.10.1.5　水土保持效益分析

水土流失治理度达到了 79.35％，林草覆盖率达到了 29.23％；土壤年侵蚀量由项目实施前的 29.87 万 t 降到 13.15 万 t，年减少侵蚀量 16.72 万 t。以 2001 年为价格水平年计算，项目经济内部回收率大于 12％，净现值大于零。

9.10.2　关键知识点

土地资源调查、土地资源评价等。

9.11　黄河干流兰州段水土保持生态工程示范区建设

9.11.1　基本情况

项目区地处我国黄土高原的西北部，属黄土高原丘陵沟壑区，分布于黄河南北山地，其中水土流失面积 837.39km²，占土地总面积的 92.5％，地形特征是西高东低，南北高、中间低，其地貌特征大致可分为山梁、丘陵、河谷川台阶地三大类型。

项目区年平均气温 9.8℃，年平均降水量 311.7mm，7—9 月降水占全年降水量的 60％以上，年蒸发量 1446.4mm，为年降水量的 5 倍多。山地植被类型基本属典型草原向荒漠草原的过渡类型，自然植被覆盖稀疏，种类相对贫乏，水土流失严重。土壤侵蚀的主要类型是水力侵蚀和重力侵蚀，治理程度为 36％。

9.11.1.1　土地利用状况

该项目区土地总面积 905.34km²，其中：耕地占 16.24％，林地面积占 28.52％，荒山荒坡及难利用地占 47.73％。由于特殊的地貌特征，致使土地利用率不高，在各类林地中，灌木林占比达 50％，且多为近 3 年所布设的幼林地，已利用的农耕地中，大部分分布在坡、梁和沟中，地形破碎，田块面积小，不利于发展规模农业。限制本区土地利用的主要因素是地形，其次是降水。

项目区土地利用结构情况见表 9.7。

9.11.1.2　水土流失状况

项目区土地总面积 905.34km²，水土流失面积 837.39km²，年平均侵蚀模数约 5000t/km²，

表9.7　　　　　　　　　　　　土 地 利 用 现 状 表

地类	农地	林地	草地	荒山荒坡	其他用地	难利用地	合计
面积/km²	147.02	258.16		302.55	67.95	129.66	905.34
占比/%	16.24	28.52		33.41	7.51	14.32	100

土壤侵蚀类型主要是水力侵蚀和重力侵蚀。水力侵蚀主要分布于梁峁、坡面及沟道,重力侵蚀主要分布在沟头及沟岸。

根据侵蚀强度分级,项目区各级流失面积见表9.8。

表9.8　　　　　　　　　　　　水 土 流 失 强 度 分 级 表

级别	轻度	中度	强度	极强度	剧烈	合计
面积/km²	163.28	62.04	509.97	27.75	74.34	837.35
占比/%	19.5	7.4	60.9	3.3	8.9	100

本项目区水土流失总的特点是侵蚀强度大,侵蚀类型多样,时空分布集中,输沙量与降雨量的时间分布一致,主要集中在7—9月。

9.11.1.3 土地结构调整方向

1. 土地适宜性评价

(1) 评价原则。

1) 从水土保持综合治理的角度出发,本项目的土地适宜性评价以水土流失强度、地形坡度、土地利用的难易程度等为主要评价指标。

2) 进行土地适宜性评价时,除了要考虑土地的自然属性外,还应考虑土地有无灌溉条件、开发利用潜力等。

(2) 评价方法。根据对立地类型、地形坡度、侵蚀强度等要素的综合分析,将项目区土地划分为5个等级,见表9.9。

表9.9　　　　　　　　　　　　土 地 等 级 评 价 表

评价指标	评 价 等 级				
	I	II	III	IV	V
立地类型及部位	川水地、宽谷地、沟坝地、梯田	坡脚缓坡地	坡中部坡地、梁坡	坡面中上部陡坡	沟坡、坡坎、侵蚀沟
坡度	<5°	5°～15°	15°～25°	25°～35°	>35°
侵蚀强度	轻度	中度	强度	极强度	剧烈
有机质含量/%	>2	1～1.5	1.5～0.5	0.5～0.1	<0.1
面积/km²	46.16	84.68	58.74	586.10	129.66

(3) 评价结果。

Ⅰ级:面积46.16km²,占土地总面积的5.1%。主要为川台地、沟坝地以及水平梯田,地势平坦、土层深厚、土壤肥沃、质地疏松,目前多为基本农田、果园、工业用地及村镇用地，今后的发展方向是调整农业结构，以生态安全和食品安全为目标，发展节水、高效、无公害绿色农产品。

Ⅱ级：面积 84.68km²，占土地总面积的 9.4%。主要为坡度<15°的坡耕地及部分乔木林地，土层深厚，但面蚀较严重，肥力较低，适宜发展农、林、牧各业。主要利用方向是建设基本农田和发展山地果园。

Ⅲ级：面积 58.74km²，占土地总面积的 6.5%。为坡度较大的农耕地，土壤侵蚀以面蚀为主，并有浅沟侵蚀，有机质含量较低，通过水土保持耕作措施，可发展百合等特色产品，或退耕种植优质饲草发展城郊养殖业。

Ⅳ级：面积 586.10km²，占土地总面积的 64.7%。多为灌木林地和荒坡地，对荒坡地可布设灌木林或封山（坡）育草。

Ⅴ级：面积 129.66km²，占土地总面积的 14.3%。主要为难利用地，包括河床、沟谷陡坡等，水土流失严重，地形破碎，地力贫瘠，植物难以生存。应通过治沟工程建设，发展沟坝地。

2. 流域治理开发方向

以小流域为单元，以生态效益为中心，合理配置各项水土流失防治措施，实行山、水、林、田、路综合治理，农、林、牧、副协调发展；调整土地利用结构，发展优质高效产业。把自然资源的保护和开发利用结合起来，把治理水土流失与产业发展结合起来，融生态效益、经济效益、社会效益于一体，形成"建设一片，富裕一片"的区域经济新格局和生态环境建设的良性走向。

9.11.2　关键知识点

土地资源现状评价、土地等级评价（土地分等定级）、土地整理等。

9.12　重庆城市更新

9.12.1　案例基本资料

重庆位于中国内陆西南部、长江上游地区，是世界上唯一一座建在平行岭谷的特大型城市，境内峰峦叠翠、水网密布，大巴山、巫山、武陵山等名山坐落于此，长江川流 691km，与嘉陵江在主城区交汇，乌江、岷江等次级河流汇入长江，形成向心状水系。依托"四山、三谷、两江"的区域自然地理格局和生态环境本底，重庆市依山而建、江水环绕、青山入城、城在山中，"山、水、城"深度融合。在快速城镇化过程中，人地矛盾突出，主城区自然生态空间被过度侵占；城市建设以硬质化工程为主，生态基础设施不完备，城市抵御自然灾害风险能力不足。

为了满足防灾减灾的城市安全需求和人居环境改善的民生福祉，重庆市委市政府统筹山水林田湖草系统治理与城市更新，实施了系列城市生态修复和功能完善工程，在对自然资源顺势而为的利用和改造中，特别是在建设空间与生态空间的布局与功能协调上，初步探索形成人与自然和谐共生的实践经验。

9.12.1.1 土地资源调查

1. 自然构成要素

重庆位于中国西南部、长江上游地区，地跨东经 $105°11'\sim110°11'$、北纬 $28°10'\sim32°13'$ 之间的青藏高原与长江中下游平原的过渡地带。东邻湖北、湖南，南靠贵州，西接四川，北连陕西；辖区东西长 470km，南北宽 450km，幅员面积 8.24 万 km^2。重庆地势由南北向长江河谷逐级降低，西北部和中部以丘陵、低山为主，东南部靠大巴山和武陵山两座大山脉，坡地较多，有"山城"之称（图9.21）。总的地势是东南部、东北部高，中部和西部低，由南北向长江河谷逐级降低。重庆属亚热带季风性湿润气候，年平均气温 $16\sim18℃$，长江河谷的巴南、綦江、云阳等地达 $18.5℃$ 以上，东南部的黔江、酉阳等地 $14\sim16℃$，东北部海拔较高的城口仅 $13.7℃$，最热月份平均气温 $26\sim29℃$，最冷月平均气温 $4\sim8℃$，采用候温法可以明显地划分四季，年平均降水量较丰富。重庆的主要河流有长江、嘉陵江、乌江、涪江、綦江、大宁河、阿蓬江、酉水河等。重庆有 6000 多种各类植物，其中有被称植物"活化石"的桫椤、水杉、秃杉、银杉、珙桐等珍稀树种，森林覆盖率 20.49%。

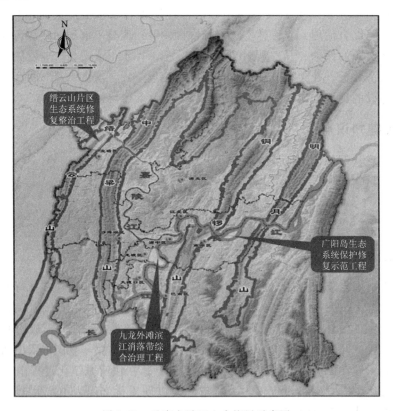

图9.21　重庆主城区山水格局示意图

2. 社会经济构成要素

2020 年重庆市年生产总值 25002.79 亿元。其中第一、第二、第三产业分别占 7.2%、40.0%、52.8%。全市常住人口共 3205.42 万人，居住在城镇的人口为 2226.41 万人，占

69.46%；居住在乡村的人口为 979.01 万人，占 30.54%。目前重庆市以建成高质量发展高品质生活新范例为统领，统筹乡村振兴和城市提升，促进城乡融合，建立健全城乡融合发展的体制机制和政策体系。

3. 调查方法

（1）收集重庆市的土壤、植被、地貌、气象、水文和水文地质等自然条件、土地利用现状资料、土地利用规划资料以及其他相关规划资料，总结该城市存在的土地利用问题。

（2）利用 GIS 绘制土地利用现状示意图，分析城市土地资源分布规律、城市雨洪水消纳能力，评估土地开发利用潜力；结合城市地形、土壤及下垫面特征，开展土地利用规划。

（3）通过实地调查走访，通过卫星影像与实地调研将项目区及附近区域土地利用类型进行分类，进行综合分析与综合研究，对所存在问题进行深入研究。

9.12.1.2　土地利用现状问题

1. 城区自然生态空间被过度侵占

重庆中心城区处于典型的平行岭谷地理单元，受两江河谷切割，生态敏感度高，加上快速城镇化进程中，人类活动强度大，5% 的土地面积承载了全市 25% 的人口和 43% 的 GDP，资源环境承载压力大，导致气候调节等生态系统服务被削弱、城市热岛效应凸显。如缙云山国家级自然保护区地处嘉陵江畔，是重庆主城的天然生态屏障，保护区内村民一度"靠山吃山"，农家乐无序粗放发展"蚕食"林地。

2. 城市土地利用不充分

对于城市建设中形成的小型地块，例如坡地堡坎崖壁、城市边角地、生活小区水塘等面积较小、分布广泛的区域，多不能对其进行充分利用。

9.12.1.3　土地资源保护治理措施

1. 修复重要生态空间

突出国土空间规划"三线"管控作用，保护并优化重要的自然保护地、城市生态空间。将公园建设作为缓冲城市中人与自然关系的重要方式。恢复动植物生境，构建生态护坡，打造城市滨河生态景观公园。缙云山国家级自然保护区地处嘉陵江畔，是重庆主城的天然生态屏障，2018 年 6 月，通过拆违复绿、生态搬迁、矿山修复、湖库治理等"铁腕治山"，缙云山"绿肺"和天然屏障功能得到有效修复。如图 9.22 所示。

2. 打造立体多元复合空间

采用适应山地城市特点的规划及建筑设计方法，利用三维的城市空间解决开发空间难题，降低因山地地形地貌因素产生的负面影响，拓展城市绿色空间。此外，通过分层筑台、错叠等山地建筑手法，建成具有层次与质感的城市建筑，促进土地集约化利用，形成人文景观和自然景观交相辉映、交通廊道和生态廊道相互融合的山地城市景观特色。

对于城市建设中形成的小型地块，例如坡地堡坎崖壁、城市边角地、生活小区水塘等面积较小、分布广泛的区域，进行生态改造，使基础设施变"灰"为"绿"，在有限的空间内尽可能增加城市绿地面积。比如：渝中区虎头岩公园水泥堡上栽种植物使其变成绿色"钢琴键"，南岸区将边角地改造为体育文化公园，充分利用城市建设中的边角区域。

图 9.22 缙云山黛湖修复前后

9.12.2 关键知识点

土地资源调查、土地资源整治、土地利用现状分类、土地利用规划等。

9.13 国土空间规划背景下广东乡村规划实践

9.13.1 规划简介

自 2008 年首轮新农村规划全面铺开以来,广东省的村庄发展已经走过 10 多年历程,村庄规划重点逐步从关注人居环境整治到用地指标、以人为本、生态优先等全要素的管控。2019 年,自然资源部发布了《自然资源部办公厅关于加强村庄规划促进乡村振兴的通知》,提出要优化国土空间布局,落实生态保护红线和永久基本农田,划定历史文化保护线,明确生态、农业、农房等各类用地布局,提出了新一轮村庄规划六大总体要求。多规合一、村民主体、成果简明、生态优先、地方特色、因地制宜 6 项新要求使村庄规划编制的内容与方法面临新的变革,广东省对此进行了深入的探索与实践。在乡村振兴战略深化落实和国土空间规划体系改革的大背景下,村庄规划由发展建设向实用管控转变,"多规合一"的实用性村庄规划成为新时期村庄规划的主要目标。

9.13.1.1 土地资源调查

规划团队通过"标准化"的调研方法,有效地了解村庄现状情况,掌握村庄基础数据和村民的迫切需求。

(1)规范化的调研资料:根据成果需求和对象设计调研资料(表 9.10)。

(2)全面化的调研访谈:设施不遗漏,产业要关注,土规要核查,农房要统筹。调研访谈内容见表 9.11。

表 9.10　　　　　　　　　　　　　　　　　　　调　研　资　料

调研资料	名称	用　　途
一表	会议签到表	会议签到，记录到场人员
两图	叠加土规要素卫星图	要素图永不核查对照村庄内部的控制线，同时同于调研餐草
	带村界、自然村名卫星图	带村界与村名卫星图用于核对自然位置，同时访谈时记录村庄概况
两清单	镇收资清单	镇收资清单用于以列表形式向镇级各行政部门明细关于村庄规划的资料文件
	村收资清单	村收资清单用于以列表形式向行政村明细关于村庄规划的资料文件
两问卷	调查问卷	调查问卷用于了解村民基本状况、基本需求与基本规划意见
	访谈问卷	访谈问卷用于了解访谈村委、自然村代表资源、建设概况以及总体规划意向

表 9.11　　　　　　　　　　　　　　　　　　　调　研　访　谈

调研访谈	内　　容
设施不遗漏	各类设施：现状、在建、急需建设、规划的设施具体位置、边界、规模、服务对象
产业要关注	产业：现状产业情况，村民收入，计划引入产业项目（农业、农产品加工、旅游等）的投资方名称、规模、时间节点、经济效益、产业落点意向
土规要核查	对照土规：明确项目是否能够落实，是否与底线要素相冲突（如永久基本农田、生态保护红线、机制建设区等）
农房要统筹	统筹宅基地：统筹新增分户需求，落实一户一宅，落实村民自建宅基地规模及位置

（3）精细化的实地调研：落实六大基础板块和三大新增板块，详细获取村庄基础数据。实地调研的重点内容见表 9.12。

（4）数据化的调研手段：运用调研草图助手，通过云端信息化实现调研成果与规划方案的无缝衔接，为编制"多规合一"的实用性村庄规划提供辅助。

表 9.12　　　　　　　　　　　　　　　实地调研的重点内容

调查板块	调查项目	调查内容
基础板块	农房	拆旧建新，危房改造范围，新增分户需求，以及落实一户一宅的新增宅基地范围
	道路	道路状况及公交站点，道路亮化
	基础设施	供水、污水、垃圾分类收集点、供电通信及其他设施的选址规模和标准
	防灾	确认有无地质灾害隐患点及现状情况
	公共设施	公厕、村委会、卫生站、老人活动中心、建设广场、小公园、停车场、学校的选址、规模和标准
	历史文化保护	调研红色遗迹的位置（历史文化名村、传统村落、文物保护单位，不可移动文物、历史建筑、遗迹、古树等）
新增板块	生态保护修复	河涌、水塘整治，林网、绿道等生态空间优化；落实生态保护红线划定成果
	耕地与基本农田保护	落实水田垦造、拆旧复垦、农田整治项目
	产业和建设空间安排	确定产业用地布局和用地边界；调研不符规定的用地情况；调研富余建设用地现状及发展意向

（5）以"三调"、用地权属、农村地籍调查数据为基础，做到"三核实"：核实建设项目的位置及规模；核实农房建设情况；核实调入调出地块情况。确保规划方案合法合规。就村庄发展目标、生态保护修复、耕地和永久基本农田保护、历史文化传承与保护、基础设施和基本公共服务设施布局、产业发展空间、农村住房布局、村庄安全和防灾减灾八大统筹方向落实"一图一表一规则"的成果内容，分别为村庄规划总图、近期建设项目表和村庄规划管制规则。

1）村庄规划总图如图 9.23 所示。

图 9.23　村庄规划总示意图

2）近期建设项目表见表 9.13。

表 9.13　　　　　　　　　　近 期 建 设 项 目 表

序号	项目类型	项目名称	空间位置	用地面积/m²	建筑面积/m²	资金规模/万元	筹措方式	建设主体	协作部门	建设方式	备注
1	生态修复整治	河涌整治	行政村域	—	—	200	河涌整治专项资金	县政府	镇政府	总承包	
2	农田整治	高标准农田建设	行政村域	535300	—	120.44	高标准农田建设省级补助资金	县政府	镇政府	总承包	
3	水田垦造	垦造水田项目	行政村域	137400	—	927.45	村民自筹	县政府	镇政府	总承包	
4	拆旧复垦	拆旧复垦项目	行政村域	—	—	—	—	—	—	—	
5	历史文化保护	鹩岗旧门楼修缮	鹩岗自然村	0.11	12	30	村庄建设专项资金	县政府	镇政府	总承包	
6	产业发展	农业采摘园	行政村域	25000	—	10	村民自筹	村委会	各自然村	村民自建	

序号	项目类型	项目名称	空间位置	用地面积/m²	建筑面积/m²	资金规模/万元	筹措方式	建设主体	协作部门	建设方式	备注
7	基础设施和公共服务设施建设	拓宽道路	村域主要道路	34520	—	207.72	村庄建设专项资金	镇政府	村委会	总承包	长度8655m
8		新建文化室	新一自然村	120	240	90	村庄建设专项资金	镇政府	村委会	总承包	
9	人居环境整治	农房外立面整治	各自然村	—	—	95	村庄建设专项资金	镇政府	村委会	总承包	
10		危房整治	各自然村	—	—	80	村庄建设专项资金	镇政府	村委会	总承包	

3）村庄规划管制规则。

a. 村庄发展目标。××村为集聚提升类村庄，重点优化生态、农业、建设空间，以人居环境整治为根本，以发展蔬菜种植、淡水养殖业等特色产业为重点，将××村打造成为生态宜居美丽乡村的示范村。

b. 生态保护。

（a）本村内已划入生态红线××hm²，主要包括××（具体名称），禁止在生态保护红线范围内从事任何建设活动。

（b）保护村内生态林、水域、自然保留地等生态用地，分别为××（具体名称），不得进行破坏生态景观、污染环境的开发建设活动，做到慎砍树、禁挖山、不填湖。

c. 耕地和永久基本农田保护。

（a）本村内已划定永久基本农田××hm²，主要集中分布在××，任何单位和个人不得擅自占用或改变用途。

（b）本村耕地保有量××hm²，不得随意占用耕地；确实占用的，应经村民小组确认，村委会审查同意出具书面意见后，由镇政府按程序办理相关报批手续。

（c）未经批准，不得在园地、商品林及其他农用地进行非农建设活动，不得进行毁林开垦、采石、挖沙、采矿、取土等活动。

（d）本村内设施农用地有××处，面积为××hm²，应按规定要求兴建设施和使用土地，不得擅自或变相将设施农用地用于其他非农建设，并采取措施防止对土壤耕作层破坏和污染。

d. 历史文化传承与保护。

（a）本村内属于文物保护单位的有××处，分别为××（具体名称）。不允许随意改变文物保护单位原有状况、面貌及环境。如需进行必要的修谱，应在专家指导下并严格按审核手续进行。

（b）本村已划定乡村历史文化保护线××处，主要包括历史建筑（群）、古井、古桥、古驿、古树等，分别为×××（具体名称），禁止在乡村历史文化保护线范围内进行影响历史风貌的各类建筑行为。

9.13.1.2　土地资源规划主要问题

乡村地区本身具有错综复杂的地域特性，伴随当前城镇化背景下城乡演变现状，城乡之间发展不平衡是广东基本省情和突出短板，从总体上看，主要存在以下几个方面的问题：

（1）工作进展不平衡，实现目标面临挑战。工作开展比较好的主要是在示范村，脱离当地经济发展实际，也脱离了群众需求实际，因而很难起到示范带动作用。

（2）"三清三拆三整治"持续推进难度大。

（3）垃圾处理模式不合理、体系不健全，运行成本太高，部分村民对收取垃圾费存在抵触情绪。

（4）污水处理设施建设成本高、实用性差。

（5）美丽乡村建设趋向于城市化和旅游化。乡村旅游的开发方式大多是模仿其他景区，同质化现象非常严重，不少旅游项目都存在抄袭模仿、粗制滥造、平庸低俗等问题。

（6）村庄特色消亡。工业化、城镇化所导致的大量农村人口因为"二化"而被集中到城镇中参与生产，大量的农业人口被"城镇化"，大量的传统村落消亡，历史文化消失。

（7）村庄内生动力不足。随着农村青壮年进城打工，农民老龄化、农村空心化、农业副业化日益严重，村庄社会经济发展动力不足。

9.13.1.3　广东乡村规划措施

坚持全域一盘棋、镇域统筹、镇村联动。做好基于差异化发展的镇村分类引导与基于"多规合一"的镇村空间统筹，通过统筹分配用地指标等资源要素实现镇域统筹，协调好两级国土空间布局以实现镇村联动。

（1）基于"城规"＋"土规"的多规合一实用性规划。整合好村土地利用规划、村庄建设规划等多种类型的乡村规划，实现土地利用规划和城乡规划的有机融合，编制"多规合一"的实用性村庄规划。

（2）基于差异化发展的镇村分类引导。根据《乡村振兴战略规划（2018—2022年）》《关于统筹推进村庄规划工作的意见》等文件要求，顺应村庄发展规律和演变趋势，根据不同村庄的发展现状、区位条件、资源禀赋等，分类推进集聚提升、融入城镇、特色保护、搬迁撤并4类村庄建设，避免千村一面，不搞一刀切。

（3）基于"多规合一"的镇村空间统筹。落实各类用地红线，明确三生空间管控、整合利用土地资源，统计用地指标缺口、统筹布局乡村产业，引导村庄差异化发展

9.13.2　关键知识点

土地资源调查、土地资源（国土空间）规划、土地整理等。

9.14　非法侵占基本农田案例

9.14.1　案例概况

2018年4月5日，孙某在未取得相关行政主管部门批准的情况下在其租赁同村村民承包地上建设钢构大棚及其辅助设施，占用基本农田保护区范围土地3.96亩，用于苗木

花卉种植。经核查长安区细柳街办土地利用总体规划图（2006—2020年），该宗土地性质为基本农田，现状为耕地。截止调查之日，长60m、宽33m阳光大棚已基本建成，长23m、宽10m房屋地基及钢构已建成。经法院裁决：此行为违反了《中华人民共和国土地管理法》（以下简称"土地管理法"）第四十三条、第五十九条规定，该行为属于土地违法行为。依据土地管理法第七十六条、第八十三条，《中华人民共和国土地管理法实施条例》第四十二条，《中华人民共和国行政复议法》第二十一条，《中华人民共和国行政强制法》第五十三条及《中华人民共和国行政处罚法》第五十一条之规定，决定处罚如下：①限接到本处罚决定书之日起15日内，自行拆除非法占用3.96亩土地上新建钢构大棚及其他设施，恢复土地原状；②对非法占地3.96亩合计2640m² 处以每平方米29元罚款，共计76560元。

9.14.2　案例分析

土地管理法第四十三条规定，任何单位和个人进行建设，需要使用土地的，必须依法申请使用国有土地；但是，兴办乡镇企业和村民建设住宅经依法批准使用本集体经济组织农民集体所有的土地的，或者乡（镇）村公共设施和公益事业建设经依法批准使用农民集体所有的土地的除外。

土地管理法和《基本农田保护条例》明确规定，国家实行永久基本农田保护制度。永久基本农田经依法划定后，任何单位和个人不得擅自占用或者改变其用途。禁止占用永久基本农田发展林果业和挖塘养鱼。

孙某未经批准在租赁的集体所有的土地上建设钢构大棚及其他设施，不符合相关法律的规定；同时根据相关调查结果，结合长安区细柳街办土地总体规划图（2006—2020年），可以证明孙某建设钢构大棚及其他设施占用土地的性质为基本农田。根据《基本农田保护条例》第十七条第二款规定，禁止任何单位和个人占用基本农田发展林果业和挖塘养鱼。孙某占用基本农田建设钢构大棚用于苗木花卉种植的行为，不符合该条例的规定。对此，需对该区域进行自行拆除非法占用3.96亩土地上新建钢构大棚及其他设施，恢复土地原状；并根据相关规定对非法占地行为处以罚款。

（案例来源：最高人民法院）

9.15　耕地复垦原则案例

9.15.1　案例概况

2013年10月1日，西平县产业区翟庄居委会与西平县龙沙养殖设备有限公司（股东为焦某某、杨某某）签订土地租赁合同一份，合同约定龙沙养殖设备有限公司租赁翟庄居委会原西上公路南邻土地（一般耕地）70亩，租赁期限30年，用于兴建高效生态农业养殖和工业商业及加工办公生活等所需的配套设施的建设。2014年7月8日，焦某某、杨某某与河南省公路工程局集团有限公司（以下简称"河南公路工程公司"）签订《场院租赁协议》一份，按照该协议约定：焦某某、杨某某将其租赁的上述宗地转租给河南公路工程公司作为该公司工程建设临时办公和生产用地；租赁期限从 2014 年 7 月 8 日至 2016 年 7 月 7 日。西平县国土资源局（以下简称西平县国土局）发现河南公路工程公司未经批准擅自租用农用地用于生产建设的行为后，进行监督管理，但鉴于河南公路工程公司用地已成事实，为确保生产建设活动结束后，恢复土地原有用途，西平县国土局与河南公路工程公司分别于 2014 年 10 月 21 日及 2015 年 3 月 30 日，签订《土地复垦协议书》2 份，合同约定：河南公路工程公司必须按法律、法规及政策制定所使用的土地 65 亩的复垦方案，并按复垦方案保质保量进行复垦，河南公路工程公司向西平县国土局缴纳复垦保证金 45.5 万元，西平县国土局收取的复垦保证金全部用于土地复垦，河南公路工程公司按照复垦方案进行复垦的，西平县国土局验收合格后，所缴纳的保证金执行监管协议退款方式；河南公路工程公司未按照复垦方案进行复垦或复垦达不到要求的，复垦保证金没收后全部用于土地复垦等。河南公路工程公司与焦某某、杨某某场地租赁期满后，河南公路工程公司将自己建造的房屋及其他附着物有偿转让给了焦某某，未对所使用的土地进行复垦。2016 年 5 月 23 日，焦某某以西平县统领新能源有限公司名义又将该块土地与中铁七局集团第四工程有限公司签订场地租用合同一份，中铁七局集团第四工程有限公司继续租用该宗地用于工程施工，租赁期限从 2016 年 5 月 23 日至 2018 年 5 月 22 日。西平县国土局发现该块土地又被中铁七局集团第四工程有限公司租用并用于工程施工活动后，于 2016 年 12 月 2 日与第三人中铁七局集团第四工程有限公司签订《土地复垦协议书》，并收取中铁七局土地复垦保证金 40.2 万元。河南公路工程公司与焦某某、杨某某约定的租期到期后，焦某某、杨某某将土地另行租赁给中铁七局集团有限公司郑州市工程四公司，河南公路工程公司认为已无法再对已缴纳复垦保证金的土地进行复垦，现应由中铁七局集团有限公司郑州市工程四公司缴纳相应的复垦保证金，遂提起本案诉讼，要求判令西平县国土局退还河南公路工程公司缴纳的复垦保证金 45.5 万元。（案例来源：最高人民法院）

9.15.2 案例分析

根据国务院《土地复垦条例》第三条之规定，生产建设活动毁损的土地，按照"谁损毁，谁复垦"的原则，由生产建设单位或者个人负责复垦。原用地单位使用土地完毕后，其他单位继续使用土地的，在原用地单位未依据土地复垦协议或土地复垦方案履行土地复垦义务或土地复垦不达标的情况下，不得免除其土地复垦责任，从而体现了"谁毁损，谁复垦"的原则，从土地复垦角度体现了对耕地的严格保护。

且根据河南公路工程公司与西平县国土局签订的《土地复垦协议书》，河南公路工程公司占压毁损土地负有按照复垦方案进行复垦的义务，按照协议约定，河南公路工程公司未按照复垦方案进行复垦或者复垦达不到要求的，其所缴纳的复垦保证金没收后全部用于土地复垦。河南公路工程公司在建设工程完工后，未依照《土地复垦协议书》履行土地复垦义务，又将其生产建设活动中建造的地上附着物有偿转让。中铁七局集团有限公司第四工程有限公司与西平县国土局签订《土地复垦协议书》是对其所租用土地另毁损部分所缴纳的土地复垦保证金，与本案不是同一法律关系。河南公路工程公司请求退还土地复垦保证金并要求中铁七局集团有限公司第四工程有限公司退出使用土地或者缴纳土地复垦保证金没有依据，其上诉理由不成立。

第 10 章 土地资源学相关法律法规

> **本章要点/内容提要**

本章分为相关法律法规、国家标准与地方标准和行业标准 3 节。10.1 节是法律法规介绍，在自然资源领域相关法律重点介绍了 2020 年 1 月 1 日开始实施的新《土地管理法》的亮点之处，并在文中展示出新《土地管理法》全部内容。10.2 节为国家标准与地方标准，在国家标准中，将新旧两版土地利用现状分类进行对比，重点介绍 2017 年新发布的土地利用现状分类的新增内容。10.3 节为行业标准，从农用地分等规程入手，主要介绍了我国现有两大农地评价体系，并对比《全国耕地类型区、耕地地力等级划分》与《农用土地分等规程》间的差异。

> **本章结构图**

> **学习目标**

1. 了解土地相关的法律法规。

2. 学习土地相关的国家标准、地方标准。

3. 了解土地相关的行业标准。

10.1 相 关 法 律 条 文

我国土地管理制度体系从基本建立到不断完善，贯穿着土地管理从无序到有序、从计划到市场，土地管理制度从建立建设到变革发展、不断优化的进程。法律法规不健全会严重影响土地保护效果。事实上，《中华人民共和国土地管理法》《土地复垦条例》《土地复垦条例实施办法》等法律法规以及各级地方政府制定的相关政策，都对土地管理作出了相应规范，已经逐步形成了较完善的政策体系。其中《土地管理法》对土地管理具有重要的意义。

现行《中华人民共和国土地管理法》颁布于 1986 年，1987 年 1 月 1 日起开始实施。随着经济社会的发展和改革的不断深化，《中华人民共和国土地管理法》历经 3 次修改。在这一过程中，《中华人民共和国土地管理法》呈现出将党中央的决策与立法决策相结合、审慎稳妥推进等修改规律，修法内容也始终引领整个自然资源法治进程和方向。2021 年 9 月 1 日正式实施的新《土地管理法实施条例》是 2020 年 1 月 1 日开始实施的新《中华人民共和国土地管理法》的配套行政法规，其承担的核心功能是细化和补充新《中华人民共和国土地管理法》的规定，最大限度地实现土地管理的制度价值，确保土地管理法治目标的实现。

新《中华人民共和国土地管理法》在全面总结农村土地制度改革试点经验的基础上，作出了多项创新性规定。新法中专门增加规定，严格控制耕地转为非耕地，进一步拓展了土地用途管制的重点和内容；并首次从行政法规层面明确了耕地保护的责任主体是省级人民政府；按照"谁保护、谁受益"的原则，加大耕地保护补偿力度的要求，新的《中华人民共和国土地管理法》在总结全国部分地方实施耕地保护补偿制度成功经验的基础上，建立了相应的耕地保护补偿制度；新《中华人民共和国土地管理法》对土地征收程序进行了细化规定，以维护被征地农民合法权益。

新《中华人民共和国土地管理法》在集体经营性建设用地方面，明确了其入市交易规则，删除了原法第43条关于"任何单位和个人进行建设，需要使用土地，必须使用国有土地"的规定，允许集体经营性建设用地在符合规划、依法登记，并经本集体经济组织2/3以上成员或者村民代表同意的条件下，通过出让、出租等方式交由集体经济组织以外的单经或者个人直接使用。同时，使用者取得集体经营性建设用地使用权后还可以转让、互换或者抵押。这一规定结束了多年来集体建设用地不能与国有建设用地同权同价同等入市的二元体制，为推进城乡一体化发展扫清了制度障碍。

新《中华人民共和国土地管理法》完善了农村宅基地制度，保障了农村村民的宅基地权益，下放宅基地审批权限，明确农村村民住宅建设由乡镇人民政府审批。新《中华人民共和国土地管理法》的亮点更体现在对建设用地审批流程进行了优化、构建国土空间规划管理制度、完善临时用地管理、为土地督察权的行使划定边界、国家土地督察制度正式成为土地管理的法律制度，并加大对土地违法行为的处罚力度等诸多方面。以下为新土地管理法全文：

中华人民共和国土地管理法

（1986年6月25日第六届全国人民代表大会常务委员会第十六次会议通过　根据1988年12月29日第七届全国人民代表大会常务委员会第五次会议《关于修改〈中华人民共和国土地管理法〉的决定》第一次修正　1998年8月29日第九届全国人民代表大会常务委员会第四次会议修订　根据2004年8月28日第十届全国人民代表大会常务委员会第十一次会议《关于修改〈中华人民共和国土地管理法〉的决定》第二次修正　根据2019年8月26日第十三届全国人民代表大会常务委员会第十二次会议《关于修改〈中华人民共和国土地管理法〉、〈中华人民共和国城市房地产管理法〉的决定》第三次修正）

第一章　总　　则

第一条　为了加强土地管理，维护土地的社会主义公有制，保护、开发土地资源，合理利用土地，切实保护耕地，促进社会经济的可持续发展，根据宪法，制定本法。

第二条　中华人民共和国实行土地的社会主义公有制，即全民所有制和劳动群众集体所有制。

全民所有，即国家所有土地的所有权由国务院代表国家行使。

任何单位和个人不得侵占、买卖或者以其他形式非法转让土地。土地使用权可以依法转让。

国家为了公共利益的需要，可以依法对土地实行征收或者征用并给予补偿。

国家依法实行国有土地有偿使用制度。但是，国家在法律规定的范围内划拨国有土地使用权的除外。

第三条 十分珍惜、合理利用土地和切实保护耕地是我国的基本国策。各级人民政府应当采取措施，全面规划，严格管理，保护、开发土地资源，制止非法占用土地的行为。

第四条 国家实行土地用途管制制度。

国家编制土地利用总体规划，规定土地用途，将土地分为农用地、建设用地和未利用地。严格限制农用地转为建设用地，控制建设用地总量，对耕地实行特殊保护。

前款所称农用地是指直接用于农业生产的土地，包括耕地、林地、草地、农田水利用地、养殖水面等；建设用地是指建造建筑物、构筑物的土地，包括城乡住宅和公共设施用地、工矿用地、交通水利设施用地、旅游用地、军事设施用地等；未利用地是指农用地和建设用地以外的土地。

使用土地的单位和个人必须严格按照土地利用总体规划确定的用途使用土地。

第五条 国务院自然资源主管部门统一负责全国土地的管理和监督工作。

县级以上地方人民政府自然资源主管部门的设置及其职责，由省、自治区、直辖市人民政府根据国务院有关规定确定。

第六条 国务院授权的机构对省、自治区、直辖市人民政府以及国务院确定的城市人民政府土地利用和土地管理情况进行督察。

第七条 任何单位和个人都有遵守土地管理法律、法规的义务，并有权对违反土地管理法律、法规的行为提出检举和控告。

第八条 在保护和开发土地资源、合理利用土地以及进行有关的科学研究等方面成绩显著的单位和个人，由人民政府给予奖励。

第二章 土地的所有权和使用权

第九条 城市市区的土地属于国家所有。

农村和城市郊区的土地，除由法律规定属于国家所有的以外，属于农民集体所有；宅基地和自留地、自留山，属于农民集体所有。

第十条 国有土地和农民集体所有的土地，可以依法确定给单位或者个人使用。使用土地的单位和个人，有保护、管理和合理利用土地的义务。

第十一条 农民集体所有的土地依法属于村农民集体所有的，由村集体经济组织或者村民委员会经营、管理；已经分别属于村内两个以上农村集体经济组织的农民集体所有的，由村内各该农村集体经济组织或者村民小组经营、管理；已经属于乡（镇）农民集体所有的，由乡（镇）农村集体经济组织经营、管理。

第十二条 土地的所有权和使用权的登记，依照有关不动产登记的法律、行政法规执行。

依法登记的土地的所有权和使用权受法律保护，任何单位和个人不得侵犯。

第十三条　农民集体所有和国家所有依法由农民集体使用的耕地、林地、草地，以及其他依法用于农业的土地，采取农村集体经济组织内部的家庭承包方式承包，不宜采取家庭承包方式的荒山、荒沟、荒丘、荒滩等，可以采取招标、拍卖、公开协商等方式承包，从事种植业、林业、畜牧业、渔业生产。家庭承包的耕地的承包期为三十年，草地的承包期为三十年至五十年，林地的承包期为三十年至七十年；耕地承包期届满后再延长三十年，草地、林地承包期届满后依法相应延长。

国家所有依法用于农业的土地可以由单位或者个人承包经营，从事种植业、林业、畜牧业、渔业生产。

发包方和承包方应当依法订立承包合同，约定双方的权利和义务。承包经营土地的单位和个人，有保护和按照承包合同约定的用途合理利用土地的义务。

第十四条　土地所有权和使用权争议，由当事人协商解决；协商不成的，由人民政府处理。

单位之间的争议，由县级以上人民政府处理；个人之间、个人与单位之间的争议，由乡级人民政府或者县级以上人民政府处理。

当事人对有关人民政府的处理决定不服的，可以自接到处理决定通知之日起三十日内，向人民法院起诉。

在土地所有权和使用权争议解决前，任何一方不得改变土地利用现状。

第三章　土地利用总体规划

第十五条　各级人民政府应当依据国民经济和社会发展规划、国土整治和资源环境保护的要求、土地供给能力以及各项建设对土地的需求，组织编制土地利用总体规划。

土地利用总体规划的规划期限由国务院规定。

第十六条　下级土地利用总体规划应当依据上一级土地利用总体规划编制。

地方各级人民政府编制的土地利用总体规划中的建设用地总量不得超过上一级土地利用总体规划确定的控制指标，耕地保有量不得低于上一级土地利用总体规划确定的控制指标。

省、自治区、直辖市人民政府编制的土地利用总体规划，应当确保本行政区域内耕地总量不减少。

第十七条　土地利用总体规划按照下列原则编制：

（一）落实国土空间开发保护要求，严格土地用途管制；

（二）严格保护永久基本农田，严格控制非农业建设占用农用地；

（三）提高土地节约集约利用水平；

（四）统筹安排城乡生产、生活、生态用地，满足乡村产业和基础设施用地合理需求，促进城乡融合发展；

（五）保护和改善生态环境，保障土地的可持续利用；

（六）占用耕地与开发复垦耕地数量平衡、质量相当。

第十八条　国家建立国土空间规划体系。编制国土空间规划应当坚持生态优先，绿色、可持续发展，科学有序统筹安排生态、农业、城镇等功能空间，优化国土空间结构和布局，提升国土空间开发、保护的质量和效率。

经依法批准的国土空间规划是各类开发、保护、建设活动的基本依据。已经编制国土空间规划的，不再编制土地利用总体规划和城乡规划。

第十九条　县级土地利用总体规划应当划分土地利用区，明确土地用途。

乡（镇）土地利用总体规划应当划分土地利用区，根据土地使用条件，确定每一块土地的用途，并予以公告。

第二十条　土地利用总体规划实行分级审批。

省、自治区、直辖市的土地利用总体规划，报国务院批准。

省、自治区人民政府所在地的市、人口在一百万以上的城市以及国务院指定的城市的土地利用总体规划，经省、自治区人民政府审查同意后，报国务院批准。

本条第二款、第三款规定以外的土地利用总体规划，逐级上报省、自治区、直辖市人民政府批准；其中，乡（镇）土地利用总体规划可以由省级人民政府授权的设区的市、自治州人民政府批准。

土地利用总体规划一经批准，必须严格执行。

第二十一条　城市建设用地规模应当符合国家规定的标准，充分利用现有建设用地，不占或者尽量少占农用地。

城市总体规划、村庄和集镇规划，应当与土地利用总体规划相衔接，城市总体规划、村庄和集镇规划中建设用地规模不得超过土地利用总体规划确定的城市和村庄、集镇建设用地规模。

在城市规划区内、村庄和集镇规划区内，城市和村庄、集镇建设用地应当符合城市规划、村庄和集镇规划。

第二十二条　江河、湖泊综合治理和开发利用规划，应当与土地利用总体规划相衔接。在江河、湖泊、水库的管理和保护范围以及蓄洪滞洪区内，土地利用应当符合江河、湖泊综合治理和开发利用规划，符合河道、湖泊行洪、蓄洪和输水的要求。

第二十三条　各级人民政府应当加强土地利用计划管理，实行建设用地总量控制。

土地利用年度计划，根据国民经济和社会发展计划、国家产业政策、土地利用总体规划以及建设用地和土地利用的实际状况编制。土地利用年度计划应当对本法第六十三条规定的集体经营性建设用地作出合理安排。土地利用年度计划的编制审批程序与土地利用总体规划的编制审批程序相同，一经审批下达，必须严格执行。

第二十四条　省、自治区、直辖市人民政府应当将土地利用年度计划的执行情况列为国民经济和社会发展计划执行情况的内容，向同级人民代表大会报告。

第二十五条　经批准的土地利用总体规划的修改，须经原批准机关批准；未经批准，不得改变土地利用总体规划确定的土地用途。

经国务院批准的大型能源、交通、水利等基础设施建设用地，需要改变土地利用总体规划的，根据国务院的批准文件修改土地利用总体规划。

经省、自治区、直辖市人民政府批准的能源、交通、水利等基础设施建设用地，需要改变土地利用总体规划的，属于省级人民政府土地利用总体规划批准权限内的，根据省级人民政府的批准文件修改土地利用总体规划。

第二十六条　国家建立土地调查制度。

县级以上人民政府自然资源主管部门会同同级有关部门进行土地调查。土地所有者或者使用者应当配合调查，并提供有关资料。

第二十七条　县级以上人民政府自然资源主管部门会同同级有关部门根据土地调查成果、规划土地用途和国家制定的统一标准，评定土地等级。

第二十八条　国家建立土地统计制度。

县级以上人民政府统计机构和自然资源主管部门依法进行土地统计调查，定期发布土地统计资料。土地所有者或者使用者应当提供有关资料，不得拒报、迟报，不得提供不真实、不完整的资料。

统计机构和自然资源主管部门共同发布的土地面积统计资料是各级人民政府编制土地利用总体规划的依据。

第二十九条　国家建立全国土地管理信息系统，对土地利用状况进行动态监测。

第四章　耕　地　保　护

第三十条　国家保护耕地，严格控制耕地转为非耕地。

国家实行占用耕地补偿制度。非农业建设经批准占用耕地的，按照"占多少，垦多少"的原则，由占用耕地的单位负责开垦与所占用耕地的数量和质量相当的耕地；没有条件开垦或者开垦的耕地不符合要求的，应当按照省、自治区、直辖市的规定缴纳耕地开垦费，专款用于开垦新的耕地。

省、自治区、直辖市人民政府应当制定开垦耕地计划，监督占用耕地的单位按照计划开垦耕地或者按照计划组织开垦耕地，并进行验收。

第三十一条　县级以上地方人民政府可以要求占用耕地的单位将所占用耕地耕作层的土壤用于新开垦耕地、劣质地或者其他耕地的土壤改良。

第三十二条　省、自治区、直辖市人民政府应当严格执行土地利用总体规划和土地利用年度计划，采取措施，确保本行政区域内耕地总量不减少、质量不降低。耕地总量减少的，由国务院责令在规定期限内组织开垦与所减少耕地的数量与质量相当的耕地；耕地质量降低的，由国务院责令在规定期限内组织整治。新开垦和整治的耕地由国务院自然资源主管部门会同农业农村主管部门验收。

个别省、直辖市确因土地后备资源匮乏，新增建设用地后，新开垦耕地的数量不足以补偿所占用耕地的数量的，必须报经国务院批准减免本行政区域内开垦耕地的数量，易地开垦数量和质量相当的耕地。

第三十三条　国家实行永久基本农田保护制度。下列耕地应当根据土地利用总体规划划为永久基本农田，实行严格保护：

（一）经国务院农业农村主管部门或者县级以上地方人民政府批准确定的粮、棉、油、糖等重要农产品生产基地内的耕地；

（二）有良好的水利与水土保持设施的耕地，正在实施改造计划以及可以改造的中、低产田和已建成的高标准农田；

（三）蔬菜生产基地；

（四）农业科研、教学试验田；

（五）国务院规定应当划为永久基本农田的其他耕地。

各省、自治区、直辖市划定的永久基本农田一般应当占本行政区域内耕地的百分之八十以上，具体比例由国务院根据各省、自治区、直辖市耕地实际情况规定。

第三十四条　永久基本农田划定以乡（镇）为单位进行，由县级人民政府自然资源主管部门会同同级农业农村主管部门组织实施。永久基本农田应当落实到地块，纳入国家永久基本农田数据库严格管理。

乡（镇）人民政府应当将永久基本农田的位置、范围向社会公告，并设立保护标志。

第三十五条　永久基本农田经依法划定后，任何单位和个人不得擅自占用或者改变其用途。国家能源、交通、水利、军事设施等重点建设项目选址确实难以避让永久基本农田，涉及农用地转用或者土地征收的，必须经国务院批准。

禁止通过擅自调整县级土地利用总体规划、乡（镇）土地利用总体规划等方式规避永久基本农田农用地转用或者土地征收的审批。

第三十六条　各级人民政府应当采取措施，引导因地制宜轮作休耕，改良土壤，提高地力，维护排灌工程设施，防止土地荒漠化、盐渍化、水土流失和土壤污染。

第三十七条　非农业建设必须节约使用土地，可以利用荒地的，不得占用耕地；可以利用劣地的，不得占用好地。

禁止占用耕地建窑、建坟或者擅自在耕地上建房、挖砂、采石、采矿、取土等。

禁止占用永久基本农田发展林果业和挖塘养鱼。

第三十八条　禁止任何单位和个人闲置、荒芜耕地。已经办理审批手续的非农业建设占用耕地，一年内不用而又可以耕种并收获的，应当由原耕种该幅耕地的集体或者个人恢复耕种，也可以由用地单位组织耕种；一年以上未动工建设的，应当按照省、自治区、直辖市的规定缴纳闲置费；连续二年未使用的，经原批准机关批准，由县级以上人民政府无偿收回用地单位的土地使用权；该幅土地原为农民集体所有的，应当交由原农村集体经济组织恢复耕种。

在城市规划区范围内，以出让方式取得土地使用权进行房地产开发的闲置土地，依照《中华人民共和国城市房地产管理法》的有关规定办理。

第三十九条　国家鼓励单位和个人按照土地利用总体规划，在保护和改善生态环境、防止水土流失和土地荒漠化的前提下，开发未利用的土地；适宜开发为农用地的，应当优先开发成农用地。

国家依法保护开发者的合法权益。

第四十条　开垦未利用的土地，必须经过科学论证和评估，在土地利用总体规划划定的可开垦的区域内，经依法批准后进行。禁止毁坏森林、草原开垦耕地，禁止围湖造田和侵占江河滩地。

根据土地利用总体规划，对破坏生态环境开垦、围垦的土地，有计划有步骤地退耕还林、还牧、还湖。

第四十一条　开发未确定使用权的国有荒山、荒地、荒滩从事种植业、林业、畜牧业、渔业生产的，经县级以上人民政府依法批准，可以确定给开发单位或者个人长期使用。

第四十二条　国家鼓励土地整理。县、乡（镇）人民政府应当组织农村集体经济组织，按照土地利用总体规划，对田、水、路、林、村综合整治，提高耕地质量，增加有效耕地面积，改善农业生产条件和生态环境。

地方各级人民政府应当采取措施，改造中、低产田，整治闲散地和废弃地。

第四十三条　因挖损、塌陷、压占等造成土地破坏，用地单位和个人应当按照国家有关规定负责复垦；没有条件复垦或者复垦不符合要求的，应当缴纳土地复垦费，专项用于土地复垦。复垦的土地应当优先用于农业。

第五章　建　设　用　地

第四十四条　建设占用土地，涉及农用地转为建设用地的，应当办理农用地转用审批手续。

永久基本农田转为建设用地的，由国务院批准。

在土地利用总体规划确定的城市和村庄、集镇建设用地规模范围内，为实施该规划而将永久基本农田以外的农用地转为建设用地的，按土地利用年度计划分批次按照国务院规定由原批准土地利用总体规划的机关或者其授权的机关批准。在已批准的农用地转用范围内，具体建设项目用地可以由市、县人民政府批准。

在土地利用总体规划确定的城市和村庄、集镇建设用地规模范围外，将永久基本农田以外的农用地转为建设用地的，由国务院或者国务院授权的省、自治区、直辖市人民政府批准。

第四十五条　为了公共利益的需要，有下列情形之一，确需征收农民集体所有的土地的，可以依法实施征收：

（一）军事和外交需要用地的；

（二）由政府组织实施的能源、交通、水利、通信、邮政等基础设施建设需要用地的；

（三）由政府组织实施的科技、教育、文化、卫生、体育、生态环境和资源保护、防灾减灾、文物保护、社区综合服务、社会福利、市政公用、优抚安置、英烈保护等公共事业需要用地的；

（四）由政府组织实施的扶贫搬迁、保障性安居工程建设需要用地的；

（五）在土地利用总体规划确定的城镇建设用地范围内，经省级以上人民政府批准由县级以上地方人民政府组织实施的成片开发建设需要用地的；

（六）法律规定为公共利益需要可以征收农民集体所有的土地的其他情形。

前款规定的建设活动，应当符合国民经济和社会发展规划、土地利用总体规划、城乡规划和专项规划；第（四）项、第（五）项规定的建设活动，还应当纳入国民经济和社会发展年度计划；第（五）项规定的成片开发并应当符合国务院自然资源主管部门规定的标准。

第四十六条　征收下列土地的，由国务院批准：

（一）永久基本农田；

（二）永久基本农田以外的耕地超过三十五公顷的；

（三）其他土地超过七十公顷的。

征收前款规定以外的土地的，由省、自治区、直辖市人民政府批准。

征收农用地的，应当依照本法第四十四条的规定先行办理农用地转用审批。其中，经国务院批准农用地转用的，同时办理征地审批手续，不再另行办理征地审批；经省、自治区、直辖市人民政府在征地批准权限内批准农用地转用的，同时办理征地审批手续，不再另行办理征地审批，超过征地批准权限的，应当依照本条第一款的规定另行办理征地审批。

第四十七条　国家征收土地的，依照法定程序批准后，由县级以上地方人民政府予以公告并组织实施。

县级以上地方人民政府拟申请征收土地的，应当开展拟征收土地现状调查和社会稳定风险评估，并将征收范围、土地现状、征收目的、补偿标准、安置方式和社会保障等在拟征收土地所在的乡（镇）和村、村民小组范围内公告至少三十日，听取被征地的农村集体经济组织及其成员、村民委员会和其他利害关系人的意见。

多数被征地的农村集体经济组织成员认为征地补偿安置方案不符合法律、法规规定的，县级以上地方人民政府应当组织召开听证会，并根据法律、法规的规定和听证会情况修改方案。

拟征收土地的所有权人、使用权人应当在公告规定期限内，持不动产权属证明材料办理补偿登记。县级以上地方人民政府应当组织有关部门测算并落实有关费用，保证足额到位，与拟征收土地的所有权人、使用权人就补偿、安置等签订协议；个别确实难以达成协议的，应当在申请征收土地时如实说明。

相关前期工作完成后，县级以上地方人民政府方可申请征收土地。

第四十八条　征收土地应当给予公平、合理的补偿，保障被征地农民原有生活水平不降低、长远生计有保障。

征收土地应当依法及时足额支付土地补偿费、安置补助费以及农村村民住宅、其他地上附着物和青苗等的补偿费用，并安排被征地农民的社会保障费用。

征收农用地的土地补偿费、安置补助费标准由省、自治区、直辖市通过制定公布区片综合地价确定。制定区片综合地价应当综合考虑土地原用途、土地资源条件、土地产值、土地区位、土地供求关系、人口以及经济社会发展水平等因素，并至少每三年调整或者重新公布一次。

征收农用地以外的其他土地、地上附着物和青苗等的补偿标准，由省、自治区、直辖市制定。对其中的农村村民住宅，应当按照先补偿后搬迁、居住条件有改善的原则，尊重农村村民意愿，采取重新安排宅基地建房、提供安置房或者货币补偿等方式给予公平、合理的补偿，并对因征收造成的搬迁、临时安置等费用予以补偿，保障农村村民居住的权利和合法的住房财产权益。

县级以上地方人民政府应当将被征地农民纳入相应的养老等社会保障体系。被征地农民的社会保障费用主要用于符合条件的被征地农民的养老保险等社会保险缴费补贴。被征地农民社会保障费用的筹集、管理和使用办法，由省、自治区、直辖市制定。

第四十九条　被征地的农村集体经济组织应当将征收土地的补偿费用的收支状况向本

集体经济组织的成员公布，接受监督。

禁止侵占、挪用被征收土地单位的征地补偿费用和其他有关费用。

第五十条　地方各级人民政府应当支持被征地的农村集体经济组织和农民从事开发经营，兴办企业。

第五十一条　大中型水利、水电工程建设征收土地的补偿费标准和移民安置办法，由国务院另行规定。

第五十二条　建设项目可行性研究论证时，自然资源主管部门可以根据土地利用总体规划、土地利用年度计划和建设用地标准，对建设用地有关事项进行审查，并提出意见。

第五十三条　经批准的建设项目需要使用国有建设用地的，建设单位应当持法律、行政法规规定的有关文件，向有批准权的县级以上人民政府自然资源主管部门提出建设用地申请，经自然资源主管部门审查，报本级人民政府批准。

第五十四条　建设单位使用国有土地，应当以出让等有偿使用方式取得；但是，下列建设用地，经县级以上人民政府依法批准，可以以划拨方式取得：

（一）国家机关用地和军事用地；

（二）城市基础设施用地和公益事业用地；

（三）国家重点扶持的能源、交通、水利等基础设施用地；

（四）法律、行政法规规定的其他用地。

第五十五条　以出让等有偿使用方式取得国有土地使用权的建设单位，按照国务院规定的标准和办法，缴纳土地使用权出让金等土地有偿使用费和其他费用后，方可使用土地。

自本法施行之日起，新增建设用地的土地有偿使用费，百分之三十上缴中央财政，百分之七十留给有关地方人民政府。具体使用管理办法由国务院财政部门会同有关部门制定，并报国务院批准。

第五十六条　建设单位使用国有土地的，应当按照土地使用权出让等有偿使用合同的约定或者土地使用权划拨批准文件的规定使用土地；确需改变该幅土地建设用途的，应当经有关人民政府自然资源主管部门同意，报原批准用地的人民政府批准。其中，在城市规划区内改变土地用途的，在报批前，应当先经有关城市规划行政主管部门同意。

第五十七条　建设项目施工和地质勘查需要临时使用国有土地或者农民集体所有的土地的，由县级以上人民政府自然资源主管部门批准。其中，在城市规划区内的临时用地，在报批前，应当先经有关城市规划行政主管部门同意。土地使用者应当根据土地权属，与有关自然资源主管部门或者农村集体经济组织、村民委员会签订临时使用土地合同，并按照合同的约定支付临时使用土地补偿费。

临时使用土地的使用者应当按照临时使用土地合同约定的用途使用土地，并不得修建永久性建筑物。

临时使用土地期限一般不超过二年。

第五十八条　有下列情形之一的，由有关人民政府自然资源主管部门报经原批准用地的人民政府或者有批准权的人民政府批准，可以收回国有土地使用权：

（一）为实施城市规划进行旧城区改建以及其他公共利益需要，确需使用土地的；

（二）土地出让等有偿使用合同约定的使用期限届满，土地使用者未申请续期或者申请续期未获批准的；

（三）因单位撤销、迁移等原因，停止使用原划拨的国有土地的；

（四）公路、铁路、机场、矿场等经核准报废的。

依照前款第（一）项的规定收回国有土地使用权的，对土地使用权人应当给予适当补偿。

第五十九条　乡镇企业、乡（镇）村公共设施、公益事业、农村村民住宅等乡（镇）村建设，应当按照村庄和集镇规划，合理布局，综合开发，配套建设；建设用地，应当符合乡（镇）土地利用总体规划和土地利用年度计划，并依照本法第四十四条、第六十条、第六十一条、第六十二条的规定办理审批手续。

第六十条　农村集体经济组织使用乡（镇）土地利用总体规划确定的建设用地兴办企业或者与其他单位、个人以土地使用权入股、联营等形式共同举办企业的，应当持有关批准文件，向县级以上地方人民政府自然资源主管部门提出申请，按照省、自治区、直辖市规定的批准权限，由县级以上地方人民政府批准；其中，涉及占用农用地的，依照本法第四十四条的规定办理审批手续。

按照前款规定兴办企业的建设用地，必须严格控制。省、自治区、直辖市可以按照乡镇企业的不同行业和经营规模，分别规定用地标准。

第六十一条　乡（镇）村公共设施、公益事业建设，需要使用土地的，经乡（镇）人民政府审核，向县级以上地方人民政府自然资源主管部门提出申请，按照省、自治区、直辖市规定的批准权限，由县级以上地方人民政府批准；其中，涉及占用农用地的，依照本法第四十四条的规定办理审批手续。

第六十二条　农村村民一户只能拥有一处宅基地，其宅基地的面积不得超过省、自治区、直辖市规定的标准。

人均土地少、不能保障一户拥有一处宅基地的地区，县级人民政府在充分尊重农村村民意愿的基础上，可以采取措施，按照省、自治区、直辖市规定的标准保障农村村民实现户有所居。

农村村民建住宅，应当符合乡（镇）土地利用总体规划、村庄规划，不得占用永久基本农田，并尽量使用原有的宅基地和村内空闲地。编制乡（镇）土地利用总体规划、村庄规划应当统筹并合理安排宅基地用地，改善农村村民居住环境和条件。

农村村民住宅用地，由乡（镇）人民政府审核批准；其中，涉及占用农用地的，依照本法第四十四条的规定办理审批手续。

农村村民出卖、出租、赠与住宅后，再申请宅基地的，不予批准。

国家允许进城落户的农村村民依法自愿有偿退出宅基地，鼓励农村集体经济组织及其成员盘活利用闲置宅基地和闲置住宅。

国务院农业农村主管部门负责全国农村宅基地改革和管理有关工作。

第六十三条　土地利用总体规划、城乡规划确定为工业、商业等经营性用途，并经依法登记的集体经营性建设用地，土地所有权人可以通过出让、出租等方式交由单位或者个人使用，并应当签订书面合同，载明土地界址、面积、动工期限、使用期限、土地用途、规划条件和双方其他权利义务。

前款规定的集体经营性建设用地出让、出租等，应当经本集体经济组织成员的村民会议三分之二以上成员或者三分之二以上村民代表的同意。

通过出让等方式取得的集体经营性建设用地使用权可以转让、互换、出资、赠与或者抵押，但法律、行政法规另有规定或者土地所有权人、土地使用权人签订的书面合同另有约定的除外。

集体经营性建设用地的出租，集体建设用地使用权的出让及其最高年限、转让、互换、出资、赠与、抵押等，参照同类用途的国有建设用地执行。具体办法由国务院制定。

第六十四条　集体建设用地的使用者应当严格按照土地利用总体规划、城乡规划确定的用途使用土地。

第六十五条　在土地利用总体规划制定前已建的不符合土地利用总体规划确定的用途的建筑物、构筑物，不得重建、扩建。

第六十六条　有下列情形之一的，农村集体经济组织报经原批准用地的人民政府批准，可以收回土地使用权：

（一）为乡（镇）村公共设施和公益事业建设，需要使用土地的；

（二）不按照批准的用途使用土地的；

（三）因撤销、迁移等原因而停止使用土地的。

依照前款第（一）项规定收回农民集体所有的土地的，对土地使用权人应当给予适当补偿。

收回集体经营性建设用地使用权，依照双方签订的书面合同办理，法律、行政法规另有规定的除外。

第六章　监　督　检　查

第六十七条　县级以上人民政府自然资源主管部门对违反土地管理法律、法规的行为进行监督检查。

县级以上人民政府农业农村主管部门对违反农村宅基地管理法律、法规的行为进行监督检查的，适用本法关于自然资源主管部门监督检查的规定。

土地管理监督检查人员应当熟悉土地管理法律、法规，忠于职守、秉公执法。

第六十八条　县级以上人民政府自然资源主管部门履行监督检查职责时，有权采取下列措施：

（一）要求被检查的单位或者个人提供有关土地权利的文件和资料，进行查阅或者予以复制；

（二）要求被检查的单位或者个人就有关土地权利的问题作出说明；

（三）进入被检查单位或者个人非法占用的土地现场进行勘测；

（四）责令非法占用土地的单位或者个人停止违反土地管理法律、法规的行为。

第六十九条　土地管理监督检查人员履行职责，需要进入现场进行勘测、要求有关单位或者个人提供文件、资料和作出说明的，应当出示土地管理监督检查证件。

第七十条　有关单位和个人对县级以上人民政府自然资源主管部门就土地违法行为进行的监督检查应当支持与配合，并提供工作方便，不得拒绝与阻碍土地管理监督检查人员依法执行职务。

第七十一条　县级以上人民政府自然资源主管部门在监督检查工作中发现国家工作人员的违法行为，依法应当给予处分的，应当依法予以处理；自己无权处理的，应当依法移送监察机关或者有关机关处理。

第七十二条　县级以上人民政府自然资源主管部门在监督检查工作中发现土地违法行为构成犯罪的，应当将案件移送有关机关，依法追究刑事责任；尚不构成犯罪的，应当依法给予行政处罚。

第七十三条　依照本法规定应当给予行政处罚，而有关自然资源主管部门不给予行政处罚的，上级人民政府自然资源主管部门有权责令有关自然资源主管部门做出行政处罚决定或者直接给予行政处罚，并给予有关自然资源主管部门的负责人处分。

第七章　法　律　责　任

第七十四条　买卖或者以其他形式非法转让土地的，由县级以上人民政府自然资源主管部门没收违法所得；对违反土地利用总体规划擅自将农用地改为建设用地的，限期拆除在非法转让的土地上新建的建筑物和其他设施，恢复土地原状，对符合土地利用总体规划的，没收在非法转让的土地上新建的建筑物和其他设施；可以并处罚款；对直接负责的主管人员和其他直接责任人员，依法给予处分；构成犯罪的，依法追究刑事责任。

第七十五条　违反本法规定，占用耕地建窑、建坟或者擅自在耕地上建房、挖砂、采石、采矿、取土等，破坏种植条件的，或者因开发土地造成土地荒漠化、盐渍化的，由县级以上人民政府自然资源主管部门、农业农村主管部门等按照职责责令限期改正或者治理，可以并处罚款；构成犯罪的，依法追究刑事责任。

第七十六条　违反本法规定，拒不履行土地复垦义务的，由县级以上人民政府自然资源主管部门责令限期改正；逾期不改正的，责令缴纳复垦费，专项用于土地复垦，可以处以罚款。

第七十七条　未经批准或者采取欺骗手段骗取批准，非法占用土地的，由县级以上人民政府自然资源主管部门责令退还非法占用的土地，对违反土地利用总体规划擅自将农用地改为建设用地的，限期拆除在非法占用的土地上新建的建筑物和其他设施，恢复土地原状，对符合土地利用总体规划的，没收在非法占用的土地上新建的建筑物和其他设施，可以并处罚款；对非法占用土地单位的直接负责的主管人员和其他直接责任人员，依法给予处分；构成犯罪的，依法追究刑事责任。

超过批准的数量占用土地，多占的土地以非法占用土地论处。

第七十八条　农村村民未经批准或者采取欺骗手段骗取批准，非法占用土地建住宅的，由县级以上人民政府农业农村主管部门责令退还非法占用的土地，限期拆除在非法占用的土地上新建的房屋。

超过省、自治区、直辖市规定的标准，多占的土地以非法占用土地论处。

第七十九条　无权批准征收、使用土地的单位或者个人非法批准占用土地的，超越批准权限非法批准占用土地的，不按照土地利用总体规划确定的用途批准用地的，或者违反法律规定的程序批准占用、征收土地的，其批准文件无效，对非法批准征收、使用土地的直接负责的主管人员和其他直接责任人员，依法给予处分；构成犯罪的，依法追究刑事责任。非法批准、使用的土地应当收回，有关当事人拒不归还的，以非法占用土地论处。

非法批准征收、使用土地，对当事人造成损失的，依法应当承担赔偿责任。

第八十条 侵占、挪用被征收土地单位的征地补偿费用和其他有关费用，构成犯罪的，依法追究刑事责任；尚不构成犯罪的，依法给予处分。

第八十一条 依法收回国有土地使用权当事人拒不交出土地的，临时使用土地期满拒不归还的，或者不按照批准的用途使用国有土地的，由县级以上人民政府自然资源主管部门责令交还土地，处以罚款。

第八十二条 擅自将农民集体所有的土地通过出让、转让使用权或者出租等方式用于非农业建设，或者违反本法规定，将集体经营性建设用地通过出让、出租等方式交由单位或者个人使用的，由县级以上人民政府自然资源主管部门责令限期改正，没收违法所得，并处罚款。

第八十三条 依照本法规定，责令限期拆除在非法占用的土地上新建的建筑物和其他设施的，建设单位或者个人必须立即停止施工，自行拆除；对继续施工的，作出处罚决定的机关有权制止。建设单位或者个人对责令限期拆除的行政处罚决定不服的，可以在接到责令限期拆除决定之日起十五日内，向人民法院起诉；期满不起诉又不自行拆除的，由作出处罚决定的机关依法申请人民法院强制执行，费用由违法者承担。

第八十四条 自然资源主管部门、农业农村主管部门的工作人员玩忽职守、滥用职权、徇私舞弊，构成犯罪的，依法追究刑事责任；尚不构成犯罪的，依法给予处分。

第八章 附 则

第八十五条 外商投资企业使用土地的，适用本法；法律另有规定的，从其规定。

第八十六条 在根据本法第十八条的规定编制国土空间规划前，经依法批准的土地利用总体规划和城乡规划继续执行。

第八十七条 本法自1999年1月1日起施行。

10.2 相关国家标准、地方标准

新版国家标准《土地利用现状分类》（GB/T 21010—2017），由国土资源部组织修订，经国家质检总局、国家标准化管理委员会批准，于2017年11月01日发布并实施。该标准秉持满足生态用地保护需求、明确新兴产业用地类型、兼顾监管部门管理需求的思路，完善了地类含义，细化了二级类划分，调整了地类名称，增加了湿地归类。

新版标准还规定了土地利用的类型、含义，将土地利用类型分为耕地、园地、林地、草地、商服用地、工矿仓储用地、住宅用地、公共管理与公共服务用地、特殊用地、交通运输用地、水域及水利设施用地、其他用地等12个一级类、72个二级类，适用于土地调查、规划、审批、供应、整治、执法、评价、统计、登记及信息化管理等。

新版标准已在第三次全国土地调查中全面应用，较之以往的同类调查，"三调"的重要特点之一，是对国土分类方式进行了革新，将"湿地"调整为与耕地、园地、林地、草地、水域等并列的一级地类，"红树林地""森林沼泽""灌丛沼泽""沼泽草地""沿海滩涂""内陆滩涂"和"沼泽地"等 7 个原二级地类归入到了"湿地"一级地类。这无疑加强了对湿地生态功能的保护。"三调"还统一了陆海分界、明晰了林草分类标准，摸清了地类之间的转换变化情况，为我国下一步统筹推进生态文明建设奠定了坚实的基础。

我国地域辽阔，自然资源禀赋条件差异很大，经济社会发展不平衡，各地实行自然资源差别化管理势在必行。作为自然资源和生产要素，耕地是人类生存与发展的重要基础资源，健全耕地质量等级调查评价与分类体系，能够为及时有针对性地开展耕地质量建设与管理。相较国家标准，不同地区有其特有的地理环境，在根据相关国家标准的基础上，因地制宜地制定相应的地方标准。如内蒙古自治区、湖南省分别根据国家标准制定了相应的耕地地力分等定级技术规范；就土地质量方面，河南省制定了土地质量调查评价规范，浙江省根据国家标准制定了土地质量地质调查规范等。

以下为新版《土地利用现状分类》具体内容：

土 地 利 用 现 状 分 类

1 范围

本标准规定了土地利用现状的总则、分类与编码。

本标准适用于土地调查、规划、审批、供应、整治、执法、评价、统计、登记及信息化管理等工作。在使用本标准时，也可根据需要，在本分类基础上续分土地利用类型。

2 术语和定义

下列术语和定义适用于本文件。

2.1

覆盖度（盖度）cover degree；coverage rate

一定面积上植被垂直投影面积占总面积的百分比。

2.2

郁闭度 canopy density；crown density

林冠（树木的枝叶部分称为林冠）垂直投影面积与林地面积之比值。

2.3

土地利用（土地使用）land utilization；land use

人类通过一定的活动，利用土地的属性来满足自己需要的过程。

3 总则

3.1 实施全国土地和城乡地政统一管理，科学划分土地利用类型，明确土地利用各类型含义，统一土地调查、统计分类标准，合理规划、利用土地。

3.2 维护土地利用分类的科学性、实用性、开放性和继承性，满足制定国民经济和社会发展计划，宏观调控，生态文明建设以及国土资源管理的需要。

3.3 主要依据土地的利用方式、用途、经营特点和覆盖特征等因素，按照主要用途对土地利用类型进行归纳、划分，保证不重不漏，不设复合用途，反映土地利用的基本现状，但不以此划分部门管理范围。

4 分类与编码方法

4.1 土地利用现状分类采用一级、二级二个层次的分类体系，共分 12 个一级类、73 个二级类。

4.2 土地利用现状分类采用数字编码，一、二级均采用两位阿拉伯数字编码，从左到右依次代表一、二级。

5 土地利用现状分类和编码

土地利用现状分类和编码见表 10.1。

表 10.1　　　　　　　　　　　　　土地利用现状分类和编码

一级类		二级类		含　义
编码	名称	编码	名称	
1	耕地			指种植农作物的土地，包括熟地、新开发、复垦、整理地，休闲地（含轮歇地、休耕地）；以种植农作物（含蔬菜）为主，间有零星果树、桑树或其他树木的土地；平均每年能保证收获一季的已垦滩地和海涂。耕地中包括南方宽<1.0m、北方宽<2.0m固定的沟、渠、路和地坎（埂）；临时种植药材、草皮、花卉、苗木等的耕地，果树、茶树、和林木且耕作层未破坏的耕地，以及其他临时改变用途的耕地
		0101	水田	指用于种植水稻、莲藕等水生农作物的耕地，包括实行水生、旱生农作物轮种的耕地
		0102	水浇地	指有水源保证和灌溉设施，在一般年景能正常灌溉，种植旱生农作物（含蔬菜）的耕地。包括种植蔬菜等的非工厂化的大棚用地
		0103	旱地	指无灌溉设施，主要靠天然降水种植旱生农作物的耕地，包括没有灌溉设施，仅靠引洪淤灌的耕地
2	园地			指种植以采集果、叶、根、茎、汁等为主的集约经营的多年生木本和草本作物，覆盖度大于50%，或每亩株数大于合理株数70%的土地，包括用于育苗的土地
		0201	果园	指种植果树的园地
		0202	茶园	指种植茶树的园地
		0203	橡胶园	指种植橡胶树的园地
		0204	其他园地	种植桑树、可可、咖啡、油棕、胡椒、药材等其他多年生作物的园地
3	林地			指生长乔木、竹类、灌木的土地，及沿海生长红树林的土地。包括迹地，不包括城镇、村庄范围内的绿化林木用地，铁路、公路征地范围内的林木，以及河流、沟渠的护堤林
		0301	乔木林地	指乔木郁闭度≥0.2的林地，不包括森林沼泽
		0302	竹林地	指生长竹类植物，郁闭度≥0.2的林地
		0303	红树林地	指沿海生长红树植物的林地
		0304	森林沼泽	指乔木森林植物为优势群落的淡水沼泽
		0305	灌木林地	指灌木覆盖度≥40%的林地，不包括灌丛沼泽
		0306	灌木沼泽	以灌丛植物为优势群落的淡水沼泽
		0307	其他林地	包括疏林地（指树木郁闭度≥0.1、<0.2的林地）、未成林地、迹地、苗圃等林地

一级类		二级类		含　义
编码	名称	编码	名称	
4	草地			指生长草本植物为主的土地
		0401	天然牧草地	指以天然草本植物为主，用于放牧或割草的草地，包括实施禁牧措施的草地，不包括沼泽草地
		0402	沼泽草地	指以天然草本植物为主的沼泽化的低地草甸、高寒草甸
		0403	人工牧草地	指人工种植牧草的草地
		0404	其他草地	指树木郁闭度＜0.1，表层为土质，不用于放牧的草地
5	商服用地			指主要用于商业、服务业的土地
		0501	零售商业用地	以零售功能为主的商铺、商场、超市、市场和加油、加气、充换电站等的用地
		0502	批发市场用地	以批发功能为主的市场用地
		0503	餐饮用地	饭店、餐厅、酒吧等用地
		0504	旅馆用地	宾馆、旅馆、招待所、服务型公寓、度假村等用地
		0505	商务金融用地	指商务服务用地，以及经营性的办公场所用地。包括写字楼、商业性办公场所、金融活动场所和企业厂区外独立的办公场所；信息网络服务、信息技术服务、电子商务服务、广告传媒等用地
		0506	娱乐用地	指剧院、音乐厅、电影院、歌舞厅、网吧、影视城、仿古城以及绿地率小于65％的大型游乐等设施用地
		0507	其他商服用地	指零售商业、批发市场、餐饮、旅馆、商务金融、娱乐用地以外的其他商业、服务业用地。包括洗车场、洗染店、照相馆、理发美容店、洗浴场所、赛马场、高尔夫球场、废旧物资回收站、机动车、电子产品和日用产品修理网点、物流营业网点，及居住小区及小区级以下的配套的服务设施等用地
6	工矿仓储用地			指主要用于工业生产、物资存放场所的土地
		0601	工业用地	指工业生产、产品加工制造、机械和设备修理及直接为工业生产等服务的附属设施用地
		0602	采矿用地	指采矿、采石、采砂（沙）场，砖瓦窑等地面生产用地，排土（石）及尾矿堆放地
		0603	盐田	指用于生产盐的土地，包括晒盐场所、盐池及附属设施用地
		0604	仓储用地	指用于物资储备、中转的场所用地，包括物流仓储设施、配送中心、转运中心等
7	住宅用地			指主要用于人们生活居住的房基地及其附属设施的土地
		0701	城镇住宅用地	指城镇用于生活居住的各类房屋用地及其附属设施用地，不含配套的商业服务设施等用地
		0702	农村宅基地	指农村用于生活居住的宅基地
8	公共管理与公共服务用地			指用于机关团体、新闻出版、科教文卫、公共设施等的土地
		0801	机关团体用地	指用于党政机关、社会团体、群众自治组织等的用地
		0802	新闻出版用地	指用于广播电台、电视台、电影场、报社、杂志社、通讯社、出版社等的用地

一级类		二级类		含　义
编码	名称	编码	名称	
8	公共管理与公共服务用地	0803	教育用地	指用于各类教育用地，包括高等教育、中等专业学校、中学、小学、幼儿园及其附属设施用地，聋、哑、盲人学校及工读学校用地，以及为学校配建的独立地段的学生生活用地
		0804	科研用地	指独立的科研、勘测、研发、设计、检验检测、技术推广、环境评估与监测、科普等科研事业单位及其附属设施用地
		0805	医疗卫生用地	指医疗、保健、卫生、防疫、康复和急救设施等用地。包括综合医院、专科医院、社区卫生服务中心等用地；卫生防疫站、专科防治所、检验中心和动物检疫站等用地；对环境有特殊要求的传染病、精神病等专科医院用地；急救中心、血库等用地
		0806	社会福利用地	指为社会提供福利和慈善服务的设施及其附属设施用地。包括福利院、养老院、孤儿院等用地
		0807	文化设施用地	指图书、展览等公共文化活动设施用地。包括公共图书馆、博物馆、档案馆、科技馆、纪念馆、美术馆和展览馆等设施用地；综合文化活动中心、文化馆、青少年宫、儿童活动中心、老年活动中心等设施用地
		0808	体育用地	指体育场馆和体育训练基地等用地。包括室内体育运动用地，如体育场馆、游泳场馆、各类球场及其附属的业余体校等用地，溜冰场、跳伞场、摩托车场、射击场，以及水上运动的陆域部分等用地，以及为体育运动专设的训练基地用地，不包括学校等机构专用的体育设施用地
		0809	公共设施用地	指用于城乡基础设施的用地。包括供水、排水、污水处理、供电、供热、供气、邮政、电信、消防、环卫、公用设施维修等用地
		0810	公园与绿地	指城镇、村庄范围内的公园、动物园、植物园、街心花园、广场和用于休憩、美化环境及防护的绿色用地
9	特殊用地			指用于军事设施、涉外、宗教、监教、殡葬、风景名胜等的土地
		0901	军事设施用地	指直接用于军事目的的设施用地
		0902	使领馆用地	指用于外国政府及国际组织驻华使领馆、办事处等的用地
		0903	监教场所用地	指用于监狱、看守所、劳改场、戒毒所等的建筑用地
		0904	宗教用地	指专门用于宗教活动的庙宇、寺院、道观、教堂等宗教自用地
		0905	殡葬用地	指陵园、墓地、殡葬场所用地
		0906	风景名胜设施用地	指风景名胜景点（包括名胜古迹、旅游景点、革命遗址、自然保护区、森林公园、地质公园、湿地公园等）的管理机构，以及旅游服务设施的建筑用地，景区内的其他用地按现状归入相应地类
10	交通运输用地			指用于运输通行的地面线路、场站等的土地。包括民用机场、汽车客货运场站、港口、码头、地面运输管道和各种道路以及铁轨交通用地
		1001	铁路用地	指用于铁道线路及场站的用地。包括设征地范围内的路堤、路堑、道沟、桥梁、林木等用地

一级类		二级类		含　义
编码	名称	编码	名称	
10	交通运输用地	1002	轨道交通用地	指用于轻轨、现代有轨电车、单轨等轨道交通用地，以及场站的用地
		1003	公路用地	指用于国道、省道、县道和乡道的用地，包括征地范围内的路堤、路堑、道沟、桥梁、汽车停靠站、林木及直接为其服务的附属用地
		1004	城镇村道路用地	指城镇、村庄范围内公用道路及行道树用地，包括快速路、主干路、次干路、支路、专用人行道和非机动车道，及其交叉口等
		1005	交通服务场站用地	指城镇、村庄范围内交通服务设施用地，包括公交枢纽及其附属设施用地、公路长途客运站、公共交通场站、公共停车场（含设有充电桩的停车场）、停车楼、教练场等用地、不包括交通指挥中心、交通队用地
		1006	农村道路	在农村范围内，南方宽度≥1.0m、≤8m、北方宽度≥2.0m、≤8m，用于村间、田间交通运输，并在国家公路网络体系之外，以服务于农村农业生产为主的要途的道路（含机耕道）
		1007	机场用地	指用于民用机场、军民合用机场的用地
		1008	港口码头用地	指用于人工修建的客运、货运、捕捞及工程、工作船舶停靠的场所及其附属建筑物的用地。不包括常水位以下部分
		1009	管道运输用地	指用于运输煤炭、矿石、石油、天然气等管道及其相应附属设施的地上部分用地
11	水域及水利设施用地			指陆地水域、滩涂、沟渠、沼泽、水工建筑物等用地。不包括滞洪区和已垦滩涂中的耕地、园地、林地、城镇、村庄、道路等用地
		1101	河流水面	指天然形成或人工开挖河流常水位岸线之间的水面、不包括被堤坝拦截后形成的水库区段水面
		1102	湖泊水面	指天然形成积水区常水位岸线所围城的水面
		1103	水库水面	指人工拦截汇集而成的总设计库容≥10万m^3的水库正常蓄水位岸线所围成的水面
		1104	坑塘水面	指人工开挖或天然形成的蓄水量<10万m^3的坑塘常水位岸线所围城的水面
		1105	沿海滩涂	指沿海大潮高潮位与低潮位之间的潮浸地带。包括海岛的沿海滩涂。不包括已利用的滩涂
		1106	内陆滩涂	指河流、湖泊常水位至洪水位间的滩地；时令湖、河洪水位以下的滩地；水库、坑塘的正常蓄水位与洪水位间的滩地。包括海岛的内陆滩地。不包括已利用的滩地
		1107	沟渠	指人工修建，南方宽度≥1.0m、北方宽度≥2.0m用于引、排、灌的渠道，包括渠槽、渠堤、护堤林及小型泵站
		1108	沼泽地	指经常积水或渍水，一般生长湿生植物的土地。包括草本沼泽、苔藓沼泽、内陆盐沼等。不包括森林沼泽、灌丛沼泽和沼泽草地
		1109	水工建筑用地	指人工修建的闸、坝、堤路林、水电厂房、扬水站等常水位岸线以上的建（构）筑物用地
		1110	冰川及永久积雪	指表层被冰雪常年覆盖的土地

一级类		二级类		含　义
编码	名称	编码	名称	
12	其他土地			指上述地类以外的其他类型的土地
		1201	空闲地	指城镇、村庄、工矿范围内部尚未使用的土地。包括尚未确定用途的土地
		1202	设施农用地	指直接用于经营性畜禽养殖生产设施及附属设施用地；直接用于作物栽培或水产养殖等农产品生产的设施及附属设施用地；直接用于设施农业项目辅助生产的设施用地；晾晒场、粮食果品烘干设施、粮食和农资临时存放场所、大型农机具临时存放场所等规模化粮食生产所需的配套设施用地
		1203	田坎	指梯田及梯状坡地耕地中，主要用于拦蓄水和护坡，南方宽度≥1.0m、北方宽度≥2.0m的地坎
		1204	盐碱地	指表层盐碱聚集，生长天然耐盐植物的土地
		1205	沙地	指表层为沙覆盖、基本无植被的土地。不包括滩涂中的沙地
		1206	裸土地	指表层为土质，基本无植被覆盖的土地
		1207	裸岩石砾地	指表层为岩石或石砾，其覆盖面积≥70%的土地

本标准的土地利用现状分类与《中华人民共和国土地管理法》"三大类"对照表见附录A。

本标准中可归入"湿地类"的土地利用现状分类类型参见附录B。

附录A
（规范性附录）
本标准的土地利用现状分类与《中华人民共和国土地管理法》"三大类"对照表

本标准的土地利用现状分类与《中华人民共和国土地管理法》"三大类"对照表见表A.1。

表A.1　本标准的土地利用现状分类与《中华人民共和国土地管理法》"三大类"对照表

三大类	土地利用现状分类		三大类	土地利用现状分类	
	类型编码	类型名称		类型编码	类型名称
农用地	0101	水田	农用地	0302	竹林地
	0102	水浇地		0303	红树林地
	0103	旱地		0304	森林沼泽
	0201	果园		0305	灌木林地
	0202	茶园		0306	灌木沼泽
	0203	橡胶园		0307	其他林地
	0204	其他园地		0401	天然牧草地
	0301	乔木林地		0402	沼泽草地

三大类	土地利用现状分类		三大类	土地利用现状分类	
	类型编码	类型名称		类型编码	类型名称
农用地	0403	人工牧草地	建设用地	0810	公园与绿地
	1006	农村道路		0901	军事设施用地
	1103	水库水面		0902	使领馆用地
	1104	坑塘水面		0903	监教场所用地
	1107	沟渠		0904	宗教用地
	1202	设施农用地		0905	殡葬用地
	1203	田坎		0906	风景名胜设施用地
建设用地	0501	零售商业用地		1001	铁路用地
	0502	批发市场用地		1002	轨道交通用地
	0503	餐饮用地		1003	公路用地
	0504	旅馆用地		1004	城镇村道路用地
	0505	商务金融用地		1005	交通服务场站用地
	0506	娱乐用地		1007	机场用地
	0507	其他商服用地		1008	港口码头用地
	0601	工业用地		1009	管道运输用地
	0602	采矿用地		1109	水工建筑用地
	0603	盐田		1201	空闲地
	0604	仓储用地	未利用地	0404	其他草地
	0701	城镇住宅用地		1101	河流水面
	0702	农村宅基地		1102	湖泊水面
	0801	机关团体用地		1105	沿海滩涂
	0802	新闻出版用地		1106	内陆滩涂
	0803	教育用地		1108	沼泽地
	0804	科研用地		1110	冰川及永久积雪
	0805	医疗卫生用地		1204	盐碱地
	0806	社会福利用地		1205	沙地
	0807	文化设施用地		1206	裸土地
	0808	体育用地		1207	裸岩石砾地
	0809	公用设施用地			

附录 B

（资料性附录）

本标准中可归入"湿地类"的土地利用现状分类类型

本标准中可归入"湿地类"的土地利用现状分类类型见表 B.1。

"湿 地" 归 类 表

湿地类	土地利用现状分类		湿地类	土地利用现状分类	
	类型编码	类型名称		类型编码	类型名称
湿地	0101	水田	湿地	1102	湖泊水面
	0303	红树林地		1103	水库水面
	0304	森林沼泽		1104	坑塘水面
	0306	灌丛沼泽		1105	沿海滩涂
	0402	沼泽草地		1106	内陆滩涂
	0603	盐地		1107	沟渠
	1101	河流水面		1108	沼泽地

注 此表仅作为"湿地"归类使用,不以此划分管理范围。

10.3 相 关 行 业 标 准

我国土地领域已颁布实施多项行业标准,行业标准的有效实施对推动行业发展和学科建设发挥了重要的基础性作用。已制定的土地行业标准涵盖了多种类型,包括土地开发、土地复垦、土地整治、耕地质量评定、高标准农田建设等。

就耕地质量评定方面,我国现行主要有两大农地评价体系:①以农业部颁布的行业标准《全国耕地类型区、耕地地力等级划分》(以下简称《等级划分》)为标志的产量主导(耕地基础地力)体系;②以国土资源部颁布的行业标准《农用土地分等规程》(以下简称《规程》)为标志的解析综合体系。

农业部的《等级划分》的核心概念是产量主导,即"耕地基础地力"。《等级划分》其目的是将耕地地力产量与综合农业技术产量、地力产量与气候产量区别开来,但在现实中未真正实现对耕地基础地力的量化评价,而是借由耕地农业产量作为控制指标,用"基础地力"要素作为描述指标进行定性与定量相结合的地力等级划分,但这种方法无法清楚区分耕地基础地力产量与综合农业技术产量。

相比农业部的《等级划分》,国土资源部颁布的《规程》通过"利用等指数"反映耕地利用效率,用"综合等指数"等来反映生产效益。《规程》的分类指标体系主要包含自然地理格局、地形条件、土壤条件、生态环境条件、作物熟制、耕地利用现状 6 个层级,其核心概念是"农用地等别"。农用地等别从不同层次考虑了影响农用地等别的自然因素和当前的社会经济因素综合,其量化指标包括"自然质量等指数""利用等指数"和"综合等指数"3 个层级。耕地资源质量分类使用逐级系数修正得到各级指数划分等别的方法,其中农用地"自然质量等指数"是基础,"利用等指数"反映耕地利用效率,其是在"自然等指数"基础上以利用系数作为修正系数得到的;而"综合等指数"则是在"利用等指数"基础上通过经济系数修正得到,用于反映生产效益。但此计算方法依然难以区分由耕地自然质量因素对产能的贡献与投入管理水平对产能的贡献区分开来的现实,也同时考虑到与同时进行的由农业农村部开展的"耕地质量等级调查"有所区别。耕地资源质量分类不再使用逐级系数修正得到各级指数划分等别的方法，而是在统一的指标体系内分级界定由天（气候与耕作制度）、地、（地形与土壤）生（生物与利用类型）决定的耕地质量类型。

第三次全国国土调查中的耕地资源质量分类专项调查是上轮国土资源部开展的耕地分等工作所依据的《规程》基础上发展来的，综合了两大农地评价体系各自的特点，既考虑了宏观尺度的气候以及由气候决定的耕作制度，又考虑了中观尺度的地形地貌和小尺度的土壤物理化学性质和利用类型，是土地适宜性评价、土地类型分类和土地资源分类的继承与发展。

主 要 参 考 文 献

［1］ Aalders IH，Aitkenhead MJ. Agricultural census data and land use modelling ［J］. Computers，Environment and Urban Systems，2007，30 (6)：799-814.

［2］ Beatley T. Ethical land use：principles of policy and planning ［J］. Encyclopedia of Applied Lingus，1994，18 (1)，1-507.

［3］ Benabdallah S.，Wright JR. Multiple Sub-region allocation models ［J］. Journal of Urban Planning and Development，ASCE，1992，118 (1)：24-40.

［4］ Lambin EF，Baulies X，Bockstael NE，et al. Land-use and land-cover change：implementation strategy ［J］. Stockholm，IGBP Report 48 and IHDP Report 10，1999.

［5］ Lawler JJ，Lewis JD，Nelson E，et al. Projected land-use change impacts on ecosystem services in the United States ［J］. Proceedings of the National Academy of Sciences，2014，111 (20)：7492-7497.

［6］ Metternicht G. Contributions of land use planning to sustainable land use and management ［M］. Springer，2018.

［7］ Nidumolu UB，Keulen HV，Lubbers M，et al. Combining interactive multiple goal linear programming with an inter-stakeholder communication matrix to generate land use options ［J］. Environmental Modelling & Software，2007，22 (4)：73-83.

［8］ Turner II BL，Skole DL，Sanderson S，et al. Land use and land cover change：Science/Research plan ［R］. Stockholm，IGBP Report 35，1995.

［9］ 毕宝德. 土地经济学 ［M］. 北京：中国人民大学出版社，2002.

［10］ 陈百明. 土地资源学概论 ［M］. 北京：中国环境科学出版社，1996.

［11］ 丁荣晃，王万茂. 土地规划学 ［M］. 北京：农业出版社，1988.

［12］ 付培帅. 残次林地成因及开发问题探讨——以定边县盐场堡镇 EL 村为例 ［J］. 现代农业科技. 2020 (18)：146-148.

［13］ 管金瑾，严国泰. 论大城市郊野公园的生态功效——以上海青西郊野公园为例 ［C］//中国风景园林学会 2014 年会论文集（上册），2014：320-323.

［14］ 孔祥斌. 土地资源利用与保护 ［M］. 北京：中国农业大学出版社，2010.

［15］ 梁学庆. 土地资源学 ［M］. 北京：科学出版社，2006.

［16］ 廖建文，陈三雄，丁凤玲. 广东省大宝山矿区水土流失综合防治措施探讨 ［C］//中国水土保持学会规划设计专业委员会，2010 年年会暨学术研讨会论文集，2010：81-86.

［17］ 林培. 土地资源学 ［M］. 2 版. 北京：中国农业大学出版社，1996.

［18］ 刘黎明. 土地资源学 ［M］. 4 版. 北京：中国农业大学出版社，2020.

［19］ 刘书楷. 土地经济学 ［M］. 江苏：中国矿业大学出版社，1994.

［20］ 刘彦随. 中国新农村建设地理论 ［M］. 北京：科学出版社，2011.

［21］ 刘胤汉. 综合自然地理学原理 ［M］. 西安：陕西师范大学出版社，1988.

［22］ 马克思. 资本论（第 3 卷）［M］. 北京：人民出版社，1972.

［23］ 倪邵祥. 土地类型与土地评价概论 ［M］. 2 版. 北京：高等教育出版社，1999.

［24］ 牛远，胡小贞，王琳杰，等. 抚仙湖流域山水林田湖草生态保护修复思路与实践 ［J］. 环境工程技术学报，2019，9 (5)：482-490.

[25] 谭民强. 环境影响评价技术导则与标准 [M]. 北京：中国环境科学出版社，2012.

[26] 王耿明，朱俊凤，武国忠，等. 广东大宝山多金属矿开发环境遥感监测与矿山地质环境评价 [J]. 物探化探计算技术，2017，39 (1)：122 - 128.

[27] 王军，钟莉娜. 生态系统服务理论与山水林田湖草生态保护修复的应用 [J]. 生态学报，2019，39 (23)：8702 - 8708.

[28] 王秋兵. 土地资源学 [M]. 2 版. 北京：中国农业出版社，2011.

[29] 王万茂. 土地利用规划学 [M]. 北京：科学出版社，2006.

[30] 王夏娴. 农业地区生态建设的郊野公园规划方法——以青西郊野公园为例 [J]. 管理观察，2014 (19)：35 - 38.

[31] 吴斌，秦富仓，牛健植. 土地资源学 [M]. 北京：中国林业出版社，2010.

[32] 吴次芳，鲍海君. 土地资源安全研究的理论与方法 [M]. 北京：气象出版社，2004.

[33] 向慧昌，廖伯营，丁凤玲，等. 大宝山矿区生态恢复的基本思路与途径 [J]. 安徽农学通报，2013，19 (22)：80 - 81.

[34] 肖文魁. 残次林地土地整治项目工程实践——以陈仓区项目为例 [J]. 农业与技术，2020，40 (18)：63 - 65.

[35] 晓叶. 从"三调"分类方式革新到生态补偿制度改革 [J]. 中国土地，2021 (9)：1.

[36] 辛立勋. 城市湿地生态基础设施营建策略研究——以山西长治神农湖水环境治理与生态修复工程为例 [J]. 建筑与文化，2022 (1)：65 - 67.

[37] 于铜钢. 土地开发整治可行性研究理论与方法 [M]. 北京：科学出版社，1991.

[38] 张凤荣. 耕地资源质量分类对自然资源管理的支撑作用 [J]. 中国土地，2021 (6)：17 - 19.

[39] 庄海海. 残次林地土地开发的流程及意义——以定边县砖井镇候场村曹伙场土地开发项目为例 [J]. 农业与技术，2020，40 (19)：61 - 65.

[40] 国家质量监督检验检疫总局，国家标准化管理委员会. GB/T 28405—2012 农用地定级规程 [S]. 北京：中国质检出版社，2012.

[41] 国家质量监督检验检疫总局，国家标准化管理委员会. GB/T 28407—2012 农用地质量分等规程 [S]. 北京：中国标准出版社，2012.

[42] 国家质量监督检验检疫总局，国家标准化管理委员会. GB/T 18507—2014 城镇土地分等定级规程 [S]. 北京：中国质检出版社，2015.

[43] 《国务院关于开展第三次全国土壤普查的通知》（国发〔2022〕4 号）.

[44] 《第三次全国土壤普查工作方案》（农建发〔2022〕1 号）.

[45] 矿山地质环境网：生态修复 ｜ 大宝山矿成为"金宝山"的背后 [EB/OL]. https：// mp. weixin. qq. com/s/L6bgGPLKIdYnUDUGaoKVGA，2022 - 01 - 03.

[46] 矿山地质环境网：基于自然的解决方案｜云南抚仙湖流域生态修复工程 [EB/OL]. https：// mp. weixin. qq. com/s/v5dLbO9HDF553Pfyu3Y5Ww，2021 - 12 - 30.

[47] 中国生态修复典型案例（1）塞罕坝机械林场治沙止漠筑牢绿色生态屏障 [EB/OL]. https：// www. huanbao - world. com/zrzy/lyky/177220. html，2021 - 10 - 16.

[48] 中国生态修复典型案例（3）打造超大型城市"绿肺"——上海青西郊野公园生态修复 [EB/OL]. https：//www. thepaper. cn/newsDetail_forward_14954832，2021 - 10 - 18.

[49] 腾讯网：基于自然的解决方案典型案例 ｜ 聚焦重庆城市更新实践 [EB/OL]. https：// new. qq. com/omn/20210513/20210513A0C77800. html，2021 - 05 - 13.

[50] 国土空间规划背景下广东乡村规划实践 [EB/OL]. https：//www. sohu. com/a/339079933_275005，2019 - 09 - 05.

附　录

附录 1　中　英　文　对　照　表

416

附录 2 缩　略　词

附录 3 土地资源外业调查手簿模板

外业调查手簿（一）

图幅号 _____ 县（区）_____ 镇（乡）_____ 村 _____ 第 页 共 页

地类编号	地类名称	地类符号	权属	临时图斑号	土地利用现状	线状地物				零星地类				备注
						名称	实宽	长度	面积	名称	符号	权属	面积	

调查者 _____ 检查者 _____ 年 月 日

421

外业调查手簿（二）

图幅号 _____ 县（区）_____ 镇（乡）_____ 村 _____ 第 页 共 页

地类代码	地类名称	图斑号		权属		线状地物						零星地类							飞地单位
		临时图斑号	正式图斑号	土地所有权	土地使用单位	序号	地类代码	地类名称	宽/m	权属		序号	地类代码	地类名称	长/m	宽/m	面积/m²	权属	
										土地所有权	土地使用单位							土地所有权	土地使用单位

备注

附图

调查者 _____ 检查者 _____ 年 月 日

422

附录4 土地资源调查报告编制模板

目的

土地资源调查报告是资源调查的真实文字记录，是极重要的成果资料之一，它要求对整个调查工作系统的工作总结和技术性的总结探讨。编写好报告不仅对系统、全面、科学管理土地十分重要，而且对编制国民经济计划、充实、发展土地科学，造就一大批土地科学人才都是十分重要的。在土地资源调查结束后，一定要严格要求编写好土地资源调查报告。通过本次实验，学会利用有关资料和图件，撰写地、县、乡级各类土地资源报告和专题报告。

编写要求

（1）乡（镇）要填写土地资源调查说明书，地县级要编写土地资源调查报告、工作总结报告及专题报告等。

（2）调查报告必须实事求是，数据准确，分析、评价依据充分，提出的问题要切中要害，总结经验、教训给人以启迪和借鉴。

（3）调查报告尽量做到文字简练、准确，语句通顺，层次清楚，做到文、图、表并茂。在编写之前，先做好以下工作：要成立编写工作班子；广泛收集资料，认真分析研究；召开各级领导干部、用地单位和调查人员参加的这座谈会，听取各方面的反映、评价和意见；对调查所获得的各类资料数据进行必要的归纳、分析、加工，以提高调查报告的深度，拟订调查报告编写提纲。

附4.1 工作报告编制模板

附4.1.1 概况、序言或开头语

简述开展土地资源调查的主要依据、调查或汇总的起止时间、完成的主要任务和取得的主要效果、其调查成果通过验收的时间等。

附4.1.2 基本情况

1. 地理位置级行政区
2. 自然条件

包括气候、地貌、土壤、植被、水文地质等自然概况。

3. 社会经济情况

包括全县辖区内乡（镇）村集体经济组织、国营农、林、牧、渔场、工矿交通等用地单位的分布，各类用地面积及所占比例、人口劳力、户数、人均耕地、各业生产水平、人均收入水平等社会经济概况。

附4.1.3 已开展土地调查情况

简要介绍以往开展的土地详查、土地利用数据库建设、更新调查情况及完成的成果。

附4.1.4 调查任务

简要阐述本区域开展土地资源调查的目的、意义、目标和任务。

附4.1.5 组织实施

组织实施是工作报告的主体部分之一，应以调查实施的基本程序脉络撰写，避免作业程序的机械罗列。

附4.1.6 调查投入

分别说明国家、省、市资金拨付情况，地方项目经费批准额，年度使用计划数额，主要分项列支数额、项目资金管理、审查制度等和各年度项目资金使用情况以及投入设备等。

附4.1.7 质量保障措施

具体说明为了保障调查成果质量，各级土地调查办与项目承担单位共同制定哪些质量保障措施、实施情况和检查结果，并具体说明由于质量保障措施的实施，对保障调查成果质量所起到的作用等。

附4.1.8 完成的主要成果

按照国家和省的相关要求，依次列出本区域土地资源调查完成的主要成果（报告、数据、图件、声像等）及其所含内容的简要说明，附调查的主要数据成果和图件成果。

附4.1.9 经验与体会

各阶段调查工作的情况及取得的经验、体会和存在的问题等，主要有：①准备阶段，组织领导、队伍建设、资料准备，包括购置地形图、航卫片，完成"三书"（认可书、缘由书、指导书）"四图"等工作以及物资、仪器、设备的购置；②技术培训及试点；③外业调查、耕地系数测算、阶段性检查验收；④转绘；⑤面积量算及统计；⑥成果资料编制，图件资料、文字资料。

附4.1.10 成果应用及效益

简述调查成果的应用情况并分析取得的经济效益和社会效益。

附4.1.11 其他要说明的问题

附4.2 技术报告编制模板

附4.2.1 概况、序言或开头语

简述本地开展土地资源调查的起止时间，成果通过县级自检、市级复查和省级预检、验收时间等。

附4.2.2 调查遵循的技术路线

对本次土地调查所采用的技术路线、技术方法、作业流程和工作步骤等项内容的高度概括和归纳。

附4.2.3 主要技术方法

1. 土地利用现状分类系统

简述土地利用现状分类的说明，要重点叙述该区域土地利用现状分类系统的构成及其分类依据，可附土地利用现状调查分类系统表。

2. 数学基础和应用软件

3. 调查底图

简述调查区域1：1万正射影像图（DOM）工作底图时相、制作单位及制作质量（包括数字基础的说明）；覆盖全域的1：1万DOM图幅数量。可插入特定区域1：1万DOM分布略图。

4. 调查控制界线和控制面积的来源

分别简述调查控制界线的来源和各调查控制面积的数据，并附图幅理论面积与控制面积结合表。

5. 调查方法

参照国家和省有关规定，结合本地实际情况撰写，并具体说明通过内、外业调查，完成的主要成果数量等。

6. 权属调查

结合本地实际情况，如实反映权属调查方法。

7. 土地调查数据库建设

参照国家和省有关规定，结合本地实际情况撰写。

8. 基本数据上图

简要叙述基本数据上图方法。

9. 数据统计汇总

10. 图件编绘

11. 其他

附4.2.4 调查程序

结合实际工作情况（适当增加作业内容和完成的作业数量）进行撰写，并插入作业工艺流程框图。

附4.2.5 质量检查及保障措施

1. 质量检查

按照各级土地调查办和项目承担单位各自拟定的项目作业质量自检办法，具体说明在项目作业阶段，进行质量检查的内容、数量、存在问题的程度和改进后的作业成果质量情况等。可附各作业阶段质量自检记录表。

2. 自检保障措施

说明为了确保作业质量，自检工作完成情况，采取了哪些保障措施等。

3. 质量评定

根据各级质量检查情况，说明调查成果质量。

附4.2.6 主要问题及处理方法

分类列出在调查中遇到的主要问题及处理方法，以及土地合理开发利用、整治保护的途径及建议。

附4.2.7 新技术应用情况与效果

附4.3 专题调查报告编制模板

在土地资源调查试点和专题调查中，整理了一些很有价值的经验总结、调查报告和研究论文，如现代化技术在调查中的应用、集体土地所有权登记发证工作等。这些专题调查报告的编写，一般分为调查的目的、调查方法、调查数据或素材的分析和结论意见等几个方面。

附4.3.1 土地利用现状调查报告

1. 序言或开头语

简述本地开展农村土地调查内外业的起止时间，汇总成果的完成时间，成果通过省级预检，验收时间等。

2. 土地利用状况分析

根据本地行政区划的构成、自然地理和经济条件等项因素，分析各类型的土地利用现状及分布。

（1）土地利用现状。对耕地、园地、林地、草地、城镇村及工矿用地、交通用地、水域及水利设施用地、其他土地等地类的现有规模、分布等状况进行说明。

（2）土地利用结构。根据本次调查的相关数据成果和图件成果，分别计算列表说明本行政区域内各自然条件分区（山区、丘陵区、平原区）和经济状况分区（发达区、中等发达区和不发达区）的一级、二级土地利用现状及构成比例；按照农用地、建设用地和未利用地划分的土地利用情况。

（3）各类土地的分布与利用状况。根据乡（镇）级行政区、各自然条件分区和经济状况分区各类土地的面积和构成的差异，以及土地利用率、土地垦殖率、人均占有量、坡耕地的差异，说明土地资源和利用状况的区域分布特征。

（4）土地权属状况分析。分析集体、国有各类用地的面积、结构比例和分布状况。

（5）土地资源质量或生态条件分析。

3. 土地利用时空变化分析

应与土地详查数据、历年土地变更调查数据进行对比分析。主要包括：

（1）辖区面积对比分析。对比历史数据分析辖区总面积的差异，存在差异的原因等。

（2）土地利用类型面积变化。列表对比说明调查形成的各地类数据与历史数据的差异情况。

（3）土地利用变化流量分析。对比分析各一级地类、二级地类增加的来源和减少的去向，填写第二次土地调查数据变化流量表，深入分析产生地类变化的原因，重点对耕地和建设用地进行分析，详细分析耕地的增加来源及减少去向，建设用地增减变化情况，特别是占用耕地情况。

4. 土地资源潜力分析

分析后备土地资源潜力和集约化潜力。

5. 土地资源利用特征及趋势分析

归纳总结土地利用特点、存在问题和未来供需趋势。

6. 合理利用土地资源的建议

通过第二次农村土地调查认真总结利用土地资源的经验和存在的问题，针对性的指出合理利用土地资源的具体措施和建议。

附4.3.2 基本农田调查报告

阐明基本农田上图工作在工作组织、技术方法等方面的具体做法，并对上图结果进行分析，对上图工作和基本农田保护工作中存在的问题进行分析并提出对策和建议。主要包括以下几部分内容：

1. 概况

（1）自然社会经济概况，包括地理位置、面积、人口、经济状况等内容。

（2）基本农田划定、调整情况。

（3）基本农田资料情况，包括电子介质或纸质的图件、表格、文字。

2. 基本农田上图工作完成情况

（1）目的意义。

（2）工作范围和任务。

（3）工作组织领导。

（4）工作主要做法。

3. 基本农田上图技术方法和程序

（1）工作准备。

（2）方案设计。

（3）数据采集与整理。

（4）调查上图。

（5）基本农田认定。

（6）图件编制与数据汇总。

（7）检查验收。

4. 基本农田调查保障措施

主要包括组织保障和质量控制等方面是如何具体实施的。

5. 基本农田上图主要成果

（1）数据成果。

（2）表格成果。

（3）图件成果。

（4）文字报告。

6. 基本农田上图成果分析

（1）基本农田的面积及构成基本农田的地类状况。

（2）基本农田调查上图汇总数据与指标数据对比分析。

（3）建设占用基本农田情况分析。

（4）补划基本农田地类、分布等情况分析。

7. 基本农田上图工作中出现的问题以及解决的方法

（1）基本农田上图工作中的问题、对策和建议。

（2）基本农田保护工作中的问题、对策和建议。

附4.3.3 土地权属调查报告

1. 序言或开头语

简述本地概况，开展土地权属调查的起始时间，原始权属调查资料情况，本地权属单位概况。

2. 权属调查工作情况

根据本地权属调查工作情况，详细说明权属调查工作开展情况。

（1）土地权属调查基本情况。包括采用的调查方法、人员投入、争议调处的成果等。

（2）土地权属争议调处工作开展情况。重点对土地权属争议调处情况进行总结，阐述土地权属争议调处工作的组织形式，争议解决的方式方法。

（3）土地权属争议调处的经验、意见和建议。

（4）土地权属调查形成的各项成果。包括文字报告、图件成果、数据成果等。

（5）土地权属争议情况分析。对土地争议情况按国有与国有、国有与集体、集体与集体进行分析。

3. 典型案例分析

至少分析一个权属争议案例。包括案例名称、争议类型、案情简介、争议处理结果及依据。

4. 土地权属调查工作尚未解决的问题、产生的原因及下步工作建议

附 4.4　土地资源调查实习报告提纲

附 4.4.1　引言

附 4.4.2　×××概况

（1）地理位置及行政区划。

（2）自然条件。

（3）社会经济情况。

附 4.4.3　土地资源调查的过程和成果

简述乡（镇）土地资源调查开展的过程与成果，以及参加调查人数、调查起讫时间、完成的工作量和调查成果的质量等。

土地资源调查的基本过程：

1. 准备工作

（1）分好小组，组织队伍。

（2）制定工作计划。

×月×日—×月×日：工作底图制作。

×月×日—×月×日：外业调查。

×月×日—×月×日：面积量算。

×月×日—×月×日：成果汇总，编写土地资源调查实习报告。

（3）资料准备。××地图、航片、地形图、第二次土地调查规程的相关资料等。

（4）物品准备。米尺、纸、笔、硫酸纸、皮尺以及外业调绘相关物品等。

2. 外业调绘

（1）调绘前的准备工作阶段。

1）制定工作分类系统。

2）室内预判。裁剪适合大小的硫酸纸，并利用已有土地利用数据库与调查底图套合后解译（××区域地图和航片），根据航片的影像特征与专业解译标志，按照航片判读的

一般判读顺序，依据影像对界线进行调整。将能够确认的地类和界线、不能够确认的地类或界线、无法解译的影像等，分别用不同的线划、颜色、符号、注记等形式标绘在硫酸纸上。

（2）调绘阶段。

土地利用现状调查参加调查人数：×人。

调查起讫时间：×月×日。完成的工作量：×村的具体调绘包括村界调查、土地类型调查、土地利用现状调查、外业补测的相关内容，如线状地物调绘、零星地物调查、不够上图的小图斑面积量算等。

调查要求：

1）掌握测绘地图的比例尺：1∶10000。

2）确定我们组的验证样区：××村。

3）确定调绘地图的方位。

4）调绘地类。

5）边走边判，补测地物。

严格做到以下几点要求：

1）走到看到。外业调查时必须走到、看清、绘准、绘真。

2）真实准确。对画在底图上的各种要素都必须实地认真判读，做到位置准确、符号运用正确、大小等级分明、地物形态逼真。

3）问清查实。地理名称要问清、问准，各种数字注记资料要实地量测，核实无误。

4）记清记全。对于野外调查内容要在外业调查记录表上全部记录，做到清晰易懂，新增地物补测要画草图加以说明。

外业调绘的主要内容：

1）路线勘察。路线勘察的任务是沿一定方向的线路，穿过不同地形部位，以了解调查区内的土地各构成要素的变化、土地类型特征以及分布规律和特点；如采用遥感调查方法，还要充分注意各种土地类型与遥影像的解译标志之间的关系，以便于室内解译。

2）制定拟工作分类系统。制定拟工作分类系统是指建立调查区内地类调绘的工作分类系统及其遥感影像的解译标志，并系统编码。拟工作分类系统是室内预判和外业调绘填图的基础。

3）地类调绘。地类调绘是指沿着调绘路线边走、边看、边判、边画、边量和边记的综合过程。其要点是选择好调绘路线、掌握调绘底图的比例尺、抓住地物特征和边走边调绘等过程。

4）外业补测。

新增建设用地：依据土地勘测定界及地籍调查资料转绘到调查工作底图上，并实地确认。

注意地物的中心位置：以线状地物为参照物补测时要量测到线状地物的中心线，而不能只量测到线状地物的一侧。

注意地物的形状、大小和宽度。

注意控制新增地物的关键位置。

注意对已补测地物加强校核：无论采用什么方法补测，都必须利用明显地物影像进行检查，使其误差控制在允许范围内，以保证补测地物的位置准确，形态逼真。

为了确保补测的量距精度，要求用钢尺或皮尺丈量。

5）样区调绘验证。样区调绘验证是指应用遥感图像进行调绘的一项外业工作，是选择一些样区在野外来验证室内预判的结果。

3. 内业工作

（1）转绘工作。将外业测绘整饰完毕的专业图转绘到地形图上。

（2）量算面积。在转绘好的以地形图为基础的专业图上，本着以图幅为基本控制，分幅进行量算，按面积比例平差，自下而上逐级进行汇总的原则进行各级面积量算。首先面积量算的准备工作；然后进行控制面积量算的量算；碎部面积量算，包括线状地物面积的量算、飞地插花地的处理、田埂面积等；面积的汇总统计。

（3）边图与图面整饰。在量算面积工作结束后，要对薄膜分幅图进行整饰，以便进行编图。

（4）成果整理。调查报告的编写。

4. 检查验收

（1）内容。

1）外业调绘和补测地物——着重检查各种地类的判别、地类界线的精度线状地物的测量、新增地物的补测等。

2）内业工作——重点检查转绘精度、面积量算精度、成图质量等。

（2）调查成果的质量。经过实地调查，确定了××村的村界、零星地物、未够上图小图斑面积以及外业补测的各相关地物面积的相关资料。了解了×××。调查成果×××。

附录 5 相关法律法规标准速查

附 5.1 相关法律法规速查

1. 法律

《中华人民共和国土地管理法》（1986 年 6 月 25 日颁布）（2019 年 8 月 26 日修订）

《中华人民共和国城市房地产管理法》（1994 年 7 月 5 日颁布）（2019 年 8 年 26 日修订）

《中华人民共和国城乡规划法》（2007 年 10 月 28 日颁布）（2019 年 4 月 23 日修订）

《中华人民共和国农村土地承包法》（2002 年 8 月 29 日颁布）（2018 年 12 月 29 日修订）

2. 行政法规

《中华人民共和国土地管理法实施条例》（1998 年 12 月 24 日颁布）（2021 年 7 月 2 日修订）

《土地复垦条例》（2011 年 3 月 5 日颁布）（2019 年 7 月 16 修订）

《土地调查条例》（2008 年 2 月 7 日颁布）（2018 年 3 月 19 日修订）

《基本农田保护条例》（1998 年 12 月 27 日颁布）（2011 年 1 月 8 日修订）

《退耕还林条例》（2002 年 12 月 6 日颁布）（2016 年 2 月 6 日修订）

《中华人民共和国自然保护区条例》（1994 年 10 月 9 日颁布）（2017 年 10 月 7 日修订）

《城市国有土地使用权出让转让规划管理办法》（1992 年 12 月 4 日颁布）（2011 年 1 月 26 日修订）

《不动产登记暂行条例》（2014 年 11 月 24 日颁布）（2019 年 3 月 24 日修订）

《中华人民共和国城镇土地使用税暂行条例》（1988 年 9 月 27 日颁布）（2019 年 3 月 2 日修订）

《中华人民共和国土地增值税暂行条例》（1993 年 12 月 13 日颁布）（2011 年 1 月 8 日修订）

附 5.2 相关标准速查表

附表 5.1　　　　　　　　　　国　家　标　准

标准代号	标准 名 称	代替标准号
GB/T 19231—2003	土地基本术语	
GB/T 21010—2017	土地利用现状分类	GB/T 21010—2007
GB/T 33469—2016	耕地质量等级	
GB/T 28407—2012	农用地质量分等规程	
GB/T 18507—2014	城镇土地分等定级规程	GB/T 18507—2001
GB/T 18508—2014	城镇土地估价规程	GB/T 18508—2001
GB/T 33130—2016	高标准农田建设评价规范	
GB/T 30600—2014	高标准农田建设 通则	

标 准 代 号	标 准 名 称	代替标准号
GB/T 20483—2006	土地荒漠化监测方法	
GB/T 16453.1—2008	水土保持综合治理 技术规范 坡耕地治理技术	
GB/T 31118—2014	土地生态服务评估 原则与要求	
GB/T 38746—2020	农村产权流转交易 土地经营权流转交易服务规范	
GB/T 35958—2018	农村土地承包经营权要素编码规则	

附表 5.2 地 方 标 准

地 区	标 准 名 称	标准号
内蒙古自治区	耕地地力分等定级技术规范	DB15/T 1086—2016
湖南省	耕地地力分等定级技术规范	DB43/T 162—2002
河南省	土地质量调查评价规范	DB41/T 2092—2021
浙江省	土地质量地质调查规范	DB33/T 2224—2019
新疆维吾尔自治区	土地整治工程建设标准	DB65/T 3722—2015
湖北省	土地整治工程建设规范	DB42/T 682—2011
湖南省	建设项目临时用地复垦标准	DB43/T 1697—2019
河北省	矿区土地生态复垦技术规范	DB13/T 1350—2010

附表 5.3 行 业 标 准

序号	标准代号	标准名称	代替标准号
1	TD/T 1059—2020	全民所有土地资源资产核算技术规程	
2	TD/T 1058—2020	第三次全国国土调查县级数据库建设技术规范	
3	TD/T 1057—2020	国土调查数据库标准	TD/T 1016—2007
4	TD/T 1056—2019	县级国土资源调查生产成本定额	
5	TD/T 1055—2019	第三次全国国土调查技术规程	
6	TD/T 1054—2018	土地整治术语	
7	TD/T 1053—2017	农用地质量分等数据库标准	
8	TD/T 1052—2017	标定地价规程	
9	TD/T 1051—2017	土地整治项目基础调查规范	
10	TD/T 1050—2017	土地整治信息分类与编码规范	
11	TD/T 1012—2016	土地整治项目规划设计规范	TD/T 1012—2000
12	TD/T 1049—2016	矿山土地复垦基础信息调查规程	
13	TD/T 1048—2016	耕作层土壤剥离利用技术规范	
14	TD/T 1047—2016	土地整治重大项目实施方案编制规程	
15	TD/T 1046—2016	土地整治权属调整规范	

序号	标准代号	标准名称	代替标准号
16	TD/T 1045—2016	土地整治工程建设标准编写规程	
17	TD/T 1010—2015	土地利用动态遥感监测规程	TD/T 1010—1999
18	TD/T 1044—2014	生产项目土地复垦验收规程	
19	TD/T 1013—2013	土地整治项目验收规程	TD/T 1013—2000
20	TD/T 1043.2—2013	暗管改良盐碱地技术规程 第2部分：规划设计与施工	
21	TD/T 1043.1—2013	暗管改良盐碱地技术规程 第1部分：土壤调查	
22	TD/T 1042—2013	土地整治工程施工监理规范	
23	TD/T 1041—2013	土地整治工程质量检验与评定规程	
24	TD/T 1040—2013	土地整治项目制图规范	
25	TD/T 1039—2013	土地整治项目工程量计算规则	
26	TD/T 1038—2013	土地整治项目设计报告编制规程	
27	TD/T 1037—2013	土地整治重大项目可行性研究报告编制规程	
28	TD/T 1036—2013	土地复垦质量控制标准	
29	TD/T 1035—2013	县级土地整治规划编制规程	
30	TD/T 1034—2013	市（地）级土地整治规划编制规程	
31	TD/T 1033—2012	高标准基本农田建设标准	
32	TD/T 1001—2012	地籍调查规程	TD 1001—93
33	TD/T 1032—2011	基本农田划定技术规程	
34	TD/T 1031.7—2011	土地复垦方案编制规程 第7部分：铀矿	
35	TD/T 1031.6—2011	土地复垦方案编制规程 第6部分：建设项目	
36	TD/T 1031.5—2011	土地复垦方案编制规程 第5部分：石油天然气（含煤层气）项目	
37	TD/T 1031.4—2011	土地复垦方案编制规程 第4部分：金属矿	
38	TD/T 1031.3—2011	土地复垦方案编制规程 第3部分：井工煤矿	
39	TD/T 1031.2—2011	土地复垦方案编制规程 第2部分：露天煤矿	
40	TD/T 1031.1—2011	土地复垦方案编制规程 第1部分：通则	
41	TD/T 1030—2010	开发区土地集约利用评价数据库标准	
42	TD/T 1029—2010	开发区土地集约利用评价规程	
43	TD/T 1028—2010	乡（镇）土地利用总体规划数据库标准	
44	TD/T 1027—2010	县级土地利用总体规划数据库标准	
45	TD/T 1026—2010	市（地）级土地利用总体规划数据库标准	
46	TD/T 1025—2010	乡（镇）土地利用总体规划编制规程	
47	TD/T 1024—2010	县级土地利用总体规划编制规程	
48	TD/T 1023—2010	市（地）级土地利用总体规划编制规程	
49	TD/T 1022—2009	乡（镇）土地利用总体规划制图规范	
50	TD/T 1021—2009	县级土地利用总体规划制图规范	

序号	标准代号	标准名称	代替标准号
51	TD/T 1020—2009	市（地）级土地利用总体规划制图规范	
52	TD/T 1019—2009	基本农田数据库标准	
53	TD/T 1017—2008	第二次全国土地调查基本农田调查技术规程	
54	TD/T 1018—2008	建设用地节约集约利用评价规程	
55	TD/T 1015—2007	城镇地籍数据库标准	
56	TD/T 1014—2007	第二次土地调查技术规程	
57	TD/T 1009—2007	城市地价动态监测技术规范	
58	TD/T 1008—2007	土地勘测定界规程	
59	TD/T 1016—2003	国土资源信息元数据	
60	TD/T 1007—2003	耕地后备资源调查评价技术规程	
61	TD/T 1011—2000	土地开发整理规划编制规程	